澤　正宏　編著

詳説福島原発・伊方原発年表

A Full Account of the Chronological Tables of the Fukushima & Ikata Nuclear Power Plants

クロスカルチャー出版

凡　例

1. 本書は、1940年（昭和15年）～2016年（平成28年）の福島原発と、1952年（昭和27年）～2016年（平成28年）の伊方原発に関する詳説年表である。

2. 年表を作成するにあたって参考にした新聞、雑誌、文献名と日付は、引用文のすぐ後に付記した。その場合、たとえば『福島民報』2011年3月13日付け記事は、(民報 : 20130313)のように略表記した。

3. 巻末に〔参考文献一覧〕を付した。

4. なお、「福島原発年表」と「伊方原発年表」とも2016年までの記録であるが、その後の重要情報は2018年2月までのものを適宜組みこんだ。

はしがき

東京電力福島第一原発事故が起きたとき、この事故の経過と昼夜を問わず頻発する余震の多さと大きさとにただただ怯えていた。原発事故から約 10 カ月後、事故の真相を裁判資料によって明らかにしようと、『福島原発設置反対運動裁判資料』第 1 回配本／全 3 巻（クロスカルチャー出版、2012 年 1 月）を刊行し、さらに同年の 11 月には第 2 回配本／全 4 巻を刊行できた。

これら全 7 巻を通して明らかになったことは、原発立地から原発稼動までが危険性を隠蔽しつつ、政治とお金と御用学者と原発に太鼓判を押す裁判とで進行していったという事実である。裁判で原発事故が起きることが充分な証拠をもって予見されながら、予見は潰されてきた。その意味ではこの度の原発事故の本質は核災害事件である。

水素爆発があってからの数カ月、福島の上空には自衛隊のヘリコプターが大音響とともに出動し、罅《ひび》が入り陥没した国道には、事故現場と仙台や東京圏とを往復する多くの自衛隊の緊急車両がひっきりなしに行き交い、まるで福島は戦場であった。放射能まみれの塵（死の灰）を掻い潜って福島市へ避難してきたという浪江町の家族の話に、被曝が気になりながらも、放射線量の数値は「直ちに人体に影響を及ぼす数値ではない」（16 日の枝野幸男経済産業相の発言）という言葉に乗せられて、高線量の放射性物質が飛ぶなかを給水の列に加わった日々、体育の時間に校庭を数日走って、生まれてから一度も鼻血など出さなかったという中学生が、周囲から理解されず母子ともに支援者を頼って東京へ避難した新学期の頃などを思い出すと、誰が核を被災した住民のことを真剣に考えるのかと暗澹としたものである。

なお、福島原発年表に、伊方原発年表を併せて載せたのは、原発に関する行政訴訟では日本初であり、「日本初の科学裁判」といわれた伊方原発設置許可取り消し訴訟の裁判は 1973 年 8 月に松山地裁に提訴されたのだが、1975 年 1 月に訴訟を起こした福島原発に関わる一連の裁判は、この伊方原発裁判の動向から多くを学んできているからである。この伊方原発年表は、福島原発裁判資料（前出）に次いで刊行した『伊方原発設置反対運動裁判資料』第 1 回配本／全 4 巻（クロスカルチャー出版、2013 年 9 月）と、2014 年の 2 月刊行の第 2 回配本／全 3 巻とをベースに作成している。また、両年表とも 2016 年までの記録とはしているが、重要事項については、2018 年 2 月までの情報を組みこんである。

2018 年 2 月 3 日

澤　正宏

目　　次

福島原発年表

福島原発年表

暦　年	事　項
1940 （昭和 15）	日中戦争が激化しそれまでも軍の飛行場だった現､双葉町（1956 年発足）、現､大熊町（1954 年発足）にまたがる後の第一原発の敷地は、陸軍がこの地に飛行兵の訓練基地としての磐城夫沢飛行場を開設（現、大熊町、1939 年)、40 年に建設を決めたので農家は移転させられ、周辺住民は勤労奉仕もさせられた。新たに飛行場ができ練習機が配備される。（民報：20150305）
1941. 4～ （昭和 16）	日本陸軍第 14 師団（宇都宮）教導飛行師団司令部第 6 教導飛行隊の飛行場として大熊村夫沢地内の台地約 60 万坪が開場され、60 機の練習機が訓練する。／／太平洋戦争中の特攻隊の訓練場であり、学徒動員で特攻隊員として長崎県、長野県出身の学生（兵士）などが生活した。施設は「断崖絶壁」にありとても飛行場とは言えないような簡素なものだった。上下に二枚の主翼がある練習機「赤とんぼ」が空を飛んでいた。（民報：20150305）兵士は派遣されて同地にある製炭試験地（上質の木炭生産場）にも行った。
1945. 8. 9、10 （昭和 20）	磐城飛行場のある現､大熊町周辺は艦載機からの米軍の空襲を繰り返し受け、滑走路に穴があき住民にも死者が出る。
1945. 8. 15	この日以後、飛行場は廃止され解体される。／／戦後、飛行場跡地は塩田となる。原発構内には磐城飛行場跡地の石碑がある。（民報：20150305）
1950. 1. 28	大竹作摩が県知事に就任する。
1952 （昭和 27）	この年、政府出資主体の電源開発株式会社を設立、電力会社単独では開発困難な大規模開発を担う。これは戦時中の日本発送電の流れをくむ国策会社である。また米国からの原子力研究の独立の回復により、日本学術会議も重要な位置を占めるが、これを主導したのは物理学者の伏見康治阪大教授（2008 年死去、98 歳）であり、会は 1997 年に至っても原発推進の旗を振り、産官学一体の一翼を担っていた。
1954. 3 . 2 （昭和 29）	初の原子力予算が国会に上程される。3 月 5 日に衆議院議員通過、4 月 1 日に成立する。保守 3 党が 1954 年度追加予算として 2 億 3500 万円の原子炉予算を提出する。
1954. 4	日本学術会議は「原子力の平和利用の 3 原則」を作成し議決する。
1955. 9	東京電力は原発のために長者ケ原（面積 198 万 m^2）を買収する。
1955. 11. 14	日米原子力協力協定調印。
1955. 11. 30	財団法人日本原子力研究所（原研）の発足と設立がある（1956 年 6 月、特殊法人へ改組)。同年 12 月に土地選定委員会をつくる。
1955. 12. 19	「原子力三法」（原子力基本法、原子力委員会設置法、原子力局設置に関する法律）公布。原子力基本法制定がなされる。
1956. 1. 1	原子力委員会が発足。原子力三法により総理府原子力局を設置する。
1956. 1. 4	この日、初の原子力委員会の会合があり、委員長は正力松太郎（読売新

暦　年	事　　項
	聞社主）と5人の委員（湯川秀樹も）であったが、正力の「5年後には原発を建てる」発言に湯川は辞任し、坂田昌一名大教授（湯川の後輩）も原子力委専門部会委員を辞任する。
1956. 3. 1	日本原子力産業会議発足。
1956. 4. 30	日本原子力研究所法、核原料物質開発促進法、原子燃料公社法などが成立する。
1956. 5. 19	科学技術庁（現、文部科学省）発足。
1956. 6. 15	特殊法人として「日本原子力研究所」を設立する。
1956. 8. 10	原子燃料公社設立。
1956. 9	国の原子力委員会が初めて「原子力開発利用長期計画」を策定する。
1956. 10. 26	国際原子力機関（IAEA）憲章に調印。1957年7月29日発効。
1956. 12. 29	米国の沸騰水型発電試験炉（電気出力5000kW）が運転を開始。
1957. 3. 31 （昭和32）	国会で「原爆医療法」が成立、法案対象であった「ビキニ被曝者」が外される（与党自民党の意向）。ビキニ水爆は広島原爆の1000倍である。
1957. 5. 7	「自衛の範囲なら原子兵器を持てる」と岸信介首相が発言する。
1957. 6. 10	「原子炉等規制法」公布。詳しくは、放射線障害防止法、核燃料物質及び原子炉の規制に関する法律公布である。
1957. 6. 29	「放射線審議会」設置。
1957. 7. 1	放射線医学総合研究所発足。
1957. 7. 10	岸内閣成立、原子力委員長に正力松太郎が決まる。
1957. 7. 25	大竹作摩が県知事を退任する。
1957. 7. 29	国際原子力機関（IAEA）発足。理事国に日本など12カ国。
1957. 8. 25	佐藤善一郎が県知事に就任。
1957. 9. 29	現、ロシア・ウラル地方チェリャビンスク州にあった、「ソロコフカ（都市40）」の符牒で呼ばれていた「閉鎖都市」で、レベル6に相当する規模（後のチェルノブイリや福島第一原発での事故に次ぐ）の地下貯蔵タンクでの放射性廃棄物の爆発事故が起きる。ソ連ではクイシュトゥイムの惨事といわれたが実際にはウラルのこの町で起きたのではない。この事故はジョレス・メドヴェージェフが英語版で「ウラルの核惨事」（1979年）として発表するが、公にソ連がこの事故を認めたのは1989年である。（図書新聞：20170916）
1957. 11. 1	日本原子力発電株式会社設立（「日本原子力発電」）。東電など電力業界が主に出資して設立、東北、東京、北陸、中部、関西の5社に電気を売る契約を結ぶ。
1957	「放医研」設立（独立行政法人、文科省所管、千葉市内に本部と研究所）。切っ掛けになったのは「第五福竜丸事件」である。
1958. 2. 21	正力原子力委員長が核燃料は国家管理が適当と語る。

暦　年	事　　　項
1958. 6. 16	日米、日英で原子力協定（動力協定）調印。
1958. 9. 10	松浦悦之（東京大学工学部）編「原子力と平和利用」（手島選三郎編集発行人、新いばらきタイムス社）刊行。
1959. 2. 14	日本原子力学会創立。
1959. 6. 18	第 3 次岸内閣成立、原子力委員長に中曽根康弘が決まる。
1959. 7. 2	日加原子力協定調印。
1960. 5. 10 （昭和 35）	福島県が日本原子力産業会議に加盟、原子力発電所建設の適地として大熊町、双葉町、浪江町の 3 地点を選定する（「原子力行政のあらまし 2010」）。
1960. 5. 24	太平洋岸にチリ津波が来襲、小名浜では高さ 3.12m を観測、これが 1966 年 6 月に東電が原発の「最高潮位」として敷地高さを 10m と決めることにつながる。
1960. 7. 19	池田内閣誕生（7.15 に岸内閣総辞職）、荒木万寿夫文相が原子力委員長を兼任する。
1960. 11. 29	県は東電に対し双葉郡への原発誘致を表明する（「原子力行政のあらまし 2010」）。
1960	この年、佐藤善一郎福島県知事が双葉郡への原発誘致を表明し、県議会で「最も新しい産業をこの地に持ってきたい」と語る。／／この年以前には既に、原子力の平和利用が宣伝される裏で、原発事故が起きても双葉郡の 7 万人だからという原発推進側からの声が聞こえてきたという（この当時の大熊町民からの聞き取り）。／／この年代以降、原発導入の国策を受けた東芝と日立製作所とは、米ゼネラル・エレクトリック（GE）の技術をもとに BWR（沸騰水型炉／福島第一原発も含む）の製造を開始する。（朝日：「東芝の迷宮」、20160616）
1961. 2. 20	河合武「不思議な国の原子力ー日本の現状ー」（角川書店）刊行。
1961. 4. 17	大熊町議会は東電と、関係する衆議院議員とに原発誘致を陳情する（「原子力行政のあらまし 2010」）。
1961. 6. 17	原子力損害賠償法、同補償契約法公布。原発に関わる賠償はすべて企業負担になっている。
1961. 6	この月、東電は大熊、双葉に跨がる旧陸軍飛行場跡地を中心にした土地の取得を決定する（東電 2008「共生と共進—地域とともに」）。
1961. 9. 19	大熊町議会は原発誘致の促進を議決する（「原子力行政のあらまし 2010」）。
1961. 10. 22	双葉町議会は原発誘致の促進を議決する（「原子力行政のあらまし 2010」）。
1961	この年、東京電力が原子力発電（ウランの核分裂のエネルギーで蒸気を作り、タービンを廻して発電、ウラン 1g の核分裂 energy は石炭 3トンの燃焼）所の建設を、太平洋に面した絶壁の上にある（その頃は赤トンボが飛び、松茸など茸がよく採れた、松や雑木や雑草の生い茂った山林と原野）面積

暦　年	事　　項
	198万 m^2 の長者ケ原一帯に計画する（戦時中は海軍の飛行場、戦後は一時期は製塩業が行われた）。／／この年の映画「世界大戦争」では、二つの大国の間で核戦争が起き日本が滅ぶ。
1963. 2. 8	東電が福島原子力発電所の建設を発表する。
1963. 12	東京電力が原子力発電開発と調査に総力をあげるために、「原子力開発本部」（本部長・田中直治郎常務）を設け、機構として①原子力部②福島原子力建設所（副本部長・小林健三郎〈京大土木工学科卒、元海軍技術少佐、小林組設立〉、現地指示）③原子力研究所などをつくる。小林の配下には今村博所長（北大電気科卒、横浜、千葉の火力発電所建設を担当した建設畑の人物で「金さえあれば何でもできますよ」と豪語）、斉藤正彦安全担当（京大土木工学科卒、人事管理のベテラン）、鏑木宏次長（技術担当、東大土木工学科卒、横須賀、千葉、川崎の火力発電所建設に従事の技術家）、佐々木豊弥次長（外交折衝の手腕家、総務担当、法政大学法文学部卒、元猪苗代電力所総務課長）などがいた。（民報：19670618）
1963	原水禁運動が分裂する。
1964. 3. 23	佐藤善一郎が県知事を退任。
1964. 5. 16	木村守江が県知事に就任。
1964. 7. 11	電気事業法公布。
1964. 7. 22	東電と福島県開発公社とは、福島原発建設のための用地取得などの委託に関する契約を締結する（「原子力行政のあらまし 2010」）。
1964. 7. 31	政府は10月26日を「原子力の日」とすることを閣議決定。
1964. 8. 29	「鉄腕アトム」アニメ版（1963年開始）が、40.7％の最高視聴率となる。但し、脚本は「原発好き」を公言していたSF作家の豊田有恒である。
1964. 11. 30	東電は大熊、双葉に跨がる原発建設予定地を確保したと発表する。（朝日：19641201）
1964. 11	原発の土地は嘗ては国有財産であったが、西武鉄道創業者で西武百貨店（店名変更は1949年4月）経営者の堤康次郎が、国会議員の職権を利用して戦時中の飛行場跡地の払い下げを受けて購入（343万 m^2 の敷地、3万円）していた。（「世紀への黙示録」：吉原公一郎、19800522）それを今度は東電が、当時は国土計画興業（代表・堤康次郎、元衆議院議長）所有になっていたこの約99万 m^2 の土地（戦後、国有地の払い下げとなっていた）を買うことに決定した（3億円）。第一原発の総面積に占める飛行場跡地の割合は約3分の1である。このときの東電社長は木川田一隆（1961～1971に経済同友会代表幹事、現、福島県伊達市出身）である。
1964. 12	東電が建設地に「調査事務所」をつくり（1日）、気象、地質、海流などの調査に着手する（東電2008「共生と共進—地域とともに」）。／／県開発公社を介した用地買収が始まる。「建設が始まれば、出稼ぎに行かずにすむ。みんな喜んで売ったんだよ」と双葉町から鹿児島市喜入町に避難した遠藤昭栄（72歳）は当時を回顧していう。（朝日：20150324）

暦　年	事　　項
1964	この年、東電が本社本部内に「原子力開発本部」を設置する。／／同、政府は原発立地に対する基本的な考え方を示す「立地審査指針」を作成する。／／この年頃、広島原爆で兄を失い被爆者救護にも当たった男性で、後に大熊町に赴任した第一原発建設担当の東電社員が、地元町民に「私は原爆を投下した B29 とその後空に舞い上がったきのこ雲を見ている。皆さん以上に恐ろしさは身に染みて知っている。だから真剣に原子力発電も勉強した。原発はこれでもかと安全対策をしてあるので、私は十分安全だと信じている」と話す。（民報：戦後史のなかの福島原発／中嶋久人、20170506）
1965. 1 （昭和 40）	東電が大熊町に「福島調査所」を開設、稲井豊（同社原子力部安全担当）所長らが原発前衛隊として現地入りし海象、気象、地質、耐震などの調査を行う。
1965. 9	福島県開発公社は東電に、1963 年 12 月から買収していた大熊町側の用地を引き渡す（「原子力行政のあらまし 2010」）。
1965. 10	双葉地方広域推進連絡会議（会長・山田富岡町長）ができ、双葉郡 8 カ町村を合併する動きができるが実現せず。
1966. 3. 31 （昭和 41）	県開発公社は、東電と第 2 期用地取得業務の委託契約を結ぶ（「原子力行政のあらまし 2010」）。
1966. 4. 4	電調審は原発 1 号機の設置を承認する（「原子力ポケットブック 2012」）。
1966. 6	この月、建設地に熊谷組が入り、敷地南端の 1 号機（建設費は 384 億円）建設用地（25m 掘り下げ、縦 190m、横 170m）の大芋沢地内の整地作業（基礎設備工事）に着手、建設の第一歩を踏み出す。大芋沢は海抜 45m、高さ 35m の断崖で、取水ポンプアップが困難なので建設予定地約 3 万 2300m^2 を平均 25m 掘り下げ、海面から 10m の高さに整地する（掘った土砂は吾妻山の噴火口を埋める量）。1 号機に通じる構内幹線道路は幅員 9.5m、延長 1200m でつくる。
1966. 7. 1	東電は第一原発 1 号機の設置許可を申請する。（朝日：19660702）
1966. 7	この月、続けて建設地に間組（夜の森の奥の滝川地区からのテトラポット用の採石）、前田建設（防波堤用のテトラポット 82 万トン作り）、水野組（防波堤と専用港作り。圧力容器、原子炉は各 200トン以上で陸地の橋は壊れる）が入り、建設準備のための基盤整備作業（基盤整備費は約 53 億円）が始まる。
1966. 12. 1	1 号機の設置を内閣総理大臣が正式に許可する。（朝日：19661202）
1966. 12. 8	東電はゼネラルエレクトリック社（米国、略称 GE 社）と 1 号機の建設契約が完了する。GE 社は 1 号炉の本体工事を行い、「ターンキイ Turn Key 方式」といって試運転後に東電に引き渡す請負契約で、原子炉にスイッチを入れて点火するまでの組み立てを担当する。原子炉は低濃縮ウラン軽水減速軽水冷却型（沸騰水型）、熱出力は約 120 万 kW で、円盤状のペレット（直径 12mm、厚さ 18.6mm）に燃料（濃縮ウラン、1 号機の場合は最初に 75トンを詰める）を棒状に詰めて使用する。また 1 号炉の

暦　年	事　　項
	最大出力は40万kWで将来は46万kW、2、3、4号炉は60万kWで総計220万kWの予定である。GE社のP. カートライト所長（コロンビア大学で原子力を研究、1967年5月30日に日本着任）以下約20名の米技術陣が近く来日して作業入りの予定である。（朝日：19661209）
1966. 12. 18	福島原発が着工する。発電所の用地は大熊町170万m^2、双葉町130万m^2の計300万m^2（90万坪）である。
1966. 12. 23	東電原子力発電所建設に伴う漁業権損失補償協定が問題となる。配分をめぐり紛糾するが、県と県漁連などが間に入り総額1億円で地元漁業組合側と妥結、協定を請戸漁業組合ほか9組合と締結する。（民報：19670212）
1966. 12	この月、東電は「調査事務所」を改組し「福島原子力建設準備事務所」に切り替える。所長は五井火力発電所長だった小高町出身の今村博である。
1966	この年、大熊、双葉の両町の合併（原発による税収入対策）協議会は「合併促進特別委員会」と改称、しかし統一地方選挙で両町議会議員改選は雲散霧消となる。
1967. 1. 1 （昭和42）	「福島原子力建設準備事務所」を「建設所」に昇格、本社原子力開発本部の小林健三郎副本部長が現地に駐在する。
1967. 1. 3	「“第三のエネルギー”として登場した原子力発電所の建設が福島県双葉郡の大熊町と双葉町にまたがる長者ケ原一帯で進められている。この原子力発電所の建設は日本原子力発電会社が1965年に東海村に建設した日本で第1号の原子力発電所と、同社が福井県の敦賀半島に建設中の第2号についで東京電力が総工費1200億円の巨費と10年の歳月を投じて建設する第3番目のもので、1970年12月には出力40kWの第一号原子炉が完成し、運転を開始する予定である（1号炉建設作業は昭和42年1月現在で60％終了）。さらに1976年10月までには4基の原子力発電所が建設され、250万kWの原子力発電が行われる計画だ」と福島原発が紹介される。（民友：「科学のページ」、19670103）
1967. 1. 4	東電が第二次原発建設計画（5～8号炉、総計240万kW）の建設予定地として双葉町細谷地区に100ha（330万m^2）の追加買収を行い、一部難航していた移転農家の賠償問題も昨年末に解決、1億5000万円以上の買収費を支払う。（民報：19670104）
1967. 2. 2	東電はGE社からの核燃料の購入契約に調印する。（読売：19670203）
1967. 4. 1	1号原子炉起工式が大熊町夫沢字大芋沢地内海岸で行われる。
1967. 4	原子力利用長期計画が決まる。
1967. 5. 31	東電重役会議は現在建設中の1号炉と同様、2号炉（出力78万kW）も米国GE社から輸入することを決定し発注する。2号炉設置場所は大芋沢海岸、低濃縮ウラン軽水減速、冷却型騰水炉、建設費は510億円で、今秋から基礎土木工事を開始する。（民友：19670616）

暦　年	事　　項
1967. 5	浪江町議会は臨時議会を開き、満場一致で東北電力原発建設候補地の誘致に、住民に相談をしないままで棚塩地区（原発から 8km）への原発設置を決議する。棚塩は常磐線浪江駅から車で約 6 分の海岸線地区で、小高町南部の浦尻地区までの 2000m の松林におおわれた、高さ 20 m の浸食が激しい断崖絶壁が続く台地である（過去 50 年間に約 40～50 m 後退）。
1967. 6. 18	1 号機の工費は約 400 億円。大熊町に土地買収費として支払われた費用は 3 億 7000 万円（家屋 9 戸の移転補償費を含む。用地の 3 分の 1 は福島県外の人の所有）、県や町の道路整備に 1 億 6000 万円、鉱業補償に 600 万円など、これまでに総計 14～15 億円（試算では 4 号機が完成した際の固定資産税にも相当）が落ちている。福島県開発課の成田義男主任主査は、双葉郡を「原子力のために残された宝庫だ」という。（民報：小見出し「バカ土に黄金の花」、19670618）
1967. 6. 28	1 号原子炉の建設始まる（基礎コンクリート打ち込み）。1 号炉を設置する建設敷地（東西 180m、南北 200m で面積は約 3 万 3000m^2）の整備は 6 月 25 日にほぼ完了している。（民報：19670628）
1967. 7. 31	県開発公社は双葉町側の第 2 期原発用地買収を完了する（「原子力行政のあらまし 2010」）。
1967. 8. 3	「公害対策基本法」公布。但し、放射性物質は適用を除外している。1993 年には放射性物質は適用を除外のまま「環境基本法」となる。
1967. 8. 9	この日までに、東電原発建設に伴う海区権消滅補償金（漁業補償金）の配分額に強い不満を持ち、「配分を白紙に返せ」と漁民など 78 人の署名をとって臨時総会開催（請戸漁協組）を強く要求し、受け入れられないので暴力行為（器物損壊、窃盗、脅迫など）に及んだとされた柴宗一（請戸字川原北久保 2、51 歳）ら漁民 11 人が検挙される。（民報：19670810）／／同日、双葉郡浪江町請戸漁港で 63 年間働いてきた漁民の柴宗助（請戸字川原北久保 2、79 歳、16 歳より同漁協組合員、1962 年に病に倒れる）が、「いつの間にか息子名義に組合の名義を書き換えられ、わずか 2 万円しか配分にならなかった」と訴える。（民報：19670817）
1967. 8. 29	東電は原子力開発第 2 次プラン候補地の双葉町細谷地区での第 2 次開発計画の基本的方針を決定する。第 1 次プランは大熊町夫沢に 4 機の原子炉設置、第 2 次プランは双葉町細谷地区に 3 機の原子炉設置、後者については内定のみで時期、方法は未決定である。（民報：19670829）
1967. 9. 20	この日、大熊町に 2 号機建設を決定する（1968 年 3 月より着工、運転開始は同年 5 月より。濃縮ウラン・軽水減速軽水冷却型、ウラン装荷量 107トン、出力 78 万 4000kW、総工費 510 億円）。既に、内閣総理大臣に許可申請を提出中である。東電の小林原子力開発本部副本部長は県を訪れ、木村知事に協力を要請、知事は計画を了承する。この 2 号機と 1 号機（46 万 kW、総工費 422 億円）とを合わせると総出力 124 万 kW（関西電力の原子力発電量は 35 万 kW）となり、日本最大規模となる。（民報：19670921）

暦　年	事　　　項
1967. 9. 29	東電福島原発１号機が着工する（東電2008「共生と共進―地域とともに」)。
1967. 10. 2	特殊法人「動力炉・核燃料開発事業団」設立。原子燃料公社の改組による（動燃が原燃を吸収合併する)。
1967. 11	富岡町、楢葉町、川内村、広野町の４カ村が集まり「南双地区総合開発期成同盟会」を結成、東電（後の第二）原発が富岡、双葉に設置されるのを機会に合併（税収入対策）に持ち込むのが目的である。
1967. 12. 12	この日、１号機ドライウエル（原子炉格納容器で原子炉全体を包む高さ約32m、球形部直径約17.7 m、厚さ16mmの鋼鉄製。１号炉自体は高さ19 m、直径4.8 m、原子炉本館は縦・横41 m、高さ54 m、地下２階、地上５階）の下部を据付ける。工事請負の日立製作所技術員ら約110人の作業員が設置作業をする。今後は組み立て工事に入る。(民報：19671213）なおサプレッション・チェンバー（圧力抑制装置、鋼鉄で球型、直径８ m）の据付け工事も行われている。(民友：19671218)
1967. 12. 22	電調審は２号機を認可する。２号機もBWRで、78.4万kWである（「原子力ポケットブック2012」)。
1967. 12	年末、東電原発「第２基地」(地区外れの通称「向山」という小高い山林が選ばれる）となった毛萱地区住民が強硬な建設反対運動を開始する。東電、県、町当局との話し合いにも応じない態度を取り、地区内数カ所には「原発絶対反対」の看板が立ち、「結束」を強めるための十数種類の回覧文書を流すなど徹底している。双葉郡富岡町毛萱地区は常磐線富岡駅から南1kmの海に面した農家30戸余りの純農村の地区、郡内有数の野菜産地で「毛萱ネギ」は京浜地区で大人気の特産品である。(民報：19700123）他方、建設計画の半分に相当する楢葉町波倉地区は地権者が建設に賛成し、東電は用地の一筆測量、立木測量などを完了する。地権者の渡辺ハツヨ（波倉字北向、57歳）は「反対したところでどうにもならない。大熊がダメならここだってダメになるわけだし、第一、危険なものなら国が許可するはずがない」という。／／1967年度より福島県公害防止施設整備資金融資は原資1500万円、同融資枠2000万円で行われ、年度内には資金枠全学を消化の見込みである。(民友：19680106)
1968. 1. 3 (昭和43)	木村知事が「双葉地区原子力センター」構想を打ち出す（原発誘致の公表)。／／東電原発現場では60トンを持ち上げるガイデリック・クレーンが作動し、約800人の作業員が建設に従事するなど急ピッチの工事が進行中である。幅7.3～9.0 mの機器（重い原子炉など）陸揚げと冷却水を取る専用港も出来つつある〔北防波堤435 m（全長予定は765 m)、南防波堤298 m（同940 m)、東防波堤420 m（同557 m)、中央堤110 m（同123 m)〕。これで3000トン級の船舶の接岸が可能となる。防波堤の全工事にはブロック2.3トン（3620個)、13.8トン（620個)、20.7トン（480個)、トモエ型7.5トン（2780個)、9.0トン（3万5720個)、テトラポット8.0トン（660個)、12.5トン（300個)、16.0トン（4120個)、25.0トン（5420個)、大小総計5万5000個が必要である（採石輸送は15km離れた富岡町から毎日ピストン

暦　年	事　　項
	輸送)。なお2号炉の総工費は640億円(工事費510億円、燃料代130億円)である。(民友：19680103)
1968. 1. 5	木村知事が年頭の挨拶で、棚塩地区を東北電力の原発予定地に決定したと発表、地区民はそれまで知らされていない。(反原発：19780615)／／東北電力は原発建設候補地点を女川町小屋取と浪江町棚塩とに決定と正式発表する。
1968. 1. 6	1968年度の福島県公害防止施設整備資金融資は原資2500万円、同融資枠3000万円で需要に応じていくことを決定する。(民友：19680106)
1968. 1. 8	東電は(後の第二)原発基地(全4基で出力は各50万kWの計画)として決定した富岡町毛萱から楢葉町波倉までの太平洋岸の山林原野132万m^2の敷地〔殆どが松林の標高約40 mの高台、面積は富岡6対楢葉4、水田10ha(毛萱地区)、畑地10ha(楢葉地区内に住宅1戸有り)を含み、大熊町の原発より南に約12km離れる〕につき、1968年1月中旬から用地買収(本年3月末に終了予定)計画に乗り出し、地権者と具体化していく方針を出す。買収費の総額は約4億円で、関係地主は約120人(富岡80、楢葉40)、主な地主側は毛萱地区所有部落林(20ha)、楢葉町有林(30ha)、楢葉町分の東北パルプ(15ha)で、川内村が約70haの村有林を解放し代替地とする。買収費は県開発公社が出す。(民友：19680108)
1968. 1. 21	東北電力が決定した浪江町棚塩地区(要望の面積は150万m^2、一部は相馬郡小高町福浦分にかかる)には、山林原野の他、耕地160万m^2がある。ここの地権者約50人の大半が開拓農家、地権者側は「土地を失うことは死活問題だ」「われわれには何の相談もなくかってに決定した」と反対、地権者と地元住民計約150人が原発誘致反対期成同盟会を21日に結成(会長は農業の渡辺貞綱、棚塩字古屋敷)、建設反対運動を展開し始める。(民報：19680130)
1968. 1. 22	東電は第2次原発基地の開発計画(富岡町と楢葉町における)を正式に発表、出力を約全400万kWとする。(民友：19680123)
1968. 1. 30	浪江町当局は地権者側と現地懇談会を開き説得に出るが、懇談会には地元民は一人も出席せず。(民報：19680131)
1968. 3. 1	双葉郡につき、「『繁栄』を約束される双葉郡」(見出し)、「かつて『福島県のチベット』といわれた双葉郡に、いま“第三の灯”がともろうとしている」「原子の“メガロポリス”が出現する日も近い」「花やかな未来論のなかで“原発”は二十一世紀の繁栄までも約束したといえよう」などの記事が載る。(民友：19680301)
1968. 3. 29	政府が原発2号機の設置を認可する(「原子力ポケットブック2012」)。
1968. 4. 16	新聞記事「座談会・“原発”で繁栄の道開く」で、立沢甫昭福島県企画開発部長は「消費地帯を控えて、福島県全体が適地だ(笑い)」と発言する。(民友：19680416)
1968. 6. 21	東電が県に対して「富岡、楢葉地内に原子力発電をつくるので用地を買

暦　年	事　　項
	収してほしい」と依頼、県は県開発公社の手で買収させる方針を決め、22 日、同公社は理事会で受諾（着手方を決定）し地元との話し合いで買収に入ることになる。資金は金融機関の融資による。（民友：19680622）
1968. 7. 1	核拡散防止条約調印。
1968. 7	東電の次期の原発建設予定地となった富岡、楢葉両町に跨がった用地買収で、殆どが耕地と山林の富岡町の地権者たちが「絶対土地は売らない」と強硬な反対態度を打ち出す。富岡町毛萱地区 34 戸の地権者は「用地買収絶対反対」を決議、町と町議会に署名陳情書を提出する。（民報：19680713）／／一番最初に土地を手放して 40 年間住み慣れた双葉町を出た開拓入植者の井上正美（1970 年には夜ノ森南 3 丁目で鮮魚商を営む。45 歳）は、嘗ては約 2ha の農地を持ち牛を 4～5 頭飼う傍ら、船に乗り漁をして魚を卸し生計を立てていたが、借金がかさんでいてその精算のいい機会として土地を売却したという。同じく四代に渡り 100 年耕し続けてきた土地を手放した田中俊雄（耕地は 2.5ha ＝ 2 町 5 反、米作中心だった）は、原発用地のすぐ西側の小高い台地に代替地をもらい移住、タバコ栽培に切り替えて、タバコだけで年収約 100 万円という。（民報：19700119）
1968. 12	毛萱地区住民が 14 項の建設反対理由を挙げて木村知事に陳情、最終的にはまず放射能に対する不安、次に適当な代替地がないに絞る。（民報：19700123）
1969. 1 （昭和 44）	1 号機の原子炉格納容器（高さ 32 m）は既に完成、これを包み隠すビル（高さ 54 m）の工事が現在進行中で、1 号炉の建設（400 億円投資）は半分まで進む。この開発地帯は 1985 年度までには原子力で 1400 万 kW の電力を生む日本最大の電源基地となる。（民友：19690101）／／東北電力は浪江町棚塩地区を原発 2 号炉（75 万 kW 級）の建設希望地点に決める。
1969. 4. 4	福島県と東電は「原子力発電所の安全確保に関する協定」を締結する。放射能を双方の技術員による技術連絡会議で監視する。（朝日：19690405）
1969. 4. 25	東電が（後の第二）原発基地の建設計画を午前 9 時より富岡町臨時議会の席上で発表、敷地面積 132 万 m^2（40 万坪）で富岡町毛萱地区と楢葉町波倉地区にほぼ半々跨がる（両町に 2 基ずつで計 4 基、出力は各 100 万 kW、第一原発 1 号機の約 2 倍）。原子炉冷却用水の取水と超重量物運搬のために専門港を建設（3000トン級貨物船の入港可）、防波堤総延長は 3390m（大熊専用港の防波堤より 2 倍長い、漁業補償は地元の富熊・請戸・久之浜の 3 漁協と交渉）などの港である。なお最終的に必要な 2 次冷却用水（海水）は 3000 万トンで、必要な 1 次冷却用水（真水）は 1 日 7000トンで、地下水汲み上げや別途の施設建設で補う。（民報：19690426）
1969. 4. 30	東電原発の冷却用水取水用の坂下ダム（県営、場所は大熊町で農業灌漑用水にも利用、1968 年度から 5 カ年計画で建設の浜通第 1 の多目的ダム、総工

暦年	事項
	費 15 億 2000 万円、最大貯水量は 275 万トン、ダム建設に伴う水没家屋 3 戸と計 41ha の土地が買収される）の土地補償問題が解決し、この日、第 1 回の補償金支払いが完了する。当初は用地買収交渉は県と地主側とで難航、大熊町と地元選出の県会議員（笠原太吉）との仲介で妥結（保証価格は水田 60 万円／10アール当、畑 40 万円／10アール当、山は立木を除き 1 等地 17 万 8000 円、2 等地 14 万 8000 円、3 等地 12 万 8000 円、原野 9 万 8000 円）、34 人（富岡町上岡部部落共有林分は代表者 1 人とする）の地権者全員が正式買収契約書に調印、出資金は県と大熊町 300 万円と東電 600 万円により、補償金総額は約 1 億円である。（民報：19690501）
1969. 5. 16	1 号炉を包む圧力容器（この時点で日本最大、全体が炭素鋼製、外径 5.1m、高さ 19.7 m、厚さ 16cm、重量 440トン）が朝 6 時 10 分に海路で到着（広島港所属の貨物船の誠幸丸 1300トン、敦賀原発の圧力容器も運ぶ）、大熊町の専用の岸壁に 70 人の作業員で陸揚げする（700トンの特設クレーンによる）。21 日には原子炉建屋（この時点で 90％完成）内に釣り込む予定である。なお燃料「ウラン」の搬入は来春で、来年 5 月には「ウラン」を原子炉に装荷する予定である。（民友：19690517）
1969. 5. 21	原発の「心臓部」に当たる「原子炉圧力容器」（東芝が米国 GE 社から請け負う）が備え付けられ、1 号機の工事はこれで原発建設の約 70％が完了する。（民友：19690525）
1969. 5. 23	電調審は原発 3 号機（BWR、78.4 万 kW）の設置を認可する（「原子力ポケットブック 2012」）。
1969. 5. 27	2 号機が着工する（東電 2008「共生と共進—地域とともに」）。
1969. 11. 1	東北大学での原子力学会で「全国原子力科学者連合」（京大、東大、阪大、東工大、東北大などの研究者の団体）の名前でビラが撒かれ、「既成の学会秩序を再検討せよ！」「原子力開発は誰のためにするのか！」の見出しが書かれていた。
1969. 11	双葉町（年間予算規模 2 億 3000 万円、人口約 7000 人）に約 2 億円（うち、東電の協力費は 3000 万円）をかけた豪華な町立体育館が完成（福島市の県営体育館は 2 億 9000 万円）、田中清太郎双葉町長は「現時点では分に過ぎた施設かもしれない。しかし原子力発電所がつくられる以上、多額の固定資産税もはいるし、いろいろな波及効果もあるわけだし長い目で見た場合、決して不相応ではない」という（大熊町でも協力費は 3000 万円で、常磐線大野駅からの線路や陸橋、6 号国道という県道整備などに当てる。バー、飲食店、社員住宅建設による商店売り上げの上昇などで「原発景気」が起きる）。さらに双葉郡全体（大熊町、双葉町、毛萱地区を含む富岡町、浪江町など）から千数百人が東電関係の工事で働き（1 人平均 4〜5 万円）、出稼ぎ者が減少している。（民報：19700122）
1970. 1. 20 （昭和 45）	土地が東北電力の 2 号機（75 万 kW、1 号機は女川町）の建設用地に内定している浪江町棚塩字仲舛倉の舛倉隆（農業、58 歳）は、「棚塩地区としては絶対反対です。理由は大型の原子力発電所はまだ日本では動いておらず、安全性を証明する実績がないし不安がある、田畑をけずられ、

暦　年	事　　　項
	営農に支障をきたす、それでいて将来、われわれの生活がよくなるという保証もなければビジョンもない、米作の減反問題とからんで養蚕とか酪農とかやろうとしても土地をけずられてはどうしようもない、ということだ」という。反対期成同盟会が地権者（185人）からの意思統一のため委任状をとるが地権者のうち約半数しか集まらず。浪江町の地権者は放射能への根強い不安は勿論、県、町、会社側への不満感が先立っている。（民報：19700120）
1970. 1. 21	毛萱地区の長老の吉田七郎（69歳、「原発無益論」者）は「半島とか岬とか他にいくらでも土地があるだろうに、なぜこんな狭いところに田畑をつぶしてまで原子力発電所をつくらなければならないんだ。放射能の危険性のある原子力発電所などにこの土地は売らんねェー」と話す。志賀秀正大熊町長は「県から原子力発電所誘致の計画が持ち出されたとき、大熊町開発策のキメ手はこれしかないと思った。建設地は県道から数キロはいった松林の荒れ地で、東側は断がいの海という地形では他に発展の方法もない。放射能の安全性は先進地で実証ずみであり心配はしていない。双葉地区は原子力発電所建築によって地域開発は急テンポで進むことになるだろう」という。（民報：19700121）
1970. 1. 23	政府は3号機の設置を認可する（「原子力ポケットブック2012」）。1970年に毛萱地区長になる渡辺信夫（49歳）は「放射能の危険性がないなんてウソだ。原子炉の壁が二メートルも厚くして堅固なつくりにしてあるから安全だというが、逆に考えればそうしなければ危険だということだべ。どんな企業でも地方に進出してくるときは絶対に公害はないとうまいことをいう。だが出来てしまうと公害問題なんて全くそっちのけになってしまう」という。主婦たちも当面する不安を訴えるが、毛萱地区の「山の神講」（主婦だけの参加、世話人は佐藤愛子）の新年会では、「町で代替地を準備しているといっても車で一時間もかかるところではこの手不足の時代にどうしようもながっぺ」「他人が捨てたような土地はいらねェ」「三十代、四十代になっては転職も出来ねえしなァ」と語る。山田次郎富岡町長は「原子力発電所建設によって南双開発が進み、ひいては地元住民が利益を受けることになるのだ」と前置きをして、放射能、代替地問題につき「人類が月に行く時代の科学技術が原子力発電所の安全性を証明しているのだから心配ないと確信している。統計的には飛行機にしても十六万回に一度は落ちることがあるという。しかしそんなことばかりいっていては進歩だとか開発は考えられまい。代替地は田畑、山林ともすべて準備ずみだ」と語る。だが毛萱地区では1970年々頭より少しずつ変化（対話の動き）が現れ、区民から「町や東電の話を聞いてから態度を決めるべきだ」という意見が出ている。同地区の石井長明（53歳）の意見は「放射能が心配だし、代替地も町がやっていることは信用できない。しかし話し合いにだけは応ずるべきだ。そのうえで賛成、反対の態度を決めればいい」である。（民報：19700123）
1970. 4～5	この期間は日本全国で2基しかなかった商業用原発が全て停止する。草

暦　年	事　　項
	創期の2基とは日本原子力発電の東海原発（茨城県東海村、運転終了）と敦賀原発1号機（福井県敦賀市）である。
1970. 10. 1	山﨑文男編「作業者の放射線防護のためのモニタリングの一般原則」（仁科記念財団、日本アイソトープ協会）刊行。
1970. 10. 17	3号機が着工する（東電 2008「共生と共進—地域とともに」）。
1971. 2. 26 （昭和 46）	電調審は5号機（BWR、78.4 万 kW）の設置を認可する（「原子力ポケットブック 2012」）。
1971. 3. 22	1号機（大熊町側）の「出力 100%、100 時間テスト」が始まる（26 日に終了）。
1971. 3. 26	今村博東電所長は米国 GE 社の現地所長から鍵を引き継ぐ。／／大熊町、双葉町の両町に立地する、第一原発（面積約 350 万 m^2、東京ドーム約 74 個分）で、1号炉（軽水炉沸騰水型）が運転を開始する。（朝日：19710325）
1971. 3. 31	浪江町の 1970 年度（昨年度）予算は6億 7900 万円。内訳は地方交付税3億 1667 万円、町民税は自主財源で1億 7554 万円、事業実施による補助金は1億 9100 万円で、原発誘致が地方自治に直接もたらす経済効果は如実である。
1971. 4. 15	BWR（沸騰水型原子炉）の運転訓練センターを設立する。
1971. 4. 29	常磐炭礦は中核の磐城礦業所を閉山し、約 4700 人の鉱員、職員の全員を解雇する。（朝日：20150403）
1971. 6. 28	1号機が復水器真空低下のため原子炉を停止する（「原子力行政のあらまし 2010」）。
1971. 6. 30	電調審は4号機（BWR、78.4 万 kW）の設置を認可する（「原子力ポケットブック 2012」）。
1971. 7. 1	環境庁（現、環境省）が発足する。同日、ECCS 問題で原子力委員会があり、委員長談話で炉の停止や出力の制限の必要なし、安全研究に万全を期すなどという。
1971. 8. 30	小高町で服部立教大学教授が講演、服部の考え方は基本的には原子力平和利用の建前なら原発は必要という考え方である。原発の安全性として問題にしているのは、万一の事故（潜在的な危険）、日常運転時の放射性廃棄物、燃料の再処理と温排水の影響などで、監視（モニタリングポスト）を厳重にして運転管理を正確にすべきだというものである。（民友：19711127）
1971. 9. 23	政府は5号機（BWR、78.4 万 kW）の設置を認可する（「原子力ポケットブック 2012」）。
1971. 10. 25	原発設置問題をめぐり浪江臨時町議会を開催するが継続審議となる（反対同盟の十数人が傍聴）。翌 26 日、原発の安全確保のため全国初の「原子力発電所安全確保連絡会議」が設置される（同会議は県と相双6町の双葉、大熊、富岡、楢葉、小高、浪江が構成員）。

暦　年	事　　項
1971. 11. 25	浪江原発反対期成同盟の松本文男委員長は「原発は原子炉の安全が確認されない、炉心から八百㍍離れたらというが、地質調査の結果、地盤の関係で炉の設置場所が百㍍ずれた場合、当然規制区域外へはみ出る」「町や議会がわれわれ地域住民に事前になんの相談もなく、原発誘致を決めた、住民、町民不在の町政だ、町や県はいいかも知れないが万に一つでも事故のときは直接被害をうけるのはわれわれだ。安全が確認されれば絶対反対をするものではない」「自分たちに都合のよい学者をよんだときは連絡してくるが、反対を唱える学者の講演のとき（注：8月30日、小高町中央公民館に服部学立教大学教授を呼んだことを指す）は案内もない」という。（民友：「原発を考える」19711125）
1971. 11. 26	棚塩地区の鈴木弘（農業、46歳）は安全性が確認できないから反対だと前置きし、「わたしは田二町歩、畑一町歩余りを耕作している。農業自体が現状では先ゆき不安で構造改善により将来に備えなければと真剣に考えていた矢さき、原発建設による土地買収問題がおきた。原発が出来たとしても現在より生活がよくなるとは思えない、建設工事のある五年や十年は土地を売った人たちも建設工事で収入を得ることができるがそのあとは…」と不安を訴える。また「この棚塩地区でも大熊の原発工事現場に働きに行っている人がいるが工事が終わればどうなるのかわからない。果樹団地の計画もあるにはあるが、仮にリンゴを考えてみても成木になるまで八年はかかる。この間、資金を組合から借りたとして、これがハッキリ採算がとれる見通しがないままに八年後には借金だけが残る。養蚕もいいと思うが」とも言い、自分で作った米の値段を自分で決められない不満、減反問題の矛盾、原子炉の安全性が確認できない不安などが入り交じって、原発設置反対を強めている。息子は「もっと耕地を広げるのがよい。世のなかの変動があっても百姓は土地がある方が気楽だ。この原発問題を町の人たちはどのように思っているのか。町の繁栄はわれわれ百姓があってのことだと思う。原子炉のすぐそばにいるものが一番危険なのに…」と、国の農業政策への不信や先行き不安と、原発誘致決議への不信などとが入り交じった焦燥感、不満をぶちまける。（民友：19711126）／／浪江町の橋本真夫企画開発課長は、「（原発の安全性が）確認されないのならぜひ先進地をよくみたり、また疑問があったらよく聞いてほしい、わたしたちは納得のゆかないことを無理押ししようとは思っていない。安全性の問題を理解してもらうためチラシやパンフレットを配布しても見てもらえないようだ。不安なら見学や調査に一緒に行ってほしい。小高町での立教大学の服部先生の講演は同町議会棚塩原発特別委員会の主催であったので案内するといったものではない。危険だと思うなら一緒に科学技術庁や原子力委員会に行ってほしい。専門家の話を聞こうではないか。また先進地の東海、関西電力の美浜、日本原電の敦賀などをみてほしい。そして、理解してほしい」という。（民友：19711126）
1971. 12. 5	上田鉄三郎浪江町長は、「町の考え方」として町長名で原発設置反対派

暦　年	事　　項
	（反対理由 3 項目を挙げる）の横山甫棚塩地区長、前田文夫町議、松本文男原発反対期成同盟委員長の 3 人に公式見解を文書で送る。第 1 の先祖代々農民の血の通った土地と生活圏を守るに対しては、家屋、耕作地の代替地の斡旋をするなどと、第 2 の原子炉の安全性が確認されず、放射能公害の心配が強いに対しては、安全についての正しい理解をして欲しいなどと、第 3 の原発による地域開発の実質的メドもなく、地域住民の利益につながらないに対しては、直接、間接の所得と生活水準の向上に結び付くなどと、それぞれ書いて回答をする。（民友：19711205）
1971. 12. 17	電調審は 6 号機（BWR、110 万 kW）の設置を認可する（「原子力ポケットブック 2012」）。
1971. 12. 22	5 号機が着工する（東電 2008「共生と共進―地域とともに」）。
1971. 12	この月、1 号機で 1 次冷却水漏れで作業員 1 人が被曝する。（朝日：19910210）／／この年以降、1 号機の完成で双葉、大熊の両町には固定資産税 2 億 8000 万円が入ることになり、4 号機完成で 15 億円となる（但し税額が町の人口、財政規模で調整されるため実際は 10 分の 1 程度）。
1972. 1. 13	政府は 4 号機の設置を認可する（「原子力ポケットブック 2012」）。
1972. 2. 21	日豪原子力協力協定調印（7.28 発効）。
1972. 2	原発 PR 本を多く手掛けた「漫画社」（1990 年代にかけて漫画家と電力業界とを結び 2008 年解散）が設立される（樋口信社長、1999 年退任。横山隆一取締役、日出造の義兄で 2001 死去。他に杉浦幸雄、2004 死去。富永一朗ら）。得意先は推進派で（電力会社、日本原子力文化振興財団など）、反原発派からの依頼は断る。（朝日：20121026）
1972. 3. 23	水産研が 1967 年に福島原発の専用港から採取した海藻よりヨウ素 131 を検出していたことが判明する。放医研は人体には影響がないレベルとする。（朝日：19720323）
1972. 4. 15	核物質管理センター（財団法人）発足。
1972. 4	原発 1 号機の蒸気圧力調整器誤作動のため原子炉を停止する。
1972. 5. 31	東電重役会議は現在建設中の 1 号機と同様、2 号炉（出力 78 万 kW）も米国 GE 社からの輸入を決定、発注する。2 号炉の設置場所は大芋沢海岸、低濃縮ウラン軽水減速、冷却型騰水炉、建設費は 510 億円、今秋から基礎土木工事を開始する。（民友：19720531）
1972. 6. 1	原子力発電（PWR ―加圧水型原子炉）訓練センター設立。
1972. 6	国連人間環境会議をストックホルムで開催。原子力 PR が凄まじく、IAEA（国際原子力機関）は会議を「原発」の宣伝に利用。会議では米国の二人の学者（ゴフマン、タンプリン）がこれまでの微量の放射能障害に対する安全基準は甘すぎる、少なくとも 10 分の 1 にまで引き下げる必要があると警告する。またスウェーデンの原子物理学者アルフベン（ノーベル賞受賞、原子力産業の危険性につき指摘）が、スウェーデン政府の代表団の学識経験者から外される事件が発生する。（朝日ジャーナル：

暦　年	事　　項
	「白夜の国から見た日本」宇井純、19720728）
1972. 8. 8	後に「双葉地方原発反対同盟」と改称する、相双地方原発反対同盟が結成される（「原発の現場 東電福島第一原発とその周辺」1980）。
1972. 8. 28	東電が三木武夫内閣総理大臣に対して「福島第二原子力発電所原子炉設置許可申請」を提出する。
1972. 9. 12	4 号機が着工する（東電 2008「共生と共進―地域とともに」）。
1972. 12. 12	政府は 6 号機の設置を認可する（「原子力ポケットブック 2012」）。
1972. 12. 22	1 号機は再循環ポンプ制御装置が故障したため原子炉が自動停止する。1973 年 1 月 28 日にも同じ事故で自動停止する（「原子力行政のあらまし 2010」）。
1972. 12	「第一回原子力問題シンポジウム――原子力発電の安全性について」を日本学術会議が開催、安斎育郎東大助手（後、立命館大学名誉教授）は「問題提起者」として 6 項目の点検基準を明らかにする。「経済優先がまかり通っていないか」「民主的な地域開発計画を尊重しているか」「労働者および地域住民の安全が実証科学的に保障されているか」などである。／／同月、第一原発 1 号炉の原子炉再循環ポンプ制御装置故障のため原子炉を停止する。
1972	この年、ロンドン条約採択、放射性廃棄物の海洋投棄禁止となる。／／国（電源開発調整審議会）が（後の第二）原発 1 号機の計画（建設地は楢葉町と富岡町に跨がる場所）を承認する。
1973. 2. 19 （昭和 48）	県と東電との間に「安全確保協定」（改正）が結ばれる。明記された事項は、県の常時の立ち入り調査権（追加）や事前了解、東電から県へのトラブル等の通報連絡、原発による地域住民への損害補償、国を通じた東電への適切な措置の要求などである。（朝日：19730220）
1973. 3. 15	原研「JFT ― 2」が高密度、超高温プラズマの閉じ込めに成功する。
1973. 4	東電福島（第二）原発 1 号機の国による計画承認に対し、地元住民（楢葉町と富岡町、参加者の 1 人は当時、高校教師で楢葉町宝鏡寺住職の早川篤雄）は署名（町の有権者の 4 割の約 2200 人分）を携え通産省に出向く。応対は中曽根康弘通産大臣で署名を受け取った中曽根は終始、無言だった。（民報：20130206）
1973. 5. 18	6 号機が基礎掘削を開始し着工となる（東電 2008「共生と共進―地域とともに」）。
1973. 5. 22	原子力委員会は全国の原発に関わる住民の強い要求に押され、原子炉設置に係る公聴会開催要領を決定する。楢葉町と富岡町の「町民の会」は、富岡町の海沿いにある旅館に泊まりがけで勉強会をする（早川篤雄、小野田三蔵、安斎育郎らが集まる）。
1973. 6. 25	午後 4 時半頃、原発 1 号機の放射性廃棄物処理建屋から、バルブの締め方が不十分という初歩的なミスが原因で、放射性廃液 3.8トン（放出基準値の約 100 倍）の漏出事故が起きる。放射性物質を含む廃液 0.2トンが放射

暦　年	事　　項
	性廃棄物処理建屋の外部に漏れ出す。流出量は、ドラム缶１本分程度（約 200ℓ）で、広さ約 28m^2、深さ 5cm の土壌に染み込む。汚染土を除去する。（民報：20120420）／／事故の連絡を県は事故発生の約４時間後に受けるが、国、東電、県はすぐには公表せず（この当時、「安全確保協定」は県と東電の間だけのものだった）。翌 26 日の県議会で渡辺岑忠社会党議員が予定していた質問として原発の安全性を質し、木村守江知事が「原発が人間の健康に害があり、生活環境を破壊するようなものであれば、断固たる措置をとらなければならない」（露出事故には言及せず）と答弁した後、事故が公となる。社会党県議団は「議会軽視」と憤り、党議で県の担当部長を問い詰めるが、部長の答弁は「事実の詳細が分かるまで（議会に）報告しない方が良かったと判断した。今、考えれば当然、議会に報告すべきだった」と釈明、岩本忠夫（後、双葉町長）社会党県議団が本議会で、「住民の緊急時に対する備えがなかったと聞くが、その実態と今後の対応策を明らかにすべきだ」と追求する。（民報：20120421）／／東電からの事故の報告受理は当日午後８時半頃、原子力対策駐在員事務所（県が大熊町に設ける）には約６時間半後（当日午後 11 時過ぎ）、大熊町（当時の町長は志賀秀正、助役が遠藤正）に情報が入ったのは約 21 時間半後（翌日 26 日午後２時 10 分頃）で、事故の中身は当然として、原発立地にあたって「連絡を密にしていく」としていた東電との約束違反は町長、町の担当者、周辺住民などの不安を増幅させる。（民報：20120421）／／政府発表では、地下廃棄スラジ・タンクから放射性廃液を汲み上げ濾過処理中、濾過処理装置のドレン弁閉止不完全により床面、建屋外に放射性廃液が漏洩とある。
1973. 7. 7	科技庁が６月 25 日の事故につき施設改善命令を出す。（朝日：19730627）
1973. 7. 25	通商産業省（現、経済産業省）に「エネルギー庁」が発足する。
1973. 7	東電の「環境に関する調査資料」が出る。
1973. 9. 18〜19	福島（第二）原発公聴会を原子力委員会の主催で福島市（県農業共済会館）で開催する（東電福島第二原子力発電所の原子炉設置に係る公聴会であったが、法律的位置づけは全くない会）。小野田三蔵は「『科学技術庁が安全だと言っているのだから安全だ』との言葉を繰り返す県の姿勢には独自性がなく政府の下請そのもの、県は県民の意思を反映した独自の判断をすべき」と批判する。同時に地元の富岡町に対しても容赦をせず、数度に渡り町議会に原発設置反対の請願書を出す。関係者間で接待が行われたことなどの「うわさ」も指摘する。（民報：20130206）また小野田は初日の反対側２番目の発言者として、「推進と規制の両方を兼ね備え、なれ合いで不健全な安全審査になる恐れがある。認可を前提として審査が行われている」と主張する。（民報：20130219）
1973. 11. 1	東電が木村守江福島県知事に請求（1973 年６月 21 日付け）した原発のための「公有水面埋立免許願」が認可（免許処分）される。
1973. 12. 1	福島県知事が東電に対して公有水面の埋め立てを免許（許可）する（許可した対象は楢葉町波倉、富岡町毛萱、広野町下北迫）。早川篤雄は「もう

暦　年	事　　　項
	訴訟しかない。共産党がどうの、社会党がどうのという、問題ではない。住民として、訴訟を起こす」と決意する。(民報：20130206)
1973	双葉町の原発敷地内で5、6号機の建設が始まる。//この年、日本で稼働中の原発は合計5基。
1974. 1. 30 (昭和49)	原告住民216名（小野田三蔵審査請求人代表）は福島県知事が東電に対して、昨年12月に許可した公有水面の埋め立てにつき亀岡高夫建設大臣に宛てて審査請求の訴えを起こす。
1974. 2. 13	原発周辺の放射能測定で、分析化研と東電報告との測定値の22カ所に相違があり、15日に県が東電による事後修正があり、転記ミスと発表する。測定値の相違は日本科学者会議と共産党の調査で判明する。(朝日：19740214)
1974. 4. 30	東電が三木武夫内閣総理大臣に提出していた「福島第二原子力発電所原子炉設置許可申請」に許可処分がある。
1974. 5. 2	1号機の使用済核燃料をイギリスの再処理工場へ初めて運び出す（東電2008「共生と共進―地域とともに」)。
1974. 5	第一原発1号機のB制御棒動水圧ポンプシャフト損傷のため原子炉を停止する。
1974. 6. 1	東電は「福島原子力発電所」を「福島第一原子力発電所」に名称変更する（「原子力行政のあらまし2010」)。
1974. 6. 6	日本の原子力行政の大きな転機となる「電源三法」(電源用施設周辺地域整備法案、電源開発促進税法案、電源開発促進対策特別会計法案で、原発可能な自治体に交付金を出し建設を進める法律）が公布される。
1974. 6. 11	完成間近の福島第一原発4号機用原子炉圧力容器が最後の総仕上げである「最終焼鈍」を受けるが、6月末までに関係法規の許容範囲を超えて円形断面が楕円形に歪んでしまったことが分かる。(原発はなぜ危険か：田中三彦、19900122)
1974. 6. 28	小野田三蔵ほか403人の原告は、内閣総理大臣が東電に「福島第二原子力発電所原子炉設置許可申請」を許可処分したことに対し「許可処分取消請求」を起こす。
1974. 7. 18	福島第一原発2号機が出力78.4万kWで営業運転を開始する（「原子力ポケットブック2012」)。
1974. 8. 3	福島第一原発3号炉（BWR、78.4万kW）が臨界に達する。
1974. 10. 11	福島第二原子力発電所原子炉設置許可処分に対する異議申立（6.28付け）は、「理由がない」として棄却される。
1974. 10. 23	1号機が再循環系パイプ溶接部の傷で運転を停止する。9月にアメリカのBWRで罅《ひび》が発見され、同国では原子力委から停止と検査を命じていた。(読売：19741024)
1974. 11	米国のカー・マギー社（プルトニウム燃料の生産会社）の女性技士が不審な交通事故で死亡、彼女は会社のプルトニウム管理の杜撰さを批判して

暦　年	事　　項
	いた労組の活動家であった。死体からは多量のプルトニウムが検出される。この会社の工場は1973年（昨年）までに16件の違反と17回のプルトニウム被曝事件を記録している。（「東海第二発電所原子炉設置許可処分取消請求事件」の訴訟状：19751030）
1974. 12. 3	県知事と東電福島第二原発反対の原告との対話の機会がもたれるが、知事は終始、高姿勢で「県がよいと思うことをやって何が悪いんだ！」の乱発で対話にならず。（小野田三蔵「陳述書」：1975）
1974. 12	この月末現在で、全世界の運転中の発電用原子炉は162基にのぼり、その総出力は6730万kWを超える。
1974	この年までの日本での稼働中の原発は合計8基（東海、敦賀、美浜1、2号機、福島第一1、2号機、島根1号機、高浜1号機）、総電力は合計389万3000kW（研究炉は除く）、設置許可を受けて運転開始予定のものは合計15基である。この年、福島第一原発4号機の圧力容器が納入される。
1975. 1. 7 （昭和50）	福島第二原発1号炉（BWR、110万kW）の設置に際して、内閣総理大臣が原子炉設置許可処分を行うが（1974年4月30日）、この日、周辺住民404人（後、3人取り下げ）が許可処分取消を求めて内閣総理大臣を被告として福島地方裁判所に提訴する。原発設置許可取消請求に関する行政訴訟では我が国で第3番目の訴訟となる（伊方1号炉訴訟、東海村日本原子力発電2号炉第2訴訟に次ぐ）。以後、9年半にわたり45回の口頭弁論が行われる。
1975. 1. 11	2号機で原子炉再循環ポンプシールから漏水があり、原子炉を手動停止する。東電は2月16日に2、3号機の運転を停止して総点検すると発表する（「原子力行政のあらまし2010」）。
1975. 2. 25	政府が原子力行政の在り方を再検討する原子力行政懇談会（座長・有沢広巳日本原子力産業会議会長）を設置する。
1975. 1	2号機が再循環ポンプ軸封部を取り替えるため原子炉を停止する。
1975. 3. 9	2号機は8日に運転再開したが、ポンプ接続部など2カ所から放射能を含む1次冷却水漏れがあり、調査のため原子炉を手動停止する（「原子力発電」武谷三男、1976年）。
1975. 3	電調審が第二原発2号機（110万kW）を認可する。／／同月、福島第一原発2号炉が給水系フランジ部、浄化系ポンプ軸封部からの漏洩、逃し安全弁の点検のため原子炉を停止する。
1975. 8. 24〜26	京都市で全国初の反原発全国集会が開かれる。
1975. 11. 1	福島第二原発1号機が着工する。
1976. 1. 16	科学技術庁に「原子力安全局」を新設する。
1976. 2. 10	1号機が発電機励磁回路不調で原子炉を手動停止する。同様の事故が8月12日にも起きる（「原子力行政のあらまし2010」）。
1976. 3. 1	原子力工学試験センター設立。
1976. 3. 22	「原子力発電所周辺地域の安全確保に関する協定」を3者協定（立地4

暦　年	事　項
	町を加える）に改定する（「原子力行政のあらまし 2010」）。
1976. 3. 27	福島第一原発 3 号炉（出力 78.4 万 kW）が運転を開始する（「原子力ポケットブック 2012」）。3 号炉により日本の原子力発電設備容量が 660.2 万 kW となり、アメリカ、イギリスに次ぎ世界第 3 位となる。／／1973 年 2 月に福島県と東電との間に結ばれた「安全確保協定」を改定し、県（木村守江県知事）と地元自治体（田中清太郎双葉町長、志賀秀正大熊町長）を加えた「三者協定」が結ばれる。／／この当時の原発推進の動きについて伊東達也（いわき市議、県議歴任、原発問題住民運動全国連絡センター代表委員）は、「行政、経済、元請けの建設会社などによる“原子力利益共同体”が形作られ、その共同体が地域の多数派を構成した」と指摘する。（民報：20130214）
1976. 4. 15	第一原発周辺の松の葉に、放射性物質のコバルト 60 などが微量に含まれていると分かる。（朝日：19760415）
1976. 5. 11	2 号機のタービン室で、1976 年 4 月 2 日に火災があったことが判明する。石野久男衆院議員が質問して 40 日間の隠蔽が発覚する。（読売：19760512）
1976. 7. 25	田原総一朗のドキュメンタリー小説「原子力戦争」（筑摩書房）刊行。福島原発の報告もあり、県と東電との金銭的な癒着、白血病が死因の原発労働者、地元の原発成金などの実態のルポルタージュである。
1976. 7. 30	原子力行政懇談会が「原子力行政体制の強化に関する意見」の最終報告を提出する。
1976. 8. 6	木村守江県知事が土地開発に絡む収賄罪容疑で福島地方検察庁に逮捕される。
1976. 8. 11	木村守江が県知事を退任する。
1976. 9. 19	松平勇雄が県知事に就任する。
1976. 10. 21	原子力環境整備センター発足。
1976. 10	原発訴訟をめぐる最高裁が開いた協議会で（全国の裁判官を集めた極秘の会合）、「原子炉の事故と言うとすぐに原子炉の爆発イコール大被害という図式を簡単に想定しがちであるが、事故の起こる確率は極めて少ない」「事故により直接被害の及ぶ範囲というものを、ある程度限定することも可能なのではなかろうか」（後者は原告適格への言及）などのまとめを最高裁行政局が記す。（環境行政訴訟事件関係執務資料：部外秘、1979／朝日：20120418）
1977. 1 （昭和 52）	浪江町の北棚塩地区が 17 項目の交換条件（迷惑料 1000 万円、地区運営資金毎年 100 万円、公民館建設金 1 億 3000 万円など）により、気象観測塔（原発の事前調査のため）の建設を認め、棚塩は電力の金は使わないとする南棚塩地区とに分かれる。北棚塩には原発対策協議会ができるが、原発反対派もいる。
1977. 2. 26	定検中の 1 号機で原子炉給水ノズルに罅を発見、27 日にも制御棒駆動

暦　年	事　　項
	水の戻りノズルに罅を発見、6 月 13 日にも原子炉再循環系ライザー管に罅を発見する（「原子力行政のあらまし 2010」）。
1977. 3. 8	定検中の 2 号機で制御棒駆動機構コレットリティナーチューブに罅を発見する（「原子力行政のあらまし 2010」）。
1977. 3. 17	この日の衆院予算委員会で社会党の楢崎弥之助が 1 号炉の事故について触れ、「炉心の給水ノズル故障といわれているが、炉全体を左右する重大事故ではないのか」と追求、米国 GE 社から約 200 人の技術者、労働者が来ている意味を問う。（民友：19770318）この事故は給水ノズルの構造が変わっていたのに東電が放置してきた怠慢による事故であった。（原発はなぜ危険か：田中三彦、19900122）
1977. 3. 24	「朝日小学生新聞」に全面が原発特集である記事（読者の 5 人が福島第一原発を見学した様子を紹介、感想文も載せるが原発「広告」であり企業宣伝）が掲載される。これは報告記事の体裁をとった「記事体広告」である。
1977. 3	この月、1 号機で給水ノズルと制御棒駆動水戻りノズルに罅割れを発見する。（原発ジプシー：堀江邦夫、19791026）／／電調審が第二原発 3 号機（110 万 kW）を認可する。
1977. 4. 7	2 号機の再循環系の管に罅を発見する（「原子力行政のあらまし 2010」）。
1977. 5. 7	定検中の 2 号機で燃料体の 6 本に漏洩を発見する。（朝日：20120418）
1977. 5. 25	定検中の 3 号機で制御棒駆動機構コレットリティナーチューブに罅を発見する（「原子力行政のあらまし 2010」）。
1977. 6. 17	2 号機の制御棒駆動水の戻りノズルに罅を発見する（「原子力行政のあらまし 2010」）。
1977. 7. 12	1〜3 機の定検の結果報告では、どれも配管などに新しい罅、腐食などがあり、運転は 9 月以降となる。（朝日：19770713）
1977. 8	棚塩地区の松葉（1976 年 6 月と 12 月に採取）からコバルト 60 が 12ピコキュリーと 14ピコキュリー検出される。また同地区の海底の砂からもコバルト 60 が 136ピコキュリー検出される（県発表）。第一原発 1 号炉からの影響である。（はんげんぱつ：19780615）
1977. 9	福島第一原発 5 号炉（78.4 万 kW）の試運転が始まる。
1977. 10. 26	全国各地で第一回「反原子力の日」の集会がもたれる。
1977. 10. 28	福島県が自治大臣に申請していた燃料課税が認可される。福井県に次ぐ（「福島と原発」2013、早稲田大学出版部）。
1977	原発反対派が強い南棚塩への本格的な切り崩しが始まり、全 92 戸の地区は反対派同盟 42 戸（地権者 37 戸、他 5 戸）と、切り崩された 50 戸（地権者 35 戸、他 15 戸）とに分かれる。／／県は当時の自治大臣の許可を受けて「核燃料税」を設ける。
1978. 1. 30 （昭和 53）	双葉原発反対同盟が東電へ抗議行動をする。／／東海村再処理工場に向け、使用済核燃料 24 体が出航する。3 月までには計 72 体を搬出する

暦　年	事　　　項
	(「福島と原発」2013、前出)。
1978. 1. 30～31	福島原発から東海処理工場へ初の使用済核燃料4.7ﾄﾝの国内海上輸送をする。「核ジャック」対策と称して県警機動隊100人が警備する。既発表の計画によれば、以後、福島第一原発1号炉燃料141ﾄﾝが輸送される。(はんげんぱつ：19780301)
1978. 2. 6	故障が続き約1年半、運転を中止していた1号機が深夜に運転再開をするが、3月9日に再び運転停止となる。(朝日：19780209)
1978. 3. 1	「反原発新聞」(注・漢字表記) が創刊され、0号を発行する (全国反原発運動交流会)。
1978. 4. 18	5号機が営業運転を開始する。(朝日：19780419)
1978. 5. 15	「反原発新聞」(注・漢字表記) 1号を発行する (反原発運動全国連絡会)。
1978. 6. 16	原子力委が第二原発2号機の設置許可を答申する。
1978. 6. 19	公有水面埋立免許取消請求訴訟判決で、福島地方裁判所は原告適格を欠く不適法な訴訟として原告の請求を棄却する。
1978. 6. 22	第一原発1号機が除湿器用バルブの故障で緊急停止するが、同日中に運転を再開する (「原子力行政のあらまし2010」)。
1978. 6. 26	福田首相が第二原発2号機の原子炉設置を許可する。
1978. 7. 3	第二原発建設に伴う公有水面埋め立て訴訟で住民側が仙台高裁に控訴する。
1978. 7	電調審が第二原発4号機 (110万kW) を認可する。
1978. 8. 16	東電が第二原発3、4号機の設置許可を申請する。
1978. 9. 1	第一原発3号機のタービン建屋内で清掃作業員が3人倒れ、2人は重体である。酸欠が原因か。
1978. 10. 4	「原子力委員会」を改組して「新原子力委員会」と「原子力安全委員会」とが発足する。
1978. 10. 12	4号機が営業運転を開始する。日本の原発能力が世界2位になったとされる。(朝日：19781013)
1978. 10	この月、小高町議会が原発誘致を決議する。
1978. 11. 1	放射線従事者中央登録センターが被曝線量登録を開始する。／／第一原発の使用済核燃料がイギリスの再処理工場に向け搬出される。
1978. 11. 2	第一原発3号機で定検中の試験時に制御棒が5本脱落して、7時間半も臨界となっていたことが、運転日誌改竄などで隠蔽される。この事実は2007年3月22日に発覚し、東電が発表する。(反原発：20070420)
1978. 11. 29	第一原発3号機が半年ぶりに調整運転に入る (定検終了は12月下旬予定)。
1978. 12. 1	第一原発2号機が6カ月の予定で「定期検査」入りをする。
1978. 12. 17	富岡町で反原発全県活動者会議を開催する。

暦　年	事　　　項
1978. 12. 19	通産省エネルギー庁が、第一原発1号機の22体の燃料体から放射性物質の漏れた疑いがあり、うち6体に鋳割れを発見したと定検状況を発表する。（反原発：19790120）／／福島原発の燃料棒の総数は400体だが、163体の取り換え作業うち22体から「放射性物質が漏れている疑いがある」ことが分かる。うち6体はいずれも一部に鋳割れがあった。（民友：19781219）
1978	この年、オーストリアの国民投票で原発の稼動が否決され、これが同国の1999年の原発建設禁止の憲法明記となる。
1979. 1 （昭和54）	「原子炉等規制法」改正に伴い、被告が「内閣総理大臣」から「通商産業大臣」（現、経済産業大臣）に変更される。
1979. 2. 27	第一原発1号機が半年ぶりに調整運転に入り、営業運転は3月下旬の予定である。
1979. 2. 28	第二原発2号機が着工する。
1979. 3. 9	福島原発6号機が臨界に達する。
1979. 3. 19	第一原発1号機が7カ月ぶりに営業運転を再開する。
1979. 3. 28	米国スリーマイル島（TMI）原発の2号炉（PWR）で炉心溶解事故が起き、格納器内で水素爆発がある。冷却水の漏洩事故である。
1979. 4. 3	松平勇雄県知事は原発の安全性を厳しく求めると発表し、国に原発の防災対策の強化を、東電に県内の原発の再点検をそれぞれ要求する。同年11月、県は当時の「県地域防災計画」を補う「原発防災対策実施要項」をまとめる方針である。（民報：20120423）
1979. 5. 26	双葉地方原発反対同盟、放射線から子供を守る母の会と日本社会党双葉総支部、双葉地方労などの主催で、「5.26反原発集会」を大熊町役場前において開催、原発の即時停止を県と東電に要求する。高木仁三郎の講演もあり200名の参加者がある。
1979. 5	最高裁事務総局が「環境行政訴訟事件関係執務資料」（部外秘）を発行する。最高裁は「裁判官にも研究や勉強が必要だ」と全国の裁判官を集め協議会を開いていたのであり、「執務資料」は最高裁や各高裁が開いた議論の内容を記録したものである。
1979. 6. 12	双葉地方原発反対同盟、県原発反対共闘会議は「県内に第二再処理工場候補地」の新聞報道に対し県知事に反対を申し入れる。（反原発：19790720）
1979. 7. 5	県議会で労働者被曝状況が報告され、8年間（1971～78年）で下請労働者の1人当たり年平均被曝線量が7倍以上に増加し、低レベル廃棄物はドラム缶6万本以上と分かる。
1979. 7. 13	第一原発2号機（調整運転中）がタービン制御油圧計の油漏れで運転停止となる。14日に再開する。
1979. 7. 20	第一原発1号機が復水器海水循環ポンプの故障で運転停止となる。22日に再開する。（朝日：19790720）

暦　年	事　　項
1979.7.24	第一原発3号機が発電用タービン制御油圧計の油漏れで運転停止となる。26日に再開する。
1979.7.25	原子力発電所運転管理専門官制度がスタートする。
1979.9.13	東海村再処理工場に運び込まれた、福島第一原発1号機の使用済核燃料棒1本に罅割れがあり、別の燃料集合体の支持格子の一部に欠落が見つかる（資源エネ庁発表）。
1979.10.14	ドイツのボンで15万人の反原発集会がある。
1979.10.16 ～17	第一原発6号機が特別保安監査を受ける。タービン補機冷却管止め弁の支持金具にトラブルが見つかる。
1979.10.17	第一原発1号機が圧力調整機の故障で運転停止となる。23日に再開する。
1979.10.19	第一原発2、6号機が台風の影響で自動停止となる。20日に再開する。
1979.10.22	第一原発6号機の特別保安監査につき、原子力安全委が通産省報告を了承する。
1979.10.24	第一原発6号機が営業運転を開始する。（読売：19791025）
1979.10.26	双葉、棚塩、北棚塩、小高各地区の原発反対同盟が、福島原発は狭隘な場所に原発計6機があり、総出力469万6000kWで、日本は勿論、世界でも類のない原発集中地だと警告する声明文を出す。／／堀江邦夫「原発ジプシー」（現代書館）刊行。
1979.10	この月までに福島第一原発全6基が出揃う。
1979.11.4	第一原発2号機の復水ポンプが止まり運転停止となる、8日に再開する。
1979.11.28	第二原発3、4号機の安全審査で安全性が確認されたとされ、今後は原子力安全委が再審査をすることになる。
1979.11.31 ～12.1	総評主催の「反原発闘争関係県評地区労代表者会議」が富岡町で開かれ、今後の「原発モラトリアム」署名運動の展開や原発下請け労働者の安全問題への取り組みなどが話される。
1979.11	読売新聞が核燃料輸送反対行動を大々的に「核ジャックを図る過激派」と報じ、後に訂正記事を出す。
1979.12.15	第一原発4号機が調整運転に入る。
1979	遠藤正が大熊町の町長になる（1987年まで）。
1980.1.17 （昭和55）	福島第二原発3、4号機増設の公開ヒアリングにつき、県原発反対共闘会議と双葉地方原発反対同盟は松平県知事に対し中止を申し入れる。
1980.1.23	1号機の作業従事者に、被曝線量を最高1人当たり1日1Rem《レム》（目安線量は0.1Rem）認めていることが明らかになる。東電社員には労使の取り決めで適用されないのである。29日にはGE社のアメリカ人作業員約100人が高被曝作業を担当していると判明する。（朝日：19800124、25、30）

暦　年	事　　　項
1980. 1. 28	第一原発沖 1km 以内で採られたホッキ貝などから微量のマンガン 54 とコバルト 60 とが検出される。（朝日：19800129）
1980. 2. 4	第二原発用のポンプの欠陥の検査をメーカーが納入の際に誤魔化していたとの内部告発に関し、政府は調査を約束する（衆院予算委）。
1980. 2. 10	第一原発 4 号機が空気抜き配管からの冷却水漏れで運転を停止する。18 日に再開となる。（反原発：19800320）
1980. 2. 14	福島第二原発 3、4 号機を増設するために「公開ヒアリング」が強行される。
1980. 2. 21	TMI 原発に隣接する 3 つの郡で 1979 年 4 月から 12 月の間に甲状腺機能低下症の新生児 13 人が生まれており、ペンシルベニア州保健当局が事故との関連性など原因を調査することになる。（米「ワシントン・ポスト」紙：19800221／反原発：19800320）
1980. 3. 1	民間再処理会社の「日本原燃サービス株式会社」が設立される。
1980. 3. 3	福島第一原発 3 号機で作業足場の鋼製パイプが蒸気タービン内に忘れられていた（資源エネ庁発表）。
1980. 3. 23	スウェーデン議会が国民投票で原発の段階的廃棄を選択する。
1980. 4. 7	福島第一原発 1 号機（定検中）で配管に鋳割れが見つかる。
1980. 4. 17	福島第一原発 4 号機で圧力スイッチ誤作動により運転を停止する。22 日に再開する。
1980. 4. 28	福島第一原発 4 号機が再びタービン故障で運転停止となる。
1980. 4	「原発周辺環境放射能測定結果報告書」が出され、原子力センター付近の空気中のチリからコバルト 60 が最高 0.0011ピコキュリー／m^3、マンガン 54 が最高 0.0028ピコキュリー／m^3 検出される（県公表）。
1980. 5. 2	タービンが故障の第一原発 4 号機、中間点検が終了した同 6 号機がそれぞれ運転を再開する。
1980. 5. 15	第一原発 6 号機がタービン故障で運転停止となる。22 日に再開する。
1980. 5. 22	吉原公一郎「世紀への黙示録」（ダイヤモンド社）刊。福島第一原発 3 号機が炉心溶融事故を起こしたという内容で、雑誌連載中に東電から「連載の中止という圧力を加えてきた」（あとがき）とある。1981 年 9 月に「破断 小説原発事故」（ダイヤモンド社）と改題して再刊する。
1980. 6. 6	第一原発 3 号機が管理ミスでタービンを停止する。7 日に運転を再開する。
1980. 6. 10	スウェーデン議会で 2010 年までに原発全廃を議決する。
1980. 7. 14	原子炉安全専門審査会が第二原発 3、4 号機の増設につき「安全」の結論を出す。
1980. 7. 28	原子力安全委は第二原発 3、4 号機の増設を認可し、田中六助通産大臣に答申する。また東電は原発周辺海域の汚染に対する地元 7 漁協への補償の支払いの 8 億円に調印する。名目は「漁業振興対策資金」で、ホッ

暦　年	事　　　項
	キ貝の汚染が切っ掛けになっている。（朝日：19800729）
1980. 8. 4	通産省が第二原発 3、4 号機の増設を認可する。
1980. 8. 30	第一原発 1 号機が湿分分離器内水位上昇で緊急停止する。8 月 4 日より調整運転をする。
1980. 8. 31	第二原発 3、4 号機の安全審査が活断層を過小評価していたと「赤旗」が報道する。
1980. 9. 4	停止していた 1 号機が調整運転を開始する。
1980. 9. 22	第一原発 2 号機の原子炉水位高の誤信号で機が自動停止する。27 日に調整運転を再開する。
1980. 10. 3	第二原発 3、4 号機設置許可に対し原発・火発反対県連絡会が異議申立をする。
1980. 10	県内の小学校の校庭の空気中からコバルト 60 が検出される（測定は 6 月）。県側は 0.0002ピコキュリーの微量だから心配ないとする（県発表）。
1980. 11. 10	通産省が第二原発 3、4 号機の原子炉建屋工事計画を認可する。
1980. 12. 1	第二原発 3、4 号機が着工する。
1980	福島県は県防災会議に「原子力防災部会」（小委員会の専門委員として「日本原子力研究所」や「科学技術庁放射線医学総合研究所」から 3 人を迎える）を設置する。県には原子力防災の専門職員はおらず「素人集団」だった。防災指針にあった「防災対策を重点的に充実すべき地域の範囲（EPZ）」（国は EPZ を「原発からの半径約八～十キロが目安」とする）の線引きが課題だったが、県では最終的に「半径十キロにかかる行政区ごとに線を引く」とし、国の指針を超える広い範囲を独自に設定することはできなかった。なお 2012 年 3 月（福島原発事故 1 年後）、原子力安全委員会の作業部会は指針の改定案をまとめ、防災対策の重点地域を半径 30km に広げることを示す。（民報：「3・11 大震災 福島と原発」20120423）
1981. 4. 1	1981 年度の原子力予算の政府原案は「バラ撒き、尻ぬぐい、住民対策」が特徴である。研究開発から後始末まで全て税金で賄い、電源三法交付金で建てた施設の維持管理費まで面倒をみる。
1981. 4. 10	第一原発 1 号機で復水器系の蒸気配管に罅割れを発見する（「原子力行政のあらまし 2010」）。
1981. 5. 12	第一原発 2 号機で、原子炉給水ポンプのブレーカーが作動して自動停止する。その後、高圧予備復水ポンプも停止し、原子炉水位の低下となり ECCS（高圧注水系）が作動する。（朝日：19810512）
1981. 6. 4	米国 TMI 事故（1979 年）を受けて、県防災会議は県の原子力防災対策計画を全面的に修正する（「原子力行政のあらまし 2010」）。
1981. 6. 17	第二原発 1 号炉が臨界に達する。
1981. 7. 9	第一原発 1 号機（定検中）で 3 体の燃料集合体にピンホールを発見する（東電発表）。

暦　年	事　　項
1981. 7. 28	原発放水口沖合いで採取したホッキ貝からコバルト60が検出される(県原子力対策室の調査)。
1981. 7. 31	第二原発1号機が初送電をする。
1981. 8. 4	第一原発4号機で原子炉保護系テスト時に電磁弁が不調となり、制御棒1本が全挿入し出力が低下する。
1981. 8. 17	第一原発2号機で主蒸気隔離弁駆動用空気配管から空気漏れが起き出力を下げて修理する。
1981. 8. 26	第二原発1号機でタービン制御油圧系統の継手部分から油漏れがあり、運転を停止する。27日に再開する。
1981. 9. 18	第二原発1号機が湿分分離器の分離水滞留により自動停止する。25日に運転を再開する。
1981. 10. 1	第一原発5号機が運転を再開、9月28日に水漏れを起こしていた。
1981. 10. 10	ドイツのボンで30万人の反原発集会がある。
1981. 10. 12	第一原発6号機の冷却配管から海水漏れがあり原子炉の運転が自動停止する。15日に運転を再開する（「市民年鑑」2011 — 12)。
1981. 10. 28	第二原発1号機（試運転中）がタービン異常振動で自動停止する。30日に運転を再開する。
1981. 11. 13	第二原発1号機が冷却水流量急上昇で運転停止となる。15日に運転を再開する。
1981. 11. 19	第二原発1号機が復水ポンプバルブ開閉ミスで停止する。30日に運転を再開する。
1981. 12. 3	第一原発1号機が原子炉スクラム排出容器水位高の誤信号で自動停止する。11日に運転を再開する。
1981. 12. 10	第二原発1号機（試運転中）がタービンの湿分分離器水位高の誤信号で自動停止する。19日に運転を再開する。
1981. 12. 23	第一原発5号機が原子炉水位低の誤信号で給水量が増加し、水位高で運転を停止する。25日に運転を再開する。
1982. 2. 14 （昭和57)	第一原発2号機（11日に調整運転に入る）が給水制御系の故障で停止する。17日に運転を再開する（「原子力行政のあらまし2010」)。
1982. 3. 31	1981年度の労働者被曝データが資源エネ庁より発表される。福島第一（6基）では従事者数1万392人（下請9501、社員891)、総被曝線量6564Rem（下請6293、社員271)、平均被曝線量0.63 Rem（下請0.66、社員0.30)、福島第二（1基）では従事者数2653人（下請2383、社員270)、総被曝線量15 Rem（下請13、社員1)、平均被曝線量0.01 Rem（下請0.01、社員0.00）であった。被曝の大きさは例年通り老朽化の進む第一原発で顕著であり、労働者数の26％、総被曝線量の51％を占める。また下請労働者の平均線量（0.66）は極めて高く、2.5 Rem以上の被曝労働者は同原発で403人（全体では411人）である。／／同年度の放射性固体廃棄物の発生量は福島第一では200ℓドラム缶が3万1962本、その

暦　年	事　　　項
	他が不詳、累積保管量が同順で13万7259本と150本分、貯蔵設備容量は約21万1500本分、福島第二では200ℓドラム缶が348本、その他が不詳、累積保管量が同順で348本とその他が不詳、貯蔵設備容量は約3万2000本分である。（反原発：19821020）
1982. 4. 20	福島第二原発1号機が営業運転を開始する。これで日本の原発は計24基、1717万7000kWになる。
1982. 4. 28	第一原発1号機でパイプの罅割れによる冷却水の滲みを発見し、原子炉の運転を手動停止する。（朝日：19820429）
1982. 5. 7	第一原発1号機が配管を取り換えて運転を再開する。
1982. 6. 25	第一原発6号機のタービンバイパスで弁開閉表示ランプがショートし自動停止となる。7月1日に運転を再開する（「原子力行政のあらまし2010」）。
1982. 6. 28	第一原発5号機が再循環系不調で停止する。30日にポンプ配管を取り換えて運転を再開する。
1982. 7. 8	第一原発5号機が電磁弁不調で運転停止となる。9日に運転を再開する。
1982. 7. 24	第一原発1号機が主蒸気隔離弁の故障で自動停止となる。環境中に約20キュリーの放射能漏れとなり、29日に運転を再開する（「原子力行政のあらまし2010」）。／／「朝日小学生新聞」が「広告特集」として福島第一原発を採り上げる。
1982. 7 . 26	東電がプルサーマル推進の方針を表明、敦賀1号炉で実証試験の後、福島第一原発1号炉で実証試験をする。
1982. 10. 25	第一原発6号機で床排水量が急増し運転を停止する。再循環系圧力計の接続パイプに亀裂が見つかる。
1982. 11. 3	配管からの水漏れで停止中の6号機が運転を再開する。
1982. 11. 4	点検中の第一原発1号機で1本の燃料集号体に放射能漏れの疑いがある（資源エネ庁発表）。
1982. 12. 20	5号機（調整運転中）で、給水制御回路機器の故障で水位が低下する。原子炉が自動停止し21日からの再開となる（「原子力行政のあらまし2010」）。
1982. 12. 23	第一原発4号機（資源エネ庁が定検中）で燃料棒1本にピンホールを発見し、原子力安全委に報告する。
1982	この年、米ニューヨークで反核100万人集会がなされる。／／同年、北朝鮮の金日成《キムイルソン》が核開発を本格的に開始する。／／遠藤正大熊町長は「県原子力安全行政10周年記念誌」（県原子力広報協会発行）の「ごあいさつ」に、「炉心には放射能と言う怪物が充満しておる事実は覆い隠す術はない」「阿武隈山系の横腹に、双葉郡民七万人が万一の場合、最低三カ月ぐらい生活し得る地下街を建設する」などと書く（この不安が後に彼の「シェルター建設構想」に結びついていく）。

暦　年	事　　項
1983. 3. 4 (昭和 58)	県が「電源地域振興特別措置法」の試案をまとめる。議員立法を目指し自民党などに働きかける。
1983. 3. 6	中間点検を終えた第一原発 3 号機で出力上昇中に過圧保護装置が誤作動し 7 日に運転を停止する。劣化部品を交換し 8 日に再開する。
1983. 3. 30～31	第二原発 1 号炉の設置許可取消訴訟で、福島地裁が運転中の同炉内に入って現地検証をする。
1983. 3. 31	1982 年度の被曝データは、第一原発全 6 基の全従業者数 1 万 181 人（下請 9148、社員 1033）で、総被曝線量は 5382Rem（下請 5148、社員 234)、平均被曝線量 0.53 Rem（下請 0.56、社員 0.23)、第二原発全 1 基の全従業者数 2201 人（下請 1853、社員 348）総被曝線量は 35 Rem（下請 20、社員 15)、平均被曝線量 0.02 Rem（下請 0.01、社員 0.04）である（資源エネ庁発表)。(反原発：19831020）／／1982 年度の福島第一原発における被曝は日本の商業原発全体の 42％を占め、平均被曝線量は 0.5 Rem 超である。社員外の労働者の被曝は 94％に達し、2.5 Rem 以上の被曝者は 220 人だがすべて社員外、うち 210 人までが福島第一で被曝している（資源エネ庁発表の資料による)。(反原発：19831020）／／1982 年度の放射線固体廃棄物の発生量は第一原発で 200 ℓ ドラム缶 2 万 4897 本、第二原発で同 816 本、同累積保管量は第一原発で 200 ℓ ドラム缶 16 万 2156 本、その他 150 本分、第二原発で同 1164 本、貯蔵設備容量は第一原発で約 29 万 8500 本、第二原発で約 3 万 2000 本だった（資源エネ庁発表)。
1983. 4. 1	第二原発 2 号機の核燃料装荷を開始する（14 日完了、26 日臨界)。
1983. 6. 23	第二原発 2 号機が試運転を開始、来年 1 月に運転開始の予定である。
1983. 7. 2	第一原発 3、6 号機が地震の揺れで「タービン振動大」の信号が出て、タービン、原子炉が自動停止する。1、4、5 号炉が止まらなかったことは問題である（2 号炉は定検中)。原発内の施設が地震を感知して止まったのは初めてで、3 日に運転を再開する。
1983. 7. 9	第一原発 6 号機が送電線への落雷で運転を停止する。10 日に運転を再開する。
1983. 8. 13	第一原発 1 号機が蒸気加減弁の油圧配管の油漏れで自動停止する。19 日に運転を再開する。
1983. 8. 25	通産省が定検中の原発の検査結果を原子力安全委に報告する。第一原発 4 号炉で集合体 1 体に漏洩が認められる。
1983. 10. 29	第一原発 6 号機で主発電機の保護装置が作動し自動停止する。11 月 7 日に運転を再開する。
1983. 11. 19	第一原発 1 号機が電気増幅器の故障で運転を停止する。22 日に運転を再開する。
1983. 11. 30	福島県初の原子力防災訓練が、第一原発所と大熊町周辺で約 5 時間余りに渡り行われる（日本での総合的な原子力防災訓練としては茨城県に次ぎ 2

暦　年	事　　項
	番目、但し住民は参加せず)。国、県、双葉郡（広野、楢葉、富岡、大熊、双葉、浪江の6町）内の関係機関から約700人が参加する。住民の直接の参加はなかった（「福島と原発」2013、前出)。
1983. 12. 7	小野田三蔵が原告代表となり、「福島第二原子力発電所原子炉設置許可処分取消請求事件」の「最終準備書面」を福島地方裁判所第一民事部に提出する。
1983	この年、福島第一原発で、大雨により非常用発電機のある建屋地下に浸水が起きる。東電は地震、津波対策を打つ機会だったが逃している。
1984. 1	1983年度電力施設計画で第二原発2号機が運転開始の予定である。
1984. 2. 3	第二原発2号機が営業運転に入る。これで日本の商業原発は計25機、1827.7万kWになる。
1984. 2. 8	第一原発3号炉が高性能燃料（急激な出力の変化に耐え得る燃料）の照射試験を開始する。1988年までの4年計画であり、途中10カ月毎に取り出し分解、調査をする。
1984. 3. 8	資源エネ庁が定検中の第一原発1号機で3体の燃料体に異常を発見する。
1984. 3. 26	東北電力が浪江、小高原発の運転開始時期をさらに2年遅らせる計画見通しを届け出する。
1984. 5. 5	第二原発1号機が励磁気ブラシの摩擦で運転を停止する。8日に運転を再開する。
1984. 7. 23	「福島第二原子力発電所原子炉設置許可処分取消請求事件」に対し、福島地裁は原告へ「棄却」の判決を出す。被告は小此木彦三郎通商産業大臣で、原告は小野田三蔵ら401名、弁護団は113名である。判決では福島地裁は原子炉設置の安全性確保には合理的な根拠があるとする。具体的には、福島第二原発1号炉設置許可取消請求訴訟で福島地裁は次のように判決している。司法判断の対象となる内閣総理大臣の「合理性の立証は被告（国側）が負担すべきであると解するのが公平であり、条理上も妥当である」（判例時報：1124号34頁)。
1984. 8. 6	原告は第一審判決を不服として、仙台裁判所に控訴する。以後、17回にわたる口頭弁論が開かれる。
1984. 9. 27	第二原発3号機の燃料装荷が開始される。
1984. 10. 17	第二原発2号機（定検中）で復水貯蔵タンクへの戻り弁から汚染水が漏洩し、雨水口を通して管理区域外へ約400ℓが流出する（「原子力行政のあらまし2010」)。
1984. 10. 21	2号機が数秒間臨界状態となり、緊急停止装置が作動したが、東電は記録を改竄して2007年3月30日まで隠蔽する。（朝日：20070331、0406）
1984. 10. 25	第二原発2号機の漏水防止を終了し調整運転に入る。
1984. 10	第一原発2号機で定検中の試験時に制御棒が脱落して臨界となっていたが隠蔽される。この事実は2007年3月30日の総点検結果に含めて報告

暦　年	事　　項
	される。（反原発：20070420）
1984. 11. 22	第一原発 1 号機の再循環ポンプの水中軸受けリングの破壊を発見、新品に取り替える。
1984. 12. 1	運転開始から約 13 年の第一原発の総発電量が、2000 億 kWh を突破し、この月までで世界一となる。1984 年時点で全体の稼働率は 58.4％である。（朝日：19841201）
1984. 12. 14	第二原発 3 号機が初送電をする。
1984	1980 年代前半までは、核戦争の恐怖はまだリアルなものとしてあった。こうしたなかで、「北斗の拳」（武論尊、原哲夫）、「AKIRA」（大友克洋）、「風の谷のナウシカ」（宮崎駿）など、「核戦争らしきものが起きた後の世界を描く作品が次々に現れ、歓迎されます。核戦争がリアリティーを失い、一種の舞台装置として機能するようになってしまった」ことになる。（朝日：山本昭宏へのインタビュー記事、20160528）
1985. 3. 1	日本原燃産業株式会社が発足する。
1985. 3. 29	デンマーク議会が政府に対し原発を採用しないエネルギー計画の策定を指示する決議をする。
1985. 3. 31	原研、日本原子力船事業団を統合する。
1985. 4. 17	調整運転（定検最終段階）に入った第二原発 2 号機で弁駆動用窒素ガスが格納容器内に漏出し運転を停止する。24 日に運転を再開する。
1985. 6. 20	通産省の審査は第一原発で新型燃料を採用し、固体廃棄物処理設備の増設などについては「安全」と承認し、安全委に諮問する。
1985. 7	1983 年度電力施設計画で第二原発 3 号機が運転を開始する予定である。
1985. 8. 20	原発の新規立地計画地での PR に活躍し、「原発誘致をしてよかった」という田中双葉町町長が、下水道付帯工事をしていないのに町費約 2500 万円を建設会社 2 社に支出した疑いで、同町議会臨時会は調査特別委の設定を決議する。（反原発：19850920）
1985. 8. 21、23	両日、調整運転時の第一原発 1 号機で主蒸気隔離弁の全閉で原発が自動停止する。31 日には電源室でケーブル火災が発生する。
1985. 8. 31	定検中の 1 号機のタービン建屋内の受電盤近くから出火があり、ケーブルなどが損傷する。（朝日：19850831）
1985. 9. 19	県は事故の通報連絡方法の見直しと、職員の教育訓練の徹底などの改善を指示する。
1985. 9. 25	第一原発 5 号機で、20 日頃から格納容器内の機器廃液量が増加したので手動で機を停止する。29 日に運転を再開する。
1985. 9. 28	第二原発 3 号機で冷却水の水位が低下し自動停止となる。10 月 6 日に運転を再開する。
1985. 10. 8	通産省の安全審査で、福島原発での高性能燃料の採用にゴーサインが出る。

暦　年	事　　項
1985. 10. 24	連続の事故で調整運転を停止中だった第一原発1号機が運転を再開する。
1985. 10	「フジオ・プロ」（赤塚不二夫事務所）が原発の仕組みや現状、安全対策、過去の原発事故の解説や反対意見を紹介し、放射性廃棄物の問題を盛り込んである「ニャロメの原子力大研究」を刊行する。仕事を依頼された長谷邦夫は「政府広告的な仕事は漫画家がやるべきではない」という信念の持ち主で、チェルノブイリ原発が起こった際には「僕の判断は正しかった」と確信する。（朝日：20121031）
1985. 11. 14	第一原発6号機の燃料集合体1体に漏洩が見つかる（定検中の資源エネ庁発表）。
1985. 12. 27	県、地元4町は福島原発の安全協定の一部改定に調印する。東電に事故連絡の迅速化と、県の立ち入り検査への積極的協力とを義務付ける内容である。
1985	「大熊町町史」刊行、このなかで遠藤正町長は「原子力発電所は巨大なエネルギーを生み出す。しかし、原子力の制御は難しい。原発は絶対安全と考えているとしたら、それは人間のおごりにすぎない。いつ人間の手綱を離れて飛び出すか予測がつかない状態にある」と記す。
1986. 1. 8 （昭和 61）	2号機で可燃性ガスの引火による火災事故が発生し、作業員2人が火傷を負う。判明したのは2002年2月15日である。（朝日：20020216）
1986. 2. 13	県が第二原発を立ち入り調査する。昨年12月に調印した安全協定に基づき、30分前に通告する抜き打ち調査の初の実施である。
1986. 3. 18	アメリカで運転中の原子力発電所が100基となる。
1986. 4. 26	チェルノブイリ原発4号炉で核暴走事故起きる。4号炉は黒鉛減速軽水冷却型100万kW、ウクライナ共和国キエフ市北方約130kmの地点で、それまででの史上最大の事故とされる。1000km離れたドイツ南部にも放射性物質が飛来し「German Angst《アングスト》」（ドイツの不安）といわれドイツ人にショックを与える。
1986. 5. 21	放射性廃棄物の処分を容易にする原子炉等規制法の改正が成立する。
1986. 7. 18	総合エネルギー調査会が21世紀ビジョンを発表、2030年の原発シェアーを60%とする。
1986. 7. 20	「反原発新聞」100号が発行される（反原発運動全国連絡会）。
1986. 10. 13	第二原発1号炉で主発電機から主変圧器へ電流を送る相分離母線ダクト内部に、冷却用空気を流す羽根板の1部が溶接不良で外れていて異音が発生し、原子炉を手動停止する。不良部分全体を交換し19日に運転を再開する。
1986. 11. 3	第一原発2号機で一次冷却水漏れ（10月9日より始まる）が酷くなり手動停止する。また原子炉再循環系の配管罅割れを見つけ対策をする。8日に運転を再開する（「原子力行政のあらまし2010」）。
1986. 11. 4	第一原発6号機（定検開始で出力低下中）で高圧復水ポンプの1台が作

暦　年	事　　　項
	動せず原子炉水位が異常低下し自動停止する。そのまま定検入りする。
1986. 12. 17	第二原発 4 号機が試運転を開始する。
1987. 2. 19 （昭和 62）	第一原発 5 号機で原子炉再循環ポンプの軸封部（摺動面に傷）冷却材の温度が 82 度まで上昇し（高温の再循環水が流入）、20 日から手動停止する。摺動面（軸封部のシール機能を果たす部分）の傷で高温の再循環水が流入したとして軸封部を交換し、3 月 2 日に運転を再開する。
1987. 3. 6	政府は IAEA の 2 条約（「早期通報」「相互援助」）に署名する。
1987. 4. 23	福島県沖地震（M6.5）で第一原発 1、3、5 号炉が出力の異常上昇で「中性子束高高」（炉心の中性子密度が通常の 118％に上昇）の信号が出、自動停止する（2 号炉は定検中、4、6 号機は停止せず）という危険な状態だった。
1987. 4. 24	地震の影響で自動停止した第一原発 1、3 号機が運転を再開する。5 号機は出力上昇中に発電機保護リレーが働き、計器用変流器の故障で再び自動停止する。5 月 5 日に運転を再開する。
1987. 6. 22	原子力委員会が新長計画をとりまとめ、「原子力は基軸エネルギー」と位置付ける。
1987. 8. 25	第二原発 4 号機が営業運転に入る。営業運転に入った日本の原発（含「ふげん」）は計 36 基、合計 2804.6 万 kW となる。
1987. 10. 6	スイス議会がカイザーアウグスト原発計画の放棄を決定する。
1987. 10. 14	総合エネルギー調査会・需給部会が長期エネルギー需給見通しを改定し、「2000 年の原子力シェア 16％に」とする。
1987. 11. 4	政府が新日米原子力協力協定に署名、「包括事前同意方式」を盛込み、1988 年 7 月に発効となる。
1987. 11. 8〜9	イタリアが国民投票で原発推進の法律を禁止する。
1987	県税務課が中心になり、3 期目の課税期間に向けた準備を進める（自治省は 3 期目、5 年間の課税を許可――「核燃料税」は一般財源で使途に制約なし）。県が 3 期目に得た税収は 281 億円（2 期目は約 260 億円）である。（民報：20120422）／／県職員が、双葉郡内の学校施設 10 カ所程度を分厚いコンクリートで覆い、放射性物質から住民が避難するという「シェルター化」のアイディアを思いつくが実現されず（元大熊町町長・遠藤正のシェルター建設に通じる構想）、「核燃料税」の活用は立ち消えとなる。（民報：20120422）
1988. 1. 13 （昭和 63）	第一原発 6 号機のタービン建屋で空調機室のフィルター火災事故が起き、エアフィルター（グラスウール、ポリエステル混合）72 個全てが燃えて溶け落ちる（同原発の火災事故はこれで 3 回目）。原発稼働のままで消化作業をし、消防士 7 人の放射線防護服未着用のままでの消化作業は安全無視と、社会党県議団は県に指導徹底を申し入れる（14 日）。
1988. 1. 29	高知県窪川町長が原発誘致を断念して辞任する。
1988. 3. 30	和歌山県日高町の漁協が原発の事前調査受け入れを拒否する。

暦　年	事　　項
1988. 4. 23	東京で「原発止めよう２万人行動」が行われる。
1988. 5. 2	原発内に貯蔵の核廃棄物のうち、不燃性の雑個体はドラム缶詰にしているが、それを缶ごと５分の１に圧縮する装置を開発し、年内にそれを福島原発に搬入する予定である（日本ガイシ発表）。
1988. 6. 28	バブコック日立の元社員田中三彦がシンポジウムの席上で、1974年に納入の第一原発４号機の圧力容器は歪みをジャッキで押さえつけて焼きなまししたものだと証言する。（反原発：19880720）
1988. 7. 3	和歌山県日置川町で反原発派の町長が誕生する。
1988. 7. 24	第一原発３号機で一次冷却水漏れを発見、27日まで運転継続のうえで手動停止する。８月２日に運転を再開する。
1988. 7. 27	定検中の３号機で、原子炉格納容器内の床ドレン量が増加し、原子炉を手動で停止させる。原因は原子炉再循環ポンプ配管からの漏洩という（「原子力行政のあらまし 2010」）。
1988. 8. 2	第二原発２号機でタービン主蒸気止め弁を10％閉じる動作のテスト中、１台が全閉、出力を下げ点検し不良電磁弁を交換する。
1988. 9. 4	31年ぶりの保守分裂選挙で、佐藤栄佐久が大差で県知事に初当選を果たす。（朝日：19880905）
1988. 9. 18	松平勇雄が県知事を退任する。
1988. 9. 19	佐藤栄佐久が県知事に就任する。この日、第二原発付近の８月下旬の海岸で大量の蟹や貝が死んで打ち上げられていたことが分かる（富岡町議会で発表）。
1988. 10. 10	第二原発１号機で再循環ポンプ軸受部に３カ所の罅割れが見つかる（東電発表）。
1988. 10	第二原発４号機で故障した制御棒駆動装置を不正交換し、東電は日立に隠蔽の偽装工作を指示する。この事実は2007年４月６日に東電が発表する。（反原発：20070520）
1988. 12. 3	第二原発３号炉で中性子束が異常に高くなり自動停止となる。
1988. 12. 9	ベルギー政府が新規原発計画の放棄を決定する。／／東電は第二原発３号炉の停止の原因は再循環流量の変動幅が一時的に大きくなったためと発表し運転を再開する。
1988. 12. 11	第二原発３号機で出力を40％上げたところで４本の主蒸気配管の１本に蒸気が送られていないと判明し、13日に手動停止する。
1988. 12. 16	東電は第二原発３号機の事故原因は弁の駆動軸が折れていたためと発表する。
1988. 12	この月、第二原発３号機で原子炉の部品の一部の再循環ポンプが壊れ、ポンプ部品の金属片が原子炉圧力容器に流れ込む。東電は事故の予兆ともなるべきことを知りながら運転を続行する。（民報：20120424）

暦　年	事　　　項
1989. 1. 1 (昭和 64、平成 1)	午後 7 時 2 分、原子炉の再循環ポンプ 2 台の内の 1 台が異常な振動を示し警報が鳴る。ポンプの速度を下げると振動は警報設定値を下回ったので原発の運転は続行される。
1989. 1. 6	午前 4 時 20 分、福島第二原発 3 号機で冷却水再循環ポンプの破損事故が起き手動停止する。部品の金属片 30kg、体積で約 3 ℓ が原子炉内に流れ込む（ステンレス鋳鋼に激突し、大量の金属片が発生）。県内では原発稼働後最も大きな事故だが、世界でも例のない大惨事一歩手前の事故である。
1989. 1. 30	県環境医学研究所の村本淳一専門研究員の調査では、原発労働者は一般人の 2 倍の染色体異常が起きているとされる。（毎日：19890130）
1989. 2. 13	第一原発 3 号機（定検中）でタービン建屋内の給水ポンプ軸封水 25トンが漏れているのを発見する。原因は軸封水用配管の濾過器を検査した後の上蓋の締め付けミスとされる（東電発表）。
1989. 2. 26	第一原発 5 号機で再循環ポンプ 1 台の停止事故があり、定検を早め 27 日に原子炉を停止する。
1989. 3. 17	東電が福島県庁で第二原発 3 号炉事故の調査状況を発表する。／／通産省が原子力発電技術顧問会に調査特別委の設置を決定する。
1989. 3. 27	県議会が原発の安全確保と防災対策強化の意見書を採択する。
1989. 3. 31	1988 年度の第一原発（6 基）での労働者被曝の結果は、社員 658 人、下請 8474 人に対し、総被曝線量は社員 82 人・Rem、下請 1781 人・Rem、平均曝線量は社員 0.12Rem、下請 0.21Rem、同じく第二原発（4 基）での労働者被曝の結果は、社員 430 人、下請 5553 人に対し、総被曝線量は社員 21 人・Rem、下請 522 人・Rem、平均曝線量は社員 0.05Rem、下請 0.09Rem だった。第二原発では下請労働者の被曝量の増え方がとくに高く、年間総量限度の半分（2.5Rem）を超えた被曝者は第一で 11 人となり、浜岡原発の 12 人に次ぐ。（反原発：19890820）
1989. 4. 23	停止中の第二原発 3 号機の廃炉を求めて、富岡町で現地大行動があり県内を初め全国（北海道、女川、埼玉、東京など）から約 130 人が参加する。
1989. 4. 28	第二原発 4 号機で海水型循環水ポンプ内のモーター軸受けの温度が上昇の警報が出て原子炉を手動停止する。原因は温度検出器の電線に雨水が入り絶縁不良で誤作動と分かり、29 日に運転を再開する。
1989. 5. 11	資源エネ庁原発技術顧問会の第二原発 3 号機事故調査特別委が、同原発現地調査をする。（反原発：19890620）
1989. 5. 22	1960 年代後半にソ連の原子力砕氷船で炉心溶融があり、25～30 人の死者と多数の負傷者が出るとするアメリカ CIA の文書を共同通信が素っ破抜く。（反原発：19890620）
1989. 5. 31	ドイツでヴァッカースドルフ再処理工場の建設が中止となる。
1989. 6. 3	第二原発 2 号機で冷却水漏れがあり原子炉を手動停止する。原因は冷却

暦　年	事　　項
	材浄化系の再生熱交換器の配管の亀裂で、1トン以上の冷却水漏れがある。
1989. 6. 6	アメリカで住民投票によりランチョセコ原発の閉鎖が決定する。
1989. 6. 8	5 号機で再循環ポンプ 2 台の回転軸に罅割れを発見、米国では交換するが、東電はうち 1 台を未修理のまま運転再開しようとしていたことが発覚する。今年 1 月 6 日（この日付けの項、参照）に再循環ポンプの大きな事故が起きたばかりである。（朝日：19890609）
1989. 6. 15	ユーゴスラビア議会が原発禁止法を制定する。
1989. 6. 20	第二原発 2 号機事故の原因の配管の亀裂は溶接時の施工不良という（東電発表）。24 日に配管を取り替え運転を再開する。
1989. 6. 22	第二原発 1 号機（中間点検で原子炉停止作業中）で給水ポンプ 1 台が自動停止する。原因は回転軸と軸封部の噛み込みに因る傷という（29 日、東電発表）。
1989. 6. 28	「脱原発福島ネットワーク」（県の住民グループ）が、国と東電に対し 5 号機や他の危険性が高い機の運転の即時中止を要請してほしいと、佐藤県知事に申し入れる。（朝日：19890629）
1989. 6. 29	東電の株主総会が開かれ、平井孝治（九州で意見株主の運動を長期間続けて来た株主）が 125 項目の質問をする。／／この日、第一原発 5 号炉（6 月 6 日調整運転へ）が未修理（2 基のポンプの回転軸に罅割れ、1 基は軸の交換をせず）のままで営業運転を再開する。（朝日：19890630）
1989. 7. 3	第一原発 1 号機で再生熱交換器 3 台すべての表面に計 39 カ所の罅割れを発見する。9 月 18 日に応力腐食割れとされる（東電発表）。
1989. 7	上旬、米原子力委員会（NRC）が GE 社製の沸騰水型原発（福島第一原発 1～5 号炉）に対し「事故時に発生する高温高圧のガスのため、炉が爆発するおそれがある」と述べ、格納容器に緊急通気弁（ベント）を設置するよう指示する。
1989. 8. 11	資源エネ庁の第二原発 3 号炉事故調査グループが中間報告をし、原因は再循環ポンプの水中軸受けリングの溶接不良と発表する。東電は燃料に付着の金属粉の除去は困難として、燃料の交換か、付着のままでの運転再開かを検討するという。
1989. 8. 20	富岡町夜の森公園で「脱原発福島ネットワーク・第二回いのちの夏祭り」を開催、約 100 人が参加する。
1989. 9. 8	第一原発 1 号機（定検中）で蒸気乾燥機ドレンチャンネルの溶接部 3 カ所に罅割れを発見する。このことは 18 日に発表される。
1989. 10. 4	第二原発 3 号炉はすべて別の燃料に交換となる。県と富岡、楢葉両町は条件付きで同意する。但し、3 分の 1 は取り換え用の濃縮度 3%のもの、あと 3 分の 1 は新規に作られる濃縮度 2.2%のもの、残り 3 分の 1 は現在使用済み燃料としてプールに保管してあるもので（濃縮度 1.0%）、これほど大規模な使用済み燃料の再利用は日本では前例がない（東電発表）。

暦　年	事　　項
1989. 11. 8	第一、二原発各 1 号機で再循環ポンプのケーシングカバーに数十カ所の罅割れが見つかる。第一原発 1 号機では蒸気乾燥器カバー内のドレチャンネルにも罅割れがある（東電発表）。
1989. 11. 10	第一原発周辺で住民が参加して初の原子力防災訓練を実施する。自主参加の住民が約 140 人いる（「福島と原発」2013、前出）。
1989. 11. 20	「核燃料サイクル施設」問題を考える文化人・科学者の会が「科学者からの提言「核燃」は阻止できる」（北方新社）刊行。
1989. 12. 21 ～22	県が第二原発に 2 回目になる立ち入り調査をする。
1989. 12. 27	第二原発 1 号炉（定検最終段階）で調整運転時にタービンバイパス弁の油圧系から約 600 ℓ の油漏れがあり原子炉を手動停止する。29 日に原因は作業ミスによるネジの締め付け不良と判明し調整運転を再開する（東電発表）。
1989	この年、チェルノブイリ原発事故の影響で「反原発ニューウエーブ」が頂点に達する。／／中国は核廃棄物処理場を北京から 1500km 離れた場所 6 カ所に置くと発表する。
1990. 1. 2 （平成 2）	第二原発 1 号機（調整運転中）で再循環ポンプ内油溜めの油面上昇警報が鳴り原子炉を手動停止する。原因は油面検出器の誤作動で 4 日に運転を再開する。
1990. 1. 5	通産省は、第二原発 3 号機の全燃料取り替えのための原子炉設置許可変更申請を許可する。
1990. 1. 12	第二原発の地元の富岡町で槌田敦（理化学研）と竹村英明（市民事故調委）とによる「事故から一年、どうなっているの第二原発？――市民事故調査委員会報告会」を開催、県内外から約 90 名の参加がある。これは 1989 年 1 月 6 日に起きた 3 号炉の事故につき、事故調査委（通産省）が 1989 年 8 月に中間発表をしたまま最終結論を出さずにいるので開催したもので、現時点で炉内では洗浄作業中だが、労働者の大量被曝の危険性を孕んでいる。（反原発：19900220）
1990. 1. 19	仙台高裁が関係者に第二原発訴訟の控訴審判決は 3 月 20 日午後 1 時からと通知する。
1990. 1. 23	新潟県柏崎の原発反対運動グループは福島第二原発 3 号炉の事故を地元の問題として捉え、東電柏崎原発事務所と交渉する。東電の説明で分かったことは、炉内に落下した 30kg 以上の破損片のうち、事故後 1 年間の洗浄で鉄錆を含み約 12kg（11kg は圧力容器内、1kg は配管）しか回収できていないということである。現実には年間の錆発生量（近年は数十 kg）と落下した金属片、金属粉とを合わせると炉内には 50～60kg の回収物質があり、東電が約束した「全量回収」は無理で、東電と通産省はそれを「通常の鉄サビと大差ない」とすり替えて運転再開をしようとしている。（反原発：19900220）

暦　年	事　　　項
1990. 2. 22	資源エネ庁が第二原発3号炉事故の調査報告書を発表する。
1990. 3. 4	第二原発3号炉を廃炉にのスローガンで東京・神田のパンセホールで脱原発東電株主運動が主催する集会が開かれる。
1990. 3. 11	「東電と共に脱原発をめざす会」は原発の現地でビラ配布行動を開始、関東各地から約60名が参加し、富岡、楢葉の各戸を訪ねる。(反原発：19900420)
1990. 3. 12	「東電と共に脱原発をめざす会」は県、富岡、楢葉両町に金属片、金属粉100%の回収を訴える申し入れをする。楢葉町では当然要求するとの返事がある。(反原発：19900420)
1990. 3. 20	13時半過ぎ、第一審に対する控訴審判決（仙台高裁101号法廷）は、基本的には前判決を支持し原告らの主張を退ける。裁判長の判決理由のなかに「原子爆弾を落とされた唯一の国であるから、国民が原子力と聞けば、猛烈な拒否反応を起こすのはもっともである」とあり、その直後に「しかし、反対ばかりしていないで落ち着いて考える必要がある」という。早川篤雄原告団事務局長は「当時は、既に司法に対して失望していた。チェルノブイリ事故があったが、われわれの裁判の判決が覆るような期待は抱かなかった」という。仙台高裁（石川良雄裁判長）の判決は「原子炉の設置許可は、国が原子炉の安全性に関する専門技術的裁量をもって判断する。国が設置許可を出したことには違法性がない」とする。他方、判決は「本件原発（注・福島第二原発）は、基本設計において安全性が確保されていると認めたが、現実に建設、運転されている原発が安全性を有しているかは別問題」とも言及する。これに対し小野田三蔵原告団長は「裁判所は原発そのものが安全か、危険かの判断から逃げたのではないか」「司法が原発の安全性を証明したわけではない」と述べる。「二審判決」の「安全審査」では、「安全審査の対象は原子炉施設自体の基本設計と基本的設計方針についての安全性に限定され、原発のシステム全体にわたって総合審査するものではない」とする。また「二審判決」での「安全性」では、「原発の安全性確保の問題は放射性物質の潜在的危険性をいかに顕在化させないかにある。被ばく低減措置や緊急時における多重の安全設備が施されており安全――とする国側主張には合理性がある」とする。(民報：20130217)
1990. 4. 3	原告は控訴審判決を不服として最高裁判所に上告する。
1990. 4. 17	東電は「再発防止対策」と「流出部品及び金属粉等の回収結果」を発表、第二原発3号炉事故の事実上の作業終了宣言をする。
1990. 5. 10	県と富岡、楢葉両町が、第二原発3号機への新燃料搬入計画に対し延期を要望する。
1990. 5. 23	1989年8月発表の中間報告との食い違いを指摘されて、第二原発3号機事故の調査報告（2月に資源エネ庁発表）に6カ所の図面の誤りがあったと同庁が訂正をする。
1990. 5. 26	東電が第二原発3号機で回収したという「金属粉等」の中に大きな「金

暦　年	事　　項
	属片」が数百個含まれていたことが判明する。30 日に運転再開の予定である。（反原発：19900620）
1990. 5. 27	第一原発 2 号機（定検中）で非常用ディーゼル発電機の機能試験中に異常音が発生し、運転停止と点検をする。原因はディーゼル機関の約 20cm の穴あきの他、連接棒などの損傷とされる（東電発表）。
1990. 5. 29	東電は第二原発 3 号機の事故に関し地元住民などに原発内部を公開、「脱原発福島ネットワーク」も 2 時間に渡り格納容器の内部を見学する。東電はその後の質疑で、落下した 100kg の水中軸受けリングが 6 日間中、鋳物でできたポンプケーシングにぶつかり続けリングは変形し破断しているという。東電はケーシングの傷をグラインダーで削って再使用すると明言するが、水中軸受けリングの共振構造はそのままだし、炉内には金属片、金属粉が残っており、運転再開は安全ではない。
1990. 5. 30	東電が第二原発 3 号機への再循環ポンプ組み込みを開始する。運転再開に向けての始動である。
1990. 5. 31	第一原発 6 号機が、復水器細管からの海水漏れが見つかり、修理のため出力を半分以下に低下する。
1990. 6. 10	第二原発 3 号機をめぐる東電と脱原発を求める市民との公開討論会を両国公会堂で開催、東電や関係企業の社員、報道陣（100 人超）、地元町議（約 40 人）が参加、「金属粉」の最大の大きさが 10.5cm とか、リングの数度の激突で傷ついたケーシングは外傷を削れば内部調査なしに再使用できるなどという東電の回答には驚きの声が上がる。（反原発：19900720）
1990. 6. 13	第二原発 4 基全てが停止する。1、4 号の両機は 11 日と 12 日のそれぞれで再循環ポンプ軸封部のシール漏れの発見があたため原子炉を手動停止する（2 号機は定検中、3 号機は事故で停止中）。16 日に運転を再開するが 4 号機はその直後に再び同事故が発生し停止する。21 日に運転を再開する。
1990. 6. 18	脱原発ネットワークは第二原発 3 号炉の廃炉を求める署名 1 万 6015 筆を県知事（県庁で）、東電社長（本社で）、通産大臣（資源エネ庁で）に提出する。
1990. 7. 5	通産省資源エネ庁が第二原発 3 号機の「健全性評価結果」を発表、残存金属片については「影響を及ぼさないと評価される」とし、核燃料被覆管については「損傷する可能性は小さいと評価」し、「損傷が生じても、原子炉冷却水のよう素濃度等の監視により検知し、適切な措置を講じることが可能」としている。（反原発：19900820）
1990. 7. 20	北海道議会が幌延町高レベル廃棄物貯蔵、研究施設の建設に反対決議をする。
1990. 7. 22	第二原発 3 号機の運転再開に対する抗議行動（座り込み、ハンスト）が原発ゲート前などで始まる（8 月 15 日の自主撤去まで）。
1990. 7. 26	第一原発 3 号機（定検最終段階）が調整運転を開始したところ、給水流

暦　年	事　　項
	量制御弁の故障でタービンが停止する。原子炉も手動停止する（8月10日、原因は給水流量制御弁の設計ミスと東電発表）。8月15日に調整運転を再開する。
1990. 8. 10	第一原発6号機で原子炉保護回路のブレーカーが故障し原子炉を停止する。同日に運転を再開する。
1990. 8. 20	第二原発3号炉にこの日から9月3日にかけて燃料を装荷する（燃料搬入は8月6、10日）。8月22日には原子力安全委の炉安審発電用炉部会が現地調査をし、8月31日より再循環ポンプの試運転を開始する。
1990. 8. 24	東電株主4人が、第二原発3号炉の運転差し止めの仮処分を申請する。
1990. 9. 9	第一原発3号機で主蒸気隔離弁（事故時に炉からの放射能を含む蒸気が外部に漏れないよう隔離する弁）の4系統の一つが脱落し、弁が閉じた状態となって炉の圧力が上がり、炉心の蒸気泡が潰れて「中性子束高」（出力上昇を意味する）の信号でスクラム（自動的に制御棒が入り炉が緊急停止すること）となる。9月9日に運転を再開する。10月9日に、原因は主蒸気隔離弁のピンの損傷で主蒸気管が閉塞したためとされる（東電発表）。
1990. 9. 10	第一原発3号機をめぐり富岡、楢葉両町の住民は住民投票条例制定案の請求を直接行う。これを富岡町議会は17日に、楢葉町議会は26日にそれぞれ否決する。
1990. 9. 23	スイスの国民投票で原発建設を10年間凍結とすることが決定する。
1990. 10. 4	第二原発3号機は、通産省の健全性評価結果を原子力委と県が追認し運転再開が認められる。
1990. 10. 17	第二原発3号機の運転再開につき、両町の住民は葉書による住民投票を実施、多くの住民が運転再開に不同意を示す。第一原発1号機でタービン軸の震動が大きくなり原子炉を手動停止する（11月21日再開）。停止していた第一原発3号機の運転を再開する。
1990. 10. 22	富岡、楢葉両町議会全員協議会は、第二原発3号炉につき、町長一任で運転再開に同意する。
1990. 10. 31	原発事故・故障等評価委員会は、3号機の事故（9月9日の項、参照）を「INESレベル2」と評価する（評価制度導入は1989年7月）。レベル2の評価は初めてである。（朝日：19901031）INESはドイツ・原子力安全基盤機構のことである。
1990. 11. 1	県知事と富岡、楢葉両町長の同意で、第二原発3号機が5日より調整運転入りとなる。
1990. 11. 15	第二原発3号機の運転再開に対し、1845人の市民が通産省と原子力発電安全管理課長を公務員職権乱用罪で第一次告訴をする。
1990. 11. 21	第二原発3号機を点検のため一旦停止する。
1990. 12. 20	第二原発3号機がほぼ2年ぶりに営業運転を再開する。
1990. 12. 23	世論調査結果では原発に不安が90％（前回1987年調査より4％増）、原

暦　年	事　　　項
	発の増設反対が30％（同7％増）、削減が9％（同4％増）、全廃が3％（同1％増）である（総理府発表）。
1990. 12. 28	第二原発3号機の運転再開を差し止める仮処分を求めた東電株主の申請（8月24日）を東京地裁は却下する。
1991. 2. 27 （平成3）	原発事故に対する国家補償を義務付ける「チェルノブイリ法」がウクライナソヴィエト社会主義共和国（SSR）最高会議で採択される（同年7月1日施行）。推定被曝量1mmSv／年超の地域を「被災地」と定め、そこからの避難者には恒久住宅の保証、雇用支援の約束をする。
1991. 3. 15	岡山県湯原町議会で放射性廃棄物持ち込み拒否条例が成立する。
1991. 3. 21	ドイツ政府が高速増殖炉原型炉SNR－300の建設を断念する。こうしてドイツは高速増殖炉開発から撤退する。
1991. 4. 3	「福島Ⅱ―3の運転差し止め訴訟を支える会」（広瀬隆ら東電株主5人）は、第二原発3号機の運転差止め請求の本訴を被告東電取締り3人に対して起こす（東京地裁）。
1991. 5. 5	台湾で2万人の反原発デモが行われる。
1991. 5	IAEAの国際諮問委員会（IAC）は、1990年から開始していたチェルノブイリの被災地域の大々的な健康調査の結果を発表する。報告書の内容は、住民には放射線被曝に直接原因がある健康障害はない、癌や遺伝的影響の自然発生率が将来上昇するとは考え難い、甲状腺結節は子供には殆ど見られなかった、データからは事故後の白血病、甲状腺癌の顕著な上昇は証明されなかった、食品の規制は不必要に行われた、移住よりも食品基準の緩和を優先して検討すべきであるなどとするものである。／／他方、同月にはミンスク小児血液病センター・オリガ・アレニコワ所長が来日し、小児甲状腺癌の発症率が激増したことを報告する。また広島大学原爆放射能医学研究所の佐藤幸男は、同年にベラルーシ放射線医学研究所を訪れ、タマラ・ベローカヤ医師から「小児甲状腺がんが前年だけで30例近くも発症している」ことを告げられる。
1991. 6. 13	イタリア議会が原発全廃を決議する。
1991. 7. 1	「アサツユ」創刊準備号（脱原発福島ネットワーク・ニュース編集委員会）が発行される。
1991. 7. 13	第一原発とリトアニアのイグナリナ原発との間で技術者の相互交流を行うと東電が発表する。
1991. 8. 20	東電が福島原発でのプルサーマル導入の決定をしたと県内各紙が報道する。
1991. 8. 30	「作業者による放射線核種の摂取に関する個人モニタリング・立案と解釈」（日本アイソトープ協会）刊行。
1991. 9. 9	福島第一原発で研修のためイグナリナ原発の幹部が来日する。
1991. 9. 10	「作業者による放射線核種の摂取の限度：追補Part4」（日本アイソトープ協会）刊行。

暦　年	事　　項
1991. 9. 25	双葉町議会が新原子炉の 7、8 号機の増設要望（誘致）を全会一致で採択する。27 日には町議全員が東電本社に出向き増設を要請する。双葉町（第一原発 5、6 号機の立地町）では 1987 年に電源三法に基づく交付金が打ち切られ、大規模償却資産税も年々減少している現状である（「原子力行政のあらまし 2010」）。
1991. 10. 5〜6	1 号機が運転を開始して満 20 年が経ったのを機に「福島原発 20 年を考える広場」が富岡町、楢葉町で開かれ約 200 人が参加、住民不在の原発増設誘致に反対の意見が出される。
1991. 10. 30	第一原発 1 号機で原子炉補機冷却水を冷やすための海水が配管から漏洩、原子炉を手動停止する。東電は 12 月 20 日に腐食が原因と発表する。（朝日：19911031）
1991. 11. 26	第一原発 3 号機のタービン建屋でケーブル火災事故が起きる。（市民年鑑 2011 — 12：1992）。
1991. 12. 24	9 月の双葉町の原発増設誘致決議に対して、相馬地方広域市町村圏組合議会が増設反対の意見書を採択する。
1991. 12. 25	双葉町は原発増設の要望を県、資源エネ庁、科技庁、東電に要望する。（朝日：19911226）
1991. 12. 26	福島原発の元労働者の白血病死（1988 年、31 歳）に対し、遺族の申請が認められ原発で初の労災認定が富岡労働基準監督署でなされる。このことが判明したのは 1993 年 5 月 6 日である。第一原発に 11 カ月従事し累積被曝量は 40mmSv であった。（知られざる原発被曝労働：藤田祐幸、1996 年）
1992. 1. 14 （平成 4）	第二原発 1 号機で送電用パイプと主変圧器の接続部に異音がし原子炉を手動停止する。原因は羽根板の脱落と分かり交換、20 日に運転を再開する。
1992. 1. 28	第一原発 2 号機（定検最終段階で調整運転中）の給水ポンプタービン軸が異常振動し、31 日に手動で原子炉を停止させる。2 月 5 日に東電は分解点検後の部品取り付けミスが原因と発表する。
1992. 3. 11	相馬市議会が第一原発の増設に反対する意見書を採択、同市は 92 年度予算でヨウ素剤を独自に購入し事故に備えるとしている。
1992. 4. 18	科学技術庁が核燃料輸送の情報を秘密にする通達を出す。
1992. 5. 20	東電は 1992 年度に 135 万 6000kW の新規原発 1 基を 2001 年度に運転開始すると発表する。（反原発：19920520）また県は原子力立地給付金を今年度からは年 1 回直接支払う方式に変える。立地 4 町（大熊、双葉、富岡、楢葉）の住民には年間 1 万 800 円、川内村は同 6300 円、いわき市は 4080 円などを支払う。1990 年度の実績は県内で 20 億 8300 万円であった。
1992. 6. 3	東電は 1995 年度から第一原発 3 号炉で MOX 燃料の使用開始を計画しており、その燃料の製造をベルギーのコモックス社に発注する（電力時

暦　年	事　　項
	事通信の報道)。／／同日、日本原燃サービス株式会社と日本原燃産業株式会社が合併し、日本原燃サービス株式会社として発足する。
1992. 6. 16	東電は反原発集会などの詳細な情報収集を社員に行わせていた（時事通信の配信)。
1992. 6. 29	第一原発１号機（定検最終段階）が保安装置作動テスト中に原子炉内の圧力が上昇、原子炉が自動停止する。７月９日に原因はタービン制御用油圧装置の故障と分かる（資源エネ庁発表)。INES レベル２の評価を受ける（ドイツ・原子力安全基盤機構)。
1992. 7. 2	第二原発３号炉の運転差し止め請求に関わる文書提出命令を、原告株主らが東京地裁に申立てる。
1992. 7. 13	第一原発６号機で調整運転の準備作業中に給水ポンプが突然停止、原子炉を手動停止する。20 日に原因はポンプの軸と軸封部シールリングの間隔調整ミスと判明する（東電発表)。23 日より調整運転に入る。
1992. 7. 26	第一原発６号機の 13 日事故とは別の給水ポンプで回転翼が回らなくなり、原子炉を自動停止する。
1992. 9. 19	第二原発４号機（定検中）で燃料集合体と燃料支持金具の間に針金を発見する（21 日、東電発表)。
1992. 9. 29	第一原発２号機で復水器から原子炉へ冷却水を送る高圧復水ポンプが３台（予備含む）とも停止、タービン駆動給水ポンプも停止し、これで原子炉水位が低下し原子炉は緊急停止する。この後、更に水位は低下した（通常は燃料の最上部から 5.3m、今回は 2.2m になる）ので原子炉隔離時冷却系が、続いて ECCS（緊急炉心冷却装置）の一つの高圧注入系が作動する。これは直ぐに炉心に約 30トンの水を注入したので約２分後に解除された。東電はすぐに原因は「人為ミス」（既述のポンプ３台中の１台の制御回路点検後の部品の外し忘れ）としたが、ECCS の作動を約３時間も隠蔽（県、立地町に報告せず、通産省には報告）していたことは明らかな安全協定違反である。(朝日：19920930、1001)
1992. 9	科学誌「ネイチャー」に、ベラルーシ放射線医学センターのドロズド教授を中心とする医師達による小児甲状腺癌の例証報告が掲載され、1991 年５月発表の IAEA の報告が覆される。またこの年の秋には広島で「日本放射線影響学会」が行われ、佐藤幸男（前出)、武市宣雄（広島大講師）が共同研究を発表、チェルノブイリ事故による小児甲状腺がんの多発の事実を紹介する。
1992. 10. 7	第一原発２号炉の ECCS 作動事故につき東電と「脱原発福島ネットワーク」とが交渉、1981 年にも同炉と第二原発１号炉とで ECCS 作動事故があり、それを通産省と共に 11 年間隠蔽してきたことが判明する。前出のポンプ３台が予備を含めて全停止するバックアップ体制は「人為ミス」で済まない事故である。(反原発：19921020)
1992. 10. 22 ～23	２号機と第二原発４号機の事故に関して「福島県原子力発電所安全確保技術連絡会安全対策部会」の第１回を開催する。第２回は 30 日に開催

暦　年	事　　項
	し、11月5日に協議の結果を報告する（「原子力行政のあらまし2010」）。
1992.10.29	福島第二原発1号機の設置許可取り消し訴訟（最高裁第一小法廷）は、最高裁で判決が言い渡され敗訴で結審する。一審、二審の判決を支持（「設置許可は適法」）し、住民側の上告を棄却するなど5人の裁判官は全員一致の意見だった。裁判長は争点だった安全審査の対象について、「設置許可の段階の安全審査は原子炉の基本設計に限られ、安全性にかかわる事柄のすべてを対象にすべきではない」との判断を示す。伊方、福島の上告審の間に、既に起きていたTMI事故の他に、チェルノブイリ原発事故、関西電力美浜原発2号機事故などが起きたが、判決に事故への言及はなかった。
1992.10.31	福島第二原発3号機で原子炉の水位が落ちて自動停止する。11月2日に、原因は給水ポンプの制御回路の故障とされる（東電発表）。
1992.11.9	福島第一原2号機でまた、高圧注水系の起動試験中にタービン入口弁駆動用モーターの焼き切れ事故があり、原子炉を手動停止する。25日に東電が原因はモーターの出力が設計より小さかったからと発表、29日に運転を再開する（資源エネ庁発表）。
1992.12.24	東電株主総会決議取消しを求めた裁判で、証拠、証人調べを行わず請求棄却の判決が出る。
1992	この年、原子力安全委員会の作業部会が、長時間に渡る原発の全電源喪失に陥った際の対策を「不要」とする根拠を電力会社に考えるよう指示する。だが東電の作文が部会の報告書に盛り込まれるだけで、最終的には対策は見送られる。
1993.1.22 （平成5）	第二原発3号炉の運転差し止め請求に関わる原告株主側の申し立てを、東京地裁は却下する。株主裁判では取締役は会社の書類を利用できるが、株主は利用できないという判断になる。東京高裁に即時抗告する。
1993.1.31	六ケ所村から2人のゲストを迎えて、大熊町文化センターで「よそにまわすな！放射性廃棄物—六ケ所と福島を結ぶ集い」を開催する。第一原発では約24万2000本（全国原発の放射性固体廃棄物の半数に相当）のドラム缶に同廃棄物を保管する。当面7万本を六ケ所村の埋設センターに埋める予定である。（反原発：19930220）
1993.2.1	第一原発に放射性廃棄物運搬の専用船「青栄丸」が入港する。
1993.2.5	第一原発4号機で事故があり、10日に運転を再開する。
1993.2.19	第二原発1号機で再循環ポンプ軸封部のシール機能低下があり、20日に原子炉を停止する。
1993.2.22	第二原発の補助ボイラー系で死傷事故が起きる。
1993.3.2	東電は県に対して第一原発の使用済燃料施設の設置計画につき、事前了解願いを提出する。（原子力行政のあらまし2010：2010）
1993.3.6	三重県南東町で原発住民投票条例が成立する。
1993.3.8	第一原発のサイト内に使用済み燃料貯蔵プールを設置する計画につき、

暦　年	事　　項
	東電が県議会原発安全対策等協議会に概要説明をする。
1993. 3. 23	脱原発福島ネットワークが核燃料貯蔵プール設置につき県知事らに意見書を提出する。//脱原発福島ネットワークは、東電が第一原発内（6基の原発）に使用済み核燃料保管プール設置のため、通産相に原子炉設置変更許可の申請を出す計画（3月2日判明）なので、県と立地町に「意見書」を提出する。このプールは6800体（6基の装荷燃料の2倍に相当）の貯蔵能力を持つ。
1993. 3. 31	1974年度から1992年度までに福島県に入った電源立地促進対策交付金の総額は約385億円である。（反原発：19941020）
1993. 4. 7	東電が公表した電力施設計画では、135万kWのABWR型2基の設置を打ち出し、第一原発の増設を計画している。
1993. 4. 13	福島県と立地の町が東電に「共用プール」建設の事前了解を通知する。福島県原子力安全対策課長の松井勇（2012年現在、71歳）は東電の菊池理事に共用プールの事前了解通知書を渡す。1993年までに東電は、福島第一原発の各号機から出る使用済み燃料を保管する既設プールが満杯になることに備え、敷地内に一括保管の「共用プール」設置計画を打ち出している。資源エネルギー庁も六ケ所村に建設中の再処理工場だけでは国内で発生の使用済み核燃料は処理仕切れないと見込んでいる。（民報：20120615）
1993. 4. 26	第一原発5号機（定検中）で再循環系配管の内側に亀裂を発見する（東電発表）。
1993. 5. 7	原発労働者の初の労災死が認定されたことに伴い、労相が被曝限度引き下げを促す発言をする。
1993. 5. 10	第一原発5号機（定検中）で、新たに2カ所の亀裂を発見する（東電発表）。
1993. 5. 19	初の労災死認定に伴い全国原子力発電所所在市町村協議会が被曝限度引き下げの趣旨の要望書を関係省庁に提出する。
1993. 6. 7	第一原発1号機が中間点検を終え発電を再開する。
1993. 7. 7	第一原発3号機（調整運転中）で再循環ポンプ1台が停止し、出力が低下する。
1993. 10. 5	宮崎県串間市で原発住民投票条例が成立する。
1993. 11. 22	第二原発1号機で蒸気乾燥器の溶接部に長さ約1.5mの亀裂を発見する（東電発表）。
1993. 11. 27	この日、資源エネ庁が地震による出力上昇の主因は燃料集合体の間隔の変化であったと報告書で公表する。同日、福島県沖で地震、第一原発1、3号炉で中性子密度が10%上昇し警報が鳴る。
1993	この年、クリントン政権は高速増殖炉の研究開発の中止を決定する。//同年、「原発の長時間の全電源喪失についての対策は不要」と、国の原子力安全委員会が結論づける。実はこれは、電力会社の意向が反映され

暦　年	事　　項
	た結果だった（2012 年 6 月 4 日の安全委員会が公表した資料で判明する）。
1994. 1. 27 （平成 6）	東電は第一原発に、使用済核燃料の日本最初の乾式貯蔵の採用を決定する（「年鑑 2012」）。
1994. 2. 3	原子力安全委は乾式貯蔵を認める報告書を作成して通産省に答申する。4〜6 号機の使用済核燃料 850 体を保管する。（朝日：19940128）
1994. 2. 27	調整運転中の第一原発 6 号機で発電機冷却用の水素ガス漏れを発見し運転を停止する。原因はパッキンの位置ずれとされる（3 月 2 日、東電発表）。
1994. 3. 7	第一原発 5 号機で原子炉水のヨウ素濃度が増加（1994 年 9 月より）したので運転を停止する。
1994. 3. 18	大分県蒲江町が原発計画反対を決議する。
1994. 6. 4	「長崎新聞」は「子供の甲状腺がん多発。チェルノブイリ事故国際シンポ始まる」の見出しで、チェルノブイリ原発事故による小児甲状腺癌の多発の「原因が特定できず」と報道する。また「主催者代表の長崎大学、長瀧重信教授は『甲状腺がん多発の事実とその原因がまだ特定できない点で、世界の研究者が全く共通の認識を持っていることが初めて確認できた』」と発言したとも報道する。
1994. 6. 27	第二原発 3 号機で、5 月にジェットポンプ金具の脱落事故が起きていたが、原因は応力腐蝕割れ（定検後の金具の再据え付けで位置ずれが生じ、過大な応力が発生）だったとされる（東電発表）。
1994. 6. 29	第一原発 2 号機の炉心シュラウド 7 カ所に鏬割れ（長さ 2.3m、幅 0.3mm）を発見する（東電発表）。1990 年頃に GE 社が点検して報告したのに、東電が無視をしていたことが 2002 年に判明する。（朝日：20020902）
1994. 6	秋山実利放影研放射線生物学部部長は「原爆後障害研究会」（長崎）で、武市宣雄広島大講師が持ち帰ったがん細胞の遺伝子から放射線の影響を裏付ける RET がん遺伝子の存在を確認したと発表し、これでチェルノブイリ原発事故と小児甲状腺癌多発との因果関係が明確に証明されるとする。放影研も認める。
1994. 8. 22	東電は県に対し、見返りに（東電負担で）サッカーのナショナル・トレーニングセンターを建設（費用 130 億円）するということで、第一原発 7、8 号機増設（135 万 6000kW の「改良型沸騰水型炉」ABWR を 2 基、2004、5 年度の運転開始、建設費計 9219 億円）の事前調査を申し入れる。（反原発：19941020）
1994. 11. 27	運転再開をした第一原発 2 号機だが、東電はシュラウドの一部の異常カ所を検査できないと認める。（反原発：19941220）
1994. 12	この年、原子力委員会は「民間第二再処理工場は（中略）2010 年ごろに再処理能力、利用技術などについて方針を決定する」と発表する。この文言は第 2 再処理工場の建設時期が当初予定より遅れること（建設遅延

暦　年	事　　項
	は第一原発「共用プール」での使用済み燃料が増加し続けること）を意味する。（民報：20120616）
1995. 1. 17	阪神淡路大震災（兵庫県南部地震）が起きる。M7.3、震度 7、死者は 6434 人である。
1995. 1. 22	新潟県巻町の自主住民投票で原発反対が多数を占める（～2 月 5 日）。
1995. 1. 30	福島県議会はサッカー・ナショナル・トレーニングセンター受け入れを認め知事に報告する。
1995. 2. 7	福島県は東電にサッカーのトレーニングセンターを受け入れると回答する。（朝日：19950208）
1995. 2. 9	第二原発 3 号機運転差し止め訴訟（東京地裁）の主尋問で平井憲夫（日立プラント下請け作業の責任者）証人は、3 号機の再循環ポンプ備え付け時に、配管の繋ぎ目が約 10mm ずれていたと証言する。
1995. 3. 20	県が第一原発増設に係る環境影響調査に同意する。
1995. 3. 24	三重県南東町で原発住民投票条例が改正され、建設には 3 分の 2 の賛成が必要になる（事前調査に 3 分の 2 の賛成が必要とする条例も成立する）。
1995. 3. 31	1994 年度も浪江、小高原発計画（立地点は浪江町棚塩地区、候補地決定は 1968 年 1 月 5 日）は繰り延べとなる（20 回目）。
1995. 4. 6	第二原発 3 号機運転差し止め訴訟の反対尋問で、東電側が平井憲夫の証言に報告資料を提出して反論するが、平井は「こういうものはいくらでも書き換えられます」と述べ、東電側の虚偽の報告が立証される。（反原発：19950520）
1995. 4. 14	「電気事業法」が改正（電気事業の規制緩和を盛り込む）され成立する。
1995. 6. 26	新潟県巻町で原発住民投票条例が成立する。
1995. 7. 11	電気事業連合会が新型転換炉実証炉の建設計画の見直しを国などに要請する。
1995. 8. 11	東電がサッカーのトレーニングセンター建設で開発許可を申請する。
1995. 8. 25	原子力委員会が新型転換炉実証炉の建設計画中止を決定する。
1995. 10. 3	首都圏への送電線（100 万ボルト）に反対する棚倉町民が都庁を訪れ、都知事に中止になった都市博跡地に原発を提案、都側は東電に発言する立場にない、電磁波の影響は国が調査すべきと対応を拒絶する。棚倉住民はトラスト運動を開始しており、送電線直下の山林（隣の浅川町を含む）2200m^2 を 69 人で共有する移転登記を完了している。
1995. 11. 10	定検中の第二原発 2 号機で、出力領域計装検出器 1 本が外れているのを発見する。
1995. 11. 25	第一原発 6 号機で床ドレン槽の水量増加があり原子炉を手動停止する。
1995. 12. 15	新潟県巻町でリコール運動中に原発推進派の町長が辞任する。
1995. 12. 31	この日現在、日本が保有する分離プルトニウムの総量は 15.9トンである（フランス、英国保管分を含む）。

暦　年	事　　項
1995	この年、ミンスクの腫瘍研究所ユーリー・デミチック医師提供の資料によれば、「ベラルーシのチェルノブイリ事故後10年間の小児甲状腺がんの増加」は、1986年で2人、1987で4人、1988で5人、1989で7人、1990で29人、1991年 で59人、1992年 で66人、1993で79人、1994で82人、1995で91人で合計424人である。
1996. 1. 23 (平成8)	先月の「もんじゅ」の事故を踏まえ、原発立地道県で成る「原子力発電関係団体協議会」は、情報開示や監視徹底の要望書では不足だ、原発発電出力で全国上位の3県が国に対して行動を取れという、「もんじゅ」立地の福井県の原発担当課長の意見を受け、その3県の知事である福島・佐藤栄佐久、福井・栗田幸雄、新潟・平山征夫らは、この日、直接対応した橋本龍太郎首相に提言書を渡す。首相は3県知事に「プルサーマル計画」への協力を要請する。(朝日：19960124)
1996. 5. 20	東電の「地域振興策」として県に建設中のサッカー・ナショナル・トレーニングセンターであるJヴィレッジの運営会社創立総会が開かれる。
1996. 5. 24	台湾国会が原発計画廃棄法案を可決する（10月18日には再審議で否決される)。
1996. 5. 27	この日現在、世界の原発は432基となる。
1996. 6. 13	第一原発4号機の原子炉建屋地下で補助ボイラーの火災が発生する。
1996. 6. 27	13日の火災事故の原因は点火用の軽油が漏れて保温材に浸透し、熱で燃えたことによるとされる（東電発表)。
1996. 9. 20	串間市議会が原発立地反対を決議する。
1996. 9. 24	第二原発4号機で、日立製の原発で定検が重なって熟練作業者の確保が困難となり、法定の13カ月を9日間超える運転を継続（通産省の承認済み）してしまい、その後定検に入る。
1996. 9. 25	原子力委員会が部会などの公開を決定する（原子力安全委員会の公開は同年12月5日より)。
1996. 10. 3	浪江、小高原発計画の用地取得に必要な大規模土地取引の事前審査が県に届けられ（9月30日付け)、県が受理する（東北電力発表)。
1996. 10. 23	第一原発1号機のタービン建屋地下でビニルシートのボヤがある。
1996. 11. 19	参議院自民党が東京、大阪、福井、新潟、福島の知事と「電力供給地と消費地の相互理解」で円卓会議を行う。(反原発：19961220)
1996. 11. 26	定検で第一原発1号機の圧力容器内のジェットポンプ配管に亀裂を発見する。10本のうち2本に計5カ所で応力腐蝕割れがある（東電発表)。
1996. 12. 8	ロシアのコストロマで住民投票が行われ、原発の建設再開に反対という結果が出る。
1996. 12. 19	1989年1月に第二原発3号炉で起きた事故に対し、「福島原発市民事故調査委員会」が行ってきた、商法272条に基づく株主の違法行為差止め請求権を行使した炉の「運転差し止め訴訟」（東京地裁）の判決があり、棄却される。専門家信仰を全面に出す不当な判決として、原告団は26

暦　年	事　　項
	日に東京高裁に控訴する。（反原発：19970120）
1996	この年、日本の原発も「過酷事故対策」を原発の安全基準に盛り込むよう、国際原子力機関（IAEA）が通達してくる。日本は応じず、2013 年 1 月末の「原発　新安全基準案」まで応じない状態が続く。／／この年以降、日本原子力学会は小中高校で使う教科書で原子力はどう書かれているかを調べ続ける。結果は「提言」としてまとめ文科省、教科書会社に知らせる。調査メンバーは十数人で（大学、メーカー、研究機関の人）、取り纏め役は工藤和彦九州大学特任教授（当時 68 歳、2006 年～2010 年に原子力安全委員会・原子炉安全専門審査会長を務める）である。
1997. 1. 28 （平成 9）	第一原発 3 号機で先月から分かっていた空調機排水量の増加が大として、原子炉を手動停止する。
1997. 1. 31	28 日の空調機の機能低下の原因は、施行時の主蒸気隔離弁シール部の不十分な抑えとされる（東電発表）。
1997. 2. 14	佐藤信二通産相は福島、新潟、福井の三県の知事を呼び、プルサーマル計画の積極推進を閣議決定したと告げ協力を要請する。原発政策の全体像を示せの要望には回答をしない。（朝日：19970214）
1997. 2. 25	第一原発 3、4 号機の冷却水に炉内機器の老朽化対策で水素を注入したため、主蒸気隔離弁室での放射線量が 2 倍となる。（朝日：19970225）
1997. 3. 6	東電が福島県に対し、第一原発 3 号機でのプルサーマル実施計画への協力を要請する。（朝日：19970307）
1997. 3. 26	老朽原発の罅割れ対策で、第一原発 1、2、3、5 号機のシュラウド（燃料と圧力容器の仕切り板）を交換する（東電発表）。
1997. 3. 30	いわき市で「ストップ！プルトニウム・キャンペーン」が発足、1999 年春の定検で東電が第一原発 3 号炉へ MOX 燃料を装荷し使用することの阻止を目指す。佐藤栄佐久知事は「私を含め、県民や国民の理解が得られていない」と語る。（反原発：19970520）
1997. 3	電力各社が福島、新潟、福井三県にプルサーマル計画を説明する。／／東海再処理工場でアスファルト固化施設火災が起きる。爆発事故で作業員 37 人が内部被曝し、放射能の環境への放出が明らかとなる。
1997. 4. 28	第二原発 2 号機で排ガス放射線モニターの警報が鳴り、燃料に穴が開いたと見て原子炉を手動停止する。
1997. 5. 6	中間点検で出力降下中の第一原発 4 号炉が水位低下で自動停止する。原因は給水ポンプ制御系のゴム製リングの不良とされる。15 日に発電を再開する。
1997. 5. 9	「原発の安全性を求める福島県連絡会」（市民団体）が、東電に第一、二原発の総点検、早期実施を求める申込書を提出する。（朝日：19970510）
1997. 5. 12	福島県沖を震源とする地震で第一原発 1、3 号炉が一時的な出力上昇となる。（反原発：19970620）
1997. 5. 20	4 月に手動停止した第二原発 2 号機で燃料の穴あきを確認する（東電発

暦　年	事　　項
	表）。
1997.6.8	定検中の第一原発２号機で給水ポンプの弁から水漏れ、出力を70％に下げて調査したところ、検査後の組み立て時に異物が入り、鉄製の水止めに傷を付けたことが原因と分かる（9日、東電発表）。
1997.6.10	スウェーデン議会が原発の段階的廃止法案を可決する。12月18日には原発収用法案も可決する。
1997.7.11	資源エネ庁は３号機のシュラウドの交換を認可する。シュラウドの交換は世界で初である。（朝日：19970712）／／福島県は非公開の予定で「核燃料サイクル懇話会」を設けるが、報道機関の関心が高く初回から公開とすることに方針を転換する。懇話会初日に佐藤栄佐久県知事は定例記者会見に臨み、「（懇話会で）原子力問題に認識を深めたい」として、懇話会開催期間中は東電のプルサーマル計画の申入れを受けない考えを示す。1998年７月までに７回開催する。（福島原発の真実：佐藤栄佐久、20110622）
1997.7.21	東電寄贈の「Jヴィレッジ」が楢葉町にオープンする。（福島原発の真実：20110622）
1997.9.16	日立製作所が建設した沸騰水型原発配管の溶接工事で、下請けが温度（溶熱処理）記録を改竄していたことが明らかになる（資源エネ庁への日立の報告で発覚）。改竄は福島第一原発1、4、6号機を含む全国18基、167カ所に及ぶ（資源エネ庁発表）。（読売：19970917）
1997.9.26	溶熱処理記録の虚偽報告は、第一原発４号機で７カ所、第二原発２号機で12カ所、同４号機に34カ所あったとされる（東電発表）。
1997.10.8	各号機から出た使用済み燃料を一時保管するための「共用プール」が第一原発敷地内に完成し搬入を開始する。
1997.10.13	定検中の第一原発４号機で、中性子計測装置の収納管（モニターハウジング）に罅割れを発見する（東電発表）。原因は溶接時の残留応力に起因する粒界腐食とされる。1992年に分かっていたのに、この日に発見と虚偽報告をする。（市民年鑑2011―12：1992）
1997.11.7	第一原発7、8号機で、電調審上程の計画を本年の12月から1998年３月に延期すると通産省に届け出る（東電発表）。
1997.11.11	第一原発の重油タンクで重油の受け入れ作業中に、上部天板の一部を損傷する。
1997.12.4	第一原発３号機で、シュラウド交換工事中に中性子計測器収納管に約2cmの罅割れを発見する。原因は粒界型応力腐蝕割れとされる（24日、東電発表）。
1997.12.5	福島第二原発１号炉で制御棒一本が不作動となり原子炉を手動停止する。原因は制御棒の一部が膨張したためとされる（15日、東電発表）。
1997	この年、エネルギー庁が想定の２倍の津波への対策を指示する。福島第一原発は想定をわずか0.5％超えると電源喪失につながる状態だったの

暦　年	事　項
	に放置された。（原発と大津波警告を葬った人々：岩波新書、20141120）／／同、電事連の内部資料では福島第一原発で 9.5m の津波の高さを算出している。（NHK、クローズアップ現代：20171003）
1998. 2. 2	フランス政府が「スーパーフェニックス」の廃炉を正式に決定する。
1998. 2. 4	棚倉町で送電線反対の共有地を、土地収用法に基づき東電が強行測量する。東電社員 15 名、測量作業員 6 名の他、監視行動のため近隣の地権者 11 名も参加する。
1998. 2. 22	定検中の第一原発 4 号機で、制御棒 34 本が約 15cm 脱落する。このことは 2007 年に発覚する。（市民年鑑 2011—12：1992）
1998. 2. 24	第一原発 3 号機に新シュラウドを吊り込みする。
1998. 2	5 回目の福島県核燃料サイクル懇話会開催で、プルサーマル計画、原発増設の推進を訴える（草野孝楢葉町長、遠藤克也富岡町長、志賀秀朗大熊町長、岩本忠夫双葉町長ら招待）。
1998. 4. 28	福島市内で県内初の通産省、科技庁主催の「プルサーマル討論会」が開かれる。地元紙が形だけと批判する。（反原発：19980520）
1998. 5. 6	フランスで使用済み燃料輸送容器と貨車の汚染スキャンダルが暴露される。／／栗田幸雄福井県知事が高浜 3、4 号炉（関電）でのプルサーマル計画実施を事前了解する（全国初）。福島、新潟両県知事とともに内閣総理へ国民的合意形成などでも提言し、慎重姿勢を取ってきた知事だけにその急な変心に福井県民はとまどう。（反原発：19980620）
1998. 6. 8	第一原発 3 号機のシュラウド交換が終了する。世界初の大規模な原子炉内の工事であった。発電再開は 7 月 22 日となる。（朝日：19980613）
1998. 7. 14	「核燃料サイクル懇話会」（第 7 回）に稲川泰弘資源エネ庁官が出席し、「2010 年頃をめどに発電所外での貯蔵も可能となるよう対策をとる」と明言する。（福島原発の真実：20110622）
1998. 7. 21	定検最終段階の第二原発 2 号機で、出力上昇中に給水ポンプの蒸気加減弁フランジ部からの水漏れを発見する。原因はボルトの締め付け不足とされる（24 日、東電発表）。
1998. 7. 22	シュラウドを交換した第一原発 3 号機が、約 14 カ月ぶりに発電する。（朝日：19980723）
1998. 7. 27	佐藤栄佐久県知事は記者会見で「（MOX 燃料は）危険性が高いと指摘されているが、原子炉の安全性の許容範囲にある」と述べ、プルサーマル計画受け入れに傾く。
1998. 7. 30	第一原発 6 号機のタービン抽気系ドレン配管で蒸気漏れを発見し、原子炉を手動停止する。
1998. 7	7 回目（最終回）の福島県核燃料サイクル懇話会が開催され、稲川泰弘資源エネルギー庁長官が出席、県は要求している「使用済み燃料貯蔵対策」の取り組みを説明する。
1998. 8. 4	7 月 30 日の事故の原因は、配管のシール部組み立ての際に、異物が混

暦　年	事　　項
	入してパッキングなどを傷つけシール機能が低下し、蒸気漏れが発生したとされる（東電発表）。
1998. 8. 12	定検に入った第一原発２号機がシュラウドを交換する。
1998. 8. 18	荒木浩東電社長が佐藤栄佐久福島県知事と大熊、双葉両町にプルサーマルや、第一原発での低レベル雑個体廃棄物固形化設備の設置についての事前了解願い（導入プラントは東電第一原発３号機）を差し出す（県庁で）。（朝日：19980818）
1998. 8. 23	大熊、双葉の両町長が県知事にプルサーマル計画受け入れを表明する。
1998. 8. 26	第一原発１号機が送電線への落雷時に継電器の異常で自動停止する。
1998. 9. 30	動燃事業団が解散する。
1998. 10. 1	核燃料サイクル開発機構が発足する（動燃事業団の改組に対応）。
1998. 10. 7	原燃輸送である使用済み核燃料輸送業者らが、輸送容器《キャスク》の試験データを書き換えたことを明らかにする。（朝日：19981008）
1998. 10. 13	使用済み核燃料キャスクのデータ改竄の全容がほぼ分かる。福島第一原発構内輸送に使用の６基については、４基のデータが改竄されていた。（朝日：19981014）
1998. 10. 19	プルサーマル計画の申請を受けて県議会は２回目の全員協議会を開催する。斎藤卓夫議長は知事に「議会の大勢としては導入に問題ない」と伝える。（福島原発の真実：20110622）
1998. 11. 2	東電に対し福島県と大熊、双葉両町とがプルサーマル計画の事前了解を通知する。全国初のケースである。県の条件は、MOX燃料の品質管理の徹底、取り扱う作業員の被曝低減、MOX燃料の長期展望の明確化、核燃料サイクルの国民理解の推進などである。／／この日、県知事と大熊、双葉両町が、東電が申請していたプルサーマル計画の事前了解願を正式に受諾する。「脱原発福島ネットワーク」は抗議とともに、凍結と安全性の説明などを求め県に申入れをする。（朝日：19981103）
1998. 11. 4	東電は原子炉設置変更許可を国に申請する。
1998. 11. 25	第一原発３号炉が「中性子束高」で自動停止する。原因は落雷の影響による誤信号とされる（27日、東電発表）。
1998	この年、コンゴ・キャンシャサ大学内の原子炉から燃料棒２本（全140本）が盗まれ、１本はイタリアのマフィアに略奪されたことが発覚、それは中東に売却される。２本目はモブツ元大統領（1965～1997、独裁政権掌握）が国外逃亡の際に持ち逃げしたともいわれている。
1999. 1. 18 （平成11）	東電の100万V《ボルト》極超高圧送電線「南いわき幹線」に反対してきたトラスト地権者は、土地の強制使用の裁決を求め、過去７回の福島県土地収用委員会による公開審理で争ってきたがこの審理が結審する。
1999. 1. 19	第二原発の廃棄物処理建屋で過熱により穴があいた空気余熱器から溶け落ちた軽油による火災が発生する。
1999. 1. 20	第一原発からの腐食補修の低レベル廃棄物ドラム缶を六ケ所埋設施設に

暦　年	事　　項
	搬入。
1999. 1. 25	第二原発 1 号機のタービン建屋で発電機点検修理用樹脂の溶剤が発火する。
1999. 1. 31	第一原発 7、8 号機増設を計画する東電に対し、「原発増設イエス？ノー？県民投票の会準備会」の発足総会が郡山市で開かれ、県民の意思を明確に出来る運動の必要性を確認する。
1999. 3. 15	第一原発 3 号のプルサーマル計画で、資源エネ庁が安全審査を終了、安全委に再審査を諮問する。
1999. 3. 19	県土地収用委員会が東電のいわき送電線の線下予定地強制使用を認める採決をする。
1999. 3. 23	土岐市議会で放射性廃棄物の持ち込み禁止の条例案を可決する。
1999. 3. 25	第二原発 3 号機運転の差し止めを求める東電株主訴訟で、原告の請求が棄却される（東京高裁）。
1999. 3. 26	郡山市は「ふれあい科学館」の開館を予定しているが（JR 郡山駅西口）、東電はそれへの寄付に 30 億円を寄付する。（朝日：19990330）
1999. 4. 2	第二原発 1 号炉で調整運転中に出力が一時低下する。原因は復水器の洗浄操作ミスとされる（6 日、東電発表）。
1999. 4. 6	第二原発 3 号機につき訴訟原告が上告する。
1999. 4. 14	東電が通産省に第一原発 7、8 号機の環境影響調査書を提出し、写しを県、大熊、双葉両町にも提出する。29 日には双葉町で地元説明会が開催される。（朝日：19990415）
1999. 5. 7	国内初のプルサーマル公開討論会を首都圏で開催する。この討論会を実施する会が 107 万人の署名とともにこの開催を国へ申し入れていたもので、市民側 4 人（広瀬隆、福島の佐藤和良ら）と国側 3 人（通産省 2 人、科技庁 1 人）が論争する。
1999. 5. 27	第一原発 2 号炉のシュラウドを交換する。
1999. 6. 9	使用済み燃料中間貯蔵の事業化を認める原子炉等規制法の改正案が成立する。
1999. 6. 25	串間市議会が原発反対決議を撤回する。
1999. 6. 28	原子力安全委が第一原発 3 号炉のプルサーマル運転に「問題なし」の答申をする。
1999. 7. 2	通産相が原子炉設置変更を許可し、第一原発でのプルサーマル計画を認可する。これで MOX 燃料（製造はベルギー、既に 6 月にフランスに移送済み）の海上輸送が 7 月上旬に始まる見込みで、輸送には 2 カ月半を要する。プルサーマル開始は来年 2 月を予定している。（原子力行政のあらまし 2010：福島県生活環境部、2010）
1999. 7. 13	オーストリア議会が憲法に原発禁止を明記することを決議する。
1999. 7. 30	リンパ性白血病で死亡した、福島第一その他で約 12 年間働いた元原発

暦　年	事　　項
	労働者が、茨木県日立労基署から労災を認定される。累積線量は129.8mmSvであった。（原発事故と被曝労働：被ばく労働を考えるネットワーク編、20121015）
1999. 8. 17	第一原発でMOX燃料の摸擬を使った受け入れ作業を公開する。
1999. 8. 25	第一原発敷地近くにオオタカの巣があることが分かる（東電発表）。3月に発見しながら4月に資源エネ庁に提出の7、8号機増設の環境影響調査書には記載しなかった。
1999. 8. 27	定検中の第一原発1号機で炉心スプレイ系スパージャに罅割れを発見する（東電発表）。原因は溶存酸素による粒界型応力腐食割れで、1993年に分かっていたものを、この日に発見したと虚偽報告する。（市民年鑑2011―12：1992）
1999. 9. 27	午前5時27分、福島第一原発専用港に3号機で使用のプルサーマル計画用のMOX燃料32体（ベルギー製）が到着する。このときのMOX燃料は全32本、総額75億0196万円（1本当たり2億3444万円、貿易統計で公表の輸送費、保険料を含む総額の公表を基にこれを輸入本数で割った計算から算出）である。（朝日：20160228）／／第一原発1号機で緊急炉心冷却系配管に約15cmの罅割れを発見する。（市民年鑑2011―12：1992）
1999. 9. 30	茨城県東海村の「JOC東海事業所」で臨界事故が起き男性作業員2人が死亡（1人は83日後、1人は211日後）、663人が被曝し、国内での原子力開発史上最悪の事故となる。濃縮ウラン溶液の加工作業中に「臨界状態」（核分裂が継続して起きること）が発生し、遮蔽物がなく「裸の原子炉」に晒されての死亡であった。推定被曝放射線量は約6～20Svである。
1999. 10. 18	定検中の第二原発2号機で再循環ポンプの回転速度に異常があり、原子炉を手動停止する。速度検出器のひずみ除去回路を設置する。22日に運転を再開する。
1999. 11. 15	第二原発3、4号機から同1、2号機への使用済み核燃料の移送を通産省が許可する。
1999. 11. 30	スウェーデンで原発の廃止がスタートする。
1999. 12. 1	定検中の第一原発3号機で配管交換中の作業員が負傷、傷口に放射性物質が付着する（7日、東電発表）。
1999. 12. 17	県議会が「ストップ！プルトニウム・キャンペーン」の請願した「第一原発3号機でのプルサーマル実施の延期」を否決し不採択となる。
1999. 12. 19	3号機で使用予定のMOX燃料（ベルゴニュークリア社製）の品質データに問題が発覚し、通産省に同社は「製造工程管理のための計測データの記録は行っていない」という回答をしてくる。プルサーマルの安全性が大きく揺らぐ事態となる。（反原発：20000120）
1999. 12. 21	JOC事故で被曝した大内久が死去する。
1999. 12. 22	17日に県議会に請願した「キャンペーン」は、東電に全ての情報公開

暦　年	事　　　項
	と説明を求め、MOX 燃料の使用やプルサーマル計画の中止などを申し入れる。
1999. 12. 24	MOX 燃料の捏造問題で、県知事も「国民の理解が大きく後退している。検査やチェックだけで済む状況ではない」と語る。（反原発：20000120）
1999. 12	福島県の 12 月定例議会開催中に、関電の高浜原発（福井県）での MOX 燃料（イギリス製）の検査データが改竄されているというニュースが飛び込んで来て、佐藤栄佐久県知事が「国が安全と言ったのに、捏造があったということは重大な問題。どんな検査をしたのか」と、取材などに対し不信感をあらわにし国の原子力政策も非難する。（民報：20120625）
1999	この年、オーストリアで原発建設を禁止する法律が制定される。／／同、北朝鮮がコンゴ政府とシンコロブウェ（ウランとコバルトの鉱山、1960 年以降閉山）の採掘を再開、この頃（90 年代〜2000 年代）、北朝鮮はコンゴで軍事訓練を行うがその見返りに鉱物を受け取っていた。
2000. 1. 1 （平成 12）	第二原発 1 号機で制御棒位置の表示が消える事故があり、東電側は初めて内臓時計がグリニッジ標準時を使用していたことを知る。（反原発：20000220）
2000. 1. 7	南直哉東電社長は福島県庁を訪れ、佐藤栄佐久知事に MOX 燃料の使用を当面見送ることを報告する。
2000. 1	この月、急性単球性白血病で死亡している元原発作業員に、福島労基署が労災を認定する。福島一、二原発などで約 11 年間働く。累積線量は 74.9mmSv だった。（福島原発と被曝労働：石丸小四郎他、20130130）
2000. 2. 8	福島県知事が、第二原発の使用済核燃料プール増設計画を認めないという意向を表明する。
2000. 2. 15	第一原発 7、8 号機の立地計画で環境庁が通産省に意見書を出し、追加調査を要求する。（反原発：20000320）／／県議会が国に対する「原子力の安全確保の強化と原子力行政の信頼性に関する意見書」を可決する。（原子力行政のあらまし 2010：2010）
2000. 2. 22	三重県知事が芦浜原発計画を白紙撤回する。
2000. 2. 24	東電は 3 号機用の MOX 燃料品質管理データの再確認結果報告書を国に提出する。（原子力行政のあらまし 2010：2010）
2000. 3. 2	第一原発 7、8 号機計画の環境影響評価準備書に対し、希少生物の調査と対策を勧告する（資源エネ庁）。
2000. 4. 27	JOC 事故で被曝した篠原理人が死去する。
2000. 5. 12	第一、二原発の労働者 2003 人の 4 月分のフィルムバッジの現像に失敗し、計測不可能となった被曝線量はポケット線量計のデータから算出となる（東電発表）。
2000. 5. 16	「高レベル廃棄物処分法」が成立し衆院を通過する。参院本会議でも可決する（31 日）。

暦　年	事　　項
2000. 6. 15	ドイツ政府と電力業界が脱原発に合意する。
2000. 7. 17	第二原発3号機の運転差し止め訴訟で、最高裁が原告側の上告を棄却する判決を出す。
2000. 7. 21	東電が「地震による直接的被害で原子炉を止めたのは初めて」と、地震による原子炉への影響を認める。これはこの日、茨城県沖で発生した福島原発周辺での震度4の地震で、第一原発6号機の気体廃棄物処理系で排ガスの流量が増加し、原子炉を手動停止したことを指す。原因は地震の揺れによる細管の破断で、ネジの加工ミス、金属疲労などで細管に罅割れが生じていたことによる。(朝日：20000722)
2000. 7. 23	福島第一原発2号機でタービン制御油の漏れを発見し、原子炉を手動停止する。8月11日に東電は原因を配管の罅割れと発表する。その後、制御棒駆動水の漏れも発見、原因は地震の影響による亀裂と考えられるが（同日、東電は原因をボルトの閉め忘れと発表)、8月11日になって東電は、地震とは無関係と発表する。(朝日：20000724)
2000. 7. 25	第二原発4号炉で原子炉水のヨウ素濃度が上昇し原子炉を手動停止する。計3基（第一の2号炉と6号炉、第二の4号炉）が停止する事態となる。
2000. 8. 2	7月21日発生の6号機の小配管破断事故は、地震によって劣化による罅割れが生じたものとされる（東電発表)。(読売：20000803)
2000. 8. 3	福福島県原発所在町協議会が楢葉町で開かれ、服部拓也福島第一原発所長（当時、68歳）が原発事故について謝罪する。服部は退任後の2006年6月に日本原子力産業協会副会長就任し、2007年9月には理事長となっている。
2000. 8. 9	福島原発でのMOX燃料使用差し止めを求めて「MOX差し止め裁判の会」が仮処分を申請する。(朝日：20000810)
2000. 8. 18	第二原発4号炉で燃料棒1本に亀裂を発見する（東電発表)。
2000. 9. 14	東電はプルサーマル運転についての申立ての棄却を求める答弁書を福島地裁に提出する。
2000. 9. 16	第一原発7、8号機増設計画地の近くでの森林伐採の縮小など、オオタカの保護対策を東電が発表する。
2000. 10. 20	東電が資源エネ庁に第一原発7、8号機に係る「猛禽類等保全措置検討結果報告書」を提出、オオタカの営巣はなかったとして繁殖環境保全を計画する。(朝日：20001021)
2000. 10. 25	県内の原発で働き1999年11月に白血病で亡くなった溶接工の男性につき、富岡労働基準監督署が労災と認定したことが判明する。
2000. 10. 27	台湾首相が龍門原発の建設中止を表明する。
2000. 11. 14	東電は経産省に「輸入燃料体検査申請書」を提出する。この中に「実際の部品」を使用としながら、「実際はUO2燃料部材約80kgを使用」とあり、プルサーマルで使用するMOX燃料の品質管理の疑惑が明らかに

暦 年	事 項
	なる。（反原発：20020520）
2000. 11. 28	原災法施行後初の防災訓練が第一原発で行われる。（朝日：20001129）
2000. 12. 8	第一原発 7、8 号機増設で、東電は関係 7 漁協と漁業補償協定を締結する。補償額は広野火発 5、6 号機の補償費と合わせ 152 億円である。（原子力行政のあらまし 2010：2010）
2000. 12. 31	この日現在、日本が保有する分離プルトニウムの総量は 37.2トン（フランス、英国保管分を含む）である。
2001. 1. 13 （平成 13）	第二原発 1 号機でジェットポンプ 1 台の流量指示値に異常があり原子炉を手動停止する。15 日に国や自治体に連絡する。原因は流量計測小配管の破断とされる（22 日、東電発表）。
2001. 1. 26	東電は 7、8 号機増設に伴う環境影響評価書を県と 6 市町村に提出する。（原子力行政のあらまし 2010：2010）
2001. 1. 31	台湾議会が龍門原発の建設続行を求める決議をする。
2001. 2. 6	県は MOX 燃料の品質管理などで事前了解の 4 条件が守られていないとして、プルサーマル計画の許可の凍結を決める。
2001. 2. 7	福島第二原発から六ケ所再処理工場に 3 回目の使用済核燃料の本格搬入がある。同時搬入の浜岡原発のものと合わせるとウランは 31トンとなり過去最多の量となる。
2001. 2. 8	プルサーマル、原発と火発の増設などをめぐり立地町、県などと東電との間の食い違いが表面化し、東電は全ての発電所（火力、水力、原子力）の新しい増設を、原則として 3～5 年の間は凍結すると発表する。ところが翌日には、原発については推進すると前言を翻す。（福島原発の真実：20110622）
2001. 2. 9	第二原発 1 号機で先月起きたジェットポンプ流入量測定用小配管の破断は、ポンプの回転振動との共振作用による疲労亀裂が原因とされ、当該流量管を含む 4 台を固定する（東電発表）。
2001. 2. 14	台湾首相が龍門原発の建設続行を正式に発表。
2001. 2. 26	佐藤県知事は県議会で、「3 号機への MOX 燃料装荷は当分ありえない、エネルギー政策全般について検討していく」と表明する。（原子力行政のあらまし 2010：2010）
2001. 3. 23	福島地裁は 3 号機への MOX 燃料装荷差止め仮処分申請を却下する。「（品質管理下で）不正操作があったとは認められない」として、原告側の主張を退ける。（朝日：20010324）
2001. 3. 29	東電は準備の遅れから 7、8 号機増設を 1 年延期すると発表、5 月に開始予定のプルサーマル計画も断念する。（朝日：20010329）
2001. 5. 15	6 号機で原子炉内冷却水のヨウ素濃度が上昇し（通常の 3 倍）、原子炉を約 3 週間止めて点検する。この上昇は 2 月 26 日に判明し、以来この濃度は継続していた。また 16 日には燃料集合体 1 体からの放射能漏洩を確認する。（市民年鑑 2011—12：1993）

暦　年	事　　項
2001. 5. 17	楢葉町議会は国、県に対して、3号機でのプルサーマル導入と、7、8号機増設の早期実施を求める意見書案を可決する。
2001. 5. 21	県は県庁内に「エネルギー政策検討会」を設置する。電源立地県の立場でエネルギー政策全般を検討する。(原子力行政のあらまし 2010：2010)
2001. 5. 31	県は「県民の意見を聞く会」を開催、エネルギー政策の検討が目的である。(原子力行政のあらまし 2010：2010)
2001. 6. 11	ドイツ政府と主要電力四社が脱原発同意書に調印する。
2001. 7. 6	第二原発3号機にシュラウドの罅を発見する。(朝日：20010717)
2001. 9. 6	原子力安全・保安委は東電に、シュラウドの罅割れ（第二原発3号炉）につき、補修計画の安全性の追加報告を求める。またBWR保有会社に点検を指示する。
2001. 10. 8	「高木仁三郎著作集」第4巻刊行（七つ森書館)、全12巻の刊行が始まる。
2001. 11. 1	第二原発2号炉で開閉所機器点検の計画停止後の起動時に、中性子束高の信号で同炉が自動停止する。原因は運転手順の不備、即ち、運転員の制御棒引き抜き操作ミスであるとされる。(反原発：20011220)
2001. 11. 18	海山町住民投票で原発誘致反対が圧勝する。／／市民による「エネルギー政策市民検討会」(佐藤和良座長）ができ、第一回の講演会を郡山市で開催する。第2回は福島市で12月16日に開催される予定である。
2002. 1. 15〜30	第二原発3号機が浜岡事故を受けた工事のため運転を停止する。
2002. 1. 23	第二原発3号機で罅割れが判明したが、第一原発4号機、第二原発1号機には異常がないとされる（東電発表)。
2002. 1. 16	第二原発2号機で水漏れがあるが運転は継続する（東電発表)。
2002. 2. 19	佐藤栄佐久県知事が改めて国の原子力行政の矛盾点を指摘し、次年度もエネルギー政策検討会を継続すると述べる（定例記者会見で)。
2002. 3	東電は土木学会の手法に従い、福島第一原発で想定される津波の高さを5.7mに見直し保安院に報告する。これに合わせて6号機の非常用海水ポンプ電動機を20cmかさ上げする対策をとる（これでも、想定する津波水位にくらべ非常用ポンプの電動機下端まで3cmしか余裕なし)。(原発と大津波警告を葬った人々：岩波新書、20141120）／／この月、資源エネ庁は双葉郡の町村（全約2万2150戸）にプルサーマルの安全を訴えるチラシを配布する。(福島原発の真実：20110622)
2002. 4. 1	オフサイトセンター（原子力災害対策センター）が大熊町に完成し、運用を開始する。(原子力行政のあらまし 2010：2010)
2002. 4. 16	県知事は原発立地4町の議会議長、副議長らと懇談し、「プルサーマルは地域振興策にはならない」と説明する。(反原発：20020520)
2002. 6. 3	原発増設やプルサーマル推進を求める「双葉地方エネルギー政策推進協議会」は、県知事に提言書を提出する。知事は双葉郡内8町村長らに、「プルサーマル計画は凍結も含め検討する」と伝える。(朝日：20020604)

暦 年	事 項
2002. 6. 13	原子力委員会はプルサーマル導入の了解を凍結中の佐藤県知事に、意見交換を求める異例の要望書を提出する。（朝日：20020614）
2002. 6. 14	資源エネ庁も県に要請文を提出し、プルサーマル導入への実施に向けて結論を迫る。（朝日：20020615）
2002. 7. 4	第一原発の放射性廃棄物処理施設でタンクから廃液が漏れて固まっているのを発見する（東電発表）。
2002. 7. 5	県議会が核燃料税の税率を引き上げ（16.5%）、燃料重量にも課税する条例改正案を可決する。9 日には総務省に協議を申請し、17 日には東電が不同意を求める要望書を同省に提出する。（反原発：20020820）
2002. 7. 23	「エネルギー政策市民検討会」（昨年 11 月発足）が会の中間報告（これまで 6 回の報告集）を検討資料として県に提出してくる。
2002. 7	この月、国の地震調査研究推進本部が、三陸沖（福島県を含む）から房総沖で M8 クラスの地震があると評価する「長期評価」を発表、しかし国はこれに基づく試算をせず、従って東電にも行政指導を怠って来た（この点を福島地裁は 2017 年 10 月 10 日の生業訴訟で、原発事故は予見可能であり、国は最大 15.7m の津波が予見できたのに、東電に対し規制権限を行使せず、「許容される限度を逸脱して著しく合理性を欠いていた」と断じ、また東電にも「過失がある」とする）。（赤旗：20171011）
2002. 8. 5	県のエネルギー政策検討会（第 20 回）に全員の原子力委員が参加し、県知事らと意見交換をするが平行線に終わる。
2002. 8. 20	国の原子力委員会側から県へ再度の対話を求める書簡があるが、県知事は拒否を表明する。
2002. 8. 22	第一原発 3 号機で制御棒駆動水圧系配管 36 本に罅割れを発見する（東電発表）。
2002. 8. 29	「東電原発ひび割れ隠し事件」が発覚する。GE 社（米国原子炉メーカー）の技術者社員ケイ・スガオカ（1989 年に 1 号機を検査）が、2000 年 7 月 3 日に霞が関の通産省資源エネルギー庁・原子力発電安全管理課に「東電第一原発 1 号機の原子炉内の装置に 6 カ所にわたってひび割れが入っている。それを東電と GE とで隠蔽している」という内容を通告したのである。他に「私は、たくさんの沸騰水型炉を検査してきましたが、ここまで傷ついた蒸気乾燥機は見たことがありませんでした」とも書いてある。
2002. 8. 30	安全・保安院の調査によると、東電の保守担当の社員が会社の従業員（自主点検の請負人）に改竄を指示した疑惑が濃厚となり、東電社員約 100 人が関与の疑いがある。（朝日：20020830）
2002. 9. 1	罅割れ隠蔽の事件で、第二原発 4 号機では隠蔽を再チェックしのに異常なしと虚偽報告をしたことが分かる。第一原発 4 号機と第二原発 2〜4 号機では GE 社が罅割れを指摘した 3 カ所合計 26 本を検査対象から外し、代わりに罅割れのない溶接部分を点検して、異常なしと保安院に報告していた。この 26 本は修理、交換なしで現在も使用を継続中である。

暦　年	事　　項
	（読売：20020901）
2002. 9. 2	東電の南直哉社長が原発検査記録改竄の責任を取って辞任する。荒木浩会長、榎本聡明副社長、平岩外四元社長（日本経団連元会長）、那須翔相談役らも辞任する。（朝日：20020903）／／大熊町議会の全員協議会は、プルサーマル事前了解を白紙撤回するよう町長に求める事案を全会一致で決める。（朝日：20020903）／／第二原発２号機でタービン建屋から放射能漏れがあり、原子炉を手動停止する。
2002. 9. 4	罅割れ隠蔽の事件を受けて７、８号機増設計画を延期する（東電発表）。
2002. 9. 10	双葉、大熊、楢葉、富岡（原発立地４町）の各町長は、プルサーマルと原発増設を一時凍結するということで合意する。（原子力行政のあらまし2010：2010）
2002. 9. 13	安全・保安院は今回の東電の罅割れ隠蔽の事件（データ改竄疑惑）について、刑事告発や行政処分の見送りを決定する。（読売：20020914）
2002. 9. 19	原子力委員会がプルサーマルと核燃料サイクルとを推進するという声明を出す。（福島原発の真実：20110622）
2002. 9. 20	東電の社内調査で、再循環系配管でも８件の隠蔽が発覚する。（読売：20020920）／／また第一原発１号機で格納容器気密試験データの偽装が発覚する。
2002. 9. 21	安全・保安院は福島第一、二原発に検査官６人を検査に入らせる。（読売：20020922）
2002. 9. 24	東電は1987年〜2002年にかけて、2、3、5、6の４基で機制御棒駆動配管に罅割れを発見していたことが判明する。（朝日：20020925）
2002. 9. 25	第一原発３号機で８月22日に見つかった罅割れは242本（全282本の配管のうちの約85％）とされる（東電発表）。（朝日：20020926）
2002. 9. 26	県議会で知事は「プルサーマルの事前了解の前提条件が消滅しており、白紙撤回されたものと認識している」と述べる。（朝日：20020926）
2002. 9. 27	罅割れ隠蔽の事件後、総務省は核燃料税引き上げに、「東電の理解を得るように」という異例のコメント付きで同意する。東電はこれを受けて12月25日に「納得はしないが、やむを得ず了解」と回答する。（福島と原発 誘致から大震災への五十年：民報社編、早稲田大学出版部、20130630）
2002. 9. 28	東電の内部資料調査で、1992年の定検中の１号機で格納容器気密試験データの偽装（圧縮空気を送り圧力調整を実施）を示す資料が発見される。（朝日：20020929）
2002. 9. 30	原子力安全・保安院は東電第一、二原発の計10基の、運転開始時からの記録提出を命令する。
2002. 10. 11	定検停止中の第一原発４号機で制御棒駆動水圧系配管10本に罅割れを発見する。１本は貫通している（東電発表）。／／同日、県議会がプルサーマル計画の白紙撤回などを盛り込んだ意見書を採択、不正の徹底調査を求める決議もする。（原子力行政のあらまし2010：2010）

暦　年	事　　項
2002. 10. 21	第一原発 5 号機で排風機に小さな火が上がる。
2002. 10. 23	1979～1981 年頃に、第一原発 1 号機でアルファ核種の環境への放出があった（放射能濃度が許容量を超えていた）とする内部告発を、「美浜・大飯・高浜原発に反対する大阪の会」が発表する。東電は規制値以下だったと釈明する。（反原発：20021120）
2002. 10. 24	第一原発 4 号機で深さ最大約 13mm の鏬割れを発見する（東電発表）。
2002. 10. 25	1991、92 年の第一原発 1 号炉の定検で、容器内に圧縮空気を注入したり配管に板を挟むなどの東電の二重の不正工作に対し、原子力安全・保安院が行政処分の方針を決定する。同日、東電は不正を認める報告をして自主的に炉を停止する。（朝日：20021025）
2002. 10	北朝鮮対アメリカの「第 2 次核危機」（「第 1 次核危機」は 1994 年 5 月）が生じ、北が核開発を開始する。北は 2002 年 12 月には凍結していた核を再稼動させる。
2002. 11. 7	第二原発 3 号機でシュラウドに計 13 カ所の鏬割れを発見する（東電発表）。
2002. 11. 18	9 月 2 日の第二原発 2 号機の放射能漏れの原因は、湿分分離機の弁の鏬割れとボルトの締め付け不足とされる（東電発表）。
2002. 11. 22	第一原発 3 号機の制御棒駆動水圧系配管の鏬割れは 6 本、同 4 号機の同一の鏬割れは 1 本（貫通）とされる（東電発表）。（反原発：20021220）
2002. 11. 26	第二原発 4 号機で再循環系配管に 3 カ所の鏬割れが見つかる。
2002. 11. 27	定検の期間短縮を達成した請負業者に対して、東電が報奨金を支払っていたことが判明する。吉野正芳自民党議員（福島県選出）が衆院経済産業委で、こうした短縮などの安全管理低下の恐れを指摘する。
2002. 11. 29	福島第一原発 1 号機に 1 年間の運転停止処分がなされる。格納容器気密性試験での不正は違法と認められたわけである。（朝日：20021130）
2002. 12. 11	東電が第一原発 1 号機の気密試験の不正（9 月 20 日、参照）に関し、経産相に最終報告書を提出する。社員 9 人を諭旨解職、降格などの処分とし、日立も役員など 10 人を減俸処分する。
2002. 12. 12	「東京電力の原発不正事件を告発する会」（反原発団体）は、福島、新潟、東京の 3 地検に、東電幹部らを偽計業務妨害容疑などで刑事告発する。県内在住の 509 人は福島地検に告発する。（読売：20021213）
2002. 12. 18	第二原発 3 号機の再循環系配管の継ぎ手に 42 カ所の鏬を確認する（東電発表）。
2002. 12. 24	1989～1990 年に東電は第二原発 3 号機でのジェットポンプ計測配管損傷を報告なしで修理しており、保安院は国に報告すべき事故だったと公表する。
2002. 12. 26	第二原発 2 号機の再循環系配管の継ぎ手に 3 カ所の鏬を確認する（東電発表）。

暦　年	事　　項
2003. 1. 21 (平成 15)	第一原発 1 号機の制御棒駆動系配管 10 本に罅の兆候を発見する（東電発表)。
2003. 1. 31	第二原発 4 号機で再循環系配管の継ぎ手に更に 25 カ所の罅を確認する（東電発表)。
2003. 3. 3	定検中の第二原発 1 号機で燃料集合体上部に異物を発見し回収する。チャンネルボックスから剥がれ落ちたものと推定される（5 日、東電発表)。
2003. 3. 4	定検中の第一原発 3 号機で制御棒挿入試験の際、試験が規定時間を超えたために中止となる。
2003. 3. 10	原子力安全・保安院は福島第一原発 4 号機と第二原発 3、4 号機など計 8 基の原発につき、「5 年後でも十分な構造強度を有している」と評価し、県に罅の修理なしで運転再開を容認する方針を伝える。原子力安全委も 4 月 11 日に妥当との見解を表明する。（読売：20030311、0412）
2003. 3. 11～27	東電の原発で稼動するのが 1 機になるのを前に、運転再開に向けて保安院、東電が福島、新潟で議会を開き、住民への説明会を行う。
2003. 3. 26	4 日とは別の制御棒の試験で、今度は引き抜きが出来なくなり試験中止となる。駆動部の分解点検では異物を発見する。（市民年鑑 2011―12：1993）
2003. 3. 31	第一原発 2 号機が定検に入り福島を含めた東電の原発は 17 機中 16 機が停止する。4 月 15 日には福島第一原発 6 号機も停止の予定である。またこの日、第一原発 3 号機で駆動部の分解点検でワイヤブラシの一部らしい異物を 15 本発見する（東電発表)。
2003. 4. 1	国の原子力立地会議は、原子力発電施設等立地地域の振興に関する特別措置法に、福島県の浜通りと都路村の計 16 市町村を指定する。（原子力行政のあらまし 2010：2010）
2003. 4. 4	原子力安全・保安院は 2002 年度の全国の原発稼働率を公表する。福島第一原発全 6 基は 65％で過去 10 年で最低である。（朝日：20030405）
2003. 4. 15	午前 0 時、第一原発 6 号機は安全点検のため原子炉停止作業に入る。これにより東電の原発の全 17 基（福島 10 基と柏崎刈羽 7 基）はすべてが運転停止となる。（朝日：20030416）2002 年夏の GE の元社員の内部告発が発端となり、福島第一原発 1 号機などの原子炉の罅割れの隠蔽が芋づる式に発覚したためである。
2003. 4. 16	東電は 3 月 3 日に見つかった異物は作業用のケーブルを束ねる針金やワイヤブラシの毛先と見られ、他の制御棒にも同様の異物が見られると発表する。また第二原発 1 号機の再循環系配管 1 カ所に罅の可能性があるともいう。
2003. 4. 21	定検中の第一原発 3 号機で、同時に複数の制御棒を引き抜くことをロックするための安全装置を、解除したままで制御棒の操作の検査をしていたことが判明する。

暦　年	事　　項
2003. 4. 29	第一原発4号機で使用済み核燃料貯蔵プールに作業用ポンプ部品などが落下するが東電は放置する。
2003. 5. 15	福島の全原発が停止を受けて、県の双葉地方エネルギー政策推進協議会（双葉郡の8町村）が、原発の早期運転再開を東電と原子力安全・保安院とに要望することを決める。（読売：20030515）23日には県知事、県議会議長にも要望する。
2003. 5. 19	第一原発3号機で、4月21日に安全装置を外したまま検査をした東電に保安院が厳重注意をする。
2003. 5. 21	第二原発4号機で冷却材浄化系の弁部品の折損が確認されるが、東電発表は大幅に遅らされ、部品発見後の10月2日となる。
2003. 5. 23	第一原発6号機で格納容器漏洩率検査をし、再開に向け準備をする。
2003. 5. 28	定検中の第二原発3号機で制御棒ハンドル部に罅を発見する（東電発表）。
2003. 6. 1	富岡町で保安院長が地元8町村長らに第一原発6号機の「安全宣言」をし、地元側は再開を容認する。9日には県議会全員協議会も運転の再開を容認する。（朝日：20030602）
2003. 6. 6	シュラウド補修工事終了に伴う点検で、使用済み核燃料貯蔵プール内の燃料集合体上部に異物や金属片を発見する。工事で使用したポンプのボルトや座金（うち1個は未回収）など計10個が落下していた（4月29日に落下した部品、東電発表は11日）。工事を行った日立は1カ月以上前に部品落下を知りながら東電に報告せず。（反原発：20030720）
2003. 6. 9	県議会全員協議会が第一原発6号機の運転を容認する意見書を出す。
2003. 6. 14	第二原発3号機で制御棒を入れ忘れて燃料を装荷する。制御棒がないまま核反応が進みかねない重大な過失である（15日、東電発表）。
2003. 6. 18	気水分離器等貯蔵プールのアルミ製カバー取り外し工事で、重さ60kgの同カバー1枚を第一原発4号炉の原子炉圧力容器内に落下させる事故が起きる。6時間後に回収される。炉内の内壁2カ所とECCS系配管2カ所に傷が確認される（23日、東電発表）。（市民年鑑2011—12：1993）
2003. 6. 25	東電社長が県知事を訪問し、一連の点検作業ミスの陳謝と再開とを要請する。
2003. 6. 27	5月28日に罅が見つかった第二原発3号機で、同制御棒に新たな7カ所の罅と、使用済みの制御棒にも9カ所の罅を発見する（東電発表）。
2003. 7. 3	第一原発3号機の中央操作室で空調ダクトの一部破損を発見する。
2003. 7. 4	第二原発1号機の圧力容器と再循環系配管の接続部分とで、4カ所の罅を確認する（東電発表）。
2003. 7. 10	県知事と勝俣東電社長との会談で、第一原発6号機の運転再開が認められる。11日に原子炉を起動し13日に発電を再開する。（朝日：20030711）
2003. 7. 11	第一原発5号機の安全弁のチューブからの漏洩を確認する（東電発表）。

暦　年	事　　項
2003. 7. 15	第二原発2号機の再循環系配管に新たな5カ所の罅を確認する（東電発表）。
2003. 7. 18	原子力安全・保安院は、検査が終わった3、5号機の「安全宣言」をする。双葉地方エネルギー政策推進協議会は運転再開を認める。（朝日：20030719）
2003. 7. 24	第一原発2号機で残留熱除去系排水口から水漏れがある。
2003. 7. 29	第二原発3号機の使用済み制御棒6本に罅を確認する（東電発表）。
2003. 7. 31	第二原発2号機のシュラウド点検を終了する。計50カ所の罅を確認するが半数は溶接部以外である（東電発表）。
2003. 8. 8	東電社長が県知事に第一原発3号機の再開を要請する。知事は再開を了承する（12日）。今後は原子炉起動（13日）、発電再開（16日）と強行されることになる。（反原発：20030920）
2003. 8. 20	東電副社長が副知事に第二原発1号機の再開を要請する。県の関係部長会議は容認の結論を出し了承する（26日）。原子炉起動（27日）、発電再開（31日）と同様に強行されることになる。（反原発：20030920）／／第一原発4号機で気水分離器の脚部4本全てに曲がりを発見する（21日、東電発表）。（反原発：20030920）
2003. 8. 21	東電で水素爆発の隠蔽が発覚する。内部告発に基づく社内調査で3件（第一原発で1件、同第二で2件）を確認するが、東電は報告、通報義務の対象外として保安院に報告する。（反原発：20030920）
2003. 8. 29	第一原発1、2号機で気水分離器の脚部の曲がりを発見する（東電発表）。
2003. 9. 2	東電が県に第一原発5号機の運転再開を要請し県は容認する（8日）。原子炉が起動し（9日）、発電の再開となる（12日）。
2003. 9. 9	7月に運転再開した第一原発6号機で、再循環ポンプ軸封部の圧力上昇が見つかる。24日から監視を強化する。また9日には内部告発を受けての調査で、第二原発3号機の制御棒に罅を発見する（保安院発表）。
2003. 9. 11	第一原発6号機で残留熱除去系の電動弁に異常がある。
2003. 9. 12	第二原発1号機で原子炉自動停止信号の試験時に一時、動作不能の警報が鳴る（17日、東電発表）。
2003. 9. 17	第一原発2号機の燃料集合体止め具部品3カ所に変形を確認する（東電発表）。また同機の圧力抑制室で針金を発見、点検の結果、39カ所に異物が存在することが分かる（10月9日、東電発表）。
2003. 9. 24	第一原発5号機で蒸気漏れがあり、作業員1人が1.02mmSv（計画線量を超える）の被曝をする。
2003. 9. 25	第一原発1号機で非常用ディーゼル発電機の試験時に、機関部から冷却水が噴霧状に飛散する。
2003. 9. 29	第一原発2号機の原子炉建屋内でパイプ1本が落下、肩に当たった作業員が負傷する。

暦　年	事　　項
2003. 9. 30	第一原発5、6号機用の重油タンク配管から漏れを発見する（東電発表）。
2003. 10. 3	事故隠しで電気事業法違反などで告発されていた当時の東電役員ら8人を、東京地検特捜部は不起訴処分とする。（読売：20031004）
2003. 10. 6	第二原発4号機の制御棒2本に罅を発見する（東電発表）。
2003. 10. 8	第一原発4号機で気水分離器が変形し罅が入ったのは、三陸南地震が主因とする調査結果を東電が発表する。//東電の不正を内部告発したケイ・スガオカが氏名を明かしてニュース番組に出演し、9日には県知事を訪問し記者会見をする。
2003. 10. 21	第一原発2号機から木片や針金など92個、同4号機からはアルミテープ2個を発見する（東電発表）。（読売：20031022）
2003. 10. 23	第二原発4号機の再循環系配管1カ所に罅を発見する（東電発表）。
2003. 10. 28	第一原発4号機の中性子計測装置が異常値を示す（29日、東電発表）。
2003. 10. 29	第一原発1号機の燃料集合体で直径6.4mmの金属異物を発見する。（朝日：20031030）
2003. 11. 2	2002年に第一原発2号機で発電機から水素漏れがあったのに消防署に通報しなかったと、東電のお客様相談室に告発がある。東電は通報義務はなかったとして27日にこの件を発表する。
2003. 11. 6	第一原発1、2、4、6号機は定検が終了するが、計473個の異物を発見し回収する。（読売：20031107）
2003. 11. 18	第一原発6号機の機器洗浄中に部品の一部が炉内に落下する。
2003. 11. 25	福島、新潟両県の市民団体が原子炉内の圧力抑制室に1000点以上の異物が在りながら、原子炉を止めて異物を回収しないで運転を強行している東電に対して抗議をし、回収の申し入れをする。
2003. 12. 1	福島、新潟、福井3県の知事が官房長官、経産相と会談し、原子力規制体制のあり方に対する要望書を提出、保安院の分離独立も含む議論の場を求める。
2003. 12. 4	東電役員らの不起訴（10月3日、参照）で告発人らが検察審査会に不服を申立てる。
2003. 12. 5	第一原発6号機の定検で制御棒駆動機構内に金属片1個を発見する。また配管からの水漏れも発見する（東電発表）。
2003. 12. 17	第二原発4号機の配管に海水漏れを発見する（東電発表）。
2003. 12. 22	第一原発6号機の駆動機構固定装置の1つが停止、ベアリング鋼球の脱落を確認する（東電発表）。
2003. 12	福島第一、二原発では全10基のうち7基の原子炉が停止しているが（運転再開を認めたのは第一の2、4号機、第二の3号機）、圧力抑制プール（事故発生時のECCS用の水源という最重要機能を担う、ここが作動しないと炉心溶融を引き起こす可能性がある）からの異物発見が相次いだ。東電

暦　年	事　　項
	はゴミは水源（圧力抑制室）に流入し難い構造だとか、保温材の材質が海外プラントと異なるなどの理由を挙げ、特段の問題が確認されないとする原子力安全・保安院とともに、異物発見の問題から逃げている。
2004. 1. 14 （平成 16）	第一原発 1 号機の非常用ディーゼル発電機からの冷却水飛散で、この点検をした結果、ノズル部に鎛が貫通していた。また第二原発 1 号機では使用済み燃料プールの水面にビニールシート片を発見する（東電発表）。
2004. 1. 16	原発立地や隣接自治体の首長らでつくる双葉地方電源地域政策協議会（運転再開を容認して来た）で、保安院が第一原発 2、4 号機、第二原発 3 号機の「安全宣言」をする。だが同日、第二原発 3 号機で残留熱除去系に 15 日より水漏れの疑いがあると分かる（東電発表）。首長らは容認を撤回する。原因は冷却水ポンプと配管の接続部からの漏れとされる（東電発表）。（朝日：20040117）
2004. 1. 27	第二原発 3 号機の蒸気浄化器内で、金属状の物質 4 個を回収する（東電発表）。
2004. 1. 28	第一原発 1、2 号機の主排気筒で放射能を検出する。また 1 号の原子炉補機冷却系の熱交換器細管 1 本に穴あきを確認する、さらに同号の圧力制御室でゴム片などを、6 号機の制御棒駆動機構で複数の塗膜片をそれぞれ発見する（東電発表）。（朝日：20040304）
2004. 2. 12	福島、新潟、福井三県の知事が経産相に、保安院の分離の検討要請文を郵送する。
2004. 2. 18	第二原発 1 号機の復水器内に海水が混入する（19 日、東電発表）。また汚染廃棄物を扱った作業員の内部被曝も判明する。さらに東電が県に第一原発の 2、4 号機、第二原発 3 号機の運転再開を要請する。
2004. 3. 3	第二原発 3 号機が起動を開始するが、配管の圧力が上昇する（7 日）。
2004. 3. 17	第一原発 4 号機の起動開始。
2004. 3. 18	東京第一検察審査会が、告発不起訴を相当とする議決をする（2003 年 12 月 4 日、参照）。ただ 26 日付けの通知書で「住民の不安から告発は無駄ではなく、東京電力は責任の重大性を認識せよ」という異例のコメントがある。（反原発：20040420）
2004. 3. 26	第二原発 4 号機のタービン建屋で廃材処理中の作業員 2 人が酸欠で意識不明となる。原因はマスクに空気を送る配管に、仕切弁の漏れから窒素が混入したことによる。
2004. 4. 3	第一原発 2 号機の起動開始。
2004. 4. 5	第一原発 4 号機で電源装置の配電盤を焼く小火がある。
2004. 4. 6	第一原発 1 号機で試験中の非常用ディーゼル発電機の冷却水温度が上昇し原子炉が自動停止する。
2004. 5. 14	県知事が原子力委員長と会談し、核燃料サイクル政策の見直しを要請する。
2004. 5. 24	第一原発 5 号機で放射能測定をせずに放射性廃液を海に放出する。

暦　年	事　　項
2004. 6. 2	第一原発 5 号機の廃棄物処理建屋で、フィルター洗浄装置から水漏れがある。
2004. 6. 14	第二原発 3 号機で作業ミスにより復水器の真空度が下がり、7 分間出力が低下する。
2004. 7. 16	定検中の第一原発 6 号機で原子炉建屋 1、2 階の床に水漏れによる水溜まりを発見する。
2004. 7. 18	第一原発 5 号機のタービン建屋でケーブル火災がある。
2004. 7. 27	第一原発の雑固体廃棄物処理施設で小火がある。
2004. 8. 5	第一原発 6 号機で制御棒駆動水圧計配管に漏れを発見、溶接部が貫通と分かる（17 日、東電発表）。
2004. 8. 6	第一原発 3 号機は 7 月下旬から主変圧器内での可燃性ガスが増加しており、発電を停止する。
2004. 8. 8	第二原発 2 号機は 6 日から調整運転に入るが、7 日には水漏れを起こし、8 日には原子炉水位高で起動操作を中断する。
2004. 8. 12	原子力安全・保安院に砂利採取会社元社員から告発があり、第一、二原発建設に使う砂利、砂にコンクリート強度を落とす成分が含まれていたが、試験結果を偽造して無害の報告をしていたと述べる。（朝日：20040813）
2004. 9. 24	第一原発 4 号機で 2000 年 10 月に行った弁の開閉試験において、不具合を正常と虚偽記載したとして、東電が社員 2 人を厳重注意処分とする。この事件は社内に開設した企業倫理相談窓口への匿名電話で発覚する。（朝日：20040925）
2004. 9. 29	第一原発 2 号機で再循環ポンプが自動停止し、原子炉を手動で停止させる。
2004. 10. 6	第一原発 5 号機は 2003 年の定検で肉厚余寿命が 0.8 年とされたが、その配管が交換されていないとして県が保安院に見解を要求する。同院は 7 日と 11 月からの次期定検で交換するとの東電の判断を適切と評価する。しかし県が納得しなかったので、東電は 13 日に運転を停止し配管を交換する。調査結果では必要最小肉厚を 0.2mm 上回っていた（21 日、東電発表）。また 6 日には運転再開時に給水ポンプから潤滑油が漏れる。
2004. 10. 17	第二原発 4 号機は 16 日に原子炉を起動したが、蒸気加減弁が試験時に半分しか開かず起動を中断する。再起動したが（20 日）、蒸気流量の信号が正常に検出されていない可能性があるとして手動で炉を停止させる（22 日）。
2004. 10. 22	第一原発の使用済み燃料貯蔵建物などで、コンクリート骨材の試験結果を偽造するという不正を確認する（東電発表）。
2004. 10. 23	新潟県中越地震が発生する。M6.8、震度 7、死者 68 人を出す。
2004. 10. 30	第一原発 2 号機は 29 日に原子炉を起動したが、格納容器の内側扉がロックできなくなる事故が発生する。31 日には移動式炉心内計装系の弁

暦年	事項
	の不具合で起動を中断する。
2004. 11. 8	第二原発2号機で冷却水配管から水漏れがある（9日、東電発表）。
2004. 12. 8	第一原発2、4号機の給水加熱器室内で放射能を帯びた水漏れがあり、原子炉の運転を停止する。
2004. 12. 15	第一原発5号機（定検中）の給水加熱器室内で、放射能を帯びた水漏れがあり原子炉の運転を停止する。
2004. 12. 17	第一原発6号機の格納容器内で、放射能を帯びた水漏れがあり原子炉の運転を停止する。これで1号機はトラブル隠しで停止したままの定検中であり、3号機も定検中なので、第一原発は全6基が停止となる。
2004. 12. 31	この年現在、運転中の原発は52基（4574.2万kW）で、試運転中の原発は1基（138.0万kW）、建設中は3基（337.0万kW）、試運転凍結中はもんじゅ（28.0万kW）、安全審査中は4基（583.2万kW）、許可申請準備中は2基（274・6万kW）、閉鎖は2基（33.1万kW）である。（反原発：20050120）
2004	この年、司法制度改革で原告適格の範囲を広げる法改正が行われる。／／同、原発推進派の「草野建設」（草野孝元社長は1992年から5期20年間、第二原発がある楢葉町長を勤める）に「西松建設」が計2億3000万円を無担保で融資する。「西松建設」は東電事業を受注するために、東電にとっては大きな存在だったが資金不足の「草野建設」に融資したのであり、当時の東電役員が「草野建設」の資金不足の内情を「西松建設」に伝え、「西松建設」は融資の際には東電に事前確認を取っていた。後にこの融資は焦げ付き返済は全くされていない。（朝日：20130718）
2005. 1. 17	第二原発1号機で1カ所の配管減肉を確認する（東電発表）。
2005. 1. 24	第一原発5号機で「原子炉水位高」の誤警報が2回発生する（東電発表）。
2005. 1. 28	第一原発の全6基が停止している「配管減肉問題」で（冷却材喪失事故に繋がる重大事案）、保安院の審議官が県庁を訪れ説明する。県側の同5号機の配管交換要請に対し「不適切で公権発動に当たる」と居直る。同2号機の炭素鋼配管の罅割れ貫通や、同4号機の低合金鋼配管2カ所での穴あき損傷など、配管損傷は拡大し対策も未確立なので、運転再開は困難な現状である。（反原発：20050220）
2005. 2. 4	2001年以降で第一、二原発の管理区域内での下請け会社の作業員の負傷を東電に報告していなかった事例が4件ある（東電発表）。
2005. 2. 15	第二原発1号機で放射線モニター系電源が停電し、高線量の放射能という誤警報を発報する（東電発表）。
2005. 2. 23	定検中の第二原発3号機で、制御棒案内管に罅の模様を確認する（東電発表）。
2005. 3. 7	定検中の第二原発3号機でタービン建屋内に海水漏れがある。
2005. 3. 26	第一原発3号機では気体廃棄物処理系の流量増加が続いているので、調

暦　年	事　　項
	査のため出力を降下させる。
2005. 4. 17	第二原発 1 号機で原子炉隔離冷却系が不作動となり起動を中断する。
2005. 4. 18	第一原発 6 号機でタービン下部の閉止栓部から蒸気漏れがある。
2005. 5. 7	定検中の第一原発 2 号機で、使用済み燃料プールから蒸発した水が換気口付近で結露し、空調ダクトから漏れる事故がある。
2005. 5. 13	放射性廃棄物のクリアランス制度導入などを定めた原子炉等規制法改正が成立する。
2005. 5. 17	定検中の第二原発 3 号機で、再循環系配管の溶接部に新たな罅割れを発見する（東電発表）。
2005. 5. 25	第二原発 1 号機の原子炉格納容器内雰囲気モニターが正常に稼動せず、原子炉を手動停止する。原因は前回の定検での配管入口の誤封として対策を講じる（6 月 3 日、再起動）。
2005. 6. 7	第一原発 1 号機では損傷が隠蔽され、定検データ偽装もあって 1 年間の停止処分があったがそれが過ぎる。1 年半以上運転再開ができていないところで東電が県に再開を要請する。県は東電に容認の考えを伝達する。（朝日：20050630）
2005. 6. 29	県知事は第一原発 1 号機の運転再開を受け入れ、県内の全 10 基が稼動（2002 年 8 月以来、約 2 年 10 カ月ぶり）の見通しとなる。
2005. 7. 8	第一原発 1 号機が 2 年 9 カ月ぶりに原子炉再起動となる。13 日に発電再開となり、15 日には原子炉を止めて点検する予定である。配管の排水弁から水漏れを発見したので、この際に補修をした上で発電を再開する（24 日）。（朝日：20050709）
2005. 7. 12	県知事は 3 号機へのプルサーマル導入につき、あらためて認める考えのないことを示す。（朝日：20050713）
2005. 7. 29	第二原発 3 号機で装荷中の燃料 1 体が、制御棒の転倒防止用治具に接触して挿入不能となる。
2005. 8. 3	第一原発 6 号機の定検で、23 年に渡り可燃性ガス濃度制御系の流量制御器の補正係数を不正に嵩上げしていたことが分かる（東電発表）。26 日に保安員が改善指導を行う。また第一原発 1 号機（7 月 28 日に復水系からの水漏れが見つかる）で溜まり水からトリチウムを検出する。（朝日：20050804）
2005. 8. 16	宮城県沖を震源とする地震で第一原発 2、6 号機、第二原発 4 号機の使用済核燃料プールが揺れ、換気口から空調ダクトに入り込んだプール水が繋ぎ目から床に漏洩する。（朝日：20050818）
2005. 8. 21	第一原発 5 号機で炉心スプレイ系の流量確保ができない事故が発生し、原子炉を手動停止させる。
2005. 8. 25	定検中の第一原発 4 号機の圧力容器とシュラウドとの間に金属 1 個、ビニール片 10 枚を発見し回収する（東電発表）。
2005. 8	この月、原子力委員会（内閣府）が福島市で公聴会を開催（参加者は 135

暦　年	事　　　項
	人)、東電は社員33人と協力企業の社員3人、第一、第二原発が立地する4町の住民7人の43人を動員する。このうち11人は東電の依頼を受け原発推進を発言する。全体では23人が意見を述べる。東電がこの事実を公表するのは2013年7月3日である。(民報：20130704)
2005.9.4	福島県の主催で国際シンポジウム「核燃料サイクルを考える」(東京、約300人参加、約3時間) を開催する。パネリストは内山洋司筑波大教授、山名元京大教授 (両者は策定会議委員)、河田東海夫核燃料サイクル開発機構理事など10人で、佐藤栄佐久県知事は核燃料サイクル政策は「いったん立ち止まって考えることが必要」と報道陣に語る。(反原発：20051020)
2005.9	この月、第一原発6号機の装置を交換した際 (1993年の試験)、東芝は給水流量計測装置の精度データを改竄したと内部告発がある。調査すると、東芝は仕様書に定められた誤差範囲に収まらなかったため、東電の立ち会い確認時には装置内部を調整して偽装していたことが判明する (2006年1月31日、東電発表)。しかし、東電は「法令上ならびに安全上の問題はない」と説明する。(反原発：20060220)。
2005.10.1	定検中の第一原発4号機で作業員4人が放射能を含む粉塵を吸い込み内部被曝する。//「日本原子力研究開発機構」(日本原子力研究所と核燃料サイクル開発機構との統合、もんじゅの運営主体) が発足する。//この日現在、日本が保有する分離プルトニウムの総量は43.8トンである (フランス、英国保管分を含む)。
2005.10.9	第一原発2号機で制御機器故障により再循環ポンプが自動停止する。出力を下げて調整するが、詳細な調査が必要と判断し原子炉を手動停止する (10日、東電発表)。
2005.10.11	「原子力政策大綱」が決定する。(福島原発の真実：20110622)
2005.10.13	第一原発4号機のタービン建屋地下1階の、給水加熱器ドレインポンプを収めるコンクリートピット中に、放射性物質を含む大量の地下水が浸入したことが分かる。(朝日：20051014)
2005.10.25	定検中の第二原発3号機で、原子炉建屋6階床に放射能を含む水溜まりを発見する。
2005.10.28	経産省は原発が地元の意向で運転不可の場合は、電源3法交付金をカットする方針を決定する。(福島原発の真実：20110622)
2005.12.3	定検最終段階の調整運転を再開した第一原発4号機で、復水器真空度が低下し、手動で原子炉出力を約41%に低下させる。
2005.12.5	第一原発4号機の運転を再開、全6基が運転中となり、これは2002年4月以来のこととなる。(朝日：20051206)
2005.12.6	第一原発4号機の出力上昇を再開させるが、真空度が低下し再度の出力低下となる。また調査中に高圧復水ポンプ配管からの水漏れも発見され、原子炉運転を停止する (12日)。

暦　年	事　　項
2005. 12. 26	来年1月に電事連が公表予定のプルサーマル計画につき、県知事は記者会見で「実施はありえない」と批判する。
2005	電気事業連合会の2005年の議事録に、福島第一原発の「2号機までまとめて廃炉し、170万キロワットのABWR Ⅱにすることも可能であるが、いまはまず既存炉の運転継続が第一」とある。これは嘗てイチエフにリプレース構想が存在していたことを示す記述であり、当時この件に深く関わっていた東電の峰松昭義元原子力技術部長は、2014年1月に大鹿靖明朝日新聞経済部に「イチエフの1、2号機を廃炉にして新しいプラントにしようと東電の中で検討していました。ABWR Ⅱというんです」と答えてこれを認めている（東電広報室も認める)。「ABWR Ⅱ」とは、最新の知見に基づく安全対策を施し、ABWR（改良型沸騰水型炉）の出力を160万kWから170万kWに大型化する構想である（沸騰水型炉BWRは東電がGE社の原発を採用した炉で、後にGE社からライセンスを受けた日立製作所や東芝が製造)。やがて東電はABWRをメーカーと開発、1996年に世界初のABWRを柏崎刈羽原発6号機として運転を開始した。「ABWR Ⅱ」構想の背景には、福島第一原発などの廃炉と建て替えとが一時的に集中し重なるとの懸念があったからで、老朽原発の廃炉の前倒しをして跡地に経済性に勝る「ABWR Ⅱ」の建設を構想したわけである。しかしそれは1989年前後で、「補修コストと運転の利用率を考えると、1号機はもうからない、ということでした。バブル期に電力需要が伸びて、話は立ち消えになりました（南直哉元東電社長の言葉)」ということで、1号機の廃炉がその後も長らく検討課題であったことは確かである。峰松昭義（前出）は「福島第一原発の1号機には幻のリプレース計画が存在していた。もし実現していたら、あの事故は絶対に防げたはずです」(2014年1月の言葉）と言うが、果たしてそうだったであろうか疑問である。(AERA：第29巻第20号、20160509) ／／この年までに、「チェルノブイリ法」による権利を行使して、ウクライナだけで約1万4000世帯が汚染されていない地域へ移住する。(フクシマ6年後／消されゆく被害：人文書院、20170301)
2006. 1. 9 (平成18)	定検中の第一原発6号機で、ハフニウム板型制御棒1本に罅らしきものを発見し、同型の17本を外観点検する。
2006. 1. 10	第一原発1、2号機共用排気筒フィルタの定例測定で、粒子状のストロンチウム89を確認する。
2006. 1. 12	定検中の第一原発6号機で、残留熱除去系ポンプ逆止弁から水漏れがある。また使用済み燃料プールで、使用済み制御棒の罅を確認中に針金らしき異物を発見する（東電発表)。
2006. 1. 18	第一原発6号機で、9日の制御棒9本に計23カ所の罅（2月1日、14カ所で貫通と東電発表）と、1カ所の破損（欠損部は原子炉内で回収）を確認する（東電発表)。19日には保安院が同型制御棒の点検を指示すると保管中の使用済み制御棒でも罅が多数確認される。また第二原発4号機で非常用ガス処理系の定例試験時に中央操作室の流量計の指示値が出

暦　年	事　　項
	ず、正常動作の確認が不能となる。流量変換器を交換し 19 日に確認する。さらに第一原発 1 号機で冷却水タンクの水位に低下傾向があり、熱交換器内での冷却水漏れと推定し予備器に切り替える（2 月 2 日）。
2006. 1. 20	定検中の第二原発 2 号機の圧力抑制室で、長さ約 1.3m のホース、テープ片、プラスティック片などを確認し回収する（東電発表）。
2006. 1. 27	東電は 3 号機が 3 月で運転開始から 30 年になるので、経産省に高経年化学技術報告書を提出する。メンテナンスで 30 年間運転可能としている。（朝日：20060129）
2006. 1. 30	第一原発 6 号機のタービン建屋内の溜まり水から高濃度のトリチウムを検出する（東電発表）。
2006. 1. 31	東芝が第一原発 6 号機の原子炉給水流量計の試験データを改竄していたと発表する。（朝日：20060201）
2006. 2. 1	資源エネ庁が定検中の第一原発 6 号機でハフニウム型制御棒全 17 本中、9 本の表面に罅があり、同 5 号機の使用済み制御棒 8 本にも罅があると発表する（ドイツ・原子力安全基盤機構）。
2006. 2. 5	第一原発の所在地の大熊町で、原発講演会（双葉地方平和フォーラムなど 4 団体共催、参加者約 200 人）が開催される。講師は長沢啓行大阪府立大学教授で、演題は「安全軽視・企業利益最優先〝定期検査間隔延長〟問題」である。
2006. 2. 7	第二原発 3 号機の取り外し配管で、定検時に見逃していた罅を発見する（東電発表）。8 日に保安院は他社を含め注意を喚起する。
2006. 2. 17	許可済みの第二原発 2、3 号機の原子炉設置変更許可申請書に、誤ったデータ入力による安全解析（実施は日立）があったと、各社から保安院に報告がある。審査でミスを逃していた。
2006. 2. 21	第一原発 3 号機で再循環ポンプから水漏れがあり手動停止する。操作中に中性子測定装置が誤警報を発する。
2006. 2	ロンドン市内で西田厚聡東芝社長は WH の買収契約書（元々は英核燃料会社 BNFL が買収したもの）にサインする。世界の原発市場では BWR（沸騰水型原子炉／日本でのメーカーは東芝だった）は劣勢で、東芝が海外に販路を求めるなら PWR（加圧水型原子炉／日本では三菱重工が製造してきた）が必要だった。東芝の元幹部はこの当時を振り返り、「経済産業省とは密に連絡を取っていた。彼ら（経産省）も原発輸出を政策の目玉にしたがっていた」という。（朝日：20160413）
2006. 3. 3	水漏れ補修中の第一原発 3 号機で制御棒 2 本に罅と破損を確認する。東電は 7 日に破片回収と発表し、10 日に破片 1 個を回収、20 日にはなお 2 個を回収したと発表する。（朝日：20060304、08）
2006. 3. 7	第一原発 3 号機で東芝製ハフニウム板型制御棒の破損を発見する。東電は破損金属片を全量回収したとしていたが、20 日になり調査に誤認があり未回収片があると発表する。

暦　年	事　　項
2006. 3. 14	第一原発2号機で再循環ポンプ1台が電源装置の故障で自動停止し、出力が42%に低下する。20日に調査のため原子炉を手動停止する。
2006. 3. 16	原子力安全・保安院は、第一原発3号機の高経年化学技術報告書（1月27日、参照）を妥当とする審査結果を公表する。（原子力行政のあらまし2010：2010）
2006. 3. 19	第二原発4号機では、再循環ポンプからの水漏れ防止機能が低下しているので機を手動停止する。
2006. 3. 23	第二原発3号機で、2月に交換して切り出した配管から新しい亀裂が見つかり（東電は溶接痕と誤認）、溶接部近傍の全周に渡る罅を検査で見逃していたことが分かる。
2006. 3. 27	脱原発福島ネットワークなどは東電に対し、福島原発での相次ぐ再循環系配管における罅割れと見逃し、制御棒破損などに抗議し、耐震設計に関する申し入れを行う。
2006. 3. 28	保安院の中間とりまとめでは、福島原発の異常制御棒は計5本とされる。
2006. 4. 10	定検中の第一原発6号機で残留熱除去系熱交換器の配管から海水漏れを確認する。また同機の1月12日の漏れの原因は弁の閉め忘れとされる（24日、東電発表）。
2006. 4. 20	定検入りした第二原発1号機で、水位計交換時の手順ミスにより水位低下の誤警報があり、緊急炉心冷却系が作動して10トンが注水される。
2006. 4. 21	第一原発4号機の送電線にビニールシートの付着を発見する。
2006. 5. 5	第二原発4号機のタービン建屋で絶縁油の漏れを発見し、15日に原子炉を手動停止する。シールを強化して再起動させる（22日）。
2006. 5. 17	第一原発職員の自宅パソコンから研修資料が流出したと、保安院が東電に通知する。保安院は東電に厳重注意をする（18日）。
2006. 5. 21	第一原発4号機で、気体廃棄物処理系モニターが警報を鳴らす。核分裂生成物質のキセノン133が上昇、通常の3〜20倍であった。（朝日：20060523）
2006. 5. 22	第一原発6号機で配管の弁から蒸気が漏れ、原子炉を手動停止する。
2006. 6. 5	定検中の第二原発1号機で、残留熱除去系流量調整弁に異常があり、7日に東電は弁棒が損傷と発表する。
2006. 6. 11	第二原発4号機で再循環ポンプ軸封部の温度が上昇する。
2006. 6. 14	第二原発3号炉で、ハウニウム板型制御棒をボロンカーバイト型に交換するため炉を手動停止させる。
2006. 6. 21	定検中の第一原発3号機で残留熱除去系安全弁から放射能汚染水が漏れる。原因は点検後の取り付けミスとされる（東電発表）。
2006. 6. 22	第一原発5号機でガス流量計に数値設定ミスがあったと分かる（東電発表）。29日には同じミスが同1号機でもある。

暦　年	事　　　項
2006.7.6	第一原発3号機でもガス流量計に数値設定ミスがあり、約30年間に渡る杜撰な放置だと判明する。
2006.7.24	第二原発1号機で放射能汚染水漏れがある。
2006.8.1	東京地検特捜部が県庁に家宅捜査に入る。
2006.8.5	東電は第一原発4号機でトリチウムが純水補給水系に混入し、一部を太平洋に排出していたのを見落とす。6日には対策を講じたと発表するが、ボイラーからの蒸気放出には気付かず、11日まで排出が続いていたことが判明する。（朝日：20060812）
2006.8.8	政府は「原子力立国計画」を決定する。
2006.8.17	定検中の第一原発5号機で放射能汚染水漏れがある（24日にもある）。
2006.9.23	第一原発4号機で定例試験中に原子炉隔離時冷却系が緊急停止する。
2006.9.24	定検中の第二原発4号機で残留熱除去系ポンプが約8分間停止する。原因は漏電による誤警報であるとされる（東電発表）。
2006.9.25	県知事の弟が県北流域下水道をめぐる談合事件に関わったとされ、入札妨害罪で逮捕される。
2006.9.27	県知事が、県発注の下水道談合事件で実弟が逮捕されたという理由で議会に辞職願を提出し、県知事の退任を県議会が承認する（28日）。（朝日：20060928）
2006.10.1	第一原発4号機は5月に燃料からの放射能漏洩が確認されていたが手動停止となる。23日には同機で点検中の作業員1名が内部被曝する。（反原発：20061120）
2006.10.9	北朝鮮が第一回の核実験を実行する。
2006.10.11	第一原発1、2号機共用排気筒から採取した8月分のフィルターの定例測定で、ストロンチウム89を確認する。
2006.10.23	佐藤栄佐久元県知事が収賄罪で逮捕される（小菅・東京拘置所で）。（朝日：20061024）
2006.10.25	第一原発4号機で原子炉冷却材浄化系ポンプ1台が停止し、別の1台も点検のため停止する。
2006.11.2	第二原発1、2号機の廃棄物処理建屋で排水漏れがある。
2006.11.9	第一原発5号機は発電機の励磁器付近から異音が確認されていたが（10月31日）、軸受脱落防止用ピンが折損し、軸受部品は軸受内部に脱落し、軸受が損傷していることを確認する（東電発表）。
2006.11.12	佐藤雄平が49万7171票を獲得して県知事に当選する。（朝日：20061113）
2006.11.15	定検中の第二原発4号機で、11、12日に計約7時間に渡り、サンプリング装置の改造工事のために非常用ガス処理系の測定ができていなかったことが判明する。
2006.12.5	第一原発1号機で温排水温度のデータ改竄と捏造とが判明する。

暦　年	事　　　項
2006. 12. 12	第一原発 1 号機でタービン蒸気に海水が混入し、復水器細管の穴あきとみて補修のために出力を降下させる。
2006. 12	この月、吉井英勝衆院議員が巨大地震の発生に伴う原発の安全性を問う質問主意書を安倍内閣（第一次）に提出する。回答は、電源喪失については「必要な電源が確保できずに冷却機能が失われた事例はない」、停止後の原発で崩壊熱を除去できないと核燃料棒は焼損することについては、「原子炉の冷却ができない事態が生じないように安全の確保に万全を期している」だった。（東京：20130731）
2006	この年、東電内部資料から、東電は内部の津波予測担当者らによる実地検証を通して、巨大津波に襲われた際の被害想定や対策費を見積もっていたことが判明する（20m の津波から施設を守るには「防潮壁建設に 80 億円」などと試算している）。国は東電に対し対策の検討を要請しており（2004 年のスマトラ島沖大津波を受けて）、東電も第一原発での最大 15.7 m を試算したが対策はとらなかった。津波が約 13.5 m に達すると非常用発電機や直流充電器が浸水、全交流電源喪失となり原子炉に注水不可能となるとか、試算により浸水防御には 5 号機 1 基で 20 億円の費用が必要とか、20 m の津波から施設を守るには 5、6 号機の周囲だけでも長さ 1.5km の防潮壁が必要で 80 億円かかるとかが分かっていた。2011 年 3 月の実際の大震災では、津波は高さ 15m で 1 号機～3 号機は非常用発電機が水没、原子炉が冷やせなくなり、核燃料が溶けて大量の放射性物質が漏洩した。（朝日：20120613）
2007. 1. 10 （平成 19）	第一原発 4 号機で温排水のデータを改竄したことが発覚する（東電発表）。改竄は本社幹部の指示で 1984 年～1997 年まで続く。（朝日：20070111）
2007. 1. 16	定検中の第一原発 2 号機で原子炉の起動操作中、炉心の非常用減圧装置の電源に漏電があり、原子炉を手動停止する。
2007. 1. 17	第一原発 4 号機の主復水器水室の入口圧力が上昇傾向にあるとして、出力を 45％に下げて点検する。
2007. 1. 18	定検中の第一原発 1 号機で、弁操作の誤りからトリチウムを含む水が空調用などの冷却水に混入する。この冷却水系では海水と接する熱交換器で水漏れが発生しているので、トリチウムの一部も放出と推定できる。
2007. 1. 31	福島第一原発 1～6 号機と同第二原発 1～3 号機との計 9 基で、約 188 件の法定検査の間に（1977～2002 年までの実施で）、計器を操作して原子炉格納容器内の水温を低く表示するとか、検査官に見られないように装置の故障を知らせる警報器ランプの回線を切断するとかの不正行為があったことが判明する。（読売：20070201）
2007. 2. 11	定検のために原子炉停止作業中の第一原発 4 号機で、給水ポンプが誤停止し、タービンが自動停止をする。また原子炉出力が発振し炉を手動停止をする。
2007. 2. 18	定検最終段階の原子炉起動中の第二原発 4 号機が緊急停止する。

暦　年	事　　項
2007. 2. 19	第一原発５号機で炉心スプレイ系の弁が全閉とならず、原子炉を停止して分解点検する。
2007. 3. 1	第一原発１号機タービン建屋内に放射性トリチウムを含む水が約5.8トン溜まっていることが判明する。濃度は海水の約3400倍である。（朝日：20070306）
2007. 3. 22	1978年11月２日に、定検中の第一原発３号機で制御棒が脱落し、7.5時間も臨界状態になっていたことが判明する（臨界事故）。また同５号機でも1979年に、同２号機でも1980年に制御棒の脱落があったことが判明する（東電発表）。（朝日：20070323）
2007. 3. 25	能登半島地震が発生、M6.9、震度６強で死者１人が出る。
2007. 3. 30	1998年２月22日に、第一原発４号機で制御棒34本が脱落する事故があったことが判明する。（朝日：20070330）
2007. 3. 31	この日、第一原発５号機を点検、放射能汚染測定装置の設定で、感度が規定の100分の１に下がっているのを発見する（４月３日、東電発表）。原因は2004年12月に、作業員が警報が鳴り点検することの意味を理解していなかったため、鳴らないように誤変更したためで、以後の点検でも見逃して来た。
2007. 4. 4	第一原発５号機で、原子炉建屋内の放射線計測器の感度が100倍低くなるように設定されており、汚染が検出し難くされていることが判明する。（朝日：20070404）
2007. 4	吉田昌郎が初代原子力設備管理部長に就任する。
2007. 5. 2	定検中の第一原発４号機で、４月29日と30日に高圧注水系の試験時に基準値を超える放射性ガスが測定される（東電発表）。
2007. 5. 28	第二原発３号機で制御棒駆動装置の弁が６日間に渡り開いたままだったことが判明、制御棒引き抜け防止の弁管理が徹底していない実態が明るみになる。原因は弁が閉じていると誤認したためで、核反応の確認もしていない。
2007. 6. 8	定検中の第二原発２号機で圧力容器室内壁の塗装剥離作業中に、一部で技術基準以下の削れがある。
2007. 6. 14	第一原発３号機で、タービングランドシール蒸化系配管から蒸気漏れがあり原子炉を手動停止する。
2007. 6. 15	双葉町議会が、第一原発７、８号機増設決議凍結を解除する議員発議の決議案を可決する。（朝日：20070616）
2007. 6. 19	定検中の第一原発１号機で非常用ディーゼル発電機及び電源盤から発煙があり、損傷を確認したと保安院に報告する（25日、東電発表）。
2007. 6. 24	第二原発３号機で、低圧注水系の逆支弁の動作確認試験時に弁が開固着し、原子炉を手動停止する。
2007. 6	井戸川克隆双葉町長は福島第一原発の７、８号機増設要望決議の凍結を解除する宣言をする。（朝日：20121117）

暦　年	事　　項
2007. 7. 16	新潟県中越地震が発生、M6.8、震度 6 強で死者 15 人を出す。
2007. 8. 1	第一原発 3 号機から漏洩の徴候があり、10 日より出力を下げて漏洩カ所を特定することとし、14 日に確認できたとして出力を上昇させる。
2007. 9. 7	佐藤祐二（佐藤栄佐久元知事の弟）は東京拘置所の取調室で、森本宏検事から「知事は日本にとってよろしくない。いずれは抹殺する」といわれる（佐藤祐二と弁護団との接見記録）。
2007. 9. 11	第二原発 1 号機が燃料の消耗により出力降下運転に入る（東電発表）。
2007. 9. 21	福島県原子力発電所所在町協議会が保安院に、定検間隔の延長につき「立地地域が納得できる根拠の明示」などを求めて要望書を提出する。
2007. 9. 26	第一原発の放射性廃棄物処理施設で、漏れた廃棄物が床面で固着しているのを発見する。
2007. 9. 28	定検中の第一原発 3 号機のタービン建屋にある復水ポンプ周辺で、放射性とリチウムを含んでいる 23トンの水が発見される。（朝日：20071204）
2007. 10. 10	第一原発 2 号機で残留熱除去の熱交換器に繋がる弁 1 本が折損し（東電発表）、11 日に原子炉を手動停止する。
2007. 10. 26	第一原発 6 号機で原子炉冷却浄化系の水漏れがある。
2007. 10. 30	起動操作中の第一原発 1 号機で圧力測定の計器の一部が不作動となり起動を停止する。
2007. 11. 1	第二原発 1、2 号機の廃棄物処理建屋の洗濯廃液収集タンク室で水漏れがある。
2007. 11. 3	第一原発 1 号機で残留熱除去系の中間槽から水漏れがある。
2007. 11. 6	第一原発 4 号機の使用済み燃料プールで針金様の異物 2 本を発見する。また同 6 号機では非常用炉心冷却系ストレーナの取り換え工事で、この日までに計 31 個の異物を発見して回収する。
2007. 11. 22	第一原発 6 号機の原子炉建屋内で、放射性物質を含んだ水が約 245ℓ 漏洩する。12 月 3 日に、原因は腐食であるとされる（東電発表）。（朝日：20071127）
2007. 11	東電が三陸沖、房総沖の地震による津波の発生を想定して影響評価を始める。
2007. 12. 3	第一原発 4 号機で高圧注水系の定例試験時に、同系統のポンプ駆動用タービンが自動停止する。
2007. 12. 13	9 月に漏洩跡が見つかった第一原発のドラム缶 1 本に腐食穴を確認する（東電発表）。
2007. 12. 28	第一原発 6 号機で、顔の汗を服で拭いた作業員が放射能で汚染される。
2007. 12	この月、第一原発 5 号機で放射能汚染の可能性がある排気ダクトを業者が誤って構外に持ち出す（2008 年 5 月 9 日、東電発表）。
2008. 1. 16 （平成 20）	第一原発 6 号機の緊急炉心冷却系ストレーナが設計ミスと分かる（東電発表）。他に、全国 6 原発 16 基でも確認したと保安院が発表する（23

暦　年	事　　　項
	日)。(朝日：20080124)
2008. 2. 7	第二原発 3 号機で作業員 1 人が体内被曝を受ける（8 日、東電発表)。
2008. 2	福島第一への津波が「7.7m 以上」になる可能性があると東電の社内会議で報告されるが、東電は地震、津波対策を打たず、ここでも東電は原発事故を防ぐ機会を逃している。
2008. 3. 19	第一原発内の下請け会社事務所で、同原発に関する情報が入力されたノートパソコンを紛失し、21 日に県警富岡署に盗難届を提出したと東電の発表がある。
2008. 3	この月、東電は政府機関の新しい予測に基づき、三陸沖地震で福島第一への津波が敷地の南側から最大で「15.7 メートル」になる、東側からは敷地の高さを超えない可能性がある（実際には津波は東側から襲来）と試算する（「吉田調書」)。(朝日：20170625)
2008. 4	この月、東電の子会社は第一原発東側の海岸沿いに防潮堤の設置を想定する。内容は標高 10m にある原発を、高さ 10m の防潮堤（頂上部分は標高 20m になる）で守るというものである。(朝日：20170625）これは東電の試算によるもので、この試算によれば「第一原発の敷地南側で最大 15.7㍍の津波を予見可能で、1～4 号機の非常用電源設備は、津波により損傷を受けるおそれがあった」。(福島原発事故訴訟の判決文：20171010)
2008. 5. 7	定検中の第一原発 4 号機のタービン建屋内（給水加熱器の下）に、放射性物質を含む水が約 680 ℓ 溜まっていることが判明する。2005 年にもこの水が溜まり、コンクリートに止水処理をした。(朝日：20080510)
2008. 5. 8	定検中の第一原発 2 号機でタービン建屋地下 1 階に 3 カ所の水漏れを発見する。
2008. 5. 25	起動操作中の第一原発 5 号機で高圧注水系作動試験時にポンプが自動停止する。原因はボルト・ナットの締め付け不足である。また原子炉の水位を保つ系統の作動試験でもポンプが停止したため、原子炉を手動停止する。
2008. 5	東電は国との勉強会で、津波による全電源喪失の危険性があると報告する。しかし具体的な対策はとらず、ここでも東電は地震、津波対策を打つ機会を逃す。
2008. 6. 2	東電の津波予測担当者らは上司の吉田昌郎原子力設備管理部長に津波地震対策を報告すると、吉田は「私では判断できないから、武藤さんにあげよう」（東京第一検査審査会の議決より）という。(AERA：20170626)
2008. 6. 3	3 次下請け会社の臨時作業員 8 人が、18 歳未満にも拘わらず年齢を偽って放射線管理手帳を取得し原発定検に就労する。そのうち 6 人が福島第一、女川、東通の各原発で管理区域内作業をしていたことが判明する（東芝公表)。既に各地の労基署には 5 月に報告があり、6 月 5 日には保安院が東芝を厳重注意する。12 日にはさらに 1 人の追加があったとの発表がある。

暦　年	事　　項
2008. 6. 8	第一原発 5 号機で今度は再起動操作時にタービンが自動停止し、原子炉を手動停止する。原因は工事の際に使用した保護カバーの外し忘れと東電が発表する（18 日）。
2008. 6. 10	吉田昌郎は 2 日の津波予測担当者らの報告を受けてこの日の会議で報告するが、津波対策に関する結論は出されなかった。（AERA：20170626）
2008. 6. 14	岩手・宮城内陸地震が発生、M7.2、震度 6 強で死者、行方不明者 23 人を出す。
2008. 6	この月、東電は第一原発の津波想定を実施し、福島県沖震源として大津波が発生した場合、15.7m の津波が来ると試算する。しかし東電はこのことを 2011 年 3 月 7 日まで保安院に伝えず放置した。従ってその日までは、防潮堤設置や地震や津波の浸水による全交流電源喪失対策は取られなかった。（レベル 7 福島原発事故、隠された真実：東京新聞原発事故取材班、20120311）／／北朝鮮が自国の黒鉛減速炉を爆破する。
2008. 7. 31	武藤栄原子力立地副本部長は東電の会議で、福島第一原発の津波地震対策（費用は数百億円かかる）の先延ばしを決め、この方針を保安院に根回しするように担当者に指示する。10 月にはこの方針は概ね了解を得る。先延ばしにした一因には、東電の 2 期連続の赤字、4000 億円以上もかかる 2007 年の中越沖地震での柏崎刈羽原発の補修などがある。（AERA：20170626）結局、東電は津波の高さが最大「15.7m」の試算を得たので津波対策の検討を開始したのだが、方針を一変して土木学会に同対策の検討依頼を決め、担当者の意見を採用せず、本格的な対策はとらなかったのである。この時期には東側の海岸沿いに設置する防潮堤の図面は完成していた。東電はここでも地震、津波対策を打つ機会を逃している。（朝日：20170625）
2008. 8. 4	3 月の耐震安全性評価中間報告では 47.5km としていた第一、二原発周辺の断層の長さを、同地の地質調査で約 37km に修正し、活断層ではない評価がなされる。（読売：20080805）
2008. 8. 8	東京地裁（山口裁判長）は佐藤栄佐久元県知事に懲役 3 年（5 年間、刑の執行猶予）の判決を出す（収賄罪）。
2008. 8	東電は房総沖地震では「13.6m」の津波が来る可能性があると試算する。しかしここでも地震、津波対策を打たず、それらを防ぐ機会を逃す。
2008. 9. 16	富岡町議会が第一原発 3 号機でのプルサーマル計画凍結を求めた 6 年前の意見書を白紙にする決議をする。
2008. 10	2 日に渡り県が原子力防災訓練を実施する。国、県、町、関係団体などから約 5600 人が参加する。
2008. 11. 7	第二原発 3 号機の制御棒動作試験中に、操作していない 1 本が誤作動で定位置より約 4cm 深く挿入される事故がある。
2008. 12. 4	大熊、双葉、楢葉、富岡の各町による原発所在町協議会が、第一原発 3 号機でのプルサーマル計画実施を前向きに受け入れる議論をすることで

暦　年	事　　　　項
	一致する。
2008	この年、原子力供給国グループ（NSG）は、NPT（核不拡散条約）の非加盟国の中で「例外扱い」としてインドを認め、インドへの原発輸出を解禁する。米、仏などはインドと原発輸出に向けて原子力協定を結ぶ。
2009. 1. 14 （平成 21）	脱原発福島ネットワークなどが県原発所所在町協議会長の遠藤勝也富岡町長に、プルサーマル計画受入中止を求める要望書を提出する。また西松建設裏金事件で元副社長らが逮捕される。20 日には社長も逮捕される（後に辞任）。
2009. 1. 26	富岡町議会の全員協議会が開かれプルサーマル計画受入が決まり、大熊、双葉、楢葉、富岡の地元 4 町が足並みを揃える。
2009. 1. 28	地元 4 町長と町議会議長が「県原子力発電所所在町協議会」の臨時総会に出席し、プルサーマル計画受入を決定する。同協議会は 2 月上旬に県、県議会に受入を要請する予定である。（朝日：20090129、0210）
2009. 2. 4	脱原発福島ネットワークなどが県庁で内堀雅雄副知事にプルサーマル計画受入撤回の継続についての要望書を提出する。副知事は「県民の安全・安心を最優先にしてきたが、今後もこの軸がブレることはない」と語る。（反原発：20090220）
2009. 2. 9	プルサーマル計画受入を決めた原発所所在町協議会が、計画導入に向けた議論の再開を要請する。
2009. 2. 11	勝俣恒久会長、武黒一郎副社長、武藤栄原子力立地副本部長ら 3 人が出席した会議で、勝俣会長は「もっと大きな 14m 程度の津波が来る可能性があるという人がいる」という発言を聞いているとする。（民報：20170701）
2009. 2. 25	起動操作中の第一原発 1 号機でタービンバイパス弁が全開する。原因は主蒸気逃し弁の作動であるとして、出力を下げて調査する。また弁駆動部のボルト折損を確認し原子炉を手動停止する。
2009. 3. 15	楢葉町長が高レベル廃棄物処分場の受け入れの検討をすると表明する。（朝日：20090315）
2009. 3. 17	第一原発 1 号機で、炉水タンク室内の放射線量が想定を上回り男性作業員（48 歳）が被曝する。（朝日：20090319）
2009. 3. 19	15 日の表明につき、町長は楢葉町議会全員協で「国から要請あれば」の意味だと釈明し、事実上、誘致の考えを撤回する。（反原発：2009 0420）
2009. 3. 31	増設を計画の第一原発 7、8 号機は、運転開始時期を 1 年延期する。これで 13 回目の延期となる。（朝日：20090401）
2009. 4. 1	定検中の第二原発 1 号機で配管弁に穴を確認する（東電発表）。
2009. 4. 10	定検中の第一原発 6 号機で下請け作業員 1 人が内部被曝をする。
2009. 6. 2	県議会自民党がプルサーマル議論再開を要望する。
2009. 6. 19	東電が福島県にプルサーマル議論再開を要請する。

暦　年	事　　項
2009. 6. 30	第一原発 1 号機が海にトリチウムを含む水を誤放出する。
2009. 7. 6	佐藤雄平福島県知事がプルサーマルを含む原子力政策の議論を再開すると表明する。
2009. 7. 7	定検中の第二原発 4 号機で圧力容器配管に 2 カ所の罅を発見する（東電発表）。
2009. 7. 17	県は東電の不正事件を受けて 2002 年 9 月 26 日にプルサーマル計画の事前了解を撤回してきたが、知事がこの政策の議論再開を表明したことで、「脱原発福島ネットワーク」などが県庁で県知事、県議会議長に撤回の堅持を要望、陳情する。また県議会のエネルギー政策議員協が 2002 年のプルサーマル凍結から 7 年ぶりに検討会を開く。21 日には県のエネルギー政策検討会も 4 年ぶりに開会する。
2009. 8. 20	第一原発 2 号機の給水系統の制御装置で、1 系統の電源装置のブレーカーが切れて警報が鳴る。
2009. 8. 30	衆院選で民主党が圧勝する。
2009. 9. 16	佐藤栄佐久「知事抹殺――つくられた福島県汚職事件」（平凡社）刊行。
2009. 8～9	この 2 カ月、原子力安全・保安院の審査官は東電に対し、具体的な津波対策を速やかに検討するよう求めるが、東電担当者は対策の必要性を認識しながら、「原子炉を止めることができるのか」などと拒否する。原発耐震指針（2006 年改定）に照らした確認作業で、福島第一原発を担当した名倉繁樹保安院安全審査官（後、原子力規制庁安全審査官）の公開された調書に拠ると、当時、「貞観地震」（869 年）で福島県、宮城県沿岸に及んだ大津波の実態は解明されつつあり、名倉は保安院に呼んだ東電担当者から「津波の高さは海抜 8m 程度で、高さ 10m の敷地を越えない」などの説明を受ける。また名倉は高さ 4m の地盤上に重要な冷却用ポンプがあるので「ポンプはだめだな」と判断し、「具体的な対応を検討した方がよい」と速やかな対応を求める。しかし東電は 2009 年 6 月の土木学会（原発の津波評価手法を策定）に対し、津波評価の検討（2012 年 3 月が回答期限）を要請済みであり、「土木学会の検討を待ちます」と拒否する（事故調査・検証委員会の「聴取結果書（調書）」、2015 年 9 月 25 日までに政府が公開）。（民報：20150926）
2009. 10. 14	東京高裁（若原正樹裁判長）は佐藤栄佐久元県知事に対し懲役 2 年、執行猶予 4 年の有罪判決を出す。しかし賄賂の金額は 0 と認定し、これは収賄罪自体は成立させたが「実質無罪」の判決を示唆する判決である。（朝日：20091015）
2009. 10. 15	第二原発 4 号機で作業員のミスにより電源がショートし、再循環ポンプ 1 台が停止して出力低下となる。
2009. 10. 19	第一原発 4 号機で原子炉建屋内の排水漏れを発見する。
2009. 12. 15	第二原発に続き第一原発 1、3、5 号機で計 5 カ所の配管接続ミスを確認する（東電発表）。

暦　年	事　　項
2009	この年、韓国は日本、フランスの企業を抑えてアラブ首長国連邦の原発受注をする。2016年現在では韓国は25基の原発を持ち、世界6位である。（朝日：20170705）
2010. 1. 12～13 （平成22）	生活環境部次長らが玄海原発、嵯峨原発を現地調査し21日のエネルギー政策検討会で報告する。また東電は燃料の保管期間が10年を超すので外観点検などを実施する。
2010. 1. 20	東電が県に第一原発3号機でのプルサーマルを申し入れる。（朝日：20100121）
2010. 2. 16	佐藤雄平県知事は3号機でのプルサーマル運転について、3条件を不可欠なこととして提示し、それらを厳守の上で容認する考えを表明する。耐震安全性の確認、高経年化対策の確認、搬入後10年を経過したMOX燃料の健全性の確認などである。（原子力行政のあらまし2010：2010）
2010. 2. 24	第一原発6号機のタービン建屋内配管からの漏れを発見し、3月4日に原子炉を手動停止する。
2010. 3. 25	第一原発1号機の40年超えの運転の延長を経産相に申請する。（朝日：20100325）
2010. 3. 29	県知事が経産相副大臣にプルサーマル実施条件で要望をする。保安院分離問題では副大臣が省内議論開始の方針を表明する。（朝日：20100329）
2010. 4. 19	第一、二原発の耐震中間報告書に計算ミスで、東電が保安院に修正を提出する。ミスに気づいたのは2009年9月とされる。（朝日：20100420）
2010. 5. 21	東電は県にMOX燃料は健全との評価結果を報告する。
2010. 5. 26	東電は県に高経年化対策、耐震バックチェック中間報告もあわせ、知事が請求していた3条件をクリアしたと報告する。（原子力行政のあらまし2010：2010）
2010. 5. 27	耐震安全性について総合エネ調のワーキンググループで議論に着手する。
2010. 5. 31	県は原発安全確保技術連絡会を開き、3条件の検証を開始する。
2010. 6. 2	第二原発1号機で蒸気止め弁に異常があり原子炉を手動停止する。
2010. 6. 13	大熊町で「やめよう！プルサーマル共同集会と東京電力申入れ」を開催、約100名の参加者があり計画中止を求める決議を採択する。
2010. 6. 17	第一原発2号機が発電機事故で自動停止する。原因は外部電源に切り替わらず電源を喪失したことによるとされる。また給水ポンプが停止して水位が大幅に低下する。（朝日：20100618、0707）
2010. 6. 19 ～9. 23	この間の定検でMOX燃料を装荷するため、国と事業者が県の受け入れ3条件の確認作業を進める。
2010. 6. 22	「脱原発福島ネットワーク」はプルサーマル反対署名の第一次集約分6941名の署名を持って県議会に請願する。

暦　年	事　　項
2010. 6. 30	22日の請願が県議会本会議で起立採決され不採択となる（賛成は共産3、社民2、無所属1、反対は自民、民主、公明など47）。（朝日：20100701）
2010. 6	インドとの原子力協定に関する交渉を開始後、政府（民主党政権）は厳しい批判を受け、締結の条件としてインドが「再び核実験した場合に協力を停止する」ことを示す（岡田克也外相、訪印で）。しかしインド側はこの締結の条件受入が核実験全面断念を意味することになり、安保政策の独自性を損なうと反対し続ける。（朝日：20161105）／／吉田昌郎が福島第一原発所長になる。
2010. 7. 7	定検中の第二原発1号機で原子炉内に重りが落下、制御棒1本と燃料棒支持金具に傷がつく。
2010. 7. 13	県と立地地と東電とで構成の安全確保技術連絡会が、プルサーマルに対し「問題なし」の中間報告をする。26日に経産省はこの結果を県に報告、27日には県の原子力関係部長会議でこの結果が確認される。
2010. 7. 15	第一原発6号機で外部電源の後備保護装置の異常警報が鳴る。基板交換までの間、外部電源の1系統を停止するが明らかに「運転上の制限」逸脱である。
2010. 7. 26	「アヒンサー　未来に続くいのちのために原発はいらない」第1号（PKO法「雑則」を広める会）が発行される。
2010. 7. 27	免震重要棟の運用が開始される。緊急時対策室、通信設備、空調設備、電源設備などを備えている。（読売：20100727）
2010. 7. 29	第一原発3、4号機の主排気筒で、21日から28日までに採取した排気から放射化した銀を検出する。
2010. 8. 4	3号機のプルサーマル運転の受け入れの際の技術的な3条件（2月16日の項、参照）について、福島県原発安全確保技術連絡会は、国と東電とは適切に対応したという最終報告書を県知事に提出する。（朝日：20100805）
2010. 8. 6	県知事が第一原発3号機へのMOX燃料装荷の受け入れを表明する。（朝日：20100806）
2010. 8. 12	第一原発1号機で、高圧タービンのケーシング下部からの水漏れを発見する。
2010. 8. 21	第一原発3号機へMOX燃料を装荷する。
2010. 8. 23	第一原発3号機で作業員1人が内部被曝をする。（反原発：20100920）
2010. 8. 24	第一原発3号機の残留熱除去系配管から水漏れがある。（反原発：20100920）
2010. 9. 2	第一原発5号機で原子炉隔離時冷却系の定例試験のためポンプを稼働させたところ、同タービンが自動停止する。原因は定検中の同6号機でするはずの配線取り外し工事を誤って5号機で行ったためである。8月16日からタービン制御回路は16日間切れていたことが判明する。3日に復旧するまで運転上の制限を逸脱する。保安院は保安規定違反として根

暦　年	事　　項
	本原因の究明と再発防止とを指示する。（反原発：20101020）
2010. 9. 17	第一原発3号機のプルサーマル発電で原子炉起動操作に入るがECCSの不具合警報で一時中断する。（朝日：20100919）
2010. 9. 18	3号機のプルサーマル発電で発電用タービンを起動し、MOX燃料を使用したプルサーマル発電が23日に開始される。（朝日：20100919、24）
2010. 9. 25	台風の影響で取水口に大量の海草類が流入し、冷却水減少のため第二原発3号機の出力を定格の約35%に手動で降下させる。
2010. 9. 26	3号機の営業運転が、原子力安全・保安院による総合負荷性能検査が終わったことで本格的に開始される。（朝日：20101027）
2010. 11. 2	第一原発5号機で制御棒位置変更時に、原子炉水位高の警報で原子炉が非常停止する。また第一原発6号機の使用済み燃料プールででボルト1本とゴム状の板1枚を発見し回収する（東電発表）。（原子力行政のあらまし2010：2010）
2010. 11. 4	第一原発の5基で最低使用温度の評価に誤りがある（東電発表）。
2010. 11. 21	第二原発4号機のシュラウドに1カ所の罅を確認する。
2010. 11. 30	（旧）原子力安全基盤機構（JNES）が（旧）原子力安全・保安院が指示（2010年4月30日）した「『発電用原子炉施設に関する耐震設計審査指針』の改定に伴う東北電力株式会社女川原子力発電所第1号機、第2号機及び第3号機の耐震安全性評価に係るクロスチェック解析の報告書―地震随伴事象（津波）に対する安全評価に係る解析―」をまとめる（開示は2017年7月13日で原子力規制委員会による）。この報告書を見れば、事故（2011年）前のままでは地震、津波に対し福島原発の安全性は確保出来ないと判断できる材料が充分あったこと、それを国、東電が隠蔽してきたことが分かる。報告書によれば、JNESは福島沖の大津波を予測計算して女川原発への津波チェックを済ませている。具体的には東北大学などの調査により、福島第一原発6号機から北へ約5km、海岸線からは約1kmの内陸部（地中）で、津波が運んできた海底の土砂である堆積物を2007年度に発見している。また、仙台、石巻平野では貞観地震（869年）などの津波が当時の内陸3〜4kmまで浸水し、450〜800年程度の間隔でM8クラスの地震が繰り返していた事実が2010年までに分かっていた。さらに東電はJNESが得た結果をもとにして、2008年に子会社（東電設計）に地震想定と津波を計算させ、福島第一原発への津波の高さが9.2mや15.7mになるという結果を得ている。（AERA：20171007）
2010. 11	この月、第23回目の県原子力防災訓練を第一原発周辺地域で実施するが（3.11原発事故の約4カ月前）、「過酷事故《シビアアクシデント》」の認識はなかった。
2010. 12. 3	第二原発4号機の原子炉隔離時冷却系の弁で金属片を発見し回収する。
2010. 12. 18	第二原発2号機の真空度検出器1台に異常が見つかり、復旧する19日まで稼動し、運転上の法的制限を逸脱する。

暦　年	事　　　項
2010. 12. 26	第二原発4号機で使用済み燃料プールの水位が低下するが、復旧までの約3時間は炉を停止せず、運転上の法的制限を逸脱する。
2010. 12. 31	この日現在、日本が保有する分離プルトニウムの総量は45.0トン（フランス、英国保管分を含む）である。
2010	この年、双葉町の人口は（約8000超から）6932人に減少する。

8版★　第41937号　　福島民報　　2011年（平成23年）3月13日（日曜日）

福島第一原発で爆発

放射性物質拡散か

東日本大震災　燃料一部溶融

12日午後3時36分ごろ爆発し、白煙を上げる福島第一原発1号機　福島中央テレビから

東京電力福島第一原子力発電所1号機（大熊町）の原子炉建屋は十二日午後三時三十六分ごろ、爆発し白煙が上がった。東電社員ら四人が負傷し病院に運ばれた。同日午後、同原発の周辺から放射性セシウムが検出され、経済産業省原子力安全・保安院は燃料の一部が溶けたとみている。政府は半径十キロ以内の大熊、双葉、富岡、浪江、楢葉の五町の住民に対し、避難を指示していた。

4面に関連論説、2～6、12～16面に関連記事

東京電力福島第一原発1号機の周辺ではウラン燃料が核分裂してできる放射性物質のセシウムとヨウ素が検出され、経済産業省原子力安全・保安院幹部は十二日午後、燃料の一部が溶ける「炉心溶融」が起きたとの見方を明らかにした。日本の原発で炉心溶融は初。また午後三時三十六分ごろ、1号機で爆発があり、原子炉建屋が損傷、作業中の同社社員ら四人がけがをして病院に運ばれた。想定していなかった巨大地震が原因とはいえ、原発の安全性は大きく揺らぎ、地震国・日本での原発運転の在り方が厳しく問われることになった。

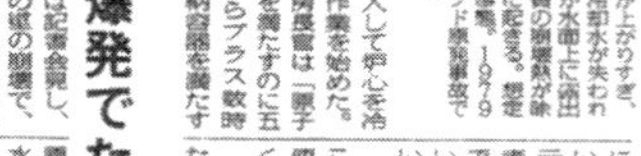

1号機は自動停止後、冷却機能を失っており、東電は十二日夜、原子炉圧力容器内の温度を下げるため、消防ポンプを使って海水を直接注入して炉心を冷却する作業を始めた。枝野官房長官は「原子炉に水を満たすのに五時間から十数時間、格納容器を満たすにはさらに十日間ぐらいかかる」との見方を示した。保安院の担当者は十二日夜「現時点で炉心溶融が進行しているとは考えていない」と話した。

炉心に海水を入れることで、1号機は再び使える可能性はほぼなくなった。

原発の敷地で測定した放射線量は一時、一時間に一〇一五[illegible]を示した。一般人が一年間に受ける放射線量の限度に相当する値だが、その後低下した。

東電によると、第一原発1号機はドンという爆発音の後、白煙が上がった。

【炉心溶融】原子炉の温度が上がりすぎ、燃料棒が溶けて破損する事故。冷却水が失われて炉心の水位が下がり、燃料棒が水面上に露出した場合、燃料棒中の放射性物質の崩壊熱が除去できず、温度上昇が続くために起きる。想定されている事故の中でも最悪の事態。1979年の米国のスリーマイルアイランド原発事故では、大規模な炉心溶融が起きた。

格納容器　爆発でない　枝野長官

福島第一原発での爆発を受け、枝野幸男官房長官は記者会見し、「建屋の壁の崩壊で、中の格納容器が爆発したものではないと確認した」と述べ、爆発の原因について「炉心の水が足りなくなったことにより発生した水素が格納容器の外側、建屋との間に出て水素となり酸素と合わさり爆発した」と説明した。

「放射性物質の測定はきちんと行われている。現在の数字は想定される数値の範囲内だ」と述べる一方で、万一の場合に備えて放射能の人体への悪影響を抑制するヨウ素剤を準備しているとした。

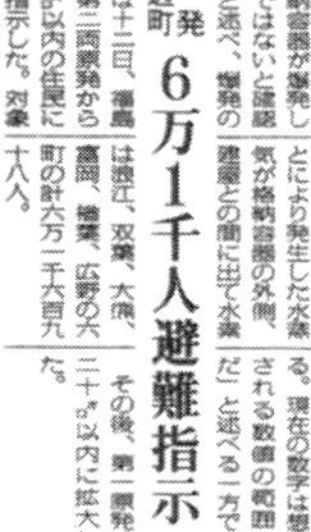

原発周辺町　6万1千人避難指示

政府は十二日、福島第一、第二両原発から半径十キロ以内の住民に避難を指示した。対象は浪江、双葉、大熊、富岡、楢葉、広野の六町の計六万一千六百九十八人。

その後、第一原発は二十キロ以内に拡大した。

県内死者・不明520人超

宮城、1万人連絡なし

全国1800人超　死亡・不明

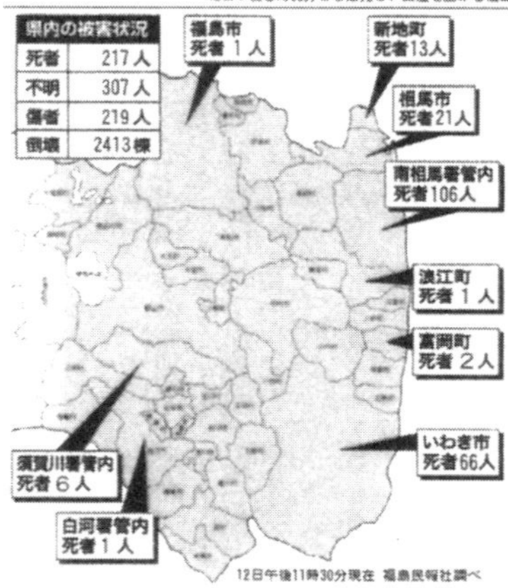

12日午後11時30分現在　福島民報社調べ

東日本大震災は十二日も余震が頻発し、同日午後十一時半現在、県内の死者は二百十七人になるなど被害が拡大した。県警によると、行方不明者は三百人を超え、死者はさらに増えるとみられる。福島市で断水しているほか、各地で停電が復旧せず、ライフラインに影響が出ている。菅直人首相は同日、原発や被災地を視察した。

県警、県、市町村、各消防本部によると、県内の死者は【別図】の通り。いわき市で六十六人、南相馬署管内で百六人などとなっている。

県警によると、行方不明の内訳は南相馬署管内が八十五人、双葉署管内が八十人、いわき中央、いわき東、いわき南のいわき市三署管内が七十四人、相馬署管内が五人と浜通りに集中。白河署管内も十三人、須賀川署管内でも四人の行方が分かっていない。

県警によると倒壊した家屋は約二千四百棟。南相馬市によると、千八百世帯が壊滅状態となり、同市は「三千人に壊滅的な被害が出た」として行方不明者の確認を急いでいる。

地震直後に発生した大津波により、相馬、南相馬両市を中心に浜通りの市町は、広い範囲で水没した。一夜明けた十二日も水は引かず、多くの家屋や田畑が水に漬かったまま。新地町では前日の地震発生直後の津波でJR常磐線新地駅構内で上り普通列車（四両編成）が転覆していたことが分かった。

県によると、県内の避難者は双葉、大熊両町を中心に十三万八千九百三十四人に上った。断水している福島市をはじめ、郡山、いわき両市などで給水が行われている。停電は同日午後八時現在、県内で約十二万三千戸に上っている。

JRは県内全線で運転を見合わせた。高速道路は十二日午前十一時から災害対策に必要な人員や資材を運ぶ緊急車両の通行路に指定され、一般車両は全線で通行できない。四号国道など主要・一般国道も計三十一カ所で通行止めとなった。

◇　◇

全国の各県警本部がまとめた死者は六百八十七人、行方不明者は六百四十一人に上った（午後十一時現在の警察庁まとめでは死者六百八十六人）。

警察庁によると、ほかにも仙台市で二百～三百人の遺体が見つかるなどしており、死亡・行方不明者は計千八百人を上回る見通し。

宮城県によると、海沿いにある南三陸町の住民約一万七千六百人のうち約一万人と連絡が取れず、安否確認を急いでいる。

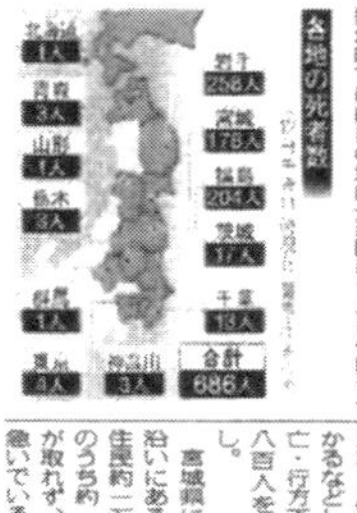

あぶくま抄

福島第一原発1号機で起きた炉心溶融や爆発は、地元の大熊、双葉両町はじめ周辺住民が避難する事態にまで至った。放射性物質が原子炉外に漏れており、深刻な局面だ。東日本大震災の被害に苦しむ県民へ追い打ちを掛けている▼大きな災害や事件の際、しばしば流言やデマが生まれ、混乱や被害に拍車を掛ける。原発は仕組みが複雑で、素人には分かりにくい。放射能は目に見えず、不安が募る。デマを招きやすい。近年は携帯電話や電子メールが誤ったうわさを瞬く間に広げる懸念も出ている。枝野幸男官房長官は記者会見で[illegible]を示した▼流言やデマの量は「問題の重要性×状況のあいまいさ÷受け手の批判能力」との公式が成り立つという（廣井脩著「流言とデマの社会学」）。原発事故が重大であるのは疑いない。「受け手の批判能力」を高めれば、デマの拡大を食い止められる。ただ、時間がかかり、個人差も出る▼何よりも「あいまいな状況」を減らせば、流言の量は少なくなる。国や県が詳しい情報や指示をテレビやラジオ、防災無線などを通して出すことが基本だ。刻々変わる事態を正確に把握できなければ、冷静な判断はできない。

福島民報
2011（平成23）年
3月13日
日曜日
発行所
福島民報社
福島民報ホームページ
http://www.minpo.jp/
読者センター 0120-803344

大震災で特別紙面

東日本大震災のため、13日（日）付朝刊は緊急の特別紙面とし、一部の紙面や連載を休みました。特別輸送態勢を組みましたが、一部地区で配達が遅れる場合があります。ご了承ください。　福島民報社

紙面ガイド
ひろば…8面
BS…10面
TV…11面

◇おことわり　十一日発生した巨大地震は東日本の広範囲で甚大な被害が発生、長野や新潟でも震度6クラスの地震が起きたことから「東日本大震災」と表記します。

『福島民報』2011年（平成23年）3月13日第1面　写真は福島中央テレビより

暦　年	事　　　項
2011. 2. 2	新たな自主定期検査漏れ機器が確認される（東電発表）。
2011. 2. 7	原子力安全・保安院は、第一原発1号機の40年超えの運転認可を原子力安全委に報告する。同保安院は東電が申請した今後10年間の技術評価書（管理計画など）を妥当と認める。（朝日：20110208）
2011. 2. 8	東電は第二原発3号機での定検間隔延長を経産省に申請する。
2011. 2. 28	島根原発1号機で溶接カ所の点検漏れがあるが、福島第一原発1～6号機の33機器でも点検漏れが分かる（東電発表）。第一原発6号機の残留熱除去制御系の分電盤は11年間も点検されなかった。福島第二原発、柏崎刈羽原発でも点検漏れがある。（朝日：20110301）検査漏れ機器は3原発で累計171機器、他に点検時期遅れが258機器ある。
2011. 3. 7	東電内部の「津波評価」文書（日付けは2011年3月11日）では福島第一原発1～4号機で最大15.7mの津波もありうると試算し、国に報告している。（朝日：20120604）／／この日、原子力安全・保安院は東電子会社が出した福島第一原発敷地を最大15.7 mの津波が襲うという試算を伝えられ、東電に対し早急の対策が必要と指導するが、東電は何も対応を取らなかった。
2011. 3. 8	双葉町は2011年度一般会計予算を3月の定例町会議に提出するが、第一原発7、8号機増設に向けて過去4年間（2007年～）交付されていた初期対策金が終了したため、前年度当初比で約14%の減となっている。（朝日：20110309）
2011. 3. 10	この日までの日本の原発は全54基で平均設備利用率は70%であり、世界3番目の原子力大国である。（民報：20171014）
2011. 3. 11 （平成23）	14時46分18秒、M9.0の地震が発生する。富岡、大熊、双葉、浪江の各町などで震度6強。／／14時46分～47分、第一原発1～3号機が自動停止する。1～4号機すべてが「外部電源喪失」、4号機は原子炉停止中だったが、使用済み燃料プールの冷却が停止し、燃料剥き出しとなれば発熱するので危険な状態となる。地震発生直後、国会事故調は1号機原子炉建屋の4階で「出水があった」との目撃証言を複数の下請け会社の労働者から得たので、水の入った非常用復水器タンク2基と配管があり、地震の揺れでそれらが壊れた可能性がある4階部分の調査を決める。具体的には2012年2月28日に調査に入る。（朝日：20130207）／／原子炉圧力容器につながる非常用復水器（IC）の配管に亀裂が生じ、炉内の冷却水が抜けた可能性があった。（朝日：20130923）／／15時30分頃（津波第1波が来る3分前）、大熊町の第一原発の方向から来た原発作業員が「ここはもう駄目だ。配管がムチャクチャだ」といい、「彼らは原発から逃げはじめていた」。（朝日：20130719）地震直後（津波第一波前）、原発から引き上げて来た作業員に、「原発が危ないことになってる、放射能が外に出てんだ、ここは危ねえ」と聞いた交通規制中（双葉町の沿岸）の警察官は県警本部に連絡する。津波襲来後の返事は「その知らせは入ってる」である。21時頃の浪江分署（富岡町に置かれた本署の双葉

暦　年	事　　項
	警察署の分署で双葉町以北を管轄）では、「放射能がじゃんじゃん漏れてんだってよ」の会話がなされる。その夜には防護服が用意される（以前から備えてあった）。深夜から明け方にかけて、双葉北小学校には避難しようとする300人くらいがまとまっていた。（駱駝の瘤：通信8、20141211）／／15時14分、福島県に津波予想が出され6mに変わる。／／15時35分、沖合い1.5kmの波高計を津波第2波が通過、2分後（15時37分頃）に第一原発南端の4号機周辺に到達する。（朝日：20130919）後の国会事故調の分析によれば、1号機の発電機は津波到達直前の15時35～36分頃に停止しており、東電が後に主張することになる「電源喪失が津波による」は疑わしくなる。（民報：20131008）なお1号機の原子炉が地震を感知したのが14時47分03秒で、炉心に冷却水を押し入れる2台の再循環ポンプの停止が14時48分24秒であり、その後冷却水は逆流などがあり自然循環していない可能性がある。またポンプも相当に揺れている可能性がある。（朝日：20130926）／／南相馬市では21mの津波に襲われる（636人が死亡）。福島原発での津波は一番高い所で15.5mだった。／／15時37分、1号機は全交流電源を喪失し、非常用復水器（IC）を必要とする。／／16時00分頃（推定時刻）、第一原発第4号機附近で東電男性社員2人（21、24歳）が死亡する。遺体の発見は3月30日である。／／東電福島第一原発元技術者の木村俊雄（2000年退社、2013年2月現在48歳、東電企業内学校の「東電学園高等部」卒業、1983年東電入社）は、震災時に大熊町（第一原発より西に約15km）にいたが、テレビの津波の映像を見て「間違いなく炉心溶融する」と確信、田村市、栃木県へと避難の後、4月には高知県土佐清水市（福島から約800km離れる）に着く。その後、講演の機会を得て話すことを決める。「組織の一員として核のごみを作り続けた責任がある。本当のことを伝えるのが僕のみそぎです」ともいう。（民報：20130218、19）／／原発の発電機、電源盤が冠水、交流電源を用いる全て（1～5号機、6号機を除く）の非常用炉心冷却装置注水機能が不能となり、1号機（直流）、2号機（交流、15：42）、3号機（同前）、4号機（交流、15：38、プール冷却機能喪失）、5号機はすべて電源を喪失する。第一原発は全交流電源喪失だけでなく、ステーションブラックアウト（SBO）に陥り、直流電流（原子炉の監視に必要な計器を動かす）も一部を除き喪失、中央制御室では制御盤のランプ表示も消え闇となる。／／震災発生から約1時間後の津波で、相馬市では計458人が亡くなり、全壊、半壊の住宅は計5584棟となる。（朝日：20170606）／／18時00分、国の解析では1号機が炉心損傷する。（朝日：20140523）／／19時03分、政府（菅直人首相）は「原子力緊急事態宣言」を発令する。／／19時30分、北沢俊美防衛相が自衛隊に「原子力災害派遣命令」を出す。／／19時45分、政府は「原子炉そのものに問題はない。ただ、炉を冷やす電力の対応が必要」と発表。／／20時00分頃、国の解析では1号機が炉心溶融する。（朝日：20140523）／／21時23分、第一原発から半径3km内に避難指示が出る。陸上自衛隊化学防護隊が出動する。／／21時52分、政府は「念のため避難してほしい。安心して指示に従って

暦　年	事　　項
	下さい」と指示する。／／22 時 00 分頃、吉田昌郎第一原発所長は 1 号機原子炉建屋の放射線量上昇を聞き、IC が作動していないと疑い始める。吉田は IC の仕組みをよく理解しておらず誤った対応を指示したこととなり、1 号機は冷却に失敗、炉心溶融につながる。後の政府事故調査・検証委員会の聴取で吉田は、「ここは私の反省点になる。思い込みがあった」と述べている。（朝日：20140523）／／深夜になっても首相官邸には情報が上がってこない状況が続く。夜半に飯坂温泉の旅館（1 軒の収容客数約 80 人）に東電の原発関係者の家族が避難してくる。7 軒の旅館は満員となる。
2011. 3. 12	午前 0 時前後、国、県より大熊町（人口は約 1 万 5000 人）に電話が入り、「国交省がチャーターした大型バス 70 台をそちらに回すから、隣の双葉町（人口は約 7000 人）と分けて使ってもらいたい」という指示内容である。午前 3 時過ぎに大熊町のオフサイトセンター近辺に 47 台の大型バスが到着する（福島原発事故独立検証委員会 調査・検証報告書）。バスは 70 台全部は来ず、来たバスは殆どが大熊町（停電、電話は不通）住民避難が使用、元々バスは足りない台数であった。／／双葉厚生病院向かいの特養「せんだん」入所者は双葉高校から自衛隊ヘリに乗る。双葉病院は 5 台のバスが来るが後続のバスがなかなか来ず、それを知らせる手段が絶たれていた。患者を置き去りにしたとして後で問題となる。双葉厚生病院（停電せず、固定電話は使用可能）はヘリ派遣が医師の人脈と機転で決定された点で問題は残る。即ち、福島県立医科大学救急科の多勢医師は大学同期の厚生病院長に電話、バスに乗せられない重症患者がまだ 40 人余いることを知り、県の災害対策本部に出向く。自衛隊にヘリの出動を要請するも「知事の命がなくては動けない」の返事に、とっさに「いや僕は知事の命を受けている」と答えてヘリ出動が実現した。（駱駝の瘤：通信 8、20141211）／／0 時 49 分、1 号機の格納容器内圧力が高まったと東電が政府に報告する。／／10km 避難の指示前、県警は避難者の実態を把握せよ、避難所の住民や入院患者を逃がさなければならないと指示を出す。ある区長は警察官に「お前の言うことなんか聞かん、役場、町長が逃げろと言うんでなきゃ、俺は動かない」という。（駱駝の瘤：通信 8、20141211）／／3 時 51 分、南相馬市の 1800 世帯が壊滅と発表される（防衛省）。／／午前 5 時 44 分、避難区域を半径 10km 内に拡大する。菅直人首相が東電派遣の社員から 1 号機の圧力上昇の報告を聞き、最悪の場合は格納容器を破壊する可能性があると判断する（2012 年 5 月 28 日の国会事故調での発言）。燃料棒は 1200 度 C を超すと溶解（メルトダウン）する。双葉町はほぼ全域が避難指示区域となる。／／5 時 46 分、消防車による淡水注入を開始する。／／6 時 00 分、浪江町の海岸での消防団（津波で流された団員が出る）による救助活動が、原発事故で中止となる。（朝日：20160308）同じ 6 時の富岡町では富岡高校への町民全員避難指示が出る。同 6 時頃、古川道郎（当時、67 歳）川俣町（人口約 1 万 5000 人）長へ井戸川克隆（当時、65 歳）双葉町（人口約 6800 人）長から「原発が危険な状態だ。町民を避難させなくてはならない。全町民

暦年	事項
	を受け入れてほしい」と電話があり、早速、川俣小、川俣南小の体育館開放、続いて川俣町の学校など公共施設11カ所を開放、双葉町は役場機能を川俣町へ避難させる。川俣町はピーク時には7000人の避難者で溢れる。／／6時11分、菅総理がベントを急がすため官邸を出発、第一原発に向かう。町の中心部が10km圏内にある浪江町（全2万1000人中、83％は10km圏内に住む）では、町会議を開き6時35分より避難を呼びかける。／／6時50分頃、これは後に1号機で炉心溶融が起きたと暫定評価される時刻である（5月15日18時30分頃に東電が記者会見で発表する）。／／7時10分、中通り、浜通りを中心に約24万戸が停電する。／／7時11分、菅首相が第一原発を視察、動機は経産省は東電がベントしたいということに了解しているのに、何時間経っても行わない、東電派遣の人に聞いても分からないというだけ、そこで直接に責任者と話をすることで状況が把握できると考えたという（2012年5月28日の国会事故調での発言）。菅直人首相と事故現場を訪れた斑目春樹内閣府原子力安全委員会委員長は、「水素爆発はない」と明言する。／／7時40分、第二原発の1、2、4号機が冷却機能を喪失、東電は国に緊急事態を通報する。／／7時45分、第二原発にも「原子力緊急事態宣言」を拡大し、3km以内の住民は避難させ、10km以内は屋内退避を指示する。／／9時00分、1号機のベントを開始する。一つは機器が壊れてできず、もう一つは25％開ける。周囲の放射線量は900mmSv／時。／／9時11分、経産省原子力安全・保安院が第一原発の格納容器内の蒸気放出を東電に命令する。／／10時17分、1号機で格納容器の蒸気を放出するベントを行う作業を開始する。双葉北小学校では浪江町苅野小学校（原発から10km以上離れる）へ移動のためのバス3台が来ない。警察のバス1台とパトカー5台を回して避難手立てのない住民をピストン輸送する。後で双葉署の警察官が「上からの指示」でバスを「他所に回した」ことが判明する。／／11時36分、3号機で「原子炉隔離時冷却系」が自動停止する。／／13時00分、浪江町は役場機能の津島支所（原発から30km）移転を決め、馬場有町長は午後3時に役場を出発し、渋滞する114号に入る。／／14時00分、1号機周辺でセシウムを検出、東電側では炉心溶融（メルトダウン）の可能性が明らかになっている。この時刻頃、原発の南西4.5kmにある大熊町の双葉病院（入院患者338人、殆どが寝たきり）の患者で自力で歩ける209人がバスで避難する。同4.4kmにある大熊町の老人保健施設「ドーヴィル双葉」（98人入所）は全員残される。／／14時30分、1号機でベントを実施、一応の効果で格納容器の圧力が低下し格納容器の破壊は免れる。／／15時00分（1号機の水素爆発直前）、双葉町上羽鳥で空間線量が1590μSv／時となる。県によれば原発敷地外で過去最大値である。2012年9月21日発表）。／／**15時36分**、福島第一原発1号機原子炉建屋が水素爆発、燃料棒が170cm露出している。東電社員4人が負傷、このとき建物の外は10mmSv／時である。ベントと水素爆発とで大量の放射能が大気中に出て拡散する。元々、第一原発は建設当初（1967年）から津波には弱い構造で、海抜35mの平坦な

暦　年	事　　項
	大地を25 m削って造成（海抜10 mにする）、東電は更にこの敷地岩盤を14 m掘り下げて（海抜マイナス4 m）原子炉を設置した。（民報：20110718）／／1号機爆発をテレビで見ていた増田尚宏（53歳）第二原発免震棟緊急時対策本部の所長は、「免震重要棟には絶対に誰も入れるな」と部下に指示する。被曝した怪我人、作業員が免震棟に入れれば汚染が拡大するという判断だったという。（民報：20140519）双葉町では井戸川克隆町長は、午前中には防災行政無線で全町民に避難を呼びかけ避難させ、町に残っていた「ヘルスケアー」（町の福祉施設、殆どが高齢者の58人）の利用者、隣接の「双葉厚生病院」の患者、「せんだん」（特老ホーム）の入居者、双葉高校で自衛隊ヘリでの避難を待つ人などの見届けをしていた。午後、国の手配したバス5台到着、避難誘導中に地鳴りのような「ドン」と腹にこたえる大きな音が響き渡る。井戸川はベントの必死の努力をしていると聞いていたので1号機の爆発だと分かる。すると保温剤か断熱材の繊維の塊のような、放射能まみれの塵（「ぼたん雪」）が5分から10分間降ってくる。「死の灰をあびた」と感じる。この建屋の爆発音とは別にコンクリートの塊が落ちた音であろう「ドン」という音も近くでする。周囲には高齢者、自衛隊員、社協職員、警察官など約100人がいた。（朝日：20121116）／／浪江町津島区（人口1400人）には水素爆発で8000人の人々が避難し、浪江町も役場機能を津島支所（町の中心から西に20km）に移し避難する。爆発後、南相馬市社会福祉協議会（所属ヘルパー約40人）の高野和子は自主避難するヘルパーがいるなかを避難せず残り、たった一人で屋内避難地域で自宅に住み続ける残された要介護者を支える。（朝日：20121102）／／川俣町山木屋（第一原発から直線で約33km）に住む女性は、自宅近くに止まったパトカーのなかの警察官が、白い防護服を着、顔にマスク付けているのを見て驚く（県民には放射能拡散はまだ知らされていない）。避難した方がいいかという質問に「離れられるのなら 離れた方がいいかもしれない」と警官は答える。またこの女性はこの日の朝に、浜通りから避難してきた老夫婦に「原発でガスを逃すから自宅にいないでくれと言われた」（所謂、ベントのこと）ということを聞いており、このことをはっきり覚えていた。（民報：20120516）／／16時30分過ぎ（1号機爆発後、約1時間経過）、双葉町長は町民（人口の約半分の3500人）とともに川俣町（第一原発から約45kmの距離）に避難、何時までも川俣町の世話になれないこと、川俣町も線量が上昇などを理由に、町長は更に遠くへの避難を考える。（朝日：20121118）／／「原発で炉心溶融か」の見出しで号外が出る。（民友：20110312）夕方、富岡町では一時避難の富岡高校から、再度の町民全員避難指示が出る。（日本震災史：北原糸子、20160910）／／17時46分、政府より「何らかの爆発的事象があった。最悪のケースに備え（避難指示はこの時点では半径10km圏内）」という声明が出る。しかし浪江町、葛尾村、川内村などには届かず、この地区の人々は放射線対策なしのままで労働する。／／18時25分、避難区域を半径20km圏内に拡大する。政府は20km圏内からの避難を指示し、菅直人首相はさらに2、3号機が

暦　年	事　　項
	そうした事態を迎える危険性があったから専門家に意見を聞いた上でそうしたと語る（2012年5月28日の国会事故調での発言)。この少し前、政府は第二原発から半径10km圏内にも避難指示を出す。広野町高野病院は第一原発から20～30km圏内で、第二原発からは11kmだが、高野己保事務長（当時、45歳）は県医療チーム、県災害対策本部に対し「食料もあるし、私たちは避難しません」と答える。高野英男院長は「病院はコンクリートで、放射線は遮蔽される。しかも南からの強い風が吹いている。病院は第一原発の真南にあるから大丈夫だ。距離もある」という。（朝日：20120614）／／19時04分、政府の指示で避難指示の範囲を20km以内に拡大する。東電は消防車により1号機に海水注入を開始する。／／19時25分、この時間以降も吉田昌郎所長の判断で原子炉への冷却海水注入を続ける。／／19時30分過ぎ（1号機の原子炉を冷却していた淡水が切れる。官邸にいた武黒一郎フェローから吉田所長へ「検討中だから、海水注入を待ってほしい」と電話が入るが、吉田は海水注入を続ける。／／夜、佐藤久志（45歳）県立医大放射線医師は、自然界にないヨウ素131やセシウム137が出ている井戸川克隆双葉町長の測定データを見る。（朝日：20131027）／／この日、オバマ米国大統領から菅直人首相に「あらゆる支援を行う用意がある」と電話がある。これを受けて防衛省は「日米調整所」を「仙台駐屯地」「米軍横田基地」「防衛省」の3カ所につくる。／／同、ベルギー大使館（東京）に日本政府側から外出をしないよう通達がある。／／同、経済産業省原子力安全・保安院（当時）が1号機の炉心溶融の可能性に言及する。（民報、20160617）／／同、三春町役場に県警より急報が入り大熊町、富岡町の1925人を受け入れる。／／またこの日、楢葉町の障害者施設に入所していたてんかんの患者が、町の指示でいわき市に避難中に、市内の殆どの病院が休診のため薬が合わず亡くなる。／／この日以降、福島県立医科大学では「医大内の混乱を鎮めるために配布は必要だった」（細矢光亮副院長、当時、54歳）という理由で、職員へのヨウ素剤配布を勧め飲ませる。優先順位は40歳以下の職員で「被曝医療」と「院内の放射線測定」にあたる人（まず在庫の1000錠より配布)、次に外来で働く40歳以下の職員、次に40歳以下の女性職員である。（朝日：20131112）／／同、飯舘村（第一原発の北西30～35km圏）にも南相馬市や双葉郡の町から避難住民が入って来る。
2011. 3. 13	午前0時42分（同10時30分にも)、原子力安全委員会は経産省へ、「体表面の汚染1万カウント以上でヨウ素剤を投与すべきだ」というファックスを送るが、なぜかこのファックスが行方不明になったとされる。／／午前2時42分、3号機で高圧注水系が停止し靄《もや》が発生、1号機と同じ経過である。東電は爆発を警戒する（「東電のテレビ会議記録」参照)。／／5時10分、3号機が原子炉冷却機能を喪失と判断する。／／朝刊で、デーリー東北（本社・八戸市）が「福島原発　炉心溶融」、福島民友新聞が「国内初の炉心溶融」とそれぞれ大見出しを付ける。／／7時39分、3号機で原子炉水位が低下する。／／8時41分、3号機でベントの準備をする。／／9時00分、菅首相は防衛省災害対策本部会合で、北沢俊美防衛

暦　年	事　　項
	相に自衛隊の災害派遣を10万人態勢に増強するよう指示する。／／9時25分、3号機で消防車による注水を開始する。／／午前11時00分、2号機でベントの準備をする。／／11時02分、記者会見で枝野幸男官房長官は「炉心が溶けているのは大前提で対応していた」と説明する（経産大臣になっても枝野は、2012年5月27日の国会事故調で「メルトダウンは十分可能性はあるということで、その想定のもとで対応している」と発言している）。／／12時55分、気象庁が東日本大震災のマグニチュードを8.8から9.0に修正する。／／14時31分、3号機の冷却機能喪失のため、消防車で20トン／時を注水するが、実際には別のパイプに枝分かれして水漏れしたため、半分の量しか原子炉《ベッセル》にはいかず、異常が検知される。この間に3号機ではメルトダウンが進行する。建屋内部では100mmSv／時で水素爆発の恐れがある。吉田所長が全員一斉に作業員を避難させる。暫くは表面上の小康状態がある。／／15時27分、枝野が「メルトダウンに至る状況が続いているわけではない」と発言する。／／15時41分、3号機建屋の爆発可能性を枝野が表明、東電は蒸気放出をし真水と海水の注水も開始する。／／この日、3号機のSR弁の全てが開かぬ自体が発生し電源も喪失したが、バッテリーが底をつくのは時間の問題であったことを東電側もよく知っており、減圧は不可の認識があった。2voltバッテリーは自衛隊その他より沢山届いたが使いものにはならず、自動車で使用している12 volt・Batteryが必要だった（10個つなぐと弁開け可能）。12 voltバッテリーは小名浜にも届いたが、現場が高線量（281 μSv／時、4時間で年間の許容量を超える量）でそれを届ける仕組み、対策（防護服着用で入るなど）も事前に全く考慮しておらず、結局は深夜になってもバッテリーは届かず繋げなかった。冷却不可と分かって6時間経過、このとき既に水素は建屋に出ている。SR弁を開け水で冷却出来なかったことがメルトダウンにつながる。／／この日以降、3号機では格納容器から圧力を逃すベントの操作をしても圧力が下がりにくくなる。（朝日：20151218）／／この日、文科省から連絡を受けた長崎大学は、放射線防護を専門とする松田尚樹（56歳）先導生命科学研究支援センター教授ら5人を福島県に派遣する。（民報：20130314）
2011. 3. 14	午前4時08分、4号機のプール温度が84度であることを確認する。／／5時過ぎ、国が公表を無視したこの日の東電ファックス報告では、3号機は140 μSv／時、炉心損傷割合35％まで上がるとある。福島民報の朝刊1面には「第一原発3号機も『炉心溶融』」の見出しが載る。／／7時過ぎ、1号機について東電は炉心損傷割合35％と推定する。また東電は第一原発で放射線量が制限値を超えたので緊急事態を国に通報する。／／朝、県立医大内で放射線の危険性を話せる人物の人選を始める。鈴木真一（57歳）乳腺・内分泌・甲状腺外科教授は山下俊一長崎大教授を推薦、他の医師も山下の名を挙げ決定する。（朝日：20131107）／／**11時01分**、原発3号機が水素爆発、水位が炉心上部よりマイナス1800mm、30分後の現場の放射能は50 μSv／時。1号機の爆発の規模を大きく上回る爆発で、近辺の人は「ドオーン」と腹に響く音を聞く。大量の水蒸気が

暦　年	事　　項
	風でいわき市方面に流れる。作業員3人が負傷し7人が行方不明（後に負傷者は計11人、1人重傷で被曝）となる。格納容器では中性子は計測されず。南5kmは立入禁止、半径20km以内の住人（620人残る）には屋内退避命令が出る。10km以内には260人残っていた。葛尾村（第一原発から18km、人口1500人）では東電、県からの情報が一切なく独自に村民避難を決定する。この爆発の影響で2号機は原子炉格納容器のベントが不可能な状態（弁の電気回路破壊）となる。3号機の爆発が影響し、電気回路破壊で逃せない蒸気が炉内圧力を高くし水位が下がるので、2号機の燃料棒露出によるメルトダウンの危機が深刻となる。／／この爆発で3号機の格納容器に「比較的大きな漏洩口」が開いた可能性があり、同機による周辺地域の汚染の大半はベントではなく、格納容器の隙間から直接に放出された放射性物質だと判断される。（朝日：20151218）／／中央特殊武器防護隊長の岩熊真司は、現地対策本部の池田元久経産省副大臣から3号機に「すぐに水を入れないといけない状況です。自衛隊さんしかお願いできません」と電話を受ける。岩熊を含む陸自の同防護隊の6人は現場に向かうが、3号機の爆発に巻き込まれ被曝する。3号機に給水のため同機近くの給水ポンプ横に停車した瞬間で、改造パジェロは大破し車ごと吹き飛ばされる。隊長以外の1人は背骨に罅の重傷で全治1カ月、3人は打撲し、最高の被曝線量の隊員は27.3mmSv／時である。外で累積線量が20mmSv／時を超えていることを知らせる警報の線量計が鳴っていた。岩熊真司は「東電の説明だと、爆発するほど危険じゃなかったはずだ。爆発の危険性を東電は知っていたのかな。知っていてわれわれを行かせたなら問題だよな」と厳しい口調でいう。その直後の会議（原子力安全・保安院、東電社員、池田元久の6、7人の構成）で岩熊は、「今回、けがをしたのは私の部下です。爆発は事前に分かっていたのか、処置が悪かったから起きたのか。いったいどうなんですか！」と発言、誰も答えないまま会議は終わる。（朝日：20130128）／／11時05分、自衛隊の原発対処が「陸上自衛隊中央即応集団（CRF）」〔「影の部隊」の集合体、「中央即応連隊」（東電社員救出作戦を進めた連隊）はその一部〕に一元化される（指揮が東北総監からCRFに替わったため）。CRFの主な部隊は5個、総勢約4000人で、司令官・宮島俊信陸将（当時、59歳）が中央即応連隊の他、第1空挺団（本拠・習志野駐屯地／日本唯一の落下傘部隊）、中央特殊武器防護隊（核・生物・化学テロ対処専門／拠点は大熊町）、特殊作戦群（最も機密性が高い部隊、テロ専門で精鋭300人だが今回は出動せず）などの各部隊に命令を下す。CRFを直接に出動させたのは自衛隊トップの折木良一統合幕僚長（当時62歳）である。／／13時25分、2号機で15条通報事象発生、即ち、2号機が冷却機能を喪失し水位が下がる（東電報告）。この時、2号機のSR弁の全てが開かぬ自体が発生し、炉心に冷却水が入らず圧力が高まるばかりで、**福島原発事故最大の危機**となる。この後にメルトダウンが起きたと考えられる。手動のベントを考えるがそれも不可能であることが判明する。東電は国に緊急事態を通報する。／／16時00分、官邸が2

暦年	事項
	号機の燃料棒露出とメルトダウンの可能性に気付く。同時間に、今浦勇紀（陸上自衛隊中央即応集団副司令官、陸将補、当時54歳）が第一原発オフサイトセンター（原発5km南西、政府の原子力災害現地対策本部、現地司令塔）に到着する。／／16時02分、水位が下がる一方で空だき状態となる。吉田所長が作業員に避難するように告げる。6400人いた作業員が700人となる。／／16時34分、車からかき集めたバッテリー10個を使い原子炉圧力容器の逃し安全弁を開けるという非常手段をとるが、弁はすぐには開かず、開いても圧力低下しない状況が続く。東電は2号機原子炉に海水注入を開始する。／／17時04分、福島県警のまとめでは県内死者、行方不明者は2000人を超す。／／18時22分、第一原発2号炉の水位が低下して燃料棒が露出する。／／18時41時、清水正孝東電社長が原発からの退避を政府に電話で申し出る。電話は15日未明まで数回なされる。／／18時45分、第一原発現地対策本部で池田元久（本部長）、今浦勇紀、内堀雅雄（県副知事）、黒木慎一（原子力安全・保安院審議官）、小森明生（東電常務）ら幹部が会議を始める。小森は池田に「2号機が危ない。メルトダウンを始めたのではないか。4時間後に最悪の状況が起きるかもしれない」という。そこで撤退を検討、移転先は60km離れた県庁、時期は未定、内堀らが先遣隊で行って移転準備進行をすると決める。「20キロ圏内に住民がまだ350人残っているようだ」の情報が入るが住民避難の検討は立ち消える。（朝日：20130130）／／19時20分、消防車のエンジンが止まっていて注水していなかったことが分かる。／／19時21分、第一原発技術班は「2号機は18時22分くらいに核燃料がむき出しと想定」する。（朝日：20140520）／／19時54分、2号機の燃料が水面から完全に露出し、東電は炉が空だき状態になったと公表して消防車による海水注入を開始する。／／20時00分、2号機の燃料棒（4m）がすべて露出する。同時刻、内堀雅雄・福島県副知事が移転先に選ばれた福島県庁に向かう。これで3月15日以降、政府の現地対策本部は福島県庁に後退したことになる。同時刻過ぎ、菅首相が吉田福島第一原発所長に電話すると、吉田は「まだやれます。ただ武器が足りません」「炉内が高圧でも注水できるポンプがあれば」と答える。／／20時50分頃、第12旅団長・堀口英利陸将補（群馬県からの被災者支援の臨時派遣、司令部は郡山駐屯地、隊員約2000人）に中央即応集団（影の部隊）から「90分後、メルトダウンする可能性がある」と電話があり、堀口は「MOPP4（モップフォー）を発令する！」と命令を出す。（朝日：20130208）／／19時～21時、東電社長が海江田経産相へ頻繁に電話、海江田は「残っていただきたい」と話す（20時過ぎ）。／／21時00分過ぎ、双葉病院の患者30数人と「ドーヴィル」の全入所者とはバスで最終避難先のいわき市の高校へ到着する。朝方、双葉病院に到着した自衛隊に指示された救出で、警察官からは全患者が防護服着用を指示されたのだが寝たきりの患者には出来なかった。バスの中で3人が死亡、高校の体育館へ搬送中にさらに3人の死亡者が出る。／／21時09分、3号機のメルトダウンが進む。普通は水に通してからのベントだが、直接に放射能

暦 年	事 項
	を大気中に放出する格納容器《ドライウエル》ベントもできないと分かる。この時、放射線量は24Sv／時である。／／夜、武藤栄副社長は2号機について「二時間でメルト（溶融）」（東電のテレビ会議映像）と発言する。（民報：20160502）／／21時45分、原子力安全・保安院が会見で、「2号機は炉心損傷の可能性が高い」と発表する。（朝日：20140520）後に、21時過ぎから22時40分頃の間、2号機の原子炉内水位は事故直後の東電発表の測定値より3m低く（測定間違いの原因は水位計の不具合という）、実際は燃料のほぼ全てが露出していたと判明する。（東電発表：20171225、民報：20171226）／／22時00分頃、官邸5階の廊下を松永経産省事務次官が行き来し、海江田は「東電の撤退を言いに来たんだよ」と話す。／／深夜、「逃がし安全弁」（原子炉の圧力を下げるための弁）を開く操作をしても減圧出来なくなる。格納容器が高温、高圧になりすぎて弁が開けにくくなった可能性が高く、さらに弁の部品であるフッ素ゴム製のシール材（耐熱性能は約170度と数時間）が長時間にわたり高温に晒されて劣化、弁を作動させるために送り込む窒素ガスが途中で漏れた可能性が高い。こうして、高濃度の放射性物質を含む蒸気が2号機から外部に漏れる。（朝日：20151218）／／14日夜～15日未明、枝野経産相は首相執務室隣の応接室に呼ばれ、「東電の社長から全面撤退をしたい」という話があったことを聞く。枝野は直接に清水正孝社長から全面撤退の話を聞き、「そんなことしたらコントロールできず、どんどん事態が悪化をして止めようがなくなるのではないか」と指摘、社員を部分的に残す趣旨ではなかったことは明確である。（朝日：20120528）／／この日、双葉厚生病院（双葉町）から自衛隊ヘリで避難した入院患者のうち、12日からの2日間で3人が亡くなる。／／この日までは姿が確認されていた、双葉病院（大熊町）に認知症で入院中の女性患者（当時、88歳）が原発事故が原因で行方不明となる。彼女は2013年9月に法的に失踪宣告を受け死亡が確定する。／／飯舘村では3号機爆発で村役場の周辺が40μSv／時（許容線量限度0.23μSv／時の170倍以上）を超えたことを職員が確認する。（東京：20140512）／／広野町は役場機能を小野町へ避難させる。／／この日、文部科学省の要請で山下俊一長崎大学教授のグループが結成の緊急被曝医療チームが、千葉市の「放射線医学総合研究所」を経由して自衛隊ヘリで福島県に入る。翌日より福島医大に拠点を置く。／／同、菅直人首相は「20km、10km圏から確実に避難いただければ一番厳しい状況を想定しても大丈夫」（原子力災害対策本部）と発言、避難区域は汚染実態に応じて決めるという発想が欠落していた。／／同、県立医大に原発内で負傷した、頸椎損傷の疑いがある重症患者の自衛隊員が運びこまれ、長谷川有史（45歳）救急医が対応する。（朝日：20131027）／／同、ジョン・ルース米駐日大使が「NRCの専門家を官邸に常駐させてほしい」といってくるが日本側は難色を示す。米国では「日本は情報を隠している」との批判が出ていた。（朝日：20130114）／／同、自衛隊が仙台で、被災地支援で陸海空を一元運用するための部隊である「統合任務部隊」を発足させる。しかし物流システムが固まるのはこの一週間後である。／／同、東

暦　年	事　　項
	電は1、3号機の炉心損傷の割合が5%を超えた（溶融）と把握するが隠蔽する。その後の解析で1号機は55%、3号機は30%だった。（民報：20160617）またこの日以降、東電は「計画停電」を開始する。／／国はこの日から、原発作業員の緊急時の被曝限度を臨時的に100mmSv／年から250mmSvに引き上げる（同年12月に引き戻す）。（民報：20150326）
2011. 3. 15	午前0時、清水東電社長が枝野官房長官に撤退につき電話してき、枝野は「簡単にハイと言える話じゃありません」と答える。枝野は細野首相補佐官に促され吉田所長に電話し、「まだやれますね」（枝野）、「やります、がんばります」（吉田）、「本店の方は何を撤退だなんて言ってんだ」（枝野）などの会話をする。／／同時刻、2号機で高濃度の放射性物質を含む蒸気を外部へ放出する。／／0時30分、第一原発では館内放送が「線量が上がっています。防護服、防護マスクを着けてください」という。自衛隊員が東電社員に聞くと建物内は700μSv／時、外は1mmSv／時だった。（朝日：20130130）／／0時16分〜1時11分、2号機の原子炉内圧力が上昇を続ける。（朝日：20140520）／／2時00分、第一原発で安定ヨウ素剤の服用が指示される。自衛隊の先遣隊が出発したとき、予想以上の多くの人員がオフサイトセンターから消える。未明の全体会議で池田元久は「決められた人以外で浮足だってここを出ていった人がいる」「まだ離脱を決めたわけじゃない。ここに踏みとどまって仕事するんだ」という。（朝日：20130130）なおヨウ素131の半減期は約8日、ヨウ素132、133の半減期は1日である。／／2時00分〜3時00分、2号機の原子炉格納容器の圧力が異常に上昇、首相官邸に詰めていた武黒一郎フェロー、川俣晋原子力品質・安全部長ら数人の間から「原子炉はもはや制御不能」の言葉が出て、当時の細野豪志首相補佐官は、作業員の撤退はやむを得ないという雰囲気が官邸内に広がったと証言する。（朝日：20140602）／／3時00分、2号機の燃料棒の露出の危機は続き8000μSvとなる。同時刻、伊藤内閣危機管理監（元警視総監）が東電幹部と、「第一原発から退避すると言うが、そんなことをしたら1号機から4号機はどうなるのか」（伊藤）、「放棄せざるを得ません」（東電幹部）、「5号機と6号機は？」（伊藤）、「同じです。いずれコントロールできなくなりますから」（東電幹部）、「（福島）第二原発はどうか」（伊藤）、「そちらもいずれ撤退ということになります」（東電幹部）、「総理に判断を仰いだ方がいいのでは」（福山官房副長官）などと話す。菅首相は仮眠から起こされ、東電撤退の話を閣僚から聞かされる。同時刻、格納容器の圧力が設計上の使用圧力を超え上限の倍近くに達する。「爆発が近い」といわれるが、その後、圧力は急激に低下、爆発を免れた原因は不明。／／3時20分、官邸で東電撤退について協議開始、「もうやるべきことはない、撤退したいとの話です」（枝野）、「撤退なんてあり得ない」（菅）などのやりとりがあった。／／4時00分、いわき市にある県の合同庁舎（第一原発から南南西43km）で最大空間線量は23.72μSv／時（平常値の約400倍）だったが、同日午前8時には2.77μSvと下がる。（朝日：20150316）／／4時00分、避難している津島も危ないと分かり浪江町は会議を開

暦　年	事　　項
	く。／／4時17分、首相が清水社長を官邸に呼び退避申し出の真意を確認、東電は全面撤退しないことを認める。その時の記録に、「撤退などあり得ませんから」（菅）、「はい、分かりました」（清水）、「ん？あれだけ強く言っていたのに」（海江田）、「細野君を東電に常駐させたい」（菅）、「分かりました」〔驚いた表情で〕（清水）とある。政府と東電の統合本部設置を決める。／／5時35分、首相が東電本店に乗り込み「撤退したら東電は100％つぶれる」と発言。菅発言の詳細は次の通り。「今回の事の重大性は皆さんが一番分かっていると思う。政府と東電がリアルタイムで対策を打つ必要がある。私が本部長、海江田大臣と清水社長が副本部長ということになった。これは、2号機だけの話ではない。2号機を放棄すれば、1号機、3号機、4号機から6号機。さらに福島第二のサイト、これらはどうなってしまうのか。これらを放棄した場合、何カ月か後にはすべての原発、核廃棄物が崩壊して放射能を発することになる。チェルノブイリの2倍から3倍のものが10基、20基と合わさる。日本の国が成立しなくなる。何としても、命がけで、この状況をおさえ込まない限りは、撤退して黙って見過ごすことはできない。そんなことをすれば、外国が『自分たちがやる』と言い出しかねない。皆さんは当事者です。命をかけてください。逃げても逃げ切れない。情報伝達が遅いし、不正確だ。しかも間違っている。皆さん、萎縮しないでくれ、必要な情報を上げてくれ。目の前のこととともに、5時間先、10時間先、1日先、1週間先を読み、行動することが大事だ。金がいくらかかっても構わない。東電がやるしかない。日本がつぶれるかもしれないときに、撤退はあり得ない。会長、社長も覚悟を決めてくれ。60歳以上が現地に行けばよい。自分はその覚悟でやる。撤退はあり得ない。撤退したら、東電は必ずつぶれる」。政府と東電との対策統合本部を立ち上げる。／／6時00分過ぎ、衝撃音があり、2号機圧力抑制室の圧力がゼロになったとの報告がある。（朝日：20140520）／／6時10分、火災が発生して第一原発第4号機原子炉建屋で水素爆発（朝9時には1万1932μSvを計測）。4号機内の使用済み核燃料が大気に触れて発熱するという最大の危険性が生じる。原因は3号機からの水素流入という見解があり（規制委の事故分析検討会）、爆発時に水素400kgが蓄積されていたとされる。（民報20131126）後に、この爆発は3号機で発生した水素の約35％が4号機に流入したとの分析結果が公表される。（東電発表：20171225、民報：20171226）また**6時14分**には2号機のサプレッションプール（圧力抑制室）で水素爆発、中性子線が出て同機の圧力抑制室の圧力はゼロになる。全員避難。この時、**福島原発事故で主となる大量の放射能が放出される**。2012年7月現在でも原因は不明だが、格納容器破損でそこから圧力が漏れたのであろう。データでも15日午前0時より急激に大量の放射性物質が空中に放出されている。この時は原子炉を水で冷却しており、冷却の度ごとに放出されている事実が判明。実際には格納容器の上部からも放射能が抜けていた。なおセシウム137に（半減期30年）着目すれば、炉内残留の約2.2％（15.3PBq）が大気中に放出

暦　年	事　　項
	され、それは噴霧状（直径10㍈〜0.001㍈の微小粒子）で、そのうちの約80％は太平洋上に降下、日本国内には約20％が沈着し、ヨーロッパ全域には約0.5％が到着している。また建屋内の大量の汚染された滞留水には、炉内残留の約20％（141PBq）が溶け出しており、この滞留水と陸地に沈着したセシウム137の量とを合わせれば、福島原発のセシウム137による汚染はチェルノブイリ原発事故で放出された同量（85PBq）を遙かに上回っている。さらにこの事故で「セシウムボール」（ガラスに閉じ込められた不溶性微粒子、人類未経験）の形態で放出され飛散した放射性セシウムは、呼吸で肺に入ったり血液、尿に取り込まれたが、福島の子どもの場合、セシウム137が尿から検出された割合は70％を超える（調査期間は2014年2月〜2016年3月末、18歳まで）。同じ子どもらの筋肉中のセシウム濃度（比重補正した尿中の同濃度の約3倍に相当）は最大で約1Bq／kgであり、チェルノブイリ原発事故の調査でセシウム137が数Bq／kgで膀胱がんを発生させている報告がある。（「低線量が続く長期の影響で誘発された発がん性の尿に関する膀胱」：研究雑誌Carcinogenesis 第30巻第11号、2009）このことを考えればこのときの放射能放出は極めて危険な事故である。（Cs-137に関する全体の記述は、論文「東京電力福島第一原発事故後の延べ100人の子どもの尿中の放射性セシウム濃度測定結果」による：20170616）／／6時30分、浪江町は二本松市長に避難受け入れを依頼する。／／6時42分、吉田所長が第一原発近場での待機を命令し、9割の所員は第二原発へ移る。／／8時31分、第一原発正門前で8217μSv／時を検出（東電発表）。／／8時56分、東京—那須塩原間で4日ぶりに東北新幹線が運転を再開。／／9時00分、第一原発正門付近の放射線量がこれまでの最高値の1万1930μSv／時を記録する。（朝日：20140520）／／9時40分、第一原発4号機の原子炉建屋4階で火災発生を確認するが、その後の11時頃には自然消火を確認。／／10時00分過ぎに2号機が格納容器から放射性物質が漏洩し（90万テラBq）、北西方向に深刻な環境汚染をもたらす。東電福島第一原発事故（社内）調査委員会の「最終報告書案」によれば、原因は2号機格納容器から漏れ出たガスだったと報告される。地震による原発の主要設備への損傷は「ほとんどなかった」とも説明される。（民報：20120613）なお事故後一週間で放出された放射能物質の総量は77万テラBqといわれる。広島原爆の168個分、セシウム換算で80個分の「死の灰」が飛散したことになる。／／10時22分、3号機付近で400mmSv／時（一般人の年間被曝線量限度の400倍）を観測する。（朝日：20140520）／／午前中、福島県立医大では製薬卸会社から4507錠を調達して職員にヨウ素剤を配布、県からも4000錠を調達する。（朝日：20131106）／／11時00分、第一原発から20〜30km圏内の住民約14万人に屋内退避指示が出る（菅首相指示）。／／午前、防衛省で自衛隊ヘリを使った原発冷却の素案がまとまる。菅首相が自衛隊に決行を明日16日とする原発冷却の放水の命令を出す（3号機は空からヘリ放水、4号機は地上から放水、落水で水蒸気爆発の可能性ありと判断したため）。／／同、双葉病院の患者54人が陸自部隊などに

暦　年	事　　項
	より福島市内などに搬送される。／／12時00分頃、浪江町民は二本松市へ移動開始、放射能雲は114号を避難していく町民を追いかけるように北西へ延びてゆき、津島では霙と一緒に大量の放射性物質が降る。浪江町民はぎりぎりで大量被曝を免れ17時頃に二本松に着く。避難の際、浪江町住民で溢れていた津島区では、警察官は放射性物質から身を守る防護服を着けており（但し自衛隊員のように顔全体を覆う全面マスクはなく用意もされていなかった）、住民は放射能情報から隔絶されていたことが分かる。浪江町職員も事実は知らされず。／／午後、東電は2号機の炉心損傷を35％と推定。福島第一原発事故で放出された「放射性プルーム（雲）」（放射性セシウム、ヨウ素を大量に含む）は一旦、関東地方中西部に運ばれて西部の山麓に達する。これは原子力規制庁や環境省が東大、首都大学東京などに委託していた調査で、都道府県に設置の大気汚染の測定局で採取した試料の分析で確認された。それが同日午後には南風によって白河市上空を通過、福島県中通りを南部から北部に移動する。この際に雨で稲藁などを含む地上が汚染される。この時の地表面のセシウム蓄積量は30万～60万Bg／m^2である。規制庁によるこうした汚染の報告書の発表は2014年9月5日となる。（朝日：20140906）／／15時30分、福島県での確認できている震災、原発事故による関連死者は49人、同日深夜には506人となる（警察庁集計）。／／16時21分、佐藤知事は菅首相に「県民の不安や怒りは極限に達している」と電話する。／／17時00分、県の調査では県北保健福祉事務所で空間放射線量が20μSv／時を超える。（民報：20130314）／／夜、津島地区赤宇木で高度の放射線量が測定されているが公表はされなかった。／／18時20分、飯舘村の放射線量が44.7μSv／時となるが、県は「健康に影響を与える範囲ではない」と説明する。／／18時40分、福島市で空間放射線量24.24μSv／時を記録する。（朝日：20140125）／／20時00分、浪江町周辺では通常の約6600倍に相当する放射線量を検出する。警察庁の集計では県内の死者は500人を超える。／／20時56分、フランスの原子力施設安全局長が、福島第一原発事故は国際原子力事象評価尺度（INES）で上から2番目の「レベル6」に相当すると発表。／／21時00分前、文科省の熟練技術者2人が津島南部の114号上で330μSv／時の放射線を計測（2012年6月11日を参照）、この数値は4時間で放射線管理区域の基準（3カ月で1.3mmSv）を超える凄まじさである。翌16日未明にこの数値を公表。（民報：2012年0612、朝日：20161217）／／深夜、陸上自衛隊第1ヘリコプター団の大西正浩群長一佐（当時、51歳、仙台霞目の駐屯地）は福島第一原発への放水作戦立案を上官よりいわれる。（朝日：20130110）なお「日米調整所」の一つである仙台駐屯所の窓口役として広恵次郎（当時、46歳、陸上幕僚監部・防衛交流班長一佐）が派遣される。既に3月13日には沖縄基地から米海兵隊第3海兵遠征軍の部隊約20人が来ていた。（朝日：20130116）／／同深夜、県庁内に退いた国の現地対策本部に、「20km圏内には入院患者等がいるのでヨウ素剤を服用させるように」のファックスが届く。同本部の医療班員の立崎英夫（54歳）の記憶では

暦　年	事　　項
	経産省が発信元であった。立崎は翌朝に自分で作成し、本部長に許可を得た服用指示書を県職員に手渡すが、県はヨウ素剤を配布しなかった。理由は不明のままである。（朝日：20131110）／／この日、いわき市で23.72 μSv／時を、世田谷区でも放射線物質をそれぞれ検出する。／／同、文科省はSPEEDIによる予測結果を基に浪江町（原発の北西約20km）に職員を派遣し、高い放射線量を実際に測定している（拡散予測の公表は20110323)。住民避難に役立てられなかった予測を政府は公表前から活用していたことになる。ここでも政府の住民軽視の姿勢が浮き彫りとなる。／／同、文科省緊急被曝医療調整本部から細井義夫広島大学教授（当時、54歳）が県立医大へ来る。細井は大講堂で職員に「4号機が今にも大爆発するかもしれない」「200km圏が避難地域になる可能性がある」などと話す。また県立医大ではこの日、同日昼までの製薬卸会社からの錠剤調達で、ヨウ素剤4507錠を職員へ配布、同日には県より4000錠を調達する。（朝日：20131106）なお、この日のヨウ素131の放出量については、2012年3月15日の項を参照。／／同、飯舘村役場で44.7 μSv／時を検出する（同村発表）。／／飯舘村長泥で放射線量150～200 μSv／時が逆算される。（「熊取六人組 原発事故を斬る」今中哲二発言：岩波書店、20160928）また同村長泥では村への避難者にお握りを炊き出し配達、15～17日間で計1200個を提供する。／／同、福島県漁連は「緊急事態」として操業停止を決める／／この日以降、福島県立医大では被曝患者を大量に受け止めるための準備を進める。
2011. 3. 16	午前5時45分頃、4号機で火災（2度目）を確認するが、同6時15分頃、鎮火したことが分かる。／／未明に、双葉病院の患者35人が陸自部隊などにより伊達市や福島市内などに搬送されるが、昨日を含めて到着までに2人が死亡する。結局、14日～16日までに避難中や搬送先で28人が死去し、余儀なくされた医師らの避難などで治療、看護が受けられず死亡した患者も出て、44人の生命が奪われる。／／10時33分、3号機で水蒸気と見られる白煙が上がる。／／午前中、東電本社がこの時点で福島第一原発にいる作業員の人数を「社員が177人、協力企業4人、総勢181人」と報告する。／／15時36分、福島市の水道水から放射性ヨウ素とセシウムを検出、国の安全基準を下回るとされる。／／16時00分、陸上自衛隊即応集団傘下の第1ヘリコプター団の大西正浩群長一佐は、「空中放水実施要領」を仕上げ隊員にこの資料を配付、ヘリで福島第一原発上空に飛び立たせるが、原発上空の放射線量が高さ約30m（100フィート）で、作業限界値を超える247mmSv／時なので放水を見送る。しかし米軍指摘の「水がない恐れがある」とされた4号機の核燃料プールに光る水面が確認されたので、ヘリ放水は3号機が最優先となる。（朝日：20130110）／／金丸章彦ヘリ団長（当時、51歳）は、大西正浩第1ヘリ団群長にヘリによる空中放水を命令する。この日、菅首相は防衛省にそういう指示を出していた。ヘリ放水優先（先に予定されていたのは地上放水）は官邸の判断、オバマ大統領は極秘公電で官邸の東電任せの対処を懸念していた。／／16時40分頃、第一原発第一保全部の山下理道（43

暦　年	事　　項
	歳）は陸自のU60中型ヘリで原発上空に北側から進入する。使用済み核燃料プールがある5階の建屋上部が見える距離での3号機上空で、線量は247mmSv／時である。また4号機プールが水で満たされている状態を確認する。（民報：20150427）／／16時40分、本部会議開催、4号機の燃料プールの状態が問題となる。原発事故当時は4号機は停止中、原子炉内の燃料はすべてプールにあったがその分だけ水温上昇が早いので水が干上がっているのではと懸念された。この時、菅首相は「4号機のプールは温度が上昇し、懸念される状況にある」と発言している（議事概要)。／／夕方、井戸川克隆双葉町長は江尻邦夫同町教育長に「どっかに行かねばならないな。教育長は、群馬の山のあたりはどう思う？」と聞く。（朝日：20121119）／／同、夕方には確認できた福島県の震災、原発事故による関連死者は511人となる。／／17時56分、枝野官房長官が「(文部科学省発表の放射線量の）数値は、ただちに人体に影響を及ぼす数値ではない」と発言する。／／この日、空間放射線量は福島市で14.70μSv／時、第一原発地域から西北西25kmで80μSv／時。／／同、いわき市が市民に実施したアンケートに拠れば、市外に避難した人は回答者の48％を占め、そのうちの6割が14日から16日までの3日間だった。（朝日：20150321）／／同、大熊町では自衛隊などにより、第一原発から約4.5kmの「双葉病院」（民間の精神科病院）と「ドーヴィル双葉」（系列の老人保健施設）とで、全436人の入所者、患者の避難が完了する。バスで寝たきりの患者が230km搬送された過酷なケースもあり、同年3月中に計50人が死亡した。／／同、楢葉町の早川篤雄宝鏡寺住職に、安斎育郎立命館大学名誉教授から「反対運動に関わってきたのに、こんな事故が起きてしまって。食い止めることができず、申し訳なかった」と電話が入る。／／同、南相馬市の健康福祉部の西浦武義は避難できずに残っている市内の障害者の存在（広報車の放送がよく聞き取れなかった、視覚障害がある古小高忠64歳、美紀子62歳夫婦もそうだった）を初めて知る。／／同、南相馬市は原発から20km圏内なのに避難指示は来ず。／／同、新潟県知事より南相馬市市民を新潟県ですべて引き取るという知らせが入る（県知事からやっと南相馬市へ避難指示が出たのは翌日の3月17日)。6万人が原発で避難、このうち震災関連死（原発避難での死者）は478人で一番多い数である。／／同、県立医科大学はヨウ素剤を製薬卸会社から2000錠調達、この日以降は大学教員や事務専門の職員にも配布、殆どの人がすぐに飲む。15歳以下の職員の子供にも配布、配布の事実は口外無用とされた。子供の服用基準は「爆発時」、「100μSv以上」。（朝日：20131106）／／同、「日米調整所」のもとで最初の日米合同会議を開催、クリストファー・コーク遠征軍大佐は何度も「何でも言ってくれTell me whatever you want」と繰り返す。／／この日までに、救出が遅れた双葉病院の患者19人が亡くなる。／／同、福島県警は福島地検から命令として送られてきた「釈放指揮書」により、拘留中の容疑者31人を釈放する。後に再犯者が出たことが発覚し問題となる。（朝日：20140205）

暦　年	事　　項
2011. 3. 17	午前9時00分前、出動命令により仙台霞目駐屯地を大型輸送ヘリCH47が3機（2機放水、1機後方支援）飛び立つ。先導機乗員（5人編成）は加藤憲司隊長・2佐（41歳）、木村努整備員・曹長（42歳、任務は原発への海水の命中）ら2人、伊藤輝紀機長・3佐ら操縦士2人（重さ20kgの鉛のベスト、防護マスク、安定ヨウ素剤2錠飲む）、すぐ東の海に出て海水7.7㌧を汲み南下（高線量になり、木村は全身汗、過呼吸気味、涎や鼻水が出た）、9時48分、3号機に接近し（約91mより低く進入）放水する。2機が2回ずつ計4回行う。人体への影響が心配される累積線量は250mmSvだが、放水中は256 μSvだった（この周辺は放水前は3782 μSv／時）。（朝日：20130113）／／この日、菅首相は石原慎太郎都知事（80歳）に東京消防庁への原発事故現地への派遣を要請、警視庁機動隊は高圧放水車で原発にむかう。自衛隊でのこの任務担当者（指揮）は中央特殊武器防護隊・菱沼和則2佐で、放水では「自衛隊が全体の指揮をとる」と決める（官邸の指示書に拠る）。／／早朝、東電本社における報告に「まだマスクが足りないという話が出てまして、現地から強い叫びがございます」とある。第一原発事故直後に高い放射線量のなかで、内部被曝を防ぐための顔全体を覆う全面マスクが一部不足していたことが判明したのである。本社保安班の予定人数は「工務部250名、配電百数十名、注水関係80名」で、確保出来たのは129個であった。（民報：20130123）／／10時00分過ぎ、この時点で東京消防庁が任された3号機放水は予定より約5時間遅れており、原因は消防車の進路を阻む大量のがれきであった。第一原発の田浦正人現地調整所長（51歳、中央即応集団副司令官・陸将補）は、「原子力災害対策本部」（現場の理解なし）から「東京消防庁・消防隊長」へ来た「もたつくなら自衛隊にやらせろ」の電話に、「自衛隊が準備して放水するまで3時間は必要だ。しかも消防庁の放水量は自衛隊より多い。それでも代わっていいのか、聞いてくれ」（電話は本部側から自衛隊員に代わっていた）と答え、本部の指示を取り下げさせる。（朝日：20130202）4号機には目視で水があると分かる。／／11時40分、米原子力規制委員会（NRC）のチャールズ・カストと北沢俊美防衛大臣が大臣室で会談、カストは「放水量が足りない。もっと入れるべきだ」「原子炉の状況を教えてほしい」などという。（朝日：20130114）／／15時55分、5月28日12時過ぎに東電が発表した未公表の放射線データによると、この時間が東電事務本館北における最高の放射線量で、3699.0 μSv／時である。／／夕方、山下俊一長崎大大学院医歯薬学総合研究科長へ、菊地臣一福島医大理事長から「福島医大がパニックだ。すぐに来てほしい」の電話が入る。（民報：20130314）／／同、東京消防庁の高圧放水車（警視庁機動隊が乗車）は自衛隊の化学防護車（放水時、消防車両脇で楯となり放射線を防ぐ。空気浄化装置付きで汚染地域でも自由に動く）2台の付き添いでJヴィレッジを出発する。他には自衛隊消防車が全5台で（全国から11台が福島に集まり、菱沼がなかから放水距離の長い5台を選ぶ。乗車するのは自衛隊航空機の消火にあたる陸海空の隊員）、3号機の100m手前の高台で待機後に、機の直前まで接近し

暦　年	事　　項
	て行く（この時の3号機周辺の空間放射線量は110μSv／時)。／／19時05分、警視庁機動隊が高圧放水車で3号機に2900ℓ／分の放水を開始する。／／19時35分、自衛隊消防車が地上から放水、消防車のノズルが建屋に向かって上がり、3号炉の開いている穴目掛けて4000ℓを出し蒸気が上がる。20時09分に最後の5台目が放水終了、全放水量は計35トンだった。(朝日：20130201）／／この日、福島市では空間放射線量24.24μSv／時（県内TV各社報道)。／／同、川俣町の水道水から国の基準値を超える308Bq／ℓの放射性ヨウ素が検出される。福島市の水道水からも基準値以下の放射性物質を検出。／／同、県立医大で看護部にヨウ素剤358人分を配布。／／同、福島県外に出た人が1万4000人となる。／／同、この日2回目の電話による日米首脳会談でオバマ米大統領は、事故が「破局的事態」になりかねないことに懸念を示す一方、日本政府の対応に「官僚的障害」があることを示唆し、菅首相に改善を求める。(朝日：20131021)／／この日までの福島県外への避難者は約1万4000人である。
2011. 3. 18	午前3時20分、東京消防庁が特殊消防車30台とハイパーレスキュー隊ら139人を派遣する。／／未明、東電福島第一原発でのマスク不足が続くが、同日の深夜に「当面心配は必要なくなりました」の報告が入る。(民報：20130123）／／7時00分、双葉町（町民のうち、約2000人が川俣町に避難）では井戸川町長が、町幹部に次の避難先はさいたま市の「さいたまスーパーアリーナ」(収容数5000人）であることを告げる。福島県にも「明日移動するので準備をよろしく」と報告、バスは埼玉県が用意。行かないという町民もいて、福田小学校での避難者希望者は145人中、112人。／／8時00分現在、福島市で空間放射線量は11.20μSv／時を計測。／10時00分、防衛省主催（官邸の意向を受けての会）の「米原子力規制委員会NRC」と日本側による会議が始められるが（防衛政策局長は高見沢将林)、会議の存在、リスト（米軍が支援可能な数十個の項目）は秘匿ないし機密扱いであった。(朝日：20130115)／／午前中、人手不足に悩まされていた第一原発の吉田所長は、自衛隊ヘリでの上空からの水投下作戦で放射線管理員が必要とか、電源盤復旧のため機材を輸送する運転手を用意しろとか言ってくる東電本社に、社員らには「作業させられません」と宣言、高線量の被曝を受けた部下が多いと訴え、「一週間も前から人的な補強をお願いしていたが、全然抜本的な対応がなっていない」とぶちまける。この間も現場作業員から原子炉、使用済み核燃料プールへの注水に必要な消防車をめぐり、「扱っている専門の協力企業さんは今、誰一人サイト（原発構内）にはいません」との声がでていた。(民報：20130113）／／13時55分、第3号機に30名で50トンの水を、消防車7台と米国の高圧放水車1台で行う。外部からの電源接続はまだである。／／17時50分、1～3号機の事態を「レベル5」と暫定評価しIAEAに報告する。／／21時00分、「東北関東大震災」の死者が6912人となる。朝は5693人、午前9時には6406人であった。／／この日、米エネルギー省（事故直後に測定の専門家を派遣、在日米軍横田基地が拠点）は米軍機が放射線測定（モニタリング、空中測定システムAMSを使用。福

暦　年	事　　項
	島第一から半径約45kmを計40時間以上飛行し測定）を行い作製した2011年3月17日測定（実測値）の詳細な「汚染地図」を日本政府に提供する（在日米軍大使館経由で外務省に電子メールで提供、即、文科省と経産省原子力安全・保安院とに転送される）。だが文科省と経産省原子力安全・保安院とはデータを公表せず住民避難には活用しなかった。高濃度汚染地域の出現は判明していたのである。データが死蔵された結果、放出された放射性物質（125μSv／時）が浪江町、飯舘村を含む北西方向の30km超に渡って帯状の大量拡散をしているのに、汚染地域が避難先や避難経路に選ばれることになる。文科省科学技術・学術政策局次長の渡辺格は取材に対し、「汚染地図」の存在を原子力安全委員会、官邸や文科省など政務三役に伝えず、「当初は測定結果の精度がどの程度のものなのかさえ分からなかった」と釈明、自前の情報である政府が文科省に任したモニタリング収集を優先したと説明する。（朝日：20120618）／／同、外国メディアではいち早くニューズウィーク（米国）が佐藤栄佐久元県知事に取材する。／／同、東京消防庁による放水が完了する。／／同、南相馬全市に避難勧告が出る。市の社会福祉協議会（ここにヘルパーが所属する）は一旦閉じられる。／／同午後、山下俊一（長崎大学）が福島県立医科大学副学長として来県する。同僚の松田尚樹（56歳）教授、高村昇（45歳）教授も一緒だった。18時からの医大の教職員（多くの放射能対策のマスクを付けた約300人が参加）向け講演会で山下は、安定ヨウ素剤の不要論を展開し、逃げないように、「事故による被曝は地震国で原発立地を進めてきた日本の宿命です」と話す。（朝日：20131107）着任後、山下は約2カ月で約30件の講演、対話をこなし、県民1万人以上に、直接に放射線の健康リスクを伝える。このときの福島医大周辺の空間放射線量はピーク時で10μSv／時前後。山下側近の医療チームが受けた個人の被曝線量計の値は10μSv／日で、山下は「慌てるようなレベルではない」と受け止める。（民報：20130313）／／本日までに、震度4以上の余震は50回以上。／／同、自衛隊海上ヘリで救出された人は294、救出の全体数は2万6739で、依然、28万人が避難生活を続けている。
2011. 3. 19	午前0時30分、東京消防庁「ハイパーレスキュー」が第一原発3号機（周辺は瓦礫散乱）に連続放水を開始する。／／13時00分～14時00分、福島市で空間放射線量は10.50μSv。／／14時25分より再び3号機への放水を開始、防護服と2時間使用可の呼吸器とを装着して、20日0時30分過ぎまで10時間以上かけて（予定では7時間、総計1260トン）、地上22mから毎分3トンの放水を行う。水が風で流れないため全長800mの屈折放水ホースを使用、プールまで50m、建物まで2mの距離だった。活動直後は27mmSvだったが（基準値は10mmSv）、放水後は3443μSvから2906μSvへダウンする。／／東北電力からの外部電源が1、2号機に接続するが電流は突然には流せずに検査を続行する。1～4号機までの各機のプールは1200トンで、温度は暫定100度C以下となり安定する。5、6号機は800μSvである。／／14時40分頃、双葉町民約1200人がバス40台で集団避難先の「さいたまスーパーアリーナ」に到着する。／／16

暦　年	事　　項
	時10分頃、川俣町で原乳から暫定基準値を超える放射性物質を検出、茨城産ホウレンソウも同様（枝野官房長官発表）。／／16時40分、「米原子力規制委員会NRC」と日本側（原子力安全・保安院、根井寿規審議官らも出席）による会議が始められたが、全面協力の姿勢で臨み、原発の状況を尋ねるNRCに対し保安院は、経産省の「勝手にしゃべるな」の指示のために「担当でないのでわからない」を繰り返すだけであった。（朝日：20130115）／／夕方、「政府の原子力災害対策本部」は中央即応集団副司令官の田浦正人に、「今日中に4号機に、地上から放水しろ」と緊急の指示を出す。4号機にも上部片側に使用済み核燃料の保管庫があり高音発熱の可能性が問題がある。4号機への放水は初。／／17時00分～18時00分、福島市で空間線量は9.8 μSv。／／19時30分、第一原発事故で、6人の作業員が緊急時の上限である100mmSv／年を超える被曝をしたことが分かる（東電発表）。／／20時00分、県は放射線健康リスク管理アドバイザーとして、山下俊一〔世界保健機関（WHO）緊急被曝医療協力研究センター長、県立医大副学長として迎える〕と高村昇（当時、44歳、元WHOテクニカルオフィサー）とを委嘱したと発表。二人はともに長崎大学大学院医歯薬学総合研究科の教授で、佐藤雄平知事との面会や県災害対策本部での記者会見では、福島市の空間線量から住民が100mmSv／年を超える放射能を浴びることはないと分かっていたので、放射能の健康への影響は「全く心配ない」と繰り返し発言する。山下の医療チームには他に、同じ長崎大学の先導生命科学研究支援センターの松下尚樹教授（同、56歳）がいた。或る県職員は、山下が「いずれ、（自分たちに対する）批判は出てくるよ」と言ったことを記憶している。（民報：20130315）／／21時00分、郡山駐屯地に勤務していた山口和則1佐（当時、48歳、陸上自衛隊中央即応連隊長）は防衛省陸上幕僚監部より、「原発で最悪の事態が起きた場合の作戦を検討している。取り残された東京電力社員たちを救出する」と東電社員救出作戦を命令され、「作戦は秘匿しろ」（国民に動揺や憶測を呼ぶという理由で）ともいわれる。（朝日：20130122）／／この日、原正夫郡山市長は記者会見で、「今回の原発事故には廃炉を前提として対応し、一刻も早く収束させるべきだ」と訴える。（朝日：県内版、20150321）／／同、高橋金一福島県弁護士会会長（当時、56歳）は「この難局を乗り切り、伝統ある福島県弁護士会の心意気を示そう」と会員弁護士に檄を飛ばす。（朝日：20140209）／／同、川俣町の原乳から暫定基準値を超えるヨウ素、セシュウム、ウランなどの放射性物質（2年間摂取してもCTスキャン1回分程度の量という）を検出する。／／この日の時点で、川俣町山木屋地区（地区人口約1250人、標高約550m、第一原発から約33km）の住民は地区外への避難者が503人で半数に近くなる。3月17日での空間放射線量は川俣町役場で約5 μSv／時、山木屋郵便局で15 μSv／時（この時点での政府の避難指示は、数日間の積算被曝放射線量が屋内退避で10mmSv／時超、避難で50mmSv／時だった）。吉川道郎町長が3月15日に福島県に電話した際には「川俣町が避難指示などの対象区域になれば、避難の方法や場所に

暦　年	事　　項
	ついての責任を持つ」という返答だったが、国や県からの直接の説明は皆無で、住民は不安と怒りを募らせる。（民報：20120514）／／同、「東北関東大震災」の死者は朝の7197人から7653人となる。／／この頃、飯舘村の水道水から基準値を大きく上回る放射性ヨウ素965Bq／ℓが検出される。（民報：20150921）／／この日以降21日まで、県立医大では他の部署の子供用にヨウ素剤814人分を配布する。
2011. 3. 20	午前0時、山口和則1佐に東電社員救出作戦の正式命令が下る。（朝日：20130122）／／3時40分、東京消防庁の3号機への放水が終わる。連続放水は13時間以上であった。／／8時00分、陸上自衛隊の消防車が4号機の使用済み核燃料プールへ放水を開始する。4号機への放水は初めてである。／／14時30分、5号機が冷温停止状態（「冷温停止」ではない）となり、その後6号機も冷温停止状態になる。／／午後、福島第一原発事故で放出された「放射性プルーム（雲）」（放射性物質の集まり）は関東地方東部の沿岸地域から中部に運ばれたが、この日夜から21日早朝にかけては北部から南部に移動する（3月15日の項も参照）。／／18時30分頃、いわき市、国見町、新地町、飯舘村の4市町村で実施した原乳の緊急検査で暫定基準値を超える放射性物質が検出され、県内の全酪農家に出荷と自家消費との自粛を要請する。／／18日に次ぎ、米エネルギー省は米軍機で放射線測定を行い作製した3月17日～19日までの3日間測定（実測値）の詳細な「汚染地図」を2回目として日本政府に提供する。扱いは3月18日に同じである。／／この日以降、原発の悪化に備え、自力で避難できない20～30km圏の要救助者リストや避難計画の作成にあたっていた第1空挺団は、原発を中心に北、西、南の三つに分かれ、確認作業を続ける。約400人の要救助者のリストを作成する。／／山下俊一はいわき市の平体育館で「県放射線健康リスク管理アドバイザー」として初めて福島県民と向きあう。持論の100mmSv／年を超えることはないと安全を強調する発言をすればするほど、批判も集中する。（民報：20130316）／／南相馬市民は新潟県へ移動する。
2011. 3. 21	13時00分過ぎ、3号機の南東より灰色の煙が出る。まだ通電していない。3号機周辺は2013～2015μSvである。／／2時00分、飯舘村でこの日検査した水から国の摂取基準値の3倍を超える965Bq／kgのヨウ素131を検出し水道水の使用が禁止となる。／／15時55分、第一原発3号機の原子炉建屋の南東側から灰色の煙が上がる。／／18時00分頃、政府は福島の牛乳と茨城、栃木、群馬、福島産のホウレンソウ、カキナの出荷制限を指示し、福島県では牛乳、野菜の出荷が自粛となる。／／東電は佐藤県知事に清水社長の謝罪訪問を打診するが、知事はこれを拒む。／／この日より、山口和則連隊長を中心に東電社員救出作戦の実践訓練を開始する。訓練は「県いわき海浜自然の家」から足場とするＪヴィレッジに移動し、更にここから第一原発まで高速道路を使用して装輪装甲車で往復するもの。隊員は防護服の上に重さ20kgの鉛のベスト、防護マスク、大小用の紙おむつといった装備である。（朝日：20130123）／／同、

暦　年	事　　項
	「放射性プルーム」は関東地方東部から東京湾の北東沿岸部地域や東京湾付近を南下する。／／この日までに、福島県外へ避難した人は2万3300人である。
2011. 3. 22	17時17分、4号機の使用済み核燃料プールへコンクリート圧送機で放水を開始する。／／18時00分、警察庁集計では福島県内の死者は762人、行方不明者は4487人である。なお東北での死者は9080人、行方不明者は1万3561人となり、1896年の明治三陸地震を上回る。また明治以降では関東大震災に次ぐ被害となる。／／18時07分、県内の5市町の水道で100Bq／kgを超える放射性ヨウ素を検出し、乳児に飲ませないように要請する（厚労省発表)。／／この日、横浜消防庁より福島へ67人が出発。／／福島県知事が東電社長の面会謝罪申し入れを断る。／／第一原発構内のヨウ素は基準値の1267倍である。また富岡川から同80倍のヨウ素131が検出される。／／葛飾区の金町浄水場で採取された水から乳児（供給地域にいる1歳未満の乳児は約8万人）の摂取基準である100Bq／ℓを超える放射性ヨウ素が210Bq検出される。(民報：20150917)／／川俣町議会が県内全原発の廃止を全会一致で可決する。／／「米原子力規制委員会NRC」と各省庁を集めて窓口を一本化した日本側との「日米協議」が開催される。
2011. 3. 23	午前4時00分、1号機圧力容器の温度が400度を超す。／／9時20分、政府は原子力災害特別措置法に基づく初めての措置として、福島県知事に県産のホウレンソウなどの摂取制限を指示する。／／11時20分、第一原発の吉田昌郎所長は東電本店に手順確認を求める電話する。1号機の原子炉の圧力が設計上耐えられる圧力の上限に迫っていたからである(24日夜落ち着く)。／／11時30分、県は消費者と県内生産者に県内産のキャベツ、ブロッコリーなど50品目の野菜の摂取と出荷を控えるよう要請する。／／この日の午前（日本時間)、アメリカエネルギー省は福島第一原発上空で放射能を測定した（2011年3月17日～19日の間）モニタリングによる「汚染地図」を米国内で公表する。／／14時15分、都内の浄水場の水道水より乳児の摂取制限（100Bq／ℓ、大人は300Bq）を超える210Bqの放射能を検出し、東京23区と多摩地区などで使用禁止となる（東京都発表)。／／14時20分、3号機より黒鉛が上がる。放射線量は280.9μSv／時である。5、6号機は電源が繋がり原子炉制御へ向かう。／／16時00分頃、現場の東電社員が本社に、ヨウ素剤を「少し飲み過ぎている。副作用が心配」と懸念を伝える。この時は放射線医学総合研究所の意見を踏まえ、「3日間服用していない40歳以下の作業員は、現場に行く1時間ほど前に2錠服用する」ことにする。作業員の甲状腺被曝を防ぐヨウ素剤の服用基準が定まっていなかったわけで、当時、吉田昌郎所長（56歳）は「41歳以上の人はどうすりゃいいんだよ」と苛立っていたという。(朝日：20130124)／／14時48分、この度の大震災による建物などの被害額が阪神大震災の約10兆円を上回る16～25兆円に上ると試算される（内閣府発表)。20時58分、3月20日には冷温停止状

暦　年	事　　項
	態の5号機で冷却装置が止まり、原子炉の温度が上がる（冷温停止基準は100度）恐れがあると東電本店に報告が入る。電源を仮設のディーゼル発電機から外部電源（本来の電源）に切り替える際に問題が発生したと分かる。／／この日、日本で原子力安全委員会が、緊急時迅速放射能影響予測ネットワークシステム（SPEEDI、放射性物質の拡散状況を予測する装置）のデータを初めて公表する。／／この日以降、警戒区域外の屋外9カ所に設置した簡易型線量計で、積算線量として毎日の1時間当たりの測定結果を足していく（国の職員が週1で現地に赴き読み取る）。ガンのリスクが高まる積算線量値100mmSvの目安になる。／／茨城県産のミズナから暫定基準値を超える放射性セシウムと同ヨウ素を検出する（京都市発表）。関西においての基準値超えは初めてである。（朝日：20110323）／／飯舘村（原発から北西約40km）はセシウムが高濃度なので土壌入換が必要との見解がでる。／／この日時点で、「東北関東大震災」の死者は9523人となる。
2011. 3. 24	午前2時40分、4号機燃料プールの水温は100度である。／／原発事故による危機が2週間後も続くなか、この日の東電の朝の会議で、昨日発生した5号機の冷却装置停止につき、本日午前中には修理が終わる見込みと報告されながら、修理終了は16時過ぎだった。「現在、炉水温度99度」という報告がある。（朝日：20130124）／／朝、東電の元請け企業「関電工」は、注水ポンプを動かす電源ケーブル敷設の復旧作業現場である3号機建屋の地下（173〜180 μSv／時の放射線物質が出ている）に降りるため、監督を含む関電工の社員2人、関電工の一次下請1人、二次下請3人（「福島民報」の取材に応じた46歳のいわき市の男性1人を含む）の計6人がチームを組んで、小ヘッドランプのみで照明電源が寸断されたなかを地下に降り（この時の空間線量計の上限設定は「20mmSv／時」で即、反応する）東電社員5、6人と合流する。この時、東電社員の測定した空間線量計（APD）が「400mmSv／時」を表示したので、誰かが「400だぞ、逃げろ」と言い、東電社員は逃げるが、作業員には撤収命令が出されず監督は水溜内での作業を指示、監督ら3人は地下で作業に当たるが、いわき市の男性とその同僚2人は危険を感じ「命の方が大事」と作業を拒否し1階に残る。しかしその内の1人が作業終了時に地下へ行き汚染水に足をつける。東電はいわき市の男性（前述）の指摘で、直後に「3人」としていた高線量被曝人数を「4人」（外部被曝線量は全員、「180〜56mmSv／時」）と修正する。後日、いわき市の男性は訴えを起こす（2012年11月1日の項を参照）。（民報：20130217、東京：20160510）／／国が初めて甲状腺測定を行う。「甲状腺の測定すらまともにできなかったこの国に、原発のような巨大システムを動かす能力があるのだろうか」と新聞が批判する。（朝日：20131112）／／SPEEDIと国際原子力事象評価尺度（INES）との調査で、第一原発地域の3月12日（6時）〜24日（0時）のヨウ素放出量は3〜11万テラBqであった。基準を「レベル6」に訂正する。／／須賀川市（原発から約65km）の樽川久志（64歳）がキャベツ7500個の出荷停止（通知が昨日届く）に絶望して

暦　年	事　　　項
	自殺する。農業は次男の和也が継ぐ。／／飯舘村の今日までの放射線総量は3.7mmSvで、20日に検査したセシウム137の放射線量は16万3000Bq／kg（土壌)、広さに換算すると326万Bq／m^{2}であった。チェルノブイリ原発事故では放射線量50mmSv、55万Bq／m^{2}で強制退避させている。／／松戸の二つの浄水場で220Bq（基準超え）の数値が出る。／／この日時点で、「東北関東大震災」の死者は9811人となる。全国の避難者は20万1907人である。／／東北道、磐越道の通行止め解除、全線が通行可能となる。
2011. 3. 25	9時00分、第一原発の発電班が東電本店に、「2号機の原子炉建屋の大物搬入口から水らしきものが出た形跡がある。一般排水溝に入る可能性があります」と報告する。放射線量は周囲の4倍の40mmSv／時である。（朝日：20130124）／／11時46分、国の原子力安全委員会は、放射能高レベル区域では自主避難が望ましいという見解を示し、20～30km圏内の「屋内退避」は「屋外退避」指示が出ても止むを得ないといっていたが、枝野官房長官は第一原発から20～30km圏内の「屋内退避」の対象市町村に「自主避難」を要請する。／／21時00分時点で、「東北関東大震災」の死者は1万102人、不明者は2万7450人、全国の避難者は20万1907人、福島県の避難所生活中での死者は24人である。／／23時00分、1号機で基準値の1万倍の放射能濃度の水の存在が分かるが捨て場がない。昨日の3号機（運転中の濃度390万Bq／cc）での作業員の被曝は1万倍の放射能物質（セシウム144、ヨウ素131など）によると分かる。原子炉からの漏出であろう。／／1～3号機に真水が注入される。／／第一原発北西30kmでは年間被曝の許容量を超える。／／原子力委が細野豪志（当時、総理補佐官）の発案で「最後のシナリオ」（後に「隠蔽されたシナリオ」として問題になる）を作成、放射能物質の飛散は半径170km（東京含む）に及ぶと想定されていた。／／福島県災害対策本部は県内全農家に田植、種蒔きの当面延期を要請する。／／福島県で1日250トン（2500万円分）の牛乳を廃棄する。茨城県、千葉県でも乳児への水道水の制限が出る。栃木県の春菊から暫定基準を上回る放射能数値を検出する。／／この日の福島市の空間放射線量は4.92μSvである。／／この日、高村昇（45歳）が飯舘村で講演し、村民に「放射能は心配に及ばない」という雰囲気を広げさせる一因をつくる。（朝日：20140519）／／本日までで、宮城、岩手、福島3県の小中高生の死者は184人、不明者は885人、教職員は同3県で死者14人、不明者は56人。第一原発から30km圏内に依然1万1288人が留まっている。
2011. 3. 26	午前6時の福島市（爆心より65km）の放射線量は3.98μSv／時である。／／9時30分、陸上自衛隊「中央即応連隊」は極秘で、東電社員救出作戦の訓練を開始する。この日は原発構内へ初めて足を延ばすが、実践では装輪装甲車（8輪の強化タイヤをもつ）8台が1列になって突き進むため、この日は1台だけを軽装甲車に紛れ込ませる。（朝日：20130124）／／10時10分、2号機に真水を注入する。／／10時15分、第一原発より南

暦　年	事　　項
	330mの同原発全体の排水口附近で、原発より直接に出ている、基準値を1250倍（ヨウ素131の場合の値、セシウム134では117.3倍）超す放射性物質を検出する（原子力安全・保安院発表）。海水の放射性濃度が毎日10倍以上あがり続けている。25日付けでもヨウ素131は1250倍だった。／／23日朝～26日までの調査で、飯舘村の水道水から111Bqの放射能物質を検出する。30km圏外で1年間の安全基準（1.0mmSv）を超える1.4mmSvも検出する。／／11時00分頃、第一原発近くの海水から安全基準の1250倍の濃度の放射性ヨウ素を検出する（原子力・安全保安院発表）。／／14時30分、第一原発1号機南放水口の海水から安全基準の1850倍の濃度の放射性ヨウ素を検出する／／21時00分時点で、「東北関東大震災」の死者は1万418人、不明者は1万7072人、全国の避難者は19万7145人、福島県の県内外への避難者は3万1264人である。／／この日で福島原発が始動して40年目である（1号機運転開始は1971年3月26日）。
2011. 3. 27	11時00分頃、第一原発2号機タービン建屋地下の水から1000mmSv／時以上の高い放射線を計測する（原子力・安全保安院発表）。／／13時00分、東電は2号機に溜まった水の放射性物質濃度が原子炉の水の1000倍と発表するが、その後、10万倍の高濃度と訂正する。即ち、ヨウ素134が29億Bq／cc、ヨウ素131が1300万Bq、セシウム137は230万Bqである。近海からは1850Bqと5倍のヨウ素を検出する。このことで2号機の圧力抑制室が壊れていることが判明する。ヨウ素131は微量で子供に甲状腺癌を発症させる（チェルノブイリ事故で検証済み）。／／炉内の溜まり水の放射線量は1号機で60mmSv、2号機で1000mmSv、3号機で750mmSv、4号機で5000mmSvである。長瀧重信は現在は「非常に危険な状態」と発言する。／／大熊町は田村市から会津若松市へ移転する。／／この日までで、「東北関東大震災」の死者は1万668人、不明者は1万6574人である。建物倒壊の原因は多くは引き波でその圧力は3000トンと分かる。福島県の行方不明者は6648人で、そのうち14%しか身元は分からず。地震関係での断水世帯は49万戸である。／／この日までに、韓国からの東日本大震災への支援が約15億7000万円となり、海外支援額としては史上最高額となる。
2011. 3. 28	15時40分、2号機の溜まり水は配管を通すトンネルで、建屋からポンプ室までを繋ぐ導管であるトレンチでも依然として1000mmSv（1号機は0.4mmSv）である。建屋の外も同様で、このことはコンクリートで囲われているタービン建屋の地下から外に汚染水（放射線）が漏れ出していることを意味し事態が悪く進んでいる。トレンチとは底辺76m、高さ15.9m、6トン（$6000m^3$）の25mプールに相当する土地を囲んでいる管である。炉内に溜まっている汚染水は何処から来たか不明で、冷却水が回せずこれを除去しないと炉の循環が回復不能で、既に復水器は一杯で戻せないが、それは表面まで来ており、1号機で40cm、2号機で1m、3号機で1.5m（セシウム134が10万倍になっている）の状態である。／／

暦　年	事　　　項
	23時40分、東電は第一原発の敷地内土壌5カ所（西北西500m、北500mなど）でプルトニウム238、239、240を検出する。量は0.54Bq／kgで、通常の核実験レベルで現在でも土壌に残存する、人体には問題ない量と東電は説明する。プルトニウムは気化せずに個体のままでとても重く（ヨウ素より重い）、核兵器の原料になり、また体内被曝を起し肺に溜まって肺癌の原因ともなる（プルトニウム239などはα線を出す放射線で半減期は2万4000年である）物質だが、福島の事故の場合、それが炉心溶融で出て来ているので深刻である。／／この日、運転していなかった4号機では電源が回復する。5、6号機は冷却停止状態で、その北50mの海水のヨウ素は665.8倍まで下がる。原発地より16kmの岩沢海岸ではヨウ素は58.8倍と上がっており、遠くに拡散している。／／福島市の放射線量は通常量の76倍、飯舘村は同230倍である。／／飯舘村長泥曲田で30μSv／時を計測する。京都大学原子炉実験所では20μSv／時超で「高放射線区域」の標識を立てている。（「熊取六人組 原発事故を斬る」今中哲二発言：岩波書店、20160928）／／この日までで、「東北関東大震災」の死者は1万901人で、うち8030人の身元を確認、行方不明者は1万7621人である。福島県から原発事故で県外に移住した人は3万3478人となる。
2011. 3. 29	午前2時00分、第一原発1号機は溜まり水1600トンを復水器に戻し中で、昨日は同機の温度は212.8度Cだったが、今朝2時では329.3度Cになり、同日14時では299.4度Cとなる。溜まり水の表面からの距離は1号機で10cm、2号機で1m（1号機に続き危機的）、3号機で1.5mで、3号機では放射性マグマが発生し、発生コリウムが2500度Cとなる。／／11時50分、1～4機全部の中央制御室に電灯がつく。これで第一原発6基全ての制御室で照明が復旧する。／／21時00分、「東北関東大震災」の死者は1万1168人で、うち8030人の身元を確認、行方不明者は1万7258人となる。全国の避難者総数は18万9332人で、福島県では49市町村で3万630人が避難する。また同県での雇用取り消しは1万8000人で、来年度雇用では内定取り消し24人、自宅待機86人となる。同県での原発事故による自宅待機は2万5000人である。／／この日、首相は福島第一原発の廃炉を示唆する。／／同、東日本大震災の津波は「射流」（陸に上がりジェット水流の様に速度を増す）と分かる。／／同、空間放射線量は福島市で通常の74倍、飯舘村で211倍である。／／同、火箱芳文陸上幕僚長は第1空挺団が拠点の一つにしている「飯舘村スポーツ公園」を視察し、赤羽敏夫空挺団大隊長らに飯舘村からの撤退理由を説明する。この時点で飯舘村の放射線量は10μSv／時である。火箱は「隊員には空から原発に向かって降下しながら、核分裂を抑えるためのホウ酸をまいてもらうことだって、今後あるかもしれないんだ」とも言う。（朝日：20130207）／／福島地検が震災直後に拘留の容疑者31人を釈放と発表する。
2011. 3. 30	15時00分頃、記者会見で勝俣恒久東電会長が初めて謝罪し、1～4号機

暦　年	事　　項
	は廃炉とし、想定を上回る事故だったと述べる。また枝野幸男官房長官は第一原発5、6号機も廃炉にするという認識を表明する。／／19時00分、福島市の空間線量は2.93 μSv／時、飯舘村は7.73 μSvである。／／23時30分、IAEAが飯舘村でIAEA避難基準を上回る放射性物質を検出したと発表する。／／この日、第2号機から煙が出る。東電は明日より1、3、4号機に樹脂の様なコーティング剤「クリコート」を被せて瓦礫や土を覆うなど、放射能飛散を防ぐ試案の検討に入る。／／井戸川双葉町長が埼玉県加須市旧騎西高に役場機能を移転することを発表する。／／佐藤雄平県知事は第一原発5、6号機と、第二原発とにつき運転再開を認めないことを示唆する。／／同、民主党が震災復興資金として5000億円の歳出の見直しをする。東電の賠償は24兆円と新聞が掲載する。（日刊ゲンダイ：20110330）／／同、被災者支援全国支援組織である「東日本大震災141団体で全国ネットワーク」が発足する。／／同、津波の高さが、陸前高田で15m、南三陸で15.9m、女川で14.8mと分かる。釜石では港の海底を63mまで深く掘っていたのに9mの津波に押し寄せられたことが分かる。／／同、IAEA（天野事務局長）は、放射能の基準値を上回っているので飯舘村の住民避難を検討せよと発言する。／／同、アメリカが放射能現場で働くロボットを送る。日本政府と東電は大震災直後にアメリカの廃炉に向けた支援の申し出を断っていたことが分かる。また米紙が日本の原発被害で甲状腺癌に触れないことに不満を示す。／／同、日本はフランスの放射能大手の会社アレバに支援を要請する。公共ラジオに拠ると福島第一原発の汚染水除去に仏が協力の意向を示す。
2011. 3. 31	13時55分、第一原発4号機の放水口周辺で180Bq／ccの放射能量を検出、国の基準を4385倍上回る。5、6号機でも放水口の北50mで、国の安全基準の1425倍の放射能となる。なお事故直後の前橋市では、下水処理場の泥からセシウムが4万2800Bq検出される。微生物が放射性物質を取り込み、死んだ際に3200倍にセシウムを濃縮、凝縮させたと考えられる。全国ではこのような凝縮が見られた所が457カ所ある。／／この日、第一原発から半径20km以内に遺体が数百～千体あることが判明する（死後に被曝）。また屋内退避区域（半径20～30kmの自主避難を勧告した地域）に2万人が残っていることも分かる。／／同、飯舘村の土壌汚染に関する放射線量の計測については、18日～26日までのIAEAの爆発直後の調査での20日のデータである数値2000万Bq／m^2（空間の汚染量で避難基準の2倍）と、16万3000Bq／kg（土地の汚染量）とをどう見るかで見解に相違が生じている。また飯舘村は、21日から出ていた水道水摂取制限を4月1日より使用可として解除する。但し、乳児の摂取だけは制限する（乳児の摂取基準は100Bq／ℓ）。／／同、東電は放射線計測器を作業グループ代表者にしか持たせていなかった事実が判明し、政府が安全上重大なことと指摘する。／／同、空間放射線量は福島市で2.94 μSv／時、郡山市は2.58 μSvである。／／同、「東北関東大震災」の死者は1万1438人で、行方不明者は1万8300人となる。／／同、廃炉のプロセスについて数カ月の冷却閉じ込め（非常事態回避）、リスク管理

暦　年	事　　　項
	（放射能放出回避）、廃炉（新技術開発必須）などの専門家の意見が出る。またアメリカが140人の放射線下で働く作業員を派遣すると決める。／／原発事故直後に住民避難支援に当たった県警警察官48人、消防隊員119人のうち、被曝線量が1～2mmSv／年は11％、2～3mmSvは1％、最高は22mmSvだった。また同じ任務の全国自衛隊員2800人では、1～2mmSv未満は20％、2～3mmSv未満は8％、3～4mmSv未満は4％、4～5mmSv未満は2％、5mmSv以上は5％だった。調査期間は2011年3月12日～31日、場所は原発の半径20km圏である（内閣府発表）。（民報：20151026）
2011. 3	3月下旬の日付けで、「機密」扱いの「原子力エネルギー再復興へ向けて」と題する論文が経済産業省にあったことを朝日新聞が入手し、原発事故直後、経産省が「原子力の再生」や「原発輸出の再構築」を目指す文書を作成していたことが判明する。「趣旨」には、「原子力なきエネルギー安定供給は成り立たない」「原子力存続に向けた政府の再決意を表明する」と書かれている。原発の輸出では、「今回の悲劇に潜む情報を分析し、世界に共有する」とあり、これはこの時期に安倍政権が「事故の経験と教訓を世界と共有する」と唱えている言葉の原型である。（朝日：20131202）／／この月末、水産庁が各県の水産担当者、漁業関係者を集め、魚の放射能につき説明する。ホームページでも「海産魚の放射性セシウムの濃度は、周囲の海水中の放射性物質の濃度の5～100倍に濃縮することが報告されており、海水中の放射性物質の濃度が上がれば高くなり、逆に、下がれば徐々に排出されて50日程度で半分程度に減少することが分かっています」（主に1999年の海洋学者の文献を参考している）と公開する。魚のイラストには「放射性元素は体外に排出されるので、蓄積しつづけない」「魚中の濃度は海水に依存する」との説明付きである。しかし実際の調査ではそうならなかった事実がある。また福島沿岸の海水流は南北双方向あるが南向きが強く、例えば、高濃度放射能汚染水を浴びたコウナゴなどが「泳ぎ回る」ことを考えないといけない。1968年の北極の海での海洋汚染の例が参考になる。（朝日：20130220）
2011. 4. 1	政府は大地震による災害の名称を「東日本大震災」と発表する。震源近くの5800mの海底では土地が5m盛り上がっている。／／午前7時00分現在、空間放射線量は福島市で2.77 μSv／時、郡山市で2.33 μSvである。12時00分、同線量は飯舘村で7.54 μSvである。／／この日、3月30日採取した浪江の土壌から基準値の2900倍の29万Bq／ccのセシウム137（半減期は60日、筋肉に溜まる）を検出する。／／同、第1号機、第2号機で汚染水を復水器に移す作業はほぼ終了、次はそれを復水貯蔵タンクへ移す作業に入る。第一原発沖へ米大型船が着き、1300トンの真水を一旦、濾過水タンクへ溜める作業を開始する。また汚染水排出に1万8000トン入るメガロフロートを使用する計画である。／／同、「東日本大震災」の死者は1万1734人で、行方不明者は1万6375人となる。全国避

暦　年	事　　項
	難者総数は16万7020人である。／／同、長崎大学医歯薬学総合研究科長の山下俊一教授（福島医大理事長付特命教授）は、100mmSv／時以下では人体に影響はないと強調、チェルノブイリ事故では子供が知らないままに原乳、野菜からヨウ素を摂取し甲状腺に放射能物質が溜まったと説明する。／／同日夜のNHKニュース番組で山下俊一教授は、放射能に「不安を感じるのは理解できるが、正しく怖がって」と発言する。（朝日：20140518）／／同日、原発事故当時は週3回、富岡町の病院で人工透析を受けていた広野町の遠藤誠（当時88歳）が、事故から1週間後に避難した東京都内の病院で、充分に透析が受けられず死亡する。広野町は震災関連死と認定する。（朝日：20171004）／／城南信用金庫が信金では初めて脱原発宣言をする。
2011. 4. 2	午前9時30分、第一原発2号機で、電源ケーブルを収める施設であるコンクリートピットの20cmの割れ目から1000mmSv／時の高濃度の放射能汚染水の海への流出が判明する。／／10時10分、県は土木、農業土木関係の県内公共施設の被害額が総額5553億円に上るとするなどの1次集計を発表する。／／15時00分現在、空間放射線量は福島市で2.56μSv／時、郡山市で2.26μSv、飯舘村で6.92μSvである。／／この日、「東日本大震災」の死者は1万1828人で、行方不明者は1万8143人となる。全国避難者総数は16万5805人である。／／日本赤十字社と中央共同募金会に寄せられた義捐金が870億円となる。
2011. 4. 3	午前7時00分現在、空間放射線量は福島市で2.48μSv／時（11時では2.56μSv）、郡山市で2.28μSv（同、2.17μSv）、飯舘村で6.30mmSv（同、6.80μSv）である（県と文科省の発表）。／／9時00分、第一原発2号機のタービン建屋の水は10万倍の汚染水で、昨日からのトレンチと海との間の取水口への流水が止まらないので、東電はコンクリートに換えて高分子ポリマー（水を吸収して自らは膨らむ物質、ケーブルと管の間に流し込む）で固めると発表する。／／11時32分、第一原発で地震直後から行方不明になっていた社員2人の遺体が発見される（東電発表）。／／午後、2号機の漏水はポリマーに大鋸屑、新聞紙を加えて罅割れに投入しても汚染水は7トン／時の大量（排水管は直径10cmの管の集合）で水勢が強いため止まらない。1〜3号機については外部電源に切り替えができ、先は長いが冷却が可能となる。また残留熱除去計の復活も目指せる可能性が出てくる。／／16時00分、この時間までに77人の遺体が見つかるが、依然として行方不明者は1万5000人以上で、自衛隊など2万5000人以上が海底捜索を行うが泥とゴミで難航する。／／この日、「東日本大震災」の死者は1万2020人で、行方不明者は1万8079人となる。全国避難者総数は16万3595人である。／／SPEEDIは震災直後の放射能数値の計測を実施した際に、飯舘村方面では3月15日には24時間に渡りヨウ素131が450兆Bq／時放出されるだろうという推定データをコンピュータシミュレーションで出すが、国と原子力安全委員会は場所と時間が特定されていないとして見送っていたことが分かる。その後、実際に飯舘

暦　年	事　　　　項
	村では高濃度の放射能を検出する（3月23日の項を参照）。／／この日、酪農家の長谷川健一（60歳）は飯舘村長泥地区の酪農家の田中一正（43歳）を訪問し、田中から長泥の雨樋の下で数日前に放射線量が1100 μSv／時に達したことを聞く。（朝日：20140519）／／政府が子供の甲状腺被曝はなしと発表し、これで国による2011年4月3日以降の追加調査はなくなる。理由は地域への差別の配慮や、調査のための機械が重く移動困難などを挙げる。これによりヨウ素131の調査は立ち消える。／／南相馬市小高地区の住人が撮った映像を公開する。避難地区なので住宅地、田圃が海水湖になったままで、不明者も捜せず遺体はそのままの状態といった3月11日のままの惨状が残っている。／／大熊町（東北電力の株を250株持つ）は役場ごと会津若松市へ移転し、本日2200人は市の旅館やホテルへ移る。富岡町は住民の3分の2に相当する1万人の避難場所が不明で、埼玉県杉戸町に避難連絡所を置いて情報を収集中である。／／いわき市の露地栽培のシイタケから放射性物質ヨウ素3100Bq（基準の1.55倍）、セシウム890Bq（同1.78倍）を検出し出荷停止を検討する。／／枝野幸男官房長官は福島第一原発周辺の避難、屋内退避区域見直しの方針を明らかにする。／／孫正義ソフトバンク社長、田原総一朗らがユーストリーム（インターネット放送）で話し合い、孫は「命のリスクをさらしてまで原発はいらない」と語る。（北海道新聞：20110408）
2011. 4. 4	15時00分、東電が「汚染水を海に放出する」と保安院に通告する。19時03分、集中廃棄物処理施設の低レベル汚染水6.3Bq（法令基準値の100倍）1万1500トンを海へ流すことに決定し放出する（10日夕方まで続く）。また21時00分、同じく、5、6号機の地下水を溜めるサブドレンピットの汚染水1500トンも海へ流すことに決定する。これらの放射能量は1年間では0.6 mmSvだから問題ないという。／／20時00分現在、空間放射線量は福島市で2.21 μSv／時、郡山市で2.21 μSv、飯舘村で6.00 μSvである。なお飯舘村では浄水場のヨウ素が42.7Bq／kg（3日採取分）だったが乳児への摂取制限を継続する。／／この日、今中哲二京都大原子炉実験所の調査チームが飯舘村での調査活動をネット上に公開、3月15日から90日間の積算被曝量は長泥曲田で95mmSv、村役場で30mmSvと予測する（国が検討の避難基準は20mmSv／年）である。同日、糸長浩司日大教授が代表の飯舘村後方支援チームは、高線量地区の住民を村内外に避難させるよう村に提案する。（朝日：20140519）／／この日、2号機からとみられる汚染水の海への流出が依然として止まらず、12kgの水に新たに白い粉末を混ぜて水流経路を調査する。また2号機近くの海に面した取水口にシルトフェンスを張ることを検討する。3号機でも復水器から更に復水貯蔵タンクへ汚染水を移す作業を開始する。1、2号機は完了する。／／同、第一原発から30km圏外の浪江町では11日間の放射線量が10.3mmSv／時で、屋内退避目安の10 mmSvを超えている。／／同、北茨城市平潟漁協は市の沖産のコウナゴから4080Bq／kgの放射性ヨウ素を初検出し、同魚で放射性セシウムも447Bqを検出する。福島県内全漁協が漁を中止する。13日には福島沖産のコウナゴ

暦　年	事　　項
	からも初検出する。(朝日：20130217）／／同、栃木県が第一原発30km圏内の福島県の乳牛、肉牛を受け入れると発表する。／／同、「東日本大震災」の死者は1万2175人で、行方不明者は1万5489人（但し、岩手県山田町、宮城県南三陸町は含まない）となる。全国避難者総数は16万6291人である。新幹線の「那須塩原～福島」間の開通は4月12日と発表される。
2011. 4. 5	12時00分現在、空間放射線量は福島市で2.05μSv／時、郡山市で2.05μSv、飯舘村で6.38μSvである。またこの日、飯舘村の土壌検査がありヨウ素131は15万8000Bq／kg、セシウム134は5万4700Bq、セシウム137は5万8500Bqであった。／／午後、「東日本大震災」の死者は1万2321人で、行方不明者は1万7861人（但し、山田町、東松島市、山元町、南三陸町、仙台市の5市町は含まれず）となる。全国避難者総数は16万3712人である。なお16時00分現在、警視庁は行方不明者1万5232人と発表するが、政府の発表とは差がありそれ以上の被害の可能性がある。／／この日、2号機では汚染水漏洩の地下の石の層（ピットの直前）に水ガラスと硬化剤とを混ぜたものを注入する。汚染水量は第1～3号機では各2万トンで計6万トンである。2号機では海に面したピットからの2万トンの、法令濃度の限界の750万倍（ヨウ素131は30万Bq／㎠）の汚染水が、海洋へ流出していて止めることができず垂れ流し状態である。／／同、政府は魚の安全な基準値「魚介類2000Bq／kg」を出す〔比較：水、牛乳は300Bq（乳児は100Bq)、野菜類は2000Bq〕。海に流出した放射能は沿岸では影響が大きく、1年間で黒潮に乗り2000kmは動くので回遊魚など他所でも少ないとはいえ何らかの影響は出る。ヨウ素131は1～10倍に、セシウム137は5～10倍に薄まっているが、大きな魚はプランクトンや小魚を食べるので、放射能物質を直接に摂取していなくてもそれらが溜まる可能性がある。漁業者は漁を自主規制ともいっている。政府は半減期が18年で骨に蓄積して被曝が長引くストロンチウム90の値はまだ発表していない。／／同、政府は被災者に当座1200億円の醵出の検討をする。東電は差し当たり一時金としての見舞金を10の市町村（一カ所に2000万円）に出すことに決める。漁業補償では取り敢えず50万～100万と決まる。浪江町はこれを拒む。なお福島大学共生システム理工学類の山口先生の路上調査では浪江は69.1μSvである。／／浪江町が避難者を二本松市、福島市の旅館などへ移動させる2次避難を開始する。／／相馬市の津波の高さは8.9mで過去最大だったことが分かる（福島地方気象台)。／／同、いわき市の物流会社（本社：東京）の配送センターが休業で契約社員約60人を解雇する。／／同、東日本大震災で出来た災害廃棄物は宮城、岩手、福島で約2500万トン（阪神大震災の1.7倍、処理費は3400億円）だったことが分かる。
2011. 4. 6	午前5時38分、ピットの汚染水の海への流出が止まる。しかし、まだピットには5万トンの汚染水が溜まっている。また1～3号機にはまだ500トンの汚染水があり一部は海へ漏れ出している。1号機の水素爆発

暦　年	事　　　項
	（濃い水素 4%と酸素 5%とで爆発する。燃料棒を覆うジルコニュームも蒸気が当たると水素を発生する）を予め避けるために、即ち、原子炉格納容器を護るためにチッソ 6000m^3 を 6 日間、今晩より注入する予定である。1 号機では 1000mmSv の高濃度の放射能を出していて作業が困難である。／／7 時 00 分現在、空間放射線量は福島市で 2.29 μSv／時、郡山市で 2.09 μSv、飯舘村で 6.08 μSv である。／／21 時 00 分現在、「東日本大震災」による福島県での死者は 1158 人で、相馬市 384 人、南相馬市 378 人、いわき市 285 人、新地町 86 人とされる。同大震災による死者は全体で 1 万 2494 人、行方不明者は 1 万 7722 人、全国避難者総数は 16 万 0989 人である。なお全体で、地震、津波、原発で県外に出て他の都道府県に転校した児童、生徒は約 7000（6981）人である。／／22 時 30 分、1 号機格納容器の水素爆発を防ぐために窒素ガスを注入する。／／第一原発から 20km 圏内は退避指令区域で、嘗て 7～8 万人が居住していたが、津波で県の不明者 3900 人の殆どがこの地で出る。まだ 80 人が住み続けるが、この日、この区域内の、アスファルトが剥がされテトラが流されている惨状である原町区小沢南部を、県警と警視庁機動隊員 240 人が本格的に捜索し 3 人の遺体を収容する。／／この日、同 20～30km 圏内（屋内退避区域）で一時的に自主避難した住人の 80%が自宅に帰るが、対応が遅れている政府はこの区域の住民に蓄積放射能が多いので避難指示を検討中である。／／同、県内土壌（乾土）の放射性セシウム（Bq／kg）の測定結果は飯舘村（長泥）11 万 5031、大玉村（大山）7081、川俣町（山木屋）5960、本宮（長屋）4984、二本松市（幸町）3986、郡山市（日和田）3685、福島市（浅川）2653、須賀川市（矢沢）2203 と分かる（県発表）。／／同、全漁連は東電に対して、汚染水の海への放流につき何の説明もなく無視し、漁業壊滅になると強く抗議する。福島県に次ぎ茨城県（漁獲高全国第 5 位）も危機である。／／同、東電は原子炉圧力容器内の燃料の損失を 1 号機で 70%、2 号機で 30%、3 号機で 25%（3 号機は昨秋より一部で燃料として、プルトニウムとウランとの MOX 混合酸化物を使用）と発表、また格納容器内の放射線量は 1 号機で 31.1mmSv／時、2 号機で 31.3mmSv、3 号機で 19.8mmSv と発表する。／／同、M9 の震源の真上の宮城県沖の海底が東南東に 24m 動いていることが分かる。／／同、阪神淡路大震災では避難所で亡くなった 900 人のうち 4 分の 1 が肺炎で死去したため、福島県内では各避難所で口内衛生を指導する。全国で小、中学生 2400 人が震災で転校手続きをする。本日時点で高校生（110 人）、専門学校生・大学生（計 63 人）らの震災による内定取り消しが 173 人となる（東京都 71 人、岩手県 47 人、宮城県 20 人、福島県 8 人）。／／同、飯舘村長泥（20 μSv／時前後の中で約 200 人が暮らしている）では 3 区合同で「計画的避難区域」指定につき説明会がある。この会で山下俊一長崎大教授は「原発事故の放射線の健康に対してのリスク」と題して講演、長泥の住民の鴫原新一はこれを聞いて「避難しなきゃダメだなんていうことは、全然思わなくなっちゃった」という。（もどれない故郷 ながどろ：長泥記録誌編集委員会、20160305）なおこの時点

暦　年	事　　項
	で飯舘村全域では乳幼児は約100人、妊婦約10人が残っていたが、高村はこの講演で「お子さんと若いお母さんは、少し長泥地区を離れてみた方がいいかもしれません」というような趣旨の話をする。（朝日：20140519）／／国連放射線影響科学委員会（ウィーンが事務局）は福島第一原発事故の規模を「チェルノブイリほど大規模ではないが、スリーマイルよりは極めて深刻だ」として、旧ソ連チェルノブイリ原発事故（1986年、レベル7）とスリーマイルアイランド原発事故（1979年、レベル5）との中間に当たる見解を示す。／／「きずな」は世界共通語となっている。
2011. 4. 7	午前1時30分、1号機で燃料棒露出で水素が発生し続けているため窒素の注入を開始する。／／7時30分、集中環境施設などから海への放水量が計約7300トンになる。／／この日の12時00分までに、M5以上の余震が394回起きる。これは1994年の北海道東方沖地震（M8.2）の3.5倍である（気象庁地震予知情報課）。／／夕方、早朝に窒素の注入をした1号機の気圧が1.65となり治まる。今後第2、3号機にも取り掛かる。／／19時00分現在、空間放射線量は福島市で2.10μSv／時、郡山市で2.20μSv、飯舘村で5.94μSvである。／／23時32分、宮城県沖を震源地とする、3月11日以来の大きさの、M7.4（震度6強、深さは40km）の地震が起きる。今回は沈み込んでいく海側のプレート内部で起き、福島市は震度5強である。この地震で山形、宮城（3人）で計4人が死亡する。／／この日、第一原発では核燃料（水を水素と酸素に分解する）棒を冷やすために1日500トンの水を供給し続ける。／／同、鋼鉄製人工島メガフロート（長さ136m、幅46m、1万8000トン入る）が汚染水を入れても大丈夫となる改修をするため横浜港へ入る。／／2011年3月25日の汚染水漏出事故で、同じ場所で再び水の跡が見つかる。3月25日以降、汚染水の漏れを止め切れていなかったわけで、「搬入口を出て、大きい道路のあたりまでずうっと流れた跡になっている」「側溝に落ちた跡がある」という報告がある。この時の線量は50mmSv／時である。（朝日：20130124）／／同、福島～岩沼、福島～郡山間の在来線が復旧する。／／同、「東日本大震災」による死者は全体で1万2608人、行方不明者は1万7363人、全国避難者総数は15万7785人である。
2011. 4. 8	0時00分、第一原発1号機で原子炉内の温度が、昨日の地震の影響で223度から260度に上昇する。東北電力下の東通原発（青森県東通村）、女川原発（石巻市）では一時的に冷却機能（使用済み燃料プール）を26分から1時間21分間喪失し、少量（最大3.8ℓ）の水漏れも確認している。／／12時00分現在、空間放射線量は福島市で1.99μSv／時、郡山市で1.94μSv、飯舘村で5.94μSv、浪江で246（赤宇木）～146μSv（下津島）である。／／この日までの第一原発の現状は、1号機では原子炉内燃料棒の損傷率70％、同内圧力容器の温度、圧力は高め、同内格納容器に窒素ガスを注入中、プール内使用済み燃料棒に真水を注水、放水中（損傷は不明、292体存在）、タービン建屋の汚染水の排水を準備中などで

暦　年	事　　項
	ある。2号機では原子炉内燃料棒の損傷率30%、同内圧力容器の温度、圧力は高め、同内格納容器に窒素ガスの注入を予定、容器は損傷、プール内使用済み燃料棒に真水を注水、放水中（損傷は不明、587体存在）、タービン建屋の汚染水の排水を準備中などである。3号機では原子炉内燃料棒の損傷率25%、同内圧力容器の温度、圧力は高め、同内格納容器に窒素ガスの注入を予定、プール内使用済み燃料棒に真水を注水、放水中、燃料棒は損傷（514体存在）、タービン建屋の汚染水の排水を準備中などである。4号機では原子炉内燃料棒なし、同内圧力容器の温度、圧力は平常、同内格納容器も平常、プール内使用済み燃料棒に真水を注水、放水中、燃料棒は損傷（1331体存在）、タービン建屋の汚染水の排水を検討中などである。／／この日、第一原発内での作業員は1000人を超す。東電で290人、東芝の復旧全般で190人、日立製作所の外部電源設置で180人、鹿島の配管設置、坑道の排水処理で150人、大成建設で130人などである。／／この日までの「東日本大震災」による死者は全体で1万2750人（福島県は1179人）、行方不明者は1万7022人、全国避難者総数は15万4436人である。南相馬市（10〜20km圏内）沿岸部で5遺体を発見し収容する。／／宮城県牡鹿半島沖200kmの海底では、南東に55mのズレがあり、それが幅55km、長さ160kmの陸側の岩盤プレートに亘っている最大の地殻変動であることが分かる（東大地震研）。／／1300億円の義援金の配分が決まり、死亡者や家屋全壊に35万円、半壊に18万円などとなる。また宮城、岩手、福島3県で両親を亡くした子供は68人で、里親委託を考える予定である。／／福島県内で放置犬52匹を保護、200匹を受け入れる施設を作る予定である。
2011. 4. 9	18時52分、6号機地下の低濃度汚染水の海洋放出が終了する。／／この3日間、第一原発2号機近くのトレンチで水位が10cm上がる。また復水器は今日で空になったので、ここにトレンチの放射能汚染水を送る作業に入る。／／2号貯水槽（汚染水量は約1万3200トン）から水を約6200トン移送済みの1号貯水槽から水漏れが見つかり、その水から放射性物質1万Bq／m^3が検出される。東電は1号貯水槽の水約6200トンと、移送予定だった2号貯水槽の水約3000トンとをタンクに移す検討を始める。2号貯水槽に残る水約4000トンは予定通り6号貯水槽に移す。なお敷地内にある7カ所の貯水槽はいずれも前田建設工業（東京）の施行で、1号貯水槽の水漏れは、2、3号貯水槽に続き3カ所目である（東電発表）。／／この日、空間放射線量は福島市で1.00 μSv／時、郡山市で1.00 μSv、飯舘村で6.00 μSvである。／／同、「東日本大震災」による死者は全体で約1万人、行方不明者は1万0007人、全国避難者総数は約15万人である。／／福島県内の葉タバコの栽培は全面的に禁止となる。／／本日は「反核燃の日」である。
2011. 4. 10	午前11時10分、作業員が体調不良で搬送され、過労と診断される。／／作業員の甲状腺被曝を防ぐヨウ素剤の服用基準（2011年3月23日の項を参照）につき、東電は一転して、「原子力安全委員会の助言として連続

暦　年	事　　項
	14日までなら服用できる」という方針を示す。（朝日：20130124）／／「緊急大特集：3.11と日本の運命」が掲載される。（「中央公論」5月号：20110410）／／原発事故後初の「アサツユ」第235号（脱原発福島ネットワーク・アサツユ編集委員会）が発行される。
2011. 4. 11	大震災から1カ月、この日は余震があり、福島市で震度4、いわき市では震度6弱で内陸の浅い所では余震が続く。第一原発では17時16分頃、1〜3号機で一時、外部電源が遮断し約50分間、原子炉冷却の水が一時止まり、2号機の汚染水の排水も中止となる。／／福島市の県立医科大学の屋外洋弓場の雨樋の下で30μSv／時を計測する。（朝日：20140522）／／政府は「計画的避難区域」の設定目安を「年間積算線量が20mmSv／年に達する恐れのある地域」と定める。これを根拠に文科省は、学校生活での屋外放射線量を3.8μSv／時以上とする。／／政府は飯舘村（第一原発から北西約30〜50km）の全域を避難区域に指定し、1カ月を目処に村民約6000人に避難を求めることにする。／／国の原発事故の負担（東電支援）が決まる。根拠は原賠法第3条で、東電は原発事故から免責され破綻はなくなる。／／東電の清水正孝社長が震災後初めて福島市に来るが、避難所には行かない。
2011. 4. 12	午前11時00分、原子力安全・保安院は、東電福島第一原発事故の深刻度を国際評価尺度（INES）で最悪の「レベル7」と発表する。チェルノブイリ事故に匹敵するという評価となる。／／飯舘村の大久保文雄（102歳）が政府の避難指示を苦にして、計画的避難区域の勧告を受けた翌日の12日（本日）に自宅で縊死する。
2011. 4. 13	いわき市のコウナゴからセシウム134と137との合算で1万2500Bq／kgの高線量が出る。福島県水産試験場がいわき市のコウナゴを検体にして千葉市の日本分析センターで検査する（県発表）。／／東日本大震災「復興構想会議」が初会合を開く。
2011. 4. 14	政府の要請で日本全体の原発が全面停止となる。／／富岡町が郡山市に町役場郡山出張所を開設する。
2011. 4. 15	政府の経済被害対応本部が初会合を開き、原発事故で避難や屋内退避の住民に東電が賠償金の仮払いを実施することを正式決定する。／／福島市の「JA新ふくしま」の吾妻雄二組合長（66歳）は内幸町の東電本店で清水正孝社長（69歳）に面会し、農協側の「万全な補償と速やかな支払い」の要望書を渡し説明をする。説明が終わると清水は要望書を半分に折って職員に渡す。吾妻は怒りの声を発するが清水は後を向いてエレベーターに消える。（朝日：20130930）
2011. 4. 17	空本誠喜民主党衆議院議員（官邸とのパイプ役で影の助言チーム）と小佐古敏荘内閣官房参与（東大教授）とは、SPEEDIが活用されずに被曝した住民を心配して福島県に入り、福島市など13カ所で空間放射線量を計測したり、汚染状況（土壌、草、水道水など）調査のためのサンプルも採取する。原発作業員の被曝状況などの確認のためJヴィレッジ（楢葉、広野）にも行く。二人は緊急時の原発作業員の被曝上限引き上げの

暦　年	事　　項
	できなかった官邸の政策は「場当たり的」だという不信感を抱いている。2011年3月16日付けの小佐古メモには作業員の緊急時被曝限度を500mmSv／年に引き上げるように提言している。／／勝俣恒久東電会長が第一原発の原子炉安定までに6〜9カ月かかるとの工程表を発表する。この事故で原子炉が安定ということはない。
2011. 4. 18	いわき市のコウナゴからセシウム134と137との合算で1万4400Bq／kgの高線量が検出される。今回は3回目の検査で、5日前の4月13日の2回目の検査より上がっている。
2011. 4. 19	文科省が福島県内の小学校の校庭利用につき、事故収束後の復旧に用いている上限値の20mmSv／年を採用し（この値は年間積算放射線量の安全基準値）、「3.8μSv／時（換算値）未満の学校は平常利用して差し支えない」と公表し県教委などに通知する。それ以上の測定があった学校の校庭利用は1日1時間程度に制限される。3.8μSvとは「1年間毎日8時間校庭に立ち、残り16時間は同じ校庭の木造家屋で過ごす」という仮説より割り出す。20mmSvは一般人にも高すぎる数値で、ましてや学校の基準として大いに問題がある。ICRFの勧告では20mmSv／年は緊急時被曝状況の最低値（20〜100mmSv／年）だったので、20mmSv／年までの被曝なら問題にならない数値という誤解を与える。逆に空本誠喜衆議院議員と小佐古敏荘内閣官房参与とは、子供の場合10mmSv以下をとるべきで、大人の2、3倍も高い子供の感受性を考慮すれば5mmSv（徐々に1mmSvにする）が適切と判断（当時の菅直人首相も同様で反論）する。しかし、内閣府原子力安全委員会は政府から助言を求められたわずか2時間後に20mmSvを妥当と判断する。空本と小佐古はこれ以上提言しても無駄と、官邸への不信を募らせる。
2011. 4. 21	飯舘中学校体育館で山下俊一長崎大学教授が講演、長泥の住民の鴫原三枝子は放射能被曝は「大丈夫です」、「むしろ危ないのは、煙草吸ってて肺ガンになる」とか、「いちばん最初に避難させンのは、妊婦さんとちっちゃい子どもさん」などということを聞いたと発言する。（もどれない故郷 ながどろ：前出、20160305）
2011. 4. 22	政府は第一原発から半径20km圏内（南相馬市小高区、葛尾村など）を「警戒区域」に指定し立入禁止とする。ただ汚染実態を考慮し、飯舘村など5市町村は半径20km圏外にもある「計画的避難区域」に指定する。これは遅すぎた立ち入り禁止の設定である。3月15日の文科省測定や、3月18日の米モニタリング提供より1カ月以上遅れている。放射線管理が専門の柴田徳思東大名誉教授は「致命的な判断ミスだ。すぐに公表していれば、避難する方向を誤って被曝するという事態を防げたはず」と話す。（朝日：20120618）また半径20〜30km圏内で計画的避難区域に入らない地域の大部分を「緊急時避難準備区域」に指定する。飯舘村と川俣町山木屋地区は全域が「計画的避難区域」指定、浪江町は全域が「警戒区域」と「計画的避難区域」の指定、富岡町は全域が「警戒区域」指定である。／／原発20km圏内立ち入り禁止で「馬、豚、牛はど

暦　年	事　　項
	うすんだ」という畜産農家の苦情が相次ぐ。／／原発事故発生後、初めて清水正孝東電社長が佐藤雄平福島県知事に面会し原発事故を謝罪する。知事は原発運転再開を認めない姿勢を明らかにする。また清水社長は、双葉町民が集団避難している埼玉県加須市で井戸川町長に面会（21時40分頃）、町民には会わず約10分で引き揚げる。
2011. 4. 23	東電はフランスで保管中の核分裂性プルトニウム434kg（1万7000世帯の1年分の電力が賄える量）を、ドイツの電力会社がイギリスで保管している同量のプルトニウムと交換する（東電発表）。東電は福島第一原発3号機の廃炉でフランスで保管中のプルトニウムの使用が当面なくなったので、フランスでの加工を希望していたドイツ側の希望に応じたものである。（民報：20130424）
2011. 4. 24	放射線測定ボランティア「セーフキャスト」が線量計で郡山の幼稚園や小学校の線量を測定（計4587地点）すると、高い所で2μSv／時ある。（朝日：20150201）
2011. 4. 25	午前6時02分、東北新幹線の仙台—福島間で運転が再開される。／／10時20分頃、第一原発の半径20km圏の警戒区域内で瀕死の家畜を殺処分するため、県職員が南相馬市の保健衛生所を出発する。／／郡山市が市立の15小中学校と13保育所で校庭の表土を削る工事をすると発表する。／／川村湊「福島原発—安全神話を騙った人々」（現代書館）刊行。
2011. 4. 26	いわき市のコウナゴからセシウム134と137との合算で3200Bq／kgの高線量が検出される。これは4回目の調査である（県発表）。／／福島県、茨城県などから約400人の農民などが東電本社前に抗議に駆けつけ、車に乗せられた牛や、出荷できないホウレンソウ、横断幕などが陣取る。（朝日：20160129）／／「アヒンサー（参考資料）死にいたる虚構—国家による低線量放射線の隠蔽—」（PKO法「雑則」を広める会）刊行。「週刊 金曜日」を「臨時増刊 原発震災」（金曜日）として刊行。
2011. 4. 27	東電女性社員の1人が17.55mmSv（女性の3カ月限度は5mmSv）の被曝、5月1日にももう1人が限度を超過の被曝。放射線業務従事者でない4人の女性も推計だが限度を超した怖れがあるという（東電発表）。／／「除染」という言葉がまだ未使用だったこの時期に、郡山市は独自の判断で市立薫小学校の校庭の表土除去を実施、文科省は「必要ない」と不快感を示す。（朝日：20130402）
2011. 4. 28	14時36分、全日本仏教会加盟の全国寺院がこの日一斉に鐘を突き犠牲者を慰霊する。／／厚労相が放射線業務従事者の被曝限度を拡大し、他原発から福島第一原発への応援者に限り、50mmSv超過の後も元の原発に戻って働けることにする。5年間で100mmSvの規制は維持する。／／原子力損害賠償紛争審査会が、損害賠償の範囲の対象を農水産物の出荷制限も含むと認定する。／／佐藤優「3.11クライシス」（マガジンハウス）刊行。
2011. 4. 29	午前6時40分、東北新幹線の東京—新青森間が全線で運転再開となる。

暦　年	事　　項
	／／小佐古敏荘内閣官房参与は衆議院第一議員会館での辞意表明記者会見で、校庭の利用基準（20mmSv）につき、「この数値を、乳児・幼児・小学生にまで求めることは、学問上の見地からのみならず、私のヒューマニズムからしても受け入れがたいものです。参与というかたちで政府の一貫として容認しながら走っていったと取られたら私は学者として終わりです。それ以前に自分の子どもにそういう目に遭わせるかといったら絶対嫌です」と発言、「場当たり的対応」と政府を批判し参与を辞任する。
2011. 4. 30	15 時 00 分、東電幹部は飯舘村を訪問し住民説明会を開き謝罪する。／／第一原発に仮設防潮堤を設置し汚染水のある立て杭をコンクリートで埋めるという（政府と東電事故対策統合本部の発表）。／／200mmSv を超す被曝労働者が 2 人出る。1 人は 240.8mmSv であった（東電発表）。／／武田邦彦「原発事故 残留汚染の危険性 われわれの健康は守られるのか」（朝日新聞出版）刊行。
2011. 4	4 月より福島県は魚介類の放射能検査を始める。検査は毎週約 200 検体、186 種類（県沖の漁獲対象は約 100 種類）を調べる。殆どの魚介類で 1 万 Bq を超え極めて深刻な状況である。／／この月、海洋に流出した汚染水はセシウム 134、同 137 ともに 18 億 Bq である（東電発表）。／／同、大津波で全 75 戸の殆どが全壊し、住民の約 2 割が亡くなった南相馬市村上地区（第一原発から 16km、住民の 3 分の 2 は原発で働く）で遺体捜索が始まる。／／この月上旬、宮城県丸森町筆甫《ひっぽ》の川平《かわだいら》地区（第一原発より約 50km 北の県境）で空間線量 1.7 μSv／時を検出する。（朝日：20140610）
2011. 5. 1	11 時 00 分、第一原発事故で新たに女性 1 人が基準値を超える被曝をしていたことが分かる（東電発表）。／／郡山市の県中浄化センターで処理した下水道汚泥から高濃度の放射性物質を検出する（県発表）。瀬戸孝則福島市長らが高木文科相に学校の校庭の土の除去や空調設備の整備を要望する。／／「科学」5 月号（岩波書店）が「二〇一一大地震」を「シリーズ企画」し、論文「マグニチュード 9.0 の衝撃」（平田直）などを掲載する。
2011. 5. 3	10 時 45 分頃、寺坂信昭経産省原子力安全・保安院長が福島県を訪れ、佐藤雄平知事に謝罪する。
2011. 5. 5	山下俊一が喜多方市の喜多方プラザ文化センターで講演、一部の出席者から「地獄に落ちろ」「帰れ」と罵声が飛ぶ。山下には 5 月を最後に講演依頼がなくなる。
2011. 5. 8	文科省が福島市の幼稚園の庭で表土と下層の土とを入れ替える置換工法を実地検証する。放射線量が 10 分の 1 に下がる効果があったと報告される。
2011. 5. 10	12 時 00 分頃、第一原発から半径 20km の警戒区域内への一時帰宅が早くも始められ、第一陣は川内村である。92 人の村民が 2 時間自宅に滞在し、貴重品などを持ち出す。／／若松丈太郎「福島原発難民―南相馬

暦　年	事　項
	市・一詩人の警告 1971〜2011 ―」(コールサック社) 刊行。明石昇一郎「原発崩壊 想定されていた福島原発事故」増補版 (金曜日) 刊行。初版は 2007 年 11 月 8 日刊行。
2011. 5. 11	飯舘村と川俣町山木屋とで計画的集団避難が開始される。//天皇、皇后両陛下が被災者、避難住民激励のために福島県入りをする。
2011. 5. 12	9 時 00 分頃、第一原発 1 号機で長さ 4m の燃料のうち 3m 以上が水に漬からず露出していると分かる (東電発表)。//12 時 30 分頃、葛尾村の一時帰宅する住民が警戒区域内に入る。//16 時 05 分、政府は第一原発から半径 20km 圏に設定された警戒区域に生存の家畜の殺処分 (安楽死) 方針を決定、県知事に指示する (原子力災害対策特別措置法に基づく)。但し法的強制力はなく家畜の所有者の同意が必要である。その後、筋弛緩剤で牛約 1700 頭、豚約 3300 頭などが安楽死させられた。//葛尾村でも放射能検査をしないで、10 人が飼っていた計 55 頭の牛が一律に殺処分される。(朝日・県内版：20170816)
2011. 5. 13	「ふくしま健康調査検討委員会準備会」(第一回秘密会) が開催される。(県民健康管理調査の闇：日野行介、岩波新書、20130920)
2011. 5. 14	19 時 00 分、積算放射線量が 20mmSv/年を上回る予測が出た、伊達市霊山町石田地区の住民に、市は独自の避難支援をする方針を示す。//地階に大量の汚染水が確認され、6 日より開始した 1 号機格納容器の冠水を断念、汚染水はその後も増加し続けている。
2011. 5. 15	10 時 00 分頃、川俣町山木屋 (計画的避難区域) で住民が区域外の町営住宅などへ避難を開始する。また 13 時 15 分頃、全域が計画的避難区域となった飯舘村で第 1 陣の 64 人が避難を開始する。//炉心溶融の疑いに対し、核燃料の損傷状態である「炉心損傷」とか、「定義が定まっていない」などと説明を繰り返してきた東電が、1 号機の炉心溶融 (メルトダウン) を認める。
2011. 5. 17	東電は事故の収束に向けた見直しの工程表を発表、「冠水」による冷却を事実上断念する。//福島県 JA グループが 3〜4 月分の農業被害の一部として東電に約 4 億 5000 万円の賠償請求を決定する。
2011. 5. 19	新潟県が「技術委員会」と呼ばれる有識者会議で独自に福島第一原発事故の原因究明を開始する。
2011. 5. 20	11 時 30 分頃、東日本大震災復旧・復興本部を設置する (福島県発表)。福島市堀河町の汚泥で放射性物質から 44 万 Bq/kg を検出、この放射線量は 3.09 μSv/時である。//1〜4 号機の廃炉、7、8 号機の増設計画中止を決める。また 2011 年 3 月期連結決算で純損益 1 兆 2473 億円の赤字を計上したとする。さらに清水社長が引責辞任し、西沢俊夫常務が昇格する人事を明らかにする (以上、東電発表)。
2011. 5. 21	9 時 00 分、第一原発敷地内で放射線量が 1000mmSv/時の瓦礫が見つかる (東電発表)。11 時 00 分、3 号機から海洋に放出された放射性物質の総量は 20 テラ Bq と分かる (東電発表)。

暦　年	事　　項
2011.5.22	今回、第一原発3号機から海へ放出した汚染水の濃度は20兆Bqで、今年中に放出の汚染水は20万㌧になる。//被災地以外の地で震災倒産が100件を超す。
2011.5.23	13時30分頃、埼玉県三郷市に避難の広野町民が2次避難のいわき市に避難を開始する。//汚染水が2号機では2万5000㌧で直径10cmの穴があり、3号機では2万2000㌧での汚染水が計4万7000tとなり、あと3、4日で満杯の危機を迎えている。
2011.5.24	東電が2、3号機のメルトダウンを認める。
2011.5.25	燃料棒の溶けた量はスリーマイル島で62㌧、チェルノブイリで194㌧で、福島第一原発では257㌧と推定される。//1号機に直径7cmの穴が見つかる。//福島の県内外への避難者は10万人となる。
2011.5.26	3月12日時点での冷却海水注入問題で、東電は19時25分からの1号機への海水注水の停止は、吉田吉郎所長の判断で継続したと説明、政府は何故こんな重要問題を東電に任せたのかという批判の声が国会内外で上がる。
2011.5.27	文科省が子どもの被曝量限度を20mmSv/年から1mmSvに下げる。また県内の幼稚園、小中学校などの校庭で1μSv/時の放射線量が測定されれば国が表土除染の工事費用を補助すると発表する。//東電が3月11日〜15日までの、原発地域境界での非公開の放射線データがあると発表する。//福島県の「県民健康管理調査」の第一回検討委員会が始まる。
2011.5.28	警戒区域内の浪江町で、27日より行方不明だった男性(62歳)が自営のスーパー近くの倉庫で縊死体(自殺)で見つかる。男性は浪江町中心部の商店街で(約50年前に父が始めこの男性が受け継ぐ)、日の出前に仕入れ夜遅くまで仕事をしてスーパーを営んでいたが、27日に妻と一時帰宅、「避難先に戻りたくない」と話していた矢先に姿を消す。男性は3月11日には避難をせず店に残り、翌12日に原発の爆発音を聞いて白長靴を履いたまま逃げ、その後は県内避難先を転々とし、今は借り上げ住宅で家族と暮らしていた。家族に「避難生活が嫌いだ」と漏らしていたという。(朝日:20120530)
2011.5.30	11時30分、飯舘村で3月23日〜5月29日までに観測した積算放射線量が20mmSvを超えると分かる(文科省発表)。//12時00分、原発事故の作業に当たった男性社員2人が被曝線量限度の250mmSvを超えた恐れがあると分かる(東電発表)。//広瀬隆「福島原発メルトダウン」(朝日新聞出版)、小出裕章「汚染放射能の現実を超えて」(河出書房新社)、堀江邦夫「原発ジプシー—被曝下請け労働者の記録—」増補改訂版(現代書館、1979年初版)など刊行。
2011.5.31	8時30分頃、飯舘村に人口の約2割に相当する1427人が残っていることが分かる(飯舘村発表)。//14時00分頃、4号機附近でボンベが爆発する。//この日現在、総合計10万5100㌧で71万テラBqとされる高

暦　年	事　　項
	濃度汚染水の発生状況は、1号機で1万6200トンで5400テラBq、2号機で2万4600トンで43万テラBq、3号機で2万8100トンで8万4000テラBq、4号機で2万2900トンで460テラBq、集中廃棄物処理施設（2、3号機からの移送分）では1万3300トンで19万テラBqである。／／堀江邦夫「原発ジプシー」増補改訂版（現代書館）刊行。
2011. 5	この月、栃木県大田原市の那珂川のアユからセシウム460Bq／kgを検出する。（朝日：20130701）／／同、毎日新聞が「日米が共同で、モンゴルに使用済み核燃料などの貯蔵・処分場をつくる計画を立てている」というニュースをスクープ、外電で世界にも流れる。（朝日：20140211）／／「菅直人首相が海水注入を止めた」との虚偽情報が安倍晋三側のメルマガに載り、後日、菅は安倍を名誉毀損で提訴する。（東京：20130731）
2011. 6. 1	福島市近郊の吾妻山で普通の積雪からでも200Bq／kgを検出する。とくに三ノ輪山では3000Bqを検出し、上空1300mで放射性物質が拡散したことが分かる。
2011. 6. 2	福島市の梅から690Bq／kgを検出する。市内弁天山交差点では20mmSv／時を超え、弁天山では5mmSvを計測する。／／白河市の阿武隈川で山女、鮎からセシウム620Bq／kgを検出する（調査は5月27日）。南相馬市の真野川でも鮎からセシウム2900Bqを検出する。同様に、いわき市のホッキ貝から940Bq、ウニから1280Bqをそれぞれ検出する（県発表）。
2011. 6. 3	11時00分頃、第一原発1〜4号機などにある汚染水は約10トン超で、6月20日に溢れる可能性があるとされる（東電発表）。／／社員2人の内部被曝をしていた被曝線量が上限値を超えていると分かる（東電発表）。
2011. 6. 4	10時40分頃、大熊町の住民が一時帰宅で警戒区域内に入る。／／11時00分、第一原発1号機の原子炉建屋で湯気が上がり最大で4000mmSv／時を計測する（東電発表）。／／岩手、宮城、福島の瓦礫総量は2500万トンで、未処理による肺炎が起きている。
2011. 6. 5	上空で放射能が飛散した福島市蓬莱町での測定では、室内は0.14μSv／時平均、庭は1.4μSv時平均、同町公園では高い所で2.36μSvである。福島第一原発から1.7km離れた大熊町の路上でプルトニウム239、240の値が0.078Bq／kgを検出する。
2011. 6. 6	国はやっと正式に、3月11日の20時に1号機でメルトダウン、3月14日の22時50分に2号機メルトダウン、同日22時10分に3号機メルトダウンを認める。その際の放射能は77万テラ（京）Bqである。1979年の米スリーマイル島原発事故は9.1万テラBq（希ガス換算値）、1986年のチェルノブイリ原発事故では520万テラBq（チェルノブイリ、福島はヨウ素換算値）である。また原子力安全・保安委員会は1〜3号機がメルトダウンしたとする解析結果を発表する。／／福島県外避難者は3万5557人で46都道府県全てに及ぶ。主な県外避難者（カッコ内は幼小中高への転入学数で5月1日現在）は新潟県7625（1178）人、東京都4654

暦　年	事　　　項
	(1045) 人、群馬県 2657 (349) 人、埼玉県 2610 (1232) 人、栃木県 2570 (365) 人、山形県 1861 (592) 人である。また福島県内の避難者受入は、福島市 4338 人、会津若松市 3481 人、猪苗代町 3184 人、郡山市 2198 人、いわき市 1721 人、北塩原村 1394 人、二本松市 1354 人である。義捐金総額 2500 億円の使途が未だに決まらず、15 都道府県で 820 億円配分、被災者に 15%届いただけである (届いた分での義捐金支給率は岩手 48%、宮城 28%、福島 61%)。／／ドイツが 2022 年までに「脱原発」達成をすると宣言する。
2011. 6. 7	福島県内への第 2 次避難者は全部で 1 万 7741 人である (16 市町村の住人など)。
2011. 6. 8	15 時 30 分頃、第一原発 1、2 号機で停電し、中央制御室の照明や窒素供給が止まる (東電発表)。／／本日の県内の放射線量は高めで、福島市 1.36μSv／時、郡山市 1.33μSv、飯舘村 2.89μSv、山木屋 1.85μSv である。／／岩手、宮城、福島三県の失業者 (離職票、休業票受理の人) が 11 万 9776 人となる (厚生労働省発表)。
2011. 6. 9	この日の空間放射線量の最高値は、福島市で 1.42μSv／時、二本松市で 1.61μSv、郡山市で 1.35μSv、飯舘村で 2.98μSv、山木屋で 1.92μSv、浪江町赤宇木で 17.2μSv、同下津島で 9.00μSv である。南相馬市大原地区で 20μSv／時を越す放射線量見つかる。／／高線量の地域でのストロンチューム 89 の検出結果 (単位は Bq／kg、括弧内は採取日) が出る。浪江町赤宇木椚平で 1500 (5 月 6 日)、飯舘村八木沢で 1100 (3 月 26 日)、山木屋で 220 (4 月 18 日)、福島市杉妻町で 54 (4 月 27 日) である。／／伊達市では保育園児、幼稚園児、小中学生の 8000 人全員に線量計持たせることが決まる。／／6 月 3 日発表の年間積算量の測定値に誤りがあるとして、「福島市新浜町 4.9mmSv」を「同宮下町 7.5mmSv」などと訂正する (文科省発表)。／／高濃度汚染水が 10 万 5000トン以上になり、6 月 25 日にも溢れる可能性がで、汚染水濃度を 1 万分の 1 に下げる浄化装置が今日から試運転される。／／3 月 11 日の地震で第二原発第 3、4 号機の放水口近辺の海に油が $0.5m^3$ 漏れ出たことが分かる。原因は第二原発の変圧器配管の破損とされる (東電発表)。／／いわき市沖のアイナメ、ドンコ (エゾイソアイナメ) から基準値 500Bq／kg を超えるセシウムを検出する (県発表)。／／環境省は放射性物質付着の瓦礫の最終処分場建設を福島県内に検討中であり、南川秀樹事務次官は県知事にその考えを伝える。知事は県と県民は断固拒否と不快感を表す。／／計画的避難で飯舘村の全 6177 人は約 85%が避難することとなり避難先が決定する。山木屋の全 1252 人は約 90%が避難を完了する。／／この日までの「東日本大震災」による死者は全体で約 1 万 5401 人を確認 (福島県は 1594 人)、行方不明者は 1 万 0007 人 (同、377 人)、全国避難者総数は約 9 万 1523 人を確認する。本日現在の福島県での死者は南相馬市で 542 人、相馬市で 431 人、いわき市で 302 人を確認する。
2011. 6. 10	復興基本法案が衆議院を通過する。／／この日の空間放射線量は福島市で

暦　年	事　　項
	1.35 μSv／時、郡山市で 1.25 μSv、飯舘村で 2.94 μSv、浪江町赤宇木で 18.0 μSv、同下津島で 10.00 μSv である。また 6 月 3 日の伊達市の年間積算放射線量は低かったと訂正され、同日夕方で同市霊山町上小国は 20.8 μSv／時とされる（文科省発表）。また原発事故後の 3、4 号機の中央制御室にいた労働者の被曝値が訂正され、実際は基準値の 250mmSv よりも高かった。30 代男性は 678mmSv、40 代男性は 643mmSv で、その 80％は内部被曝しているという結果が報告される。／／高温、高湿度のなか全面マスクでの労働で作業員の熱中症が相次ぐため、厚労省は 7、8 月の午後は屋外作業を禁止するように指導する。／／22 時 15 分頃、相馬市の酪農家の菅野重清（54 歳）の縊死体が、南相馬市小高区（避難指示解除準備区域）の酪農場の堆肥小屋（納屋）で発見される。自宅は相馬市玉野だが原発事故で同市鹿島区の仮設住宅に、フィリピン人の妻バネッサさん（34 歳）と息子二人とで避難していた。自殺したこの男性は、2011 年 1 月頃に堆肥販売を拡大しようと 500 万円以上の借金をして小屋を建てたばかりで、原発事故により牛乳（約 40 頭の乳牛）は 1 カ月間の出荷停止、堆肥も売れず収入は途絶えた。夫の自殺後、妻は放射能が怖いので自宅から 20km 離れた伊達市の借家に引っ越をし、子供が病気がちのため働けず、夫の生命保険で約 800 万円の借金を返済し残りを取り崩して生活している。男性が遺書として堆肥小屋の壁に残した言葉は、「原発さえなければ／姉ちゃんには大変おせわになりました／長い間おせわになりました／2011 6/10 PM1：30／大工さんに保険で金を支払って下さい／ごめんなさい／原発さえなければと思います／残った酪農家は原発にまけないで／頑張て下さい／先立つ不幸を／仕事をする気力をなくしました／バネ（息子 2 人の名前）／ごめんなさい／なにもできない父親でした／仏様の両親にももうしわけございません」だった。（朝日：20130217 日）／／先月 5 月の全国での自殺者は 3281 人で（昨年 5 月の全国比では 499 人増で 17.9％の増加、同、福島県比では 38.8％の増加）、今年 4 月よりも大幅の増加である。／／この日までの「東日本大震災」による死者は全体で約 1 万 5405 人（1959 年の伊勢湾台風では 4697 人、1995 年の阪神大震災では 6434 人）、行方不明者は 8095 人、全国避難者総数は約 9 万 0109 人をそれぞれ確認する。本日現在、福島県の震災による死者は 1596 人、所在不明は 377 人とされる。／／大熊町の 1 地点で約 3000 万 Bq／m^2 のセシウムによる土壌汚染を検出する。／／津波被害による茨城県を含む沿岸 4 県の総ヘドロ量は 1600 万トン（宮城 770 万、岩手 434 万、福島 235 万、茨城 164 万）とされる。また同じく本日現在の建物崩壊の瓦礫の総量は 2392 万トンである（国立環境研究所発表）。
2011. 6. 11	東日本大震災より 3 カ月経ったこの日の空間放射線量は、福島市で 1.26 μSv／時（事故直後の最大値は 24.24 μSv）、郡山市で 1.29 μSv（同、4.05 μSv）、飯舘村で 2.84 μSv（同、44.70 μSv）である。浪江町赤宇木で 18.0 μSv、同下津島で 10.00 μSv である。また県内の積算放射線量は、福島市杉妻町で 1.383mmSv（3 月 24 日～6 月 10 日、原発より北西 62km）、飯舘村長泥で 22.40mmSv（3 月 23 日～6 月 10 日、同、北西 33km）、浪江町赤

暦　年	事　　項
	宇木で39.77 μSv（3月23日～6月10日、同、北西31km）である。／／この日までの「東日本大震災」による死者は全体で約1万5413人を、行方不明者は80697人を、全国避難者総数は約8万8361人をそれぞれ確認する。
2011. 6. 12	この日現在、日本の原発総数は全54基で35基は停止中だが、今夏は14基のみで発電する見込みである。／／福島第一原発の地下水（地下水では初めて）と近海の5カ所からストロンチウム90（半減期約29年）を検出する。海洋では基準濃度の240倍である（東電発表）。
2011. 6. 13	東電の管理杜撰で報告にまたミスが続出する。3月11日～3月末までの事故直後に、2号機取水口附近で60代男性1人が防御マスクフィルターを装着せずに作業し600mmSvの被曝をしていたことが判明、他に6人も限度を超えており、これで200mmSvの限度を超えた作業員は8人となり、497mmSvの人もいて全作業員で線量100mmSv以上の人は102人となる。対象とした原発労働者は3726人である。／／本日、2号機周辺でストロンチュウム90（別の場所で89も検出）を1600Bq／ℓ、地下水でも6300Bqをそれぞれ検出する。大熊町夫沢（第一原発から2～3km）で、4月29日～5月1日に採取の土壌から微量の放射性物質キュリウム242（半減期163日）とアメリシウム241（半減期約432年）とを検出する（文科省発表）。／／佐賀県唐津市内の松葉から、福島原発の影響による0.20Bq／kgのセシウム134と、0.25Bqのセシウム137とをそれぞれ検出する。／／この日の空間放射線量は福島市で1.36 μSv／時、郡山市で1.28 μSv、飯舘村で2.84 μSv、浪江町赤宇木で17.5 μSv、同下津島で7.20 μSvである。また福島県伊達市霊山町上小国地区以外の石田地区、石田宝司沢地区でも基準値の20mmSvを超える放射線量が国の調査で計測される。／／福島県酪農共同組合が東電へ第2次損害賠償として12億2455万円を請求する。内容は第一原発から半径20km圏内にいた22酪農家の740頭分の乳牛についての補償で、4月分の県内廃棄原乳を含む。／／この日までの「東日本大震災」による死者は全体で約1万5424人を、行方不明者は7931人を、全国避難者総数は約8万4537人をそれぞれ確認する。／／朝日新聞社の6月11日～12月までの調査によれば、原発は段階的に廃止するに賛成が74％ある。／／1986年のチェルノブイリ原発事故後に国内4カ所の原発を閉鎖していたイタリアで投票率50％超す国民投票が行われ、反原発票94.4％で原発再開凍結が決まる。首相は敗北宣言をし、これでスイス、ドイツに次ぐ凍結となる。／／本日、台湾外交部（外務省）が福島県以外の渡航を許可する。
2011. 6. 14	浪江町下津島（第一原発から西北西29km）で3月23日～6月13日間に観測した積算放射線量は20mmSvを超えていたと分かる。20km県外は3カ所目である。／／この日の空間放射線量の最高値は、福島市で1.39 μSv／時、二本松市で1.57 μSv、郡山市で1.32 μSv、飯舘村で2.86 μSv、浪江町赤宇木で16.9 μSv、同下津島で9.50 μSv、川俣町山木屋で1.85 μSv、伊達市霊山町小国地区で2.20 μSvである。また福島市の汚泥

暦　年	事　　項
	から4万7000Bq／kgのセシウムを検出する。これは検出量としては日本一である。／／7日の新成長政策実現会議で、海江田万里経済産業相が原発の「再起動に全力を挙げる」、将来も原発を主要エネルギー源とすると発言をしていたことが判明する。／／民主党内に「菅下ろし」が吹き荒れるなか、経産省が用意していた、事故の賠償費用を東電に貸し付ける原子力損害賠償支援機構法案が閣議決定する。（朝日：20141113）／／福島県の被災地での3月11日〜5月末までのATM被害は1億円となる。／／イタリアで国民投票の結果、反原発が94％となる。スイスは2034年迄に、ドイツは2022年迄に原発を廃止すると決めている。
2011. 6. 15	この日の空間放射線量の最高値は、福島市で1.38 μSv／時、二本松市で1.63 μSv、郡山市で1.31 μSv、飯舘村で2.98 μSv、浪江町赤宇木で18.2 μSv、同下津島で10.30 μSv、山木屋で1.89 μSv、小国地区で2.23 μSvである。／／有識者会議「福島県復興ビジョン検討委員会」が基本方針素案に「脱原発」を明記しその姿勢を打ち出す。福島第二原発の廃炉も入れる。／／和合亮一「詩ノ黙礼」（新潮社）刊行。
2011. 6. 16	政府は汚染汚泥は8000Bq以下はそこに住宅建設をしない条件で埋立処分をする方針を出す。また福島原発汚染水（今年分処理量は2000m^3、ドラム缶1万本分）は毎日500トン増加して危機的な状況であり、後2週間で溢れ出す見込みである。／／4号機の使用済み核燃料プールへ仮設注水設備による注水を開始する。／／いわき市沖のイシガレイ、ホッキ貝、飯舘村真野川の山女、南相馬市の同川のウグイ、福島市阿武隈川の鮎、岩魚、山女が放射能基準値のヨウ素2000Bq／kg、セシウム500Bqを超える（福島県発表）。／／この日の空間放射線量は福島市で1.32 μSv／時、郡山市で1.27 μSv、飯舘村で2.88 μSv、浪江町赤宇木で17.80 μSv、同下津島で10.40 μSvである。／／「ホットスポット」の対象に伊達市石田地区（5月25日現在、3.6 μSv／時）、同上小国地区（3.6 μSv）、南相馬市大原地区（4.1 μSv）の指定が濃厚である。また3.0 μSv以上の地点は伊達市で31（最高値は上小国の側溝で6.6 μSv）、南相馬市で48（最高値は原町区高倉で5.6 μSv）地点だった（政府原子力災害対策本部発表）。月舘町相葭地区で5.1 μSvを検出する。／／この日までの「東日本大震災」による死者は全体で約1万5441人、行方不明者は7918人である。また岩手、宮城、福島の東日本震災による廃車の永久末梢登録（滅失）申請が1万5000台を超す。／／福島県民の県内避難者は40市町村に2万2063人で、6月2日比では1916人の減少と分かる（内閣府発表）。／／原発アンケートで47都道府県知事の回答結果が出る。脱原発2（山形、滋賀）、削減9（静岡、鳥取、大阪、高知、神奈川など）、再稼動拒否25、福島、福井（全国最多の15基を持つ）、鹿児島は無回答である（朝日新聞社調べ）。高レベル放射性廃棄物最終処分施設受入れで、22人の知事が拒否、受入れ可は0である。
2011. 6. 17	20時00分より、高濃度汚染水浄化設備（浄化した水で冷却する）が本格稼動のため試運転再開をする。

暦　年	事　　項
2011. 6. 18	午前10時54分、水漏れ続発の試運転の後、再び昨日20時から本格的に稼動、循環していた高濃度汚染水浄化設備（米国製セシウム除去装置）は、5時間でセシウム吸着装置が基準の線量値に達したので停止させる。（反原発：20110720）／／楢葉町内の「警戒区域」へ約120人が一時帰宅する。／／浪江町、飯舘村、川俣町山木屋地区の住民約2万8000人が、県民健康管理調査の先行実施の最初の対象となる。／／西の「原発銀座」といわれる福井県（13基中8基は30年使用、関電4基は停止中）で知事、自治体などが再稼動に難色を示し国を批判する。／／本日は東日本大震災より100日目である。／／佐野真一（ルポ）「津波と原発」（講談社）刊行、福島原発建設に言及する。
2011. 6. 19	環境省は県の瓦礫処理方針をまとめ、放射性セシウム濃度が8000Bq／kg以下の不燃物などは最終処分場に埋め立て、それを超す場合は一時保管とする。／／20時51分、第一原発2号機の湿度が99%となり二重扉を22cm開く。8時間で18億Bqのヨウ素、セシウムなどの放射性物質が放出される。6月11日現在、同4号機の深さ7.6mのピットでは水位が2.5mに低下していて水による放射線遮蔽効果がなく、露出した機器から強い放射線が出ている。依然、汚染水浄化装置の停止は続いている。／／この日の空間放射線量の最高値は、福島市で1.38μSv／時、二本松市で1.53μSv、郡山市で1.34μSv、飯舘村で2.90μSv、浪江町赤宇木で17.1μSv、同下津島で9.80μSv、山木屋で1.84μSv、小国地区で2.24μSvである。／／いわき市川前町荻、志田名の2地区で3.0μSv／時を超える放射線量を検出する。また伊達市霊山町石田の宝司沢（44世帯150人）で14世帯46人が一時避難を希望する。／／この日までの「東日本大震災」による死者は全体（12都道府県）で約1万5462人、行方不明者は6県で7650人である。同、福島県内の死者は全1636人（行方不明341人）で、南相馬市542人（同147人）、相馬市441人（同18人）、いわき市306人（同46人）、浪江町104人（同79人）と確認される。また5月の岩手、宮城、福島の自殺者は計151人で、福島県は最多の68人である（昨年5月比で19人の増加）。
2011. 6. 20	復興基本法が成立し、復興特区や復興庁などをつくる計画が出される。／／第一原発2号機の湿度が58.7%まで下がる。同原発作業員1人が335mmSvを超える被曝量となり、これで250mmSv以上が3514人中で9人となる。／／この日の空間放射線量の最高値は、福島市で1.39μSv／時、二本松市で1.63μSv、郡山市で1.34μSv、飯舘村で2.97μSv、山木屋で1.81μSv、小国地区で2.17μSvである。／／この日までの「東日本大震災」による死者は全体（12都道府県）で約1万5467人（福島県は1643人）、行方不明者は6県で7482人（同、336人）と確認される。／／避難を余儀なくされた住民の精神的苦痛への賠償基準を、事故発生から6カ月間は1人当たり月額10万円とする（文科省・原子力損害賠償紛争審査会）。／／イラクの放射性物質の入った容器を貯水に転用した核汚染で、8年後にがんが増加したデータが発表される。／／ストラディバリウ

暦　年	事　　　項
	ス（「日本音楽財団」所有、元は英詩人バイロンの孫娘の所有で1721年製の「レディー・ブラント」）がロンドンで競売にかけられて、過去最高の12億7500万円で落札され、東日本大震災の支援に当てられる。
2011. 6. 21	18日に停止の汚染水循環装置を再試験のため動かすが、約7時間で除染装置に薬剤を投入する注水ポンプが停止する（1時間半で水漏れ）。27日に再循環を開始するが漏水と水溢れとで2回目の一時停止。30日には水位設定ミスで自動停止する。（反原発：20110720）／／市民団体「子どもたちを放射能から守る福島ネットワーク」と国際環境NGO「グリンピース・ジャパン」とは、年間1000μSvまでは妊婦を含めて安全などとする発言に反対し、福島県放射線健康リスク管理アドバイザーを務める山下俊一長崎大学教授の解任を求めて署名活動に入る。／／公共用水の調査で、県南の堀川ダムからセシウム134を3140Bq／kg、セシウム137を3400Bq、同様に県中のこまちダムで同134を1160Bq、同137を1350Bqそれぞれ検出する（福島県発表）。／／第一原発の事故復旧作業員（下請け企業）のうち69人は所在不明で連絡が取れず、そのうち30名は偽名だと分かる（東電発表）。また東電は全3639人を調査対象として、うち3514人の被曝評価を厚労相に報告する。厚労相は東電の杜撰な管理に是正勧告を過去2度提出しており、その内容は5月30日に線量計を全員に持たせず女性労働者が被曝したこと、6月10日に基準値を超す被曝作業員を出したなどというもの。／／福島県内の次の地区での3カ月間（3月12日～6月11日）の実測値と積算線量（μSv／時、1年間の推計値）は、原町区大原で7.7（24.1）、霊山町石田宝司沢で7.0（19.9）、同上小国で6.8（18.6）、原町区高倉で6.4（20.4）、霊山町下小国で6.1（17.3）、同石田で5.8（15.4）、川前町荻で5.8（16.7）、原町区大原台畑で5.6（15.3）、原町区大原で5.1（15.0）、霊山町上小国で5.1（14.1）、原町区馬場下中内で4.6（11.1）、霊山町石田彦平で4.3（13.2）、福島市大波滝ノ入で4.3（11.5）、同南向台で4.1（12.7）である（文科省発表）。／／この日の空間放射線量の最高値は、福島市で1.35μSv／時、二本松市で1.45μSv、郡山市で1.28μSv、飯舘村で2.96μSv、山木屋で1.80μSv、小国地区で2.15μSvである。／／第一原発から北北西に25kmの南相馬市原町区高倉で20.4mmSv／時を、同じく北西22kmの浪江町昼曽根で3カ月の積算被曝線量が82mmSvをそれぞれ検出する（共に文科省調査）。／／この日までの「東日本大震災」による死者は全体（12都道府県）で約1万5471人（福島県は1684人）、行方不明者は6県で7472人（同、336人）と確認される。／／原発13基を持つ福井県で、西川一誠知事は経産省原子力安全・保安院の再稼動説得に不同意を示す。／／「足柄茶」の最大産地3市町の「一番茶の乾燥茶葉（荒茶）」から放射性セシウムを検出する（神奈川県発表）。山北町産は1250Bq、相模原市産は1290Bq、松田町産は1140Bqなので自粛を要請する（国の基準値は500Bq／kg）。
2011. 6. 22	2号機の溜まり水が6mでその放射線量は430mmSvで、特に1号機の放射性物質の濃度は高く、通常原子炉内の水に比し1万倍である。／／こ

暦　年	事　　項
	の日の空間放射線量の最高値は、福島市で 1.34 μSv／時、二本松市で 1.36 μSv、郡山市で 1.28 μSv、飯舘村で 2.90 μSv、山木屋で 1.80 μSv、小国地区で 2.05 μSv である。また福島市岡部の「新山霊園」では 3.80 μSv を検出する。／／緊急避難準備区域に住んでいた南相馬市の女性（93 歳）が原発事故を苦に、「お墓に避難します」の遺書を残して自殺する。／／この日までに、第一原発で放射線下で働く作業員のうち 12 人が熱中症で病院へ搬送される。／／東電は第一原発事故で避難を余儀なくされた住民の精神的苦痛への賠償を発表（15 万人に 880 億円）、また福島県漁連に半額（6 億 4220 万円）の損害賠償の仮払いをする。／／飯舘村が役場機能を飯野出張所に移転し開設する。／／佐藤栄佐久「福島原発の真実」（平凡社）刊行。
2011. 6. 23	第一原発沖の海底（20～30m）の土 2 カ所からプルトニウム（半減期は 239 で 2 万 4000 年、同 240 で 6600 年）を検出する。合算濃度は 0.43～0.45Bq／kg である（東電発表）。現段階では福島県内の海水浴施設は開設できない状況である。／／第一原発では弁の設定ミスで閉なのに開になっており、汚染水が 1 番目の管を通るだけで 2、3 番目の管を通らないで流れないという事故がある。米国製の汚染除去装置も 10 分の 1 の能力である。／／飯舘村と山木屋の 15 人の尿から微量のセシウムを検出し、最も高い人で 13.5 μSv／時で年間限度量 20mmSv を大きく超え、内部被曝の実態が証明される。／／2 号機で水素爆発防止のための窒素注入ホースを設置する。1 号機は 4 月から窒素注入、3 号機は未だ実施目処が立っていない。／／この日の空間放射線量の最高値は、福島市で 1.35 μSv／時、二本松市で 1.34 μSv、郡山市で 1.29 μSv、飯舘村で 2.84 μSv、浪江町赤宇木で 16.60 μSv、同下津島で 8.40 μSv、山木屋で 1.78 μSv、小国地区で 2.10 μSv である。また富岡町で 15.9 μSv／時（但し、20 日 17 時 46 分の測定）、楢葉町で 2.70 μSv（同、10 日 13 時 46 分の測定）のそれぞれの空間放射線量がある（政府原子力災害現地対策本部発表）。／／警戒区域と計画的避難区域を除く県全域で県産野菜の出荷停止が解除される。／／魚介類の検査結果は（セシウム 134 と 137、単位は Bq／kg、基準は共に 500）、南相馬市新田川のアユで 2100、2300、同真野川のアユで 1600、1700、相馬市のアイナメで 870、910 などである（福島県発表）。／／この日までの「東日本大震災」による死者は全体（12 都道府県）で約 1 万 5482 人（福島県は 1688 人）、行方不明者は 6 県で 7427 人（同、320 人）と確認される。また福島県の人口が 202 万 4089 人となり、前月比で 1372 人の減少となる。／／いわき市議会で市長が東電の謝罪を断る。／／原発より 220km 離れた台東区の男性（30 歳）が、「将来の健康被害のおそれある」（第一回口頭弁論の主張）と福島第一、二原発の設置許可の無効確認の訴訟を起す。
2011. 6. 24	郡山市の児童生徒が学校ごと疎開するよう求めた仮処分を福島地裁郡山支部に申立てる。／／この日の空間放射線量の最高値は、福島市で 1.33 μSv／時、二本松市で 1.34 μSv、郡山市で 1.26 μSv、飯舘村で 2.86 μSv、

暦年	事項
	浪江町赤宇木で18.80μSv、同下津島で9.80μSv、山木屋で1.79μSv、小国地区で2.11μSvである。但し、この日から放射線量の測定を開始した飯舘村長泥地区では7.65μSvである。半減期が約30年のセシウム137が主である。（もどれない故郷 ながどろ：前出、20160305）また福島市は1118地点での放射線量測定結果を発表、3.0μSv／時（年間積算が避難目安の20.0mmSvに達する量である）以上が15地点で、渡利地区6地点を含み、同地区平ケ森市営住宅団地内公園では3.83μSvである。3.8μSv以上は4地点で、最高値は飯野地区側溝の6.65μSv、2.0μSv以上3.0μSv未満が167地点、1.0μSv以上2.0μSv未満が629地点、1.0μSv未満が307地点である。／／第一原発1号機の使用済み核燃料プール水（採取は22日）からセシウム137で1万4000Bq／㎤、ヨウ素131で68Bq／㎤を検出する（東電発表）。／／朝日新聞社と福島大学・今井照研究室との共同調査では（6月6日〜12日、対象は第一原発周辺住民で、このとき現在は全国に散らばった住民407人）、震災前の居住地域に戻りたいが79％、戻りたくないが12％で、原発利用に反対が70％、賛成が26％である。また事故は防げたが46％、このうち「防げた」は原発関係の仕事をしている人の方が多い。さらに避難先の回数は3カ所目が99人、2カ所目が91人、4カ所目が74人、1カ所目が48人、5カ所目が38人である。／／この日までの「東日本大震災」による死者は全体（12都道府県）で約1万5489人（福島県は1688人）、行方不明者は6県で7385人（同、320人）と確認される（警察庁発表）。また16日現在で全国の避難、転居者は11万2000人と確認される（内閣府発表）。また福島県の避難者は総数9万7183人で、県外へは3万5514人が出るが、内訳は新潟県7567人、東京都4654人、埼玉県2610人、群馬県2607人、山形県1861人、神奈川県1443人などである。／／警戒区域への一時帰宅で、楢葉町60代男性が熱中症で病院に搬送される。／／放射能被害を含まない大震災被害は計16兆9000億円で、9兆6000億円だった阪神大震災の1.8倍である（内閣府発表）。／／ソフトバンク孫正義社長は「自然エネルギー協議会」（7月13日に設立予定）で福島県参加を発表する。参加自治体は35道府県となる。
2011. 6. 25	この日の空間放射線量は福島市で1.26μSv／時、郡山市で1.16μSv、飯舘村で2.60μSv、浪江町赤宇木で15.90μSvである。また福島市一斉放射線量測定では、渡利の山際集会所で3.26μSv／時、ゴミ集積所側溝枡で3.56μSv、公務員アパートで3.20μSv、南向台の3号公園で3.24μSvである。／／この日までの「東日本大震災」による死者は全体（12都道府県）で約1万5492人（福島県は1689人）、行方不明者は6県で7356人（同、320人）と確認される（警察庁発表）。／／福島県内の体育館、公民館などへの1次避難者数は3993人と減少したが、旅館、ホテルなどへの2次避難者数は1万6391人と増えている。／／北海道から始まった「原水爆禁止国民平和大行進」が福島県に入る。
2011. 6. 26	東電が第一原発3号機の使用済み燃料プールにホウ酸水を注入する。ア

暦 年	事 項
	ルミ製容器の腐食時に中和するのが目的である。／／この日の空間放射線量の最高値は福島市で 1.30 μSv／時、二本松市で 1.32 μSv、郡山市で 1.21 μSv、飯舘村で 2.72 μSv、山木屋で 1.80 μSv、小国地区で 2.10 μSv である。また福島市の一斉放射線量測定では、山口（中組子供広場）で 2.76 μSv、大波（農村広場）で 3.87 μSv である。／／この日までの「東日本大震災」による死者は全体（12 都道府県）で約 1 万 5500 人（福島県は 1990 人）、行方不明者は 6 県で 7306 人（同、320 人）と確認される（警察庁発表）。／／原発反対派市民グループ「6. 26 福島アクションを成功させ隊」が福島市でパレードをする。
2011. 6. 27	福島県知事が定例県議会で「脱原発」を表明する。／／原発事故収束・再発防止担当相に細野豪志首相補佐官が任命される。菅首相は、今年度第 2 次補正予算案、公債発行特例法案、再生エネルギー特別措置法案など 3 法案が通れば退陣すると表明する。／／16 時 20 分より第一原発の「循環注水冷却」が始まる。／／福島県民約 200 万人の放射線健康管理調査がスタート、浪江町の 10 人が先行調査を受ける。問診票配布開始は 30 日。／／第一原発の沖合い（小高区）3km の海底土からストロンチウム 89、90 を検出する。同 89 では 140Bq／kg の放射線量である（東電発表）。／／この日の空間放射線量の最高値は、福島市で 1.28 μSv／時、二本松市で 1.31 μSv、郡山市で 1.25 μSv、飯舘村で 2.77 μSv、浪江町赤宇木で 15.90 μSv、同下津島で 9.10 μSv、山木屋で 1.75 μSv、小国地区で 2.11 μSv である。また福島市の一斉放射線量測定では、立子山（上御代手）で 2.33 μSv、飯坂町（下小川橋・左岸）で 2.13 μSv である。／／牧草モニタリングの結果では、西郷村でセシウム 134 が 690Bq／kg、セシウム 137 が 730Bq の数値が出る。／／この日までの「東日本大震災」による死者は全体（12 都道府県）で約 1 万 5505 人、行方不明者は 6 県で 7306 人と確認される（警察庁発表）。／／週刊エコノミストの臨時増刊「ノーモア！フクシマ 福島原発事故の記録」（毎日新聞社）刊行。
2011. 6. 28	東電株主総会（都内、出席者 9309 人、6 時間 9 分）で原発事業撤退の株主提案（402 人）は否決される。／／南相馬市、白河市は廃炉と新設放棄を打ち出す。県は賛否を示さず。／／第一原発で原子炉への循環注水冷却を開始する（東電発表）。また 6 号機のタービン建屋の溜まり水が漏水し、汚染水 15ﾄﾝ（0.18Bq／㎤）が出る。／／この日の空間放射線量の最高値は、福島市で 1.31 μSv／時、二本松市で 1.30 μSv、郡山市で 1.26 μSv、飯舘村で 2.87 μSv、浪江町赤宇木で 16.40 μSv、同下津島で 9.00 μSv、山木屋で 1.74 μSv、小国地区で 2.05 μSv である。また福島市の一斉放射線量測定では、飯野町明治（飯野地区体育館）で 6.65 μSv を検出する。／／この日までの「東日本大震災」による死者は全体（12 都道府県）で約 1 万 5506 人（福島県は 1693 人）、行方不明者は 6 県で 7297 人（福島県は 314 人）と確認される（警察庁発表）。
2011. 6. 29	第一原発内で循環注水冷却のホースに穴があり 100Bq／㎤の汚染水が漏水する。1～4 号機などに溜まっている高濃度放射能汚染水は 28 日現

暦　年	事　　項
	在で12万1000トンとされる。また同1号機取水口付近の海水（4月4日に採取し720Bq／ℓを検出、濃度限度の2.4倍）から初めて「放射性物質テルル129」（半減期34日）を発見する（東電発表）。3号機の窒素注入はまだできない状態である。／／福島県の農用地土壌調査（畑地、単位はBq／kg乾土）で下小国では6142、相馬市東玉野では5276、いわき市川前町下桶売では6920を検出する。福島県内の土壌汚染（Bq／kg、セシウム134＋137の量）で福島市山口（畑地）では4517、同松川町浅川（畑地）では4003、伊達市五十沢（転換畑）では4041、同下小国（畑地）では6142、いわき市川前町桶売（畑地）では6920である。／／いわきでの魚介類の検査で、アイナメからセシウム134が210Bq／kg、セシウム137が240Bq検出される。ホッキ貝からは同前が260Bqと270Bq、キタムラサキウニからは同前が440Bqと480Bq検出される。伊達市阿武隈川の鮎からは同前が980Bqと1100Bq検出される。／／この日の空間放射線量の最高値は、福島市で1.33μSv／時、二本松市で1.28μSv、郡山市で1.26μSv、飯舘村で2.89μSv、山木屋で1.73μSv、小国地区で1.96μSvである。／／この日までの「東日本大震災」による死者は全体（12都道府県）で約1万5524人（福島県は1719人）、不明者は6県で7130人（福島県は305人）と確認される（警察庁発表）。／／事故後から現在までに、東電と協力企業との作業員で「傷病者」（負傷、熱中症など体調不良）は55人、うち31人が病院搬送と報告される（東電調べ）。／／原発関連企業は全国に2258社あり、福島県には120社ある。これは全体の5.3%で、従業員は3000人で全国7番目である（帝国データバンク）。
2011. 6. 30	2時30分、第一原発の「循環注水冷却」が再び停止する。ここには汚染水が2000トン溜まっている。／／伊達市4地区の住居104地点（113世帯、計106戸）を新たにホットスポットとして「特定避難勧奨地点」に指定する（基準は3.20μSv／時）。上小国、下小国、石田宝司沢、相葭が該当する（政府原子力災害現地対策本部発表）。／／この日の空間放射線量の最高値は、福島市で1.35μSv／時、二本松市で1.26μSv、郡山市で1.19μSv、飯舘村で2.78μSv、浪江町赤宇木で16.3μSv、下津島で8.2μSvである。また、いわき市下川内三ツ石地区で4.38μSv／時を検出する。／／玄葉光一郎国家戦略担当相が佐藤雄平知事の「脱原発」表明を支持すると発表する。／／和合亮一「詩の礫《つぶて》」（徳間書店）刊行、この詩集のフランス語版が、2017年7月19日に総合文化誌「ニュンク」主催の第1回文学賞をフランスで受賞する。「思想としての3. 11」（河出書房新社）刊行、哲学者、評論家ら17人のコメントの集成である。奥山俊宏「ルポ 東京電力原発危機1カ月」（朝日新聞出版）刊行。井野博満編「福島原発事故はなぜ起きたか」（藤原書店）刊行。
2011. 6	この月までで、250mmSvを超す被曝の作業員は計9人になり（最大で679mmSv）、他に100mmSv超は100人以上、69人は所在不明、うち30人は偽名の疑いである。（反原発：20110720）／／この月、福島県が「県民健康管理調査」の実施を始める。しかし以後の約1年半の期間はつくら

暦　年	事　　項
	れた「検討委員会」が「秘密会」を繰り返し、公表前に事前に調査結果の公表方法や評価を決めていった。(県民健康管理調査の闇：岩波新書、20130920)／／同、山下俊一アドバイザーの解任を求める運動が一部の民間団体から起きる。
2011. 7. 1	午前9時、福島の海に向け練習船の海鷹丸1886トンは石丸隆東京海洋大学教授を乗せて東京の豊海水産埠頭を出港する。5月にいわき市小名浜の五十嵐敏福島県水産試験場長の、船がない、放射能検出器がない、高濃度放射能汚染水漏れというのに文科省のような海水、魚だけの調査ではだめで、プランクトン、海底生物、海の環境、生態系全体のことがあるなどの嘆きを聞いての緊急航海だった。7月4日には地元の試験場から2人乗船してき、平川直人（いわき市出身、2009年春より水産試験場勤務）もいた。／／一時帰宅していた川俣町山木屋（避難区域）の渡辺はま子（58歳）が避難を拒んで早朝に自宅庭先で焼身自殺する。(朝日：20141002) 3月には県中の農業に従事する男性64歳の、4月には家族と離散した飯舘村の102歳の男性の、6月には相馬市の50代の酪農家の男性の自殺が相次ぐ。／／この日の空間放射線量の最高値は、福島市で1.34μSv／時、二本松市で1.31μSv、郡山市で1.21μSv、飯舘村で2.87μSv、浪江町赤宇木で16.8μSv、下津島で9.2μSv、山木屋1.73μSv、小国地区で2.06μSvである。／／警戒区域の線量モニタリングで浪江町は17.0μSv／時、富岡町は14.7μSvである。また伊達市の特定避難勧奨4地区（上・下小国、石田、相葭）の人数は413人、世帯は113、最大の放射線量は3.9μSvである。／／6月30日に汚染水浄化システムが自動停止した問題で、原因は作業員の処理水タンクの水位の設定ミスと分かる（東電発表)。また東電は本人確認として第一原発に入る作業員に写真付きの身分証明書を使用して来なかったが、この日現在までに、まだ協力会社に所属の28人と連絡が取れていない。核物質防護規定違反で経産省原子力安全・保安院が調査中である。／／この日現在、県外避難者は岩手、宮城、福島で4万4000人であり、福島県だけでは3万5892人となる。同、県の推計人口が200万人を割り込む（2011年8月31日、県発表)。／／1世帯当たりの東日本大震災への寄付金支出額は4291円である（総務省発表)。／／「科学」7月号（岩波書店）が「原発のなくし方」を特集、資料「文部科学省及び米国エネルギー省航空機による航空機モニタリングの結果（5月6日発表）より『福島第一原子力発電所から80km圏内の線量測定マップ』」、論文「フクシマがドイツを変えた」（今泉みね子）などを掲載する。
2011. 7. 2	細野原発事故担当相は緊急時避難準備区域の指定解除を検討する考えを示す。／／第一原発の、放射能汚染水を浄化しつつ原子炉に戻すシステムである「循環注水冷却」への完全移行が表明される（東電発表)。／／この日の空間放射線量の最高値は、福島市で1.34μSv／時、二本松市で1.37μSv、郡山市で1.23μSv、飯舘村で2.90μSv、浪江町赤宇木で16.8μSv、山木屋1.75μSv、小国地区で2.13μSvである。

暦 年	事 項
2011. 7. 3	第一原発 5 号機でホースの亀裂（幅 7cm）から海水が漏れているのが見つかり冷却を 3 時間半停止する。午後に再開するが（東電発表）、同機は 5 月末にも使用済み燃料プールを冷却するポンプが停止し、原子炉内の水温が 95 度に上昇したばかりである。／／この日の空間放射線量の最高値は、福島市で 1.27 μSv／時、二本松市で 1.29 μSv、郡山市で 1.14 μSv、飯舘村で 2.76 μSv、浪江町赤宇木で 16.4 μSv、下津島で 9.3 μSv、山木屋 1.72 μSv、小国地区で 1.99 μSv である。／／松本龍復興対策担当相が岩手、宮城を訪問し「知恵を出さない奴は助けない」と発言する。野党が辞任を求めて動き出す。
2011. 7. 4	牧草モニタリングでは（単位、放射能名は順番通り）、鮫川村で 740Bq／kg（セシウム 134）、800Bq（セシウム 137）、福島市で 780Bq、840Bq、二本松市で 700Bq、720Bq、川俣町で 480Bq、480Bq、西郷村で 410Bq、450Bq などの検出がある（本日、県発表）。／／この日の空間放射線量の最高値は、福島市で 1.30 μSv／時、二本松市で 1.30 μSv、郡山市で 1.20 μSv、飯舘村で 2.83 μSv、浪江町赤宇木で 17.0 μSv、下津島で 9.1 μSv、山木屋 1.75 μSv、小国地区で 2.04 μSv である。また福島県中央市民プールで放射性セシウム 1.14Bq／ℓ を検出する。基準は 50Bq である。／／この日までの「東日本大震災」による死者は全体（12 都道府県）で約 1 万 5529 人（福島県は 1724 人）、不明者は 6 県で 7098 人（福島県は 302 人）と確認される（警察庁発表）。／／本日現在、福島県外避難者は 3 万 5776 人で、3 月～5 月の間での住民登録では 1 万 7524 人の減少である。そのうち園児、児童、生徒は約 1 万人、失業者は約 4 万 6000 人である。
2011. 7. 5	福島市小倉寺の側溝から 93 万 1000Bq／m^2 を検出する（山内知也神戸大教授調査）。チェルノブイリ事故での強制移住基準は 55 万 5000Bq／m^2 である。／／この日までの「東日本大震災」による死者は全体（12 都道府県）で約 1 万 5534 人（福島県は 1726 人）、不明者は 6 県で 7092 人（福島県は 231 人）と確認される（警察庁発表）。／／松本復興相が失言により任命後わずか 9 日で辞任する。
2011. 7. 7	第一原発 3 号機の窒素注入が難航しており、配管付近の放射線量は 50mmSv／時と高い。第二原発第 1 号機では冷却を一時中止、電源盤から火花が出る。また原発事故直後に 1、2 号機の中央制御室で復旧作業をしていた 20 代の男性社員が内部被曝量 475.50～308.93mmSv であると分かる。これで被曝量が 250mmSv を超えた作業員 7 人のうち 3 人が 678.08～352.08mmmSv と確定し、残り 1 人の確定作業を進めている（何れも東電発表）。／／この日の空間放射線量の最高値は、福島市で 1.34 μSv／時、二本松市で 1.27 μSv、郡山市で 1.15 μSv、飯舘村で 2.82 μSv、浪江町赤宇木で 15.6 μSv、下津島で 8.7 μSv、山木屋 1.73 μSv、小国地区で 2.01 μSv である。／／岩手、宮城、福島の瓦礫（計約 2183 万トン）の撤去が捗らず、いまだに 35％しか進んでいない。／／海江田経産相が首相の原発政策に不満で辞意を表明する。九州電力の真部利応社長はや

暦　年	事　　項
	らせメールの引責で辞意を表明する。／／この日までの「東日本大震災」による死者は全体（12都道府県）で約1万5539人（福島県は1734人）、不明者は6県で7014人（福島県は291人）と確認される（警察庁発表）。／／全国54基の原発のうち運転中は19基だが、今後はストレステストなどで止まる見込みである。古川康佐賀県知事が九電玄海原発第2、3号機の再稼動に対して再開を見送ると表明する。伊方原発では3号機が10日の再開を断念する。
2011. 7. 8	南相馬市に放射線量が3.2μSv／時以上の「特定避難勧奨地点」の指定が出る。同市の牛11頭のうち1頭から3200～1530Bq／kgの放射性セシウム（500Bqが基準値）を検出する。また同市原町区の畜産農家が東京に出荷した牛肉からセシウム2300Bq／kgを検出する。／／九電副社長ら二人が社内一部と4子会社などに組織的犯行で「やらせメール」を命じ、全メール589中286件が原発賛成だった。／／九電の佐賀支店長であり玄海原発所長が、2006～2009年の間、古川康佐賀県知事に42万円の個人政治献金をする。
2011. 7. 9	菅首相が福島原発事故の最終処理には「数十年」かかると述べる。／／6月22日に自殺した南相馬市の女性の「老人はあしでまとい」「毎日原発のことばかりでいきたここちしません」などと書かれた遺書が掲載される。（毎日：20110709）／／南相馬市の農場で出荷した和牛11頭のうち、残る10頭から暫定基準値の3～6倍の放射性セシウムを検出する。
2011. 7. 10	この日までの「東日本大震災」による死者は全体（12都道府県）で約1万5544人（福島県は1734人）、不明者は6県で5383人（福島県は286人）と確認される（警察庁発表）。／／菊地洋一「原発をつくった私が、原発に反対する理由」（角川書店）刊行。
2011. 7. 11	第一原発事故を苦に原町区の女性（93歳）が自宅で6月22日に自殺したことが分かる。／／南相馬市の牛11頭からセシウムが検出された問題で、原因は原発事故直後に放置され、4月3日より屋内保管して、出荷の7月7日まで1日に1頭で1.5kgの稲藁を与えたこととされる。藁の基準は300Bq／kgで、検出値はこの60倍である（福島県発表）。またこの11頭の前に出荷した6頭は既に東京、神奈川、静岡、大阪、愛媛の5都府県に卸されている（福島県発表）。／／千葉県柏市の清掃工場の焼却灰から7万Bq／kgを超える放射性セシウムを検出する。／／この日までの「東日本大震災」による死者は全体（12都道府県）で約1万5550人（福島県は1755人）、不明者は6県で5344人（福島県は286人）と確認される（警察庁発表）。／／「原子力損害賠償支援機構法案」の審議が開始となり、東電部長らはこれが7月中に成立しないと会社が潰れるとして与野党議員廻りをし懇願する。東電の主な資金調達先は社債（4.4兆円、国内の銀行、保険会社、海外金融機関、投資家など）、融資（3.8兆円、三井住友銀行、みずほコーポ銀、三菱東京UFJ銀、日本政策投資銀など）、株主（1.6兆円、第一生命、日本生命、東京都、三井住友銀行、みずほコーポ銀など）である。

暦　年	事　　項
2011. 7. 12	この日までの「東日本大震災」による死者は全体（12都道府県）で約1万5555人（福島県は1759人）、不明者は6県で5344人（福島県は285人）と確認される（警察庁発表）。
2011. 7. 13	菅首相が記者会見で「将来は脱原発」を表明する。／／「廃棄物の処理核燃料サイクルは撤退」「原発ゼロを目指せば……核燃料サイクル計画は続ける意味合いもなくなる」「（使用済み核燃料を再処理して取り出す）プルトニウム利用をやめれば日本の核不拡散外交を強めるカードにもなる」などと主張する記事が掲載される。（朝日：提言社説欄「原発0社会」、20110713）／／第一原発作業員の被曝線量は100mmSv超えが6800人中111人である。内訳は250mmSv超えが6人、250～200mmSvは3人、200～150mmSvは14人、150～100mmSvは88人である。内部被曝は100mmSvを超える作業員が12人いる。但し、3、4月労働開始の1546人は未検査である。連絡のつかない作業員は132人である（東電発表）。また柳津町が放射性物質汚泥の最終処理を拒否する。／／伊達市の阿武隈川のアユから760Bq／kg（セシウム134）、850Bq（セシウム137）を検出する。／／府中市の都立農業高校が5月10日に同校で収穫した茶葉からの製茶で、セシウムを検出、生茶で520Bq／kg、製茶で1560Bqである。／／この日の空間放射線量の最高値は、福島市で1.22μSv／時、二本松市で1.25μSv、郡山市で1.13μSv、飯舘村で2.84μSv、浪江町赤宇木で16.5μSv、下津島で8.5μSv、山木屋1.72μSv、小国地区で1.99μSvである。／／6月16～22日間の都市公園の線量は、腰浜緑地（福島市）で3.2μSv／時、荒池西公園（郡山市）で3.3μSv、東ケ丘公園（南相馬市）で1.4μSvである。／／この日現在、震災被災三県の消防団員の死者、行方不明（記載もこの順）は251人となり、岩手95人／23人、宮城90人／16人、福島23人／4人となる。補償は滞っている。
2011. 7. 14	第一原発第3号機の原子炉格納容器に水素爆発防止のための窒素の注入を開始する。／／福島県浅川町で肉牛に暫定許容値の73倍で9万7000Bq／kgの放射性セシウムを含む稲藁を与えていたことが判明する。この藁は原発から70kmの白河市の農家が3月15～20日の間に田から取込み販売したもので、4月上旬より餌とした。この牛の尿からは530Bq／kgを検出する。またこの肉牛42頭の出荷先は横浜市が14頭、東京都が13頭、仙台市が10頭、千葉県が5頭である（福島県発表）。／／この日、福島県は民有林の路上値の放射線量を発表する。最大値は浪江町赤宇木の20.77mmSv、山林値では最大値が同場所の18.73mmSvである。／／この日の空間放射線量の最高値は、福島市で1.28μSv／時、二本松市で1.22μSv、郡山市で1.10μSv、飯舘村で2.74μSv、浪江町赤宇木で17.9μSv、下津島で9.1μSv、山木屋1.69μSv、小国地区で2.02μSvである。／／この日までの「東日本大震災」による死者は全体（12都道府県）で約1万5561人（福島県は1762人）、不明者は6県で5313人（福島県は285人）と確認される（警察庁発表）。
2011. 7. 15	菅首相が衆院本会議で13日発言の「脱原発」は「私的な思い」と釈明

暦　年	事　　項
	する。／／福島県全域の牛の出荷停止の方針を固める（政府原子力災害対策本部）。／／福島市のモニタリング（7月5日～7日）の結果では、大波地区で最大値の3.39μSv／時を検出、渡利地区でも3.32μSvを計測する。／／南相馬市では子供世帯の「避難勧奨」基準を2.00μSv／時を超した世帯とする。また南相馬市のビワからセシウム134が240Bq／kg、セシウム137が290Bq、伊達市の原木シイタケ（施設）から同前820Bq、同前950Bq、伊達市の牧草から同前670Bq、同前770Bq、郡山市の牧草から同前640Bq、同前700Bqをそれぞれ検出する。／／宮城県の畜産農家3戸の稲藁（13日採取、原発より150km前後、風による拡散が原因）から放射性セシウムを検出する。内訳は登米市で3647Bq／kg、乾燥前の含水分状態に換算だと831Bqである。栗原市で2449Bq、同換算だと558Bqである。／／この日の空間放射線量の最高値は、福島市で1.26μSv／時、二本松市で1.23μSv、郡山市で1.11μSv、飯舘村で2.69μSv、浪江町赤宇木で16.6μSv、下津島で7.3μSv、山木屋1.70μSv、小国地区で1.88μSvである。／／原発から20km圏内で窃盗が多発し、今年1～6月の間の「警戒区域」内での刑法犯罪は355件で（昨年同期比で2倍超）、盗みに限れば9市町村で331件である（昨年同期で115件）。実態は空き巣の169件が最多で、警察の摘発は9件で24人という実情である（警察庁発表）。／／今夏の原発再開はできない。また文科省が高速増殖炉原型炉「もんじゅ」（敦賀市）の開発中止を検討する。／／この日付で、山下俊一長崎大学教授（59歳）と、神谷研二広島大学教授（60歳）とが県立福島医科大学副学長に就任する。／／「JVJA写真集　3.11メルトダウン」（凱風社）刊行。
2011. 7. 16	新たに郡山市、喜多方市、相馬市の肉用牛の農家計5戸から、放射性セシウムを含む稲藁を与えていたことが判明する。郡山市ではセシウム50万Bq／kgを検出しており、水分量補正すればこれは基準値の378倍となる。これらの農家からは既に84頭（これで計143頭となる）が県内外に出荷されている（福島県発表）。浅川町の出荷肉牛42頭は33都道府県に流通し、23府県で消費されている。／／この日までの「東日本大震災」による死者は全体（12都道府県）で約1万5573人（福島県は1764人）、不明者は6県で5076人（福島県は282人）と確認される（警察庁発表）。
2011. 7. 17	最後のブラック・ボックスと言われる原発現場だが、福島での作業員は1日3000人必要であり、基準の積算線量は100mmSv／年なのだが（福島原発で現在この量を超す作業員は111人）、現在は緊急事態扱いで250mmSv（同前、6人）にされている。現在連絡が取れない作業員は132人で、被曝線量は多くなるばかりであり深刻な作業員不足が続いている。現在、下請け労働者は7万5000人、初めての現場入り労働者もいる。また写真家の樋口健二は長年にわたり下請け労働者を撮り続けており、映画「隠された被曝」（外国で上映）の作成などで38年間原発の実態を追っている。この度の原発事故は典型的な資本主義構造の下での

暦　年	事　　項
	事故であり、労働者の多くの死の上に立って利潤追求をしていること、生命、人権を無視した会社、原発管理者が危機感を持たずやってきたことなどを明確に表現している。会社、管理者自身も下支えしている労働者も常に危機に晒されていると言う相互理解が欠落しているともしている。／／朝日新聞が入手した資料によれば、1955年に原発が導入された際に偽装報告書があったことが判明する。経過をみると、1954年3月、初の原子力予算の2億5000万円が計上され、同12月から同予算で物理学者団長の15人が海外調査に派遣され14カ国で調査をしたわけだが、帰国後の調査団は実際は米国だけなのに、各国の機関は殆ど全てが「原子力委員会」システムを採っていると嘘の報告書を作成したというもの。政府は1956年に原子力委員会を発足させ、その初代委員長に正力松太郎国務相を、委員に湯川秀樹らをおく。これは「第五福竜丸」事件への世論の逆風封じの意図もあったと分析されている。／／福島県内19カ所の海水浴場が今夏の海開きを断念する。
2011. 7. 18	二本松市、本宮市、郡山市、須賀川市、白河市、会津坂下町の肉牛生産農家7戸でセシウム汚染の稲藁を食べさせた牛411頭（うち383頭は須賀川産）の6都県への出荷が新たに判明する。稲藁からは本宮市の農家で最高値の69万Bq／kgを検出、水分補正で計算すれば国の暫定許容量の523倍である。また福島県が県内外へ避難させている肉牛は9300頭でこれらも調査対象としている。新潟県長岡市からも汚染稲藁を食べた肉牛の出荷が判明し、福島県と合算すると農家は全12戸で牛は計505頭となり、これ以前と合算すれば出荷総数は648頭となる。／／「日本原子力文化振興財団」（1969設立）は2009年以降、文科省、経産省からの受託事業としての事業収入が総額3億2300万円となり、運営費は「原発村」の上納金と税金収益額とに達する決算で、役員には清水正孝元東電社長、矢木誠関電社長、三菱、東芝会長などがおり、有名人を使えば主婦は原発に賛成するなどの無責任な宣伝をしていたことが分かる。／／伊達市では勧奨地点の113世帯中79世帯が避難を希望、既に石田地区10世帯は避難済みである。また今後69世帯が避難する見込みである。／／この日までの「東日本大震災」による死者は全体（12都道府県）で約1万5585人（福島県は1764人）、不明者は6県で5070人（福島県は282人）と確認される（警察庁発表）。／／インドのラジャスタン原発第7、8号機（国産加圧水型重水炉、出力計1400MW）が、福島原発事故後初めての原発に着工する。／／モンゴルが同国産のウラン燃料を輸出し、使用済み核燃料は同国が引き取るという文書「包括的燃料サービスCFS」（日、米、モの三国）の原案が明らかになる。
2011. 7. 19	14時00分、例年だと3万3000頭出荷していた福島県の全肉牛が、政府の県への指示で出荷停止と決まる。／／この日の空間放射線量の最高値は、福島市で1.24μSv／時、二本松市で1.28μSv、郡山市で1.12μSv、飯舘村で2.72μSv、浪江町赤宇木で17.1μSv、下津島で9.1μSv、山木屋1.71μSv、小国地区で2.03μSvである。自動車走行モニタリング結

暦　年	事　　項
	果では、相馬市玉野地区で2.91μSv／時、本宮市和田地区で2.92μSv（政府原子力災害対策本部と県災害対策本部との発表）。／／東電は福島第一原発復旧作業から暴力団を排除すると宣言する。この日までの「東日本大震災」による死者は全体（12都道府県）で約1万5592人（福島県は1764人）、不明者は6県で5070人（福島県は195人）と確認される（警察庁発表）。／／福島原発事故を契機に発足の「パリ反原発の会」が菅首相宛てに脱原発とエネルギーの見直しを求める署名2000人分を在パリ日本大使館に提出する。／／九州電力の真部社長がやらせメール事件で辞任する。
2011. 7. 20	元内閣官房参与であり子供被曝で政府を批判して辞任した小佐古敏荘東大教授が、小中学生の被曝線量基準の年間5.00mmSv案を発表する。毎時だと0.60μSvである。／／岩手県一関市、藤沢町の畜産農家（福島原発から150km）5戸の、出荷の牛19頭に与えていた稲藁から2560～5万7000Bq／kg（基準の2～43倍）のセシウムを検出する。／／この日現在、県内の第1次避難者は2199人（全42カ所20市町村で39カ所を使用している）、同第2次で1万2329人（32市町村の旅館、ホテルを使用）である。／／千葉県習志野市立大久保小学校（児童数1027人）の給食で、福島県産の汚染藁を食べた牛肉を使う。鳥取県と沖縄県とを除くすべての都道府県に汚染牛肉が出回っていることが分かる。／／「反原発新聞」（反原発運動全国連絡会）が400号を発行する。
2011. 7. 21	7時20分現在で、福島県内の積算放射線量（単位はmmSv）は浪江町赤宇木で53.85、飯舘村長泥で29.72、福島市杉妻町1.832である。／／南相馬市の4地区59世帯（原町区高倉23世帯、大原21世帯、大谷14世帯、鹿島橲区原1世帯）が特定避難勧奨地点に指定される（政府原子力災害対策本部発表）。／／発がんの影響が明らかになるのは生涯累積線量（内部被曝を含む）が100mmSvと発表する（食品安全委員会）。／／汚染牛肉はすべて国が買い上げる方針である（農林水産省）。／／第一原発に溜まっている高濃度放射能汚染水の浄化処理施設が操作ミスで停止する。／／東日本大震災の復興期間を10年間にして、復旧、復興事業に総額23兆円を出す方針である（政府発表）。／／この日までの「東日本大震災」による死者は全体（12都道府県）で約1万5601人（福島県は1767人）、不明者は6県で4968人（福島県は191人）と確認される（警察庁発表）。／／既に1万2000人が転校している福島県の小中学生は、さらに夏休み中に計1066人〔小913人、中153人〕が転校することが分かる。
2011. 7. 22	岩手、宮城、栃木の三県で、福島県以外の稲藁を食べても肉牛に基準値を超える放射能汚染があった。宮城県産の肉から1150Bq／kg、栃木県那須塩原市（原発から100km）の肉から760～560Bq、岩手県最南部（原発から1500km）からも基準値超を検出する。また宮城県の稲藁を使用した秋田県の2戸の農家からも520Bqを検出する。／／牧草モニタリング検査で伊達市ではセシウム134が580Bq／kg、同137が630Bq検出される。／／鳥取県でも汚染牛肉が確認され沖縄県以外で拡大となる。／／

暦　年	事　　項
	第1次と第2次（旅館、ホテルなど）の避難で県内避難所は557カ所あり、県内避難者は1万4500人に達する。避難は事実上、来月8月で終了させ、事情で移動不可の場合を考慮しても10月末には全面閉鎖する方針を出す（県と市町村発表)。／／この日までの「東日本大震災」による死者は全体（12都道府県）で約1万5605人（福島県は1769人)、不明者は6県で4937人（福島県は276人）と確認される（警察庁発表)。／／奥原希行（本文)、広瀬隆（解説)「チェルノブイリ・クライシス 史上最悪の原発事故PHOTO全記録〔完全復刻〕」(竹書房）刊行。
2011. 7. 23	浪江町など3町村で122人を対象とした内部被曝検査で、全員影響無しの結果が出される（放射線医学総合研究所発表)。／／元原発労働者の浪江町の男性（67歳）がダムの橋から投身自殺する。／／この日までの「東日本大震災」による死者は全体（12都道府県）で約1万5616人（福島県は1771人)、不明者は6県で4949人（福島県は272人）と確認される（警察庁発表)。また「震災関連死」で3県の合計が570人となり、福島県では260人、宮城県では250人、岩手県では60人とされる（各市町村、共同通信発表)。／／日本学術会議で今中哲二京大原子炉実権所助教（60歳、被爆2世）は、平和利用は「経済優先の商業利用」であると批判し、チェルノブイリの調査、教訓から原子力の制御困難や被害の甚大さなどを訴え続ける。小沼通二慶大名誉教授（物理学、80歳）は原子力の危険性に畏敬の念を持てといい、北澤宏一京大名誉教授（超伝導研究、68歳）は巨大な科学技術は市民による統制が必要で、本来は中立的な役割を果たし科学者、技術者の良心を取り戻したいと反省する。
2011. 7. 29	「特集・放射能とお魚」が掲載される。(週刊「金曜日」: 857号、20110729)
2011. 7. 31	東電本社前に「一水会」(鈴木邦夫顧問）など民族派のデモ隊が原発反対の抗議に押し寄せる。「原発を拒み続けた和歌山の記録」(2012年5月刊）は「脱原発」に限れば、デモは党派を超えたと書く。／／原水禁世界大会を福島市で開催、「脱原発」を訴える。
2011. 7	この月、東京大学で学際的な討論会「震災、原発、そして倫理」が開催される。内容の一部は一ノ瀬正樹、伊東乾他共編著「低線量被曝のモラル」(河出書房新社、2012年4月刊）に収録される。放射能被曝について児玉龍彦は書中でも、「線量の問題というよりも、(放射線によって）遺伝子の切れる場所がどこかということです」と述べる。／／同、双葉郡の八町村の避難民が日比谷公園、霞ヶ関、国会議事堂、自民党本部を練り歩くデモを行う。民主党は主催者との面会を無視、野党の自民党がデモを出迎える。この場面をドキュメンタリー映画「フタバから遠く離れて」が捉えるが、2012年ベルリン映画祭で上映され反響を呼んだとき、その会場で船橋淳監督は「日本政府は、なぜ避難民をあのような状態に放置しているのか？」と質問される。
2011. 8. 1	夕方、1号機と2号機の間の配管付近で1万mmSvの放射線量を検出し、調査員が4mmSvの被曝をする。
2011. 8. 2	この日、「毎日新聞」は「原子力政策　危険な原発から廃炉に　核燃サ

暦年	事項
	イクル幕引きを」で、「原発を減らしていく以上、核燃料サイクルは、すみやかな幕引きに向かうべき時だ」「サイクルをやめても国内外で再処理した日本のプルトニウムは推定で40トンを超える。核不拡散の観点から、その処理方策を早急に考えたい」と主張する。
2011. 8. 3	川内村の1世帯（1地点）、南相馬市の72世帯（65地点）が特定避難勧奨地点に指定される。これで計245世帯（227地点）となる。
2011. 8. 6	1945年のこの日、広島に世界初のウラン原爆「リトルボーイ」が投下され、爆心地から2km以内が全壊、全焼し、同年12月までに14万人が死亡する。
2011. 8. 9	1945年のこの日、長崎市北部浦上地区にプルトニウム爆弾「ファットマン」が投下され、1万3000戸が全壊、全焼し、同年12月までに7万4000人が死亡する。本年3月現在、国が発行する被爆者健康手帖を持つ人は21万9410人である。
2011. 8. 10	福島県産米収量は8万2900トンの減少で、予想収穫量は35万6200トンになりそうである（コメ市況調査会社・米穀データバンク発表）。／／この日、「読売新聞」は「核燃サイクル 無責任な首相の政策見直し論」で当時の菅直人首相を批判し、「日本は、平和利用を前提に、核兵器材料にもなるプルトニウムの活用を国際的に認められ、高水準の原子力技術を保持してきた。これが、潜在的な核抑止力としても機能している」と書く。
2011. 8. 11	政府は「原子力安全庁」（仮称）を環境省の外局とする方針を固める。／／県は「脱原発」を基本理念に掲げた「復興ビジョン」を正式決定する。
2011. 8. 14	「特集：東電・政治家・官僚・学者・マスコミ・文化人の大罪」が掲載される。（別冊「宝島 原発の深い闇1」：宝島社、20110814）
2011. 8. 15	山本一典「福島でいきる！ 原発31km地点・100日の記録」（洋泉社）刊行。／／樋口健一（写真集）「原発崩壊」（合同出版社）刊行。
2011. 8. 19	欧州サッカーでゴールキーパーの川島永嗣が相手側サポーターから「カワシマ・フクシマ」と差別発言を受ける。／／広川隆一「福島 原発と人びと」（岩波書店）刊行。
2011. 8. 22	福島県の夏休み中の転校生は小学生918人、中学生613人（計1531人）であり、3月11日以降の小中学生の転校は総計1万4000人となる。
2011. 8. 24	政府の福島除染推進チームが発足する。／／原発事故後、県内外に転園、転校の園児、児童、中学生は1万7600人以上と判明する。
2011. 8. 25	県に出されていた肉牛出荷停止が解除される。／／山本義隆「福島の原発事故をめぐって」（みすず書房）刊行。
2011. 8. 26	第一原発から3km圏内の双葉、大熊両町の住民の初めての一時帰宅が始まる。両町の145人が参加する。／／早場米の放射性物質検査で、二本松市旧大平村で収穫の玄米から暫定基準値（500Bq／kg）を下回る22Bqの放射性セシウムを検出する。県産米からの検出は初めてである。

暦　年	事　　項
2011. 8. 27	福島市で原子力災害からの復興を考える「福島復興再生協議会」の初会合がある。／／政府は汚染地域のうち200mmSv／年の場所で線量が下がり、住民が避難から帰宅出来るには20年以上かかる可能性があるとの試算を示す。
2011. 8. 28	肉牛農家から県産肉牛の出荷が再開される。
2011. 8. 29	民主党代表選挙で野田佳彦財務相が新代表に決定する。翌日に第95代62人目の首相となる。
2011. 8. 30	堀江邦夫著、水木しげる（絵）「福島原発の闇 原発下請け労働者の現実」（朝日新聞出版）刊行。
2011. 8	この月、「原子力損害賠償支援機構」が成立する。／／同、特別措置法が成立し、除染関連費用は東電が負担すると規定される。その総額は見込みで2.5兆円であり、政府は2014年度までに約1.4兆円（うち約6300億円は市町村分）を予算に計上、国直轄分は7700億円である。（民報：20150330）／／4号機の使用済み核燃料プールの、代替冷却系による冷却を開始する。／／南相馬市・女性（89歳）が避難先の借り上げ住宅で自殺する。／／同、群馬県の赤城大沼（標高1345m）のワカサギから640Bqの放射性セシウムを検出する。（朝日：20130626）／／同、国が広野町の緊急時避難準備区域を解除する。東電の住民への賠償は2012年8月で打ち切られる。／／作家の大西巨人が「これまで私は、原子力発電に反対するものであったが、このたびの天災を経験することによって、賛成の立場に転じた」と書く。（文芸誌「季刊メタポゾン」3号：201108）／／ゴルフ場が放射能被害を訴えた裁判で、東電は「放射性物質は無主物」と主張する。
2011. 9. 1	「科学」9月号（岩波書店）が「科学は誰のためのものか」を特集、科学通信「福島第一原発を襲った津波の高さについての疑問」（鈴木康弘、渡辺満久、中田高）、論文「福島原発事故と科学者の社会的責任」（吉岡斉）などを掲載する。「特集・放射能汚染時代」が掲載される。（「世界」9月号：岩波書店、20110901）
2011. 9. 5	民主党の増子輝彦参院議員（福島県選挙区）が参院東日本大震災復興特別委員長に内定する。
2011. 9. 7	2010年9月5日には「原発推進は世界的な潮流」と書いて原発推進だった「東奥日報」（約25万部）が社説で、「『脱原発』の方向性は妥当」「核燃料サイクルは、原発存続が前提だ。サイクルは六ケ所村の再処理工場を含め未完だが、原発全廃を目指すなら遠くない将来、不要になる。早期に位置づけをはっきりすべきだ」と書き、ライバル紙「デーリー東北」（約10万部）を驚かす。
2011. 9. 9	「特集・原発と差別」が掲載される。（週刊「金曜日」：862号、20110909）
2011. 9. 10	鉢呂吉雄経産相（民主党、北海道4区）は、原発事故の被害にあった周辺市町村を「死の町」といい、「放射能をうつす」という趣旨の発言をし引責辞任をする。
2011. 9. 11	世界14カ国の放射線医学や放射線防護学の研究者、専門家による国際

暦　年	事　　項
	会議が福島県立医大で開催される。そこで「科学者や医療関係者は、放射線の影響を住民に説明するのに最大限努力する必要がある」との提言発表がなされる。
2011. 9. 12	先行して県民健康管理調査を受けた3373人の浪江町、飯舘村、川俣町など11市町村の住民のうち、内部被曝線量が最も高かったのは浪江の男児（7歳）と同女児（5歳）で、生涯の積算線量は2mmSv以上3mmSv未満と推計される。
2011. 9. 13	川内村が復旧計画で2012年2月から3月にかけて帰還する方針を示す。
2011. 9. 14	農地の放射性セシウム濃度は、表土を剥ぎ取ることで4分の1以下になると判明したとされる（農林水産省発表）。
2011. 9. 17	「この国と原発① 第2部・司法の限界」の連載が始まる。（毎日：全6回、20110917～22）
2011. 9. 18	「原発事故への道程」が放映される。（NHK・ETV特集：第1、2回、20110918／20110925）
2011. 9. 19	「さようなら原発5万人集会」（東京明治公園）は作家の大江健三郎らが脱原発を呼び掛けた集会だが、主催者側の発表で約6万人が参加する。原発事故後の集会では最大規模となる。
2011. 9. 23	二本松市の旧小浜町の米から500Bq／kg（暫定基準値に同じ）の放射性セシウムを検出し、県が重点調査区域に指定する。／／原発ジプシーの著者の手記である、川上武志「原発放浪記」（宝島社）刊行。
2011. 9. 25	破岩「原発は福島をつぶした」（75ブック）刊行、「なぜ福島県の浜通りに原発ができたか」を所収する。
2011. 9. 30	政府が広野町など原発20～30km圏の「緊急時避難準備区域」を一斉に解除する。東電は住民への賠償を2012年8月で打ち切る。／／雨宮処凛「14歳の世渡り術 14歳からの原発問題」（河出書房新社）刊行。
2011. 9	この月、文科省は放射性物質飛散の調査結果を報告する。「プルトニウム アメリカ 2011」検索によると、プルトニウムは原発から少なくとも45km地点まで飛散、ストロンチウムは少なくとも80km地点まで飛散したことをそれぞれ確認したとある。首都圏でも相次いでストロンチウム（Sr89とSr90）検出の報告がなされている。横浜市港北区の道路脇土と新横浜周辺の噴水沈殿物（横浜市発表）、逗子市の小学校の土（市議発表）などである。追記として2011年11月1日に世田谷区の大気中でも確認したとある。／／この月までに（6月から）東電は、フランス・アレバ社製の除去装置で原発事故直後に出た高濃度汚染水約7万9000トンを処理するが、汚泥と廃液約$600m^3$が発生、海抜10mのエリア内にあるプロセス主建屋の地下階の貯層（周辺は数十mmSv／時と高線量）に保管する。再び津波が発生すれば外部流出の危険性が高い。東電はこの建屋の密封工事の完成を2018年度上期としている。（民報：20170810）
2011. 10. 1	「科学」10月号（岩波書店）が「東北地方太平洋沖地震の科学」を特集、科学通信「放射線測定の現場から　福島第一原子力発電所から放出され

暦　年	事　　　項
	た核種と空間線量の関連性」（小豆川勝見）、論文「なぜ東北日本沈み込み帯でM9の地震が発生しえたのか？」（松澤暢）などを掲載する。
2011. 10. 2	山岡俊介「福島第一原発潜入記 高濃度汚染現場と作業員の真実」（双葉社）刊行。
2011. 10. 9	県の県民健康管理調査で18歳以下の甲状腺検査が始まる。
2011. 10. 10	国は年間被曝線量1mmSv以上の地域の除染の財政措置をするという方針案を決定する（環境省発表）。
2011. 10. 14	第一原発1号機の原子炉建屋がカバーで覆われる。
2011. 10. 15	桜井淳「原発裁判」（潮出版社）刊行。
2011. 10. 18	第一原発1号機の、非常用復水器がある原子炉建屋4階に東電が入り撮影をする。／／菅野典雄飯舘村村長が、「単に権限と財源を渡せ」ではなく「裁量権をこちらによこしてほしい」と繰り返し国に要請しているという。菅野は総額3000億円以上の除染費用を国に要求するが、村に残された選択肢は「除染」しかなく、それは村民中から「除染リーダー」を育て、除染作業での雇用を確保しようという帰村の考えであり、結果的には国の意向に沿う考えでしかない。（毎日：20111018）／／「日本を創る 原発と国家—原子力の戦後史1」の連載が始まる。（民報：20111018）
2011. 10. 20	県議会が第二原発を含む県内の原発全10基の廃炉を求める請願を採択する。
2011. 10. 21	2011年度第3次補正予算案を閣議決定、予算総額は106兆3987億円で過去最大となる。
2011. 10. 27	内閣府の食品安全委員会は「生涯の累積線量が100mmSv以上で健康への影響が見いだされる」とする評価書をまとめ厚労省に答申する。
2011. 10. 28	第一原発の廃炉終了まで「30年以上かかると推定」との見通しを原子力委員会専門部会が示す。／／第一原発1号機の原子炉建屋のカバー天井部の照明が使用可能となる。
2011. 10. 29	環境省が中間貯蔵施設を3年程度を目処に県内に整備し、30年以内に県外で処理するとする工程表を発表する。
2011. 10	この月、政府は2015年1月を目処に中間貯蔵施設を稼動させる基本的な方針をまとめ福島県内の市町村に通達する。内容は施設の確保、維持管理は国の責任で行う、汚染土壌などは福島県分のみを搬入する、30年以内に福島県外で最終処分を完了させるなどである。中間貯蔵施設とは、福島県内の除染で除去した土壌や焼却灰（高濃度の放射性物質）などを最長30年間保管する施設であり、2800万m^3の搬入を想定（帰還困難区域分を含む）しており、現在は大熊、双葉両町の16km^2が予定地としてあげられている。／／同、県知事は2011年産の県産米の安全宣言をする。／／熊野勝之が論文「騙されたことに対する責任—福島原発事故と伊方原発最高裁判決」を発表する。（消費者情報：財団法人関西消費者協会、201110）

暦 年	事 項
2011. 11. 1	この日の空間放射線量の最高値は、福島市で 1.02 μSv／時、二本松市で 0.87 μSv、郡山市で 0.85 μSv、飯舘村で 2.14 μSv、浪江町赤宇木で 14.6 μSv、下津島で 7.0 μSv、山木屋 1.49 μSv、小国地区で 1.83 μSv である。／／この日までの「東日本大震災」による死者は全体（12 都道府県）で約 1 万 5829 人、不明者は 6 県で 3686 人と確認される（警察庁発表）。／／「科学」11 月号（岩波書店）が「チェルノブイリの教え」を特集、インタビュー「チェルノブイリ事故時の言葉から何を引き出すか？—七沢潔氏に聞く」、論文「“100 ミリシーベルト以下は影響ない”は原子力村の新たな神話か？」（今中哲二）などを掲載する。
2011. 11. 2	未明に第一原発 2 号機の原子炉内で、核燃料ウランやプルトニウムの核分裂反応を起して出来る物質である放射性キセノンを検出し、ホウ酸水を注入する。核分裂反応が連鎖的に続く臨界が局所的に起きている可能性がある（東電発表）。／／福島市山口地区でで 3.0 μSv／時を検出する。／／警戒区域内で 1000 頭の牛が野性化していることが分かる（県発表）。2010 年 8 月時点では同区域には牛が 3500 頭いた。／／世田谷区内の都の施設の敷地で、大気中浮遊物質から放射性ストロンチウム 90 を 0.1111Bq／㎤検出する。杉並区の小学校では高さ 1cm のシート部分から放射線量 3.95Bq／時を検出する。／／東電は JA 農畜産物賠償対策県協に、桃の損害 23 億 1000 万円の初の本払いをする。
2011. 11. 3	2 号機の原子炉格納容器からのキセノン検出の原因につき、臨界ではなく燃料内の放射性物質で自然に起きる「自然核分裂」との見解を示す（東電発表）。（民報：20111111）
2011. 11. 4	東電は 11 月 1 日 20 時頃に、2 号機の原子炉格納容器内での高い放射性キセノン検出とホウ酸水の注入とを検討していたのに、県災害対策本部への通報は 2 日午前 1 時 14 分だったことが分かる。県は東電に厳重抗議をする。／／政府は被害者の早期救済と経営合理化のため、東電に総額 1 兆 109 億円の支援を決定する。また広野町と川内村との非結球性葉菜類とカブの出荷制限を解除する。／／東日本大震災の揺れで発生した「大気の波」が、30 分後に高度 300km 上空まで到達し同心円状に広がるのを観測する（情報通信研究機構発表）。
2011. 11. 6	「特集・フクシマを考える」が掲載される。（「すばる」12 月号：集英社、20111106）
2011. 11. 7	双葉町は東電と賠償交渉を行う弁護団結成を決める。／／「プロメテウスの罠 観測中指令」の掲載が始まる。（朝日：20111107）
2011. 11. 8	南相馬市の柿 1 点から放射性セシウム 670Bq／kg を検出する。
2011. 11. 9	この日の空間放射線量の最高値は、福島市で 1.02 μSv／時、二本松市で 0.86 μSv、郡山市で 0.86 μSv、飯舘村で 2.13 μSv、浪江町赤宇木で 15.8 μSv、下津島で 7.4 μSv、山木屋 1.46 μSv、小国地区で 1.82 μSv である。／／喜多方市の加工業者試作のドクダミ 1 点から 620Bq／kg を検出し採取の自粛を要請される。

暦　年	事　　項
2011. 11. 10	水素爆発を起こした 4 号機の原子炉建屋を調査の結果、4 階の空調ダクト付近を中心に爆発が起きた可能性が高まる。また 3 号機と繋がる配管から水素が流れ込んだとの見方も強まる（東電発表）。／／福島市立幼稚園協会（加盟は 20 園）は東電に対し、原発事故の損害賠償として約 2 億 8000 万円の支払いを請求する。約 500 人の園児が放射線への不安などで退園、休園している。（民報：20111111）／／県の牛糞堆肥検査で 209 点中、121 点で暫定許容値（400Bq／kg）を超す。
2011. 11. 11	大気中の放射線量は、福島市杉妻町で積算線量が 3.155mmSv／時、飯舘村長泥（第一原発より北西 33km）で同 47.95mmSv、浪江町赤宇木で同 89.51mmSv である。／／原発事故から 8 カ月が経って、県内の死者は 1885 人（10 日午後 5 時現在、県発表）、行方不明者は 224 人（同、県警発表）となる。／／瓦礫は推計で約 438 万トン発生し、うち約 155トンは仮置き場へ搬入する。汚泥は約 1 万 6000トンが仮置きのままである。（民報：20111111）／／1997 年に東電が 130 億円で建設し、後に福島県に寄付して現在は事故復旧拠点になっているＪヴィレッジが公開される（現在の放射線量は平均 0.5 μSv／時）。ここより 1 日 3000 人が原発作業に送り出されており、サッカー練習場には 1m^3 の鉄製コンテナ 4000 個に、使用済み防護服などの放射性廃棄物（ここは 2～3 μSv／時）がある。練習場の放射線量は 2.0～3.0 μSv である。
2011. 11. 12	国と東電は事故後初めて第一原発を報道陣に公開する。取材に応じた吉田昌郎所長が「もう死ぬだろうと思ったことが数回あった」と語る。
2011. 11. 13	水俣の漁師の緒方正人が白河市での講演会で、水俣病は水銀の不法投棄「事件」、福島原発事故も不可抗力の意味での「事故」と呼んでいいと語る。
2011. 11. 14	二本松と白川で猪の肉から放射性セシウムが暫定基準値 500Bq／kg を超える。
2011. 11. 15	児玉龍彦東大教授が、日本原子力研究開発機構が公募した除染モデル事業に対して、「原子力発電を推進してきた機構と原発施工業者で独占する除染では、国民の信頼を得られない」と批判する。原子力機構は大成建設、鹿島、大林組に 72 億円で委託を決定している。／／南相馬市の水田（農地土壌）の 17 地点で 5000Bq／kg を検出する。調査は 9、10 月であった。水田の最高値は大原地区の 8980Bq で、畑の最高値は大原地区の 1 万 406Bq である。／／第一原発事故で放出の放射性物質が岐阜県、中国・四国地方山間部、北海道にも拡散し沈着した可能性があるとの指摘がある。3 月 20 日～4 月 19 日間で量を算出している（日米欧の研究チーム、この日付けの米国科学アカデミー紀要電子版に発表）。／／第一原発事故を調査する民間の立場での「福島原発事故独立検証委員会」が発足する。
2011. 11. 16	第一原発第 3 号機の原子炉建屋内配管付近で 1300mmSv／時を検出する。3 号機はこれまででの最高値となる（ロボット測定、東電発表）。／／福島市大波地区の農家 1 戸で、収穫の玄米から暫定基準を超えるセシウ

暦年	事項
	ム630Bq／kgを検出する（県発表）。（朝日：20131001）米の基準値超は初めてである。翌日、政府は大波地区の収穫米の出荷停止を指示し、第一原発事故で初めてのコメ出荷停止となる（原子力災害対策特別措置法）。／／この日時点で、震災と原発事故とによる県外避難者は6万251人となる（県内避難者は9万3000人）。／／第一原発事故により放出の放射性物質は太平洋を横断し10日で地球を一周する。セシウムは4月までに70～80%が海に落ち、陸地に降ったのは30%程度とされる（気象庁気象研究所発表）。
2011. 11. 17	会津若松市の加工者の乾燥食品から放射性セシウム550Bq／kgを検出。西郷村の乾燥ドクダミからも放射性セシウム3400Bqを検出。／／県の牛糞堆肥検査で全140点中の64点から暫定基準値400Bqを超える放射性セシウムを検出する。
2011. 11. 18	大熊町民14人が「事故から半年経過後は精神的損害減額」の方針を撤回するよう「原子力損害賠償紛争解決センター」に申立する。／／福島除染推進チーム次長人事で、女性問題で停職1カ月の懲戒処分を受けた西山英彦（54歳）を任命（福島市赴任）、県幹部は県民軽視と憤る。／／細野豪志環境相が、福島の皆さんの理解を得られるとは思わないが任期中は大臣給与の全額を返納すると発表する。／／海渡雄一「原発訴訟」（岩波書店）刊行。
2011. 11. 19	半径20km圏内（警戒区域）への一時帰宅が南相馬市（293人参加、最大5.16μSv／時）と富岡町（851人参加、最大10.50μSv）で行われる。
2011. 11. 21	放射能汚染水が約4000km先の日付変更線まで広がり、濃度は放射性セシウム137で0.1～0.01Bq／ℓである。これは飲料水基準の2000分の1だが、事故前の10倍以上である（海洋研究開発機構発表）。／／この日の空間放射線量の最高値は、福島市で0.97μSv／時、郡山市で0.78μSv、飯舘村で2.037μSv、浪江町赤宇木で15.1μSv、下津島で6.6μSvである。
2011. 11. 22	会津若松市産の目薬の木の加工食品から基準値を超す710Bq／kgのセシウム検出する。／／県内牛糞59点で暫定許容値の400Bq／kgを超える（県発表）。／／大熊町は最大空間放射線量55.60μSv／時で、個人積算射線量133μSvだが、741人が一時帰宅をする。
2011. 11. 23	「3. 11大震災 福島と原発 第2部立地の遺伝子」の連載が始まる。（民報：20111123）
2011. 11. 24	阿武隈川から海に出る放射性セシウムは1日に524億Bqで、東電が4月に海に放出した低濃度汚染水の840億Bqを2日で超えることが分かる。岩沼市河口付近でセシウム137が1日に290億5000万Bq、セシウム134が1日に233億5000万Bq運ばれ、伊達市中流ではセシウム137と134とで1日に1765億Bq運ばれている（京大、筑波大、気象研究所が合同で発表）。／／牛糞堆肥検査で放射性セシウムが64点において暫定基準値超える。また広野町海域のメバル1点から暫定基準値を超え

暦　年	事　　　項
	る放射性セシウム 580Bq／kg を検出する（県発表）。／／岩手、宮城、福島の三県で消防団員の死亡は 241 人、不明者は 12 人で計 253 人となる。福島県は死者は 27 人、不明は 0 人。／／福島県で県内外避難や転居者は 15 万 2945 人となる（17 日現在、東日本大震災復興対策本部発表）。／／東日本大地震規模の巨大地震が東北太平洋沖で過去 2500 年に 4 回起きていたことが判明し、地震が繰返す平均間隔を 600 年程度と修正する（政府地震調査委員会発表）。
2011. 11. 25	大気中の放射線量は、福島市杉妻町で積算線量が 3.327mmSv／時、飯舘村長泥（第一原発より北西 33km）で同 50.11mmSv、浪江町赤宇木で同 93.75mmSv である。／／政府は伊達市と南相馬市とにおいて新たに 33 地点を「特定避難勧奨地点」として追加指定する。伊達市は 13 地点 15 世帯で、内訳は下小国 4 世帯、石田 1 世帯、富成 10 世帯であり、南相馬市は 20 地点 22 世帯で同、鹿島区橲原 2 世帯、原町区大原 11 世帯、同高倉 2 世帯、同馬場 7 世帯である（政府原子力災害現地対策本部発表）。渡利 700 戸を年度内に除染すると決定する（市定例議会発表）。／／この日までの「東日本大震災」による死者は全体（12 都道府県）で約 1 万 5840 人（福島県は 1915 人）、不明者は 6 県で 3611 人（福島県は 221 人）と確認される（警察庁と文部科学省の発表）。／／三陸北部沖から房総沖までの海溝寄りの岩板プレートの間で、「明治三陸沖地震」（1896 年 6 月 15 日発生、M8.2、地震発生後 30 分で 38.2m の津波が襲来、死者 2 万人以上を出す）規模の地震発生率が、今後 30 年間内で 30％あるとされる（政府地震調査委員会発表）。
2011. 11. 26	福島市で国際放射線防護委員会（ICRP）が原発事故からの生活環境回復に向けたセミナーを開催する。
2011. 11. 27	「原発“安全神話”崩壊」が放映される。（NHK・TV スペシャル：20111127）
2011. 11. 28	この日、東電の社内調査委員会が記載した中間報告によると、事故前に社内的な試算結果を得ていたのだが、原発を襲う津波の高さは 10m を超えるという結果（2011 年 11 月 27 日の NHK・TV「『安全神話』の崩壊」でも事実を確認した）に対し、「具体的な根拠のない仮定に基づくものにすぎなかった」と否定していたことが判明する。（民報：20111129）また最も揺れた 5 号機で損傷がなかったことを根拠にして、地震の揺れによる主要設備の損傷は確認されないともしている。さらに圧力抑制プール付近の 2 号機では、「計器の故障の可能性が高い」と曖昧な記述をし、爆発はなかったとしている。またメルトダウンに至ったのは、1〜3 号機の原子炉が冷却機能を喪失した後に、注水再開や切り替え作業に手間取ったからであり、「途切れない注水」が事故を防ぐ鍵だなどとしている。／／小国地区の米から 580.780Bq／kg の、また月館町の一部の米から 1050Bq のそれぞれ暫定基準値を超える放射性セシウムを検出する（県発表）。／／吉田昌郎第一原発所長が病気療養の理由で、原子力・立地本部に異動することが分かる（東電発表）。
2011. 11. 29	3 月 12 日 19 時過ぎの第一原発 1 号機は、前日に電源喪失で冷却機能を

暦　年	事　　項
	喪失し、真水は殆どなかったが、吉田昌郎所長はこうした情況下で、「これから首相の命令で注水停止を命令するが、言うことを聞くな」（民報・20111130）と前置きし、同19時過ぎに海水注入を続行したことが、この日の政府・東電関係者への取材で明確になる。／／大熊町夫沢でプルトニウム238が1.61Bq／m^2、プルトニウム239と240とが合算で7.52Bq検出される。前者の値の後者の値に対する割合は0.214で、全国平均0.0261を大きく上回っている。／／小国地区と月館町の一部との本年産の米の出荷が停止となる。放射線量が最大で1020Bq／kgであった大波地区に次ぎ二例目で、県の「安全宣言」が揺らぐ（原子力災害対策特別措置法に基づく）。（朝日：20131001）
2011. 11. 30	佐藤雄平福島県知事は「原発の安全神話は根底から覆った」と述べ、県内原発全10基の廃炉を国と東電に求める方針を明らかにする（県庁での記者会見）。／／第一原発1号機で原子炉圧力容器内の核燃料がメルトダウンし、殆どが鋼鉄製の原子炉格納容器に落ち、一番の底まで37cmあるコンクリートの床を最大65cm溶かしたとされ、また2、3号機では溶けた燃料は殆どが圧力容器内にあるとされる（東電発表）。スリーマイル島原発事故では炉心融解の燃料は圧力容器内に留まった。／／東電幹部が福島市長を訪れ謝罪のうえで、大波地区のコメの全量購入は「困難」と回答する。／／いわき市沖の魚介類5点から放射性セシウムを検出、アイナメは1780Bq／kgであった。／／県弁護士会有志33人による「ふくしま原発損害補償弁護団」が正式に発足する。／／この日の空間放射線量の最高値は、福島市で1.01μSv／時、二本松市で0.84μSv、郡山市で0.80μSv、飯舘村で2.02μSv、浪江町赤宇木で14.1μSv、山木屋で1.27μSv、下津島で6.7μSv、小国地区で1.81μSvである。／／東日本大震災による福島県の死者は1933人、同、不明者は221人である。／／欧州放射線リスク委員会（ECRR）編、山内知也監訳「放射線被ばくによる健康影響とリスク評価」（明石書店）刊行。
2011. 11	この月、厚生労働省幹部が東電福島第一原発の対応を担う後輩から、WHOが作成中の原発事故に伴う被曝線量報告書の草案につき「大変です」との携帯電話を受ける。内容は浪江町の乳児の甲状腺局所の被曝線量は300mmSv～1000mmSv、東京、大阪の乳児も10mmSv～100mmSvだというもの。日本政府は「WHOの推計は実態と懸け離れて高い」と修正を働きかけ、食品検査結果などの新データを提供するなどする。国連科学委員会のチェルノブイリに関する報告では、避難民の甲状腺被曝は数百mmSvとされ、50mmSv以上で甲状腺ガンが増えていたとする報告や論文がある。（朝日：GLOBE版、20141207）／／同、南相馬市の大和田みゆきの一家は、原発事故直後から半年以上、自宅で屋内退避をしていたが、11月に相馬市の仮設住宅に引っ越す。この一家の三女は福島県の甲状腺検査を受診し結果は「A2」（4段階の下から2番目）であったが「小さな嚢胞があるが、経過観察でいい」とされる。／／同、浪江町の男性（58歳）が原発事故で建設の仕事を失い割腹自殺をする。

暦　年	事　　項
2011. 12. 1	「使用済み核燃料プール」は水を循環させ冷却しているが、第一原発事故後では燃料熱で水が蒸発していることが判明する。1号機の水量は990トン、同2〜4号機は1390トンだが、とくに収容能力が1590体で、事故時には1535体収容している4号機は、発熱量は1〜3号機の3〜12倍で、4月に水位が5.5m低下し（低下は4時20分過ぎまで続く）、燃料の上端1.5mに迫っていた。あと1.5m以上下がれば燃料棒剥き出しであった（東電発表）。／／太田圭祐「南相馬10日間の救命医療」（時事通信社）刊行。広瀬隆、保田行雄、明石昇二郎編著「福島原発事故の『犯罪』を裁く」（宝島社）刊行。／／「科学」12月号（岩波書店）が「核と原発」を特集、科学時評「福島原発震災後の科学者の社会的責任」（樫本喜一）などを掲載する。
2011. 12. 2	福島市渡利の山あいの農家3戸から最大590Bq／kgの放射性セシウム検出する。大波地区でも新たに農家2戸から同640〜760Bqを検出する。さらに後者からは既に基準値超えの農家1戸から最大で同1100Bqを検出する。県内では合計18戸となる（県が調査と発表）。／／上下水汚泥の放射性セシウムの濃度が「8000〜10万Bq／kg以下」は埋立時にセメントでの固定化の必要はないとする（環境省発表）。／／文科省が学校給食の食材中の放射性物質濃度を「40Bq／kg以下」としたことにつき、小宮山厚生労相が「給食の基準を示したものではない」とする。従来は厚労省の一般食品への暫定基準値は500Bqだったので、厳しい基準となり福島県で混乱する。／／原発輸出の「世界3大強国」を目指す韓国で（全21基あり総発電量の30%を占める）、日本海に面する慶尚北道と蔚珍での、共に加圧水型軽水炉で出力1400MWメガワット、総工費4300億円の2基の原発新設を許可する。日本海沿いでは既に他の2基の試運転開始も認可中である（韓国原子力委員会）。
2011. 12. 3	自治体と国を結ぶ「オフサイトセンター」（第一原発から5km、第二原発から11km）は原子力災害対策特別措置法に基づく組織だが、3. 11の福島原発事故では13省庁から40人招集のはずが20人しか集まらず機能が果たせなかった。各地で原発からより遠くに置く「代替施設」案が相次いでいる。
2011. 12. 5	政府は旧福島市の本年産米に出荷停止の指示を出す。これで3例目である。対象農家は同市全体の農家の1割に当たる406戸で、作付面積は165万haとなる。これは同農家の作付面積の約8%である。／／会津若松市と県が実施の路面清掃で、収集した土砂から0.2μSv／時の放射能を検出する。この土砂の1m上の空間線量は0.4〜3.5μSvである。土砂の処分先は未決定で市内に仮置き中である。／／この日までの「東日本大震災」による福島県の死者は全体は1937人で、同不明者は221人と確認される。
2011. 12. 6	第一原発で高濃度汚染水処理をした後に、淡水化装置から漏れたストロンチウムなどを含む汚染水150ℓが海に流出する。放射性物質の量は260億Bqとされる（東電発表）。／／大手株式会社の粉ミルクから放射性

暦　年	事　　項
	セシウム30.8Bq／kgを検出する。暫定基準値は200Bqだが、福島第一原発事故で、3月14日～20日の間に大気中に飛散したセシウムが混入した可能性がある。／／会津と県南の一部とを除く、賠償対象の23市町村（福島市、郡山市、いわき市、相馬市、二本松市、須賀川市など）の全150万人に、自主避難、残留者同額で精神的損害を含め、住民一律8万円、妊婦や子供などに40万円をそれぞれ支給することが決定する（文科省の原子力損害賠償紛争審査会発表）。
2011. 12. 7	二本松市の稲作農家が全248戸の旧渋川村のコメから780Bq／kgの放射性セシウムを検出する（県発表）。これで福島県全体でコメの汚染は計22戸、270点となる。／／この日の空間放射線量の最高値は、福島市で1.01μSv／時、二本松市で0.75μSv、郡山市で0.80μSv、飯舘村で2.04μSv、浪江町赤宇木で14.4μSv、下津島で6.9μSv、山木屋1.26μSv、小国地区で1.60μSvである。
2011. 12. 8	国会事故調査委員会が発足し、2012年2月上旬までに第一原発1号機の現地調査をすることを決定する（2013年2月7日、「東電が国会事故調に虚偽」を参照）。／／「アヒンサー」第3号が発行される（前出）。
2011. 12. 13	避難区域住民の原発事故後4カ月間の外部被曝線量は最大19mmSvという（県発表）。
2011. 12. 16	野田佳彦首相が「事故収束」を宣言する。「原子炉は冷温停止状態に達し、事故が収束に至った」という認識を示す。
2011. 12. 20	厚労省が食品中の放射性セシウムの新たな基準値案を示し、2012年4月から米、野菜は500～100Bq／kgを適用することになる。／／鈴木智彦「ヤクザと原発 福島第一潜入記」（文藝春秋）刊行。
2011. 12. 22	国の「低線量被ばくのリスク管理に関するワーキンググループ報告書」が公表され、100mSv以下での被曝線量での発ガンリスクは他の要因に隠れてしまうほど小さいとされる。しかし、後に世界各地で疫学調査を実施し、累積被曝線量が1mmSv増える毎に白血病による死亡リスクは約4倍高まるという結論が出される。これに関しては、2016年10月12日の福島地裁203号法廷（金澤秀樹裁判長）での「子ども脱被ばく裁判の会」第7回口頭弁論における井戸謙弁護団長の陳述がある。
2011. 12. 24	二本松市の男性（50代）が生産林檎の風評被害で年末支払が滞り自殺する。
2011. 12. 26	政府は2012年3月を目処に避難区域を「帰還困難区域」「住居制限区域」「避難指示解除準備区域」に再編することを決定する。／／野田首相は第二原発に出していた原子力緊急事態宣言を解除する。／／政府の福島第一原発事故調査・検証委員会は、全運転員が1号機の非常用の原子炉冷却装置を作動させたことがないなど、各号機に渡って冷却操作で不手際があり炉心溶融を早めた可能性があることを指摘する。東電は「極めて不適切だ」とする事業者としての中間報告書を公表する。
2011. 12. 27	農水省は放射性セシウムが100Bq／kg超の米を買い上げる農家への支

暦　年	事　　項
	援策を発表する。//佐藤県知事は東電の西沢社長に県内全10基の廃炉を要請し、枝野経産相は原発の実質国有化の検討を指示する。
2011. 12. 28	県が「原子力に依存しない社会づくり」を柱にした復興計画を策定する。//県内の一次避難所が全て閉鎖される。緊急時には403カ所に設置され7万3600人が避難していた。
2011. 12	この月、福島市で暫定基準値を超える1540Bq/kgの汚染米が見つかる。この年の市内米産は旧福島市全域などの分が出荷停止となる。なお学校からの通知には放射性セシウム134、137はそれぞれ10Bq未満(「安全基準」は100Bq以下)であることを確認した、2012年産玄米を給食に使用したなどと書かれている。しかし2012年産米も市内で米作30地域のうち27地域で玄米50Bqを超える米が見つかっている。(朝日：20131003)//同、吉田昌郎が病気療養で福島第一原発所長を退任する。//同、政府がベトナム、韓国(ともに発効は2012年1月)、ヨルダン(発効は2012年2月)、ロシア(発効は2012年5月)との間に原子力協定を結ぶことが国会承認される。//年末、群馬県の赤城大沼の湖底で採取した泥の検体から950Bqの放射性セシウムを検出する。(朝日：20130626)
2011	この年、ドイツは「脱原発」を早め、2022年にゼロにすることを決める。
2012. 1. 1 (平成24)	「放射性物質汚染対処特別措置法」が施行される。//「特集：東日本大震災・原発災害」が掲載される。(「世界 破局の後を生きる」別冊826号：岩波書店、20120101)
2012. 1. 4	政府が2011年産米の伊達市旧堰本村での出荷停止を指示、米の出荷停止は福島、伊達、二本松の3市の9地区となる。//井戸川克隆双葉町長が中間貯蔵施設の町内設置拒否を正式表明する。
2012. 1. 6	細野環境相、原発事故担当相は原子炉等規制法の見直し案を発表し、原発の運転期間を40年に制限する。
2012. 1. 9	第一原発の汚染水浄化システムの一部で、放射性物質を除去後の処理水11ℓが漏れる。凍結防止用のヒーターの故障で水が凍り装置が壊れたことが原因とされる(東電発表)。
2012. 1. 11	歴史春秋社編「福島県民23人の声　3. 11大震災と原発を乗り越えて」(歴史春秋社)刊行。
2012. 1. 15	二本松市内の新築マンションで高い放射線量が測定され、コンクリートの材料に浪江町(計画的避難区域)の砕石が使用されていたことが判明する。これは2011年6月に砕石の汚染を疑いつつ出荷規制を見送っていたからで、砕石は5280トンが出荷されており、翌日より県などが流通ルートを調査することになる。
2012. 1. 16	SPEEDIの試算結果が公表前に米軍に提供されていたことが分かる。
2012. 1. 18	東電は県民の健康検査費用として250億円を県に賠償する方針を決める。

暦　年	事　　　項
2012. 1. 20	日隅一雄、木野龍逸「福島原発事故・記者会見 東電・政府は何を隠したか」（岩波書店）刊行。
2012. 1. 21	第一原発事故で作業員全員が退避した場合、1年間は放射性物質の大量放出が続くとする「最悪シナリオ」が封印されていたことが判明する。
2012. 1. 23	政府の原子力災害対策本部の会議の議事録が事故直後より作成されていないことが分かる。
2012. 1. 27	大鹿靖明「メルトダウン　ドキュメント福島第一原発事故」（講談社）刊行。
2012. 1. 29	第一原発で凍結が原因とみられる水漏れがあり、4号機の使用済み核燃料プールの冷却が約2時間停止する（東電発表）。
2012. 1. 30	県の転出者が転入者を上回り、転出超過が3万1381人となり48年ぶりに3万人を超す（総務省発表）。／／安田純治（解説）、澤正宏（編集、解題、解説）「福島原発設置反対運動裁判資料集」全3巻、第1回配本（クロスカルチャー出版）刊行。
2012. 1	この月より、「放射性物質汚染対処特別措置法」に基づき、追加線量が1mmSv／年以上の地域の除染は市町村が、汚染が著しい原発周辺地域などは国がそれぞれ担当する（事業は業者に委託）。2013年度までで事業費は1兆円程度であり、東電が負担する。／／この月頃、最高裁司法研修所（埼玉県）で裁判長クラスの裁判官35人が「福島第1原発事故で明らかになった事情を原発訴訟の中でどう考慮するか」について意見を出し合う。会には行政訴訟を経験した弁護士も参加、研修の担当者は「事故を目の当たりにして、裁判官としてどう訴訟に取り組むかを考えるきっかけになった」と話す。（朝日：20120503）
2012. 2. 1	この日現在、福島県の避難者数は15万9168人（県外6万2267人、県内9万6901人）で、県内の仮設住宅入居者は3万1580人となる。（民報：20170221）
2012. 2. 2	県知事が2012年度の県当初予算を発表、過去最大規模の1兆5764億円となる。
2012. 2. 3	県の2011年産米の放射性物質緊急調査結果では500Bq／kg超は全体の0.2%ととなる（県発表）。
2012. 2. 6	第一原発2号機の原子炉圧力容器底部の温度計は70度前後の状態を続けている（東電発表）。
2012. 2. 8	山本太郎「ひとり舞台 脱原発―闘う役者の真実―」（集英社）刊行。
2012. 2. 9	広瀬直己東電常務が、長期避難が避けられない住民の不動産は全額賠償の方針だと表明する。
2012. 2. 10	復興庁が発足する。／／佐藤県知事が精神的損害賠償の対象外となった県南、会津26市町村へ現金給付を検討すると表明する。
2012. 2. 13	東電などが提出の「第2次緊急特別事業計画」を政府は認定し、原発事故の賠償で6894億円の追加支援を決定する。

暦　年	事　　項
2012. 2. 15	浪江町の砕石場の砕石の核種分析の結果、採取の砕石31点の全てから放射性セシウムを検出、最大で12万200Bq／kg（生コン用）を測定する。
2012. 2. 19	第一原発2号機の原子炉圧力容器への冷却水の注水量を17.6トン／時から136トンに下げる（東電発表）。
2012. 2. 20	東電が第一原発を報道陣に公開、収束とはほど遠い実態が明らかとなる。／／県は浪江町、飯舘村と川俣町山木屋地区の住民計1万468人の外部被曝線量（事故後4カ月間の量）を推計値を発表する。9747人（放射線業務従事経験者は除く）のうち5636人（57.8％）が1mmSv／時未満で、女性2人が20mmSv超である。／／恩田勝亘「福島原発 現場監督の遺言」（講談社）刊行。
2012. 2. 22	県内の仮設住宅には約1万3000世帯、約3万1000人が暮らすが、1323人が65歳以上の1人暮らしであることが判明する（県発表）。／／アーニー・ガンダーセン「福島第一原発――真相と展望」（集英社）刊行。
2012. 2. 24	環境省は国が直轄で除染する区域の一部を、100m四方毎に空間線量で測定する。最高値は双葉町山田（第一原発西約4km）の470mmSv／年（89.9μSv／時）である。
2012. 2. 26	中間貯蔵施設設置などを協議する双葉郡内8町村長と国との意見交換会が中止となる。町長でもあり双葉地方町村会町でもある井戸川克隆が、「政府との信頼関係に問題が生じた」と会合を拒否し欠席したことによる。
2012. 2. 27	大熊町から避難の夫婦が、放射能被害で住めなくなった住宅損害を含む計約2300万円の東電からの支払いで和解する。住宅損害分の和解成立は初めてである。
2012. 2. 28	東電は国会事故調に2011年10月18日撮影の1号機建屋の写真を見せて、この撮影時は光が差しているが今は真っ暗と虚偽の説明をし、事故調の調査を断念させる（2013年2月7日の記事、参照）。／／東電が妊婦と18歳未満の子供には一律20万円増額、2011年末までの損害分として1人当たり60万円を支払うとする自主避難の賠償基準を発表する。
2012. 2	この月、原発対応の中枢として福島県警内に災害対策課を設置する。2015年に入っても続く。この頃はウルトラ警察隊という名前で特別出向者として22都道府県の警察官350人が福島県警に入る。出向期間は原則として1年間である。／／同、栃木県の中禅寺湖でヒメマスから196Bq／kg、ブラウントラウトから280Bqの放射性物質を検出する。海水魚に比べ淡水魚は、生育環境の差、浸透圧の関係から放射性物質が排出され難い。（朝日：20130623）
2012. 3. 1	福島県広野町（震災前の人口約5500人、現在は約340人）役場が避難先のいわき市から戻り事務を再開する（2011年9月30日、政府が広野町など原発20～30km圏の緊急時避難準備区域を解除したため）。町内の高野病院（高野己保事務長、45歳）は30km圏内で事故後も避難せず入院医療

暦　年	事　　項
	を続けた唯一の民間病院だが、この日時点では常勤医師1人（以前2人）、看護師3人（同9人）、准看護師13人（同24人）、介護職員18人（同24人）である。
2012. 3. 5	長谷川健一「原発に『ふるさと』を奪われて 福島県飯舘村・酪農家の叫び」（宝島社）刊行。若松英輔「放魂にふれる―大震災と、生きている死者―」（トランスビュー）刊行。
2012. 3. 7	2月23日とこの日との聴取で、鈴木寛元文部科学副大臣は原発事故直後に「SPEEDDI（緊急時迅速放射能影響予測ネットワークシステム）」（放射能物質の拡散状況を予測）のデータが公表されなかった問題につき、判断は全体状況を知る原子力安全委員会が行うべきだったとの認識を示し、安全委の対応能力の欠如を批判している。具体的には「SPEEDDIを早く出せということは、我々は安全委に何度も言った。とにかくまず記者会見をやれと、毎日のように言い続けてきた」、会見が開かれず、委員や事務局職員に対して「法律で定めている任に堪えないという認識を抱いた」、安全委は「権限を行使し得る人的体制になっていない」と指摘している。（朝日：20140912）
2012. 3. 11	福島県内の2011年3月12日～7月11日間の実測積算線量と1年間（2012年3月11日時点）の実測積算線量とは次の通りである（単位mmSv）。原町区大原字蛇石9.2／22.1、同区高倉字同前7.7／18.1、同区大原台畑6.6／13.3、伊達市上小国8.4／21.4、同市宝司沢8.4／19.0、同市下小国7.2／18.0、福島市南向台5.0／13.6、本宮市和田6.0／12.6、飯舘村長泥37.4／99.7、飯舘村比曽42.5／87.7、葛尾村葛尾50.5／108.4、浪江町赤宇木椚平93.0／222.0、同昼曽根97.8／236.7。（文科省発表）／／「原発いらない！　3. 11県民大集会」（郡山市）が開かれ、全国から約1万6000人が参加する。／／福島原発事故独立検証委員会著「福島原発事故独立検証委員会調査・検証報告書」（ディスカバー）、東京新聞原発事故取材班「レベル7　福島原発事故、隠された真実」（幻冬舎）、森功「なぜ院長は『逃亡犯』にされたのか―見捨てられた原発直下『双葉病院』恐怖の7日間」（講談社）、石田雄「安保と原発―命を脅かす二つの聖域を問う」（唯学書房）など刊行。
2012. 3. 15	この日、ヨウ素131（限度は1mmSv／年、半減期は8日）の調査で浪江町と科学者が動き、床次真司弘前大学教授が福島に入る。以下はその独自調査の結果である。新しい機械で測定したところ、62人中46人からヨウ素131を検出、46人の甲状腺への取り込みは最高33mmSv（40歳代男性）、子供の線量に換算すると63mmSvになる。また、まとまってヨウ素131が放出されたのは2011年3月12日午後2時以降、最大は14日午後6時30分以降。15日朝まででヨウ素131の放出量は20.6京Bq（いわき市では2000Bq／m^3のヨウ素131を検出、浪江町と飯舘村では1万Bq／m^3のヨウ素131を検出）。2012年12月、浪江町で調査をすると、ヨウ素131の被曝は125人で（20歳未満は1人）、全体の被曝量は1～33mmSv、33mmSvは70歳代女性、未成年は4mmSvであった。

暦　年	事　　　項
	(NHK・TV：NHKスペシャル：空白の初期被曝、20130112)／／槌田敦、山碕久隆、原田裕史「福島原発多重人災 東電の責任を問う」(日本評論社)刊行。
2012. 3. 16	福島原発告訴団が結成される。
2012. 3. 20	ロシナンテ社編「3. 11原発震災 福島住民の証言」(ロシナンテ社)刊行。／／「特集・わたしたちと原発」が掲載される。(「朝日ジャーナル」臨時増刊：20120320)
2012. 3. 24	e―シフト(脱原発・新しいエネルギー政策を実現する会)編「原発を再稼働させてはいけない4つの理由」(合同出版)刊行。
2012. 3. 27	避難区域外の賠償で、県は精神的損害として会津地方の妊婦と子ども(18歳以下)に1人当たり20万円、県南地方の同対象者に10万円、両地方のそれ以外の住民に4万円を給付する方針を出す。
2012. 3. 30	開沼博「『フクシマ』論――原子力ムラはなぜ生まれたのか」(青土社)、今西憲之、週刊朝日取材班著「原福島原発の真実 最高幹部の独白」(朝日新聞出版)などをそれぞれ刊行。
2012. 3. 31	2011年3月11日から今日までに、福島第二原発で確認された異常は約2800件で、うち原発の安全性に直結する重大なものは72件(非常用ディーゼル発電機水没など殆どが津波関連)と東電が公表する。(民報：20120609)／／この日時点で、「震災関連死」が1632人となり、66歳以上が89.5%を占めることが分かる。市町村別では南相馬市が282人で最多である(5月11日、復興庁発表)。／／佐野眞一、和合亮一「3. 11を越えて―言葉に何ができるのか」(徳間書店)刊行。
2012. 4. 1	田村市と川内村とで避難区域が解除される。同区域再編に伴うもので2例目となる。／／この日現在、県の推計人口は196万9852人となり、1975年9月1日現在以来の197万人割れである(この統計の公表は4月20日)。／／同、県内の15歳未満の子どもは25万6908人で、前年同時期比で1万5494人の減少である。減少数は例年の2倍以上で、県人口に占める割合は過去最少の13.1%となる(5月4日、県発表)。／／同、18歳未満の県外避難の子どもは市町村が確認しているだけで1万7895人である(5月14日、県発表)。
2012. 4. 5	第一原発で汚染水の淡水化装置と仮設タンクとを結ぶ配管が抜けて汚染水(高濃度放射性ストロンチウムを含む)が約12トン漏れ出す(東電発表)。／／ジャパンタイムズ編「英文版　東日本大震災1年―復興への道 The JapanTimes Special Report 3.11 one year on A chronicle of Japan's road to recovery」(ジャパンタイムズ)刊行。／／「科学」4月号(岩波書店)が「がれきの山からの出発―3. 11後の廃棄物問題」を特集、論文「放射性物質で汚染された廃棄物への対処」(森口祐一)などを掲載する。
2012. 4. 7	楢葉町に中間貯蔵施設を先行させて整備する方針が出る(政府発表)。
2012. 4. 9	13日に森林放射性物質汚染対策センターを福島市に開設する(関東森林

暦　年	事　　項
	管理局発表)。
2012. 4. 10	富岡町は避難区域再編で3区域となるが、不動産の一律賠償が全区域で実現しない限り再編に応じないことを決定する。／／高橋昇、天笠啓祐、西尾漠編「『技術と人間』論文選――問いつづけた原子力 1972 ― 2005」(大月書店) 刊行。
2012. 4. 16	南相馬市の警戒区域と計画的避難区域との両区域が解除される。1日の田村市、川内村に続いて3例目である。今後は避難指示解除準備区域と居住制限区域と帰還困難区域との3区に移行する。帰還困難区域の設定は初めてとなる。
2012. 4. 17	東日本大震災の仮設住宅入居期間が2年間から更に1年延長される。民間借り上げの「みなし仮設」も含まれる (厚労省発表)。
2012. 4. 19	電気事業法に基づき第一原発1～4号機の廃炉が決定する。この日付けで廃止となる。大熊町では固定資産税収が歳入の大きな割合を占めてきたので財政への影響は免れない／／公的資金1兆円で実質的には国有化する東電の新会長に下河辺和彦を正式に起用する (政府発表)。下河辺は弁護士で、原子力損害賠償支援機構の運営委員長であり、新会長を受諾する。
2012. 4. 20	原発事故後に福島県にメールで送信されたSPEEDIの試算データが消されていた問題で、受信メール86通のうち65通が消去されていたことが内部調査で判明する (県の災害対策本部発表)。
2012. 4. 22	政府は大熊、双葉、浪江、葛尾の4町村周辺の20年後の空間放射線量予測図を示し、2017年になっても、同4町村での年間積算線量は50mmSvを上回る地域が残ると発表する。
2012. 4. 23	原発を問う民衆法廷実行委員会編「原発民衆法廷①」(三一書房) 刊行。
2012. 4. 25	20日に判明したSPEEDIの試算データ消去の問題で、県は当時の災害対策本部事務局次長で生活環境部次長だった荒竹宏之生活環境部長と、同部管理職の男性職員を書面訓告処分に、消去した2人の男性職員を厳重注意処分とする。
2012. 4. 30	「刑事告発東京電力 ルポ福島原発事故」(金曜日) 刊行。
2012. 4	吉沢正巳 (牧場代表、61歳) の「希望の牧場」(浪江町) が非営利一般社団法人として出発する。牧場のボランティアスタッフとなったジャーナリストの針谷勉 (40歳) と木野村匡謙 (43歳) との支えがあった。／／一般食品に含まれる放射性セシウムの基準値が500Bq／kgから100Bqになる。／／この月、栃木県那須町の黒川のウグイからセシウム420Bq／kgを検出する。(朝日：20130701)
2012. 5. 1	「科学」5月号 (岩波書店) が「放射能汚染下の信頼」を特集、論文「放射線の『確率的影響』の意味」(井上達)、同「環境汚染による健康影響評価の検討」(高岡滋) などを掲載する。
2012. 5. 3	富岡町仮設住宅 (住所は郡山市富田町) で1人暮らしをしていた男性

暦　年	事　　項
	(58歳) が死亡していた。死後約2週間経過しており病死とみられる。
2012. 5. 5	この日、国内で唯一稼動の泊原発3号機（北海道泊村）が定検入りで停止し、これで国内全50基の商業用原発が42年ぶりに全停止となる。
2012. 5. 8	東電の次期社長に広瀬直己常務が内定する。
2012. 5. 11	原発パンフレット〔ホームページに掲載中、電力各社に配布、希望者に無料配布〕「原子力2012（コンセンサス）」（電気事業連合会）の冒頭に、「福島第一原発は、すでに冷温停止に至りました」と掲載、東電福島第一原発1～3号機は「冷温停止中」の記述があることが判明する。「冷温停止」は通常時、原発が安定停止した時に使用する用語で、メルトダウンが起きた第一原発には当てはまらない。しかし「政府の見解は原発全体の評価で、われわれは一基ずつを評価した。冷温停止は、冷温停止状態と同じ意味で使っており、他意はない」と弁明している。こうして1号機は2011年7月以降、2号機は同10月以降、3号機は同9月以降の「冷温停止」としている。また4号機（原子炉建屋が水素爆発）については、5、6号機や東北電力東通原発と同様に「地震発生時、定期検査により停止中」と表現している。(民報：20120512)
2012. 5. 12	双葉郡（全8町村）に対しては初になる、細野豪志環境相兼原発事故担当相ら政府による大熊町住民への直接の説明会が開催され、同町民ら約220人が参加する。中間貯蔵施設については「われわれに説明なくなぜ大熊を候補地にしたのか」「廃棄物の輸送路沿いの線量が上がる」などの、また賠償については「年に二、三回しか古里に帰れないわれわれが月十万円の賠償とは納得いかない」「賠償が進んでいない。東電任せにせず、国が責任を持て」などの声が相次ぐ。(民報：20120513)
2012. 5. 14	南相馬市原町区内のひばり地区（UPZだった地区）住民62所帯、173人が、原子力損害賠償紛争解決センター（原発ADR）へ集団で仲介を申し立てる。請求総額は約10億円で7月末までには約2100人になる見込みである。／／文科省が福島県内で継続の積算線量の測定を終了すると発表、モニタリングの簡略化、効率化が理由である。今年3月までに文科省は福島県内545カ所に新たな測定機器を設置し、自動的に数値が読み取れるようにしたところである。／／東電は2012年3月期の連結決算を発表、純損益は7816億円の赤字という。
2012. 5. 15	14日に積算線量の測定を終了すると発表した文科省が、一転して測定の継続を示す。平野博文文科相は15日の閣議後会見で、「即、取りやめではなく、当面、住民の安心、安全の観点から考えたい」と述べている。／／東電と経産省原子力安全・保安院とは2006年の、想定外の津波が原発を襲った際の事故に関する勉強会で、第一原発が襲われれば電源喪失の怖れがあるという認識を共有していたことが判明する。／／木幡仁、木幡ますみ「原発立地・大熊町民は訴える」（柘植書房新社）刊行。
2012. 5. 18	原発事故の避難で自殺した山木屋の渡辺はま子の遺族4人は、東電に対し損害賠償を求める訴訟を福島地裁に起こす。自殺者の遺族の提訴は初

暦　年	事　　項
	である。
2012. 5. 22	双葉署と郡山署は二本松市の暴力団幹部（自称人材派遣業）の大和田誠容疑者（33 歳）を逮捕する。2011 年 5～7 月に原発事故復旧工事で 2 次下請けではないのに、同現場に組員らを派遣し工事をさせていた疑いがあるためで、暴力団の資金源にしていた可能性がある。
2012. 5. 24	2011 年 3 月だけで、第一原発事故で大気中に放出された放射性物質は 90 万テラ Bq だったという試算が出される（東電発表）。その殆どは高温で破損した原子炉格納容器から漏れ出ており、チェルノブイリ原発事故の放出量 520 万テラ Bq の約 6 分の 1 に相当するという。／／東電の社外取締役に専念するとして、NHK の数土文夫経営委員長が辞任すると発表する。兼職は報道の中立性を損ねるという批判があった。
2012. 5. 27	「国会事故調査委員会」（東電福島第一原発事故を検証する会、黒川清委員長）は当時の枝野幸男官房長官を参考人として招致する。
2012. 5. 28	スーパーを経営する浪江町の男性（62 歳）が原発事故を苦に自分の倉庫で縊死する。／／中長期対策会議で（政府と東電の廃炉に向けた会）、東電が未使用燃料 240 体を含む 1535 体を保管する第一原発 4 号機の燃料プールから、未使用分の燃料（発熱量小、取り出す際の危険性小）を取り出すことを検討する。／／国会事故調で菅直人は以下のような発言をする。「今回の福島原発事故は、我が国全体のある意味で病根を照らし出したと認識している。戦前、軍部が政治の実権を掌握した。東電と電事連（電気事業連合会）を中心とするいわゆる「原子力ムラ」が私には重なって見えた。東電と電事連を中心に原子力行政の実権をこの 40 年間、次第に掌握し、批判的な専門家や政治家、官僚は村八分にされ、多くの関係者は自己保身とことなかれ主義に陥って、それを眺めていた。私自身の反省を含めて申し上げている。現在、「原子力ムラ」は今回の事故に対する深刻な反省もしないまま、原子力行政の実権をさらに握り続けようとしている。戦前の軍部にも似た、原子力ムラの組織的構造、社会心理的構造を徹底的に解明して、解体することが原子力行政の抜本改革の第一歩だ。原子力規制組織として原子力規制委員会をつくるとき、アメリカやヨーロッパの原子力規制の経験者である外国の方を招請するのも、ムラ社会を壊す上で一つの大きな手法ではないか。最悪の場合、首都圏 3 千万人の避難が必要となり、国家の機能が崩壊しかねなかった。今回の事故を体験して、最も安全な原発は原発に依存しないこと、脱原発の実現だと確信した。」
2012. 5. 30	斎藤貴男「『東京電力』研究 排除の系譜」（講談社）刊行。
2012. 5. 31	原発事故に因る避難者数がピークとなり 16 万 4865 人（県外は 6 万 2038 人で自主避難者を含む、県内は 10 万 2827 人）となる。（民報：20160907）
2012. 5	この月、栃木県を流れる那珂川のウグイからセシウム 120Bq／kg を検出する。（朝日：20130701）
2012. 6. 1	「科学」6 月号（岩波書店）が「地震の予測と原発安全審査」を特集、論

暦　年	事　　項
	文「福島第一原発事故と六ケ所再処理問題」（勝田忠広）、同「内部被ばくをどう考えるか」（西尾正道）などを掲載する。
2012. 6. 3	今日現在で、30年を超える原発運転年数は、福島第一原発5号機で34年、6号機で32年、第二原発7号機で30年である。
2012. 6. 4	1993年に「原発の長時間の全電源喪失についての対策は不要」と、国の原子力安全委員会が結論づけたのは、電力会社の意向が反映された結果だったと、安全委員会が公表の資料で判明する。／／野田再改造内閣が発足する。
2012. 6. 5	政府、環境省からの独立性が高く、行政処分を下す権限も持つ「原子力規制委員会」（以下、「規制委」と省略）の設置が固まる。規制委の事務局が「原子力規制庁」となる。経産省から分離した「原子力安全・保安院」と「原子力安全委員会」との統合の形となる。
2012. 6. 8	第一原発2号機の使用済み核燃料プールで、冷却システムが異常を示す警報を出したため冷却を約1時間20分中断する。その間にプールの水温は0.1度上昇した。原因は塩分除去装置フィルター交換でポンプの吸い込み圧力が下がったためという（東電発表）。／／東日本大震災で現在までに、両親を失くした子どもは約240人、父または母を失くした子どもは約1500人となる。／／国会事故調の参考人聴取で、東電の清水正孝前社長は原発から全面撤退を政府に申し出た問題につき否定をする。
2012. 6. 10	南相馬市の酪農家の男性（54歳）が同市鹿島区の仮設住宅より同市小高区の自宅に帰宅して縊死する。牛舎の黒板に「原発で手足ちぎられ酪農家」と書かれていた。
2012. 6. 11	文科省が原発事故の4日後の2011年3月11日にSPEEDIによる予測結果を基に、浪江町（原発の北西約20km）に職員を派遣し、高い放射線量を実際に測定していたことが判明する（拡散予測の公表は2011年3月23日）。住民避難に役立てられなかった予測を政府は公表前から活用していたことになる。ここでも政府の住民軽視の姿勢が浮き彫りとなる。15日午後9時前に、330μSv／毎時の数値を測定している。（民報：20120612）／／福島県の住民1324人が第一原発事故で放射性物質により「被曝による傷害」を受けた（被曝を「傷害」と捉える。避難中の死亡者も被害者に含む）などとして、東電幹部や国の関係者の刑事責任（計33人、菅直人前首相は除外）追及を求め、集団で告訴、告発状を福島地検に告訴する（「2012年告訴」）。団長は「福島原発告訴団」の武藤類子（58歳）、代理人弁護士は河合弘之である。告訴、告発の対象は以下のとおりである。地震、津波の危険が指摘されているのに安全対策をとらなかった、勝俣恒久東電会長など新旧経営陣と安全対策の責任者の計15人。また安全対策の怠りと避難に関する情報の公表が不適切だった、国側では経産省原子力安全・保安院の寺坂信昭前院長、斑目春樹原子力安全委員会委員長、近藤俊介原子力委員会委員長、文科省幹部などと、福島県側では放射線リスク管理アドバイザーで山下俊一県立医大副学長ら3人を含めた計18人。東電幹部に対する告訴、告発状（容疑は「業務

暦　年	事　　項
	上過失致死傷」）は他にも既に東京地検に出されているものがある。
2012. 6. 12	東電福島第一原発事故（社内）調査委員会は、2011 年 3 月 15 日に 2 号機が格納容器から放射性物質を 90 万テラ Bq も漏洩させ、北西方向に深刻な環境汚染をもたらした原因は、2 号機の格納容器から漏れ出たガスだったと「最終報告書案」で報告しており、地震による原発の主要設備への損傷は「ほとんどなかった」と説明している。また「遅くて内容もずさん」と批判された情報発信については国による制約が原因だったとしている。（民報：20120613）／／東電は第一原発 2 号機の原子炉格納容器下部のドーナツ型圧力抑制室を、この下部の損傷と、漏水箇所の修理および溶けた核燃料取り出しの目的とで、従業員により赤外線カメラで撮影したが、水位は判明せず、納容器下部と圧力抑制室（表面最高温度約 38 度）とを繋ぐ太い配管の接続部分や溶接部からの漏水の疑いが考えられている。／／福島県が五地域（県北、県中、会津、南会津、相双）の住民 1 万 0143 人の外部被曝線量推定値を、事故後 4 カ月間の推計として初めて公表する。放射線業務従事者を除く 9897 人のうち年間被曝線量の上限である 1mmSv を下回ったのは 5090 人（51.4％）である。／／6 月定例町議会の一般質問で馬場有浪江町長は、東電を刑事告発する方向で検討中であることをが明らかにする。町は 1998（平成 10）年に県の立ち会いの下で東電と第一原発に関し「通報連絡協定」を締結したのに東電は事故直後に町に通報しなかった。／／作家大江健三郎らが呼びかける「さようなら原発 1 千万人署名」は、横路孝弘衆議院議長に 748 万 1352 人分集まっている中の署名約 180 万人分を提出する。残りは野田佳彦首相や参議院議長に提出の予定である。提出後、これに賛同する国会議員 40 人を交えた集会が衆議院会館であり、菅直人前首相が「この 1 年が勝負、脱原発を国の方向として確定し、子や孫に原発を残したくない」と挨拶する。／／東電が 2012 年度～2014 年度に 900 億円（年間平均）を家庭向け電気料値上げ原価に盛り込んでいることが分かる。値上げの理由は、第一原発 5、6 号機と第二原発 1～4 号機との設備維持などのためである。
2012. 6. 13	2012 年 6 月 7 日時点で、東日本大震災に伴う避難者（含・転居者）は 34 万 6987 人であり、前回集計の 2012 年 5 月 10 日時点より 5752 人増加している（復興庁発表）。福島県での県外避難者は 6 万 2084 人とされる。
2012. 6. 14	第一原発 2 号機の建屋 5 階（原子炉格納容器の真上にある）で 880mmSv ／時の高放射線量が測定される（東電発表）。2011 年 3 月 15 日の南相馬、飯舘村など広範囲に広がった汚染の最大の原因はこの 2 号機から大量に漏れ出た放射性物質であり、東電は格納容器上部が損傷したとみている。1、3、4 号機でも依然、高線量を測定中である。／／県と大熊、双葉、楢葉、富岡の 4 町とは第一原発を現地調査し（計 8 回目）、使用済み核燃料プールの補強状況や、4 号機の原子炉建屋にも入り使用済み燃料プールの状況も確認する。県の小山吉弘原子力安全対策課長（59 歳）は「燃料の取り出しには数年かかる」という。4 号機の使用済み燃料は

暦　年	事　　　項
	今後、敷地内の「共用プール」に移される予定である。第一原発事故発生時、保管されていた使用済み燃料（燃料集合体）は、1～3 号機の原子炉に在った分が 1496 体で、共用プールには 6375 体、共用プールと各原子炉や使用済み燃料プールとで計 1 万 4225 体である。／／福島県地域医療課が、床次眞司弘前大学教授の独自の甲状腺検査調査（事故直後の浪江町などで）に対し、県民の「不安をあおるので止めてほしい」と要請する。（毎日：20120614）／／汚染水から放射性セシウムを取り除く、フランス・アレバ社製の装置（第一原発事故で発生の汚染水を除去中）から 3 トンの汚染水が漏れでる（経産省原子力安全・保安院発表）。敷地外への流出はないという。汚染水の放射性物質濃度は約 480Bq／m^3 である。／／民主、自民、公明の 3 党が原子力規制を担う「原子力規制委員会」を新設する法案をまとめる。
2012. 6. 15	東電が第一原発 4 号機の使用済み核燃料プールを鉄板で覆う作業を完了する。鉄板は縦 11m、横 13.7m、厚さ 4cm、重さ約 60トンでプールには燃料集合体 1535 体が入っている。／／厚生労働省は 2012 年 7 月 1 日より被曝限度を「5 年で 100mmSv かつ 1 年で 50mmSv」に適用すると発表する。／／原子力の安全規制を担う「原子力規制委員会」設置法案が民主、自民、公明の 3 党によって衆議院環境委員会に提出され、賛成多数で可決される。／／飯舘村を放射線量に応じて「帰還困難」「居住制限」「避難指示解除準備」の 3 区域に再編することが決まる（政府の原子力災害対策本部発表）。実施は 17 日午前 0 時からで、南相馬市、田村市、川内村に続くことになる。
2012. 6. 16	放射線ヨウ素による甲状腺被曝の状況を調査中の「弘前大学被ばく医療総合研究所」の床次真司教授（「放射線防護学」が専門）らが、福島県地域医療課からの電話で「環境の調査だったら構わないが、人の調査は控えていただけないか」などと要請され、「第二段の調査」は止めざるを得なかったことが判明する。放射線ヨウ素による被曝調査は事故後の早い段階での検査が必須なので精度を高めるため 100 人以上の検査を考えていたが打ち切ったと言う。福島県地域医療課長の馬場義文は「調査を中止してほしいとは言っていない」と否定している。床次教授らは、2011 年 4 月 12 日～16 日に南相馬市から福島市に避難の 45 人と、浪江町津島地区に残った住民 17 人の計 62 人に関し甲状腺内の放射線ヨウ素の濃度を調べていて、福島県からの中止の要請は弘前大学に帰った後のことである。（朝日：20120616）
2012. 6. 17	第一原発から半径 20km 圏内（警戒区域）への一時帰宅が 3 町で行われ、楢葉町（個人の最高積算放射線量は、1 μSv／時）で 19 世帯 30 人、富岡町（同、8 μSv）で 51 世帯 73 人、浪江町（同、15 μSv）で 32 世帯 45 人である。／／この日の午後 5 時現在、東日本大震災での福島県の死者は 2553 人、行方不明者は 213 人である。
2012. 6. 18	東電の国有化に伴う融資（金融機関が実施。メガバンク、地方銀行、生命保険会社が融資を信託銀行にプールする）が 7 月で総額約 7700 億円とな

暦　年	事　　　項
	る。信託銀行は東電発行の社債と交換に東電に相当額を払い込む。／／東電は第一原発で今月14日にフランス・アレバ社の装置から汚染水が漏れた事故原因は、装置内部の弁が誤って閉じたことだと発表する。現在は稼働を中止しており再開のメドはたっていない（汚染水処理は東芝の装置が稼働している）。／／原発事故後に米国側から原発周辺の放射線分布図の提供を受けながら、日本政府がこれを公表せず、住民避難に活用しなかったことが判明する。
2012. 6. 19	「衆院東日本大震災復興特別委員会」は、「原子力事故による子ども・被災者支援法案」を全会一致で可決する。第一原発事故で被災した子供（医療費免除、健康診断を生涯に渡り実施、事故で家族と離れて暮らす子供の支援）や妊婦（医療費免除または減額）への支援や健康診断実施も盛り込んでいる。財源は国の手当てによる。／／原子力副読本（小中高生向け、外部委託、今年度予算4億2600万円で財源はエネルギー対策特別会計）の作成につき神本美恵子文科省政務官が、「原子力推進の教育ではなく、事故が起きたときに身を守る対応も含めた総合的な内容にしたい」と見直しを表明、副読本作成は文科省の「原子力教育支援事業」の一環であり、副読本は原発事故に深く触れておらず、「民間でもっと良いものが出ている」と不要論も出ている。／／役場機能移転先の埼玉県加須市での町議会での報告で、井戸川双葉町長は「双葉町全域を帰還困難区域」に指定するよう国に要望したと発表する。国の資料では線量に照らした場合、双葉町住民の約75%が帰還困難区域になっている。
2012. 6. 20	「原子力規制委員会」設置法案が衆議院本会議で可決され成立する。今後は「委員長と委員4人（計5人）」の人選が焦点になる。／／東電社内の「福島第一原発事故調査委員会」（山碕雅男委員長）は「最終報告書」を公表する。事故原因は従来の主張通り「想定した高さを上回る津波の発生」とし、首相官邸からの現場（吉田昌郎第一原発所長）への直接の過剰介入が「無用な混乱を招いた。関係者は大いに反省すべきだ」と批判している。／／井戸川双葉町長は本年度内に役場機能を県内に移転すると表明する。
2012. 6. 21	「原子力事故による子ども・被災者支援法案」が衆議院本会議で可決、成立する。／／電気料金値上げ申請のさなかに、株主総会がある6月27日付けで東電の取締役、監査役の計20人のうち8役人が関連会社へ「天下り」する。元々、福島第一原発事故で引責辞任する予定であったが、武井優副社長は石油開発のAOCホールディングスの子会社であるアラビア石油社外監査役に、荒井隆男常務は富士石油（AOC傘下）の監査役にそれぞれ就任するなどである。2011年6月辞任の清水正孝前社長は富士石油の社外取締役に、勝俣恒久現会長は日本原電社外取締役（再任）にそれぞれ就任する。AOCは今年3月末時点で、東電が筆頭株主であり、約8.7%出資している。／／浪江町津島地区より高線量の区域があった山木屋地区を、「居住制限」と「避難指示解除準備」の2区域に見直す方針が示される（政府発表）。／／双葉町6月定例議会で、町民

暦　年	事　　項
	避難地の決定や義援金辞退の問題などを理由に、井戸川町長への不信任決議案が菅野博紀議員から出され否決される。出席議員7人、内5人が賛成するが議員総数の過半数に達しなかった。／／バルト三国のリトアニア議会が自国のビサギナス原発の建設事業で日立製作所と契約することを賛成多数（定数141人、出席74人のうち賛成は69人で、世論調査では新原発不支持は65％）で承認する。成長戦略の一環として原発インフラを後押ししてきた日本政府はこれを歓迎し、資源エネルギー庁原子力政策課（経産省）は「正式受注と言っていい」と述べる。リトアニアの原発はチェルノブイリ事故以降2009年に完全閉鎖し、リトアニア政府はロシア依存のエネルギー依存から脱却するため新原発（2021年に運転開始予定、事業規模は4000億円）に期待している。日本の原発インフラ輸出は、既にベトナム（2010年に受注が決定）、トルコやヨルダン（受注中）などが決まっている。
2012. 6. 22	飯舘村（全域が計画的避難区域）が帰村のアンケート結果を公表する。2012年5月22日時点で全避難の2914世帯のうち1788世帯から回答を得る。回収率は61.4％で調査時期は5月22日〜6月1日である。「帰りたい」は1029世帯（57.5％）である。また除染効果は期待できないは788世帯（44.1％）である。
2012. 6. 24	第一原発1〜4号機の取水口北側の港湾内で放射能物質を1100Bq／ℓ検出する。また1、2号機の取水口付近で910Bqも検出する（東電発表）。
2012. 6. 27	東電は株主総会で公的資金1兆円の受入を承認する。実質的な国有化が正式決定したわけで、東電は新たな経営体制で再出発することになる。
2012. 6. 29	原発の使用済み燃料をすべて再処理する現行のやり方には限界があり、将来は地中にそのまま埋める直接処分との「併合」になるという考え方を、国の原子力委員会委員長の近藤俊介が示す。（朝日：20120629）
2012. 6	この月に始まる県沖での試験操業では漁獲を3魚種から94魚種に拡大する。県の検査を根拠にした国の出荷制限指示の解除も進められスズキ、シロメバル、イシガレイなど15魚種が残っている。
2012. 7. 2	日本原子力研究開発機構が「世界版SPEEDI（緊急時迅速放射能影響予測ネットワークシステム）」が計算した「拡散予測図」約330枚が未公表のままだったことを明らかにする。内容は事故直後の2011年3月中旬から5月中旬にかけての放射線セシウム拡散状況を表す予測図などで、原子力機構は文科省などにデータを送らなかったことの弁解として、これは職員が県内の何処で放射線測定実施をするかの内部検討用の資料であったこと、他の予測図と傾向が変わらなかったと判断したことなどをあげる。／／4号機のプールの冷却装置は予備を含め2つだが、1つの制御板に繋がっていて東日本大震災の津波で全滅したので、東電が安全装置の多重化を進めるという。また4号機の使用済み核燃料プールの冷却装置が2012年6月30日に自動停止した問題で、東電は2日、1日午後7時の冷却の再開で水温は43.3度であり、上昇は止まったと発表する。

暦　年	事　　　項
	／／午前10時20分頃、6号機のタービン建屋で弁の開閉に使う圧縮空気の制御盤から白煙が上がる。白煙はすぐに止まったが制御盤の変圧器に焦げ跡がある。／／南相馬市の真野川のシマヨシノボリ（ハゼ科）から最高2600Bq／kgを検出する。カゲロウなど延べ15種の水生昆虫では330〜670Bqである。いわき市沖のツガルウニからは放射性ストロンチュームを最高10Bq検出する（調査期間は2011年12月〜2012年2月、環境省発表）。／／大熊町は町民アンケート結果を発表する。「町に戻らない」の回答が4割に達し、1年前の調査の4倍となる。／／関西電力の大飯原発3号機が1年3カ月ぶりに運転再開し「臨界」に達する。福島原発事故以降、最初の原発再稼動となる。
2012. 7. 5	国会事故調が「（原発）事故は明らかに人災だった」との調査報告書を衆参両院議長に提出する。福島県の事故対応、防災体制についても、「原子力災害と地震津波が同時発生しないという前提に基づいていた」とその不備を指摘する。／／この日現在、県外避難者数は6万1548人と判明する（2012年7月17日、県発表）。6月7日現在よりも536人減少する。
2012. 7. 7	二本松市山間部の水田で生産された「2011年産米」から500Bq／kgを超える放射性セシウムが検出された問題で、根本圭介東大大学院教授は、昨夏に放射性セシウムが付着した落葉が微生物に分解された際、セシウムが農業用水に混入し水田地表にでた稲の根が（土壌を介さないで）水から直接吸収したという見方を示す。／／過去10年以上にわたり内閣府の原子力委員会（近藤俊介委員長）が非公開会合を毎週開き、原子力政策の重要案件を必要に応じて実質審議していたことが判明する。事実上の政策決定の場になることがあったにも拘わらず、議事録を残していなかった。
2012. 7. 9	環境省は放射性物質に汚染された福島県の森林の除染の進め方について検討を始める。
2012. 7. 10	河合弘之編著「東電株主代表訴訟1 原発事故の経営責任を問う」（現代人文社）刊行。
2012. 7. 11	第一原発3号機のタービン建屋とポンプ室に繋がる立て坑内で最大1億Bq／ℓを検出する（東電発表）。
2012. 7. 13	原発被災者弁護団は、飯舘村長泥行政区住民の41世帯、159人分の和解仲介を原子力損害賠償紛争解決センターに申立てる。再編で帰還困難区域とされる地域住民の集団の申立ては初めてである。
2012. 7. 14	「さようなら原発10万人集会」は作家の大江健三郎らが呼び掛け、約17万人が集まる（代々木公園、集計は主催者側）。原発0を求める1000万人署名活動では約785万人分が集まる。
2012. 7. 17	2011年5月27日〜6月2日（6日間）まで東京の鹿島の下請け企業の作業員として16歳の少年を働かせていたことが判明、未成年の作業は2人目で、この間の累積被曝線量は0.45mmSv（健康上の問題はない数値と

暦　年	事　　項
	いう）である。作業内容は津波で押し流された車の撤去の手伝いで、少年の親族が生年月日を偽った依頼文で雇用を頼んだという（東電発表）。労基法では危険な作業への18歳未満の就労は禁止している。／／第一原発（国会）事故調査委員の野村修也弁護士が、国の原子力委員会の定例会において、同委員会に対し、近藤俊介同委員会委員長に来た米国の情報を政府に繋げなかったことや（2011年3月18日参照）、県へ支出するプルサーマル交付金（既に経産省が同意している）が、早い同意で多くなり遅れると減額になる実態は卑劣でいかがわしい手段であり、真に重要なら説得すべきであって、原子力委員会は助言の機会があったことなどを批判する。／／政府は飯舘村の避難区域を「帰還困難」「居住制限」「避難指示解除準備」に再編する。自治体全域の再編は県内では初めてである。またこの日の午前0時、飯舘村長泥は内閣府の職員によってゲートに鍵が掛けられ地区が閉鎖される。
2012. 7. 18	双葉町の大沼勇治は自分が25年前に考えた標語「原子力 明るい未来のエネルギー」を「原子力 破滅 未来のエネルギー」へ書き換える。（東京：20120718）
2012. 7. 23	政府事故調が最終報告を発表する。
2012. 7. 25	東電の家庭向け電気料金の平均8.46％値上げを枝野幸男経産相は認可し、9月1日より実施となる。標準家庭の値上げ率としては5.1％で、先月の料金と比較すれば月額359円の増加である。／／松岡俊二「フクシマ原発の失敗－事故対応過程の検証とこれからの安全規制－」（早稲田大学出版部）刊行。
2012. 7. 27	文科省は原発事故発生当初のSPEEDIの拡散予測を公表しなかったことにつき、「仮定に基づく計算で現実をシミュレーションしたとは言い難いとの認識は適当だった」とし、問題は無かったという見解を示す。これに対し、情報が途絶する中で逃げ惑った周辺住民からは激しい批判の声が上がり、檜野照行浪江町副町長は「後からみれば、町民は放射線量の高い所を逃げ惑っていた。公表されていれば別の場所に避難できた」と悔しさをにじませる。（民報：20120728）文科省が公表しなかったことに問題は無かったという見解は、一時、線量の高い浪江町津島地区に避難した浪江町民の被害はどうなるのか、同町民の避難指示をした警官が既に防護服を着用していた事実を同町民にどう説明するのかといった点で正当性を欠くことは明らかである。／／東電は線量計鉛カバーの問題で、鉛の線量低減効果は最大で0.39mmSvであると発表する。2011年10月1日～12月末までの累積被曝線量をみると、作業員の線量計では最大で13.31mmSv、バッジ式で13.07mmSvである。また東京エネシスからの報告として、未使用の鉛カバー7個は第一原発5、6号機の廃材置き場に装着を指示したビルドアップの役員が捨てた、現場作業員9人のうち装着5人、非装着4人だったなどの説明がある。／／田村市都路町の「避難指示解除準備区域」で国直轄の本格除染が始まる。避難区域の在る11市町村での本格除染の着手は最初である。

暦　年	事　　項
2012. 7. 29	脱原発を訴えて国会議事堂周辺に数万人が集まる。主催は毎週金曜日の首相官邸前抗議行動の団体でツイッターなどで呼び掛け、キャンドルやペンライトを持って集合している。
2012. 7. 30	「原発被ばく労働を知っていますか？」（クレヨンハウス）刊行。
2012. 7	この月、県内の仮設住宅入居者が過去最も多い3万3016人となる。／／同、再生可能エネルギーの固定価格買い取り制度が制定される。／／2011年7月と2012年2月と7月の3回、サウスカロライナ大学（米国）ティモシー・ムソー教授と、パリ第11大学アンダース・メラ－教授とが来日し、上田恵介立教大学教授が協力に加わり、福島県内の300地点で野鳥生態を調査する。浪江町から飯舘村長泥にかけての放射線量の高い地域（昨年の調査で35μSv／時）と、低い地域（0.5μSv）とを分析し、「福島では放射線量の高い地域ほど鳥の数が減少している」（線量と個体数に有意な相関関係がある）ことを指摘する。（朝日：20120824）
2012. 8. 1	政府は福島市で「エネルギー・環境の選択肢に関する福島県民の意見を聴く会」を主催する。県外避難者を含め30人が発言、殆どの人が2030年の総発電量に占める原発比率を0％にするように主張する。／／「特集：脱原発・非核の新たな構想」が掲載される。（「世界」8月号：岩波書店、20120801）
2012. 8. 6	東電は福島原発事故直後から記録した社内テレビ会議の映像約150時間分を報道機関に公開する。
2012. 8. 7	木村英昭「検証 福島原発事故 官邸の一〇〇時間」（岩波書店）刊行。
2012. 8. 10	警戒区域の楢葉町が「避難指示解除準備区域」に再編される。避難区域の再編は5市町村目であり、原発立地区域では初めてである。／／「城南信用金庫の『脱原発』宣言」（クレヨンハウス）刊行。
2012. 8. 13	県は県民健康管理調査で5地域（県北、県中、会津、南会津、相双）の住民計2万1018人分の外部被曝線量の推計結果を発表する。事故後4カ月間の推計で平時の上限とされた被曝線量1mmSv／年を下回ったのは1万1871人で全体の58.6％である。前回公表時の6月より7.2％上昇している。
2012. 8. 14	第一原発4号機のタービン建屋1階の電源盤室で漏水が発見される。水量は約4.2トンで放射性セシウム濃度は数万Bq／㎤である。
2012. 8. 14	環境省は森林全体の除染を「不要」としたが、細野環境相は内堀雅雄副県知事らの要望で、この方針案を見直す考えを示す。
2012. 8. 16	古川元久国家戦略担当相は川内村との意見交換会で（郡山市で開催）、第一原発5、6号機と第二原発につき、「再稼動はあり得ない」という見解を表明する。
2012. 8. 21	第一原発20km圏内の海域で捕獲のアイナメから放射性セシウムが過去最大の2万5800Bq／kgを検出する（東電発表）。食品基準値の258倍でこれまでの魚類の最大値のヤマメの1万8700Bqを大きく超す。

暦　年	事　　項
2012. 8. 22	第一原発で下請け（4次）の建設会社の50代の男性が、作業50分後の休憩中に急性心筋梗塞で死亡する。男性は東電が日立製作所の子会社「日立GEニュークリア・エナジー」に発注した汚染水貯蔵タンクの設置工事で働いていたが、「偽装請負」（請負契約なのに直接指揮命令をするケース、雇用責任が曖昧なため職業安定法が禁止）の疑いが濃厚となる。（朝日：20120825）
2012. 8. 27	この日現在、福島県の小学生は10万3324人で（前年同時期比で5104人減少）過去最少を更新する。県外避難者が続いていることを示す（県発表の学校基本調査速報）。
2012. 8. 30	斎藤環「原発依存の精神構造―日本人はなぜ原子力が『好き』なのか―』（新潮社）刊行。
2012. 8	この月、前委員長のグレゴリー・ヤツコ米原子力規制委員会（NRC）委員は福島原発事故後を視察した後に、「死亡率0.1％を超えない場合に限り安全」という、死亡者の率から見るNRCの原子力に関する安全目標基準を見直そうと言い出す。プラントの中だけではなく、被害者の立場からみることの重要さ、「住民の安全が最も重要ということ」をやっと言い出した。柳田邦男はヤツコに「被害者一人一人の人生を考えよ」と直接に伝える。／／県は2011年度分の、放射性物質が含まれる汚泥の保管、管理に使った経費として、東電に約19億8700万円の損害賠償を請求する。
2012. 9. 1	「科学」9月号（岩波書店）が「偽りの原子力“安全保障”」を特集、座談会「疑惑の原子力基本法：『我が国の安全保障に資する』のたどる道」、論文「福島原発事故後の再処理政策」（鈴木達治郎）などを掲載する。／／圓山翠陵「小説FUKUSHIMA」（養賢社）刊行。
2012. 9. 6	県内の父母と胎児とを対象にした全遺伝情報（ゲノム）解析による遺伝影響調査、即ち、福島ゲノム調査を環境省は2013年度から実施する方針を固める。
2012. 9. 7	県は一般会計補正予算案を発表、約302億6000万円が9月定例議会に諮られる。被災者の緊急雇用創出事業には28億5000万円見積もられる。
2012. 9. 11	県民健康管理調査で県は6地域（県北、県中、県南、会津、南会津、相双）の住民の外部被曝線量の推計結果を発表する。平時の被曝線量1mmSv／年を下回ったのは56.9％で、子ども1人に甲状腺がんを確認するが、福島県立医大は放射線の影響を否定する。
2012. 9. 15	土井淑平「原発と御用学者」（三一書房）刊行。
2012. 9. 19	原子力規制委員会（規制委）が発足する。／／いわき市は震災瓦礫の本格的焼却（県内の津波被災地では初）を開始する。この日は約26トンを処理する。／／民主党野田内閣がこの日決めた「革新的エネルギー・環境戦略」は、核燃サイクルの「見直し」に触れなかった。
2012. 9. 21	大熊町は9月定例会最終本会議で、今後5年間は帰還しない方針を決定

暦　年	事　　　項
	し、これを明記した町の第1次復興計画案を全会一致で可決する。原発事故で避難する自治体が長期期間帰還しないと決定したのは初めてである。
2012. 9. 24	県は日常食の放射性物質モニタリング調査結果を発表する。1日当たりの放射性セシウムの摂取量の最大値は26Bqで、1年間摂取し続けた場合の内部被曝線量の最大値は0.014mmSvで国の基準を下回り、健康を心配するレベルではないとする。／／一ノ宮美成他「原発再稼働の深い闇」（宝島社）刊行。
2012. 9. 25	鹿砦社特別取材班「タブーなき原発事故調書」（鹿砦社）刊行。
2012. 9. 26	富岡町（遠藤勝也町長）は今後5年間は避難指示を解除しないという宣言を可決する。
2012. 9. 27	布施祐仁「ルポ イチエフ　福島第一原発レベル7の現場」（岩波書店）刊行。
2012. 9	この月、東電が初めて事故直後の写真を約600枚公開する。／／この月末までで、県内で「震災関連死」（地震と原発事故による）と認定されたのは1121人である（2012年10月30日、復興庁発表）。
2012. 10. 1	浪江町が二本松市の「町役場二本松事務所」で業務を開始する。／／「科学」10月号（岩波書店）が「放射線副読本をどう考えるか」を特集、論文「放射線教育の問題点」（崎山比早子）、同「福島の現場から：副読本が生んだ〈傷〉と〈混乱〉」（後藤忍、國分俊樹）などを掲載する。／／福島集団疎開裁判の会「いま、子どもがあぶない」（本の泉社）刊行。
2012. 10. 3	県の「県民健康管理調査」の秘密会で見解をすり合わせたことが報道される。（毎日：20121003）
2012. 10. 5	「県民健康管理調査」の秘密会で「進行表」（シナリオ）があったことが判明し、県部長がその存在を認める。（毎日：20121010）
2012. 10. 9	「県民健康管理調査」の検討委員会の第1回から第3回の議事録が公開請求後に作成されたと報道される。（毎日：20121009）
2012. 10. 10	東京電力福島原子力発電所における事故調査・検証委員会著「政府事故調 中間・最終報告書」2分冊（メディアランド）刊行。
2012. 10. 11	飯舘村長選が告示され、現職の菅野典雄（65歳）が無投票で5選される。任期は27日から4年間である。
2012. 10. 12	浪江町議会は今後5年間は生活環境を整えるため帰還できないことを盛り込んだ町の第1次復興計画を全会一致で可決する。
2012. 10. 15	双葉町役場の機能本体の移転先が、埼玉県加須市からいわき市東田町に決定する。／／被ばく労働を考えるネットワーク編「原発事故と被曝労働」（三一書房）刊行。
2012. 10. 16	佐藤栄佐久元県知事が無実を晴らしていくと声明を出す。
2012. 10. 18	南相馬市原町区の漁業桜田房信（67歳）は水門閉鎖に向かい津波にのまれて亡くなったが、遺族がこの日までに相馬労基署に労災申請をする。

暦　年	事　　項
	水門管理人の申請は県内初である。／／相馬市大坪の溜池の震災復旧工事で、絶滅危惧種として環境省が指定の「シナイモツゴ」（コイ科）が全滅した可能性がある。
2012. 10. 21	葛尾村長選があり現職の松本允秀（74歳）が県内現職首長で最多の7選を果たす。任期は来月12日から4年間である。
2012. 10. 24	この日現在、東日本大震災での死者は1万5872人、行方不明者は2777人である。／／2012年の県産米の全袋検査で、須賀川市旧西袋村の農家が生産したコシヒカリの玄米30kg（1袋）から110Bq／kgの放射性セシウムが検出される（県発表）。県内では初めての検出で、政府は県に旧西袋村の米出荷制限を指示する。県と市は国に管理計画を提出し、出荷制限は29日に解除される。
2012. 10. 26	40代の元男性作業員が「東電と、東電から復旧作業を請け負った元請け企業は適切に放射線量を管理せずに作業に従事させていた」として、今月末に富岡労働基準所に、事業者は作業員の被曝線量を極力、低減しなければならないと定める労働安全衛生法違反で、東電を申告、元請け企業を告発する。被曝事故を受けて作業従事者が東電の責任を問うのは初めてである。この元男性作業員は、2011年3月24日に6人で第一原発3号機のタービン建屋地下でケーブル埋設に従事し、元請け企業監督者の指示で、作業員のうち3人が汚染水の水溜まりに足を入れて作業をする。その際に長靴を履かない2人はベーター線熱傷となり、作業中の3人の被曝線量は「80～173mmSv／時」となる（上限は100mmSv）。この元作業員は、復旧作業を元請け企業から請け負った下請け企業が現場に派遣した人であり、水溜まりでの作業指示を受けた際、「高線量の恐れがあり、身の危険を感じて拒否した」という。（民報：20121027）
2012. 10. 28	長浜博行環境相兼原発事故担当相は、福島民報社の単独インタビューに答え、原発事故の汚染廃棄物を30年以内に県外で最終処分する方針につき、「放射性物質汚染対処特別措置法」で明記する方向で検討していることを明らかにする。30年以内での搬出は既に閣議決定済みである。（民報：20121028）
2012. 10. 29	定例記者会見で栃木県の福田富一知事は、福島原発事故で発生した「指定廃棄物」につき、「原発敷地や周辺へ集積することは、福島県の人々が故郷に帰ることを否定することになりかねない」と指摘、それぞれの「県内で処理するのが自然で、人としてそういう考え方に立つべきだ」とも発言し、栃木県内に処分場を設置すべきだとの考えを改めて示す。また福田昭夫衆議院議員（民主党、栃木2区）の、福島第一原発敷地内で処理すべきだとの発言を批判する。福田知事は福島県知事から、福田衆議院議員の発言につき抗議を受けたことも明らかにする。（民報：20121030）
2012. 10. 30	双葉町の井戸川町長がジュネーブ国連欧州本部で非政府組織（NGO）主催の会合に出席し、日本政府は収束宣言を出したが「原発事故はまだ終わっていない」と訴える。また、自分の放射線量も知らされず、政府の

暦　年	事　　項
	情報開示がないことを批判し、「私たちには人権はないのか」、子どもたちを「救ってほしい」と強調する。
2012. 10	上旬頃、漫画「いちえふ」の著者の竜田一人が初めて福島第一原発２号機の作業に入る。その日浴びた放射線量は1.28mmSv／年（会社が定める作業員の被曝量は20mmSv）だった。（朝日：20141106）／／この月中旬、田中三彦元国会事故調委員らが、東電の福島第一原発１号機の、大震災直後の非常用復水器の破壊原因調査を妨害したことに気付く。／／この月に１号機格納容器内に作業員が測定器を入れて調査したところ、最大で約11Sv／時（1万1000mmSv／時）を記録する。（民報：20150412）／／この月より、県生協連は福島市の「JA新ふくしま」が全水田、全果樹園の汚染実態調査の決断に対して（調査地点は約3万8440）、1週間毎に各生協より職員を数人ずつ派遣してくる。（朝日：20131014）／／この月、東電は第二原発４号機の核燃料取り出しを終える。／／福島県産の米（須賀川市、旧西袋村地区の農家生産の米320袋中の1袋）から今年初の基準値超の放射性セシウム110Bq／kgを検出し、県は出荷自粛を要請する。／／同、１号機の原子炉建屋に東電が気球（直径2m、高さ5 m、カメラ4台、線量計2台付）を使用して１階（東電社員がここの作業場から揚げる。社員4人、下請け企業従業員25人を投入）から５階（最上階で使用済み核燃料プールあり）までを撮影する。各階の放射線量は１階の最高が12.0mmSv／時、２階の最高が150.5mmSv、３階の最高が33.6mmSv、４階の最高が20.1mmSv、５階の最高が53.6mmSvである。東電は記者会見で燃料取り出しが困難なことを滲ませる。（民報：20121028）
2012. 11. 1	この日現在、福島県内で原発事故後に避難先で亡くなった人は1152人で持病の悪化が多い。仮設住宅暮らしは3万2550人（県内全避難者は9万8995人）であり、当たり前の権利である「健康で文化的な最低限度の生活を営む権利」（憲法25条）にほど遠い現状である。人権NGO「ヒューマンライツ・ナウ」事務局長の伊藤和子弁護士は、「賠償も仮設住宅での生活もいつ打ち切られるか分からず、人間らしい生活が日々損なわれている。国や県は一刻も早く、避難者が尊厳を持って暮らせる環境を整えるべきだ」という。（朝日：20121102）／／同、いわき市の元作業員の男性（46歳）が、東電に是正勧告の申告を求め、元請け企業「関電工」（本社は東京都）を刑事告発し、両社を富岡労基署に労働安全法違反で訴える。理由は第一原発事故直後に高い放射線下で違法に復旧作業に従事させられたというもの。支援は日本労働弁護団が行う（1日、厚生労働省での記者会見。2011年3月24日の項を参照）。
2012. 11. 2	2012年の県産米の全袋検査で、郡山市旧富久山町と大玉村旧玉井村の農家が生産した玄米から基準値を超える放射性セシウムを検出する（県発表）。
2012. 11. 5	除染に当たる作業員の手当が、元請けのゼネコンに下請が連なる多重請負の下で中抜きされている問題が、深刻な事実として報道される。（朝日：20121105）／／高橋哲也他「脱原発発言―文明の転換点に立って」（世

暦　年	事　　項
	織書房）刊行。
2012. 11. 7	文科省は福島県に 545 カ所設置したモニタリングポストについて、機器に取り付けたバッテリーが放射線を遮蔽し、1 割低い数値を計測したと発表する。
2012. 11. 9	原子力委員会が第一原発事故で避難している住民帰還に向けての放射線防護対策の見解として、「20mmSv 以下、健康影響なし」を提言する。これは 20mmSv／年を帰還住民へ強要することである。
2012. 11. 15	日本弁護士連合会（日弁連）は原発事故による賠償問題で、調査官、即ち、和解、仲介を担う政府の原子力損害賠償紛争解決センターに派遣する弁護士を、今年度中に 210 人（約 2.6 倍）に増員することを明らかにする。／／「福島原発告訴団」が 2012 年 6 月 11 日に次ぎ第二次の集団告訴、告発をする。福島地裁に提出した告訴、告発状は 1 万 3262 人分で、刑事責任（東電幹部、政府関係者、学者ら）の追及を求めている。「告訴・告発状」では、事故当時国内に住んでいたすべての人が放射能を受ける被害に遭ったと位置づけ、賛同者を募る。告訴人は全国各地の 1 万 3119 人、告発人（遠隔地に居て直接の被害者ではない賛同者）は 143 人である。告訴団は、国や東電幹部は大地震による津波や過酷事故が予測できたのに充分な対策をとらず、業務上過失致死傷や公害犯罪処罰法違反〔健康を害す物質の排出〕の罪に相当と訴えている。（朝日：20121116）なお告訴団は放射線被曝、避難途中での死亡、強いられた健康被害の危機などを「被害」と解釈している。／／昨月 10 月、塗装作業中の男性社員が東電第二原発 4 号機屋外のボール捕集器ピット、高さ 4m から転落した事故があったが、その開口部を開いたままで作業していたことが分かる。／／岡本孝司「証言　斑目春樹　原子力安全委員会は何を間違えたのか？」（新潮社）、黒田光太郎、井野博満、山口幸夫編「福島原発で何が起きたか」（岩波書店）などをそれぞれ刊行。
2012. 11. 16	原発事故当時の東電経営陣を訴えた株主代表訴訟の口頭弁論が東京地裁で開かれる。株主側は「過去におきた津波をもとにした試算などから、今回の津波は予測できた」と主張、経営陣側を支援の立場で補助参加した東電は、「津波は予測できなかった」という書面を提出する。この訴訟で経営陣側が具体的な主張をするのは初である。また東電は書面で「あくまで試算であり、具体的な対策に使えるものではなかった」と反論する。株主は当時の取締役らに「津波対策を怠り、会社に巨額の賠償責任を負わせた」として総額 5 兆 5000 億円の支払いを求めている。（朝日：20121117）／／福島第一原発 1～3 号機で、原子炉冷却注水に使用のポンプと配管の多重化工事を終える。通常のポンプが停止しても新たな注水ラインで安定的に冷却を継続できるという。／／井戸川双葉町長が環境省に、住民には事故の責任がないのに何故、中間貯蔵施設を受け入れなければならないのか、最終処分場は決まっていないのにどうするのか、双葉町を人の住めない町にはできない、など 8 項目の質問状を提出する。井戸川は最初から徹底して帰還の基準は 1mmSv／年以下、それ

暦　年	事　　項
	を達成できない除染と、最低基準 20mmSv／年以下とする警戒区域見直しの拒否、東電が大地にまかれた放射能物質は無主物だというのなら双葉町がそれを受け入れるという理屈は通らない、放射能汚染がひどくて長い年月人が住めないから中間貯蔵施設をつくるというが誰がそうしたのか、中間貯蔵施設受け入れは双葉町が原因者になる恐れがある、などということを主張してきた。井戸川は 30 年後の帰還を目指している。
2012. 11. 17	この日までに、原子力規制庁（規制委事務局）は、規制委が相次いで訂正した「放射性物質拡散予測」問題で、複数の幹部職員を処分する方針を決める。拡散予測は規制庁が JNES（独立行政法人原子力安全基盤機構）に委託したものだが、処分はこれをチェックする規制庁側の体制が不充分だったことが判明したことによるものである。
2012. 11. 19	福島県は「県民健康管理調査」の検討委員会の第 1 回から第 3 回の改竄前の議事録を情報開示するが、内部被曝議論の削除が発覚する。
2012. 11. 27	東京新聞編集局編「原発報道 東京新聞はこう伝えた」（東京新聞）刊行。
2012. 11. 30	佐藤雄平福島県知事は、東電第一原発の 1～6 号機と第二原発の 1～4 号機との原子炉計 10 基の「全原発廃炉」を国と東電に求める考えを明らかにする。既に、2012 年 10 月に県議会は県内全原発の廃炉を求める請願を採択している。来月 12 月にまとめる県復興計画に盛り込む。知事はまた、「福島県は原発と 40 年以上共生し、財政、経済面で恩恵を受けた。しかし、今回の事故で自然も社会もそれ以上の被害を受け、原子力に依存しない新生福島を創造する結論に至った」とも語る。（河北新報：20121201）／／原発事故に遭い避難生活中に死亡した相双地区の高齢者 7 人の遺族の 12 人は、東電に慰謝料などを求めて政府の原子力損害賠償紛争解決センターに和解仲介を申立てる。関連死の遺族の複数による申立ては初めてである。／／安田純治（解説）、澤正宏（編集、解題、解説）「福島原発設置反対運動裁判資料集」全 4 巻、第 2 回配本（クロスカルチャー出版）刊行。
2012. 11	この月、「被ばく労働を考えるネットワーク」が設立される。
2012. 12. 3	「福島原発避難者訴訟原告団」は東電に損害賠償の約 19 億 4000 万円を求めて、地裁いわき支部に提訴する。避難者による集団訴訟は初めてである。
2012. 12. 5	避難区域外の原発に伴う精神的損害などの賠償で、東電は今年 1～8 月の追加賠償基準を発表する。中通り、浜通りの計 32 市町村の住民に一律 4 万円を支払う。県北、県中などの 18 歳以下の子どもと妊婦には 23 市町村で 8 万円を、県南の 9 市町村で 4 万円をそれぞれ上乗せする。一律賠償は 8 月分で打ち切る。
2012. 12. 6	この日までで、県内の震災による死者は 3004 人で 3000 人を突破する。自殺や過労などによる震災関連死は 1184 人で 4 割を占めている。
2012. 12. 9	若松丈太郎「福島核災棄民―町がメルトダウンしてしまった」（コールサック社）刊行。

暦　年	事　　　項
2012. 12. 10	大熊町の避難区域が放射線量に応じて3区域に再編される。住民の96％が住む地域は「帰還困難区域」となる。
2012. 12. 14	福島市議会での質問で、市が学校給食に使う市産米は「玄米20Bq／kg未満」の米だけにするとしていることにつき、米の使用は県の全量全袋検査での「測定下限値」（玄米25Bq／kg）未満の米だけとあるが、県の検査は国の基準の玄米100Bq／kgを超えるかどうかを見るための機械だから、この機械では25Bq未満かどうかは分からない、汚染米の遍在、即ち、25Bq以上の玄米が交じるケースは機器が見抜けないことなどを指摘する。市農政部は汚染米の遍在の可能性を認める。（朝日：20131005）／／伊達市の117地点（128世帯）と川内村の1地点（1世帯）を特定避難勧奨地点から解除する。
2012. 12. 15	天野之弥IAEA事務局長が福島県を訪れ佐藤雄平知事と会談し「協力に関する覚書」に署名を交わす。また15日～17日まで「原子力安全に関する福島閣僚会議」を郡山市ビッグパレットで開催するが、市民傍聴は50人に制限される。IAEAの進出に抗議のため結成された「フクシマ・アクション・プロジェクト」（共同代表は小渕真理、武藤類子、関久雄）は会議参加者に「福島原発事故を過小評価せず、被災者の声に真に応えることを求める」という要請書（15日付けの抗議声明）を渡す。国際原子力機関IAEA（1957年設立）の「憲章／第2条目的」には、「原子力への貢献を促進し、増大させるように努力しなければならない」とある。／／間愼、畑明郎編「福島原発事故の放射線汚染 問題分析と政策提言」（世界思想社）刊行。
2012. 12. 20	井戸川双葉町長が議会で全員一致の不信任案を出され可決する。
2012. 12. 25	川俣町山木屋地区の住民55人は約126億円の損害賠償請求の和解仲介を原子力損害賠償紛争解決センターに申立てる。
2012. 12. 26	双葉町議会で不信任案の可決した井戸川町長が、議会を解散する。／／淵上正朗、笠原直人、畑村洋太郎著「福島原発で何が起こったか 政府事故調技術解説」（日刊工業新聞社）刊行。
2012. 12. 30	安倍首相はTBS番組で「新たにつくっていく原発は、事故を起こした福島第一原発とは全然違う。国民的理解を得ながら新規につくっていくということになる」と述べる。／／船橋洋一「カウントダウン・メルトダウン」上・下（文藝春秋社）刊行。朝日新聞社著「検証　東電テレビ会議」（朝日新聞出版）刊行。
2012. 12. 31	原発事故直後、米政府は原発周辺の放射線量測定のために、核テロなどに備える特殊チームを派遣していたことが判明する。日本の政府は当初はこの派遣を把握していなかった。
2012. 12	「特定避難勧奨地点」に指定されていた伊達市の117地点（128世帯）が全て解除される。霊山町小国地区の住宅前の道路の空間放射線量は0.6μSv／時である（避難できる目安は3.8μSv／時＝20mmSv／年とされている）。ところが、除染した庭の線量は高さ1cmで0.3～0.4μSv／時、高

暦　年	事　　項
	さ 1m で 0.5 μSv で、国の除染の長期目標は 0.23 μSv／時 = 1mmSv／年だから、明らかに基準値以上での解除である。（民報：20130916）／／2011 年 6 月～2012 年 12 月までで「原発事故による関連自殺者」は 21 人となる。／／この月、米海軍航空母艦「ロナルド・レーガン」艦隊乗員の米海軍兵士らが、2011 年 3 月 12 日からの東日本大震災の「トモダチ作戦」終了までに、福島第一原発事故で被曝したとして、東電と原発メーカー4 社をサンディエゴの米連邦地裁に被害救済を求めて提訴する。原告は 2017 年 8 月に新たに 157 人が加わり計 402 人となっているが、この間に急性白血病や骨肉腫などで 9 人が死亡（2 歳の子を含む）している。韓国に向かっていた同艦は、大震災で急遽三陸沖に向かうが、3 月 12 日真夜中に福島沖 180km を通過、翌日 13 日に放射性物質 31 種類が出ていたというプルームに巻き込まれ艦上に出ていた兵士が被曝する。また、3 月 23 日には防護服なしで甲板で除染作業をして被曝する。同艦は 3000㌧の支援物資を被災地に運ぶが、原告は東電がメルトダウン情報を出さなかったことが被曝の原因としている。（東京：20171004／TV・NNN ドキュメント'17：20171009）／／厚労省はこの年までに調べた 242 の除染業者うち 108 業者に是正指導をする。業者が作業員を雇う場合、国の決まりとして特別な講習や健康診断やがあり、加えて手抜き除染や暴力団の作業員派遣の問題があるからで、元請けの雇用要件はハードルが高くなった。（朝日：20130720）／／この年、日立製作所はドイツの大手電力会社から、イギリスの原発事業会社（ホライズン・ニュークリア・パワー）を買収し、イギリス国内（中西部）で改良型沸騰水型軽水炉（ABWR）などの原発を 4～6 基建設する計画を引き継ぐ。（民報：20170814）
2012	この年、塩害に強く、放射能吸収率も低い綿の栽培で、風評被害に苦しむ福島の農業をさせるという「ふくしまオーガニックコットンプロジェクト」が開始される。
2013. 1. 4 （平成 25）	井戸川双葉町長が町の帰還時期について「暫定的に 30 年後とする」と表明する。
2013. 1. 6	日本科学技術ジャーナリスト会議「4 つの『原発事故調』を比較・検証する 福島原発事故 13 のなぜ？」（水曜社）刊行。
2013. 1. 8	安倍首相は除染を加速化するため、復興相が「司令塔」の役割を担うよう根本匠復興相に指示する。
2013. 1. 11	福島県は内部被曝検査（ホールボディーカウンターに拠る）の結果を発表、8645 人を検査し預託実行線量（今後 50 年間、子供は 70 歳まで）は全員が 1mmSv 未満だった。同じ 11 日、浪江町で一部の住民が受けている放射性ヨウ素 131 による甲状腺内部被曝量は推定で最大 4.6mmSv だった（町が依頼していた床次真司弘前大学教授のグループの研究）。国の被曝量測定の結果（測定期間は 2011 年 7～8 月）では、浪江町住民 2393 人の放射性セシウムの被曝量測定は、そのうち 1994 人が検出限界値以下だった。（民報：20130112）／／老人保健施設（第一原発から 20km 圏内の

暦　年	事　　項
	施設）などから政府の指示で避難の高齢者の志望者数が増加（3. 11 事故当時の入所者は 1770 人、2011 年 10 月末までに 295 人が死亡、これは事故前の 2010 年の同時期の 2.4 倍、事故後 3 カ月に限れば 3 倍である）と福島県立医大などの研究チームが内容分析する。この結果は英科学誌でも報告される。295 人の死因の 4 割が肺炎で、避難所生活での寒気、不充分なケアでの誤嚥性肺炎が主である。通常は 65 歳以上の肺炎が死因であるのは 1 割程度である。（朝日：20130111）／／朝日新聞記者が、福島第一原発 1 号機の非常用復水器の立ち入り調査を国会事故調にさせなかった東電の虚偽の証拠をつかむ。それは、東電がカバー内にないとして事故調に既に説明した証明があったことである。／／この日までに、手抜き除汚染問題でゼネコン 4 社〔楢葉町の前田建設工業（7 日の聴取で 1 件の手抜き認める）、飯舘村の大成建設（同前）、川内村の大林組、田村市の鹿島〕が調査結果を環境省に提出、4 社ともこの日の取材に「報告したが、内容は言えない」と公表はしない。手抜きを認めれば環境省からの指名停止処分を受ける恐れがある。4 市町村の発注額は 33 億円～188 億円である。（朝日：20130112）
2013. 1. 15	2012 年度補正予算案が閣議決定、国の支出が 13 兆 1054 億円で、「復興・防災対策」は 3 兆 7889 億円となる。主な内訳は、第一原発の廃炉作業に 850 億円、周辺自治体への補助金（一時退避施設に利用する病院の放射性物質防御施設など）に 128 億円、除染の補助金に 104 億円、節電や円高苦の産業の支援に 2000 億円、実証モデル事業（風力、太陽光の発電施設に大型蓄電池を設置し出力安定を図る手法の事業）に 90 億円、「スマートマンション」（高エネルギー効率）導入支援に 130 億円を充てる。あと 500 億円は事業実施年限を 1 年延長のための積み増しである。／／この日発行の「喜多方市からの緊急情報」第 45 報に、平地にある豊川幼稚園で「10400Bq／時」（国の現地埋設基準値基準は 8000Bq で、これ以上は仮処分地に移動の必要）の放射性物質の検出があったとの報告がある。
2013. 1. 18	これまでに確認されている 4 件を含め、「不適切な除染」について計 19 件（5 件は不備を確認、14 件は場所、作業員の特定不可で不適切と断定できず）の情報を精査する（環境省）。従って、新たな除染の不適切件数は田村市での 1 件（伐採木を川岸に積んだまま放置）となる。／／南相馬市鹿島区の瓦礫仮置き場で内部出火と見られる火災で約 200m^2 の瓦礫を焼く。
2013. 1. 21	原子力規制委員会の検討チームは、原発の半径 5km 圏外で 500 μSv／時の放射線が測定された地域は、事故後数時間以内に避難開始するで合意する。大熊町の南西約 5km で事故数日後に 500 μSv 以上が測定されたことを参考にしている。IAEA の国際基準は 1000 μSv である。半径 5km 圏内で全交流電源が 5 分以上停止の場合もすぐに避難を開始で合意する。
2013. 1. 22	規制委は有識者会議で「原発の地震・津波対策の新安全基準骨子案」を示す。それは、各原発毎に想定される最大規模の津波を「基準津波」と

暦　年	事　　項
	設定し、防潮堤の設置、重要施設の浸水しない措置を求める。考慮すべき活断層の定義を「約40万年前以降」（従来は、「13万年〜12万年以降に活動した断層」）に広げ、活断層の真上に重要施設を設置してはならないなどと明記される。／／電気事業連合会は、2012年12月に売った「家庭向け電力量」（10電力会社による。集計量は2012年11月下旬〜12月中旬）を発表、2011年12月より多い261億kwh（10.6％増）となる。これは今冬の厳しい寒さが原因で、1972年（10電力体制）以降で最大値（これまでの最大値は2007年12月の248億kwh）である。なお「大口電力」（大工場など企業向け）は2011年12月より少ない212億kwh（4.2％減）となる。景気減速で生産の振るわないのが原因（紙、パルプなどは4.2％減）で、「企業向けと家庭向け」の総電力量は2011年12月より多い715億kwh（3.1％増）となる。／／東電は政府の原子力損害賠償支援機構から、福島第一原発事故での被災者に充てる13回目の資金として2717億円を受け取ったと発表する。これで計2兆207億円となる。2012年5月の、国が認めた再建計画では、東電は賠償額を計2兆5463億円と仮置きしていた。今回の受け取り資金はこの内数である。（朝日：20130123）
2013. 1. 23	東電が原発事故直後のテレビ会議の映像記録を開示する。「2011年3月23日から30日」と「2011年4月6日から12日」までの計312時間6分の影像で音声は1133カ所が伏せられ、映像は347カ所のぼかし処理がある。視聴できるのは報道記者に限られ、「公開」にはほど遠い内容である。／／双葉町の井戸川町長が辞職を表明し、町のホームページに「この事故で学んだことは多い。我国でも人命軽視をするのだということがわかった。国は避難指示という宣戦布告を私たちに出した。武器も、手段も、権限もない我々はどうして戦えるだろうか」という文章を発表した。指示だけ出して後は無責任な国、原発と戦えない町民ということを述べている。／／規制委は老朽化した原発（運転開始から30年を超えるもの）に対し、2013年7月施行の「新安全基準」までに設備の安全性を評価して認可申請をしても受け付けない方針を決める（現行制度では安全性評価の申請を求めている）。また新安全性基準の施行後は、既存原発に対し新基準への適合性を求める「バックフィット」を行い、運転期間を原則40年とした規定の運用も詳細に検討するとする。東電福島第二の2号機は30年の申請期限（本年2月〜7月）を迎える。
2013. 1. 24	東電は放射性物質を含んだ汚染水（第一原発で増え続けている水）を、処理装置でその物質を除去した後に海に放出する方針を明らかにする。東電はこれまでは「関係省庁の了解がなければ行わない」としていたが、今回は「関係者の合意を得ながら行う」と説明する。現在、第一原発の1〜3号機では、原子炉に注水して燃料を冷却し、使用後の水は放射性セシウムを除去して再び原子炉に注水し循環させている。このため原子炉建屋には地下水が1日に約400トン流れ込むので汚染水は増加するばかりである。東電は約60種類の放射性物質を除去する「多核種除去設備

暦　年	事　　項
	(ALPS)」を新たに稼働させて汚染水を処理して海に放出するというわけである。しかし、ALSPでも放射性トリチウムの除去はできず、処理後も放射線量は60Bq／mmℓ（法令による放出認可値）を大きく上回る。（民報：20130125）
2013. 1. 25	楢葉町が「全町民の帰町目標を2015年の春」（第2次「町復興計画」による、これは新たに2013年度中に策定するもの）とする素案を町議会に示す。第一次計画は2013年春避難指示解除で、2014年春に帰町する目標であった。／／浪江町は「町の避難指示解除の見込み時期」につき、帰還困難区域は震災発生から6年後（2017年）、その他の区域は5年後（2016年）にすることで国（原子力災害現地対策本部）と合意する。
2013. 1. 27	いわき市民が外部、内部被曝に日常生活を脅かされているとして「福島原発放射能被害補償法」（住民の長期的な健康管理などを国へ義務づける）の立法を目指し、「事故被害いわき訴訟原告団」を結成（弁護団へ委任した原告は512人）する。来る3.11に国と東電を相手取る訴訟（健康不安の損害賠償を求める。恐怖の市内生活、一時避難の精神的苦痛で1人25万円、生涯にわたる健康不安の賠償で月3万円、妊婦は8万円、期間は2011・4～廃炉完了まで）を「地裁いわき支部」に起こす。いわき市は北端部が第一原発から半径30kmにかかり数万人の市民が一時的に避難した。弁護団は「原発建設は国策民営で進められた。国と東電の共同不法行為の責任を司法に認めてもらうことで、被害補償法の立法につなげる」としている。（朝日：20130128）／／避難区域の「がれき処理」（2014年3月末に完了予定だった）は手付かずで進んでおらず、南相馬市（82.3万トン）、浪江町（17.9万トン）、双葉町（1.2万トン）、大熊町2.9万トン、富岡町4.7万トン（「原発事故から6年は帰らない」の方針を策定した町）、楢葉2.4万トンで計111.4万トンとなる。他の沿岸市町（いわき市、新地町、広野町）を含めると207.3万トンになる。なお括弧内の万トンは2012年12月14日現在の汚染廃棄物を含む災害がれき重量である。（民報：20130127）／／2012年に千葉市の放射線医学総合研究所が委託を受けて被曝実態検証をした結果の報告（中間報告）では、大半の福島県民は30mmSv以下（甲状腺がんを防ぐための国際原子力機関IAEAの基準では50mmSvを超えると安定ヨウ素剤を飲む）という推定である（環境省発表）。データは子供1080人（甲状腺検査の受診者で、最も高い飯舘村の1歳児で9割の「甲状腺被曝量＝等価線量」が30mmSv以下）、成人約300人（内部被曝検査の受診者）である。（朝日：20130128）なお等価線量とは体内の個々の臓器や組織が受ける被曝線量を表す。またホールボディーカウンター（WBC）とは体内に取り込まれた放射性物質の質量を計測し、内部被曝の程度を調べる装置で、自然界からの放射線を遮蔽する措置が施されており、放射性ヨウ素（ガンマ線を出す）、セシウム、コバルトなどが対象である。
2013. 1. 28	2013年1月17日現在で「県外避難者が5万7377人」となり、2012年12月6日現在と比較すると577人の減となる（県発表）。避難先は全国46都道府県に及び、最大は山形県の9611人（同前年月日比では494人減

暦 年	事 項
	で、山形県への避難者が1万人を切ったのは2011年7月28日現在の調査以来初である)、次いで東京都が7458人(同79人減)、新潟県が5763人(同187人減)となっている。//福島県内の除染作業員の人手不足が深刻化しており(求人に対して1割程度しか埋まっていない状況で、県内の除染事業関連では約1800人分の有効求人だが、充足率は10数%で推移)、原因は被曝への不安や低賃金で、低賃金をみると、除染事業の求人の月給下限平均は19万円(管内の建設業全体比で、約2万円上回る)であり上限平均は26万円で、建設業全体との差が殆どない。また除染事業は国や自治体が発注するので大半は大手ゼネコンが受注してしまい、地元産業の多くは下請や孫請けとなり、4次下請の或る業者は「請負額は国や自治体が発注する額の3〜4割」と打ち明けている。(民報:20130128)//福島県漁連は、東電が第一原発の放射性物質を含む汚染水を処理装置で除去した後に海に放出する方針を示したことに厳重抗議する。
2013. 1. 29	全国的に福島県は人口流出が高いレベルで止まらず、復興庁によると事故後から2013年1月までで福島、郡山、いわきの3市だけでも県外への自主避難が2万人を超える。そのうち8割は20代後半〜40代(子育て世代とその子供)である。復興庁は「次世代がいなくなると、地域の復興どころではなくなる」という。郡山市の転出超過数(市町村単位)は全国2位、同福島市は全国4位、同いわき市は全国5位である。(民報:20130129)
2013. 1. 30	石丸小四郎、建部暹、寺西清、村田三郎「福島原発と被曝労働 隠された労働現場、過去から未来への警告」(明石書店)刊行。
2013. 1. 31	指定暴力団住吉会系組幹部の荒井好憲容疑者(40歳、東根市)が、福島県伊達市の除染作業に「違法派遣」をしたとして(労働者派遣法違反容疑、無許可派遣で)山形県警に逮捕される(組合員逮捕は初)。作業員の日当の一部が暴力団の資金源の一部になっていた疑いがある。受注システムは大手ゼネコンが受注し、第1次下請(7〜8社)に回る。環境省によると受託業者が再委託できるのはここまでで、今回の場合、3次下請業者によって作業員3人が違法に派遣された。伊達市は当該の作業員が「派遣」か「正規」か「臨時」か確認していない。山形県警によれば作業員の報酬は1人1日1万5000円〜1万7000円で、うち3分の1が暴力団にながれている。(民報、朝日:20130201)//この日までに、原子力規制委員会は電力業界、自民党議員の間に規制委への不満がくすぶるなか「原発新安全基準」の骨子をまとめ、新たに航空機によるテロ、大規模な地震、津波対策なども盛り込む。規制委の更田豊志委員は安全サイドに立つ姿勢を強調し、電力会社に裁量の余地を残すように求める同社側からの主張を「うそくさい」と一蹴する。電力業界の本音は1月29日に永原功北陸電力会長が、「いったんオーケーして後から基準を厳しくして、動かしたら駄目(というのは)世の中にあるか」にある。長年、原発を推進してきた自民党のなかにも「(再稼働が遅れ)地方の基幹産業に打撃を与える」と今回の骨子に不満を漏らし、規制委そのものに苛立

暦　年	事　　項
	ちを募らせる向きがある。（民報：20130201）
2013. 2. 1	環境省は南相馬市小高区塚原地区沿岸部で災害がれきの撤去作業を開始する。重機を使いがれき約150m^{3}を対象に木材、金属類などに選別し、その後、約1km離れた仮置き場に運び更に細かく分別する。避難指示区域での国が直轄の処理は初めてである。同省によると直轄地域の沿岸部6市町（南相馬、浪江、双葉、大熊、富岡、楢葉）全体の処理がれきは47万4000トンで、浪江、大熊、富岡とは仮置き場設置につき協議中、双葉とは協議すら進んでいない。同省は「仮置き場設置の地元同意に時間がかかったため」とする。（朝日：20130202）／／国の出先機関の福島復興局、福島環境再生事務所、オフサイトセンター（政府原子力災害現地対策本部）とを一元化した「福島復興再生総局」が発足する。当面は復興庁事務次官、内閣参謀参与、峰久幸義（常駐の事務局長）などの60人態勢で出発する。復興庁職員と復興局職員の仕事が4日より業務を本格化する。／／福島市の「県北地方果樹セミナー」で県の果樹研究所が研究成果を発表する。同研究所の佐藤守専門研究員は果樹に含まれる放射性セシウムにつき、土壌からの吸い上げは極めて低く、木の表面に降り注いだものが吸収されているとする。また既に木の中にセシウムがある場合、それが新しく伸びた枝、葉に移行するのは2%であり、更にそのうち果実に移る分はもっと少ないなどと報告する。セシウムを多く含んだ古い枝を切ることがよいという結論である。／／東電が事故直後の構内での2145枚の写真を新たに公開する。2011年3月15日から4月11日にかけて東電や協力事業の作業員により撮影したものである。3号機原子炉建屋からの発煙や放水を伝えており、2012年9月に公開した約600枚に次ぎ二度目の公開である。／／この日現在、避難者数は15万4719人（県外5万7377人、県内9万7342人）で、県内の仮設住宅入居者は3万2188人となる。（民報：20170221）
2013. 2. 3	福島第一原発周辺の除染作業員の賃金（税金から支払われる危険手当、正式名称は「特殊勤務手当」）が中抜き（不払い）されているという、厚労省や作業員からの多くの情報を得ていながら、環境省はこれを放置していると報道される。（朝日：20130203）これは悪質業者が排除されず被害拡大を招いた可能性を示している。以下、この報道によれば、「特殊勤務手当」は被曝の恐れ、精神的な苦痛を伴うため、環境省発注の事業では「原則1日1万円を賃金に上乗せして支給」されている。環境省は2012年12月上旬に、下請業者を使ったゼネコンから「不払い事例があった」と自主的な報告があったが「すでに改善されたと放置」する。また2013年1月9日には厚労省から新たに7業者につき通知があったが詳しく調べなかった。環境省は同18日に計8業者の不払いを公表し、同22日にはゼネコンに調査を求めるが、現在も不払いを1件も確認できず、同省は「十分な調査ができていなかった」と認める。またこれとは別に「環境省のコールセンター」には2012年11月以来、作業員から約100件の不払い情報があり、うち約60件は業者の特定可能だが、同

暦　年	事　　　項
	省は詳しい聞き取りをしていない。或る作業員は「『自分で会社に確認してください』と取りあってもらえなかった」と証言している。福島県内の除染事業では業者の45パーセントの労働関係の法令違反が発覚している。
2013. 2. 4	斑目春樹元原子力安全委員会委員長（2010年4月就任）が、原発での地震や津波の対策が尽くされていたか、事故後の対応は適切だったかなどにつき、検察当局から任意の事情聴取を受ける。既に、勝俣元東電会長、当時の経営陣、政府関係者も事情聴取を受けている。斑目は3月11日の事故直後は菅直人首相のヘリに同乗するなどして、事故の対応や住民の避難につき助言しており、彼個人の刑事責任を問うのは難しいという見方もある。この事情聴取は2012年8月の「福島原発告訴団」（など複数の団体）からの告訴、告発（対象は菅直人元首相、東電、政府関係者の約40人で、内容は業務上の注意義務を怠って事故を発生させた、事故後も適切な対応をせず多数の住民を被曝させ傷害を負わせた、また避難した入院患者らを死亡させたなど）を受理したことを受けてのものである。／／この日までに、国が東電に原発事故支援で支出した金額は計3兆1230億円となる。
2013. 2. 6	第一原発3号機の使用済み核燃料プール内に水没していた鉄骨トラスがれきの撤去作業で、これをクレーンでつり上げた際に鉄骨（この撤去した鉄骨は原子炉建屋の屋根の一部、長さ20m）が2つに破断する。アームが掴んだのでプールに落下はしなかった（東電発表）。
2013. 2. 7	県が2013年度当初予算を発表、一般会計は1兆7320億円で県政史上最高となり、震災、原発事故への対応が9168億円（全体の53%）を占める。／／東電が第一原発1号機の現地調査に入る予定の国会事故調査委員会に「真っ暗」と虚偽の説明をし調査を断念させていたことが発覚する。1号機は3.11の大震災の直後に建屋4階での出水の証言があり、4階の非常用復水器調査の必要があった。2012年2月28日午後7時頃、当時の玉井俊光東電企画部部長らは衆議院第2別館を訪問し、田中三彦元委員（元原子炉設計技術者、元現地調査責任者）らに4階の映像を見せ、この映像は撮影時はカバーをかける（放射性物質が原子炉建屋に拡散しないよう防ぐ）前だったので明るいが、「今は真っ暗だ」「証明もついておりません」「こんなむちゃなことは、おやめいただいた方がよろしいんじゃないでしょうか」「線量計が重い」「がれきが散乱している」「道に迷えば恐ろしい高線量地域に出くわしちゃいます」「迷うと帰り道はわからなくなる」「精神的にもパニックに陥るみたいなことも含めて相当危険」などと説明（1時間9分に渡る調査断念に向けた説得作業）、田中委員は最終的に調査を断念する。だが見せた映像の撮影日はカバーをかけた4日後の〔映像が明るかったのは、爆発で破損した4階の天井には物を搬入するカバー（太陽光線を10〜16%通す）の穴を通して明かりが差していたから。また2011年10月28日より、カバー内側の天井には強力な水銀灯（1個5万9000ルーメンを10個取り付け、うち5個は予備

暦　年	事　　項
	だが5個点灯すればトヨタ・プリウス40数台分の明るさ）が取り付けられて使用可能であり「真っ暗」にはなり得ない〕ものだった。この、地震早々に停止し、早期にメルトダウンを引き起こしたかも知れない非常用復水器の破壊問題は、その原因究明が急がれ、地震の揺れに因るものかどうかの結論は最重要問題となっている。（朝日：20130207）／／東電は第一原発3号機の原子炉建屋で、がれき約1.5トンを水没させた可能性があると発表する。水没は昨日の午後0時40時頃のがれき撤去作業中のことで、がれきは燃料集合体を移動する燃料交換機器の一部であり、作業の振動で使用済み核燃料プールに水没した。プール内には燃料集合体566体がある。
2013. 2. 8	「テロ対策は意図的な航空機衝突だけでなく、内部からの手引きなどもっと広く考えるべきだ」などの意見が福島第一原発事故の調査に加わった専門家からあり、規制委は意見を聞き入れる。木村逸郎（京大名誉教授）元国会事故調査委員会参与はテロ対策の拡充を求めてきたが、対策は取られていると評価する。／／国の「原子力災害対策本部（部長は安倍首相）」は新たに「福島第一原発廃炉対策推進会議」（廃炉加速の方針をうけたもの）を設置、1～4号機の廃炉作業を前倒しするなど工程表の見直しを目指す方針である。参加メンバーは経産省、東電社長、（廃炉研究開発に携わる）日本原子力研究開発機構、東芝トップ、日立トップらである。／／環境省は福島第一原発周辺の除染で33事業のうち7事業で「危険手当」が作業員に支払われていない事例が見つかったと発表、業者に手当を中抜きされた作業員は数百人を超す。この経過は2012年11月に朝日新聞が不払い問題を報道、環境省が作業員約100人から不払い申告を受けたのに詳しく調べず、不払い情報を放置しているという批判が高まり、同省が1月22日に元請けゼネコンに調査を指示、そして今回の発表となる。同省は業者名を公表せず処分もしない方針であるが、法に触れる恐れがある措置である。（朝日：20130209）／／復興庁と福島県と避難市町村との共同調査の結果の公表によると、現時点での富岡町では（全域警戒区域であり調査期間は2012年12月3日～18日、対象は18歳以上の全住民1万3191人、回収率は57.9％）、帰還の判断がつかないが43.3％、戻らないが40.0％、戻りたいが15.6％である。また待てる年数は5年以上が42.5％、3年までが26.5％、4年までが3.4％である。現時点での楢葉町では（警戒区域から避難指示解除準備区域に再編される。調査期間は2012年11月29日～12月13日、対象は高校生以上の全住民6986人、回収率は55.7％）、帰還の判断つかずが18歳以上で33.8％、高校生で39.1％、戻らないが18歳以上で22.0％、高校生で30.1％、条件が整えば帰るが18歳以上で33.3％、高校生で28.6％、直ぐに戻るが18歳以上で10.0％（医療機関、商業施設、介護や福祉施設の必要者）、高校生で2.3％である。
2013. 2. 9	福島、宮城、山形、栃木、茨木の5県の住民と沖縄など県外へ避難している住民との約350人が、原発事故で国と東電を相手取り、原状回復や

暦　年	事　　　項
	慰謝料の支払いを求める訴訟（人権侵害、強いられた健康被害への不安、故郷を追われたことなどを訴える）を福島地裁に起こすことが決まる。提訴は3月11日で、原発事故をめぐり国を相手取る集団訴訟は初めてである（弁護団は馬奈木厳太郎弁護士ら）。（朝日：20130209）
2013. 2. 10	「多核種除去設備（ALPS）」の試運転に向けた安全性評価が大詰めを迎える。第一原発で貯蔵の汚染水量は2013年1月時点で約22万m^3であり、東電は希釈後の海洋放出を目指すが漁業関係者の反発は必至である。ALPSでの汚染水の保管方法は濃縮後に樹脂製の円筒形容器をステンレスで補強するもので、原子炉冷却に使用の水から、従来不可能だった放射性セシウム以外の放射性物質も除去可能になったので海洋放出をしようとするが、放射性トリチウムは残る。（民報：20130210）
2013. 2. 11	津波で死者、行方不明者を77人出した南相馬市原町区の、萱浜行政区の慰霊碑が神社境内に建立され除幕式を行う。
2013. 2. 15	2月定例県議会に提出の2012年度一般会計補正予算案は316億4300万円の減額となる。年度末の大幅減額補正は2年連続で、防災緑地や除染などの復興事業が計画通り進んでいないことを示す。
2013. 2. 16	この日までに、使用済み燃料プールに1533体の燃料が残っている第一原発4号機の定期点検がなされる。2012年5月以降4回目で建屋の罅割れ、傾きなどを調査、「十分な強度が保たれており問題ない」という（東電発表）。
2013. 2. 17	2011年3月11日に自殺した酪農家の菅野重清さんの妻と息子二人が、3月に東電に対して損害賠償（約1億1000万円）を求める訴訟を東京地裁に起こす。妻は初めて「東電を訴えたい」という思いを、事故後の福島の現状を追うドキュメンタリー映画（「わすれない　ふくしま」）を撮影していた四ノ宮浩監督と出会い伝えた。その一言で訴訟の準備が始まる。（朝日：20130217）／／佐藤雄平福島県知事は県の会議で「年間累積被曝1mmSvの達成は難しい。政府の責任で実態に合わせた安全基準を示してほしい」と発言、放射性物質の除去と除染が出来ないという理由で、明らかに危険と分かっている「安全基準」につきを提言をする。
2013. 2. 18	菅野重清の遺族は東電本社に賠償の申し入れをした後、参議院議員会館で記者会見を開き、東電との交渉の推移を見極めながら提訴を検討すると発表する。会見には保田行雄弁護士（東京、遺族を支援）と四ノ宮浩監督と有田芳生参院議員が立ち会う予定。（民報：20130218）／／福島市旧立子山村の大豆から食品衛生法の基準値を超える放射性セシウムが検出される。政府はこの大豆の出荷停止を県に指示する（原子力災害対策特別措置法に基づく。既に県は市に自粛を要請済み）。また県は農家の牛糞堆肥62点のうち、すべて田村市の9点から暫定基準値（400Bq／1kg）を超える放射性セシウムを検出したと検査結果を発表する。県はこの出荷と使用の自粛を要請する。（民報：20130219）／／カザフスタンの原発建設計画を技術面で支援すると、日本原子力発電（東京）と丸紅子会社が発表、カザフスタン国立原子力センター（NNC、国家機関）と協力の覚え

暦　年	事　　項
	書きを結ぶ。／／「アヒンサー」第4号が発行される（前出）。
2013. 2. 19	港湾、海面漁場の放射線モニタリングで海水のセシウムは下限値（1Bq／ℓ）未満だったが、海底土壌で基準値を超える放射性セシウムを検出する（県発表）。最大値は相馬市松川浦岩子で650Bq（セシウム134が233＋同137が417）、いわき市四倉沖6.5kmで561Bq（同前が202＋同前が359）である。
2013. 2. 20	仙台高裁での福島原発訴訟（1990年3月20日の二審判決・控訴審）で、裁判官（3人で合議制で開始）を務めた木原幹郎（この時点で73歳、弁護士、台北生まれで敗戦後に米国軍用船「リバティー」で本土送還による帰国、学習院大卒）は、二審の争点が「原子炉や配管の金属が高温高圧に対して耐久性があるのか、または配管の破損による冷却水漏れが起きないのかといった、金属疲労耐久性がテーマの一つだった」と記憶をたどり、原発事故の決定的な原因が「津波による全電源喪失」と知って、「あまりにも初歩的なミスではないか」と驚きを隠さなかったという。（民報：20130220）／／海底土壌調査（2012年12月19日）でこれまでの最大値の7倍の放射性セシウムを検出する（東電発表）。浪江町請戸（第一原発20km圏内）の沖合2kmで2370Bq／kg（2012年6月の調査では同沖合2kmで330Bq、2012年11月の調査では同2kmで25Bq）、同沖合3kmで2320Bq（2012年6月の調査では同沖合3kmで310Bq、2012年11月の調査では同2kmで40Bq）だった。／／魚介類154点の放射性物質の検査結果で、いわき市沖のアイナメなど9点から食品衛生法の基準値を超える放射性セシウムを検出する（県発表）。同市のアイナメでセシウム137が135Bq、同、シロメバルで同158Bqと116Bq、広野町のアイナメでセシウム134が120Bq、セシウム137が207Bq、富岡町のウスメバルでセシウム137が104Bq、同町のエゾイソアイナメ（ドンコ）でセシウム134が40.5Bq、セシウム137が90.8Bq、広野町のコモンカスベでセシウム137が118Bq、富岡町のシロメバルでセシウム137が151Bq、広野町のマコガレイでセシウム134が280Bq、セシウム137が497Bqなどである。／／野生鳥獣（猪11頭、月の輪熊1頭）の肉に含まれる放射性物質の検査で、イノシシ1頭の最大値が7500Bq／kg（楢葉町）、ツキノワグマでは260Bq（会津美里町）だった（県発表）。食品衛生法の基準値は100Bqである。／／一般家庭の食事（77人対象）に含まれる放射性物質モニタリング（0～70歳代、2012年9～11月の1日を選択）の検査結果が出る（県発表）。県北地方の1人から171Bq／kgを検出（一般食品の基準値100Bq、国の基準の年間被曝線量は上限1mmSv）する。県災害対策本部では本人からの聴取で「近くの山林の野生キノコや自家栽培野菜を食材に使ったことが要因」と分析する。（朝日：20130221）
2013. 2. 22	第一原発事故で当時の東電幹部ら33人を業務上過失致死傷容疑で福島地検、東京地検に告訴、告発した福島原発告訴団は、東京地検に対し、東電本店を家宅捜索して（津波対策を怠ったなどの）証拠を押収するよう申し入れる。「強制捜査と起訴を求める緊急署名」として東京地検に

暦　年	事　　項
	提出した第一次署名は4万0265筆である。告訴団を支援している河合弘之弁護士は（事務所は東京都内）、第一原発事故後の裁判官の意識の変化を感じており、「事故前、私は『ありもしないことを言い立てる変な弁護士』と見られていた。事故後は、訴訟の中で裁判所が『彼らの言うことを真剣に聞こう』という姿勢が出始めてきた」と語る。（民報：20130226）／／東電は来月3月1日の報道関係者への第一原発公開に際し、共産党機関誌「赤旗」の記者を排除するとしていたが、他者の記者からの不平等だという意見や電話での抗議が相次いだため、「赤旗を排除する考えは全くない」とする。規制委も記者会見から赤旗記者を排除した経緯がある。／／「証言記録 東日本大震災　第3回 福島県南相馬市～原発危機 翻弄された住民～」、「同 第6回 福島県大熊町～1万1千人が消えた町～」（DVD、NHKエンタープライズ）発行。
2013. 2. 25	この日午前8時30分頃、会津若松市内の仮設住宅で、大熊町から避難の60代の無職で1人暮らしの男性が死亡しているのが見つかる。死後数日経過していた。／／NHK東日本大震災プロジェクト「証言記録東日本大震災」（NHK出版）刊行。
2013. 2. 26	原発事故で自殺した五十崎喜一（浪江町から避難後自殺、当時67歳）の妻・英子ら3人が、東電に損害賠償（約7600万円）を求める訴訟の第1回口頭弁論が開かれ、英子は「お父さんを返せないのなら、その理由を私たちの立場になり、はっきりさせて欲しい」と訴える。東電側は事故と自殺の因果関係は認められないと請求棄却を求める。福島地裁の裁判長は潮見直之。
2013. 2. 27	木野龍逸「検証 福島原発事故・記者会見2―「収束」の虚妄―」（岩波書店）刊行。
2013. 2. 28	アイナメから放射性セシウム51万Bq／kgを検出する。これまでの最大値は2012年12月捕獲のムラソイからの25万4000Bqだった（東電発表）。第一原発の港湾内（水深約10m）で捕獲したもので過去最大値である。他にはムラソイから27万7000Bqを検出、測定した53点のうち16点で10万Bqを越える。高濃度の汚染水が流出しているわけで、東電は「セシウムが濃縮された結果」とみている。汚染魚の対策としては海底に高さ約2mの網を設置し（汚染土堆積の海底付近の）魚を湾外に出にくくしているだけである。／／東電が第一原発で事故後に働いた作業員約2万人の被曝線量記録を提出していないことが分かる（2011年3月11日以降の記録が未提出）。提出先は公益財団法人「放射線影響協会」で（全国の原発作業員のデータを集約する）、電力会社から提出（法令には基づかない）された被曝線量（個人が持つ放射線管理手帳にも記入される）に関わるデータを一元管理し、必要に応じて事業者からの照会に対応している（照会件数は多い年で約10万件）。放影協は再三提出を求め2012年には事故前までの線量データがやっと提出されるが、雇用主の情報が欠落しており、これでは「被曝管理がおろそかになる」としている。厚労省も早期の線量確定を指導中である。またこの日、東電は第一原発作

暦　年	事　　　項
	業員の2013年1月末までの被曝線量を発表、1月従事の作業員の外部被曝線量の最大値（協力企業側、4913人従事）は12.65mmSv、東電社員（789人従事）の最大値は7.39mmSvである。／／東電第一原発の高橋毅所長（55歳）が、1日の地下水流入量は400トンと汚水タンク設置の敷地面積概算から考えて、汚染水処理は「2015年度の半ば」に限界がくると見通しを明らかにする。吉田昌郎所長は2011年12月に退任（癌治療のため）しており、これは就任以来初めての正式会見の場での発表である。／／この日午後4時15分頃、川内村下川内の除染現場（旧警戒区域、国直轄でゼネコン共同企業体が受注作業中）で男性作業員（54歳）が倒れ（この時点で意識なし）、約2時間後に搬送先の病院で死亡が確認される。国直轄の除染現場での死亡は初めてである。／／安田純治、澤正宏（対談）「今 原発を考える—フクシマからの発言」概要の英語訳付き（クロスカルチャー出版）刊行。
2013. 2	この月、WHOがその推計に基づき、「福島県民の大半は、がんが明らかに増える可能性は低い。一部の乳児は甲状腺がんのリスクが高まる恐れがある」との健康リスク予測を出す。また最も影響がある場合、生涯で甲状腺がんになるリスクは約1.7倍になるとする。（朝日：GLOBE版、20141207）
2013. 3. 1	この日の福島県内13地点での「環境放射線量測定値」（主な市町村を抜粋）は福島市0.50μSv／時、以下、単位は同じく、郡山市0.52、南相馬市0.33、二本松市0.40、飯舘村0.66、川俣町山木屋0.61などである。／／WHOが東電が提出の522人分のデータに基づき、第一原発作業員の放射能の健康への影響について分析する。甲状腺の被曝線量（等価線量）が100mmSvを超えた作業員は178人で、うち1万mmSv超が2人、1万mmSv以下～2000mmSv超は10人、最多数は500mmSv以下～200超mmSvで69人である。（朝日：20130301）
2013. 3. 5	南相馬市で2013年1月中旬～2月下旬に47頭を捕獲した3頭の内の一匹野生のイノシシの肉から5万6000Bq／kgの放射性セシウムを検出する（県発表）。他も4万Bq、2万8000Bqと高濃度を検出する。基準値は100Bqである。これまでの最高はいわき市の1頭の3万3000Bqだった。またこの日、福島市内の旧佐倉村と旧水保村の大豆から100Bq／kgを超える放射性セシウムが検出され出荷停止となる（政府が県に指示する）。
2013. 3. 6	第一原発2号機で汚染水漏れしているのにロボットで確認できず。
2013. 3. 9	避難指示解除準備区域（決定は2012. 8. 10）で帰還可能が決まった楢葉町の一部区域が、30年間の放射能廃棄物の中間貯蔵施設候補地となり（最終候補地は未決定）、それなら帰れないという住民が増えている。
2013. 3. 11	「『生業を返せ、地域を返せ』福島原発第一陣訴訟」の原告団が、1万人をスローガンにして福島地裁に集団訴訟を起こす。賠償を第一とするのではなく、国と東電の責任を求め、原発事故と被害の責任を真正面から認めさせることを目的とする。この訴訟は原告3865人で大規模となる。

暦　年	事　　項
	他に、福島県外に避難した住民らが国と東電に損害賠償を求めて、千葉（判決は2017年9月22日）、東京の各地裁と福島地裁いわき支部にも提訴、その後も前橋（判決は2017年3月17日）などの各地で提訴が相次ぐ。／／朝日新聞社、大和田武士、北澤拓也編「原発避難民 慟哭のノート」（明石書店）刊行。
2013. 3. 12	牛糞堆肥42点の放射線物質の検査で、塙から500Bq／kg、南相馬から800Bqと基準値超（暫定値は400Bq）が2点でる（県発表）。
2013. 3. 13	福島原発告訴団が東京地検に第2次署名6万3501筆を提出する。
2013. 3. 14	放射能被曝の遺伝子調査である「福島ゲノム調査」（2013年度より開始予定だった）が見送りとなる。当面見送ると秋野公造環境省政務官が発表する。原発事故後の県内の新生児と両親を対象に5年間500組を調査し、DNA塩基配列解析を調べるもので、調査費用など11億9000万円を計上していた。だが概算要求段階で計画が確りしていないという理由で取りやめとなる。これで被曝による次世代への影響を確かめる調査が出発時点で大幅に遅れることになる。
2013. 3. 15	細見周「熊取六人組 反原発を貫く研究者たち」（岩波書店）刊行。日本科学技術ジャーナリスト会議編「徹底検証！　福島原発事故 何が問題だったのか―4事故調報告書の比較分析から見えてきたこと」（化学同人）刊行。
2013. 3. 18	ネズミの配電盤への侵入による停電が原因で、使用済み燃料プールなどの冷却が突然に止まる。約29時間後に全面復旧する。
2013. 3. 23	「原発のない福島を！ 県民大集会」（あづま総合体育館）が開かれ、全国から約7000人が参加し県内全10基の原発廃炉を求める訴えなどをする。呼びかけ人を代表して円通寺（福島市）の吉岡棟住住職などが挨拶をする。
2013. 3. 25	政府が富岡町の避難区域を見直し、「居住制限」「避難指示解除準備」「帰還困難」の3区域に再編する。／／福島原発告訴団が東京地検に署名の追加を提出する。署名は総計10万9061筆となる。
2013. 3. 26	原発事故後の避難生活のストレスで鬱病を発症していた飯舘村の女性（80歳）が避難して借り上げた（2011年6月）福島市のマンションで縊死する。「じっちゃんのところに早くいきたい」と、2012年夏に死去した夫のことを話していた。／／「シンポジウム・日本の原子力発電の歴史と東電福島第一発電所事故」が掲載される。（「科学史研究」265号：岩波書店、20130326）
2013. 3. 28	東北電力は浪江・小高原発の新設計画を取りやめると発表する。
2013. 3. 30	磯村健太郎、山口栄二「原発と裁判官 なぜ司法は『メルトダウン』を許したのか」（朝日新聞社）刊行。
2013. 3	この月末、伊達市と川内村の一部が20mmSv以下になったとして「特定避難勧奨地点」の指定を解除され補償が打ち切られる。

暦　年	事　　項
2013. 4. 1	政府は浪江町の避難区域を見直し、「避難指示解除準備」「居住制限」「帰還困難」の各区域に再編する。／／県のこの日現在の推計人口は194万9595人となり、1975年以来、38年ぶりの195万人割れとなる。／／県のこの日現在の15歳未満の子どもの数は24万9151人で（前年同期比で7757人減）、減少数から見れば次第に歯止めがかかってきている。／／「特集・終わりなき原発災害—3. 11から2年」が掲載される。（「世界」4月号：岩波書店、20130401）
2013. 4. 5	地下貯水槽で汚染水の漏洩を確認する。／／第一原発3号機の使用済核燃料プールの冷却系が停電で停止する。約3時間後に冷却系が再開する（東電発表）。
2013. 4. 6	東電は第一原発内の地下貯水槽からの汚染水漏れで、漏水量は約120トン、含まれる放射性物質は約7100Bqと見られると発表する。
2013. 4. 8	原子力問題調査特別委員会（衆院）は黒川清元国会事故調委員長（元日本学術会議会長）らを参考人招致する。黒川は「（原発）事故は明らかに、まだ収束していない」と強調する。
2013. 4. 9	第一原発1号機の原子炉建屋の配管（原子炉を冷却する水が通る）の傍で放射線量2100mmSv／時を計測する（東電発表）。
2013. 4. 10	東電は地下貯水槽（1～3号、6号）にある汚染水約2万3600トンを地上のタンクに移送する方針を明らかにする。全貯水量の現状は、貯水タンク保管量が25万5700トン、地下貯水槽保管量が2万6600トン（保管量総計は28万2300トン）だが、濾過水タンクに8000トンの空き容量があり、これに新たに1万9000トンの増設タンクを造れば空き容量の総量は3万5200トンとなり、汚染水の保管可能総容量31万7500トンに3万5200トンの空き容量が出来る。しかし1日約400トン溜まる汚染水を考慮すれば、7月中には再び満杯となる。
2013. 4. 11	東電は第一原発内で3号機貯水槽から6号機機貯水槽へ水の移送を開始した際に、ポンプと配管の接続部から水が漏洩したと発表、漏洩量は約22ℓで放射性物質濃度は約29万Bq／㎤という。
2013. 4. 17	環境省福島環境再生事務所は浪江町の仮置き場（除染土壌等を国直轄で一時保管する）について、最低でも約142haの面積（東京ドーム約30個分の広さ）が必要と算出する。
2013. 4. 19	規制委は第一原発東側沿岸の土壌は、約10年後には地下水に含まれる放射性ストロンチウム濃度が法令で決められた限度を超えると試算する。
2013. 4. 20	畑村洋太郎、安部誠治、淵上正朗「福島原発事故はなぜ起こったか 政府事故調核心解説」（講談社）刊行。
2013. 4. 23	双葉町は全域の帰還困難区域指定を求めたが国は認めず、町は国の再編成案を正式に受諾する。町全体（住民約7000人）が「避難指示解除準備区域」（全体の4%、第一原発の真北で町の海沿い北東端の区域）と「帰還困難区域」（同96%）とに2分される。／／第一原発の1号地下貯水槽か

暦　年	事　　項
	ら地上タンクへ汚染水約6200トンの移送が開始される。（民報：20130424）
2013. 4. 29	県の2013年度一般会計当初予算で約半数近い26市町村（全59市町村、総額は1兆2480億円）が過去最高額となる。
2013. 4. 30	東電は2013年3月期の連結決算で純損益が6852億円の赤字になると発表（前期は7816億円の赤字）。純損益の赤字は3年連続である。また東電は事故に伴う損害賠償の支払総額が、26日現在2兆2136億円になると発表する。（朝日：20130501）／／3月末までの第一原発作業員（協力企業）の外部被曝線量の最大値は19.76mmSvと分かる。東電社員の同値は10.01mmSvである。3月の作業従事者は東電社員848人、協力企業5553人だった（東電発表）。
2013. 4	中間貯蔵施設について政府が現地調査を開始する。
2013. 5. 1	「科学」5月号（岩波書店）が「原子力防災の条件」を特集、論文「安全を確保できない基準にもとづく原発は運転してはならない」（青木秀樹）、「核テロの脅威について考える」（佐藤暁）などを掲載する。
2013. 5. 24	第一原発の海側の井戸から50万Bqのトリチウムが検出される（東電発表）。／／1、2号機タービン建屋の海側の観測用井戸（海まで約25m）で、この日採取した水から高濃度の放射性物質1900Bq／ℓを検出する（東電発表）。／／「証言記録 東日本大震災　第9回 福島県三春町～ヨウ素剤・決断に至る4日間～」、「同 第12回 福島県浪江町～津波と原発事故に引き裂かれた町～」（DVD、前出）発行。
2013. 5. 29	第一原発事故で放出された放射性セシウムを〔検出した微量のセシウム134（0. 02Bq／g）の半減期が約2年だったので出所が判明〕、太平洋沖の日本海溝の最深部に近い水深約7260mで採取の泥から検出する。プランクトンの死骸に吸着し沈降したもので、調査は2011年7月に宮城県沖（震源から約110km東方の海溝）で海洋研究開発機構などのチームにより行われた。この結果は29日のイギリス科学雑誌に発表される。／／三宮﨑知己、木村英昭「東電テレビ会議49時間の記録」（岩波書店）刊行。
2013. 5. 30	汚染水処理対策委員会はこの日の第3回目の会議で、粘土方式（大成建設提案）、凍土方式の遮水壁（同、鹿島）、砕石で壁を造るグラベル連続壁工法（同、安藤ハザマ）の三工法を検討し、凍土方式に決定する。わずか3回の審議でのスピード決着だが、対策委の報告書には「大規模かつ10年を超える運用実績はない」とあり、凍土方式は難しい技術である。（朝日：20140117）10万m^3の原発周囲の土を凍結させる大規模工事は日本では例がない。
2013. 5. 31	原発事故による避難者数は15万2113人（県外5万4680、県内9万7286、自主避難者を含む）となる。（民報：20160907）／／千葉訴訟の第1回口頭弁論が開かれ、国と東電は請求棄却を求める。
2013. 6. 6	この日現在、県外に避難を続けている人は5万3960人となる（6月19日、県発表）。

暦　年	事　　項
2013. 6. 13	復興庁で被災者支援の任にある水野靖久参事官（45歳）がツイッターで「左翼のクソ」など、特定の国会議員や市民団体を誹謗中傷する書き込みを繰り返していたことが判明する。彼は同月、船橋市副市長を経て復興庁に出向したばかりで「子ども・被災者支援法」（2012年8月成立、）を担当していたが一向にその任は実行されていなかった。同庁の副大臣が謝罪し担当から外す。
2013. 6. 14	NHKスペシャル「メルトダウン」取材班著「メルトダウン　連鎖の真相」（講談社）刊行。
2013. 6. 17	自民党の高市早苗政調会長が東電福島第一原発事故で死者は出ていないと発言（神戸市での講演）、19日午後、「全てを撤回し、おわび申し上げる」と陳謝する。
2013. 6. 19	第一原発1、2号機のタービン建屋海側の井戸（海から27mの場所）から採取した水より放射性ストロンチウム1000Bq／ℓ、トリチウム50万Bqを検出する（東電発表）。／／「原発事故で死者なし」と発言した高市早苗政調会長が陳謝、しかし本人は「しゃべり方が下手だったかも」と弁明しており原発の被害認識のなさを露呈している。
2013. 6. 20	この日現在、日本が原発を輸出しようとしている国はブラジル、南アフリカ、ベトナム、アラブ首長国連邦、サウジアラビア、ヨルダン、トルコ、ハンガリー、チェコ、リトアニア、ポーランド、フィンランドである。（朝日：20130620）／／和合亮一「廃炉詩篇」（思潮社）刊行。
2013. 6. 21	政府は既存の原発50基に適用される新規制基準を7月8日に施行すると閣議で決定する。原則40年の原発運転期間が、例外的に20年延長される政令も決定される。／／政府が山木屋地区を「居住制限」と「避難指示解除準備」の各区域に見直す方針を示す。／／第一原発で高濃度の汚染水を入れて塩分を抜く淡水化装置から汚染水約250ℓが漏れる。漏水にはストロンチウムなどの放射性物質2600万Bq／ℓを含む（東電発表）。
2013. 6. 23	政府による「直轄除染」についての住民説明会が田村市で開かれ、都路地区（原発から20km圏内、避難指示解除準備区域）は国の責任で除染を6月末に終了したが、国の除染目標値（1mmSv／年＝0.23μSv／時、以下）を達成していない地点が殆どで、それなのに政府側は帰還を促すような提案をするので住民側が怒る。／／都路地区の除染につき政府側は再除染に応じず、「希望者には新型の線量計を渡すので自分で判断してほしい」と述べ、避難指示基準は「20mmSv／年」を強調、目標の1mmSvに届かなくても帰還は出来るとの認識を切り返す。説明会に参加の男性62歳は「自分の判断で帰って下さいといわんばかり（中略）早く帰すことで事故をなかったことにしたいとしか思えない」と憤る。（東京：20130711）
2013. 6. 25	経産相は東電と原子力損害賠償支援機構が申請した約6662億円の追加支援を承認（原発事故の賠償金確保のため）、支援総額は約3兆7893億円に増加する。（民報：20130626）／／経産省は原発を保有する電力10社の

暦　年	事　　項
	うち5社で「廃炉引当金」（廃炉に備えての積立）がそれぞれ1000億円以上不足しているとの推計を明らかにする。東電が最大で4076億円である。（民報：20130626）／／外部被曝線量の推計（現在までに県民約200万人中、約42万人が終了）で約1万6000人分に誤りが見つかる。委託先の放射線医学総合研究所（放医研）の推計ソフトに誤りがあったからで、修正により最も増加した人は0.1〜0.5mmSvになり、これまでの一般住民の最高値25mmSvに変更はないという（県発表）。（朝日：20130626）／／相馬市松川浦（岩子）の32地点で海底土壌に含まれる放射性セシウムを検出（調査期間は5月2日〜31日）、最大値は607Bq／kgである（県発表）。（東京：20130626）
2013. 6. 26	東電株主総会があり市民団体「脱原発・東電株主運動」は、第二原発廃炉など9議案を提案するが全て否決される。東電から発電部分を切り離す、高い役員報酬の9割カットなどの提案、賠償で済まない仮設での苦しみなどは一顧だにされず、東電の株主軽視に憤りがある。参加数は約2100人（前年約4400人、前々年約9300人）で激減している。（東京：20130627）／／原発事故で放出の放射性ヨウ素131（半減期8日、甲状腺がんに関連する内部被曝量の推定で重要）による土壌汚染地図が公表される。データは2011年4月3日時点のもので、第一原発がある大熊町、双葉町で300万Bq／m^3超（これが浪江町などの北西方向に帯状に延びる）、広野、楢葉、富岡の各町で100万〜300万Bq。子供の場合、数十万Bqでも放射性ヨウ素を体内に取り込めば甲状腺がんになる確率が高まる可能性がある。日本原子力研究開発機構と米国エネルギー省が作製し公表する。（東京：20130627）／／飯舘村長泥地区住民約190人が将来の健康不安を理由に東電に賠償を求めた訴訟で、東電は「権利侵害を認めることは困難」として原発ADRの和解案を拒否する。（東京、朝日：20130627）／／いわき市のホウボウから146.0Bq／kg、マダラから111.9Bq、富岡のコモンカスベから146.2Bq、シロメバルから540.0Bq、アイナメから133.3Bq、南相馬市のヒラメから134.1Bq、広野のコモンカスベから172.0Bqと156.9Bq、白河市の隈戸川のイワナから183.3Bqと、それぞれ基準値を超える放射性セシウムを検出する（県発表）。また川俣町の永年生牧草（サイレージ、乾燥利用）から163.0Bq／kg、二本松市の同前から278.0Bq、西郷村の同前から166.0Bqの基準値を超える放射性セシウムを検出する（県発表）。
2013. 6. 28	第一原発の海まで約4mの井戸の水から43万Bq／ℓ（法廷基準値は6万Bq）の放射性トリチウムを検出する（東電発表）。
2013. 6. 29	政府は田村市で除染作業終了後に住民説明会を開催、0.23μSv／時の目標を達成できなくても、個人線量が1mmSv／年（既出値に同じ）を超えないよう各人が線量計を身につけて自己管理しつつ自宅で暮らすよう提案する。／／放射能の地中拡散状況を調査のために掘った井戸（海まで約6m）で、28日に採取の水からストロンチウムなどのベータ線を出す放射性物質が3000Bq／ℓの濃度で検出される（東電発表）。／／第一原発

暦　年	事　項
	の生コン車が2万2000カウント／分（構外退出許可は1万3000カウント）の放射性物質を付着したまま楢葉町の生コン工場を往復する（東電発表）。
2013. 6. 30	東日本大震災により、秋田駒ヶ岳、栗駒、蔵王、吾妻、那須の5つの火山地域で地表の一部が5～15cmほど沈み込んでいることが分かる。高田陽一郎京大防災研究所助教チームが人工衛星画像の解析で明らかにし、この日付けの英科学誌ネイチャージオサイエンス電子版に掲載する。／／福島民報社編集局著「福島と原発誘致から大震災への五十年」（早稲田大学出版部）刊行。
2013. 7. 1	第一原発の海まで約4mの井戸の水から51万Bq／ℓの放射性トリチウムを検出する（東電発表）。
2013. 7. 2	「福島第一原発事故の検証・総括が先」と繰り返している泉田裕彦新潟県知事は、この日の東電による突然の柏崎刈羽原発（6、7号機）再稼動申請決定に、「事前に何の相談もない。こんな会社、だれが信用するのか」と怒りを顕わにする。（朝日：20130703）／／いわき区検は鉛カバーで作業員の線量計を覆う「被曝隠し」（第一原発）を行った建設会社（青森県）とその社長（55歳）を「労働安全衛生法」違反の罪で略式起訴する。（朝日：20130703）／／東電は楢葉町（第一原発南約15km）で表面の線量105μSv／時の破片状の茶褐色の物質（長さ約3cm、幅約1.5cm、厚さ約0.5cm）が見つかる（6月20日発見、東電発表）。東電は原発事故に因る汚染物質の可能性が高いという。（朝日：20130703）
2013. 7. 3	港湾内の海水から2300Bq／ℓのトリチウムを検出する（東電発表）。
2013. 7. 5	泉田裕彦新潟県知事と広瀬直己東電社長が柏崎刈羽原発再稼動申請をめぐって会談（県庁）、再稼動は「福島第一原発事故の検証が先」としてきた知事は、東電に対し事前了解なしに再稼動申請はしませんねと迫るが話が噛み合わず、知事は「どうぞお引き取り下さい」といい約30分で会談を打ち切る。（朝日：20130706）／／第一原発海側の観測用井戸（港湾から約25m）の水からストロンチウムなどのベータ線を出す放射性物質が90万Bq／ℓ検出される（東電発表）。（民報：20130710）／／厚労省は第一原発の作業員の内部被曝量が不適切に算定されていたとして、479人の被曝記録を修正すると発表する。原因は東電が国の指示に従わず、社内や元請けに算定ルールを徹底していなかったことによる。作業員の被曝限度は5年間で100mmだが、修正の結果、50mm超が24人（2013年3月末時点）、うち6人は100mm超で、限度を超えて働いた人が少なくとも2人確認される。／／谷川攻一、王子野麻代編著「福島第一原子力発電所事故の医療対応記録　医師たちの証言」（へるす出版）刊行。
2013. 7. 7	第一原発の海まで約4mの井戸の水から60万Bq／ℓの放射性トリチウムを検出する（東電発表）。／／第一原発の南約15kmの楢葉町の河原（避難指示解除準備区域、住民立入可能）で、セシウムなどが由来のガンマ線が250μSv／時、ストロンチウム（内部被曝を引き起こす）などが由来の

暦　年	事　　項
	ベータ線が12mmSv／時のシート状の物質と、同105μSvと4.7mmSvの木片との2つの物質を発見する（東電発表）。
2013. 7. 9	第一原発海側の観測用井戸（港湾から約25m）の水からセシウム134が9000Bq／ℓ、同137が1万8000Bqを検出する（東電発表）。／／8、9日両日に渡り2号機取水口近くの井戸で放射性セシウムの濃度がそれぞれ2万7000Bq／ℓ、3万3000Bq検出される。また5月末以降、ここの建屋地下の汚染水仲のセシウムは8000万Bq／ℓと高い（東電発表）。（東京：20130711）／／第一原発所長（2010年6月～）を務めた吉田昌郎が死去する（58歳）。東電によると事故後の被曝線量は約70mmSvで死因との関係はないとしている。（朝日：20130710）
2013. 7. 11	津田敏秀岡山大学教授は、放医研が（独立行政法人）が作成した「放射線被ばくの早見図」（2011年4月5日公開）には、100mmSv／年より低い被曝では「がんの過剰発生がみられない」という、重大なミスの明記があると指摘する。このミスは2012年4月に訂正されたのに訂正前の早見図が現在でも流布している。「1mmSv／年」以下は国際放射線防護委員会（ICRP）の定めた平常時の基準値で、「20mmSv／年」以下はあくまでも非常時の基準値である。（東京：20130711）／／南相馬市で生じた汚染水340トンを「日本国土開発」（東京のゼネコン）が農業用水に使う川に流していた。流した放射性物質の総量は1614万Bq／ℓ（共同通信の調査）である。排水の管理基準については「放射性物質汚染対処特措法」の施行規則（2011年12月）があり、放射性セシウム134単独なら60Bq／ℓ、同137なら90Bq、混合なら60～90Bqとなっている。（東京：20130712）／／5日からこの日（11日）までの「ツイッター」では、「原発」（脱原発、再稼動、エネルギーを含む）が56万3646件で突出する。5～8日までは1日当たり約6万～7万で推移していたが、吉田昌郎元第一原発所長の死去で9日には12万件に急増していた。（民報：20130713）
2013. 7. 10	「1―2」井戸（岸壁と2号機タービン建屋との間）で、9日に採取した水から3万3000Bq／ℓのセシウムを検出する（東電発表）。
2013. 7. 12	東電は第一原発3号機タービン建屋東側の観測用の井戸（3番）でストロンチウムなどベータ線を出す放射性物質が1400Bq／ℓ検出される。また1、2号機タービン建屋東側の観測用の井戸（海まで4m）で放射性トリチウム63万Bqが検出される（東電発表）。／／第一原発で軽油運搬作業に従事していた元作業員2人が、「危険手当」を受け取っていないとして2次下請業者へ損害賠償を求め、仙台地裁に提訴する。
2013. 7. 13	日本原子力研究開発機構（JAEA）が内閣府からの委託事業で大成建設（東京）を中心とした共同企業体（JV）に委託した業者が、自主基準に基づき除染で出た水を農業用水に繫がる川に流していたことが分かる。（民報：20130713）
2013. 7. 14	第一原発タービン建屋側の観測用井戸から放射性トリチウム29万Bq／ℓを検出する（東電発表）。

暦　年	事　　項
2013. 7. 16	原発事故の被災者800人が国と東電を相手取り、被害回復や慰謝料などを求める訴訟の第1回口頭弁論が福島地裁で開かれる。父親が自殺した須賀川市の農業樽川和也（38歳）も法廷に立つ。（民報：20130717）／／第一原発港湾内の3号機シルトフェンス内側で、15日に採取した海水からベータ線を出す放射性物質の濃度1000Bq／ℓを検出する（東電発表）。これは過去最大の790Bqℓを上回る。同じ海水では放射性セシウム134は350Bq、同137は770Bqだった。／／第一原発1、2号機タービン建屋東側の護岸から25mの、11日に採取した観測用井戸の水から（高濃度の放射性物質が相次いで検出されているが）、9万8000Bq／ℓのトリチウムが検出される（東電発表）。この井戸は過去に6万9000Bqのトリチウムを検出しているが、今回の同井戸の検出値としては過去最大となる。この井戸の南65mの井戸では38万Bqのトリチウムが検出されている。
2013. 7. 17	広瀬弘忠東京女子大名誉教授らが全国1200人（15～79歳）を対象にしたアンケート調査で（2013年4月実施）、原発事故後2年4カ月が経つが事故は「収束していない」とする人が94％いることが分かる。理由は「放射性物質の放出が続いているから」などである。調査は日本の今後の原発については「直ちにやめるべきだ」が31％、「段階的に縮小すべきだ」が54％である（内閣府の原子力委での報告）。（民報：20130718）／／双葉病院に隣接する同系列の介護老人保健施設の患者、入所者合わせて3人の遺族が、東電を相手取って損害賠償を求めた訴訟の第1回口頭弁論が東京地裁で開かれる。東電は争う姿勢を示す。また事故で避難に伴い死亡した男性2人（事故当時60代と70代）の遺族12人は損害賠償を求め東京地裁に提訴する。（民報：20130718）
2013. 7. 19	第一原発で、事故直後から危険視されていた放射性ヨウ素による甲状腺被曝をした作業員が、推計を含め2000人いると判明する。この内部被曝は100mmSv／年以上の被曝を指し、チェルノブイリ事故で50mmSv以上にがん増加の報告があったように、明らかながん増加を示す数値である。国際基準は50mmSv。100mmSv超は事故直後に現場で放射性物質を吸い込んだ人が大半で、作業員は被曝の危険性や被曝線量につき検査の案内も内容も教えてもらっていなかった人が殆どという現状である。全身線量だけで作業員の健康管理をしていた東電は、2013年に入り厚労省の見直しの指示で測定し直し、100mmSvを超える作業員が1973人と分かる。（朝日：20130719）／／田村森林組合（組合員約3400人）は管内の原木林の価値が喪失したとして、同意書を出した1713人の所有する約2977haにつき、東電に約34億4700万円の損害賠償を請求。立木の価値の賠償請求は県内では初である。（民報：20130720）／／原発ADRは、小高区の住民（避難した183世帯583人）と東電との間で避難による生活に関わる購入費の領収書がなくても一定額を認めるなどの和解案を提示する（弁護団発表）。（朝日：20130720）／／東電は課長級以上の管理職約5000人に1人当たり10万円（約5億円の人件費増）の一時金

暦　年	事　　　項
	を支給することを表明、事故後の人材流出を止め幹部社員の士気の維持が目的である（東電発表）。（民報、朝日：20130720）
2013. 7. 20	この日あたりから 1、2 号機の海側で汚染水が海に流れている可能性が指摘され、東電に早急の汲み上げを指示する（規制委の専門家会合で）。／／除染の現場は人手不足なのに仕事が回って来ないケースが増えており、4 月～5 月の間に、「日当 1 万 7000 円～2 万 5000 円に、寮と 3 食がつく」といわれ、九州や中部地方から集められながら、雇い主に必要経費を取られて（現金約 420 万の場合もある）、二本松市の空き家に留め置かれ（約 1 カ月間、自腹で待機）、結局は失意のうちに去って行った男性が約 20 人あるケースがでる（就業出来ない原因は 2012 年 12 月の項、参照）。（朝日：20130720）
2013. 7. 22	参院選の翌日の本日、東電は敷地海側から汚染水の海洋流出が続いていることを認める。第一原発の海近くの観測井戸から高濃度の放射性物質が検出されている問題で、東電は汚染された地下水が海に流出していると、今回初めて海洋流出を認める。港湾内で採取の海水からは、7 月 3 日にトリチウム（3 重水素）2300Bq／ℓ を検出している（同 4 月の 20 倍）。／／第一原発 3 号機タービン建屋とポンプ室とに繋がる立て坑内の汚染水に含まれる放射性トリチウムの濃度が 1200 万 Bq／ℓ となる（東電発表）。／／天皇（2012 年 2 月に冠動脈バイパス手術を受け、同年 5 月退院）皇后が飯舘村を訪問する。（朝日：20140505）
2013. 7. 23	東電は汚染水漏出につき、いわき市で漁業者へ説明会を開く。同漁協の新妻隆販売課長は「すべて後出し、東電は加害企業の自覚があるのか」と話す。小出裕章京都大学原子炉実験所助教授は「今生じた問題ではない。実際には 2 年半前からずっと目の前にあった。何一つ解決していない」と語る。そして、汚染水に放射性ストロンチウム 90 が多く含まれることを懸念する。ストロンチウムの半減期は 29 年で、骨に取り込まれ内蔵被曝が長き白血病などを引き起こす。また水と混ざりやすいトリチウムとは違い、重くて海底に溜まりやすい。原発事故以降の、放射性物質の海への直接流入量はセシウム 134（半減期 2 年）が 3500 テラ Bq（1 テラ＝1 兆）、セシウム 137（半減期 30 年）が 3600 テラ Bq、ストロンチウム 90（半減期 29 年）は 140 テラ Bq である。（東京：20130731）／／経産省は 1～4 号機の廃炉にかかる費用の一部につき電気料金への上乗せを認める方針を明らかにする。廃炉作業のための新施設の建設費を対象にし、施設 100 億円で月約 8000 円の電気料金の家庭で約 1.9 円の値上げという。（朝日：20130724）／／「浪江町遺族会」（申立人 374 人、原発事故で津波で被災した親族を捜索できなかった遺族で作る）は東電との間で、原発 ADR が示した和解案を受け入れる。賠償額は約 2 億 8000 万円以上。（朝日：20130724）
2013. 7. 25	「3. 11 の記録 東日本大震災資料総覧 震災篇」「3. 11 の記録 東日本大震災資料総覧 原発事故篇」（ともに、日外アソシエーツ）刊行。
2013. 7. 26	川俣町は町内の山木屋地区（計画的避難区域、全 11 行政区）を、2012 年

暦　年	事　　項
	3月31日時点での年間空間放射線量に基づき、20mmSv超～50mmSv以下の乙第八区を「居住制限区域」に、20mmSv以下の10区を「避難指示解除準備」にと2区に再編する案を決定する。（民報：20130727）／／「H4」区画南の漏出防止用の堰に設けられた排水用の開閉弁24カ所で、空間放射線量16mmSv／時を測定する（東電発表）。
2013. 7. 27	第一原発2号機の海側の坑道で採取した水から23億5000万Bq／ℓの高濃度の放射性セシウムを検出する（東電発表）。
2013. 7. 28	昨日発表の23億5000万Bqの水から、870万Bq／ℓのトリチウムを検出する（東電発表）。トリチウムの法定基準値は6万Bqである。
2013. 7. 31	東電は裁判所に提出した答弁書で、「原子力損害賠償法3条1項に基づき、原子力損害賠償紛争審査会の定める指針に従って、賠償に応じる方針である」と述べる。／／7月末現在、南相馬市、浪江町、双葉町、富岡町（いずれも計画延長している）などは宅地、森林、農地、道路などの国直轄の除染を全くしていない（環境省発表）。（民報：20130921）／／復興庁は2012年度中に使う予定であった復興費の9兆7402億円のうち3兆4271億円（35.2%）を政府が使わなかったと発表する。／／この月、福島県外からの転入者数（2389人）が転出者数（2280人）を109人上回る（社会動態という）。13年ぶりの傾向である。転入は郡山市543人、福島市468人、いわき市370人の順である。（民報：20130824）／／第一原発沖合いを2011年7月から5回にわたり調査した神田穣太郎東京海洋大学院教授（化学海洋学）は、「原発の専用港内の海水の分析から、セシウム137の直接流入量は5000テラBq程度と考えるのが妥当」と推測する。また汚染水の流出は「事故以来止まることなく、ずっと続いていた」とも説明する。放射性物質の大半は事故直後から同年6月までに流出しており、食物連鎖による魚類の汚染が深刻である。この流出を外国と比較すると、チェルノブイリ事故ではセシウム137の環境への全放出量は8万5000テラBq、長期に渡り放射性物質を垂れ流していたイギリスのセラフィールドでは計4万1000テラBqが流出（1951～1992年までの41年間の線量）しており、とくに最も汚染が酷かった1975年は1年間だけでも5200テラBqで、神田教授がいう福島事故の海洋への直接流出量はこれに匹敵する。この事態につき国際NGOグリンピースジャパンの高田久代は、「海の汚染を防ぐ条約の精神に反していることには変わりはない。国際ルールを踏みにじる」と批判する。ピースデポ（平和問題のNPO法人）の湯浅一郎代表も、「海外から批判されても当然だろう。原発を進め、事故を起こした国は、その批判を引き受けなければならない。その覚悟を抜きに再稼動を進めるなんて、お話にならない」という。（東京：20130731）
2013. 7	この月末までで、震災に伴う県内の災害廃棄物の発生見込み量（約345トン）の約51.4%である177万トンを処理する。国が直轄で処理する避難区域では処理が進んでいない。（民報：20130907）
2013. 8. 3	1日当たり約400トンの地下水が海に流出し続けている可能性が出る（規

暦年	事項
	制委への東電の報告)。流出は 2011 年 5 月以降続いており、約 2 年間で放射性トリチウムが 20 兆〜40 兆 Bq 漏れたことになる。東電は放射性ストロンチウムの試算はしなかったという。
2013. 8. 5	第一原発建屋付近の地下水から高濃度の放射能汚染水の検出が続いているが、東電は 1 号機タービン建屋の原発海側の「1 − 5」と呼ぶ観測井戸で、ストロンチウムなどの放射性物質を 5 万 6000Bq／ℓ 検出したと発表する。7 月 31 日と比較すると約 47 倍で、これまでの最高は別の観測井戸での 90 万 Bq である。また放射性セシウム 134 を 310Bq（前回は 21Bq)、同 137 を 650Bq（前回は 44Bq）検出しており、いずれも前回より上昇している。同日には、高濃度汚染水が検出された地下道トレンチ付近に新設した観測用井戸の水から 5 万 6000Bq のベータ線を出す放射性物質も検出されており、トレンチから漏洩した可能性があるとみている（東電発表)。／／原発事故から 2011 年 12 末（約 9 カ月）までに第一原発で働いた作業員は 1 万 9592 人で累積被曝線量は平均 12.18mmSv／年、うち 5 割に当たる 9640 人が 5mmSv の白血病労災基準を超している。2011 年の原発事故から 2013 年 6 月末まででは、累積で 5mmSv の被曝をした人は 1 万 3667 人である。(朝日：20130805)
2013. 8. 7	政府の原子力災害対策本部は、第一原発建屋付近の地下水が高濃度の放射性物質で汚染され、海に 1 日 300トンが流出していると発表、東電の汚染対策も、政府の東電任せも破綻が明確になる。完全防止は困難だが、府は国費を投入して対策に乗り出す方針である。
2013. 8. 8	政府は政山木屋の再編を決め、全 11 行政区のうち「乙第 8 区」（東に位置）を居住制限区域、他の 10 行政区域を「避難指示解除準備区域」とする。
2013. 8. 19	東電は汚染水漏れ発覚の問題でタンク内汚染水は別のタンクに移す。この日、規制委は第一原発「H4」エリアの地上タンク周辺のこの高線量の水溜まりについて、国際的な事故評価尺度の「レベル 1」(逸脱の意）と暫定評価する。この 2 億 Bq／ℓ のタンク内の汚染水の漏れは 7 月頃から始まり周囲に広がり 8 月 19 日に漏れが発覚したのである。東電はこの発覚後に漏れたタンク区画の南側 1〜2m に深さ約 7m の観測井戸を掘ったが、排水弁（ベータ線 16mmSv／時）が近くにあり、汚染水はここから外に漏れ出たのである。／／双葉町郡山（第一原発より北北西約 2.8km）で大気中の放射性セシウムの濃度が 1.07〜1.30Bq／m^3（6 時〜18 時）となる。(朝日：20130828)
2013. 8. 20	東電は汚染水 300 トンがフランジ型タンクから海に流出したことを認める。規制委員は国際原子力事象評価尺度（INES）の暫定評価を「レベル 1」(逸脱）から「レベル 3」(重大な異常事象）に引き上げるが、この汚染水問題は国会審議で「先送り」する。
2013. 8. 21	田中俊一規制委委員長は記者会見で、東電が第一原発のタンクから漏洩の汚染水を計測の際に、ベータ線〔透過力弱、薄いアルミ板で遮蔽可〕とガンマ線〔透過力強、鉛や厚い鉄板で遮蔽〕とを合算値して発表して

暦　年	事　　項
	いることに、「まったく別のものを一緒にしているということで、まずいのではないか」と疑問を呈する。だがその後も区別は徹底されず、2013年9月3日にも同じタンクの再測定で合算値2200mmSvを原子力規制庁に報告している。
2013. 8. 22	規制委が10日に汚染水の海洋への漏洩を強く疑うとした見解に対し、東電はこの日海洋への流出を認める。(民報：20130728)
2013. 8. 23	原子力規制委の現地調査で、第一原発のタンクから高濃度の放射能汚染水が漏れているのに、東電はタンクを巡視する際の点検記録を作っていなかったことが明らかになる。東電の汚染水管理の杜撰さが大量の汚染水漏れに繋がっていたことが分かる。(朝日：20130824)
2013. 8. 24	堰の排水弁を開いていたことで第一原発の地上タンクから汚染水が海洋に流出した問題で、相沢善吾東電副社長は「間違いだった」との認識を示し、この日の県庁での会談でこのことを話す。(民報：20130825)
2013. 8. 25	山口二郎北海道大学教授が「放射性物質を垂れ流す日本は、もはや地球全体の迷惑者である」と述べる。(東京：20130825)
2013. 8. 26	民法上は第一原発事故による損害賠償請求権が、最短で2014年3月に時効消滅するので、被災者、支援者、消費団体などの実行委員会が「原発事故被害者の救済を求める全国運動」を始める。(朝日：20130827)／／「福島原発告訴団」は東電本店への家宅捜索などの強制捜査を求める上申書を東京地裁、福島地裁にそれぞれ提出する。(朝日：20130827)／／第一原発のタンクを囲う堰の南側の排水ベンから、16mmSv／時の放射線量を計測する。(朝日：20130827)／／東電は社内に「汚染水・タンク対策本部」を設置し対策強化に乗り出すが、広瀬直己社長はこの日のJヴィレッジで記者会見し、第一原発での相次ぐ放射能汚染水漏れに対し「あってはならないこと」と述べ謝罪する。(朝日：20130827)
2013. 8. 27	高濃度汚染水300㌧がタンクから海に流出した問題で、東電は漏れは遅くとも7月9日前後から始まったと、作業員の被曝量から推定する。また敷地海側の地下道（トレンチ、漏洩源）の溜まり水から23億5000万Bq／ℓの放射線セシウムが検出される。この水は26日の採取で、セシウム134は7億5000万Bq、同137は16億万Bq、他に放射線ストロンチウムなどベータ線を放出する放射性物質は7億5000万Bqであった（東電発表）。／／この日までの、福島民報社のランダム・デジット・ダイリング（RDD）法で実施した調査では、原子炉建屋流入直前の地下水を海洋へ放出する「地下水バイパス計画」につき「反対」の回答が約8割だった。それでも福島復興本社代表の石崎芳行副社長は、25日の県庁での記者会見で「汚染水を減らすためにはどうしても必要だ」との考えを強調している。(民報：20130728) この日までにいわき市の女性が、原発事故に伴う避難で不眠に悩まされ、鬱病を悪化させて自殺（2012年5月）した夫の、災害関連死の不認定処分の取消を求める訴訟を、いわき市を相手取り福島地裁に起こす。(朝日：20130828)／／大熊町は東電に対して税収減などの損害を受けたとして6億9294万円を請求する。同

暦　年	事　　項
	町が事故後で損害賠償を求めるのは初めてである。（朝日：20130828）
2013. 8. 28	規制委が事故評価尺度を「レベル 3」（重大な異常事象）に引き上げたので、福島県漁業協同組合連合会が 9 月以降の試験操業中断を決定する。／／2011 年 3 月 15～16 日にかけて双葉病院（大熊町）から自衛隊に救出されたが、二本松市の病院（約 80km を移動）で 16 日に死亡した男性（73 歳）患者の遺族が、東電に対し約 3300 万円の損害賠償を求めた訴訟の第 1 回口頭弁論が始まる。（民報：20130829）
2013. 8. 29	環境省が実証施設として鮫川村（2012 年 10 月に施設設置受け入れを公表）に建設した放射性廃棄物の仮設焼却の建物近くで大きな爆発がある。原因は焼却灰を運ぶ（コンベヤーの）ステンレスケース内に燃え残りの廃棄物が入り、廃棄物から出た可燃性ガスが溜まり引火したことによる。（民報：20140112）／／相川祐里奈「避難弱者 あの日、福島原発間近の老人ホームで何が起きたのか？」（東洋経済新報社）刊行。
2013. 8. 30	第一原発の地上タンクで汚染水が漏れた問題で、タンク付近の排水溝で 29 日採取の水からベータ線を出す放射性物質 490Bq／ℓ が検出される（東電発表）。／／環境省調査で、富岡川沖の第一原発から約 10km 南の海底で、放射性セシウム 1600Bq／kg を検出する。調査は 7 月 2 日～30 日まで実施された。／／第一原発で汚染水の流出が止まらない深刻な事態に対し、海外でも大きく報道され東電や政府への批判も多い。たとえばドイツ DPA 通信は「汚染水漏れは東電が最初に認めていたよりも深刻だ。きちんと管理されているという政府の説明にも疑いが増している」（28 日付け）と報道する。韓国では魚介類の安全への懸念が広がり、ソウルの保護団体は「日本の水産物の全面禁輸」（26 日）を求める声明を出す。（朝日：20130830）
2013. 8. 31	第一原発の地下水バイパス用井戸の一つ（約 300トンの汚染水漏れの「H4」エリアのタンク近辺）でトリチウム 900Bq／ℓ を検出する（東電発表）。また深夜に、「H3」エリアにあるタンクの一つで約 1800mmSv／時の放射線量を計測する（東電発表）。東電へ様々な所から批判が相次ぐ問題のひとつに、東電がベータ線とガンマ線とを合算していることがある。大石哲也日本原子力研究開発機構技術主幹は、「国内外の人が驚いた。ベータ線とガンマ線では防護の仕方や線量限度が大きく異なる。合算は論外だ」と話す。田中俊一委員長も 2013 年 9 月 5 日の定例会議で「まともなデータが出てこない。国際的に大混乱を来している」と厳しく批判する。／／この日現在で、原発事故に関連する県内の自殺者が 15 人となり増加傾向にある（2012 年は 13 人、2011 年は 10 人）。（民報：20131013）／／同、原子力損害賠償紛争解決センターへの申し立ては 7545 件、このうち「全部和解」までに至ったのは 3896 件（約 52％）である。5 月に成立の時効中断に関わる特例法は、センターに申し立てた項目について、和解仲介手続きの打ち切り通知を受けた後、1 カ月以内に民事訴訟を提訴した場合に限定している。（民報：20130910）
2013. 8	この月、伊達市で全市民対象の年間の積算線量の調査結果を公表（年間

暦　年	事　　項
	実測値の発表は県内初）、2012年7月から6月までの平均は0.9mmSv〔国の目標1mmSv（この値未満は66％だった）は下回る〕だったが、1～5mmSvは33％（殆どが2mmSv未満）、旧特定避難勧奨地点の地区は平均2.2mmSv、月舘町相葭地区は最大値で2.8mmSvであった。（民報：20130917）／／同、福島支局の大渡美咲による産経新聞ウェブ版の「いいたて通信」が始まる。
2013. 9. 1	この日現在、「原発事故関連死」（避難生活中の落命、主因は長期避難に因るストレスなど）は1459人で、3月1日の半年前に比べ144人増加する。主因は「避難所生活などの肉体的・精神的疲労」「避難所などへの移動に伴う疲労」「病院の機能停止や転院による既往症の悪化・初期治療の遅れ」（復興庁の分析に拠る）などである。（朝日：20140307）／／日本原子力学会の事故調査委員会（田中知委員長）は汚染水管理方法について、ALPSで除去できないトリチウム（3重水素）は薄めて海洋放棄するのが最も安全だとの見解を素案に盛り込む。（民報：20130903）／／第一原発の「H6」タンク群の一基の底部表面で100mmSv／時超の高線量の放射能を検出する。また同「H3エリア」のタンクから1700mmSv／時の放射線が計測される。同「H5エリア」の配管には約60ℓの放射能汚染水が溜まっており、ここからベータ線（ストロンチウムなど）を出す放射性物質が30万Bq／m^3（＝3億Bq／ℓ）検出される。これだと60ℓには約180億Bqの放射性物質が含まれることになる。さらに「H4」タンク群に近い排水溝でもベータ線（ストロンチウム90など）を出す放射性物質が920Bq／ℓ検出される（すべて東電発表）。（民報：20130902）／／大江健三郎らが呼び掛け人の「さようなら原発1千人署名 市民の会」が東京日比谷公会堂で、脱原発を訴える講演会を開く（約2000人集まる）。「首都圏反原発連合」（毎週金曜日に首相官邸前で抗議活動）もこれに合わせ官邸前デモを実施する。（朝日：20130902）／／日本科学者会議原子力問題研究委員会編「現在進行形の福島事故 事故調査報告書を読む、事故現場のいま、新規制基準の狙い」（本の泉社）刊行。
2013. 9. 2	第一原発での汚染水問題を世界の各国が報道し、五輪招致への影響を指摘している。米CNNは「日本はもぐらたたきにうんざりしている」と現状を喩《たと》え、英BBC放送は「日本が国際的な支援を求めないのは大きな過ちだ」と伝える。カナダの新聞は「まだ原発の危機に取り付かれたままだ」と述べる。中国では国営通信の新華社が「原発の危機が東京の招致に暗い影」と報道し、人民日報の地方支社の幹部は短文投稿サイト「微博」に、「軍国主義が台頭し、大量の汚染水を公海に流している」と投稿している。（民報：20130902）
2013. 9. 3	政府が汚染水対策に国費470億円投入の方針発表をする。第一原発の汚染水漏洩は海外メディアでも大きく報道され、この投入は今月8日（日本時間）の五輪開催地を決めるIOC総会への影響払拭を政府主導で演出するものという見方が濃厚である。（民報：20130904）／／この日、福島原発告訴団（武藤類子団長）は地上タンクから高濃度汚染水を漏洩させ、

暦　年	事　　項
	海洋に放出させたとして、福島県警に東電を刑事告発をする。／／この日までに、JA グループは8月分の76億6800万円の損害賠償を東電へ請求する。／／海水モニタリング結果では、2013年8月採取の海水濃度は放射性セシウム、トリチウムが1ℓ当たりで検出下限値未満、ベータ線を放つ放射性物質は0.02～0.03Bqで、「原発事故前と同程度」だった（県発表）。採取カ所は新地町釣師浜、相馬市磯部、南相馬市鹿島の0.6～1.5km沖合と、いわき市四倉、江名、勿来の0.5km沖合との計6カ所である。／／第一原発地上タンクから高濃度汚染水の漏洩が相次いでおり、第一原発から西へ約500mの「H3」タンク周辺でこれまでで最高の1日2200mmSv／時を検出する（東電発表）。
2013. 9. 4	東電は1号機の地下水の流入箇所を初めて確認したと発表、1～4号機の地下には周辺で1日に約1000トンの地下水が流れており、その内、1日に400トンの地下水が原子炉建屋地下などに流入しており、その流入箇所の1つとみられる。残りの1日約600トンの地下水の半分の約300トンは地下道トレンチに溜まっている高濃度汚染水などに混じって海に流出している。／／海まで約2mの井戸で採取の地下水から550Bq／ℓの放射性セシウムを検出する（東電発表）。第一原発敷地海側で放射性汚染水の地下水が海に漏れ出ている問題は継続中である。護岸付近の地盤は水ガラス（薬剤）で固めて「土の壁」を造成したが、この井戸はこの壁より海側で、土壁の内側（陸側）の井戸の水（2日採取）のセシウム濃度は93Bqだったから、海側の方が高いことになる。／／魚介類177点の放射性物質の検査結果では、南相馬沖のシロメバル、浪江沖のヒラメ、横川（福島市）のイワナの3点から基準値（基準値は100Bq／kg）を超える放射性セシウムが検出される（県発表）。
2013. 9. 5	第一原発のタンクから300トンの高濃度汚染水漏れがあるなかで、放射性ストロンチウムなどのベータ線650Bq／ℓを検出する。この検出値はタンク近くの観測井戸から出た値で、地下水への汚染の広がりの確認も今回が初であり、「汚染水が地下水に到達した可能性がある」（東電発表）という。／／野生鳥獣肉に含まれる放射性物質検査で最高値は、田村市のイノシシ1頭からの9600Bq／kg、福島市のツキノワグマ1頭からの390Bqの検出であった（県発表）。／／浪江町の避難指示解除準備区域で唐辛子（2日に採取）1点から130Bq／kgを検出する（県発表）。／／国見町は原発事故に伴う損害賠償金9303万円を東電に請求する。対象期間は2011年3月12日から2013年3月31日まで。
2013. 9. 6	2011年3月15日夜から16日未明にかけて自衛隊に双葉病院から救出され、約107km搬送された後、同年3月23日に病院で死亡した男性（当時、67歳）の遺族が、東電に対して損害賠償を求めた訴訟の第1回口頭弁論が東京地裁で開かれる。東電は請求棄却を求め争う姿勢を見せる。（民報：20130907）
2013. 9. 7	安倍晋三首相が国際オリンピック委員会総会で「福島の状況（第一原発の汚染水漏れ）は完全にコントロールされている（管理下にある）」と東

暦　年	事　　項
	京招致の演説をする。／／遠藤典子「原子力損害賠償制度の研究」（岩波書店）刊行。「福島原発事故 タイムライン 2011 ― 2012」（岩波書店）刊行。
2013. 9. 9	被災者ら約 1 万 5000 人でつくる福島原発告訴団（河合弘之弁護団長）の、第一原発事故の刑事責任を問う裁判（「2012 年告訴」事件）に対し、東京地検は「誰にも問えない」と全員不起訴の判断する。東電本店の家宅捜索などの強制捜査は見送られる。2012 年初め、東京地検や最高検の検事は警察庁の担当者らに、「今回は警察で受けてくれませんか」と、原発捜査の丸投げを打診している（東京霞が関の法務・検察合同庁舎で開催の会議で）。2012 年 6 月、告訴団は業務上過失致死傷の疑いなどで勝俣東電前会長、清水正孝元社長など 33 人を告訴、告発していたが、東京地検は他の市民などから告訴、告発された菅直人元首相など当時の政権幹部ら 9 人を加えた 42 人全員を不起訴処分にしたわけである。／／高濃度汚染水約 300㌧が漏れた事故で、漏れたタンク付近の観測用の井戸の地下水から放射性ストロンチウムなどが 3200Bq／ℓ検出される（東電発表）。
2013. 9. 10	「生業を返せ、地域を返せ！」福島原発訴訟原告団は今年 3 月の 800 人による第一次提訴に次ぎ、福島地裁に第 2 次提訴を行う。原告団には新たに 1159 人が加わり約 2000 人となって原発事故関連訴訟では最大となる。県などの住民が中心となり慰謝料や生活環境の現状回復を求める。また福島県やその周辺県の住人が国と東電を訴えていた裁判の第 2 回口頭弁論が福島地裁である。原告側は原発事故を引き起こす規模の津波を予見できたと主張し、対策に取り組まなかったのは「故意にも等しい過失責任」と追求、津波シミュレーションデータの開示を求める。これに対し東電は「応じる必要はない」と回答書を提出、拒む姿勢を示す。（朝日：20130911）／／高濃度汚染水約 300㌧が漏れた事故で、漏れたタンク北側 15m の観測用の井戸の水からトリチウムが 4200Bq／ℓ検出される（東電発表）。／／環境省は福島県の 11 市町村の国直轄除染の今年度中終了の除染計画（工程表）を撤回し、7 市町村（南相馬市、飯舘村、川俣町、葛尾村、浪江町、富岡町、双葉町）で作業を延長すると発表する。2012 年 1 月公表の工程表では「避難指示解除準備区域」（放射線量が 20mmSv／年以下）と、「居住制限区域」（同、20～50mmSv）の 11 市町村は今年度中に除染を終了する計画であった。（朝日：20130911）／／福島原発告訴団編「これでも罪を問えないのですか！ 福島原発告訴団 50 人の陳述書」（金曜日）刊行。
2013. 9. 11	この日現在で県の「震災関連死」は 1462 人となる（震災から 2012 年 3 月末で 761 人、2013 年 3 月末で 1383 人）。そのうち県内仮設住宅での「孤独死」（8 月末時点での 1 人暮らしで死去した事例）は累計で 23 人に上る。（民報：20130912）／／この日、雨水を海に流す排水溝で採取した水からストロンチウムなどが 220Bq／ℓ検出される。（朝日：20130914）また高濃度汚染水約 300㌧が漏れた事故で、タンク近くの観測用の井戸（「H4」

暦　年	事　　項
	タンク群内）で採取した地下水からトリチウムが6万4000Bq／ℓ（10日採取、汚染水自体の濃度は240万Bq）検出され、この日の採取では9万7000Bqを検出する（東電発表）。／／フランスの週刊誌カナール・アンシュネが2020年の東京五輪と第一原発の汚染水漏れとを関連づけ、爆発した原発施設を背景に、腕や足が3本、手と足の指が3本の痩せた力士が土俵で向かい合い、「すばらしい。福島のおかげで相撲が五輪競技になった」と防護服を着たリポーターが実況している様子を描く。（朝日：20130913）
2013. 9. 12	除染を終え昨年末に避難解除となり、帰還した住民もいる伊達市小国地区の放射線量は、9カ月後でも国の除染の長期目標値を超える0.34μSv／時である。（民報：20130916）／／この日採取した、第一原発のタンク北側の観測井戸の水からのトリチウム13万Bq／ℓを検出する。（朝日：20130914）また原発港湾外に繋がる排水溝でベータ線を出す放射性物質が220Bq／ℓの濃度で検出される（東電発表）。海への流出は否定できず、東電は原因として除染で出た水の一部が流れた可能性をあげる。／／カナール・アンシュネが諷刺画を掲載した件で、ルイマリ・オロ編集長は「謝罪するつもりはない」と述べる。（民報：20130913）
2013. 9. 13	東電幹部の山下和彦フェローが、安倍首相の「状況はコントロールされている」発言や、国際五輪委員会総会での「影響は港湾内0.3km^{2}の範囲内で完全にブロックされている」との断言に反して、首相発言を否定する「今の状態はコントロールできていないとわれわれは考えます」という発言をする（郡山市での民主党原発対策本部会合で）。（民報：20130914）／／復興庁が示した「子ども・被災者支援法」（原発事故後の支援）の基本方針の説明会で、支援対象地域を福島県の33市町村とする案に対し、1mmSv／年超の地域全体を含めることを求める意見が相次ぐ。（朝日：20130914）／／東電は第一原発南1.3kmの周辺海域で計測した海水中の放射性セシウムなどの濃度を、2011年7月～今年6月まで実際の数値より低く公表していたと発表する（規制委での会合）。（民報：20130914）／／11日にトリチウムが検出された同じ井戸から同13万Bq／ℓ（法定基準は6万Bq）が検出される（東電発表）。（民報：20130914）
2013. 9. 14	第一原発の解体中のタンクから汚染水が300トン漏れる（東電発表）。原因は底板を繋ぎ留めるボルト5本の緩みである（20日、東電発表）。
2013. 9. 15	台風15号が襲来し、「B南」タンク群の堰から約5分間水が溢れ出るが、この水にはストロンチウム90（法定基準は30Bq／ℓ）などベータ線を出す放射性物質は37Bq含まれている。
2013. 9. 16	第一原発のタンクから汚染水が漏洩、近くの観測井戸で採取（14日）した水から放射性物質トリチウム（3重水素）が17万Bq／ℓ検出される（東電発表）。（朝日：20130917）／／第一原発地上タンク群の堰から水約1130トンを排出、放射性物質（ベータ線）の量は推定で約885万Bq（ストロンチウム90の法定基準は30Bq／ℓ）である（東電発表）。（民報：20130918）

暦　年	事　　項
2013. 9. 17	東電は第二原発 2 号機原子炉から 764 体の核燃料を取り出し、燃料プールへの移送を始める。（民報：20130918）
2013. 9. 18	東電は 2011 年 6 月に汚染水の流出を防ぐ遮水壁の設置を検討しながら、経営破綻の恐れがあるとして着工を先送りした。当時試算の約 1000 億円の設置費用の負担に難色を示したためで、その後の汚染水対策の遅れにつながる（元菅内閣の首相補佐官であった馬淵澄夫民主党衆院議員の朝日新聞の取材に対しての証言）。（朝日：20130918）／／気象庁気象研究所の青山道夫主任研究官はIAEA の科学フォーラムで、原発北側の放水口から放射性物質のセシウム 137 とストロンチウム 90 が約計 600 億 Bq／日海（原発港湾外）へ放出されていると報告する。（民報：20130919）
2013. 9. 19	国際五輪委員会総会で「汚染水の影響は港湾内 0.3km^2 の範囲で完全にブロックされている」と説明し、東京五輪招致を決めた安倍晋三首相が第一原発を視察、東電の小野明所長から放射性物質の海洋への影響は抑えられていると説明を受けた際、「0.3 はどこか」と質問し、実際の範囲を理解しないで発言した可能性が強くなる。また首相は 5、6 号機につき、政府による廃炉勧告ともいえる「事故対処に集中するために廃炉を決定してほしい」という言葉で、廃炉を広瀬直已東電社長に要請する。（民報：20130921）
2013. 9. 20	東電は昨日の首相の要請を受け 5、6 号機を解体せずに 1〜4 号機の廃炉のための実験を行う研究開発施設に転用する方向で検討に入る。解体よりもコストを抑える狙いもあり、地元から反発が起こることは必死である。（民報：20130921）／／日野行介「福島原発事故 県民健康管理調査の闇」（岩波書店）刊行。
2013. 9. 21	除染賃金の「中抜き」が深刻で、環境省は 2012 年 10 月に元請け業者に文書で支払いを徹底するよう通知し指導したが、除染手当は形骸化している。この日、福島労働局への取材で判明したことだが、市町村担当地域の労賃と、第一原発周辺の放射線量が高い国直轄の除染地域（1 日 1 万円の特殊勤務手当支給）の労賃とでは平均日給の差額が 4500 円だった。（民報：20130922）
2013. 9. 22	東電福島第一原発事故で、検察は東電幹部ら全員を不起訴とする。刑事責任を問える「具体的な予見可能性」が認められないからだという。しかし国会事故調査委員会（人災と断じる）の報告書は「福島第一原発の敷地の高さを超える津波が来れば全電源喪失に至り、土木学会評価を上回る津波で海水ポンプが機能喪失し、炉心溶融に至る危険性は、2006 年には保安院と東電とで認識が共有されていた」とある。（朝日：声の欄、20130922）
2013. 9. 24	東電は政府の原子力損害賠償支援機構から賠償資金として新たに 741 億円を受け取る。20 回目の資金交付で合計額は 3 兆 483 億円となる。これとは別に東電は政府から原子力損害賠償法に基づき 1200 億円を受け取っている。東電が 9 月 20 日までに支払った賠償金の総額は約 2 兆 8818 億円である。（民報：20130925）／／第一原発の地下水バイパス用井

暦　年	事　　　項
	戸付近に新しく掘削した観測用井戸からストロンチウム 90 など透過力が弱いベータ線を放つ放射性物質 46Bq／ℓ（法定基準値は 30Bq）を検出する（東電発表）。同日、汚染水約 300トンが漏れた地上タンク（8 月 20 日の項を参照）近くに新しく掘削した観測用井戸からもベータ線を放つ放射性物質が 100Bq 検出される（東電発表）。同日、同前のタンク近くの別の観測用井戸から放射性物質のトリチウムを 15 万 Bq／ℓ（法定基準値は 6 万 Bq）検出する（東電発表）。
2013. 9. 25	中西友子「土壌汚染 フクシマの放射性物質のゆくえ」（NHK 出版）刊行。
2013. 9. 26	第一原発 5、6 号機取水口近くで「シルトフェンス」（全長約 100m、深さ約 8m の水中カーテン、放射性物質の拡散防護用）が破損する。台風 20 号の高波の影響である（東電発表）。（民報：20130927）
2013. 9. 27	多核種除去装置（ALPS）が、回収し忘れたゴムの詰まりで 1 日も持たず停止となる。／／1、2 号機タービン建屋より海側の地下水（26 日採取）でベータ線を出す放射性物質が 40 万 Bq／ℓ 検出される。これまでの最高値は別の井戸で計測の同 90 万 Bq だった（東電発表）。（民報：20130927）／／小泉純一郎元首相は都内で会食、その席で「首相が脱原発を決めれば前に進む」と語り、フィンランドを訪れた際（8 月）に視察した「オンカロ」（核ごみを地下に埋めて 10 万年かけて無毒化する最終処分場）にも触れて、「フィンランドには原発が 4 基しかないが、日本には 50 基もある。いますぐ止めないと最終処分場が難しくなる」と即時原発ゼロを訴える。（朝日：20130929）／／英国の原子力廃止措置機関（NDA）幹部のエイドリアン・シンパ－博士は除去が困難な放射性物質トリチウムの海洋放出は「するべきだ」と主張する。この海外専門家のグループは「国際廃炉研究開発機構」（福島第一原発の廃炉に向けた研究開発をしている）に助言している。（民報：20130928）／／福島原発事故記録チーム編、宮崎知己、木村英昭、小林剛「福島原発事故 タイムライン 2011 － 2012」再録（岩波書店）刊行。福島原発事故記録チーム編、宮崎知己、木村英昭解説「福島原発事故 東電テレビ会議 49 時間の記録」再録（岩波書店）刊行。
2013. 9. 29	福島原発告訴団（県民ら約 1 万 4000 人）は告訴、告発した勝俣前東電会長ら 33 人が不起訴処分（東京地検による）となったことを不服とし福島県内で集会を開く。そこで来月 10 月 16 日に検察審査会に審査を申し立てることを発表（武藤類子団長ら 3 人による）、河合弘之告訴団弁護士は「検察審査会で起訴相当の議決を得る。われわれは諦めない」と話す。
2013. 9. 30	茂木敏充経産相は第二原発 1～4 号機につき再稼動は事実上困難との認識を示す（衆院経済産業委員会の審査で）。他方、東電広瀬社長は年内に判断するとした第一原発 5、6 号機の廃炉時期について明言を避ける（県議会全員協議会で）。（民報：20131001）／／根本匠復興相は原発事故に伴う長期避難で死亡したケースを「原発事故関連死」（この日現在で 1523 人）と明確にし、災害弔慰金制度などに反映させる考えを明らかに

暦 年	事 項
	する。県では約14万7000人が避難生活を強いられている現状で、関連死は震災、津波による直接死1599人を上回りそうである。（民報：20131001）／／この日現在、大熊町荒戸沢（5、6号機付近）で60μSv／時超である。（残しておきたい大熊の話：鎌田清衛、20160301）
2013. 9	東電は9月中間決算で、原発が殆ど動かないなか1400億円超の大幅な経常黒字に転じる。電気料金値上げ、コスト削減などが要因だが、業績改善が相次ぐ電力各社は揃って原発再稼動の必要を訴えている。（朝日：20131101）
2013. 10. 1	この日現在、県の推計人口は194万7580人で、前年同期比で1万4753人の減少である（2014年4月15日、総務省発表）。／／「東日本大震災浪江町遺族会」は津波で被災の親族の捜索や遺体収容活動ができなかったとして東電に慰謝料の支払いを請求、原発ADRの仲介で和解が成立する（申立人374人）。賠償総額は2億8000万円。（朝日：20131002）／／「科学」10月号（岩波書店）が「原発解体イノベーション」を特集、インタビュー「日本に原発をもつ資格はない」（村上達也）、論文「廃炉と福島第一原子力発電所の処理問題」（佐藤暁）などを掲載する。
2013. 10. 2	「福島原発避難者訴訟」第1回口頭弁論が福島地裁いわき支部1号法廷で開かれる。早川篤雄原告団長（75歳）は「生活の糧となってきたこと、使命と思ってきたこと、心のよりどころ、喜び、楽しみ、生きがいのすべてを一瞬にして奪われました」「ふるさとは消滅したという思いです」などと意見陳述をする。（朝日：20141016）／／台風22号が接近し、第一原発の地上タンクでは汚染水の移送作業を急ぐが、作業員が容量を見誤って雨水を入れ過ぎ、傾斜地のタンクから58万Bqの／ℓの汚染水430ℓが海に流出する。（民報：20131004）
2013. 10. 3	第一原発のタンクから高濃度の汚染水が漏れ一部が海に流出する。この直後から最長で約12時間も汚染水は漏れ続けていたが、雨水を汲み上げタンクに移し過ぎたのが原因である。このタンク内の汚染水にはストロンチウムなどが58万Bq／ℓある。（朝日：20131004）
2013. 10. 4	原子力規制庁は広瀬直己東電社長を呼び、汚染水の管理態勢の強化を指示する。庁が社長に改善を直接に求めるのは初めてで事態が切迫しているための緊急対応である。しかしこの日、試運転中の多核種除去設備（ALPS）が異常を知らせ汚染水処理を停止した（東電発表）。（民報：20131005）
2013. 10. 5	千葉県野田市での懇談会（県内6市の市長、議長、県選出の国会議員ら参加）で「（焼却灰は）原発事故で人の住めなくなった福島に置けばいい」と桜田義孝文部科学副大臣が発言、その場で別の国会議員が発言の撤回を求めても「見解の相違」と取り合わなかった。（読売：20131007）
2013. 10. 8	第一原発のタンクから高濃度の汚染水が300トン漏れた事故で、タンク底部のボルト付近に幅約3mmの穴が2つ発見される（東電発表）。／／「H4」タンク群周辺の観測用井戸の地下水から放射性トリチウムが23

暦　年	事　　項
	万Bq／ℓ検出される（東電発表）。（民報：20131009）／／「特集・イチエフ　未収束の危機——汚染水・高線量との苦闘」が掲載される。（「世界」10月号：岩波書店、20131008）
2013. 10. 9	午前9時35分頃、高濃度汚染水が淡水化装置から漏れ第一原発の作業員ら作業員6人が被曝する。高くて1mmSv／年の全身被曝線量である（作業員の限度は50mmSv）。東電によると淡水化装置のホースからストロンチウムなど3400万Bq／ℓを含む高濃度汚染水が約7トン漏れ、広さ約700m^2ある建物の床全体に数cm溜まる。（朝日：20131010）／／高濃度汚染水約300トンが漏れた「H4」と呼ばれる地上タンク群近くにある観測用の井戸の地下水（7日採取）から、過去最高値となるトリチウム25万Bq／ℓ（法定基準値6万Bq）を検出する（東電発表）。／／浪江町を対象にした調査で、現時点で町に戻らないの回答は37.5％で（昨年度は27.6%）、このうちの5〜6割が40歳未満だった。また災害公営住宅への入居は28％が「希望する」と回答（1717世帯）、昨年度の約3倍に増える。入居の希望先は南相馬市で33.6％である（復興庁、県、町による調査）。（朝日：20131009）／／環境省と飯舘村は除染廃棄物を処理する焼却減容化施設を村内の蕨平地区に建設すると発表、完成は2014年度末までで、村内は勿論、福島市など6市町村の除染廃棄物、下水汚泥、稲藁、牧草などを1日に約240トン焼却処理する。
2013. 10. 10	港湾外の海水から初めてセシウムを検出し、安倍首相の発言である「汚染水の影響は港湾内で完全にブロックされている」に全く根拠がないことが事実となる。「港湾口東側」と呼ばれる調査地点で放射性セシウム137が1.4Bq／ℓ検出されている（東電発表）。／／農林水産省畜産部の専門官が「希望の牧場」（浪江町）を訪れ、牧場主の吉沢正巳（61歳）が放射能に汚染された黒毛和牛30頭以上に出ていた（2012年夏に発生）白斑は放射能の影響ではないかという徹底解明を求めた「調査報告書」を示す。結論は白斑も非白斑も「重度の銅欠乏症」、白斑の原因かどうかは「特定できない」「不明」だった。「人間の都合で牛を殺していいのか」という吉沢の怒りが共有でき、「原発被害の証人として生かすという考えには賛成」、しかし「きちんと健康管理するべき」と考える牧場の獣医師の伊東節郎（66歳）は、「無責任もいいところ。わかるまで調べるべきだ」と怒る。（朝日：20150616、17）
2013. 10. 11	双葉町の農業用ため池「沢入第一」から基準値超の放射性セシウム27万9000Bq／kgを検出する（環境省調査）。／／第一原発1号機の原子炉建屋西側のタンク群である、汚染水を貯蔵する3基のタンク周辺から69.9mmSv／時の高線量を計測する（東電発表）。同年9月上旬には最大で2200mmSvだった。／／護岸近くの1号機取水口付近でセシウム134が73Bq／ℓ、137が170Bqの海水を検出する（東電発表）。法定放出基準では134は60Bq、137は90Bqである。（民報：20131012）
2013. 10. 12	汚染水が海に流出しており、第一原発外洋と港湾内との境の港湾口で採取の海水（11日採取）からセシウム134を2.7Bq／ℓ、同137を7.3Bq

暦　年	事　　項
	（計10Bq）をそれぞれ検出する（東電調査）。WHOの飲料水水質ガイドラインではセシウム134、137ともにそれぞれ10Bqまでである。また「H4」タンク群周辺の井戸で、地下水から放射性物質のトリチウム32万Bq／ℓ（法定基準値は6万Bq）を検出する（東電調査）。／／この日までに、国連放射線影響科学委員会（事務局ウィーン）は2012年10月までに原発で作業した約2万5000人の検査記録などを調べ、第一原発事故で作業員の内部被曝量が約20％過小評価されている可能性があるという報告書を公表する。原因は放射性ヨウ素133（半減期は約20時間）などを吸収した影響を考慮していないということである。作業員のうち12人は内部被曝量が高く甲状腺がんなどのリスクが増大とされる。さらに160人以上の作業員の被曝量が100mmSvを超えていて、将来のがんリスクが増大する可能性があるとも指摘する。（民報：20131013）
2013. 10. 13	「市民科学者国際会議」（政府から独立の専門家、非政府組織など）が代々木で開催され、崎山比早子医学博士（元国会事故調委員）は「政府や県は公衆被曝限度の1mmSv／時を20mmSvに引き上げて旧避難指示区域に住民を帰そうとしている」と批判、がんだけが採り上げられる放射線被害についても、「心臓血管系疾患も線量に比例して増加するほか、細胞老化による様々な疾患をもたらす」と警告する。またティモシー・ムソー米サウスカロライナ大教授（生物学）も、県内で観察を続けた14種類の鳥類（燕など）につき、「事故後の個体数減少率は、チェルノブイリの被災地より大きい」と報告する。津田敏秀岡山大学教授（免疫）も、「県内で現在確認されている小児甲状腺がんと放射線との関係が否定できない以上、予防原則に従って対策を立てるべきだ」と主張する。（朝日：20131014）
2013. 10. 15	泉田裕彦新潟県知事は日本外国特派員協会で講演し（都内）、柏崎刈羽原発再稼動に関して、福島第一原発事故の際に「東電はメルトダウンを隠した」「東電に原発を運転する資格があるのかという議論が先だ」と指摘する。（民報：20131015）
2013. 10. 16	国は原子力賠償機構を通じて東電に賠償交付金を貸しているが（現在、3兆483億円、被災者への支払いは2兆9100億円）、その上限が限度としている5兆円の国債交付額に達した場合、電力業界全体で返す（国民負担を求めない）という支援の枠組みは限界に近く、国の全額回収終了は最長で2044年になるという試算結果を出す。この場合、実質的な国民負担は794億円に上る。（会計検査院公表）。（民報：20131017）／／「福島原発告訴団」は東京地検が原発事故当時の東電幹部（勝俣前会長ら33人）を業務上過失致死傷容疑で告訴、告発にも拘わらず不起訴処分にしたことを不服として「検査審査会」（東京）に審査を申し立てる（委任状約1万4700人集める）。武藤類子団長は「検査審査会には真実を追究し、賢明な判断をしてほしい」と訴える。河合弘之弁護士（代理人）は「地震と津波を予測できたのに対策を取らなかった東電の責任者に限定し申し立てた。焦点を明確化した」と説明する。（民報：20131017）／／東電は

暦　年	事　　項
	お金を借りている金融機関に「2013年度は電気料金の値上げや原発の再稼働をせずに、経常損益を黒字にできる」と伝えていることが分かる。2011、12年度と経常損益が赤字だった東電は融資を受け続ける条件の一つとして2013年度の黒字を求められている。再稼動なしでも黒字の目処がついている。（朝日：20131017）／／東電は2011年度決算で資産が15.1兆円、負債が14.6兆円、差し引き約5000億円と公表する。だが2011年度の特別利益に同年5月交付の8459億円を計上したので、実際の決算では3184億円の債務超過となる（会計検査院調査発表）。（朝日：20131017）／／台風26号接近による緊急措置のため、漏水防止用の堰の排水弁を開放し汚染水を排出するが、汚染水は地面に染み込み海水に流出したとみられる（東電発表）。これは雨水排出手順ルールの違反であり、基準値未満の汚染水は仮設タンクに移送すべきところを、東電は移送せずに堰内で濃度を測り、「H9」など複数のタンク群で堰から直接に水を排出した。その総量は約2400トンに上る。（民報：20131020）
2013. 10. 17	東電は賠償対応の業務において無競争の東電子会社を含む委託先に価格の競争を行わせず、大手企業などと随意契約を結び経費節減をしていないことが分かる（会計検査院の調査）。例えば1億円以上だった契約838億円分（38件）では820億円分（37件）は入札を行わずに1社だけからの見積もりを取っている。また2012年度の賠償業務の費用として416億円を電気料金に反映することを国に認められながら（同年7月）、実際は617億円（201億円超過）かかっている。東電の賠償業務費用の膨らみ、紋切り型の賠償対応には多くの不満の声が寄せられている。（朝日：20131017）／／第一原発の港湾外の外洋に繋がる排水溝の水から、法令限度を超えてベータ線2300Bq／ℓを出す放射性物質を検出する（東電発表）。汚染水漏洩で放射性物質が付着した土壌が、台風26号の大雨で排水溝に流入したことが原因と見られている。
2013. 10. 18	高濃度汚染水約300トンが漏れた事故で、タンクの北側15mにある観測用の井戸の水からストロンチウム90（法定放出基準は30Bq／ℓ）などベータ線を出す放射性物質が40万Bq、またトリチウム（同前6万Bq）が79万Bq検出される（東電発表）。（読売：20131019）
2013. 10. 20	第一原発4号機の海側敷地の地中約25mの地下水からストロンチウム90などベータ線を出す放射性物質89Bq／ℓを検出する。これまでは15mの深さだったので地下水汚染が深層にまで拡大している。また同日、海側敷地の別の観測用井戸からベータ線を出す放射性物質190万Bqも検出している（共に東電発表）。／／会計検査院の調査で、林野庁が委託した業務（森林の放射性物質の拡散の防御）で「アジア航測」（東証2部）が経費を不正に受給（計1億6800万円のうち約2000万円、同庁と無関係の仕事分まで請求）していたことが分かる。（朝日：20131020）
2013. 10. 21	第一原発で危機的で深刻な汚染水漏れが続くなか、衆院予算委員会で安倍首相は、「全体として状況はコントロールされている。汚染水の影響はブロックされていると考えている」と答弁する。東京五輪誘致演説の

暦　年	事　　項
	「完全にブロックされている」という発言から「完全に」がなくなり、「コントロール」には「全体として」が付いた。この修正の答弁は誘致演説後も汚染水漏れが止まらず、世論の理解も得られないことによる。同委員会では玉木雄一郎民主党議員が「ある新聞社の世論調査では約 8 割が（首相発言を）『そうは思わない』と回答している」と指摘し、汚染水が外洋に流出していることが問題だと追及する。（朝日：20131022）／／IAEA 調査団は除染に関する報告書をまとめ、「年 1～20mmSv」の追加被曝線量は許容されるとする。日本政府は事故後、避難の基準を年 20mmSv とし国の除染計画を年 20mmSv 以下にすることを目指し、その目標は長期的に「年 1mmSv 以下」に抑えるとしている。これに対し 1mmSv 以下に県の住民はこだるが、伊達市はこれにこだわれば「復興が進まない」といい、県の除染対策課の担当者も「年 1㍉はあくまで長期目標で、健康とは切り離して考えるべきだ」と説明している。（朝日：20131023）／／昨日の大雨で地上タンク群を囲む堰から雨水が溢れ、6 カ所の水から 10Bq／ℓ（排出基準値）を超えるストロンチウム 90 を検出、最高値は「H2 南」のタンク群で、710Bq が検出される（東電発表）。／／第一原発 6 号機原子炉から核燃料（764 体がある）を取り出し、使用済み核燃料プールへの移送を始める（東電発表）。
2013. 10. 22	第一原発の海水（沖合約 1km）で放射性セシウム 137 が 1.6Bq／ℓ 検出される。また第一原発南側の排水溝に近い港湾外でも放射性セシウム 137 が 1.7Bq 検出される。同月 19 日には採取の別の地点（「南放水口付近」）の海水からも放射性セシウム 137 が 1.7Bq 検出されている。17 日にも同排水溝で採取した水からベータ線を出す放射性物質が 3 万 4000Bq 検出されている（以上、東電との定例会見で）。この実態では「汚染水の影響は港湾内 0.3km^2 の範囲で完全にブロックされている」という安倍首相の五輪アピールは破綻している。
2013. 10. 23	田中俊一規制委委員長は定例記者会見で、政府が除染の長期目標としている年間追加被曝線量の 1mmSv について、「独り歩きしている。原発事故があった場合、避難先でのストレスなど全体のリスクを考えれば、年間 20mmSv まで許容した方がいいというのが世界の一般的な考え方だ」と語る。これは IAEA 調査団長の「1mmSv に必ずしもこだわる必要はない」という見解に呼応した言葉である。ICRP が「年間被曝量 1～20mmSv」という数値を示したのはあくまで原発事故直後などの緊急事態時の対応であったはずである。この ICRP 勧告に対しては、かつて ECRR（欧州放射線リスク委員会）のクリス・バズビー教授は「内部被曝を考慮しておらず、恣意的な基準にすぎない」と厳しい批判をしている。（東京：20110720）／／全村避難の飯舘村が 18 歳以上（4 月 1 日時点）の村民を対象にしたアンケート結果を公表する（5598 人対象、回収率 42%）。「もう戻るつもりはない」が全体の 26% で、20 代では 62% に上る。（朝日：20131023）
2013. 10. 24	小泉純一郎元首相は「経済界では大方が原発ゼロは無責任だと言うが、

暦　年	事　　　項
	核のごみの処分場のあてもないのに原発を進める方がよほど無責任だ」として「脱原発」発言をしているが、この日、安倍首相は原発停止で火力発電向け燃料の輸入コストがかさむみ原発ゼロを続行させるのは困難とした認識を示して、「1 年間で 4 兆円近い国の富が海外に出ていっている。ずっと続いていくと大変だ。今の段階で（原発）ゼロを約束することは無責任だ」（テレビ朝日の番組で）と批判する。この日、首相は参院予算委で社民党の吉田忠智党首から、「原発反対」と発言した昭恵夫人と小泉元首相とのパネルを示され「脱原発は首相の決断にかかっている」と促される。（朝日：20131025）
2013. 10. 26	福島県沖で地震があり、岩手県久慈港で 30cm の津波を観測する。
2013. 10. 27	第一原発の 300㌧の水漏れを起こした汚染水貯蔵のタンクの「H4」エリア付近の排水溝で、ストロンチウムなどベータ線を出す放射性物質が 4 万 5000Bq／ℓ が検出される（東電発表）。周辺土壌の流入が原因と見られる。
2013. 10. 30	ハッピー「福島第一原発収束作業日記 3. 11 からの 700 間」（川出書房新社）刊行。
2013. 10	この月下旬より伊達市で本格的な除染が始まる。／／この月末現在、1～4 号機の汚染水を溜めるタンクは 958 基で、その他の未使用タンクや、5、6 号機の地下に溜まっている水を入れているタンクを合わせると、タンクは合計 1048 基である。／／この月、復興予算の流用問題で国会の閉会中審査が開かれ、外国人献金や過去の暴力団関係者との交際を認めた田中慶秋法相が欠席し辞任に繋がる。
2013. 11. 3	小泉純一郎元首相は自らの「脱原発発言」に批判的な意見があることに反論し、横浜市内での講演会で「処分場を造れば原発はやっていけると考える方が楽観的だ」などと述べる。
2013. 11. 5	茂木俊充経済産業相が自宅に戻ることを諦めざるを得ない避難者への支援策を表明する。しかし政権の具体的な支援策の検討はこれからで、「今ごろ支援を検討とは遅すぎる」（浪江町から福島市に避難する、仮設住宅の自治会長の萩野虎夫 66 歳）と憤ったり、「戻る人は確実に減る」（飯舘村長泥地区区長の鴫原良友 63 歳）という県民はいる。町の総面積の 8 割が「帰還困難区域」に指定の浪江町では「戻らないと決めた」（約 38%）、「判断がつかない」（約 38%）、「戻りたい」（約 19%）という実態である（復興庁と町の調査、6132 世帯対象）。（朝日：20131106）
2013. 11. 7	事故調査委員会（日本原子力学界）はトリチウムだけが含まれた汚染水ならば海に流してもやむを得ないという見解を示す。
2013. 11. 8	規制委は追加被曝線量が 20mmSv／年以下であれば健康に大きな影響はないという見解を、11 日の放射線防護対策を議論する検討チームで提言する方針を固める。
2013. 11. 11	2013 年 9 月から 3 カ月の間に、脱原発を掲げる 33 以上の市民団体へ 253 万通の妨害メールによる組織的なサイバー攻撃がなされる。／／この

暦　年	事　　項
	日、政府は避難住民の「全員帰還」や、除染と廃炉関連の費用の東電負担を転換する方向で検討に入る。／／自民党の石破茂幹事長が、「『この土地には住めません、その代わりに手立てをします』といつか誰かが言わなきゃいけない時期は必ず来る」と発言（札幌での講演）、住民が帰還できない地域が出てくるとの考えをしめす。長期目標の1mmSv／年についても、除染だけで「短期間で達成できないことを国民に説明するべきだ」とも指摘する。
2013. 11. 12	小泉純一郎元首相の「原発ゼロ」を目指すべきの主張を「指示する」は60％、「しない」は25％、除染の費用を国の税金で負担するに「納得できる」は48％、「できない」は40％だった（朝日新聞社の全国定例世論調査に拠る）。
2013. 11. 13	嘉田由起子滋賀県知事は、同県高島市の河川敷に放置された放射性セシウム含む大量の木材チップにつき、「河川法、廃棄物処理法では出口が見えない。行政代執行では持って行く場所がない」「本質を考えたら、環境汚染は排出者責任。セシウムを出したのは（原発事故を起こした）東電だ」「クリスマスプレゼントとして、トラックに積んで東京電力の前に持って行きませんか」などと発言する。（朝日：20131114）
2013. 11. 15	NHK ETV特集取材班（増田秀樹、松丸慶太、森下光泰）著「原発メルトダウンへの道―原子力政策研究会100時間の証言―」（新潮社）刊行。
2013. 11. 18	厚労省は「月45時間」「3カ月120時間」「年360時間」と規制していた残業時間の上限基準を、この日までに規制委に申請のあった14の原発（北電泊1～3号炉／関電大飯3、4、同高浜3、4／四電伊方3／九電川内1、2、同玄海3、4／東電柏崎刈羽6、7）に限り「適用除外」とする（大臣告示）。理由は原発稼働は「公益」があり「集中的な作業が必要」だというもの。／／第一原発4号機の使用済み核燃料プールからの燃料取り出しを開始する。東電は同燃料を1～4号機から取り出す作業を、全3期の廃炉工程のうちの「第2期」に移行したとする。「第1期」は原子炉の安定的な冷却維持とするが、それは冷却に関わる事故が頻発しており、必ずしも終了しているとはいえない。
2013. 11. 19	東電は第一原発4号機から「核燃料」18体を取り出し水中でキャスク（燃料輸送容器）に収納する。18日の同4体と合わせて容器に「核燃料」計22体を入れる作業を終える。（民報：20131120）東電が燃料取り出しを急ぐのは原子炉建屋の耐久性を懸念する声が多いこと、地震や衝撃でプールが壊れて漏水し、燃料が剥き出しになることを恐れるからである。この日現在の、プール内に在る「核燃料」（未使用）、「使用済み核燃料」の数（単位は体）はこの順で、1号機が100／292（合計392）、2号機が28／587（合計615）、3号機が52／514（合計566）、4号機が202／1331（合計1533）である。（民報：20131110）／／南相馬市の70代の女性が、大震災と原発事故に伴って体調を壊し、避難先の富山市で死亡（2012年3月）した50代の長男の、不認定処分にされた（2012年9月）「震災関連死」の取消を求める第1回口頭弁論は、原告女性がこの日ま

暦　年	事　　項
	でに死去したため期日が取消となる。(民報：20131120）／／原発事故による避難生活を苦にして自殺した浪江町の五十崎喜一（67歳）の遺族が、東電に対し約7600万円の損害賠償を求めた訴訟の第4回口頭弁論がある（福島地裁、潮見直之裁判長)。原告側は主治医の診断書を提出する。(民報：20131120)
2013. 11. 20	この日の時点で、「とどけよう！脱原発の声を」の署名総数が837万8701筆となる。首相官邸は衆参両副議長に提出し、大江健三郎らの提出は拒否する。／／東電が第一原発5、6号機を廃炉にする方針を固めたことが判明する。／／金子勝（経済学者）のツイッターによると、田中俊一規制委委員長は元、日本原子力研究開発機構の幹部であり、原子力ムラの村長、原子力委員会委員長代理として核燃料サイクル、プルサーマルを推進、事故を起こしたもんじゅの失敗も、ずっと稼動しない六ケ所村の再処理工場も続けていくことを主張しているとある。また2009年7月29日の「原子力委員会定例会議」(議事録31～32頁）で、自らが日本原研の幹部なのに、文科省課長を前にして、原子力機構は原子力研究の中心だといって予算をよこせと利益相反発言をしているとか、2011年5月に飯舘村長泥地区に行き、地区は膨大な放射性ゴミが山積し、寝室でも8.6mmSv／時、雨樋の下は44.2mmSvもある場所なのに、区長に避難しろとも言わずに帰って来、1mmSvが基準なのに原子力委員会で福島の除染目標は5mmSvが現実的だと発言したとある。さらに第25回原子力損害賠償紛争審議会では、「収入が得られる状態までというと（中略）終期がないような賠償になる（略）どこかでけじめを」と述べ、子供も妊婦も含めて20mmSv／時で住民帰還、つまり賠償打ち切りを主張したとある。田中の持論は「20mmSv／時で帰還⇒賠償打ち切り」であり、福島県民の生命や健康より電力会社の救済を優先するものだという。
2013. 11. 22	政府は中間貯蔵施設建設のための同原発周辺の土地約15km^{2}を購入し、国有化を進める方針を固める。／／「証言記録 東日本大震災　第15回 福島県葛尾村～全村避難を決断した村～」、「同 第18回 福島県飯舘村～逃げるか留まるか 迫られた選択～」(DVD、前出）発行。
2013. 11. 26	午後6時30分より、さようなら原発1000万人署名の提出行動「とどけよう！脱原発の声を」の集会と請願デモが日比谷野外音楽堂で行われる。大江健三郎、落合恵子、鎌田慧、佐高信、澤地久枝、辛淑玉らが出席する。／／第一原発4号機の使用済核燃料プールで2回目の燃料取り出し作業を開始する（東電発表)。原発事故後に1～6号機プールから同燃料を取り出すのは初めてである。／／月刊「科学」(岩波書店）が「特集・甲状腺がんをどう考えるか」を掲載する。
2013. 11. 27	東電は第一原発4号機から「使用済み核燃料」16体を取り出しキャスク（燃料輸送容器）に収納する。容器には前日の同6体と合わせて計22体が収まる。
2013. 11. 29	東電は4号機から取り出しキャスクに入れた「使用済み核燃料」22体

暦年	事項
	を、新たな保管場所となる共用プール建屋にトレーラーで移送する。原発事故以降、原子炉建屋から「使用済み核燃料」が運び出されるのは初めてである。（民報：20131130）／／東電は第一原発6号機「原子炉」から「核燃料」764体を取り出し、建屋内の「使用済み核燃料プール」（既に940体の核燃料があった）に移送する。今回の移送で保管量は計1704体となる。目的は核燃料を一カ所に集約して冷却などの維持管理作業を簡素化するためである。
2013. 12. 1	「科学」12月号（岩波書店）が「甲状腺がんをどう考えるか」を特集、論文「福島原発事故後の原点をふりかえる」（今中哲二、津田敏秀、山田真）、同「被ばく調査を歪めた福島県の姿勢」（日野行介）などを掲載する。
2013. 12. 2	第一原発2号機の建屋海側の護岸に掘った観測井戸の水（11月28日採取）から、放射性ストロンチウムなどベータ線を出す放射性物質が110万Bq／ℓ検出される（東電発表）。近くの坑道などから汚染水が染みだしていると考えられる。
2013. 12. 4	2日と同じ観測井戸の水（12月2日採取）から、放射性ストロンチウムなどベータ線を出す放射性物質が130万Bq検出される（東電発表）。原因も2日と同じである。4日、来日中の国際原子力機関IAEAの調査団は増え続ける汚染水について、「基準値を下回るものは、海への放出も含めた検討をすべきだ」と海への放出を助言する。3日現在、タンクで保管する汚染水は約39万トン、内ALPUで処理した水は約3万1000トンである。／／この日、港湾内のシルトフェンス（放射性物質の拡散を抑制する）外側の2箇所で海水を採取する。放射性セシウム137が9.2Bq／ℓと8.4Bqと検出され（東電発表）、法定基準値（90Bq）は下回るが、海への放射性物質の拡散がコントロールされていない実態が改めて示される。／／この日で東日本大震災が起きてから1000日目である。／／岡村幸宣「非核芸術案内」（岩波書店）刊行。
2013. 12. 6	経産省審議会がエネルギー基本計画で民主党時代の「2030年代に原発0目標」を転換し、原発を「基盤となる重要なベース電源」と書き換える。／／東日本の巨大津波の原因は、プレート境界にある粘土層（厚さ5m未満）で最大1250度の摩擦熱が生じ、層に含まれていた水分が逃げ場を失い液体状になって、層が大規模に滑ったことだと分かる。この日、日米欧などの統合国際深海掘削計画による研究チームはこの結果を米科学誌サイエンスに発表する。2012年4～5月に、海洋研究開発機構の掘削船「ちきゅう」号が宮城県沖東220kmの震源域の海底を掘り進め、地下821m付近でこの層を見つけた。巨大津波はこうして北米プレート（日本列島が載る）と太平洋プレートとの境界が約50mずれて起きたとされている。（朝日：20131206）
2013. 12. 7	「特集・イチエフ・クライシス」が掲載される。（「世界」臨時増刊：岩波書店、20131207）
2013. 12. 9	第一原発4号機の使用済み核燃料プールから、新たに同燃料22体を移

暦　年	事　　項
	送する（これまでに計3回実施)。これで使用済みと未使用とを合わせ計66体の移送を終了する（東電発表)。
2013. 12. 10	政府は県内の除染などで出た汚染土を保管する「中間貯蔵施設」の費用として、来年度予算案に約1000億円（今年度予算の約7倍）を計上する方針を固める。(朝日：20131211)
2013. 12. 13	東電は第一原発5、6号機の廃炉を双葉、大熊両町と両町議会に伝え了承される。県にも説明し、18日の取締役会で廃炉を正式決定する。
2013. 12. 17	地震や津波による直接死は1603人だが、県内の市町村が震災関連死と認定した死者は1605人となり、後者が前者を上回る。
2013. 12. 18	「福島原発告訴団」は第2次告発で6042人分の委任状を、東電幹部は「公害犯罪処罰法違反容疑」があるとして県警に提出する。理由は原発事故の収束作業で適切な対応を取らなかったため、地上タンクから高濃度の汚染水を海に流出させたということで、9月に告発、県警は10月に受理する。／／農林水産省は避難区域（国の直轄除染区域）内の農業用ダム、溜池262カ所で初めて放射性物質検査を実施する。108カ所（約4割に相当）の水底の土壌から指定廃棄物（8000Bq／kg超）に相当する放射性セシウムが検出される。
2013. 12. 19	東電が新規と借り換えを含む計5000億円融資につき、全国銀行協会の国部毅会長（三井住友銀行頭取）は「前向きに検討する」と述べ、応じる意向を正式に表明する。主力銀行が応じたことで他の主要銀行も融資する方向である。(民報：20131220)
2013. 12. 20	政府の原子力災害対策本部（本部長は安倍晋三）は第一原発事故からの復興加速のための新たな指針を決める。2014年春から一部自治体で避難指示が解除されるのを念頭に、住民の帰還に向けた支援を拡充するという。新指針の柱は立ち入り制限などがかかっている「避難指示区域」（約8万1000人）の生活再建支援である。「避難指示解除準備区域」(3万2925人、積算放射線量20mmSv／年以下）と「居住制限区域」(2万3324人、同20mmSv超～50mmSv以下）の住民には安心して帰られる支援策を拡充するという。支援をするという文章の中に、「インフラが整わない中で不便な生活を強いられる住民には『早期帰還者賠償』として1人当たり90万円程度支給することを検討」とある。解除や制限の線量を年間追加被曝線量である1mmSvと比べて考えれば、年間積算放射線量の数値が意味するところは、「被曝強要」であり、帰還を促進して被災地に元の住民を帰して、「原発事故」をなかったことにする策略である。目先の90万円で県民を戻そうとする謀略である（2015年3月までに避難指示が解除される地域が対象)。／／再稼動阻止全国ネットワーク編「原発再稼動 絶対反対」(金曜日）刊行。
2013. 12. 23	伊達市では市民（約5万3000人、全体の約8割）に田中俊一が助言する放射線線量計のガラスバッジを配り年間の被曝線量を調査する。66％の町民は平均被曝線量（基準は1mmSv／年）を下回る結果となったが、そ

暦　年	事　　　項
	もそも市民の計測の仕方に問題があり、いつも持参してデータを採ったのは5世帯8人分（17％）で、1日中畑に出ている60代の夫婦は19mmSvと18mmSvという。農地の除染は難しく0.3μSv～0.4μSv／時あるという。これでは住民の帰還促進は本来ならできないことになる。（機関紙・横校労：第472号、201401）
2013. 12. 24	2014年度の復興特別会計は3兆6464億円（2013年度当初予算比16.8％減）を計上し、2013年度補正予算案の5638億円と合わせても4兆2102億円で、2013年度当初より1738億円の減額となる。原因は復興事業の遅れである。また政府は除染費用として復興特別会計に2581億円を計上するが（国直轄除染費用は1048億円、同市町村では1394億円）、ここでも昨年度当初予算（4978億円、補正は804億円）より半減している。環境省はその理由を、国直轄の除染は昨年度内に完了の予定であったので、費用を確保しているためだとか、市町村除染の発注数が今後は減少するなどとしている。今回も森林と農業用溜池、ダムの除染費用は計上されず。県の調査では約450カ所の水底の土壌（調査地点の3割に相当）から8000Bq／kg超（指定廃棄物に相当）の放射性セシウムが検出されている。（民報：20131225）／／東電の主力取引銀行の日本政策投資銀行と三井住友銀行をはじめ計11の金融機関は、新規貸し出し3000億円と借り換え2000億円の計5000億円の融資を26日に東電に対し実行することが固まる。（民報：20131225）／／第一原発の汚染水タンクを囲む堰内の汚染された雨水225トンが、堰の破損部分から漏れ周辺の土壌に染み込む（東電発表）。／／共同通信社が実施した（22、23日）全国電話世論調査によると、政府がエネルギー基本計画案で示した「原発ゼロ目標からの転換」に反対は65.7％、賛成は27.7％であった。（民報：20131224）
2013. 12. 26	東電は原発事故発生後7年目の2017年6月以降の精神的賠償として、帰宅の見通しが立たない「帰還困難区域」で700万円を追加し一括で支払うとする。これは文科省の原子力損害賠償紛争審査会の新たな賠償指針の決定を受けてのことである。／／居住制限、避難指示解除準備区域に設定されている川俣町山木屋地区の住民（南相馬市と双葉郡の住民を含む）ら計137人が、東電に対し約63億7000万円の損害賠償を求めて地裁いわき支部に提訴する。（民報：20131227）
2013. 12. 27	観測用井戸の水からベータ線を出す放射性物質が過去最高値の210万Bq／ℓ検出される（東電発表）。
2013. 12	この年現在、震災、原発事故による県内の自殺者は46人に上る（内閣府まとめ）。また震災関連死が直接死を上回る。／／この年、政府は中間貯蔵施設につき、福島県と大熊、双葉、楢葉の3町に施設受け入れを要請する。／／同、政府は福島県の原発事故による避難住民の「全員帰還」方針を取り下げる。／／民俗芸能学会が組織した福島調査団（懸田弘訓団長）によると、2011～2013年の間に津波と原発事故とで中断を余儀なくされた芸能は福島県内で約800（うち約360は浜通り）あった内の約210に上るとされる。（民報：20170717）／／この年、三菱重工やアレバ

暦年	事項
	（フランス）などの企業連合はトルコと交渉し、黒海沿岸のシノップ原発の建設契約で大筋合意する。（民報：20170814）
2014. 1. 1 （平成 26）	月刊誌「世界」が臨時増刊「イチエフ・クライシス」（岩波書店）を刊行する。
2014. 1. 11	「原発事故関連死」と判断されて東電が遺族に慰謝料を支払った事例が少なくとも 17 件に上ることが判明する（政府の原子力損害賠償紛争解決センター調べ）。
2014. 1. 13	原発事故に伴う 2014 年度の再除染費用に 78 億円を充てる（政府発表）。ただこれは同年度当初予算案に盛り込んだ除染費用（2582 億円）の 3% である。
2014. 1. 14	細川護熙元首相（76 歳）が都知事選（2 月 9 日投開票）に立候補を表明、小泉純一郎元首相（72 歳）が支援し「脱原発」を全面に出す。（朝日：20140115）
2014. 1. 16	政府は世界最先端のロボット研究開発の機関「テキサス＆ M 大学」と提携する。「福島・国際研究産業都市構想」の策定に向けての提携である。
2014. 1. 18	第一原発 3 号機の原子炉建屋 1 階の床面を、約 30cm の幅で水が流れて排水口に落ち続けていることが分かる（東電発表）。
2014. 1. 19	全国で 455 の地方議会が脱原発を求める意見書を可決する。（朝日：20140119）
2014. 1. 22	原子力規制委員会は、第二原発 2 号機（2014 年 2 月で、運転開始から 30 年を迎える）につき、東日本大震災の影響や設備の老朽化を評価し、（冷温停止状態を維持するのに）安全上問題なしと 10 年間の運用継続を認可する。第二原発は大震災で 1、2、4 号機ともに冷却機能喪失となったが炉心溶融は免れ、現在は冷温停止中である。（民報：20140124）／／相双五城信用組合（浪江、大熊、富岡の 3 店が第一原発の 20km 圏内）といわき信組（楢葉の 1 店が同前）とが東電に計約 2 億 2800 万円の賠償を求めていた訴訟の、第 1 回口頭弁論が福島地裁いわき支部である。
2014. 1. 24	東京地検が原子炉等規制法違反容疑で告発された東電を不起訴処分にしたことにつき、東京第一検察審査会が「不起訴相当」と議決（23 日付け）しながらも、「重大な過失があった」と東電の経営姿勢を厳しく批判する（分かったのは 24 日）。審査員に多かったのは、地震の揺れは不可抗力として処分は是認するが、「地震を全く想定していないような危機管理体制」には過失があったという意見。告発した辻恵前衆議院議員らは「地震発生後に 1 号機の警報装置から発せられた警報内容を記録しなかった」と主張、これに対し審査会は、強い揺れで記録装置から用紙が外れたことが原因で刑事責任までは問えないと判断するが、「記録について厳格な法整備の検討を要望する」とした。（民報：20140125）／／環境省は国際原子力機関（IAEA）の専門家チームの最終報告書を公表、福島第一原発事故の除染に関し「除染を実施している状況では、年間 1

暦　年	事　　　　項
	～20mmSv の範囲内の被曝は許容でき、国際的な基準に沿っている」と述べ、日本政府の活動を概ね肯定する内容になっている。（民報：20140125）／／福島県は試験操業海域（6 地点、新地町釣師浜、相馬市磯部、南相馬市鹿島の 0.6～1.5km 沖合、いわき市四倉、江名、勿来の 0.5km 沖合）で実施の海水モニタリング結果を発表し、「原発事故前と同程度」とする。昨年 12 月採取の海水では放射性セシウムとトリチウムは検出下限値未満（濃度単位は 1 ℓ 当たり）、β 線放出の放射性物質は 0.02～0.04Bq／ℓ だった。同日、県は第一原発周辺海域と海水（1 ℓ）と海底土壌（1kg）のモニタリング結果（6 地点、第一原発周辺の南放水口付近、北放水口付近、取水口付近、沖合 2km、大熊町の夫沢、熊川沖 2km、双葉町の前田川沖 2km）も発表（調査期間 2013 年 9 月～2014 年 1 月）、海水は放射性セシウムが検出下限値未満～0.45Bq、β 線放出の放射性物質は検出下限値未満～0.000006Bq／ℓ、ストロンチューム 90 が 0.002～0.95Bq／ℓ だった。海底土壌は放射性セシウムが 87～1440Bq だった。県は「いずれもこれまでの測定値の範囲内で大きな変動はない」としている。（民報：20140125）／／昨年 12 月 2 日～31 日にかけて実施した港湾、海面漁場海水、海底土壌のモニタリング結果では、海底土壌に含まれる放射性セシウムの最大値は相馬市松川浦（岩子）の 424Bq／kg である（県発表）。（民報：20140125）
2014. 1. 25	「3. 11 の記録 東日本大震災資料総覧 テレビ特集番組￥篇」（日外アソシエーツ）刊行。
2014. 1. 29	河野太郎自民党衆議院議員は共同代表を務める超党派議連「原発ゼロの会」の記者会見で、2013 年 12 月 6 日に経産省が、総合資源エネルギー調査会に示した、エネルギー政策の中間期の方向（計画案）である「エネルギー基本計画」案を真っ向から批判する。核燃料サイクル問題を長年追及してきた河野は「誰が見ても破綻している核燃料サイクルを、何事もなかったかのように推進するというのは、世の中を愚弄している」、「これはあなたの問題なのだ。あなたが理解し動き、情報を発信する、それが大切なのだ」（原発事故後の自著）という。河野が「経済産業省はこっそり話を進めていた。国民に対する背信行為だ」というように、東電はモンゴルに使用済み核燃料の処分場を計画している。2013 年にモンゴル南部のウラン採掘場近くで、科学薬品を使った採掘による水や土の汚染が原因と見られる家畜の突然死や奇形が相次いだという。今岡良子大阪大学准教授はモンゴルでの使用済み核燃料の処分場計画に同国の青年レンスキーとともに反対している。
2014. 1. 31	福島第一原発 5、6 号機は廃止となり、国内商業用原発は 48 基となる。
2014. 1	この月、泉田裕彦新潟県知事は「うそをついたのか。圧力がかかると真実を話さない会社なのか」と、県庁で広瀬東電社長を叱責する。（民報：20160629）
2014. 2. 3	この日現在、避難者数は 13 万 7306 人（県外 4 万 8364 人、県内 8 万 8884 人）で、県内の仮設住宅入居者は 2 万 8676 人となる。（民報：20170221）

暦　年	事　　項
2014. 2. 4	「アサツユ 1991―2013」脱原発福島ネットワーク（七ッ森書館）発行。
2014. 2. 6	第一原発2号機タービン建屋海側の取水口近くの観測井戸から放射性ストロンチウムの値が過去最高の 500 万 Bq／ℓ検出される（東電発表）。ここの地下水のベータ線（ストロンチウムを含む）を出す放射性物質全体の濃度は 1000 万 Bq 前後という。（朝日：20140207）／／富岡沖のシロメバル1検体から 124.6Bq／kg の放射性セシウムが検出される（県発表）。／／双葉病院からの避難途中に行方不明となった女性（88 歳、重度の認知症、失踪、死亡扱いが認められる）の遺族が、東京地裁に損害賠償を提訴する。（民報：20140207）
2014. 2. 7	廃炉、汚染水対策費に 479 億円が県の補正予算として盛り込まれる。国交省の本県分の補助事業費総額（事業費ベース）は 79 億 6300 万円で、これとは別に本県分の直轄事業費として 66 億 4600 万円が計上される。（民報：20140207）／／廃原発事故当時 18 歳以下だった子供の甲状腺検査で、25 万 4000 人のうち甲状腺がんやがんの疑いがあると診断されたのは 75 人（事故当時の年齢は平均 14.7 歳）だった。2013 年 11 月より検査人数は約2万 8000 人増、疑いを含めてがんは 16 人増。今回新たにがんと診断されたのは7人、これで計 33 人となる。委員会の星北斗座長は被曝の影響とは考え難いと繰り返す（県発表）。（朝日：20140208）
2014. 2. 13	第一原発タービン建屋東側の護岸の地下水で7万 6000Bq／ℓ検出された。2011 年の事故直後から高濃度の汚染水が建屋より坑道に流入して、これが汚染源という。また同日、第一原発2号機原子炉建屋海側の観測用井戸（海から約 50m 離れた場所）で放射性セシウム 13 万 Bq 検出される（ともに東電発表）。／／同日、IAEA は政府や東電に汚染水を海洋に放出するよう求める最終報告書を公表する。／／東電は県内に「廃炉資料館」の建設構想を進めている。これは「富岡町にある福島第二原発の PR 施設を改装する」（東電福島復興本社の石崎芳行代表の言）一つの案で、経産省が今年1月に認定の東電の総合特別事業計画に盛り込まれた。しかしこの PR 施設（第一原発から南約 10km）周辺は現在、国が除染の目安とする値の約 10 倍の 2Sv／時で、被災者は住民と東電の感覚のずれを訴えている。大熊町の木幡ますみ（58 歳、会津若松市の仮設住宅に避難中）は、「なぜ今の段階で、資料館を造ると言い出すのか。造る人と金があるなら、廃炉作業や賠償に回してほしい」という。（東京：20140213）
2014. 2. 18	この日現在、福島県 JA の発表では瓦礫などの処理が済み水田に戻して復興している農地は 25％である。／／2013 年度一般会計補正予算案で、災害公営住宅整備促進事業が 116 億 700 万円の減額となる。原因は建設地が決まらなかったことにある。／／小高区で、原発事故で津波の犠牲者の捜索などが遅れたとして「東日本大震災南相馬市小高区遺族会」が設立され、東電に精神的苦痛への損害賠償を求めることにする。この日現在、小高区では 146 名（行方不明者を含む）が犠牲になっており、遺族会には小高区沿岸部の 109 世帯 363 人が参加する。集団で東電に慰謝料

暦年	事項
	を求めるのは浪江町の遺族会に続いて2例目である。（民報：20140218）／／原発の再稼働に向けて電力会社10社が見込む安全対策の工事費用が、計約1兆6000億円（昨年は計9982億円）に上っていることが分かる。（朝日：20140218）
2014. 2. 19	敷地内の地上タンクからの新たな汚染水漏洩が発覚、漏洩量は約100トンで、雨樋の水からは放射性物質（ベータ線を出す）が2億3000万Bq／ℓと高濃度で検出される。
2014. 2. 20	「特集 3年目の福島 高濃度ストロンチウム流出の隠ぺい」が掲載される。（「DAYS JAPAN」3月号：20140220）
2014. 2. 25	第一原発4号機の使用済み核燃料プールの冷却が約4.5時間停止する（東電発表）。原因は冷却システムに電源を供給するケーブルを作業員が間違って損傷させたことだと説明される。／／小森陽一「死者の声、生者の言葉 文学で問う原発の日本」（新日本出版社）刊行。
2014. 2. 27	木野龍逸「検証 福島原発事故・記者会見（3）欺瞞の連鎖」（岩波書店）刊行。木村真三「『放射能汚染地図』の今」（講談社）刊行。NHK東日本大震災プロジェクト「証言記録 東日本大震災Ⅱ」（NHK出版）刊行。
2014. 2	この月末現在、高濃度汚染水保管タンクは1095基、容量は37万8000トン（総容量の9割）で危機的状況にある。汚染水から放射性物質を除く（トリチウムは例外）多核種除去設備（ALPS）の試験運転も続いている（現在までに約5万6000トンの汚染水処理）。他に東電は地下水が建屋に流入して汚染される前に、井戸から汲み上げて海に放出する「地下水バイパス」を近く地元の理解を得たうえで開始する方針。
2014. 3. 1	福島市（約9万5700戸の住宅が対象、2016年9月までに完了の予定）で除染を終えたのは全体の26.9％（約2万5700戸に相当）、信夫地区など西部や吉井田地区などはまだ始まらず。／／「科学」3月号（岩波書店）が「震災・原発事故3年」を特集、論文「飯舘村住民の初期外部被曝量の見積もり」（今中哲二・飯舘村初期外部被曝評価プロジェクト）、「福島原発事故対応をめぐる問題」（荒木田岳）、「炉心溶融とコンクリートとの相互作用による水素爆発、CO爆発の可能性」（岡本良治、中西正之、三好永作）などを掲載する。
2014. 3. 3	国が2015年1月の搬入開始を目標としている汚染土問題で、この日現在、原発事故に因る汚染土壌などを一時保管の「中間貯蔵施設」の整備が遅れている。国は双葉、大熊、楢葉の3町の計19haを買い上げる方針を示すが、県は双葉、大熊の両町に集約するように計画の見直しを求めた。／／福島県から宮城県に避難した22世帯58人が（南相馬市小高区、同原町区と双葉、浪江、富岡の3町の避難者）、国と東電に対して損害賠償（計24億4760万円）を求めて仙台地裁に提訴した。理由は避難中に死の恐怖を感じ、放射性物質による健康被害への不安で精神的苦痛を受け続けているというもの。弁護団長の鈴木宏一弁護士（仙台市）は、「裁判を通じて、全被害者の救済を国と東電に求めていく」と話す。

暦　年	事　　　　項
2014. 3. 4	朝日新聞社と福島放送との、福島県民（有権者）を対象とした共同世論調査によると、国民の間で原発事故被災者への関心が薄れ風化しつつあると思うかの問いに、「風化しつつある」は77%、「そうは思わない」は19%だった。他に、福島の復興に道筋がついていない82%、ついた17%、東京五輪（2020年）は復興に弾みがつく12%、後回しにされる77%、福島居住にストレスを感じる（大いに、ある程度含む）67%、放射性物質の家族、自分への影響、不安を感じるが（同前）68%、福島産の食への抵抗はある程度あるが38%、大いにあるが8%（計46%）、感じない（あまり30%、全く24%）計54%などである。（朝日：20140304）／／政府の原子力災害現地対策本部は、避難指示区域の一部である飯舘、葛尾両村の一部の「避難指示解除見込み時期」を、除染の遅れで2014年3月から1年延長する正式決定をする。対象地域には飯舘村で5210人、葛尾村で1359人が住民登録をしている。
2014. 3. 5	朝日新聞社と福島放送との、福島県民（有権者）を対象とした共同世論調査によると、人が住んでいる地域の除染は1mmSv／年になるまで必要の回答が63%、必要はないは27%だった。とくに必要とした30〜50歳代の女性は7〜8割、地域別では浜通り63%、中通り62%、会津66%だった。（朝日：20140305）／／放射性セシウムの検出結果が発表され、いわき市のイシガレイ305.1Bq／kg、いわき市のスズキ185.4Bq、金山町の沼沢湖のヒメマス149.8Bqであった（県発表）。
2014. 3. 6	県立医大が発注した「ふくしま国際医療科学センター」（A棟は先端臨床研究センター、教育人材育成部門、B棟は環境動態調査や治験などが入る）の建設工事再入札が、予定価格を上回った（原因は労務単価の高騰など）ため不調に終わり、2014年4月着工が遅れる可能性が出てくる。
2014. 3. 7	NHKのアンケート調査によれば、福島県外に自主避難の人は2万5000人でそのうち福島に戻るのは難しいとする人は74%、その理由の61%は被曝の影響への不安である。福島県全体の、原発事故に因る避難者は13万5906人（2014年2月26日現在）で、震災直前の人口202万人から8万人の減少である。（NHK・TV：20時45分のニュース、20140307）／／この日現在、「震災関連死」は岩手、宮城、福島の3県で2973人、うち福島県は1660人で最多、うち直接死（津波、建物倒壊などに因る）は1607人である。（朝日：20140307）／／福島復興本社がある楢葉町のJヴィレッジ（第一原発まで10km）は原発事故処理の拠点で、毎日4000人が事故現場の作業に向かう。募集しても作業員が少ないなか、東京から派遣されてきた東電社員も作業員として被災者の家の後片付けに行き、「東電にすべてを奪われた」「作業服を見ると気持ちが悪くなる」などの言葉のなかで作業に当たり、今後の被災者理解のためにそういう言葉を採取もしている。この日までに会社全体でも約1500人が退職、40歳以下が殆どだという。（NHK・TV：午前7時のニュース、20140307）
2014. 3. 8	子供の甲状腺がんは、2013年末時点で75人ががんの疑いと診断された。そのうち34人が手術を受け33人ががんだった。残り41人のうち

暦 年	事 項
	39人は手術を受ける見通しである。福島県は2011年秋より甲状腺検査を開始しており、2014年3月末で全域をする予定で、2014年4月以降は2巡目となる、また事故当時に胎児だった子供も検査する（2014年4月以降に検査をする、事故当時胎児だった2013年3月生まれまでの子どもは1万5000人である）。検査の対象は事故当時に県内にいた18歳以下の子ども全員（約37万人）で、2013年末時点で約1800人に大きな嚢胞（液体の袋）や結節があった。2cm以下の嚢胞や5mm以下の結節（しこり）の見つかった子は5割に近い。（朝日：20140308）／／政府は福島県が要請していた中間貯蔵施設（原発事故に伴う除染廃棄物の保管）を双葉町、大熊町の2町の集約化で了承した（2月末）ことが判明する。しかし国は、楢葉町の焼却灰処理施設設置には応じるが、借地契約については「施設を長期間、安定して維持するためには国有化が必要」と拒否する。
2014. 3. 9	原発事故後の3年間（2011年3月〜2014年1月）に働いた3万2034人のうち、約1万5000人が5mmSv／年を超す被曝をしていることが判明する。累積で50mmSv超の被曝をした人は1751人、このうち100mmSv超の人は173人、5mmSv超は半数近い1万5363人に上った。5mmSvは被曝管理上の一つの目安とされており、5mmSv以上は白血病の労災認定基準であり、5mmSv超は放射線管理区域にされている。（朝日：20140309）
2014. 3. 10	政府は田村市都路地区の避難指示解除を正式決定する。
2014. 3. 11	事故から3年が経過、福島原発事故の今後の最大の課題は、廃炉（2050年までに完了予定）であり1〜3号機の溶融燃料の取り出しである。それにはまず、溶融燃料冷却のために原子炉に注入した水が建屋に落ちているので、格納容器の損傷箇所を見つけ出し、補修して機密性を恢復させたうえで、改めて容器を水で満たし燃料を取り出さなければならない。国際廃炉研究開発機構（IRID）は廃炉に必要な技術研究を担うが、格納容器を水で満たす方法以外にメルトダウンした燃料取り出しの方法がないか国内外の企業などに情報提供を呼び掛けている。
2014. 3. 12	放射性セシウムの検出結果が発表され、いわき市のイシガレイ153.0Bq／kg、同ヒラメ234.8Bq、広野のクロダイ162.7Bqと同コモンカスベ237.3Bq、楢葉町のスズキ212.8Bq、南相馬のヒラメ231.5Bqであった（県発表）。
2014. 3. 13	福島県では原発事故による避難で児童数が減少したため、2013年度末に閉校する公立の小中学校が7校となる。国の避難指示区域にあり、区域外の仮設校舎などに避難した公立小中学校は計38校だが、児童、生徒数は全体で約80％減った。福島県内外へ避難した児童、生徒は1万2648人（2013年5月現在）、その前は1万3286人（2011年9月）だったからあまり減ってはいない。（朝日：20140313）
2014. 3. 14	被ばく労働を考えるネットワーク編「除染労働」（三一書房）刊行。

暦　年	事　　項
2014. 3. 15	ALPUによる廃棄物処理はいまだに最終的な処分方法は未定であることが分かる。（民報：20140315）／／国が双葉、大熊の両町に「中間貯蔵施設」計19km^2（東京ドーム406個分）を買い上げることに同意する。大熊町での建設候補地は町の全耕地面積の3分の1を占めることになる。これで町への帰還が絶望的になったとする人も増えている。
2014. 3. 16	浪江町赤宇木では2011年3月直後は80μSv／時だったが、3年後の2013年12月では8.0μSv（セシウム137が中心）となる。浪江町小丸では2011年8月になってやっと高線量に気づく。小丸の牧場経営者の渡辺は、20μSv以上の牛は殺処分しろと言われたが牛をずっと養ってくる。2013年12月でも11μSvだが、地中では357万Bq／m^3や2256万Bqの場所がある。双葉町山田では2011年3月は300μSv／時を超した。地中ではセシウムが2584万Bq／m^3や2120万Bqの場所がある。（NHK・TV：Eテレ15時～、20140316）
2014. 3. 19	東電と国に慰謝料を求めていた「元の生活をかえせ・原発事故被害いわき訴訟原告団」（事故で精神的な被害を受けたなどと主張してきている）は第4回口頭弁論の意見陳述で、2006年までに東電と国は津波による全電源喪失を予見していたなどと主張する（地裁いわき支部、杉浦正樹裁判長）。／／魚介類237点の検査で、いわき市のスズキからセシウム134483Bq／kg、同137115Bq、楢葉町沖のスズキからセシウム134656Bq、同137174Bqと、各2検体から基準値超えの数値を検出する（県発表）。／／東電は福島市に2011度分の水道事業の逸失利益などの支払につき1億7200万円を支払うことで和解する。市が原子力損害賠償紛争解決センター（ADR）に和解仲介を求めていたもので、県内自治体のADRによる和解は桑折町に次ぎ2例目である。
2014. 3. 20	名嘉幸照著「“福島原発”ある技術者の証言」（光文社）刊行。
2014. 3. 21	国際放射線防護委員会（ICRP）副委員長のジャック・ロシャール（1950年生まれ、放射線防護専門家、経済学者）は記者の質問に答えて、日本が「計画的避難区域」とした年間20mmSv～100mmSvは、「事故が進行中の時期（緊急時被曝状況）には、被曝を減らす対策の目安」であること、1mmSv～20mmSvは「事故後の復旧期に被曝が長く続くような場合（現存被曝状況）」であること、「1mmSvは回復に向けた長期目標」であること、「数値は目安で、安全と危険の境界線ではない」ことなどと話す。従って20mmSvは事故が進行中の時期の被曝を減らす対策の目安であって、日本が20mmSvで住民帰還をさせるのは、この数値が帰還目安ではないのだから、住民を被曝が長く続く状況下に晒すことになる。また彼は人類にとって原発災害とは何かという質問に、「科学と技術の発展は人間の価値を後回しにしてきました。どこで折り合いをつけるのか、つまり人間の尊厳とは何かを考えるときにきている」と答える。（朝日：20140321）
2014. 3. 27	ALPS（ABCの三系統がある）のA系統で、出口部分で採取の水（汚染水処理済みのはず）が白濁のため処理を停止（放射性物質濃度は500Bq／

暦年	事項
	ℓ、通常数値の範囲内）する。汚染水処理の工程では「共沈タンク」に汚染水を貯蔵、放射性物質（ストロンチウムなど）を除去するため、白い炭酸カルシウムを使用するが、水がフィルターを通過する際に炭酸カルシウムは除かれるはずである。従ってフィルターが不具合である。現在はＣ系統のみ運転中。
2014. 3. 28	第一原発構内の倉庫下の横穴の天井部分が崩れ下請け企業の労働者（55歳）が死亡する。／／石川迪夫「考証 福島原子力事故 炉心溶融・水素爆発はどう起ったか」（日本電気協力新聞部）刊行。
2014. 3	この月下旬、米国 AP 通信社東京支局の影山優里が漫画「いちえふ」の作者の竜田一人に会い、「国連で演説すべきですよ。漫画で描いたようなことを、直接世界に向けて訴えるの」と伝える。（朝日：20141117）／／この月、政府に対し福島県は、中間貯蔵施設については大熊、双葉、楢葉の３町のうち、楢葉町を候補地から外して他の２町に集約するよう申し入れる。／／同、土砂の下敷で作業員が死亡、第一原発で初の死亡労災事故となる。
2014. 4. 1	「県民健康管理調査」の名称を「県民健康調査」に変更する（県発表）。県民や県議会から「上からの目線の名称だ」と批判が出ていたためである。／／午前零時、政府は避難指示解除準備区域だった田村市都路町の避難指示を解除する。第一原発から半径 20km 圏に設定の旧警戒区域での避難指示解除は初めて（避難指示解除１例目）。これで避難区域が設定されているのは 10 町村となる。うち川俣、富岡、大熊、双葉、浪江、葛尾、飯舘の７町村は国直轄の除染の遅れ、帰還困難区域が面積の殆どなどという理由で解除時期の見通しは立っていない。後の南相馬、川内、楢葉のうち、楢葉は人口の 99％が避難指示解除準備区域に当たり、国直轄の除染もほぼ終えているので帰町時期を今春に判断する予定。
2014. 4. 2	南相馬市の住民ら 132 世帯約 530 人が、局所的に高線量地点が残っているとして国に「特定避難勧奨地点」の解除取り消し（解除は時期尚早）を求め東京地裁に提訴することになる。（民報：20140402）／／広野町沖のシロメバルから 254.1Bq／kg、同コモンカスベから 127.3Bq、同アイナメから 115.1Bq、いわき市沖のマコガレイから 164.7Bq、相馬市沖のイシガレイから 155.6Bq、富岡町沖のシロメバルから 127.8Bq、金山町の沼沢湖のヒメマスから 102.8Bq のそれぞれ放射性セシウムを検出する（県発表）。（民報：20140403）
2014. 4. 11	安倍政権は原発回帰の姿勢を鮮明にし、原発を主要な電源のひとつとする新たなエネルギー基本計画を閣議決定する。安全性が確認出来た原発から再稼動すること、核燃料サイクル推進堅持なども明記される。これで民主党政権が掲げた「原発ゼロ」は転換される。計画では東電福島第一原発事故を受け、原発比率を「可能な限り低減する」とするが、何時までにどれだけかは示していない。また原発の新増設についても「確保する規模を見極める」とし、新増設を否定した民主党政権の方針を転換する。（朝日：20140412）原発再稼動（現在、原子力規制委は申請してきた

暦　年	事　　項
	10原発（17基）を審査中）の道筋を明記したエネルギー基本計画が決定したことで、前政権が掲げた「2030年代原発ゼロ」も、事故後の「国民的議論」も白紙に戻ることになる。（民報：20140412）
2014. 4. 12	「原子力市民委員会」（舩橋晴俊座長、法政大学教授、脱原発を目指す研究者。会はNGOメンバーで構成）は原発ゼロ社会をつくるための政策集をまとめ発表する。舩橋は政府のエネルギー基本計画を「原発推進派のもとで議論され、民意とかけ離れた内容になった」と批判、「市民の手で政策論争を深め、広げていきたい」という。主な提言の内容は、東電の破綻処理をしたうえで福島第一原発の収束、廃炉に当たる新公社をつくるべきだ、核燃料サイクル事業の廃止や、原子力に絡む法律、行政機関の大幅な見直しをせよなどである。
2014. 4. 15	小泉純一郎と細川護熙の元両首相が脱原発を目指す一般社団法人「自然エネルギー推進会議」を設立する（5月7日が都内での設立総会）。再生可能エネルギー普及の研究、今秋の福島県知事選挙での脱原発候補支援も検討中である。両氏が一致した活動方針は原発ゼロ、再生可能エネルギー普及促進、原発再稼動反対、原発輸出反対である。細川によると発起人には梅原猛、市川猿之助ら13人、賛同人には吉永小百合ら数十人が参加の予定という。（朝日：20140415）
2014. 4. 16	この日までに環境省は、同省福島環境再生事務局へ国直轄除染で作業員に支払う特殊勤務手当を（帰還困難区域を除く避難区域で）日額1万円から6600円に減らすと通知する。手当がない避難区域外との格差を埋めるのが狙い。避難区域を抱える市町村から「人手不足が深刻化する」と反発の声が上がっている（決定は9日付け）。同省は減額の理由を「除染開始2年で線量が下がるなど環境が改善し、負担が減ったため」とする。勤務手当は2012年5月時点（除染作業開始当初）では1万700円、2014年4月では1万6000円（一日当たりの労務単価）であった。環境省によると、国直轄の除染に従事の作業員は約6500人（2014年4月16日現在）で、今後、除染作業が本格化する（飯舘、南相馬、浪江、富岡、川俣、葛尾の6市町村）ため大幅に需要が増えるが、同省は「作業員不足にはならない」としている。しかし、山木屋地区避難区域では2014年5月から1日に約2500人が除染に当たり、2015年12月完了を目指したり、飯舘村でも2014年5月上旬から1日に3000～4000人の作業員による本格除染を開始する予定だが、担当者は東京五輪関係工事に作業員が流れると不安視する。（民報：20140417、朝日：20140416）
2014. 4. 20	米倉弘昌経団連会長は宇部市での会見で、「一定割合の発電を担うなら、新規の発電所も認めざるを得ない時期が来る」と延べ、原発の新設が必要だとの考えを示す。（朝日：20140221）
2014. 4. 22	第一原発の地下水を汲み上げる井戸で放射性トリチウム100Bq／ℓを検出する（東電発表）。
2014. 4. 23	竜田一人（原発ルポ漫画）「いちえふ 福島第一原子力発電所労働記(1)」（講談社）刊行。

暦　年	事　　項
2014. 4. 24	東電は1〜4号機にある放射性トリチウム（三重水素）の総量は推計で約3400兆Bq（内訳はデブリなどが約2500兆Bq、敷地内貯蔵の汚染水が約834兆Bq、原子炉建屋やタービン建屋内の滞留水が約50兆Bq、建屋地下から護岸に繋がるトレンチが約46兆Bq）と発表、これは国が定める1基当たりの年間基準（3.7兆Bq）の900倍以上に相当する。汚染水中のトリチウム量は本年1月より約17兆Bq増加している。（毎日：20140425）
2014. 4. 28	県内外に住む避難県民を対象に実施しした初の意向調査の結果では、避難後に心身の不調を訴える人がいる世帯は67.5％で約7割を占める（県発表）。／／「週刊ビッグコミックスピリッツ」に掲載の漫画「美味しんぼ」が、福島第一原発訪問後に鼻血を出した主人公に、前双葉町長が「福島では同じ症状の人が大勢いる」と発言する場面を掲載する。
2014. 4	この月、政府は中間貯蔵施設につき福島県と大熊、双葉両町に対し交付金創設を提案する。／／同、国連科学委員会が福島県の被曝に関する報告書を提出、原発20km〜30km圏内にいた乳児の甲状腺被曝線量を47mmSv〜83mmSvと推定する（WHOの報告の半分程度）。これに対しロシア放射線衛生研究所のミハイル・バロノフ教授（国連科学委とWHOとの両報告に参加）は、「後からでた国連の報告書は住民の避難行動も反映し、実態に近い」と説明する。WHOの責任者のエミリー・ファン＝デベンターは、「推計の不確実性を考えると、国連と違いはない。WHOの使命は人々の健康を守ること。リスクの過小評価だけは絶対に避けなければならない」と話す。（朝日：GLOBE版、20141207）WHOの被曝問題担当者は常勤職員3人、福島の報告書はWHOから協力を依頼された世界の放射線の専門家達が実質的には担っている。
2014. 5. 1	「科学」5月号（岩波書店）が「核燃サイクルの正体」を特集、論文「核燃サイクルの本当の話をしよう」（澤井正子）、「100mSvをめぐって繰り返される誤解を招く表現」（津田敏秀）などを掲載する。
2014. 5. 7	漫画「美味しんぼ」に対し双葉町が、「鼻血などの症状を訴える町民が大勢いるという事実はない。福島県民への差別を助長させる」と抗議文を出す。（東京：20140513）／／小泉純一郎、細川護熙元首相は一般社団法人「自然エネルギー推進会議」（原発ゼロを目指す）の設立総会を東京都内で開く。（民報：20140508）
2014. 5. 9	安倍首相は4月29日〜5月8日（G・W）まで、原発輸出などのトップセールスを兼ね企業を連れて欧州6カ国を外遊する。同行した主な原発・防衛関連企業の2012年の自民党への献金額は、トヨタ自動車が5140万円、東芝、日立製作所が1400万円、いすゞ自動車が1310万円、三菱重工、富士通が1000万円などである。（週刊朝日：20140509―16）
2014. 5. 12	「週刊ビッグコミックスピリッツ」掲載の漫画「美味しんぼ」に、登場人物たちが第一原発を訪れ、「今の福島に住んではいけない」といったり、前双葉町長が「福島に鼻血が出たりする人がいるのは、被ばくしたから」と発言したり、震災瓦礫を受け入れた大阪の焼却場近くの住民

暦　年	事　　項
	が、鼻血などの症状を訴えたとの専門家による調査結果を伝えたりする内容が載る。これに対し県は「風評被害を助長するもので断固容認できず、極めて遺憾」との見解を発表し、反論をホームページに掲載する。//漫画「美味しんぼ」に実名で登場する元岐阜大学助教授の松井英介医師（76歳）は、「漫画の中で話していることはすべて事実。実際に異変を感じている人たちがいる」と主張する。（東京：20140513）
2014. 5. 15	政府と東電は県内の立木の賠償方針案をまとめる。双葉郡と「帰還困難」「居住制限」「避難指示解除」の区域は天然林が30万円／ha、人工林が100万円、双葉郡以外の「旧緊急時避難準備」「屋内退避」の区域は天然林が10万円、その他の天然林は過去の手入れや取引実績を条件に5万円とされる。//第一原発の作業員に労基法の上限の10時間を超える作業をさせたとして、富岡労働基準監督署が建設会社安藤ハザマの下請け企業に是正勧告をする。（民報、東京：20140516）
2014. 5. 17	漫画「美味しんぼ」に登場し、被曝による健康被害を訴えた井戸川克隆前双葉町長が、避難先の埼玉県加須市で福島民友新聞の取材に応じ、作中発言の真意や現在の心境を次のように語る。「鼻血の描写が議論を呼んだことをどう思うか」（問い）に対し、「1年ほど前、原作者の雁屋哲氏の取材に加須市の避難宅で応じた。雁屋氏や他の同席者が（福島に行くと）『疲れる』『鼻血が出る』と話をしているので、私も鼻血が出ると言った。今でも鼻血が出て、のどには違和感を感じており（作中発言は）うそではない。雁屋氏が真実を書いてくれたことがうれしい」とか、「―鼻血の描写が風評被害を助長すると問題視する意見がある。作中の発言の根拠は」（問い）に対し、「風評被害とはうそを言いふらすことで及ぼさされる被害だが、私はうそを言っていない。実際に2011（平成23）年3月12日の第1原発爆発時、私は住民を避難誘導していた双葉町の双葉厚生病院周辺で放射能を浴びた。私の発言はあの時に一緒にいた人々の声なき声だ。同町から川俣町に避難した際も線量計の針が常に振り切れているのを確認している。それは放射性物質が飛散していた証拠ではないか。学者が私の被ばくと鼻血との関係を否定しているようだが、とんでもない人権侵害だ。私は（美味しんぼの出版前から）健康問題を言い続けてきた」とか、「今後の活動は。何を訴えていくか」（問い）に対し、「美味しんぼの件で私が（健康問題で）訴えてきたことを全否定され、引っ込みがつかなくなった。もっと大きな声を上げたい私は政府や県に対し、健康調査を含めて立証を求めていく」などである。（民友：20140518）
2014. 5. 18	政府は中間貯蔵施設の建設に伴い、墓地の移転費用を住民の意向に応じて補償する方針を固める。
2014. 5. 21	福島県出身の県内外で暮らす母親ら5人が国会内で記者会見し、自身や子供に「重症の鼻血や貧血が事故後頻発している」と訴える（主催は井戸謙一弁護士の「ふくしま集団疎開裁判の会」）。福島市内に住む40代女性は「現在中学生の長男は大量の鼻血を出すようになり、何度も貧血で倒

暦　年	事　　　項
	れた。親子ともに発疹に悩まされた。私たちの経験した事実を風評の名で口封じしようとしている」と抗議する。会津若松市の女性は所属団体の調査を踏まえて「鼻血は地元市民や避難家族らの間で頻発している」と報告する。郡山市の2児の母親は「県は漫画に抗議するヒマがあったら、全住民を対象に鼻血も含めたきちんとした健康調査をしてほしい」と要望する。井戸は「体験や放射能への不安を訴えることを公権力が黙らせようとしている」と述べる。（朝日：20140522）／／いわき市沖で捕獲のコモンカスベから148.0Bq／kg、楢葉町沖で捕獲のシロメバルから187.5Bqの放射性セシウムがそれぞれ（各1検体）検出される（県発表）。／／川俣町山木屋地区（居住制限、避難指示解除準備区域）の住民25世帯115人が東電に損害賠償を求めて、地裁いわき支部に提訴する（同地区は既に2013年12月にも提訴している）。（民報：20140516）／／「元の生活をかえせ・原発事故被害いわき訴訟原告団」の第5回口頭弁論が開かれる。
2014. 5. 23	専門家や健康被害を訴える当事者が国会内で記者会見を開き、政府や福島県が事故と鼻血の関連を否定していることに対し、「因果関係は否定できない」と反論する。西尾正道北海道がんセンター名誉院長は「高線量被曝による急性障害に論理をすり替え、鼻血（との因果関係）を否定する『専門家』がいる」と批判。また「放射性物質が付着した微粒子が鼻腔内に入って低線量でも鼻血が出る現象はあり、医学的根拠がある」とも指摘する。福島県内の母親は「漫画全体を読み、福島への愛情を感じた。国の責任で鼻血を含めた健康調査をしてほしい」と訴える。（朝日：20140524）／／この日現在、避難指示を解除された（2014年3月10日）半径20km圏の都路地区の住民登録は112世帯350人だが、帰還したのは約2割の34世帯81人である。（朝日：20140608）／／「証言記録　東日本大震災　第21回　福島県富岡町～〝災害弱者〟突然の避難～」、「同　第24回　福島県相馬市～津波と放射能巻き込まれてに～」（DVD、前出）発行。
2014. 5. 27	石原信晃環境相は郡山市で大熊町町長、双葉町町長と会談し、初めて、核廃棄物の30年以内の県外最終処分を法律に明記すると伝える。／／原発事故で一時避難しその後に自殺したいわき市の男性（65歳）の妻が、震災関連死の不認定を取り消してと福島地裁（潮見直之裁判長）に訴訟を起こしていたが、「震災と自殺に因果関係は認められない」として請求は棄却される。不認定取消の訴訟で棄却の判決が出たのは県内初である。
2014. 5. 28	震災と原発事故により被災者が暮らす、借り上げ住宅を含む仮設住宅の入居期間が1年間延長され、2016年3月末までとなる（県発表）。
2014. 5	この月までで、原発事故による避難者数は12万9154人〔県外4万5854（自主避難者を含む）、県内8万3250〕となる。（民報：20160907）／／同、政府は中間貯蔵施設につき国の特殊会社による施設運営と、30年以内の県外最終処分の確約の方針を提示する。5月末に政府は住民説明

暦　年	事　　　項
	会を開始し、石原環境相は国の特殊法人「日本環境安全事業」の関連法案を改正し、同社に施設運営を担わせ、30 年以内に県外で最終処分する旨を明記する方針を示す。
2014. 6. 2	「凍土遮水壁」の設置工事が夕方より開始される（東電発表）。第一原発 1 号機北西側で凍結管設置のための地面の掘削作業が始まる。
2014. 6. 3	県町村議会議長会は総会で、県内原発全 10 基の廃炉を求める特別決議を全会一致で採択する。翌 4 日には県町村会も総会で同じ特別決議を採択する。
2014. 6. 5	浪江町から二本松市の仮設住宅に避難していた、一人暮らしの無職男性（74 歳）が自室で死亡していたことが分かる。3 日午後までは健在だった。（民報：20140606）
2014. 6. 7	原子力規制委の新委員として国会に提示されている田中知東大教授の講座（核燃料サイクル研究推進研究が目的）に、東電が約 1 億円を寄付していたことが分かる。期間は 2011 年度までの 4 年間で、2008 年 4 月に東電は「核燃料サイクル社会工学寄付講座」向けに 2012 年度までの 5 年間に計 1 億 5000 万円を提供すると申し出ている。（民報：20140608）／／2012 以降、日本が福島原発事故で未使用のプルトニウム 640kg（核爆弾約 80 発分に相当）を含めないで IAEA に報告していなかったことが判明する。日本が保有するプルトニウム総量は約 44トンとされてきたが、実際には約 45トンである。政府は 2012 年に、2011 年末時点での未使用プルトニウム量（全国の原子炉施設保有の総量）を 1.6トンに減らして IAEA に報告（2010 年末での報告は 2.2トン）しており、2013 年も同様の報告であった。オリ・ヘイノネン元 IAEA 事務次官は「どこにあろうが未使用のプルトニウム。報告に反映すべきだ」と問題視する。（民報：20140608）
2014. 6. 8	東電は「地下水バイパス」（建屋に流入前の地下水を海に流す）につき、これまでで最大の約 1560トンを 4 回目の放出として行ったと発表する。放射性物質の基準は下回っているという。1 回目は 5 月 21 日に実施、今回の放出を合わせると計約 3600トンとなる。（朝日：20140610）
2014. 6. 10	猪苗代町のネマガリダケ（野生）2 点から放射性セシウム 204.4Bq／kg と同 147.9Bq を検出、ネマガリダケの基準値超えは初めてである（県発表）。／／政府は環境省が行っていた帰還困難区域（空間放射線量が非常に高い地域）のモデル除染の結果を公表する。除染しても高線量の場所が多く残ることが判明する。赤宇木（浪江町、住宅地）では除染前 8.13μSv／時が除染後 3.62μSv に（以下の値はこの順）、大堀（同前）では 8.88 が 3.26 に、井手（同前）では 18.07 が 8.47 に、農村広場（双葉町、住宅地）では 17.86 が 6.20 に、双葉厚生病院（双葉町）では 10.26 が 3.01 に、ふたば幼稚園（同前）では 11.65 が 3.81 にそれぞれなっているとされる。（朝日：20140611）
2014. 6. 11	原子力規制委の新委員に原発推進を担ってきた元日本原子力学会長の田

暦　年	事　　項
	中知東京大学教授が、衆院本会議で承認される。田中知は業界団体「日本原子力産業協会」の理事を 2010～2012 年間に務めた人で、発足時の規制委のルールに反するとか、原子力ムラとの決別ができていないなどの批判がある。9 月で任期切れは、原発審査が厳しいと政財界から不満が出ていた地震学者の島崎邦彦委員長代理と、元外交官の大島賢三委員で、後任は他に地質学者の石渡明東北大教授である。（朝日：20140611）／／原発事故後初の「アヒンサー 未来に続くいのちのために原発はいらない」第 2 号（PKO 法「雑則」を広める会）が発行される。
2014. 6. 12	佐藤雄平県知事は経産省の磯崎仁彦政務官に県内全基廃炉を訴えるが、「最終的には事業者が決める」と回答される。
2014. 6. 16	政府の中間貯蔵施設についての 16 回（5、6 月で）にわたる各地での説明会の終了翌日（16 日）、石原伸晃環境相が首相官邸での中間貯蔵施設の建設に関する記者会見で、「最後は金目でしょ」と語る。2012 年に自民党幹事長だった石原は、報道番組で福島第一原発を「第一サティアン」といって地元の反発を招いたことがある。（朝日：20140617）住民は説明会では「国は住民の質問に明確に答えなかった」とし、施設受け入れの判断を保留してきた。建設予定地に住宅がある男性（72 歳）は「いまはまだ一時帰宅できるが、施設ができれば永久に自宅に帰れないことになる。絶対に認められない」と訴える。中間貯蔵施設の廃棄物の保管量は最大で 2800 万 m^3、重さ 3500 万トンである（10トンダンプを使用し 3 年間で作業終了とすれば 1 日に 2000 台必要となる）。除染廃棄物はフレコンバッグに詰め込むが、耐用年数が 3 年というルールにしてあるとはいえ、実際には 3 年ももたずに破れ放置されている現実もある（飯舘村住民の証言）。（東京：20140718）
2014. 6. 19	「希望の牧場」代表の吉沢正巳が「原発一揆声明」を発表する。（朝日：20150620）
2014. 6. 24	福島県分の第 9 回の復興交付金の配分が決まる（復興庁発表）。県は 7 市町村と合わせて 39 億 1000 万円で、このうち県水産業の復興支援は 12 億 2100 万円の配分である。
2014. 6. 25	西郷村の阿武隈川水系のヤマメ（106.8Bq／kg）と猪苗代湖（郡山市内）のウグイ（131.0Bq）の各 1 点から基準値を超える放射性セシウムが検出される。また田村市の永年生牧草（青刈利用）1 点で放射性物質が 103.0Bq 検出され暫定基準を上回る（県発表）。
2014. 6. 26	東電は浪江町民（約 1 万 5000 人）が精神的損害賠償増額などを求めた ADR で、原子力損害賠償紛争解決センターが示した和解案（一律月額 5 万円）を拒否する。
2014. 6	この月、飯舘村長泥地区の放射線量は 4.95 μSv／時で、今後はこの数値の減少が見られなくなる。（もどれない故郷 ながどろ：前出、20160305）
2014. 7. 2	第一原発敷地内の海側の観測用井戸（海まで約 6m）でストロンチウムなどベータ線を出す放射性物質が 4300Bq／ℓ の濃度で検出される。（民

暦　年	事　　　項
	報：20140703）／／この日までに、処理後の水からヨウ素129（半減期約1600万年）など計4種類の放射性物質が検出されていたALPSが、62核種の放射性物質の除去に成功したという（東電発表）。（民報：20140703）
2014. 7. 3	第一原発の西8kmにある大熊町の行政区「野上1区」（帰還困難区域）の木幡仁区長が、住民の総意として「帰らない宣言」をする。同区は中間貯蔵施設予定地に入っていないが、効果のない除染など止めて、その分、新天地で生活再建できる充分な保証を求めている。
2014. 7. 4	政府は川内村東部の「居住制限区域」（第一原発から20km圏内、被曝線量20mmSv／年超～50mmSv以下）を「避難指示解除準備区域」（同20mmSv以下）に変更する方針を固める。
2014. 7. 13	中間貯蔵施設の候補地につき、政府は一旦買い上げて国有化し、全廃棄物を県外の最終処分場に搬出後、地元に返還する案を検討中である。
2014. 7. 14	県内のイノシシ12頭（110～660Bq／kg）、ツキノワグマ3頭（110～190Bq）から基準値を超える放射性セシウムを検出する（県発表）。／／東電は第一原発で汚染水を貯蔵するタンクを新たに約10万トン増設し、2014年度内に約93万トン分を確保する増設計画を発表する。（民報：20140715）
2014. 7. 15	「生業訴訟」（県民が国、東電に対し原発事故で喪失の生活の現状回復などを求める訴え）の口頭弁論で（福島地裁、潮見直之裁判長）、国側が原発事故前に津波の高さを想定の2倍にした場合、原子炉の冷却ポンプが水没する危険があることを、東電側が示していた文書（原告側が求めていたもので、1997年7月に「津波対応WG」が作成とある）が在ることが明らかにされる。国側の前回の回答は「存在が確認できない」だったが今回は訂正した。原告側は文書の作成元を明らかにするよう求める。（朝日：20140716）同様に、第一原発事故をめぐる損害賠償請求訴訟で、国は原告（「生業なりわいを返せ！ 地域を返せ！ 福島原発訴訟」原告団、約2600人）が求めて来た、電力会社が国へ提出している「津波の高さ想定を二倍に引き上げて分析した資料」を提出して来た。国が提出した上申書には「電力会社らから提出されたと認められる資料」の説明があり、同じく国が提出した添付資料には「平成9年7月25日」の記載がある。この資料のなかには、「1F」では津波の二倍値が「9.5m」、検討結果は「非常用海水ポンプのモーターが水没する」との記載がある。原告側の馬奈木厳太郎弁護士は、「旧通商産業省が津波想定を二倍に引き上げるように電力会社に要請したことを受けての試算ではないか」という。提出された他の文書には電力会社の（国への）要望らしい文言があり、「十分な精度とは言えない検討結果を基に想定しうる最大規模の津波の数値を公表した場合、社会的に大きな混乱が生ずる」「具体的な数値の公表は避けていただきたい」とある。原告側はこれらの資料の他に「二〇〇〇年に東日本大震災規模の津波を想定した資料も存在するはず」と改めて国に提出を求めている。その根拠は、「国会事故調査委員会報告

暦　年	事　　項
	書」の添付資料にあり、そこには各原発毎に津波の高さ想定を1.2倍、1.5倍、2倍にした表があって、福島第一原発はこの3想定全てに「×」（海水ポンプモーターが停止し冷却機能に影響が出るの意味）が付いているからである。また福島第一原発の「一・二倍」は「五・九～六・二メートル」とあり、この数値で計算すれば津波の高さは最大10.3mとなるので、福島第一原発の敷地のある海抜10mを上回る。（東京：20140824）
2014. 7. 16	富岡町沖のシロメバル1点から基準値を超える放射性セシウム334.8Bq／kgを検出する（県発表）。
2014. 7. 18	原子力規制庁は、地震の揺れにより1号機の交流電源喪失が起きた可能性があるとした国会事故調の見解を否定し、津波が原因だとする中間報告書案を示す。（民報：20140719）／／東電は2013年8月に実施の瓦礫撤去作業で、放射性の粉塵が南相馬市の水田まで飛散した可能性がある問題につき、この地区の昨秋収穫の米すべて（1589袋を検査、うち27袋が基準値超）の賠償を合意する。賠償対象は計335トン、賠償額は約7200万円。同地区5カ所の昨秋収穫の大豆もすべて賠償する（計約27トン）。（朝日：20140719）
2014. 7. 22	帰還困難区域を除く「旧警戒区域」の防潮堤を2018年度までに完成させる整備計画がまとまる（県発表）。／／原子力総合年表編集委員会編「原子力総合年表―福島原発震災に至る道―」（すいれん舎）刊行。
2014. 7. 23	いわき市沖のババガレイ1点から240Bq／kgの放射性セシウムが検出される（県発表）。
2014. 7. 25	「特集＝迷走する汚染対策」が掲載される。（「科学」8月号：岩波書店、20140725）
2014. 7. 31	東京第5検察審査会が、勝俣東電元会長ら3人に「起訴相当」を議決、1人に「不起訴不当」を議決し東京地検が再捜査を開始する。
2014. 7	この月、いわき沖のヒラメ（全長56cm）から138Bq／kgが検出される（市民組織「いわき海洋調べ隊うみラボ」発表）。／／同、再生可能エネルギーの新規買い取りの導入（2012年7月に制度の制定）が進み、導入以来の再生エネによる発電設備の導入量は、約895万kW（単純に設備容量だけで言えば、100万kW級原発8基分以上）となる。とくに初年度の1kW当たり42円の（高い）買い取り価格が定められた太陽光事業には、「必ず儲かる」として多数の業者が参入した。（紙の爆弾：20141207）
2014. 8. 1	環境省は県内市町村が目指す空間放射線量の「0.23μSv／時」は除染目標ではないと強調し、空間線量から個人被曝線量に基づく除染に転換すべきだという新方針を正式に示す。／／「科学」8月号（岩波書店）が「汚染水：溶け出した炉心のゆくえ」を特集、論文「難航する汚染水対策」（木野龍逸）、「東京電力福島第一原子力発電所に由来する汚染水問題を考える」（青山道夫）などを掲載する。
2014. 8. 8	政府が中間貯蔵施設の受入をめぐり、地元への見返りとして総額3010億円の交付金を提示、初めて公の場で金額が示されたが、その中味は曖

暦　年	事　　項
	昧なままである。政府と地元との交渉は今年6月の石原伸晃環境相の「最後は金目でしょ」の発言で停滞していた。(朝日：20140809、0823)／／県内で捕獲のイノシシ8頭、ツキノワグマ4頭から基準を超える放射性セシウムが検出される。最高値は前者で480Bq／kg、後者で330Bqである（県発表）。
2014. 8. 10	空本誠喜「汚染水との闘い 福島第一原発・危機の深層」(筑摩書房) 刊行。
2014. 8. 13	いわき市沖のイシガレイ1点から食品衛生法の基準値を超える放射性セシウム209.3Bq／kgが検出される（県発表)。／／原発事故から3年5カ月だが、県内での避難者は8万322人、県外への避難者は4万5193人である（7月10日現在、県発表)。
2014. 8. 20	既に政府の出荷制限指示を受けている伊達市の阿武隈川水系のヤマメ1点から、食品衛生法の基準値を超える放射性セシウム141.5Bq／1kgが検出される（県発表)。／／この日現在で、県内には県市町村が管理する26カ所の下水処理施設に放射性物質で汚染された汚泥が約6万9000トンあることが分かる。8000Bq／kgを超すものは国が管理する。(民報：20141004)
2014. 8. 21	野生キノコの放射物質検査の結果を発表、西会津町で採取の野生のチチタケ（菌根菌）から、食品衛生法の基準値を超える放射性セシウム430Bq／kgが検出される（県発表)。政府は原子力災害対策特別措置法に基づき西会津町の野生キノコの出荷停止を指示する見通し。県内の野生キノコの出荷停止は53市町村目となる。
2014. 8. 22	県は中間貯蔵施設の建設計画を受け入れる方向で最終調整に入る。
2014. 8. 23	風評被害で揺れる桑折町の桃農家の現状などを描く映画「物置のピアノ」の公開が、全国に先駆けて福島市のフォーラム福島で始まる。
2014. 8. 25	第一原発事故の廃炉や除染、賠償などにかかるコストは少なくとも11兆円に上るという試算結果を、大島堅一立命館大教授（環境経済学）と除本理史大阪府立大教授（環境政策論）がまとめる。政府は2011年12月付けで少なくとも約5兆8000億円としていた。(民報：20140826)
2014. 8. 26	福島地裁は自死した渡辺はま子の訴訟で「原告全面勝訴」を言い渡し、4700万円の支払いを命じる判決を出す。「避難によるストレスの結果、精神障害を発症して自死にいたる者が出現するであろうことも、被告において予見可能だった」とする。
2014. 8. 29	この日現在、原発事故に伴う被災者が暮らす仮設住宅は、県内25市町村に1万6782戸建設されているが、殆どが入居期間を過ぎており（災害救助法では2年以内）老朽化対策も急がれる。県内では未だ2万6000人余の被災者が仮設住宅で暮らす現状である。(民報：20140909)／／同、福島県での原発関連死の認定数は、1753人で（南相馬市で458人、浪江町333人、富岡町250人など)、地震、津波死者の1603人を大きく上回っており、増加するばかりの「関連死」は社会問題になっている。被災

暦　年	事　項
	による死者数のうち関連死は55%を占める。(民報：20140904)
2014. 8. 30	中間貯蔵施設の建設候補地が大熊、双葉両町の了承を得て、正式に受け入れ地として両町に決定する。
2014. 9. 1	「科学」9月号（岩波書店）が「原発再稼動：論点は何か」を特集、論文「原発避難者の被害は終わっていない」(除本理史)、「事故収束以前で再稼動は論外だ」(阿部知子）などを掲載する。
2014. 9. 3	午前6時頃、原発事故で楢葉町からいわき市の仮設住宅に避難していた女性（87歳）が近くの林で縊死しているのを発見する。女性は同年4月に夫（94歳）を亡くし「もう避難生活は嫌だ」「私も早く死にたい」と話していた。(民報：20140911)
2014. 9. 5	東電は原発事故と渡辺はま子の自殺との因果関係を認めた福島地裁判決を受け、「控訴せず」と社長決裁を下した。事故が原因で自殺した賠償を求める訴訟の判決が初めて確定する。原告弁護団代表の広田次男弁護士は「大きな世論の支持と運動の力だ。控訴断念を求める支援者らの多数の要請文が東電にファックスされた」などと分析した。(朝日、民報：20140906)
2014. 9. 8	東電幹部ら4人が川俣町の渡辺幹夫（64歳）宅を訪れ謝罪し、はま子の遺影に焼香した。
2014. 9. 9	原発事故で九州へ自主避難した10世帯31人が国と東電に計約1億7000万円（1人当たり550万円）の損害賠償を求めて福岡地裁に提訴する。九州での訴訟は初めて。(民報：20140910）／／政府は9月15日午前0時に、原発事故で通行規制していた国道6号の浪江町南部—富岡町北部（まだ帰還困難区域内）14kmにつき、全面自由運行する方針を固める。全面開放は3年半ぶりとなる。(朝日：20140910)
2014. 9. 10	白河市の阿武隈川のコイ1点から110Bq／kgの放射性セシウムを検出、県内の同川全域のコイの採捕自粛を県は要請する。また伊達市の同川のヤマメ2点から460Bqと130Bqの放射性セシウムを検出する（県発表)。(民報：20140911）／／福島県住民などの住民が放射能汚染に対して国と東電に起こしている「生業を返せ、地域を返せ！」福島原発訴訟原告団（中島孝団長、生活・仕事の現状回復、慰謝料月5万円などの訴え）は福島地裁に4次提訴する。新たに1285人の参加で原告数は計3865人となり、原発事故による被害救済を求める訴訟では最大となる。(民報：20140911）／／福島県などから広島県に避難（東京都、埼玉県からは各1人）している11世帯計28人が、精神的な苦痛は甚大（離郷、失職、健康不安など）として国と東電に計約3億円の損害賠償（1人当たり1100万円）を求め広島地裁に集団提訴する。国と東電は「原発の安全神話維持を最優先し、安全性を犠牲にした」とも主張する。(民報：20140911)
2014. 9. 12	原発事故の際、双葉病院から避難中に死亡した女性患者（当時、83歳）の遺族が、東電に損害賠償を求めていた訴訟の協議があり（千葉地裁、広谷章雄裁判長)、約1350万円を東電が支払うことで和解が成立する。

暦　年	事　　項
	同病院からの避難中での死亡で東電と和解した事例は初である。
2014. 9. 18	都路地区は帰還開始半年で、まだ0.5μSv／時ある場所があり、椎茸原木では1700Bq／kg（基準は50Bq）が出て、椎茸で生業を考えていた坪井哲蔵は生活再建ができないという。（NHK・TV：18時～、20140918）／／相馬市松川浦岩子の海底土壌検査で放射性セシウム415Bq／kgを検出した。調査は8月1日～29日（県発表）。
2014. 9. 19	三島町で採取したサクラシメジ（菌根菌）から放射性セシウム180Bq／kgを検出する（県発表）。／／日野行介「福島原発事故 被災者支援政策の欺瞞」（岩波書店）刊行。
2014. 9. 20	中川恵一「放射線医が語る福島で起こっている本当のこと」（KKベストセラーズ）刊行。
2014. 9. 26	この日までの除染作業員は約1万6200人で、同月12日の約1万5000人を上回る（2013年9月では約1万人だった）。いずれも半数は県外の人である。なお2017年3月が計画している除染終了日だが、平田中央クリニックでは除染作業員の健康診断書偽造が発覚している。／／大熊町は2012年度分の損害賠償として約5億7300万円を東電に請求する。またJA福島5連と「JAグループ東京電力原発事故農畜産物損害賠償対策協議会」（農畜産業関係団体など）も今月9月分の損害賠償として31億7800万円を東電に請求する。（民報：20140927）
2014. 9. 30	柳津町で採集したホウキタケ（菌根菌）から108.8Bq／kgの放射性セシウムが検出される（県発表）。県内の野生キノコでは55市町村目の出荷自粛となる。／／川内村の避難指示解除準備区域の解除で、県内の避難区域（10市町村を設定）の人口は7万9780人になる。（民報：20141001）／／朝日新聞特別報道部著「原発利権を追う 電力をめぐるカネと権力の構造」（朝日新聞出版）刊行。中西映至ら編「原発事故環境汚染 福島第一原発事故の地球科学的側面」（東京大学出版会）刊行。
2014. 9	この月末で、国直轄除染の県内11市町村のうち、帰還困難区域外の除染完了は田村、楢葉、川内、大熊（4市町村）、南相馬、富岡、双葉、浪江（4市町村）では、住宅除染計画に対する進捗率が5%である。／／この月、南相馬市原町区で採れたイノハナから超高濃度である1万4140Bq／kgの放射線セシウムが検出される。（週刊女性自身：20150303）
2014. 10. 1	川内村東部の避難指示区域が解除される（避難指示解除2例目）。この日時点で、住民登録者数は193世帯274人である。／／あんぽ柿3検体（福島市、伊達市、国見町）と干し柿4検体（同前）から食品衛生法の基準値を超える放射性セシウムが検出される（県発表）。（民報：20141002）
2014. 10. 2	避難指示解除より半年たった田村市都路地区では、自宅への帰還をためらう高齢者が続出している。仮設住宅3年半の生活がためらわせている原因であり高齢者の共同住宅希望が多い。（NHK・TV：18時～、20141002）
2014. 10. 3	下水汚泥による精神的賠償を求めていた問題で、国見町の県北浄化センターから半径1.5km以内の同町内約400世帯を対象に、東電は1世帯

暦　年	事　　項
	当たり 40 万円の一括支払いを開始する。東電はこのため新たな賠償枠である「臭気対策費」を環境改善策として設ける。／／東電は規制委の特定原子力施設監視・評価検討会で、廃炉作業中での地震、津波に備え想定する地震動を最大加速度 900 ガル、津波の高さを最高水位 26.3m に引き上げるとする。
2014. 10. 8	東電は井戸 1 カ所（2013 年 8 月に約 300トンの汚染水漏れが発覚したタンク近辺に設置している井戸）の地下水から放射性物質（ストロンチュームなどのベータ線を出す）1 万 4000Bq／ℓ（前回 2014 年 10 月 3 日と比べ 21 倍に上昇）を検出したと発表する。東電は原因につき、「台風の大雨によって、地下水に何らかの影響が出たと考える」とする。このタンクの近くには地下水観測用の井戸が計 13 カ所設置されている。別の井戸タンク 1 カ所でも、2014 年 10 月 7 日に採取した地下水から同放射性物質が 9 万 5000Bq（前回 2014 年 10 月 5 日と比べ 130 倍以上に上昇）検出される。（東京：20141009）／／規制委は 1 号機の交流電源喪失は津波が原因（地震の揺れではなく、津波による浸水時刻と概ね一致）とする中間報告書を正式決定する。また原子炉建屋 4 階での漏水は配管破損ではなく、使用済み燃料プールから溢れ出た水がダクトを通って漏れ出た水と判断する。3 号機から出た白煙（水素爆発直後に観測）ついては、国会事故調が指摘したプール内の臨界による発熱説を否定する。4 号機についてはその爆発に 400kg の水素を必要とする（燃料プールの水の放射線分解で発生した水素は数 kg に過ぎないとする）ことから、大半が 3 号機から配管を通じて水素が流入したとする。（民報：20141009）
2014. 10. 9	中間貯蔵施設に双葉町民が揺れている。施設は福島第一原発を囲む双葉・大熊両町の帰還困難区域 16km^2 に建設予定で、地権者は 2365 人である。環境省は地権者に「地上権」（土地売却、利用権借り受け）の設定を求める説明会を始めたが、反撥（土地価格が事故前とは大幅に下落した提示、手続きが拙速）が出ている。（東京：20141009）
2014. 10. 10	この日までの国産タバコの放射性物質購買前検査の結果は、三春町の旧御木沢村地域で放射性セシウム 565.2Bq／kg、栃木県那須塩原市の旧黒磯町地域で同 100.9Bq を検出し、自社基準値（100Bq／kg）を超える（日本たばこ産業発表）。（民報：20141011）／／この日頃、鎌田慧が双葉町の「帰還困難区域」（行政用語）の一部をまわる。鎌田は「帰還困難区域」とは「奪われた故郷」のことだと看破する。3 年半経ってとうとう前のめりに歩道に倒壊する家を目撃する。大熊町で車内の放射線量が 8.6 μSv／時、側溝で 20.4 μSv を計測し、これを鎌田と同行した双葉町の大沼勇治は「破滅のエネルギー」という。（東京：20141021）／／萩野晃也「汚染水はコントロールされていない」（第三書館）刊行。
2014. 10. 11	2 号機東側の港湾近くの井戸で採取（9 日）した地下水から、トリチウムが 15 万 Bq／ℓ（法定基準は 6 万 Bq、東電は独自に 1500Bq 未満と定める）検出される。この井戸での過去最高値である。また 2 号機東側の別の井戸でもベータ線を出す放射性物質（9 日採取）が 210 万 Bq 測定さ

暦　年	事　　項
	れ、過去最高値となる。セシウムも6万8000Bq検出される（東電発表）。
2014. 10. 14	第一原発建屋に近い3カ所の井戸水に含まれる放射性物質がそれぞれの過去最高値を観測し、1カ所ではストロンチュウム90などベータ線を出す物質が計780万Bq／ℓ（それまでの最高値は同月9日の210万Bq）検出される。また採取した護岸水では放射性セシウムが25万1000Bq、マンガン54が700Bq、コバルト60が3600Bqの濃度で検出される（東電発表）。原因は原発事故直後に漏れて地下室に残存の高濃度汚染水が台風18号の影響で井戸水に出て来たことによる。（朝日：20141015）
2014. 10. 15	いわき市沖のイシガレイ1点から110Bq／kg、富岡町沖のウスメバル1点から120Bqをそれぞれ検出する（県発表）。
2014. 10. 16	第一原発1、2号機海側の護岸の観測用井戸水（15日採取）から25万4000Bq／ℓの放射性セシウムが検出される（東電発表）。今月上旬の台風18号の影響で付近の配管の汚染水が拡散した可能性があるという。（民報：20141017）
2014. 10. 17	環境省の除染事業で（県内11市町村の「除染特別区域」を国直轄で実施）、2012年度までの予算額約3228億円の執行は約2472億円で76.6％が使われず（理由は汚染土壌などの置き場なしなど）、また東電は請求された除染費用の2割も支払っていない。さらに2013年度までの除染事業の予算総額は1兆2874億円、除染終了分は約404億円だが、請求された東電は約67億円しか支払っていない（会計検査院調査）。（朝日：20141017）／／双葉郡の双葉、双葉翔陽、浪江、浪江津島、富岡のサテライト5校は来春の募集を停止する（県教委発表）。全県では全14学級の減少となる。
2014. 10. 18	この日までに、2号機東側の港湾近くの観測用井戸で採取（16日）した地下水から26万4000Bq／ℓの放射性セシウムが検出される（東電発表）。／／同日、トリチウム以外の62種類の放射性物質を除去する設備の、高性能ALPSが試運転を開始する（トラブル続きで2013年3月から試運転を継続）、増設ALPS（除去性能のみを向上）も今月9日に試運転を開始している。
2014. 10. 19	環境省の「専門家会議」（2013年11月に「原発事故子ども・被災者支援法」に基づき設置）が中間とりまとめでの概要で、福島県の住民の被曝線量はチェルノブイリ原発事故に比して「はるかに小さい」、甲状腺がんは一部の子供でリスクが若干増加する可能性が理論的にはある、などとしていることが分かる。がんでないのにがんの疑いがあると判定される「擬陽性」の増加、手術で合併症が起きる可能性などの問題点も指摘し、これまでに約30万人のうち1744人を擬陽性と認定したこと、うち381人は甲状腺に針を刺す検査（超音波検査後に）も受けていたとしている。（朝日：20141019）／／福島県の子供の甲状腺検査（2014年6月末現在）は1次検査（超音波検査）を29万5689人が受け、A1判定（何もなし）15万2389人、A2判定（2cm以下ののう胞か5mm以下の結節）14万

暦　年	事　　　項
	1063人、B判定（2.1cmmm以上ののう胞か5.1mm以上の結節）2236人、C判定（急いで2次検査が必要）1人だった。2次検査（超音波、血液、尿検査）は1848人が受け、さらなる精密検査（針で刺す、細胞を取る）は485人、うち異常ありで手術を受けた者が58人でがんは57人だった。（朝日：20141019）
2014. 10. 20	第一原発1、2号機海側の護岸の観測用井戸水（17日採取）から26万7000Bq／ℓの放射性セシウムが検出される（東電発表）。過去最高値。同井戸では16日に採取した水から26万4000Bqの同物質を検出していた。
2014. 10. 22	東電は水素爆発で大破した1号機を覆う原子炉建屋カバーの解体に向けた作業に着手する。燃料デブリ取り出しへの第一歩だが、周辺市町村は放射性物質の飛散を懸念、モニタリング、緊急時通報などの対策の徹底が求められる。
2014. 10. 23	1号機放水路の溜まり水を測定（22日）した結果、放射性セシウムが過去最高となる16万1000Bq／ℓ検出される（東電発表）。台風18、19号の影響で汚染水が放水路に流入した影響と見られる。（民報：20141024）／／東電は「原子力損害賠償・廃炉等支援機構」から88億円の交付を受けたと発表する（33回目）。累計は4兆3844億円となる。東電はこの金額とは別に、政府からも「原子力損害賠償法」に基づいて1200億円を受け取っており、総計で4兆5044億円となる。なお2014年10月17日時点で東電が支払った賠償金は約4兆3657億円となる。（民報：20141023）
2014. 10. 26	第20回知事選で49万384票を獲得して前副知事の内堀雅雄が初当選する。
2014. 10. 27	捕獲したイノシシ25頭のうち14頭、ツキノワグマ20頭のうち4頭からそれぞれ食品衛生法の基準値を超える放射性セシウムが検出される。最高は前者では二本松市での検体で4700Bq／kg、後者では福島市での検体で160Bqである（県発表）。（民報：20141028）／／県内の幼稚園、小中学校などで保管している放射能汚染土が、中間貯蔵施設への搬入対象から除外されていることが判明する。環境相が学校除染の廃棄物を、2012年1月施行の「放射性物質汚染対処特別措置法」の適応対象外としたためである。政府の搬入可能の検討は29日以降に始まる。
2014. 10. 28	荒井広幸新党改革代表（田村市在住）は「日本のかたちを問う」フォーラムの基調講演で（東京プリンスホテル）、「福島県で自殺する被害者と原発事故の間には相当、因果関係がある。原発事故で亡くなった人がいることは、国にはっきりと主張しないといけない」と語る。（民報：20141029）／／県内の幼稚園、小中学校で出て保管中の放射能汚染土が廃棄物として搬出する対象から除外されていることが明らかとなる。理由は学校除染の廃棄物を「放射性物質汚染対処特別措置法」施行（2012年1月）以前も適用対象外としていたためで、県はこの法の施行以前にも中間貯蔵施設への運び入れを要望してきたが、環境省が態度を保留して

暦　年	事　　　項
	きたためである。（民報：20141029）
2014. 10	この月、再生可能エネルギー買い取りへの危機感から、東電が初めて管外への売電を開始し、大手家電量販店のヤマダ電機の関西24店舗と中部38店舗、ケーズホールディングスの関西20店舗に売電する。子会社の「テプコカスタマーサービス」（経産省認可の新電力会社でPPSという）を通じて、関西や中部のメーカー工場などで発電された余剰電力を安く調達し、関電、中電よりも数％安い価格で売電する。大手電力会社がPPSを設立し、他の電力会社のエリア内で価格競争に参入する時代となる。（紙の爆弾：20141207）／／同、福島市渡利地区で、3代にわたり居住の家庭で、兄弟2人の子どもに甲状腺がんが発症する。／／2011年9月～2014年10月までに福島県内59市町村のうち55市町村（南会津町、金山町、檜枝岐村、湯川村を除く）で野生キノコの出荷が制限されている。棚倉町の陣野稔松茸組合長は「森林の除染をしなければ（松茸の）数値は下がらない」と、早急な森林除染の必要を訴える。（民報：20141230）
2014. 11. 2	高木陽介経産副大臣は訪問先の川内村で、中間貯蔵施設への廃棄物の搬入開始は政府が目指していた2015年1月は困難で、来春以降にずれ込む見通しを示す。政府関係者による搬入遅れの明言は初めて。中間貯蔵施設とは大熊、双葉両町に跨がる敷地面積約16km^2の、最大2200万m^3の放射性廃棄物（10万Bq／kg超）や汚染土を保管する施設で、国は保管から30年以内に県外で最終処分をする方針である。（民報：20141103）
2014. 11. 5	富岡沖のシロメバル1点から食品衛生法の基準値を超える放射性セシウム127.8Bq／kgが検出される（県発表）。／／東電は4号機の燃料プールから使用済み核燃料を取り出す作業を終える。事故時にはプールに燃料集合体1535体（使用済み1331体、未使用204体）が建屋上部の燃料プールに保管されていた。未使用燃料180体は11月中旬以降に取り出す計画で、6号機の燃料プールに保管する。（朝日：20141106）／／飯舘村比曽地区（居住制限区域とされる）の38世帯160人は、精神的賠償の増額、帰還困難区域と同等の賠償などを求めて、原子力損害賠償紛争解決センターに裁判外紛争解決手続き（ADR）を申し立てる。比曽地区は帰還困難区域の同村長泥地区に隣接し、地区の7割が山林除染が進まず高線量地域がある。住宅周辺の除染終了の所でも8.4～16μSv／時ある。（民報、朝日：20141106）
2014. 11. 8	第一原発で漏水するフレンジ型タンクから溶接型タンクへ造り換えの作業中、タンクを周囲を移動する作業のため設置していたレールが高所から落下し、普通その直下では働かせないのだが下の労働者2人が負傷する（1人は脊椎を折る）。／／日本社会文学会が「歴史の岐路と文学—『フクシマ』から見る日本社会」と題して福島大学で秋季大会を開催する。発表は木村朗子「世界文学としての震災後文学」、澤正宏「歴史の転換点と文学」など。
2014. 11. 11	佐藤雄平が福島県知事を退任する。

暦　年	事　　項
2014. 11. 12	内堀雅雄が福島県知事に就任する。／／捕獲した 15 頭のイノシシから放射性セシウム 16～5000Bq／kgを検出、うち 12 頭は基準値（100Bq／kg）超えで、葛尾村で捕獲の検体が最も高い。またツキノワグマ 21 頭も捕獲、うち 4 頭が基準値超えで、福島市で捕獲の検体が最も高く 430Bq である。魚では富岡町沖のシロメバル 1 点から同物質を 130Bq 検出する（県発表）。
2014. 11. 13	改良工事のため一時的に汲み上げていた井戸（第一原発 1、2 号機東側）で、この日採取した地下水に含まれる放射性物質の濃度が過去最高になる（東電発表）。内訳はセシウム 137 が約 3000Bq／ℓ（11 月 10 日採取の地下水の 333 倍）、ガンマ線を出すマンガン 54 が約 110Bq（同、2 倍）、検出限界値未満だったセシウム 134 が約 920Bq 検出される。
2014. 11. 14	裁判外紛争解決手段による東電との損害賠償交渉団である「誤れ、償え、かえせふるさと飯舘村 原発被害糾弾 飯舘村民救済申立団」を立ち上げ団長となった、飯舘村の酪農家の長谷川健一（61 歳）は、この日、原子力損害賠償紛争解決センター（原発 ADR）へ申し立てをする。参加村民は 737 世帯 2837 人（村民の約半数）、村民共通の思いは同じで「3 年以上も苦しんで苦しんで、何も変わらない」「お金なんかじゃない。事故の前の飯舘村がほしい」と訴える。（週刊金曜日：20150306、朝日：20141115）／／原爆事故直後の 4 月 12 日に、避難指示を苦に縊死した大久保文雄の遺族 3 人が、来月にも東電に慰謝料など約 3000 万円を求め、訴えを東京地裁に起こすことが分かる。／／原発事故に因る長期避難者向けの災害公営住宅の整備費などとして、県などに「コミュニティー復活交付金（福島再生加速化交付金）」60 億 3100 万円の交付と、整備計画戸数全 4890 戸の整備着手が決まる（復興庁発表）。
2014. 11. 16	浪江町津島地区の住人が「原発事故の完全賠償を求める会」を発足させる。原発事故直前には 531 世帯、1459 人が生活していた。（民報：20141111）
2014. 11. 17	内堀雅雄福島県知事は宮沢洋一経産相に第二原発廃炉の申し入れをするが、経産相は「東電が判断することが第一」と述べ、佐藤雄平知事時代からの廃炉は事業者の判断という考えを繰り返す。（民報：20141118）／／2011 年 4 月に飯舘村で縊死した老人（当時、102 歳）の遺族が東電に慰謝料など約 3000 万円の損害賠償を求めて東京地裁に提訴する。
2014. 11. 18	福島市大波地区と、伊達市霊山町雪内、谷津両地区との住民 409 世帯全 1241 人は、東電に原発被害を受けたとして 1 人当たり 10 万円／月の賠償を求め、原子力損害賠償紛争解決センターに ADR を申し立てる。
2014. 11. 19	「日本環境安全事業株式会社（JESCO）法案改正」（中間貯蔵施設関連法案）が参院本会議で可決、成立する。今後 30 年以内に県外で最終処分すると明記されている。だが 2015 年 1 月以降の搬入開始すら見通しが全く立っていない。／／二本松市内で検査した牛糞 1 点から暫定基準値（400Bq／kg）を超える放射性セシウム 600Bq が検出される（県発表）。

暦　年	事　　項
2014. 11. 21	30〜40年以上かかる廃炉状況を見ると、1号機は2014年10月より解体作業開始、内部にデブリ（溶融燃料）と燃料392体（使用済み核燃料プール）が残る。2号機は建屋は残るが、建屋内に放射線量が極めて高い場所があり作業は不可（数十〜数百mmSv／時）、デブリと燃料615体（同前）が残る。3号機は2011年9月より建屋上部で瓦礫の撤去作業を開始しているが、2013年10月には大きい瓦礫の撤去は完了の予定で、デブリと燃料566体（同前）が残る。4号機は2013年11月（建屋カバー完成、カバー着工は2012年3月）より使用済み核燃料プールからの本格的な燃料取り出しを実施する。5、6号機は東電が2013年12月に両機の廃炉を決定した、などである。（民報：20141121）／／「証言記録 東日本大震災　第27回 福島県いわき市〜そしてフラガールは帰ってきた〜」、「同 第30回 福島県双葉町〜放射能にさらされた病院〜」（DVD、前出）発行。
2014. 11. 22	2015年度で終了する政府の「集中復興期間」では、国全体の復興予算25兆円が使い切られる。竹下亘復興相は2016年度以降も国が支援する考えを示すが、財源の確保が示せる状況にはない。2016年度以降10年間で、県や市町村が必要とする復興関連予算は約3兆9000億円に上る。（民報：20141122）／／2014年9月末現在で、国の財源で実施する市町村除染では、住宅除染の完了率は38.2%、公共施設の完了率は71.5%、道路は22.2%、水田は54.6%、畑地は43.9%とされる（県発表）。（民報：20141122）
2014. 11. 25	経産省は老化原発（運転開始から40年前後）7基を廃炉にした場合、電力会社の損失が1基当たり平均約210億円になると試算する。（民報：20141126）
2014. 11. 26	富岡沖のシロメバル1点から食品衛生法の基準値を超える放射性セシウム190Bq／kgが、二本松市の安達太田川のヤマメ1点から放射性セシウム160Bqがそれぞれ検出される（県発表）。（民報：20141127）／／大玉村の大豆1点から食品衛生法の基準値（100Bq／kg）を超える放射性セシウム110Bqが検出される（県発表）。（民報：20141127）
2014. 11. 27	午後4時45分頃、福島第一原発2号機の使用済み核燃料プールの冷却が一時停止する。この時のプールの水温は16.7度Cである（東電発表）。冷却用ポンプが自動停止するが、ポンプ代替機の機動で約5時間後に冷却を再開する。原因は不明。2号機プールには使用済み核燃料587体、未使用燃料28体が保管されている。（民報：20141128）
2014. 11	この月末、3号機内の放射線量は60mmSv／時で作業はまだ困難な状態である。／／この月、小泉純一郎元総理は大分県の九州電力八丁原地熱発電所を視察する。
2014. 12. 3	富岡町沖のキツネメバル1点から放射性セシウム120Bq／kg、同沖のシロメバル1点から同じく130Bqを検出する（県発表）。
2014. 12. 4	本宮市の1点で暫定基準値（400Bq／kg）を超える放射性セシウム

暦　年	事　　項
	(600Bq) が検出される (県発表)。(民報：20141205) ／／若杉冽 (小説)「東京ブラックアウト」(講談社) 刊行。
2014. 12. 7	東電は近く高濃度汚染水漏れが問題となったフランジ型タンク (鋼板をボルトで締めただけ) の解体を開始する計画である。現在、敷地内にあるタンクは全約 960 基 (フランジ型は約 380 基、うち 96 基を 11 月末に解体すると原子力規制委員会に提出している)、これらを継ぎ目のない溶接型へ切り替えることに決める。1 基の解体に 9 日かかる。今回の解体で発生する鋼板は計 6500トンという。解体後は切断しコンテナに入れ敷地内で一時保管する。(民報：20141207)
2014. 12. 13	桜井勝延南相馬市長は都内であった「脱原発をめざす首長会議」の勉強会で、同市の人口が 7 万 1000 人から 1 万人に激減し、現在は 5 万 3000 人に戻ったことを話す。また衆院選で原発が目立った争点になっていないことを指摘し、復興第一といいつつ再稼働を進める政府を批判する。(朝日：20141214)
2014. 12. 14	この日現在、第一原発の廃炉作業に伴う汚染ごみは約 20 万トンで、保管施設の総容量の 6 割を占め、最終処分の方法も決まらず構内での保管が続く。東電は 2027 年度までに約 56 万トンのごみ (30mmSv／時超の高線量も含む) が発生すると試算している。(民報：20141214)
2014. 12. 16	県警は 2014 年 1 月～11 月末までに罪を犯した除染作業員 197 人を摘発する。前年同期より 63 人の増加で窃盗が 61 人、傷害が 36 人、覚醒剤取締法違反が 22 人などである。(民報：20141217)
2014. 12. 19	富岡町の町営野球場 (プロ野球二軍の試合もする) では、今年 11 月で約 1トンのフレコンバッグ (除染作業で出た放射性廃棄物で土、核のゴミを詰める。地面より縦に 4 つ積み重ねられ高さは 5m ほど) が満杯となり (汚染土運び込みは 2013 年 10 月頃より開始した)、運搬トラックの往来がなくなる。この野球場に集められた土は帰還困難区域以外の除染作業 (環境省直轄の除染事業、地元の意向で勝手には出来ない) で出た汚染土で、大熊町に建設される中間貯蔵施設に移送予定だが、具体的な目処は全くたっていない。夏にはフレコンバッグを突き破って雑草が生えてきて遮蔽性に問題があり、こんなに一カ所に集めていては放射線量にも問題がある。富岡町の除染作業が終わるのは 3 年後の 2017 年とされている。(週刊 FRYDAY：20141219) ／／経済産業省では、老朽原発の廃炉に関わる費用を電力小売りの全面自由化後も消費者に負担させる案が検討されている。2014 年度内にも方向性が出される見通しであるが、これまでは「総括原価方式」(各地域で電力事業独占の、原発保有の大手電力 9 社に拠る方式) により、原発のあらゆる費用を電気料金に織り込んできた。政府は電力市場への新規参入を認め改革 (電気料金値下げ、サービスの多様化など) に着手、2016 年 4 月には家庭向けの電力小売りを 100%全面自由化とする。こうなると地域独占が崩れ価格競争が起き、大手電力は原発費用を電気料金に織り込めなくなる。また既に 2013 年 7 月に施行の新規制基準では、原発は運転開始から原則 40 年で廃炉にすることが決

暦　年	事　　項
	定したので、順調に原発が推移していれば大手電力会社は運転計画期間に分割計上できたが、廃炉の前倒しで、廃炉費用を損失として一括計上しなくてはならなくなった。2016 年 7 月に運転期限を迎える老朽原発 7 基を廃炉にすると、1 基当たりの損失は約 210 億円、廃炉を円滑に進められないという懸念（大手電力会社は原発停止で財務状況悪化）が大手電力会社で出ている。2014 年 10 月、経済産業省（当時、小渕優子）は老朽原発の廃炉を要請（八木誠関西電力社長、電気事業連合会会長との会談）しつつ、他方で、財務への影響を抑えるように政府側が「必要な対策を検討する」と明言、これは大手電力会社への負担減の約束であった。現在、廃炉費用は電気料金に含まれ消費者が負担中で、今後の負担額は不透明になっている。加えて既に閣議決定している「発送電分離」（2018～2020 年間に大手電力会社を発電会社、販売会社、送配電会社にする。これが電力自由化の最終段階という）は、全電力小売り会社が送配電会社に「託送料」を支払って契約者に電気を届けて貰う形で、ここに廃炉費用を上乗せし徴収しようという考えである。結局はこれも電力利用者が大手電力の廃炉費用を負担する仕組みで問題がある。送電網の管理は送配電会社（大手電力のグループ会社である）の独占が認められ、費用も総括原価方式が存続することになっている。（週刊金曜日：20141219）
2014. 12. 20	第一原発 4 号機の使用済核燃料プールから残っていた最後の燃料 4 体を取り出す。年内に 6 号機の同プールに保管する予定である（東電発表）。／／今後取り出しが予定されている 1～3 号機は建屋内の放射線量が高く、作業の難航が専門家などから指摘されている。（民報：20141221）／／若松丈太郎（詩集）「わが大地《だいち》よ、ああ」（土曜美術社出版販売）刊行。
2014. 12. 21	南相馬市に設定の「特定避難勧奨地点」解除に対する政府による住民説明会が原町学習センターで開催され（28 日）、「一方的だ」などの反発の声が相次ぎ、溝が埋まらないまま（終了予定時刻を約 1 時間半を経過しても質疑、意見は続き、住民の怒りは収まらず）解除決定となる。参加者からは、「個々の事情が違う。真摯に向き合って説明を継続するべきだ」「宅地周辺の除染をしっかり行ってから解除しろ」などの厳しい意見が出た。（民報：20141222）／／県内に建設する中間貯蔵施設への放射性廃棄物搬入開始が年度内開始（政府目標では 2015 年 1 月、これを政府は困難と判断した）を目指すと変更になる。それは当然で、現在、建設も地権者との交渉も出来ていない。中間貯蔵施設は第一原発周辺の約 16km^2 に建設の予定で、地権者は 2300 人以上、現在、県内にはフレコンバッグ（除染廃棄物入れの袋）の仮置き場が約 1000 カ所ある。（民報：20141222）／／伊達市は全世帯が 2012 年 12 月に解除されたが、2014 年 12 月 21 日現在の帰還は 3 割である。（民報：20141222）
2014. 12. 22	原発事故に伴う営業損害の賠償金は課税対象になっていて、受け取った金額の半額近くを納税する義務がある。川内村の新妻学は原発事故で大熊町の医院を郡山に移転、歯科治療、審美歯科を手掛けるが、過去 5 年間の国税納付額は 6000 万円、県からの「グループ補助金」約 4000 万円

暦　年	事　　項
	にも課税され、約半額を納税する。（民報：20141222）／／4号機プールからの核燃料取り出しが完了する（2013年11月開始）。事故発生当時1535体あった燃料は共用プールなどへ移され、廃炉が決定した1〜6号機のプールで初めて燃料がなくなる。
2014. 12. 24	事故直後は6〜17歳であった子どもの、2巡目（2014年4月〜、2年毎に検査）の甲状腺がん検査で4人に疑いが出る。1巡目の検査では108人の子どもに甲状腺がんの疑いが出ていた。この4人のうちの2人は1巡目（原発事故後1年目に受診、2014年3月までが1巡目）の検査では異常なしと判定され、あとの2人は同検査では5mm以下の結節（しこり）などがあった。（NHK・TV：ニュース、20141224）／／原子力規制委員会は第一原発のリスクを減らすため、処理済みの汚染水（3重水素、トリチウムのことで残る）は「海へ放出する対策が必要」との見解を示す。これには処理済みの汚染水はIAEA（国際原子力機関）も「基準以下のものは海への放出も検討すべきだ」と助言している背景がある。第一原発の汚染水は、地下流入で1日に約350トンのペースで増水するが、処理後もトリチウムが残存するため溜め続けている。タンクは866基（2014年11月25日現在、高濃度分を含む）にのぼる。田中規制委員長は「タンク製造工場と言ってもいいぐらいだ」と指摘する。（朝日：20141225）
2014. 12. 25	原発事故の被曝による影響を調べる甲状腺検査で（事故当時18歳以下の全県民が対象）、2巡目（2014年4月から実施）の検査より4人が甲状腺検がんの疑いがあると診断される（県発表）。1巡目（検査の結果は2014年10月末に発表）で結果の出た受診者29万6253人のうち、109人ががんやがんの疑いがあると判定され84人が手術でがんと確定され診断された。2巡目（2014年10月末に結果をまとめる）では、受診者6万500人のうち、4人に甲状腺がんの疑いの判定が出る。県は1巡目で見つかった甲状腺がんも、2巡目で見つかった甲状腺がんの疑いにつき、どちらも「被曝の影響は考えにくい」との見解を示す。（朝日：県内版、20141226）／／日本原子力発電（商業用原発の廃炉第1号である東海原発を解体中）が福島第一原発の廃炉支援に乗り出すことが分かる。原電は保有原発3基の再稼動に目処が立たず、廃炉請負を新収益源にする考えで、経営再建に向けた事業多角化の狙いもある。実情では保有基の敦賀1号機（福井県）、東海第二原発はそれぞれ運転開始から44年、36年であり、敦賀2号機は再稼動の目処が立っていない。それでも原電が発電しなくても経営が成り立っている理由は、電力5社（東京、東北、中部、関西、北陸）が原発の維持、管理の費用を「基本料金」として計1000億円以上を毎年を支払っているからである（例えば、筆頭株主の東電の基本料金は2001年度などは410億円で5社中最大、しかし東電は難色を示し出す）。／／福島第一原発の汚染水から62種類の放射性物質を除去するALPS（多核種除去設備）の2014年内の本格稼働開始が遅れることになる（東電発表）。現在、汚染水処理は3基体制で「既設ALPS」（2013年3月から試運転継続中）、「増設ALPS」（2014年9〜10月から試運転開始）、

暦年	事項
	「高性能ALPS」（同前）である。／／五十嵐進（句集）「雪を耕す フクシマを生きる」（影書房）刊行。
2014. 12. 26	復興庁は「震災関連死」（東日本大震災を切っ掛けに体調を崩して死去と認定された人）が計3194人（2014年9月末時点の10都県で。前回集計の2014年3月末より105人増加）になったと発表する。原発事故による長期避難者が出ているため福島県が多く、全体の半数超を占めており1793人で（前回比で89人増加）、うち南相馬市が463人（前回比で11人増加）で最多である。また3194人を年齢層で分けると、66歳以上が約9割（2841人）に上る。福島県の震災関連死1793人を死亡時期別に見ると、震災後半年〜1年以内が349人（19.5%）で最大、震災後1〜3カ月以内が333人（18.6%）、震災後3〜6カ月以内が315人（17.8%）、震災後1週間〜1カ月以内が256人（14.3%）と続いた。また1793人を年齢別に見ると66歳以上1624人（90.6%）、21歳〜65歳以下169人（9.4%）、21歳以下はいなかった。／／東京地検は、勝俣恒久元東電会長ら3人を業務上過失致死傷罪で「起訴相当」とした検察審査会の議決を受けて再捜査中だが、震災被災3県の防災担当者らから新たに当時の状況を聞き取り、「津波対策が必要だとは考えていなかった」との説明を受けていたことが判明する。地検は2015年初めに3人を不起訴（嫌疑不十分）とする見通しである。津波対策としての防護壁の必要性については、東電自身も2008年2月に、福島第一への津波が「7.7m以上」になる可能性があると社内会議に報告し、同年3月には三陸沖地震で福島第一への津波が「15.7m」になる可能性があると試算し、同年5月には国との勉強会で、津波による全電源喪失の危険性があると報告し、同年8月には、房総沖地震では「13.6m」の津波が来る可能性があると試算している。また2011年3月7日の東電内部の「津波評価」文書（2011年3月11日付け）では、政府の地震調査研究推進本部（推本）のデータを基に、福島第一原発1号機〜4号機で最大15.7メートルの津波もありうると試算し、国に報告していた。検察審査会はこの点を捉え、東電は「安全対策が間に合わなければ原発を停止しなければならない可能性があると考え、採用を見送った」と指摘したのである。（民報：20141227）／／東電は規制委との会合で、2号機の海側トレンチ（電源ケーブルなどが通る地下道）の閉塞作業につき、横方向に延びる部分の流れをほぼ遮断（水の流れは極わずか）したと報告する（特殊セメントで遮断）。今後、立て坑部分を埋めタービン建屋からの汚染水の流れを完全に遮断する工事が残る。なおトレンチに溜まっていた高濃度汚染水約5000トンのうち、約2500トンの抜き取りが完了したとの報告もある。
2014. 12. 28	政府（原子力災害現地対策本部、「原災対」と略す）は南相馬市の特定避難勧奨地点を解除する。これで原発事故によるこの地点は全てなくなる。問題としては、精神的賠償が2015年3月で打ち切られること、2014年10月には対象住民の反対意見が相次ぎ、高木陽介原災対本部長（経産副大臣）が住民の不安が解消できないとして同年10月中の解除を見送っ

暦　年	事　　項
	てきたこと、翌11月には住民らでつくる2団体が指定解除に反対する1200人分の署名を政府に提出していることなどがある。なお特定避難勧奨地点とは「原災対」が福島原発事故発生から1年間の積算放射線量が20mmSv／年を超えると見られる地域を指定した地点で（局地的に高線量がある）、現在8割が避難している南相馬市の142地点の152世帯、伊達市の117地点の128世帯（上小国地区の菅野康男さんは解除後もまだ除染していないところがあるという。小国小学校は今年12月現在で全校生26人）。川内村の1地点の1世帯などが対象であった。「原災対」が7、8月に実施のモニタリング調査で20mmSvを下回ることが確実となったとし解除を決めたわけである。問題は、原発作業員に適用している高い数値であり、国の原子力災害対策本部がこれ以下での健康被害は考え難いとして決めた20mmSvで避難勧奨地点の指定解除（妊婦、子供を含む）を強行した点にある。国際的には一般公衆の被曝限度は1mmSv／年であり、5mmSvの被曝で国から白血病の労災認定を受ける原発作業員がいるのである。
2014. 12. 31	東電は2013年夏までの約1年間、第一原発の瓦礫撤去作業で使用の飛散防止剤をメーカー推奨の濃度の約10倍に薄めて使用していたことが分かる。（民報：20150101）
2014. 12	この年、世界で新規着工した原発は3基で（アルゼンチン、ベラルーシ、アラブ首長国連邦の3カ国の各1基）、建設中の62基（中国、ロシア、インドなど14カ国）のうち約4分の3の47基は完成時期が遅れる見込みである。これは世界の原子力開発に足止めが目立つとしている、欧州の民間研究グループがまとめた報告であり、2010年には1年間で15基、2013年には同10基の建設が始まったのに比べると少ない。（毎日：20150903）／／この年までには1号機の燃料取り出しは間に合わず2年～5年遅れる。廃炉工程表（国と東電による表、2013年6月段階）では1号機、2号機、3号機の使用済み核燃料燃料取り出しを2019年度から2021年度に遅らせる。また、溶け落ちた燃料（デブリ）の取り出し開始も2025年度に遅らせる。／／この年までのキノコ生産量は約6万本（2010年には福島県はキノコ原木を約480万本生産、うち約270万本を県外に出荷し、生産者は443人いた原木王国だった）、生産者も83人に激減している。（民報：20160321）
2015. 1. 5 （平成27）	17時現在、県内の震災による死者は3662人（2014年12月26日以降、12人増加／富岡町が12人を認定したため）となる。これで、県内の震災・原発事故などが要因の関連死（今回、富岡町12人を含む）は1834人となる。地震、津波に因る直接の死者は県全体で1603人。（民報：20150106）
2015. 1. 6	県内外への18歳未満の子どもの総避難者数は2万4873人（2014年4月1日に比べ1194人減）で、初めて県外避難者数（1万2436人）が県内避難者数（1万2437人）を下回る（県発表）。
2015. 1. 7	清野栄一が月刊誌に「（フクシマは）死に至る病を抱えたまま、淡々と

暦　年	事　　項
	時は過ぎ、生き続けている」と書く。（新潮：20150107）
2015. 1. 8	政府は県向けに新設する交付金（「福島県特定原子力施設地域振興交付金」、30年間継続、総計約2500億円）として、2015年度予算案（初年度になる）に93億円を盛り込む（既存の電源3法交付金を増額する形）。県は双葉、大熊両町に配分（中間貯蔵施設の建設予定地）、避難地区の復興支援に利用、住民の支援に利用などの順で検討する。元々、政府は2014年8月に地域振興策（中間貯蔵施設の建設受け入れを念頭にした策、県は2014年9月に受入表明、予算化を求める）として総額3010億円の交付金を提示していた。今回の新交付金（93億円）の一部はこれに含まれる。新交付金はこれまでの67億円（政府が特別措置として廃炉が決まった第一原発を稼動していると見なしてきた事故前の金額、即ち、双葉、大熊両町などに交付してきた金額で2015年度には打ち切る）に17億円が増額（ここまでだと84億円）され、更に初年度（2015年度）ということで事故対策の交付金がプラス（9億円）されたもので（計93億円）、2016年度以降は84億円となる。／／広野町の除染効果を検証してきた検証委員会委員長（熊谷敦史委員長、福島医大災害医療総合学習センター副センター長）が、遠藤智町長に町役場で、町で暮らすことによる放射線被曝についての中間答申として、「放射線は、健康影響を心配するレベルにはない」という評価を渡す。町は家屋や公共施設、農地などの除染をほぼ終えている。広野町は事故の約1年後に町の避難指示を解除、しかし帰還した住民は約3分の1に止まる。
2015. 1. 11	事故後3年10カ月。高線量などで探せない福島県の行方不明者は204人で、今朝から海岸部で警察が一斉捜索。この日現在、福島県の死亡者は1611人。（NHK・TV：20150111）／／政府は2015年度の東日本大震災復興特別会計予算案に、第一原発事故で被災した自治体の復興拠点整備などに活用できる帰還環境整備交付金（仮称）を盛り込む。
2015. 1. 12	2号機の地下水の放射性物質濃度（海側の観測用井戸で採取、港湾から約55mの距離）が50倍以上に上昇する（東電発表）。内訳はセシウム134が140Bq／ℓ、セシウム137が470Bq／ℓ（計610Bq）、ベータ線を出す放射性物質（ストロンチューム90など）が1万5000Bqであり、2号機の井戸における濃度の最高値となる。原因は不明という。前回2015年1月8日の調査ではセシウム134は2.8Bq、セシウム137は7.8Bq（計10.6Bq）、ベータ線を出す放射性物質は260Bqだった。（民報：20150113）
2015. 1. 13	多くの住人を被曝させたとして2012年に東電幹部らを業務上過失致死傷などの容疑で告発し、2013年には汚染水処理をめぐり公害犯罪処理法違反容疑で告発をしてきた「福島原発告訴団」は、原発事故につながる津波は予見できたなどとして、新たな告訴、告発状を東京地裁に提出する（「2015年告訴」）。告訴団は「想定を超える津波がくる可能性があることは、東電と原子力安全・保安院（当時）の共通認識となっていたことがますます明白になった」とする。（民報：告訴予定記事、20150110）

暦　年	事　　項
	東京地検に追加で告訴、告発された9人は、東電（第一原発で津波対策に当たっていた担当者）3人、保安院（森山善範元審議官を含む、2009年頃に原発の安全審査の職務を担当の課長ら幹部職員）4人、旧原子力安全委員会と電気事業連合とで津波対策担当者だった各1人である。告訴、告発状は2009年頃には津波（869年の貞観津波と同規模）対策の必要性が検討されていたのに、森山審議官らが対策を怠ったというものである。訴えには「事故原因も責任も明らかにせずに復興はあり得ない。捜査を尽くしてほしい」とある。佐藤和良告訴団副団長も県庁での記者会見で、事故直後から「想定外」とされてきた津波被害は「国と東電にとってはことごとく『想定内』だった」と強調する。また9人は業務上の義務（津波で重大事故が発生するのを防ぐ義務）を怠り住民多数を被曝させ、作業員に傷害を負わせ避難者を自死、病死を含めて死なせたとする（2014年7月、東京第5検察審査会は勝俣恒久東電元会長ら3人を起訴相当、元幹部1人を不起訴不当と議決し、東京地検が再捜査を進めている）。／／中間貯蔵施設につき双葉町（伊沢史朗町長）は施設建設に同意し町議会も了承、大熊町（2014. 12同意）と同じになる。中間貯蔵交付金は、政府が福島県と双葉、大熊の2町に決めた総額が3010億円、そのうちの双葉は389億円を、大熊は461億円をそれぞれ公布される。2町はその一部を非難町民の交通費や宿泊費の補助にあてるが、1人当たり10万円／年が上限で、2016年度から10年間、制度として続ける。／／牛糞堆肥の放射性物質検査の結果報告では、本宮市の1点から1000Bq／kgが検出され、暫定基準値（400Bq）を超える。県は本宮市に対しこの牛糞の使用と出荷自粛を要請する（県発表）。
2015. 1. 14	2015年度（集中復興期間の最後の年）予算が閣議決定され復興財源25兆円の支途が全て固まる。「福島再生加速化交付金」には1056億円（前年度と同水準）が盛り込まれる。除染関連の費用は4174億円（前年比で約6割増）、中間貯蔵施設には758億円（用地買収、技術研究用／前年度未使用の約450億円も回す）が決まる。（朝日：20150115）／／富岡沖のシロメバル1点から216.8Bq／kgが検出される。食品衛生法の基準値は100Bq／kg（県発表）。
2015. 1. 16	県内汚染土を保管する中間貯蔵施設への搬入開始目標（2015年1月だった）を「3月11日まで」に延期する（政府発表）。（朝日：20150117）
2015. 1. 18	放射性物質低減事業で発生した森林や溜池の汚染土などの搬入先が決まらない。環境省が除染以外の廃棄物を「放射性物質汚染対処特別措置法」の適用対象外とみなすからである。現在、溜池は1940カ所、うち576カ所の底土から8000Bq／kgの放射性セシウムが検出されている（県、農水省実施、発表）。（民報：20150118）
2015. 1. 20	昨日に第一原発の地上タンク内に落下した協力企業の作業員の釣幸雄（55歳、広野町の会社員）が死亡、2014年3月には土砂の下敷で作業員が死亡している。この日、新妻勇（48歳、いわき市の会社員）が第二原発の点検危惧に頭を挟まれて死亡、東電は記者会見を開き労災増加に対

暦　年	事　　項
	し研修強化の方針を示す。（朝日：20150121）／／この日までに、東電原発事故被災病院協議会は営業損害打ち切り方針の素案（東電と経産省資源エネルギー庁が提示）につき「反対」の意見書を県に提出する。（民報：20150121）／／NHK スペシャル「メルトダウン」取材班編「福島第一原発事故・7つの謎」（講談社）刊行。NHK スペシャル「メルトダウン」取材班「福島第一原発事故 7 つの謎」（講談社）刊行。
2015. 1. 21	富岡沖のシロメバル一点から 175.5Bq／kg が検出される（県発表）。／／規制委は「サブドレン」（井戸）から汚染の地下水を浄化して海洋に流す計画を認可、相双漁協は漁業再生、廃炉作業の進展からみて重要とこの計画認可に一定の理解を示す一方、風評被害拡大の懸念があると対策を求める。（民報：20150122）／／規制委の田中俊一委員長は原発作業員の転落死にふれ、「排出濃度以下になった水を捨てずにタンクを増設する中で事故が起きた。（海洋放出に反対する）世論に迎合して人の命をなくすのは元も子もない。東電には覚悟がない」と批判する。（民報：20150122）この発言は転落死の問題を汚染水処理に転化しているし、トリチウムが残る汚染水の海洋放出を批判しない発言である。
2015. 1. 22	東京地検は勝俣恒久元東電会長、武藤栄元副社長、武黒一郎元フェローら 3 人（業務上過失致死傷罪で検察審査会が「起訴相当」と議決していた）を嫌疑不充分で再び不起訴処分とする。地検の再捜査を踏まえても、巨大津波の予測や、事故を防ぐ対策は取れなかったという判断による。地検は、事前に東日本大震災と同規模の地震や津波を予測した知見はなく（専門家からの聞き取りの結果だという）、原発の主要機器が浸水する危険性は認識出来なかったと認定しているのである。地検は「被害が甚大な原発の特性を踏まえても注意義務が無制限なわけではない」、つまり、無制限に注意義務など果たせないともいう。これでは最大の争点は「過失の有無」になり、「過失事件は『結果を予測できたのか』（検察 OB の意見）という抽象的な概念の問題になってしまう。議決が重視したのは 2008 年に東電が敷地南側で最大 15.7m の津波襲来を試算していた点だが、地検はまず、「当時としては不確定な方法で導かれたもので、信頼性は低かった」と判断、同規模の津波に襲われる確率は「100 万年から 1 千万年に 1 度」であり、「対策する義務があったとはいえない」とする。次に、実際に第一原発を襲った津波の高さは 11.5～15.5m で試算に近いが、幅は東電試算の約 5 倍で、その分だけ水量は大きく想定を超えていたとも指摘、「津波を想定できていたとはいえない」と結論づける。更に、対策をとれば事故は防げたことについては、東電が防潮堤を造り始めても震災には間に合わなかった、防潮堤が完成する前に建物に防水対策をしても、津波と共に押し寄せた瓦礫で破壊されていたなどとし、「事故を防げたと認めるのは難しい」と結論づける。「敷地東側では試算を超える津波が襲来しており」「試算通りの対策をしても事故は防げなかった」、つまり「防潮堤を建設しても浸水は阻止できなかった」（引用は地検側の言い分）と反論、刑事責任は問えないと結論づけた。今回、

暦　年	事　　　項
	地検は検審が「不起訴不当」とした小森明生元常務についても「不起訴」とする。今後は、検察審査会が再審査し「起訴すべきだ」と議決すれば、裁判所が指定する弁護士が検察官に代わって強制起訴することになる。勝俣元東電会長らをめぐるこれまでの検察審査会の議決の流れは、2013年9月9日に東京地検が不起訴、2013年10月16日に検察審査会が審査申し立て、2014年7月23日に検察審査会が「起訴相当」の議決（小森元常務は不起訴不当、強制起訴はなし)、2015年1月22日（今回）に東京地検が再捜査するも2度目の不起訴となっている。今後の動き（2度目の審査）は起訴議決（指定弁護士が強制起訴、審査員11分の8人以上か)、或いは起訴議決に至らず（11分の7人以下か）のどちらかとなる。(民報、朝日：20150123）／／東京第5検察審査会が2度目の審査を開始する。
2015. 1. 25	第一原発のタンクに保管の高濃度汚染水の2014年度中の浄化処理が断念される。まだ約27万トンが残る（東電発表)。(民報：20150125）／／山本昭宏「核と日本人 ヒロシマ・ゴジラ・フクシマ」(中央公論新社）刊行。
2015. 1. 27	以前から、ガラスバッジ（個人の積算被曝量を測定する線量計、本来は原発作業員、レントゲン技師など向けに設計され使用するもの）は放射線管理区域外の、低線量区域では正しく機能しないとの指摘があった。それは前面装着で正面から放射線を浴びれば、つまり、一方向から放射線を浴びることが多い放射線業務従事者などの場合は、空間線量率と同数字を表示するが、前後左右からくまなく浴びる状態では0.6～0.7培にしかならず、福島のような全方向から放射線が押し寄せる状況では正しく機能しないからである。事実、ガラスバッジ製造の最大手メーカー「千代田テクノル」など、大手メーカーに確認すると、10μSv／毎時以下の環境では性能試験をしておらず、測定値の保証はできないと回答する。とくに横方向から放射線を浴びた場合、形状的に0.6倍程度の被曝量しか反映されないとも回答する。問題は、このガラスバッジが福島原発事故以後、福島県の各自治体住民に配布されたことである。例えば「千代田テクノル」は2015年1月15日、伊達市市議会議員政策討論会でこうした測定値のズレを認めている。伊達市での討論会で、高橋一由伊達市議は「空間線量率より最大で4割も低く表示される線量計を配ってどうするのか？」と憤った。同じ討論会に参加したフクロウの会の青木一政も「住民の被曝管理用として使うこと自体が無謀、しかも、子供が装着した場合の影響については実験さえしていないというのですから呆れました」と言う。更に問題は、ガラスバッジ測定で得られた正しくない個人被曝線量データが、除染、帰還政策など復興を進める際の参考に使用されていることである。実際、2014年8月には環境省、復興庁は中間報告「除染、復興の加速化に向けた国と4市の取組」をまとめ、伊達市などのガラスバッジ調査の数字を基に、空間線量率が高くても個人線量は低く抑えられるとした（具体的には、0.3μSv／時～0.6μSv／時程度の地域に住んでいても被曝量は1mmSv／1年とし、目安の0.23μSv／時を棚上げし

暦　年	事　　項
	てしまった）。同時に被曝管理を空間線量率ではなく、個人線量で行う方針も打ち出した。また南相馬市（「千代田テクノル」のガラスバッジを使用）では2014年6月～8月にかけて市民（約7000人対象）の個人線量調査を実施、年間被曝線量1mmSvを超える人は13％で約9割の住民は国の目標値内に収まった。しかし数値が約4割低いことを考慮すると、全体の40％の市民が1mmSv／1年の被曝をしていることになる。こうした現状に対し、西尾正道北海道がんセンター名誉院長は、「放射線を扱う仕事をしている人たちでも年1mmSv以上の被曝をするのは全体の約5%。それなのに福島の子供たちは間違いなく年間1ミリ以上、被曝している。このままいけば10年後には免疫不全などの健康被害が増える危険性がある」と警告する。（週刊朝日：20150127）／／環境省の調査で高濃度汚染が確認されている手賀沼、印旛沼（以上、千葉県）、霞ヶ浦、牛久沼（以上、茨城県）などに、東京新聞が同調査に入る（26、27日、計32カ所で土を採取）。結果は手賀沼の底土（乾燥後に測定）で放射性セシウム濃度が1000Bq／kg超（環境省の直近の調査では325～3600Bq超）である。手賀沼に流入の複数の川の周辺土の調査でも717～4701Bqと高線量である。（東京：20150220）
2015. 1. 28	厚労省は原発労働者について、累計の被曝線量が100mmSv以上になると膀胱がんや咽頭がんを発症するリスクが高まるとの検討結果を公表する。また認定の判断目安は被曝から発症までの期間が少なくとも5年以上などと決めた。同省は2012年9月にも、累計100mmSv以上で胃がん、食道がん、結腸がんを発症するリスクが高まるとし同じ目安を示している。（民報：20150129）
2015. 1. 29	県が2016年度末までに完了する予定だった長期避難者向けの災害公営住宅の全4890戸のうち、1000戸超の完成が次年度にずれ込むことになる。／／福山守環境政務官は立谷秀清相馬市長と古川道郎川俣町長とに、除染廃棄物の搬入の中間貯蔵施設建設が遅れている（2015年1月中だった）ことを謝罪する。相馬、川俣の除染廃棄物仮置場の設置期限は3年間だった。実際この日現在、地権者は約2300人で連絡先判明者は約半数であり、本格的な交渉に入れていないのが実情である。環境省は地権者への個別説明会や交渉を2014年10月から開始したが、地権者との交渉は緒に就いたばかりで2000件を超えている。まとまった土地として着目したのが工業団地だったが、製薬や機械製造などの企業が置いて行った工場に放射性物質を含む廃棄物が残る。
2015. 1. 30	衆議院予算委員会で安倍晋三首相は福島原発について、「収束という言葉を使う状況にはない」と答弁、2013年のオリンピック委員会総会でのアンダーコントロールにあるとした自らの発言を翻す。／／高木陽介（原子力災害現地対策本部長）経済産業副大臣は、第一、二原発における作業員の相次ぐ労災死亡事故で、廃炉工程よりも作業員の安全を確保するための対策を優先すると発表する。／／2月1日より建設作業員の「公共工事設計労務単価」（1日当たりの基準賃金）を本県の全職種平均で

暦年	事項
	8.9%（昨年2月比）引き上げ1万7625円に改定することになるが（国土交通省発表）、労務単価は東日本大震災で被災の宮城、岩手両県より低い水準に止まる。
2015. 1. 31	福島県は「県原子力発電所立地地域振興基金」（東電に2014年12月まで課税の「核燃料税が財源」）の残高20億4000万円を全額取り消して、原発事故の影響が大きい双葉郡8町村、田村市、南相馬市などに配分する。（民報：20150131）
2015. 1	この月で福島原発労働者の事故は40人を超える。この月の第4週には作業員（協力会社の人）が高さ11mのタンクから転落して死亡する（労災事故）。事故は2014年11月までに40件、2013年度は23件である。なお第一原発の平日の作業員はこの月現在で約7000人、2013年4月には約3000人だったから2倍以上になっている。／／今月中にはタンクに溜まった放射能汚染水の処理が予定通り（2013年9月、広瀬直巳東電社長は安倍首相に2015年3月までに終えると約束）には終わらないと公表する（東電発表）。現在、想定の約6割しか処理できていない。／／同、国の財源で実施する市町村除染は、全体計画に対する住宅除染の進捗率が47.5%となる（県発表）。（民報：20150228）また住宅除染の全体計画では発注が29万9641戸、17万7717戸で実施、公共施設の進捗率は77.1%、道路は22.9%となっている。（民報：20150304）
2015. 2. 1	「生業を返せ、地域を返せ！」福島原発訴訟原告団・弁護団「国と東電の罪を問う―私にとっての福島原発訴訟」（かもがわ出版）刊行。
2015. 2. 2	原子力規制委の検討チーム（原発事故発生時の住民防災対策を検討）が原子力災害対策指針の改定に向けた検討案を示す。例えば2012年の規制委が策定の指針では、放射性物質の大量放出の場合、原則半径5km圏（PAZ）は即避難、半径5～30km圏（UPZ）は屋内退避だったが、今回、初めて示した半径30km圏外の対策では、原発敷地内の空間放射線量を観察して、「放射性雲」（プルーム）の移動方向や速度を推測する、規制委が予防的に屋内退避を求める自治体を同心円的に設定するなどとある（30km圏外でも退避自治体はあるということ）。／／大震災と原発事故に伴う福島県の県外避難者数は4万5735人（2014年12月11日時点と比較して199人減少、自主避難を含む）。避難先は東京都6162人、埼玉県5080人、山形県4041人、新潟県3952人などの順である。また県内避難者数は7万4366人で、県外と県内の合計は12万101人である（福島県発表）。／／この日までに、福島県で甲状腺ガンの、又は疑いのある人は計112人、そのうち手術を受けた人は84人となっている。
2015. 2. 3	県が2015年度一般会計当初予算案を発表、歳出が過去最大の総額1兆8994億円（2014年度比で1849億円増）まで積み上がる。2011年度の震災、核災害前の歳出は約9000億円だったので約2倍の水準である。震災と原発事故への対応（復興予算）は1兆287億円で54%を占める。公共事業費全体は3327億円（前年度比で約20%上回る）で過去最高である。（朝日：20150204）公共事業費のうち、災害復旧事業費は1121億円

暦　年	事　　　項
	（前年度比で56.4％増）で全体の３分の１を占める。災害復旧以外では、浜通りと中通りを結ぶ道路整備費248億円、津波被災地等、農地集約による大区画事業費90億円などである。（民報：20150204）／／まだ整備出来ていない中間貯蔵施設（双葉、大熊の候補地全体で16km^2）の建設予定地で、汚染土（フレコンバッグ詰）など廃棄物（２万m^3）の仮置きの「保管場」（両町各１で計２カ所、容量は計１万m^3）造りに着工。環境省は、予定地（工業団地内の各２万m^2）の土地所有者から工事許可（用地買収を前提に）を受けたと発表する。環境省は2015年４月末までに双葉郡と田村市との計９市町村から1000m^3ずつの廃棄物パイロット（試験）輸送を終える予定としている。／／福島県伊達市の「りょうぜん里山がっこう」で、「出荷制限値100Bq／kgは厳守しつつ地元民の目安としての摂取制限値の検討へ（大人1000Bq／kg、子供100Bq／kg）」をテーマとするシンポジウムが開催される。アピールしたいのは「放射能汚染された食品を食べても大丈夫だ」ということで、専門家が次々に汚染食品の「安全」を訴える。越智小枝さえ相馬中央病院（医師）は、放射線を避けると食べ物、運動、日光（骨を強化する三代要因と主張）を避けることになり、死亡率が1.8培になるといい、「放射線を避けるより、高いリスクを呼び込んでしまうんです」という。また「放射能が怖くてきのこや山菜を食べなくなったという方がおられますが、野菜やきのこを食べない、これらは全部健康リスクにつながります」ともいう。半谷輝己放射能健康相談員（地域メディエーターを名乗る）はシンポ冒頭の趣旨説明で、「食品の出荷制限の影響で、本来食べられるはずだった山のきのこや、川魚、イノシシなどが食べられない状態が続いています。お年寄りの中には、『息子夫婦から、そんなものを食べるなと言われるから、気兼ねして食べられない』とか、『死んでもいいから食べたい』という意見が私に届いています。食文化を守る意味でも、出荷制限値は厳守しつつ、これだったら地元の人は食べていいですよ、という摂取制限の目安を設けたらどうかということを、みなさんで話し合っていただきたい」という。また「福島の我々には、放射性物質の摂取制限なんてものは取り下げて、好きなものを食べさせて」とか、シンポの終盤には、「放射性物質の摂取制限なんてものは取り下げて、自由に食べさせて。心配な人はホールボディカウンターで測って管理すればいい」ともいう。ドブジンスキー・ポーランド国立原子研究センターの物理学者（このシンポのために来日。渡航費、交通費は東電持ち）は、「低線量の被ばくはむしろメリットがある」と発言する。岡敏弘福井県立大学経済学部教授（ビデオ出演）は、「1kgあたり2400Bqのイノハナ（山のきのこ）が10g入ったご飯を１合食べた場合、損失余命（平均寿命）は７秒。一方で自動車を10km運転する場合に、事故死する確率から計算した損失余命は21秒。イノハナご飯を食べるより、自動車を運転するほうが３倍程度リスクが高いんです。こういう事実を考えることが、合理的な行動に結びつきます」と発言する。浦島充佳東京慈恵会医科大学教授（小児科医、ビデオ出演）は、「チェルノブイリ原発事故によって増えたのは子供

暦　年	事　項
	の甲状腺がん。しかも、亡くなった方はほとんどいません。白血病は増えませんでした」と言う。また「食品に含まれている放射性セシウムが、子供のがんを引き起こすかというと、それはどうかと思う」と、セシウムのリスクを否定する。さらに「大人なら1000Bq／kg、子供でも100Bq／kgくらいなら与えても大丈夫。食べたいものも食べられずストレスを抱えているほうが、子供たちの情緒的な発達に影響します。家族で同じものを食べて、夕食には笑いが起こるような時間を過ごしてほしい」ともいう。東電にシンポの真意（放射能安全神話の刷り込み）を聞くと「東電の原子力安全改革を監視する原子力改革監視委員会の副委員長バーバラ・ジャッジ氏の意向によるものだ」と答える。以上の発言に対する批判意見も出ている。牛山元美島根大学臨床教授（さがみ生協病院内科部長）は、「チェルノブイリ原発事故の後、ウクライナでは統計的有意に小児白血病が増えました。ベラルーシの医師は、『放射性ヨウ素がほぼ消えた時期に生まれ育っている世代にも甲状腺がんが事故前より多く出ている』と話しています。つまり、半減期が放射性ヨウ素より長い放射線セシウムが原因の可能性もあります。因果関係が明確に解明されていなくても、地域の汚染状態と病気の増加は関係しており、現地の医師は、被ばくの影響だと主張していました。臨床医なら、こうした声に耳を傾け、子供の健康リスクを減らす努力をすべきでは」と浦島充佳らを批判している。原子力賠償の井戸謙一弁護士は「内部被ばくや低線量被ばくに危険がないという社会的認識を広めることは東電だけでなく原発を推進する勢力にとって好都合。シンポジウムにお金を出しているのは東電でも、背後には原発でお金もうけしたい勢力の意向が働いている可能性もあります」という。なお大人1000Bq／kgはコーデックス（食品の国際規格をつくる国際政府間組織、機関）が設けた基準で、子供はその半分とは決まっていない。日本では飲料水10Bq／kg、牛乳・乳製品、同50、一般食品、同100、乳幼児食品、同50と食品に含まれる放射性セシウムの規制値がある。また被曝線量とがんの多発の資料としては、医療問題研究会編「低線量・内部被曝の危険性―その医学的根拠―」（耕文社）があり、低線量地域と思われたウクライナ・キエフでの白血病、リンパ腫の多発について、1980～85年で約10人、1986～91年で約15人強、1992～97年で約13人強、1998～2000年で約14人弱（人数は「人口10万人に対する、小児・成人の数」）とある。他に同前編、西尾正道（北海道がんセンター名誉院長）著「放射線健康障害の真実」（旬報社）では、ベラルーシにおける1986年以降の甲状腺がん患者数（0～18歳まで）について、1992年で約100人、1994年で約150人、1998年で約180人、1999、2000、2001年で約220人強、2002、2003年で約230人、2004年で約210人という報告がある。（女性自身：取材・文責は和田秀子、20150217）
2015. 2. 4	経産省は4日、放射性廃棄物の最終処分場選定の在り方を検討する原子力委員会の作業部会を開催する。国の原子力政策について審議し、関係省庁に助言する機関である原子力委員会の在り方にも有識者の委員から

暦　年	事　　　項
	意見が出て、独立性が疑問視されたり、経産省などと利害を異にする機関かどうかなどまだ見極めができていない。また原子力委員会が3人体制であることを問題視し、原子力委員会の下に多様な目線の人が入る専門部会を置くとか、会合は公開で開くべきだなどの意見がでる。（民報：20150205）／／2015年度末の県債残高（県の借金）は9141億円（12月補正後での前年比、220億円増）の見込み（臨時財政対策債を除く）。県民1人当たりの借金は47万2378円となる。2015年度の県債発行額は1691億6400万円だが、臨時財政対策債451億円と借換債（公債費負担を平準化する）432億円とを除くと807億8700万円で、前年比では158億円（24.2%）の増加となる。県債発行額の増加理由を県は「ふくしま国際医療科学センター」などの復興拠点整備が進み、その費用に充てるためとしている。（民報：20150204）／／福島県の貯金（基金）について、2014年度末の7基金（復興関連の基金で「原子力災害等復興」など）の残高見通しは4867億円だが、2015年度には2019億円（国の財政拠出が元）が積み増しの予定で、総額は6886億円となる。だが2015年度に使う貯金は4009億円で復興関連事業推進のため取り崩す。即ち、除染対策支援事業費2000億円、福島産業復興企業立地補助金474億円、緊急雇用創出事業費195億円、営農再開支援事業費63億円などである。2015年度末の七基金の残高見通しは2877億円で、前年度末比、つまり2014年度末（4867億円）比でみると約2000億の減少となる。なお2015年度の市町村除染対策支援事業（除染費用を負担する市町村への支金）として一般会計当初予算案に2001億円が計上される（2014年度比では26億円の減少）。39市町村のうち、除染計画を策定した36市町村が事業費の交付対象である。（民報：20150204）／／富岡沖のシロメバル1点から178.7Bq／1kgを検出する（県発表）。（民報：20150205）／／除染作業員男性2人（福島県で作業）が人材派遣会社（元勤務先、本社は東京都）を相手取り、未払いの待機料170万円の支払いを求めて地裁いわき支部に提訴する。2人は人材派遣会社の誘いで2014年6月から約2カ月間（1万6000円が1日の待機料という約束）、除染の仕事が入るまで待機した。だが提示金額の一部しか支払いがないというもの。／／原発構内の作業員と元作業員の計4人（男性）が、原発関連会社17社（東電を含む）を相手に、総額約6231万円の支払いを求めた訴訟の第1回口頭弁論が地裁いわき支部（杉浦正樹裁判長）である。17社は答弁書（請求の棄却を求める）を提出し争う姿勢をみせる。意見陳述で原告の元作業員（66歳、いわき市）は、「夏の暑さが何よりも苦しく、熱中症で倒れる作業員もいて、人間の極限を超えていた」「技術と使命感を持って作業員が働けるためには、作業に見合う危険手当が必要」と主張する。これに対し東電側の答弁書は「『下請け企業が危険手当を支払うよう（東電側は）監督する義務がある』とする原告側の主張が理解しがたい」として釈明を求める。同日、原告4人は未払いの危険手当約4365万円の支払いを求めて追加提訴する。また弁護団は新しく5人が訴訟を起こす方針であることを明らかにする。／／元作業員男性が（原発事故発生当時第一原発構内に

暦　年	事　　項
	勤務、作業中に20mmSv以上の被曝をしたと主張）東電など3社に対し、1100万円の精神的慰謝料の支払いを求めた訴訟（第3回口頭弁論）が、地裁いわき支部（杉浦正樹裁判長）である。東電は準備書面で、男性と東電が直接雇用関係にないため安全配慮義務はないとあらためて主張する。次回は2015年3月25日。
2015. 2. 5	昨年3月の第一原発構内での男性の死亡労災事故で、富岡労基監督署は施工会社と工事責任者を労働安全衛生法違反の疑いで福島地検に送検したと発表する。（民報：20150205）
2015. 2. 6	県の2015年度一般会計当初予算案のうちの「環境回復」に当てた除染（実施は市町村）費用の交付金が2001億円に上り、8割を占めることが分かる。さらに溜池の放射性物質対策の支援に6億円が計上される。ただ除染作業は捗らず、計画に対する住宅除染の進捗率は平均45.8％（2014年12月末時点）にとどまる。（民報：20150206）
2015. 2. 7	日本原子力研究開発機構や電力会社への取材で、未だ処理方法は具体的には未決定のMOX（プルトニウム混合酸化物）燃料のうち、各地原発で使用済み分が国内に約127トン保管されていると分かる。またMOX燃料を作りだした後の高レベル放射性廃棄物も最終処分場の選定が難航している。東電福島原発は3号機の原子炉内に8.1トンあったが事故で大半は溶け落ちている。（民報：20150208）
2015. 2. 9	第一原発1号機のデブリの位置を確認のため、宇宙から地球に降り注ぐ「ミュー粒子」の透過能力を利用した初の実証試験用測定装置を原子炉建屋脇に設置する（東電発表）。（東京：20150210）
2015. 2. 11	福島県での「甲状腺がん」の診断で、一巡目検査では「異常なし」だったが、二巡目の甲状腺検査では初めて確定となった子が1人でる。今後、放射線の影響かどうか見極める。また二巡目が終わって「甲状腺がん」の疑いは7人である。この計8人は震災当時6歳～17歳の男女だった。「一巡目」（2011. 2. 11直後～2014. 2の3年間）では18歳以下の約37万人が対象で、「甲状腺がん」と確定したのは86人、「甲状腺がん」の疑いは23人だった。「二巡目」（2014. 4～）では約38万5000人が対象で事故後1年間に誕生の子を含む。（東京：20150212）
2015. 2. 12	環境省発表では、福島県の三町で除染したのに帰れない家（家の傷み、解体、老朽、住まないなど）が1080件となる。楢葉町870件、川俣町200件。（NHK・TV：県内版、20150212）／／県の避難者（自主避難を含む）が11万8862人となり、12万人を割る（県発表）。
2015. 2. 14	冨澤暉元陸上幕僚長は「自衛隊を活かす会」主催のシンポジューム（東京都内）で、「日本にとって一番恐ろしいのは、原発をテロゲリラに狙われること。その時にどうするのか。一義的には警察の役割で、自衛隊の方はそういう任務が一義的にない。自衛隊は『警察予備隊』から始まりましたが、テロゲリラ対策において警察の予備にしかすぎない」と発言する。（週刊金曜日：20150306）／／川俣町山木屋で住宅除染が行われ、

暦　年	事　　項
	一部では宅地内の空間放射線量（高さ1m）が平均で0.53μSv／時（除染前は1.04μSv）となり49％低減したという（環境省福島環境再生事務所の速報値）。
2015. 2. 18	田中俊一規制委委員長は18日の記者会見で、「（原子力施設が立地する）地元では絶対安全、安全神話を信じたい意識があったが、そういうものは卒業しないといけない」と述べる。また「科学的に百パーセント安全と言ったとたん安全性向上の努力を放棄することになる」とも強調、「（第一原発事故前は）国民に『原発は安全ですよ』と言うことによって安全性向上の努力を放棄せざるを得なくなった。自縛に陥っていた」とも言う。ただ誰が安全性向上の努力を放棄したのかの明言はない。杉本達治福井県副知事は、17日に同県を訪れた高橋泰三経産省資源エネルギー庁次長に「誰が最後の安全性を確認して守ってくれるのか、隙間があるように感じる」と疑問を投げかけている。（東京：20150219）
2015. 2. 20	福島市は2015年度当初予算案を発表、除染事業費に約1193億円（前年度比で約315億円増）を計上する。（朝日：20150221）
2015. 2. 21	プルサーマル導入、計画の電力五社（東京、中部、関西、四国、九州）がこれまでに輸入したMOX燃料（フランスなどに委託して加工したもの）は総額で約994億3700万円（含：輸送費、保険料／関電、四電、九電は費用の一部は電気料に転嫁）と分かる。財務省貿易統計などによると、MOX燃料を五社が1999年（プルサーマル用のMOX燃料が初めて到着の年）以降、六原発機で受け入れたのである。2002年には東電のトラブル隠しが発覚し福島県、新潟県の両県でプルサーマルへの同意を撤回したが、2005年以降にはプルサーマルの説明会は「やらせ」（当時の、経産省原子力安全・保安院や資源エネルギー庁が電力会社に動員をかけ、社員や関連会社の従業員がシンポや住民説明会に出席させられた）ということが問題になっていった。（民報：20150223）／／福島民報社の調査によると（県内24市町村が対象）、災害弔慰金支給の対象となる原発事故関連死で「不認定」とされた遺族らによる異議申立が約46件に上る。
2015. 2. 22	第一原発敷地内の雨水排出のための排水路から原発港湾内に高濃度の放射性物質を含む排水が流出し（東電発表）、港湾内排水路出口の海水から3000Bq／ℓの放射性物質（ベータ線放出）を検出する。排水路に設置のモニターの計測では最大で7230Bqだった。また排水路出口のモニターでは3800Bqだった。原因究明中だが、縦横無尽に交叉する汚染水移送の配管のどれかから漏れた可能性がある。（民報：20150223）／／「証言記録 東日本大震災　第33回 福島県南相馬市～孤立無援の街で生き抜く～」、「同 第36回 福島県新地町～津波は知っているつもりだった～」（DVD、前出）発行。
2015. 2. 23	東電は第一原発事故の賠償金として、原子力損害賠償・廃炉等支援機構から747億円の交付（これで資金交付は37回目）を受けたと発表、累計で4兆6867億円となる。これとは別に、東電は政府から原子力損害賠償法に基づく1200億円を受け取っており、合算すると4兆8067円とな

暦　年	事　　項
	る。東電が支払った賠償金は2015年2月20日時点で約4兆6940円である。／／竜田一人「いちえふ 福島第一原子力発電所労働記2」（講談社）刊行。
2015. 2. 24	東電は第一原発2号機の原子炉建屋屋上からの高濃度放射性物質を含む雨水が、構内のK水路を通って港湾外の海洋に流出していたことを明らかにする。その濃度は放射性セシウム2万9400Bq／ℓ、ベータ線（ストロンチウム90など）を出す放射性物質は5万2000Bqである。海洋流出を防ぐ対策が取られていない港湾外の排水口では最大で放射性セシウム1050Bq、ベータ線（ストロンチウム90など）を出す放射性物質1500Bqを検出している。東電は2014年4月までに汚染水の海洋流出を把握し、原因究明の調査をしながら、公表をせず事実を隠してきた。原発から放出された水の放射性物質濃度の上限である「告示濃度限度」はセシウム134では60Bq／1ℓ、セシウム137では90Bq、ストロンチウム90（ベータ線放出）では30Bqと定められており、東電が隠蔽してきた2014年4月以降の最大値はセシウム134では280Bq、同137では770Bq、ストロンチウム90では1500Bqである。／／2号機原子炉建屋につながる搬入口の屋上の溜まり水から、ベータ線を出す核種の濃度約5万2000Bq／ℓを検出する（東電発表）。（朝日：20150225）／汚染土などの中間貯蔵施設（大熊、双葉両町に建設中）への搬入を、内堀雅雄県知事は正式に認める。中間貯蔵施設は約16km^2、最大で2200万m^3（東京ドーム約18杯分）の廃棄物を保管する。原発南の汚染土を一時的に置く保管場の道路では放射線量は165μSv／時だった。（朝日：20150225、26）地権者からは住民を置き去りにした見切り発車だ、国や県から説明がないまま判断が下された、受入は町民に話をしてから決めることなどの批判が出ている。（民報：20150225）／／南相馬市の野生フキノトウ1点から110.8Bq／kgの放射性セシウムが検出される（東電発表）。県は市内全域の同野菜の出荷自粛を要請する。／／南相馬市（原町区高倉地区）の野性のフキノトウ（23日採取）から110Bq／kgの放射性セシウムを検出、国の原子力災害対策本部は県に出荷制限を指示する。場所は旧特定避難勧奨地点の近くである。（朝日：20150301）
2015. 2. 25	原子力規制委員会は、2013年11月に東電より第一原発のK排水溝から高濃度汚染水が外洋に漏出しているという報告を受けていたことが分かる。これ以降、現在も汚染水の外洋への漏洩、外洋の汚染は続いている。経緯は以下の通りである。2013年11月以降、政府も継続的な汚染水漏れを把握しながら外洋への影響を否定していく。2014年1月から原子力規制委員会は作業部会で議論を開始する。2014年2月、規制委は東電に「2015年3月末までに濃度基準を下回るように」と文書で対策を求める。2014年4月以降の測定で東電は法令で認める濃度基準超を確認する。作業部会のメンバーはK排水溝を港湾内に付け替えてはとか、濃度確認後に海洋に放出してはなどの対策案を出す。2014年4月以降、東電は「検討中」「データ整理中」を繰り返す。同以降、東電

暦　年	事　　項
	は1週間に1回で排水溝の流量、放射性物質の濃度などの測定を開始し、降雨で濃度急上昇の状況を明確に把握する。同以降、規制委は、東電に対し測定データを要求せず、東電がどんな対策を練っているのか積極的な把握を怠って来た。即ち、2015年2月24日に東電が規制委に高濃度汚染水の漏洩データを報告するまで、規制委は状況把握できていなかったということである。なお田中委員長は「排水溝は雨水などがあり、コントロールできない。放置していたわけではなく、会合で議論していた。（規制委に）責任問題はまったくない」（2月25日の記者会見）と言い訳をし、金城慎司事故対策室長（規制委）も「東電がデータの整理中と答えていたので、待っていた。排水溝近くののり面をカバーで覆ったり、除染するなど汚染源を取り除いてきたのを確認してきた」と釈明している。（東京：20150226）／／政府は原子力災害対策特別措置法に基づき、南相馬市の野性フキノトウの出荷制限を福島県に指示した。県が実施の放射性物質検査で南相馬市で採取の野性フキノトウから110Bq／1kg（食品衛生法の基準値は100Bq／1kg）の放射性セシウムが検出されていたため。野性フキノトウの出荷制限は県内で11市町村となる。（民報：20150226）
2015. 2. 26	汚染水の流出を公表しなかった問題（24日参照）で、東電の第一廃炉推進カンパニーの増田尚宏プレジデントは高木陽介経産副大臣を訪ね陳謝、後の報道陣への取材に公表すべきものとは「思わなかった」と釈明する。（朝日：20150227）
2015. 2. 27	川内村の緊急時避難準備区域（20km圏外）に指定されていた住民112世帯258人が慰謝料の増額を求めて原子力損害賠償紛争センターにADR（裁判外紛争解決手続き）を申し立てる。（朝日：20150228）／／中間貯蔵施設への除染廃棄物の搬入を3月13日に開始する（環境省発表）。
2015. 2. 28	古川元晴、船山泰範著「福島原発、裁かれないでいいのか」（朝日新聞出版）刊行。
2015. 2	この月までで、第一原発では1日あたり約7000人が作業に従事、管理が行き届かず重大な労災事故が発生している（1月20日、昨年3月を参照、前者は2件目の死亡労災事故となる）。作業員数は、2013年度は1日に3000人台、2014年3月では本格的汚染水対策工事があったために同4000人台、2014年6月では同5000人台、同年12月では同約7000人台であった。／／同、福島県の避難者（自主を含む）は県外で11万9043人（最多時期比では1万4819人の減少）、県内避難者数は7万2038人（最多時期比では3万0406人の減少）である。／／同、核災害を起こした第一原発の各号機の現状は以下の通りである。1号機は炉心溶融（建屋水素爆発）で殆どの溶融燃料が格納容器に落下（推定）する。使用済み核燃料プールに核燃料が392体ある。原子炉建屋上部の瓦礫を撤去するため建屋カバーを解体する。2号機も炉心溶融、57%の燃料が溶融し格納容器に落下（推定）する。使用済み核燃料プールに核燃料が615体ある。原子炉建屋内の放射線量が高く遠隔操作ロボットで調査中である。3号機

暦　年	事　　項
	も炉心溶融（建屋水素爆発）で63％の燃料が溶融し格納容器に落下（推定）する使用済み核燃料プールに核燃料が566体ある。原使用済み核燃料プールからの瓦礫の撤去作業を続けている。4号機（建屋水素爆発）には原子炉に燃料はない。2014年12月22日に1533体の核燃料の取出しが完了している。／／2014年6月からこの月まで、県と農林水産省とは県内の溜池3730カ所のうち2956カ所で、水底土壌（低質）と水質の放射性物質検査を実施し、730カ所の低質から指定廃棄物（8000Bq／kg超）に相当する放射性セシウムを検出する。（3月24日、県発表）。（民報：20150325）
2015. 3. 1	常磐道（総延長は埼玉～宮城間で300km）のうち常磐富岡—浪江間のインターチェンジ（IC）が開通し（28日20時より、田村市—常磐富岡ICに繋がる大熊町の帰還困難区域内の国道と県道の計約6.5kmを自由通行とする）、全線開通となる。但し2月17日には富岡—浪江間で空間放射線量は5.5μSv／時あり、この日まででも区間内の最大空間放射線量2.4 μ《マイクロ》Sv／時を検出、自動二輪車や徒歩による通行を禁じている。（民報：20150301）／／第一原発で2011年3月の事故発生直後から、高濃度汚染水を含む雨水が排水路を通じて外洋（港湾外）に流出していることが分かる。とくに「K排水路」（1～4号機西側）周辺には汚染水タンクがなく、外洋排出先である。8月26日採取の水では放射性物質が1500Bq／ℓ超で、流出防止策は取られずデータも公表されなかった。（民報：20150301）
2015. 3. 2	この日17時現在、県全体の関連死は1867人、直接死は1603人、死亡届等は225人で、東日本大震災による県内死者は3695人となる。（民報：20150303）／／会計検査院は2011～2013年度に交付の国の補助金（東日本大震災からの復興のため全国自治体などが設置した、102の復興関連基金事業を調査したもの）など約3兆4000億円のうち、実際に使用されたのは約1兆3000億円（執行率40.5%）で、補助金が全く使われていない事業（執行率0%）として「仮設住宅のサポート拠点運営費等」「産業政策と一体となった被災地の雇用支援など」もあったと発表する。（朝日：20150303）
2015. 3. 3	竹下亘復興相が帰還困難区域の除染について「全域をやることはあり得ない」「全域をやるのは現実的ではない」と発言する。「国策で汚したものを、国の責任できれいにするのは当然」（今野秀則、浪江町下津島行政区長）と憤る意見が出る反面、伊沢史朗双葉町町長や千葉幸生大熊町議などは竹下発言に理解を示す。政府は2015年度末までの5年間を特に集中的な復興の事業推進期間と定めており、26兆3000億円の復興財源（法人税増税、日本郵政株売却など）を確保している。（民報、朝日：20150304）／／会計検査院は2日、原子力災害対策費（2013年度に国が予算化）1兆1629億円のうち、実際に使用されたのは5531億円（半額以下）と発表。原因は予算の84. 5%を占める除染が進まないこととしている。（朝日：20150303）／／県内の搬入先が決まらず遅れている溜池除染

暦　年	事　　項
	が2015年度から本格化するという（環境省発表）。溜池の放射性物質検査では1940カ所のうち576カ所の底土から8000Bq／kg超の放射性セシウムが検出されている。（民報：20150303）／／Helen Caldicott 監修、河村めぐみ翻訳「終わりなき危機 CRISIS WITHOUT END 福島原発事故研究報告書」（ブックマン社）刊行。
2015. 3. 4	規制委の田中委員長は記者会見で、2015年2月24日の2号機からの雨水による汚染水の海洋漏れにつき、汚染雨水対策への関与が不充分ではないかの指摘に、「責任は東電にある。箸の上げ下ろしまでわれわれが技術指導する立場ではない」と反論する。／／原発事故直後の緊急時作業員を対象（対象者2万人）に初のストレスなどの調査を開始する。2014年までの福島の自治体職員のストレスは15.2％で、非常に高い数値（全国平均は2〜3％）であり増加傾向にある（2012、2013年は100人未満だったが2014年は100人を超す）。鬱、自殺、退職、休職のケースがあり、何時まで事故後の状態が続くのかという無力感がある。（NHK・TV：7時のニュース）／／福島地方労働審議会の席上、福島労働局が労災事故発生状況を明らかにし、2014年に県内で施行の復旧、復興関連工事（東日本大震災、原発事故に伴うもの）で4人が死亡（2014年より21人減少）、4日以上休業の負傷者は91人と分かる。本県の復旧、復興関連の労災事故のうち約70％は除染が占める。（民報：20150305）／／NHKのアンケート調査によると大熊、双葉、浪江、富岡（富岡は全町が原発より半径20km以内）の4町で、回答者659人のうち元の家に戻らないと答えた人が74.4％（490人、このうちで、原発事故3年後に帰らないと決心した人は33.5％）、戻ると決断した人が25.0％とわかる。戻る人は高線量の中での生活の不安があり、戻らない人は他地域にとけ込めない不安、実際に起きているトラブル、軋轢などを抱えているという。また2015年2月までの除染完了率は避難区域で30％、避難区域外で50％だが、避難区域内では除染しても1080件は実家を解体している。家が朽ちていたり、帰還しても生活環境が整っていない（病院、スーパーなどがない）からである。除染したからといって帰還につながらない実情がある。（NHK・TV：18時のニュース）／／福島放送と朝日新聞との共同世論調査によると、中間貯蔵施設に保存した廃棄物を30年内に県外へ移すという政府の約束が守られるかどうかを問うと、「そうは思わない」の回答が79％以上で、政府への不信感が根強い実態が出た。また同調査では放射性物質が自分や家族に与える影響への不安を「感じている」が73％で、またもとのような暮らしができるのは今から「20年より先」が61％だった。（朝日：20150304）
2015. 3. 5	原発事故後の沿岸部の学校（全172校中、137校で回答）の子供の心をNHKが調査（調査期間は2015年1月、2月）し、40％の子供に心の変化が認められた。大いに変化ありが3％、どちらかといえば変化があるが37％だった。さらに40％のうち、落ち着きがないが41％、気持ちの浮き沈みがあるが39％だった。環境の変化で不登校の子供は36人であ

暦年	事項
	る。（NHK・TV：6時50分の県内版ニュース）／／双葉、浪江、富岡、大熊の4町でNHKがアンケート、自治体存続の危機感を62.7%の人が持っていることが分かる。さらにそのうち危機感の高い順番が双葉77.0%、浪江64.7%、富岡58.4%、大熊54.1%だと分かる。（NHK・TV：18時の県内版ニュース）／／Aルートの排水溝で雨の降る度に普段の濃度の10倍、20倍に当たる200Bq／時の放射性汚染水が海洋に出ていたことが判明する。（民放TV：正午の県内版ニュース）
2015. 3. 6	第一原発の地上タンク群（「H4東」）の配管貫通部から放射性物質（ストロンチウム90など）を含む汚染水が漏洩、濃度は1600Bq／ℓ（法定基準は30Bq）、堰の外への流出はないという（東電発表）。また別に、第一原発の港湾内に流れ込む排水路につながる側溝の水から1900Bq／ℓの放射性物質（ストロンチウム90など）を検出する。（民報：20150307）／／原発事故に因る精神的苦痛の賠償を求めて、特定避難勧奨地点に指定された伊達市保原町の高成田地区と富沢地区の住人323世帯1177人（2月20日現在）がADRによる和解仲介を申し立てる。／／特集「東日本大震災から4年 東電福島第一原発事件は終わっていない」が掲載される。（週刊金曜日：20150306）
2015. 3. 9	ドイツのメルケル首相（60歳）は本日の来日を前にビデオ声明を発表、福島の経験から安全が最優先と断言、脱原発や再生可能エネルギーの重要性を強調し「日本も共にこの道を進むべき」と述べる。（朝日：20150309）
2015. 3. 10	「福島県産『食品100項目』放射能汚染リスト全公開」が掲載される。（週刊女性自身：20150310）
2015. 3. 11	原発事故から4年が過ぎる。被曝線量基準では避難解除の基準を20mmSv／年を変えないで県民に対する人権軽視が続く。2013年5月、国連人権理事会は公衆被曝を1mmSv／年以下にするよう日本政府に勧告したが、政府はこれに強く反撥し非科学的だと反論文書を提出する（国民へは科学的説明をせず国内外で二枚舌）。年間20mmSvを変えない科学的、医学的な理由を内閣府原子力被災生活支援チームや原子力規制庁放射線防護対策部に問い合わせても、別省庁の決定だとしてタライ廻しし所管省庁が不明という無責任ぶりである。（民報：20141211）国際放射線防護委員会（ICRP）ですらが1mmSv／年を目指すべきだとしている。チェルノブイリでは1mmSv／1年以上は自主的避難、5mmSv／年以上は義務的移住である。
2015. 3. 14	大熊町の中間貯蔵施設への汚染土などの搬入が始まる。この日に運んだのは約12万m^3（12袋）、双葉町での作業は25日に延期（現在、最大保管量は約2200m^3、保管は最長30年）。地権者2365人との用地交渉は難航している。（民報、朝日：20150314）
2015. 3. 15	「福島国際専門会議」（県立医大主催）で鈴木真一教授は、県の甲状腺検査で約120人が甲状腺がんや疑いがあると診断されている状況を踏まえ、「がんが見つかっている県民は事故当時平均約15歳と年齢が高い」などと述べ、事故の影響ではなさそうだとの見方を示す。（朝日：

暦　年	事　　項
	20150316）／／共同通信社原発事故取材班、高橋秀樹編「全電源喪失の記憶」（祥伝社）刊行。
2015. 3. 16	第一原発の地上タンクに保管の高濃度汚染水の処理は、完了の目標の5月末までに出来ないと分かる。未処理の汚染水は約4万トン、うち約2万トンは海水を多く含み、残りの約2万トンは各タンクの底に溜まりポンプで汲み上げ切れないという（東電発表）。（民報：20150317）
2015. 3. 18	4号機近くの観測用井戸で、地下水（17日採取）のトリチウム濃度（運用基準は1500Bq／ℓ未満）が3400Bqとなる。前回（10日）の値の17倍に上昇している。／／地裁いわき支部は、イワキ潜建が船の新造代金などの損害賠償を求めた訴訟で、東電に約1773万円の支払いを命じる。「福島原発被害弁護団」（共同代表・広田次男弁護士）によれば財物賠償訴訟の判決は初めて、但し、評価額は事故当時を相当とするなど東電の主張に添う形の判断だという。（民報：20150319）
2015. 3. 19	ミュー素粒子を使った1号機の炉心（圧力容器内）に影は認められず、事故で全て格納容器の底（透視は不可）に落ちた可能性が高い透視画像を東電が公開する。（朝日：20150320）
2015. 3. 20	ミュー素粒子を使った2号機の調査で、名古屋大学は原子炉内の燃料が少なくなっており（一部残存）、炉心溶融が裏付けられたと発表、2号機での確認は初めてである。／／バチカン（ローマ法王庁）でフランシスコ法王は福島第一原発事故などを旧約聖書の「バベルの塔」に準《なぞら》え、人間の思い上がりが文明の破壊を招くと警鐘を鳴らす。（朝日：20150325）
2015. 3. 23	2011年度～14年度までに1～4号機の廃炉、汚染水対策に国が投じた費用が計1892億円（「放射性物質研究拠点施設などの整備事業」約850億円、「汚染水処理対策事業」約495億円、「廃炉・汚染水対策事業」約413億円）に上ることが分かる。国が「原子力損害賠償・廃炉等支援機構」を通して東電に上限の9兆円を交付した場合、全額回収は最長で2044年度に公算。国債で交付のため借り入れ利息は約1264億円でこれは実質的に国民の税負担。また、9兆円のうち約2兆5000億円は除染費用で、この分は機構が保有の東電株1兆円の売却益で回収する。既に機構は2014末までに東電に現金化した約4兆5000億円を渡している（会計検査院の報告による）。これとは別に、短期間で使用停止になるなどの役に立たない高額設備の契約金が計約686億円に上るという無駄使いの問題も明らかになっている。例えば東電が仏・アレバ社から導入して2011年6月に運転開始した汚染水除去装置はポンプの不具合で3カ月後に運転停止、計6社（日揮、三菱重工など）に総額約321億円を支払っている（同報告による）。（民報：20150324）／／東電は「原子力損害賠償・廃炉等支援機構」から原発事故の賠償資金として446億円の交付を受ける（38回目、東電発表）。これで累計で4兆7313億円となる。／／「JAグループ東京電力原発事故農畜産物損害賠償対策協議会」（JA福島五連、農畜産業関係団体など）は3月分の賠償額を11億100万円と決定、27日に東電に請求する。

暦　年	事　　　項
2015. 3. 24	2014 年度までに東電と国が廃炉と汚染水対策の費用を負担した金額は計約 5900 億円と分かる（会計検査院の調査）。東電は 2013 年度までに約 4000 億円を支出、この後、政府は国費による支援を決め、2014 年度までに約 1890 億円の予算を計上する。（朝日：20150324）／／第二原発 3 号機の炉内に残っていた最後の燃料 15 体が同フロア内の使用済核燃料プールに移される。これで第二原発の炉からは全ての燃料が取り出される。原発震災発生時には同原発 1～4 号機の炉内にはそれぞれ 764 体の燃料集合体があり、全てが運転中だった。3 号機は事故後も冷却機能が失われず最初に冷温停止状態となる。（朝日：20150326）
2015. 3. 25	伊達市の石田川（阿武隈川水系）のヤマメ 1 点（203.1Bq／kg）、同布川のイワナ 1 点（173.1Bq）から基準値超えの放射性セシウムを検出する（県発表）。／／2014 年 4 月～2015 年 2 月までの 314 日間に、ベータ線（ストロンチウム 90 など）を出す放射性物質が 2 兆 2000 億 Bq 流出したことが明らかになる（東電発表）。東電によると、2014 年 4 月 16 日～2015 年 2 月 23 日までに汚染地下水により港湾に流出したセシウム 134 は 1300 億 Bq、同 137 は 3800 億 Bq である。（民報：20150326）／／桜井勝延南相馬市長が「原子力エネルギーに依存しないまちづくり」を表明し、県内自治体初の「脱原発都市宣言」を発表する。（朝日：20150326）大熊町に続き、双葉町は仮置き場からの除染廃棄物を施設内の一時保管場へ搬入し始める。
2015. 3. 26	伊達市の公園付近で採取の野生フキノトウから約 1000Bq／kg の放射性セシウムを検出した。（民報：杉浦広幸福島学院教授調査、20150331）今年 1 月末現在、第一原発の廃炉作業で被曝線量が「5 年間で 100mmSv」（労働安全衛生法の上限）を超え、現場で働けなくなった作業員が 174 人となる。50～100mmSv の作業員は 2081 人である。同原発の登録作業員は約 1 万 4000 人である。なお 2011 年 3 月～2015 年 1 月まで（約 3 年 10 カ月）の同原発構内での作業員数は約 4 万 1170 人である。（民報：20150326）／／政府は第一原発事故につき政府の事故調査・検証委員会が関係者を聴取した調書を公開、当時の東電福島事務所の松井敏彦所長が、1 号機の爆発直後の写真を独断で公表した経緯の説明もあり、公表を知った枝野幸男官房長官が清水正孝東電社長を叱責、松井も本店担当者から「なぜ勝手に出した」といわれている。松井は聴取に「事実をありのまま伝えているだけで、なぜそんなクレームを国から言われるのかと憤った」と語っている。（民報：20150327）
2015. 3. 29	国は東電に、市町村が実施した 2 月末までの除染費用 761 億円を請求するが東電側は約 2%（15 億円）しか応じず、残り 746 億円の支払いを事実上拒否していることが分かる（環境省への取材）。なお国直轄分の 925 億円については約 86%（799 億円）を支払っている。（民報：20150330）
2015. 3. 31	この日までで、福島百名山に登山した場合の被曝線量が分かる（奥田博による。2014 年 11 月 7 日の航空モニタリングでの値を減衰補正）。それによれば空間線量率（μSv／時）の高い主な山は次の通り。懸の森山（南

暦　年	事　　　項
	相馬市）3.47、十万山（浪江町）2.25、野手上山（飯舘村）1.97、国見山（南相馬市）1.87、大倉山（富岡町）1.50などである（2015年6月15日、環境省発表）。（民報：20150317）／／同、福島市の住宅除染（2011年10月より実施）は、対象件数約9万5000に対し完了件数約5万5000で、全体の約60%の完了となる。（住宅除染のご案内：福島市広報、配布は2015年4月1日）／／広野町の県立中高一貫校「ふたば未来学園校」のスーパーグローバルハイスクール（SGH）指定が正式になされる（文科省による）。
2015. 3	原発のコストが上昇しこの3月期には、日本の電力会社の原発維持費は総計約1兆4000億円に上る。（週刊東洋経済：「値上げ頼みの電力決算」岡田広行、20151121）／／小泉純一郎元首相は今月の喜多方市での講演（太陽光発電会社「会津電力」の招き）で、「世界の人はみんな言っていますよ。『日本の原発は世界で一番テロに弱い』と。テロで、あのアメリカの世界貿易センターみたいなことをやられたら、もう原発はおしまい。福島どころでは済まない。（安倍首相が言うように）日本の安全基準が世界で一番厳しいのだったら、『どこが米国やフランスや他の国の原発に比べて、一番厳しくて安全なのか』と国民に説明があって然るべきなのに何にもない。その説明をしないまま、政府はまた再稼動をさせようとしている。呆れます」という。／／この月、原発事故から現在に至る原発震災の全容と、再稼動へと動き出した日本の問題点とを採り上げた、河合弘之弁護士が監督の映画「日本と原発」が上映される。（東京新聞：20150317）
2015. 4. 1	都路地区は福島で最初の避難指示解除から本日でちょうど1年経ったが、原発から20km圏内では58世帯、146人（42.7%）しか帰還していない（山林は除染せず）。また川内村の2014年10月に避難指示解除の地区では、2015年3月1日現在、元の住民274人のうち12人（約5%）しか帰還していない。（NHK・TV：18時のニュース）／／県立ふたば未来学園高校が広野町に開校、双葉郡内の5校は全て避難指示区域にあり地元の町村が要望してきた。120人の募集定員に対して152人が志願、県教委は全員を入学させる。／／この日現在、県の推計人口は192万6961人で、1973年4月以来、42年ぶりに193万人を下回る。3月の人口動態のうち、「社会動態」（転入者から転出者を差し引く）は4408人減で、統計が残る1957年3月以降で最少となる（24日、県発表）。（民報：20150425）／／「特集・これが復興なのか」が掲載される。（「世界」4月号：岩波書店、20150401）「特集・原発事故から5年目　放射能汚染／人への影響と対策_ が掲載される。（「食品と暮らしの安全」312号：NPO法人食品と暮らしの安全基金、20150401）
2015. 4. 3	東京地検は県民らがつくる「福島原発告訴団」（武藤類子団長）の「2015年告訴」に対し、東電津波対策担当者と原子力安全・保安院の職員ら計9人を不起訴処分とした。地検は「巨大津波の予測は困難だった」、本県沖で巨大津波の襲来を具体的に示す研究結果は東日本大震災前には存

暦　年	事　　　項
	在しなかったなどと指摘する。加えて震災時の実際の津波は、政府の「地震調査研究推進本部」などの試算、予測を大きく超えており、「原発の主要機器が浸水する危険性を認識するべき状況にあったとは認め難い」とした。また浸水を前提とした対策を講じておく必要性については、「一般的に認識されていたとは認められない」との考えを示す。（民報：20150404）東京第五検察審査会の再審査は続けられており、二次告訴は五月の予定。
2015. 4. 8	「ふたば未来学園校」が開校、新入生152人が入学する。
2015. 4. 9	第一原発1号機のボイラー室に溜まった汚染水の水位が周辺の地下水位を超える。汚染水の放射性物質濃度は放射性セシウムが4100万Bq／ℓ、ベータ線を出す核種が3500万Bq／ℓである（東電発表）。（朝日：20150410）
2015. 4. 10	東電は第一原発1号機の原子炉格納容器内にロボットを投入、放射線量が極めて高く、走行開始後わずか3時間で停止する。溶けた核燃料の取り出しに向けた調査が最初から躓く。炉心溶融している容器内にロボットが入るのは初めてである。（民報、朝日：20150412）
2015. 4. 13	東電が1号機の原子炉格納容器内で実施したロボット（回収は12日に断念する）による調査結果を公表、放射線量は最大で9.7Sv／時（人が全身に1時間浴びれば死亡する値）だった。公開された6地点の温度は17.8～20.2度で安定的に保たれているという。（民報：201504014）
2015. 4. 14	捕獲したイノシシ15頭のうち12頭から基準値を超える放射性セシウムを検出と発表、とくに南相馬市の1頭は980Bq／kgで最も高かった（県発表）。他は二本松3、本宮2、国見1、須賀川2、田村2、西会津1、富岡1、葛尾2である。／／汚染水処理に伴って廃液を保管する容器上部に液体が溜まっていた問題で、新たに4器の同場所に液体を確認する。これで全11器で液体を確認、放射性物質の濃度、量は不明、外部への流出はないという（東電発表）。
2015. 4. 17	南相馬市の住民206世帯808人が、20mmSv／年の水準で避難勧奨の指定解除を強行されてきたことにつき（2014年12月28日参照）、国を相手に東京地裁に不服の訴えを起こす（第2回口頭弁論は2016年1月13日）。しかし2015年12月末になって、東京地裁は第2回の口頭弁論では原告の口頭での意見陳述を行わないという方針を出してくる。「きりがない」「裁判の争点が明確ではない」「いずれ尋問の形で原告の話を聞く」（書面での意見陳述、原告の意見は裁判所との質疑で聞き取りとして行う）が裁判所の方針である。
2015. 4. 21	第一原発のK排水路内に設置した雨水を汲み上げるポンプ8台が停止し、放射性物質で汚染された雨水が港湾外の海に流出する。（東電発表）（民報：2015422）佐藤聡（企画、聞き手）「なぜわたしは町民を埼玉に避難させたのか　証言者・前双葉町町長井戸川克隆」（駒草出版）刊行。
2015. 4. 22	規制委は「原子力災害対策指針」（原発事故時の住民避難の基本方針を定

暦　年	事　　項
	める）を改定する。SPEEDI（緊急時迅速放射能影響予測ネットワークシステム）を活用しないとか、半径30km圏外の避難は事故後に規制委が判断するなどである。SPEEDIの開発や運用には国費約150億円を投じているが、これが無駄になる。（民報：20150423）
2015. 4. 23	17時現在、県全体の原発事故関連死は1894人、地震、津波による県全体の直接死は1604人である。（民報：20150424）
2015. 4. 27	この日現在、国内に保管されている全原発の使用済み核燃料は総量は約1万4000トンあり、同全原発のプールの総容量は約2万トンで、プールの使用率は約70％に達している。（民報：20150427）
2015. 4. 28	南相馬市で採取した野生のクサソテツ（コゴミ）から食品衛生法の基準値を超える118.8Bq／kgの放射性セシウムが検出される（県発表）。政府は30日に原子力災害対策特別措置法に基づきクサソテツの出荷制限を県に指示する。これで野生のクサソテツの出荷制限は16市町村となる。
2015. 4	この月までに終了した1回目の甲状腺ガンの先行検査では、県全体で悪性、ないし悪性疑いの判定は113人（県全体の受診者数は30万476人で0.04％に相当）、福島市では悪性、ないし悪性疑いの判定は12人（市全体の受診者数は4万7307人で0.03％に相当）だとする。（ふくしま市政だより：20160501）
2015. 5. 1	郡山市の野生のオオバギボウシ（ウルイ）1点から124.5Bq／kgの放射性セシウムが検出される（県発表）。
2015. 5. 8	田村市の野生のゼンマイ1点から198.2Bq／kgの放射性セシウムが検出される（県発表）。政府はこれを受け、同日に田村市のゼンマイの出荷制限を県に指示する。この件を含めゼンマイは13市町村で出荷制限となる。
2015. 5. 12	楢葉町の野生のウド1点から260Bq／kgの放射性セシウムが検出される（県発表）。
2015. 5. 15	広野町の野生のクサソテツ（コゴミ）1点から162.7Bq／kgの放射性セシウムが検出される（県発表）。
2015. 5. 20	規制委は原発事故時に対応する作業員の被曝線量について、上限を250mmSv／時に引き上げる原子炉等規制法の関係規則の改正案を了承する（現行は100mmSv）。施行は2016年4月より。緊急時の被曝線量は炉規法と労働安全衛生法の関係規則で定めており、福島原発事故発生時には収束作業困難として一時的に250mmSv／時に引き上げたが、これで自動的にこの量で迅速に作業ができるとする。原発労働者の生命軽視の都合のいい改変である。／／東電は福島原発事故時、2号機のベント（2011年3月13〜14日に複数ある弁を開ける）に失敗した可能性が高いと発表する。理由はベント配管の調査で放射性物質が通過していなかったからである。事故時、ベントに成功した1号機と共用の排気筒近くは高い放射線量の10mmSv／時が計測されている。／／伊達市布川のイワナ1

暦　年	事　　　項
	点から 112.5Bq／kg の放射性セシウムが検出される（県発表）。
2015. 5. 22	葛尾村の野生のフキ 1 点から 192.9Bq／kg の放射性セシウムが検出される（県発表）。
2015. 5. 29	第一原発の側溝に敷設したポリ塩化ビニル製の劣化した耐圧ホースの穴から 7～15トンの汚染水が流出、一部は港湾内に流れ出る。放射能量は 17 億 Bq に上る。2013 年 10 月の設置以来ホースの点検はなされていない。（朝日：20160627）
2015. 5. 31	原発事故による避難者は自主避難者を含む数で 11 万 3983 人（県外 4 万 6170、県内 6 万 7782）となる。（民報：20160907）
2015. 5	この月末までに「電源構成（エネルギーミックス）案」が固まる。これは 2030 年度の電気をどう賄うかを示すもので、原発の割合が 20～22% と規定される。これには反撥広がり、秋元真利自民党衆議院議員（脱原発を掲げる議員）は「政府が掲げた数字をたたき出そうとすると、国内にある全 43 基の原発のうち、38～39 基を動かさなければならない」という。また小泉純一郎元総理は「この案は『原発の依存度を低下させていく』という自民党の当初の方針と逆の方向に行っています。原発を維持したいために自然エネルギーが拡大していくのを防ぐという意図しか感じられませんね」「原発寿命を延ばす対策をしたら、莫大なお金がかかると思います。（中略）政府が支援をしないと言ったらできないでしょう。それをやろうとしたら、税金の無駄遣いですね」という。（週刊朝日：記事は上田耕司、古田真梨子、20150609）
2015. 6. 1	沢田嵐「日本が“核のゴミ捨て場”になる日」（旬報社）刊行。
2015. 6. 12	study2007「見捨てられた初期被曝」（岩波書店）刊行。
2015. 6. 15	除去土壌を搬入の仮置き場の全 580 カ所のうち半数以上の 310 カ所で袋やシートの不具合が見つかる（環境省発表）。（民報：20150616）／／県は政府の指示を受けずに避難を続ける自主避難者への住宅無償提供の打ち切りを 2017 年 3 月と決める。自宅周辺は避難指示が出なかったが放射線量が高かったり、放射能が怖かったり、子供への影響を考えたりする人は反発、県幹部には自主避難者が福島は危ないと風評を伝えている側面もあると語る人もいる。（朝日：20150616）
2015. 6. 17	伊達市の石田川で採取のヤマメ 1 点から 180Bq／kg の放射性セシウムが検出される（県発表）。（民報：20150618）
2015. 6. 20	特集「福島の小児甲状腺がん」が掲載される。（月刊誌 DAYS JAPAN：20150620）
2015. 6. 23	3 号機の建屋に隣接の地下貯蔵施設で廃液タンクが破損、放射性セシウムが約 5 万 5000Bq／ℓ、コバルト 60 が約 6 万 Bq 含まれる廃液が漏洩する。
2015. 6. 24	イノシシ 9 頭とツキノワグマ 1 頭から基準値を超す放射性セシウムを検出、前者の最大値は桑折町で捕獲の検体で 830Bq／kg、国見町、須賀川市で捕獲のものも基準値を超す。後者も桑折町で捕獲の検体で

暦　年	事　　項
	480Bq である。（県発表）。（民報：20150625）
2015. 6. 26	中間貯蔵施設予定地の地権者で、連絡先が把握できない約 1160 人のうち約 800 人は死亡していることが分かる。また連絡先を把握している地権者の所有地と国などの公有地を合わせた面積は予定地全体の 8 割を占めることも分かる（環境省調べ）。（民報：20150627）／／特集「原発はズサンでウソだらけ／作業員 3 人決意の重大証言」が掲載される。（月刊誌 DAYS JAPAN：20150626）
2015. 6	この月、小泉純一郎元総理は鹿児島市七ッ島で京セラ子会社が運用するメガソーラー施設や、新潟市で県と昭和シェル石油が共同プロジェクトで運用する「新潟雪国型メガソーラー」を視察する。小泉はこの講演での質問に答えて、「（原発に対する）テロ対策はみんな口に出さないけれども、わかっていると思います。原発はテロに一番弱い。しかし、（原発テロ対策を）やり始めたら、莫大なカネがかかることもわかっている。とても、こんな（原発テロ）対策は一電力会社でできることではない。原発を狙われたら大変ですよ」と話す。
2015. 7. 6	楢葉町の避難指示解除準備区域が 9 月 6 日に解除されることになる。当初の盆前の予定は住民から時期尚早の声で延期された（政府発表）。
2015. 7. 15	第一原発敷地内で地下水を汲み上げる井戸 1 カ所（地下水バイパス計画で使用の専用井戸 12 地点の 1 つ、採取の水は 13 日採取でこの井戸は 6 月 30 日以降は汲み上げ停止中）から過去最高値の 2000Bq／ℓ のトリチウム（海洋への放出基準は 1500Bq）が検出される（東電発表）。
2015. 7. 17	東京第 5 検審が再び、元会長ら 3 人を起訴すべきだと議決する。
2015. 7. 28	東電は延期していた第一原発 1 号機を覆う原子炉建屋カバーの解体作業を開始する。
2015. 7. 29	川俣町は山木屋地区の避難指示解除の目標時期を 2016 年春とする考えを示す。／／寺尾紗穂「原発労働者」（講談社）刊行。
2015. 7. 31	東京第 5 検察審査会は、東電の勝俣恒久元会長、武黒元副社長、武藤元副社長ら旧経営陣 3 人を業務上過失致死傷罪で強制起訴すべきとの議決を公表する（強制起訴制度の導入は 2009 年 5 月）。
2015. 7	この月、安倍政権は 2018 年度の電源構成を正式決定、福島原発事故の反省がないままの、原子力の比率を 20～30％とする原発ベースロード電源の政策である。この政策だと原子炉は 40 年の運転で廃炉の規則を無視して、老朽原発 10 基前後を稼動させるしかない規則違反となる。国民の税金で支えて原発を続行しようとする政策が続くことになる。
2015. 8. 2	3 号機の使用済み核燃料プールに落下した、廃炉作業の支障となっていた「燃料取扱機」（長さ約 14m、重さ約 20トン）を引き上げ撤去する（東電発表）。（民報：20150803）
2015. 8. 5	県議会の全員協議会で、広瀬直己東電社長は第二原発の再稼働を問われ「未定」と回答、会は「県民の意思を軽視している」との意見が相次ぎ紛糾する。津波の予見性については「今後の裁判で明らかになる」と答

暦　年	事　　項
	える。また第一原発で8月1日に死亡した30代男性の死因は熱中症ではなかったことを明らかにする。（朝日：20150806）
2015. 8. 7	県漁連の理事会は方針を出し、第一原発周辺のサブドレン（井戸）から汲み上げた水を浄化して海に放出する計画を受け入れる。
2015. 8. 18	第一原発構内のK排水路から放射性物質を含む雨水が港湾外の海に流出する。港湾内に通じる別の排水路に移送する全8台のポンプ中、6台しか稼動しなかったのが原因という（東電発表）。
2015. 8. 20	JR東日本は高線量地区の線路の本格的除染としては初めての、夜ノ森（富岡町）—双葉（双葉町）駅間で試験除染を開始する。
2015. 8. 21	第一原発で60歳代の男性作業員が作業中に意識を失い死亡する（第一での作業経験は7カ月）。同月1日には30歳代の男性作業員が作業後に敷地内で体調不良を訴えて急死、同月8日には50歳代の男性作業員が工事車両を清掃中に車両タンクの蓋に頭を挟まれ事故死している。
2015. 8. 22	北野慶（原発小説）「亡国記」（現代書館）刊行。
2015. 8. 29	「福島県内の全原発の廃炉を求める会」（伊達市ふるさと会館）での講演で作家の玄侑宗久は、民間人は減り暴力団の原発作業員が増えている実態、作業員には「鬱」の傾向が多い実態、暴力団が原発作業員を辞めたいという人を止めている事実、震災以後は除染に従事することが増え、全国でホームレスの人が減っている事実（寺に物乞いに来なくなった事実）、五輪のための建設に従事する労働者は福島で探すと早い事実（福島での日給は1万4000円、五輪では同2万8000円）などにつき話す。
2015. 8. 30	木戸川漁協は総会で、楢葉町木戸川の鮭漁を今秋5年ぶりに復活すると決める。
2015. 8. 31	新潟県の「技術委員会」が福島第一原発事故の炉心溶融につき論点を整理し、不明な点を細かく問う質問票を作成して東電に文書回答を求める。／／この日現在、原発事故での県外への避難者は4万4800人となる。
2015. 8	この夏は猛暑が激しかったが、電力供給が9割5分以上は一日（中部電力）、あとはすべて9割以下だった。全原発停止でも電力は足りていた。／／この月、福島県議会で広瀬東電社長は福島原発を人災として検討したことはないと発言、また福島第二原発の再稼働については回答せず。／／同、米西部カリフォルニア州サンディエゴ近郊のサンオノフレ原発で放射能漏れの事故があり、三菱重工製の蒸気発生器が原因で2基の廃炉が決まったが、その損害賠償として三菱重工に約76億ドルが請求される。
2015. 9. 2	浪江町北幾世橋で実施した陸上の土壌調査で、放射性物質のコバルト60を8.9Bq／kg検出し（6月）、8月の追加調査では36Bq（地表から2〜3cmの地点）検出する（県発表）。（民報：20150903日）
2015. 9. 5	楢葉町にほぼ全域に出されていた避難指示が解除される（3例目）。全住民避難の自治体としては初めて。しかし帰還した住民は全体の約5%に留まる。／／楢葉町上繁岡の生活道路脇の土壌で5万2500Bq、小学校の

暦　年	事　　項
	通学路脇で3万4790Bq、近辺の空間線量は0.3〜0.7mmSv（基準値超）である（NPO調査、安島琢郎による）。（朝日：県内版、20150906）
2015. 9. 10	原発事故前には701あった県内の診療所が、事故後には192施設に減少（27%の休廃止／休止94、廃止98）していることが分かる。／／福島県における再建の意向が不明な世帯で、最も多いのは双葉町の201世帯、他は楢葉町の171、いわき市の56と続く（7月末現在、みなし仮設の入居者は含まない）。（民報：20150911）
2015. 9. 11	飯舘村では除染で刈った草を詰めたフレコンバッグ（$1m^3$）82袋が、大雨の影響で除染現場から川に流出し45袋は回収できず。／／第一原発の原子炉建屋近くの排水路からベータ線を出す物質750Bq／ℓを含む水が港湾外の海へ流れ出る。（朝日：20150912）／／国は県土の約7割を占める森林（約97万ha／全国4位の面積）の除染の方針を示さないままで棚上げしている。（民報：20150911）
2015. 9. 15	東京地裁は勝俣元東電会長らを強制起訴し、公判を担当する検察官役の指定弁護士2人（渋村晴子、久保内浩嗣、ともに第2東京弁護士会所属）を新たに選任し、強制起訴事件で最多の5人態勢をとる。（民報：20150916）／／第一原発構内の「H4北」タンク群の周辺を囲む堰から漏れた（12日）雨水に、東電の排出基準値（0.22Bq／ℓ）を超えるセシウム134、同137、トリチウム、放射性ストロンチウム（濃度合計25Bq）が含まれていたことが判明する（東電発表）。（民報：20150916）／／第一原発建屋周辺の地下水を浄化して海に流す「サブドレン計画」が始まり、トリチウムを除去出来ないままの初の海洋放出となる。今回は約150トン／時の放出。トリチウム放出量は事故前の福島第一原発では1兆〜2兆6000Bq／年間（基準値は22兆Bq）、最多は日本原燃（青森）の1300兆Bq（2007年度）、次いで玄海原発の100兆Bq（2010年度）、大飯原発の98兆Bq（2004年度）、泊原発の38兆Bq（2011年度）などで、女川原発では事故後の2012年度に170億Bq放出した。トリチウムの1Bq当たりの放射線量はセシウムの約1000分の1である。（民報：20150915）
2015. 9. 16	生産野菜の出荷停止を悲観して自殺した須賀川市の農家の男性をめぐるドキュメンタリー映画「大地を受け継ぐ」が完成、この日に「ポレポレ東中野」（東京）で初公開される。（民報：20150916）
2015. 9. 18	この日現在で、10市町村での受注ゼネコンJV（共同企業体）と仮置き場に搬入された袋数とは、飯舘村の大成建設JV（99万1530袋）、川俣町の大成建設JV（38万577袋）、南相馬市の大成建設JV（39万2693袋）、葛尾村の奥村組JV（47万5643袋）、田村市の鹿島JV（3万6895袋）、大熊町の清水建設JVと大林JV（22万5335袋）、富岡町の鹿島JV（64万7830袋）、川内村の大林JV（9万2194袋）、楢葉町の前田建設工業JV（57万8418袋）、浪江町の安藤・間JV（30万6623袋）などである。（月刊誌「紙の爆弾」：20151207）
2015. 9. 25	魚介類など43種類の90点を調査した結果、天栄村の釈迦堂川のヤマメ

暦　年	事　　項
	(既に政府の出荷制限指示を受けている)1点から、放射性セシウム160Bq／kgを検出する(東電発表)。／／県酪農業協同組合が休業中の酪農家を支援するために建設を進めてきた「復興牧場」(福島市土船)が完成する。
2015. 9. 26	2009年8月と9月、東電に対し、原子力安全・保安院(この当時の名称)の審査官が具体的な津波対策を速やかに検討するよう求めるが、東電担当者は対策の必要性を認識しながら、「原子炉を止めることができるのか」などと拒否していたことが分かる。原発耐震指針(2006年改定)に照らした確認作業で、福島第一原発を担当した名倉繁樹保安院安全審査官(当時、原子力規制庁安全審査官)の公開された調書に拠ると、当時、「貞観地震」(869年)で福島県、宮城県沿岸に及んだ大津波の実態は解明されつつあり、名倉氏は保安院に呼んだ東電担当者から「津波の高さは海抜八m程度で、高さ十mの敷地を越えない」などの説明を受けていた。また名倉は高さ4mの地盤上に重要な冷却用ポンプがあるので「ポンプはだめだな」と判断し、「具体的な対応を検討した方がよい」と速やかな対応を求めた。しかし東電は、2009年6月の土木学会(原発の津波評価手法を策定する)に対し津波評価の検討(2012年3月が回答期限)を要請済みであり、「土木学会の検討を待ちます」と拒否した。(民報：20150926)
2015. 9. 27	名古屋大研究チームが2号機を調査し、原子炉内の核燃料が70%～100%溶融している可能性が高いという結果を出す。調査は圧力容器の周辺で、圧力容器底部の観測精度はまだ低いため、現時点ではデブリが圧力容器内に留まっている割合は判断不可であった。調査は宇宙から降り注ぐ宇宙線から生じる「ミュー粒子」を使う。同大学の森島邦博特任助教(素粒子物理学)はこのチームの一人である。(民報：20150928)
2015. 9. 28	東電は「サブドレン計画」(浄化した地下の汚染水の海洋放出)の実施を開始する。この日は同月3日以降の汲み上げ分で、放出量は約720トン、トリチウムの設定基準は1500Bq／ℓだが、この日は510Bqだった。昨年の試験的に汲み上げ分の浄化した地下水約3300トンは、同月14日から18日にかけて放出している。(民報：20150929)／／南相馬市の住民が放射線量が高いのに特定避難勧奨地点を解除したのは違法だと、解除の取消を求めた訴訟で(第1回口頭弁論、東京地裁)、国側は解除は「行政処分」や「公権力行使」ではなく、積算放射線量が20mmSv／年を超えると推定される地点の住民に避難を勧める「事実の通知」または「情報提供」だと説明し、却下を求めた。(朝日：20150929)
2015. 9. 29	第2セシウム吸着装置(サリー、第一原発の高温焼却炉建屋1階)附近の装置から浄化途中の汚染水が漏洩する(約210ℓ、セシウム134は28万Bq／ℓ、同137は120万Bq／ℓ)(東電発表)。
2015. 9. 30	県はあんぽ柿と干し柿(各50検体が対象)の放射性物質検査(福島、伊達、桑折、国見の四市町で実施)の結果を発表。あんぽ柿は桑折町の1検体から、干し柿は全4市町村の計14検体から食品衛生法の基準値を超

暦　年	事　　項
	える放射性セシウムがそれぞれ検出される。4市町の「加工再開モデル地区」（国、県、生産地などで組織するあんぽ柿復興協議会が指定するもの）では、基準値を下回れば出荷はできることになっている（その際は、生産者が非破壊検査機器で全量検査しなければならない）。／／この日現在の県民健康調査甲状腺検査の結果は、1巡目（2011〜2013年度）の先行検査で調査対象の約37万人のうち、がんと確定が101人、がんの疑いが14人、2巡目（2014、2015年度）の本格検査で調査対象の約38万人のうち、がんと確定が44人、がんの疑いが24人とされる（県民健康調査検討委による）。（民報：20161228）
2015. 9	この月末までで、福島県の全76戸あった酪農家のうち再開したのは18戸である。
2015. 10. 1	17時現在、福島県の直接死（地震、津波が原因）は計1604人、関連死（原発事故による避難が要因）は計1964人、死亡届け等（遺体未発見だが死亡届け提出済み、災害弔慰金の支給対象者など）は計224人で、死者の総計は3792人（他に、県警発表の県内行方不明者は200人である）となる。（民報：20151002）／／規制委は「特定原子力施設監視・評価検討会」を存続させ、新たに「特定原子力施設放射性廃棄物管理検討会（仮称）を設置すると決めた。「監視・評価検討会」は1〜3号機の使用済燃料プールからの燃料取り出し、滞留汚染水問題などが検討内容であり、「管理検討会」は固体廃棄物の保管の現状、長期管理に関する技術的課題などが検討内容である。／／川内村東部の避難指示区域が解除（2014年10月1日）されて1年が経過、当時は住民登録者数は193世帯274人だったが、2015年9月1日現在で帰還したのは26世帯（20％弱）45人となっている。／／この日国勢調査が実施され、前回実施の2010年以降に住所を移した人の数をまとめた人口移動集計では、この期間での転出超過が最も多かったのは福島県で約4万7000人である（2017年1月27日、総務省発表）。
2015. 10. 2	福島県警本部は「公害犯罪処罰法」違反（処罰規定では業務上必要な注意の怠り、人の健康を害する物質を排出をした場合）の疑いで、東電（法人）広瀬社長、勝俣元会長、武藤元副社長ら新旧役員32人を書類送検した。告発状は福島原発告訴団が提出し（2013年9月）県警が受理（同年10月）、その受理から約2年経っての書類送検である。告発状では東電と既述の32人は事故で発生の汚染水の適切な対処を怠り、地上タンクから海へ大量に漏洩させた、また建屋に流出してくる地下水が放射性物質に汚染されたことを認識しながら、対策を怠り海へ300〜400トン／日の汚染水を流した（2011年6月〜2013年9月の間）、仮設タンクを安全なタンクに切り替える対応を怠り、汚染水入りの仮設タンクの水漏れにより約300トンの汚染水を流出させた（2013年7月まで）としている。なお、今後は福島地検がさらに捜査を進め起訴相当かどうかを判断する。（民報：20151003）
2015. 10. 5	福島第一原発の廃炉作業で発生する瓦礫などの廃棄物が2017年3月で

暦　年	事　　　　　項
	構内の保管容量を超えることが分かる。第一原発の廃棄物保管容量は約31万5600トンだが、2015年8月現在の保管量は15万7700トンであり、2016年3月末での保管量は約29万7000トン（容量限度の94％）に達するからである。保管容量の不足は必至で外部への持ち出しも極めて困難であり、廃棄物の破綻に直面している。東電は第一原発構内の廃棄物を線量に応じて分類している。30mmSv／時超は個体廃棄物貯蔵庫に保管（4号機燃料プールの瓦礫など）、10mmSv／時超～30mmSv／時以下は覆土式一時保管施設に搬入、0.1mmSv／時以下（汚染水タンク設置時に発生のコンクリートなど）は屋外に集積などである。（民報：20151005）
2015. 10. 8	高木毅復興相が東日本大震災の被災地にある原発の再稼働の可能性に言及したことを受け、野党から批判が相次ぐ。福島第二原発（楢葉町、富岡町）、女川原発のうち福島第二原発については、既に、2011年に福島県議会が自民党会派も賛成して廃炉を求める請願を採択、県も廃炉を求めている。松野頼久維新の党の代表は記者会見で「あまりにも不勉強だ。被災地の皆さんの心情を考えても不用意な発言だ」と批判した。他方、菅義偉官房長官は、「政府の基本的な考え方を述べたものだ。地元の声を尊重していくべきだと（高木氏も）考えている」と、問題ないとの考えを示した。（東京：20151009）
2015. 10. 9	東京新聞独自の河川の調査（2015年8～9月）によると、堆積物に残留の放射性セシウムが神田川で75～167Bq／kg、隅田川で119～233Bq、日本橋川（皇居の北側）で73～452Bq、最も高かったのは鎧橋（東京証券所近く、中央区）で452Bqだった。（東京：20151009）
2015. 10. 11	第一原発では大雨が降れば構内の排水路（とくに「K排水路」／1～4号機建屋近辺を通り直接外洋に繋がる）から、法令基準を超える放射性物質を含んだ汚染水が度々海に流出する事態を止められないという深刻な問題が続いている。K排水路からの海への流出は2015年4月以降、同年10月上旬までで9回、排水路出口付近の水からセシウム137が550Bq／ℓ（法令基準の約6倍）検出されている。（民報：20151011）
2015. 10. 12	林幹雄経産相は就任後初めて第一原発を視察、第二原発の再稼働の有無につき、東電が決めるという考えを示す。
2015. 10. 14	田中知規制委員は定例会合で、原発の廃炉で出る低レベル放射性廃棄物のうち比較的濃度が高いものにつき、地下100m程度以深（現行は「地下50mから100m」）への埋設を事業者に要求する方針を明らかにした。また事業者には放射性物質の管理（漏洩、監視など）を300～400年間要求し、この管理期間終了後も10万年間は一定の深さが保たれる場所への埋設を求めた。（民報：20151015）
2015. 10. 15	南相馬市の旧真野村地域での国産葉タバコで、放射性セシウムが182.7Bq／kgとなり自社基準値（100Bq）を超える（日本たばこ産業発表）。

暦　年	事　　項
2015. 10. 16	浪江の農家の庭で線量 20 μSv／時を検出（安斎育郎の調査結果による）。
2015. 10. 19	日本原子力研究開発機構（JAEA）の楢葉遠隔技術開発センター（モックアップ施設）の開所式が行われ、廃炉技術の研究推進に期待が寄せられる。
2015. 10. 20	福島原発事故の収束作業に従事して、白血病を発病した下請け労働者（41 歳）が労災と認定された（厚労省発表）。彼は「がんになったほかの作業者が労災認定を受けられるきっかけになれば、うれしい」と語る。これまで 40 年以上の日本の原発の歴史のなかで、被曝労働者が労災認定されたのはわずか 14 人（今回を含む）である。白血病が労災と認められるのは 5mmSv／年以上被曝し、最初の被曝を伴う作業から 1 年超経って発症した場合（彼が急性骨髄性白血病の診断を受けたのは 2014 年 1 月、福島第一原発から戻った約 2 週間後の検診で分かる）である。2015 年 8 月末現在、累積被曝量が 5mmSv／年を超える人は 2 万人以上、今後も増え続ける。原発事故から 2015 年 8 月までだと「1mmSv 以下」は一般公衆の年間被曝限度、「5mmSv 以上」は原発作業員の白血病の労災認定基準、「50mmSv」は原発作業員の年間被曝限度、「100mmSv」は原発作業員の 5 年間の被曝限度、「250mmSv」は原発作業員の被曝限度（但し、250mmSv の適応は 2016 年 4 月から）である。／／東電は第一原発 3 号機の原子炉格納容器に計測器付きカメラを初めて投入、内部の水位はこれまでの推定とほぼ一致する約 6.5m であった。
2015. 10. 22	第二原発の再稼働について高木毅復興相は「政府の原発政策は新規制基準に合格したものは再稼動させるという方針だが、福島の原発は同列に扱えない」と述べ困難の見解を示す。（民報：20151023）／／県腎臓病協議会は原発事故当時、避難区域を除く浜、中通りの医療機関で、透析治療を受けていた患者約 4200 人に精神的賠償として 1 人当たり 4 万円を東電が支払うと発表する。
2015. 10. 23	竜田一人の漫画「いちえふ 福島第一原子力発電所労働記 3」（講談社）刊行。
2015. 10. 26	霞が関の経産省の敷地にテントを設置して脱原発を訴えていたグループに対し、東京高裁（高野伸裁判長）は一審の東京地裁判決（テント撤去、土地明け渡し）を支持し、グループ側の控訴を棄却する。高野裁判長は深刻な被害を受けた人々が反原発の行動に参加したことに理解を示しながらも、土地を使月する権利が生じたわけではないと結論付ける。一審同様、撤去まで 1 日当たり約 2 万 2000 円の支払いも命じられたので、この日時点で支払いは約 3200 万円となる。（朝日：20151027）
2015. 10. 27	楢葉町の除染作業に労働者の違法派遣があったとして建設会社（除染の 3 次下請）の元社長が再逮捕され、この事件での逮捕者は 8 人となる。（民報：20151028）／／安倍首相はカザフスタンのナザルバエフ大統領と首都アスタナで会談し、当地の原発推進計画の着実な推進を確認し、両国の経済関係を強化する方針で一致する。（民報：20151028）

暦　年	事　　項
2015. 10. 28	復興庁と県と富岡、双葉両町が今年 8 月に全世帯を調査（回収率はともに約 50%）した結果、避難指示解除後に「戻りたい」と回答した世帯は富岡町で 13.9%、大熊町で 11.4% である。（朝日：20151028）／／ディビッド・ロックバウム他「実録 FUKUSHIMA ――アメリカも震撼させた核災害」（岩波書店）刊行。
2015. 10. 29	2 号機（格納容器に通じる配管のある小部屋）で放射線量が最大で 9.4Sv／時（調査は 9 月 4 日～25 日実施／約 45 分間で人間が死亡する量）だった（東電発表）。
2015. 10. 31	この日現在、県内の人口は 191 万 4039 人（2015 年国勢調査確定値、2010 年調査時より 11 万 5025 人減）、五年間の減少率は 5.7% で全国 2 番目に高く、秋田県に次いだ。全国で最も高い減少率は楢葉町の 87.3%（但し、全域が避難区域の富岡、大熊、双葉、浪江、葛尾、飯舘の 6 町村は除く）、次いで川内村の 28.3%（全国 4 位）、広野町の 20.3%（同 9 位）、南相馬市の 18.5%（同 16 位）である（総務省発表）。（民報：20151027）
2015. 10	この月、内閣改造人事で政府のエネルギー政策を批判して来た河野太郎衆議院議員が「行革相・国家公安委員長」として入閣、それまでの河野のブログは閲覧不能となり既載の記述が削除される。また安倍首相の原発再稼動政策を批判する小泉進次郎元復興政務官は自民党農林部会長へ異動させられた。／／NHK の調査によると、浪江町に戻らない住民は 48% である。
2015. 11. 2	午前 11 時 20 分頃、「高性能 ALPUS」（改良型タイプ）で汚染水約 50 ℓ〔放射性物質（β 線放出）濃度は 23 万 Bq／ ℓ〕が配管から漏洩する。外部への流出はなく、原因は切り替えバルブが正常に作動しなかった（配管の空気を抜く部分から漏れた）可能性にあるという（東電発表）。ALPUS は汚染水からトリチウム以外の 62 種類の放射性物質を除去する装置で、福島第一原発では高性能を含めて 3 基あるが、今回の事故で稼動は 1 基である。（民報：20151103）／／第一原発収束作業に重機オペレーターとして従事していた A（当時、札幌市在住、57 歳）は、2011 年 7 月 4 日より仕事に就き、4 カ月後の 10 月 31 日に累積被曝量が 56.41mmSv／年（原発労働者の上限は 50mmSv）に達したので現場を離れた。その後 2012 年 6 月に膀胱癌を、2013 年 3 月に胃癌を、同年 5 月に結腸癌を相次いで発症した。A は屋外作業も半ば強いられ、薄い鉛のベストを着て瓦礫の塊を下腹で支えて運搬した。旭川北医院の松崎道幸医師は「ガンマ線の線量を 10 分の 1 にするには厚さ 25mm の鉛が必要です。薄い鉛のベストでは効果がない」という。また防護服マスクの縁を塞いだガムテープが何度も剥がれ隙間から粉塵を吸引した。A が富岡労働基準監督署に労災申請をした際、松崎医師は「コンクリート片を下腹で支えて持ち運べば、大腸と膀胱が相当量の近接被曝を受けた」（「病状に関する意見書」）と書いた。また松崎医師は「50 代半ばでの 3 つのがんのほぼ同時発症は、『特別な発がん因子』の作用で起きたと考えるしかない。それが放射能汚染された粉じんであれば、内部被曝もしていたこ

暦　年	事　　項
	とになる」という。労基署は労災の判断基準である「100mmSv 以上の被曝」、「被曝からがん発症まで5年以上」を適用しAの労災を不支給とした。Aは労基署へ不服を申立て、裁判所に提訴もする。松崎医師は、カナダでは2011年に疫学調査で（血液造影やCT検査を何度も受けた8万人を対象）、「被曝量が10mmSv 増えるごとにがん発症率も3%ずつ増える（100mmSv で30%）」との報告が出ていると話す。日本でも2010年に、「原子力発電施設等放射線業務従事者に係る疫学調査」で（放射線影響協会実施、文科省の委託調査）、「10mmSv の被曝でがん発症率が平均3%上がる」と報告されている。但し白血病では条件が緩和され「10mmSv 以上の被曝」かつ「被曝から1年以上での発症」とされている。（週刊サンデー毎日：20151102）
2015. 11. 5	既に出荷制限を受けている福島県天栄村のヤマメから120Bq／kg が検出される（県発表）。
2015. 11. 6	日本原子力研究開発機構が購入（3465万円）した、第一原発沖の海底放射線量をモニタリングする測定システムが、機構側の手続き不備で使われないままになっている（会計検査院の調査による）。（民報：20151107）／／原子力艦の事故時に周辺住民が避難する放射線の判定基準を、原発事故と同じ5μSv／時超（現時点では100μSv 超）に引き下げることを決める（内閣府作業委員会発表）。
2015. 11. 9	環境省は12月から除染廃棄物の試験（パイロット）輸送を開始すると発表、市内大波地区の仮置き場の土壌など約1000m³ を双葉町の中間貯蔵施設建設予定地へトラック（10トン）で輸送する（福島市発表）。／／郡山市は東電から90万8182円の賠償支払いを受けたと発表、しかし累計では3392万3445円の支払いにしか応じておらず、支払率は0.05%程度にとどまっているという。（民報：20151110）
2015. 11. 10	白井聡ら福島原発訴訟原告団・弁護士団「福島を切り捨てるのですか」（かもがわ出版）刊行。
2015. 11. 11	除染作業で使用の国直轄の廃棄物袋が防水性や耐久性に乏しいことが判明する。除染袋が9月の関東、東北豪雨で流出した際に、仮置き場にあった国直轄の飯舘村、南相馬市の袋だけが中身の流出、破損をしたことで分かる（流出は約440個、うち280個が破損、流出）。市町村除染の袋は高価で1枚約1万2000円程度を使用、国直轄では業者が安価な袋を発注している（既述の半額程度）。この事故につき環境省は、流出した廃棄物の放射線量は低く環境への影響も低いとするが、そもそも危険だから除染したはずである。（民報：20151112）
2015. 11. 20	この日現在、浜通り沖の魚については29種類につき出荷制限が続いている（50Bq／kg 以下が安全基準）。海底土の汚染状況はこの日現在、富岡沖で106～281Bq、いわき沖で22～662Bq である。／／東芝のアメリカ原発事業子会社 WH（2006年に WH の株式の77%を約4900億円で取得）が、2016年にインドで新たに原発6～12基の建設を受注する見通しだと分かる（社長兼最高経営責任者のダニエル・ロデリックが明らかにする）。

暦　年	事　　　項
	WHは2013年、2014年3月期に「減損処理」(資産価値の切り下げ）で計約1156億円（この当時の為替換算）の損失を計上しているが、たとえば中国に対しても30〜50基の受注に期待している。(朝日：20151120)
2015. 11. 21	この日現在、福島原発事故に因る日本の放射能廃棄物は全総量920万m^3で、土や草が90%、日本全国で飯舘村が最も多い。この量は東京都から出る1年のゴミの4倍に相当する。除染して原子炉から放出の放射能を薄めてそこに住もうという試みも世界初で、原爆投下された当初、そこに住む人や汚染された土地はどうなるのかが最初だったように、人や土に与える放射能の影響が大いに問題である。最初は福島県のゴミ2200万m^3を大熊町などの中間貯蔵施設に運ぶ構想だったが地籍者が不明で、この日現在までに地籍者全2365人のうち、14名としか中間貯蔵施設にするという契約ができていない。(NHK・TV：20151121)
2015. 11. 25	東電は新潟県の「技術委員会」の炉心溶融に関する回答要求に対し、「社内で『炉心溶融』という言葉を使わないよう指示したことはない」と答える。ここでも炉心溶融については「定義されていなかった」と説明する。
2015. 11. 29	南相馬市民情報交流センターで、同市「ベテランママの会」(放射線に関する勉強会の主催で知られるという）主催のトークイベントが開催され、石崎芳行東電福島復興本社代表を招く。石崎はこの会で原発事故について「事故に対する想像力が欠けていた。電源が喪失したことを想定した訓練をしていなかった」などと語り、「東電が福島を忘れることがあってはならない。責任は社員一人一人が果たしていく」と述べたという。(民報：20151130) 福島第一原発事故は「想像力」の欠如ではないし、責任を「社員一人一人」に転嫁してはならない。／／相馬地方の病院に関わる研究者の報告によると、原発事故で高齢者施設から避難した入所者の避難後1年間の死亡率は過去5年間と比較して2.68倍である。避難しなかった場合は1.68倍に止まっている。初期避難には避難しなった場合と比較して死亡のリスクがあるということになる。(民報：20151129) ／／廃炉作業で増加し続ける廃棄物（コンクリート瓦礫、伐採木材、防護服など）の容量を減らすための焼却施設「雑固体廃棄物焼却設備」(防護服の焼却が主、300kg／時を燃やすラインが2系統ある）が完成、運用に向けた試験が進んでいる。(民報：20151129)
2015. 11. 30	県が総額850億6600万円の補正予算案を発表、今年度の予算累計額は2兆85億8800万円となる（累計で2兆円を超えるのは2011年12月の補正予算以来)。除染推進のための市町村交付金は288億円増額される。予算案は12月9日開会の県議会に提出される。／／原発事故当時18歳以下だった約38万人（2巡目の本格検査、事故後1年間に生まれた子供も加える）を対象にしている甲状腺検査で、11人が新たにがんと診断された。検査期間は2015年7月から9月末までの3カ月間（県発表)。甲状腺がんが確定したのはこれで合計115人となる（1巡目の先行検査は当時18歳以下だった約37万人が対象)。(朝日：20151201) ／／県民健康調査検

暦　年	事　　　項
	討委員会は2015、2016年度の2巡目の本格検査（対象は原発事故当時6歳から18歳）で甲状腺がんが確定した人は15人（前回の2015年6月現在の公表時は6人で9人増加）となったと発表する（2015、2016年度での「がんの疑いは24人」)。2011、2012、2013年度に調査した所謂、1巡目の先行検査は約37万人が対象で「ガンと確定」が100人、「ガンの疑い」が13人だった。なお星北斗検討委員会座長（県医師会副会長）は、「現時点で放射能の影響は考えにくい」とこれまでの見解を繰り返すが、理由はチェルノブイリ原発事故で見つかった5歳以下からがんが見つかっていないこと、被曝線量がチェルノブイリ原発事故の場合よりはるかに低いことなどをあげる。（民報：20151201）／／県民健康調査検討委員会は原発事故後4カ月間の外部被曝線量の推計も報告、45万7031人のうち1mmSv／年未満（平時の年間被曝線量の上限値）は62.0％（28万3286人）だったとする。（民報：20151201）／／福島第二原発3、4号機で原子炉の安全設備に関わるケーブルが、その他のケーブルと分けて敷設する必要がある（延焼防止のため）のに敷設ルートを誤っていることが分かる。3号機で216本、4号機で18本にのぼる。／／菅野典雄飯舘村長は、2016年7月1日に全村避難の役場機能を村の本庁舎に戻し（福島市飯野町に移転中）業務を再開すると発表する。
2015. 11	この月、「水産総合センター」（国立研究開発法人）が福島県沖で採取したマダラ1検体から84Bq／kg（県漁連の自主基準値は50Bq）の放射性セシウムを検出する。（民報：20160128）
2015. 12. 1	原発事故が原因で自殺した相馬市の酪農家の菅野重清の遺族は、東京地裁に損害賠償を求めて訴訟を起こしていたが東電と和解が成立する。慰謝料は数千万円とみられる。
2015. 12. 2	福島第一原発事故で出た放射性物質を含む指定廃棄物（8000Bq／kgを上回る稲藁、下水汚泥、家庭ゴミの焼却灰など）を民間の産廃処分場で最終処分する環境省の計画を、福島県は受け入れることに決定した。富岡町（全住民避難）や楢葉町（処分場エコテックの搬入口がある）では住民の帰還意欲が削がれると反撥があったが、環境省が安全対策を示したり、両町に計100億円の交付金を県が出すことで両町は理解を示す。2015年9月末現在で全国の指定廃棄物は計約16万6000トン（12都県)、そのうち福島県が抱えるのは13万8490トン（80％以上)。2011年11月に各県で出た廃棄物は各県で処理することと閣議決定されている。福島県では10万Bq／kgまでのものはフクシマエコテックで処分、それを超えるものは中間貯蔵施設で保管する。
2015. 12. 3	第一原発4号機の南側地下を通るダクトに溜まった汚染水を調べた結果、39万Bq／ℓ（2014年12月の調査では94Bq）の放射性セシウム137を検出する（東電発表)。
2015. 12. 9	第一原発4号機の南側地下を通るダクト（坑道）に溜まった汚染水（約420トン溜まっている）を調べた結果、2014年12月11日の調査（この時点で放射性セシウム137の濃度は94Bq／ℓ）よりも約4000倍の放射性セシ

暦　年	事　　項
	ウム（12月3日測定で同39万Bq）を検出する（東電発表）。東電は周辺の地下水の放射性物質濃度に変化がないとしていて原因は不明だが、「外部への流出はない」とする。ちなみに建屋に溜まる高濃度汚染水は同1900万Bq。／／福島市の天戸川で今月1日に採取したイワナから放射性セシウム140Bq／1kgを検出する（県発表）。原発事故後に同川のイワナが基準値を超えるのは5回目。県水産課によれば、阿武隈水系（天戸川を含む）のイワナは国の指示で出荷を制限中、釣りのための遊漁券の発売が禁じられている。（朝日：県内版、20151210）
2015. 12. 10	規制委は低レベル放射性廃棄物のうち比較的濃度が高いものの処分基準を検討、地下70m（最低限という）以深への埋設を要求するという。また埋設施設の立地基準は廃棄物中の放射性物質が減量する10万年の深さが確保される場所という。さらに事業者には埋設後300〜400年間、放射性物質の漏洩監視などの管理を要求する。（民報：20151211）しかしこの要求は処分基準の欺瞞性を暴露しており、埋設事業者がそんな長期間、しかも責任を保持して存続することなど考えられない。
2015. 12. 12	安倍首相はニューデリーで、核不拡散条約（NPT）に加盟していないインドのモディ首相と会談し、原発輸出を可能にする「原子力協定」（この交渉は2010年に開始）に「原則合意」する。インドは1998年以来、核実験を一時停止しており、日本はインドが実験再開のときには協力を停止する措置を求めてきたが、この日公表の共同声明や協定に関する覚書にはこの措置はなく、この協定が正式に調印されれば核不拡散を掲げる日本の原子力政策は大転換をすることになる。（朝日：20151213）
2015. 12. 15	福島市土船の復興牧場「フェリスラテ」が本格的な生乳の出荷を始める。現在の飼育頭数は363頭である。
2015. 12. 16	「NHK福島」のカメラが福島第二原発に入る。そこでは原発稼動を想定した準備、訓練をしている事実が報道される。（NHK・TV：18時のニュース）／／環境省は2016年度の除染費用（東日本大震災復興特別会計当初予算案）に5223億円を盛り込む方針を固める。2015年度の補正予算案の783億円と合算すれば6000億円を超える規模となり、2016年度内の終了を予定している市町村除染を中心に除染の加速化を図るという。（民報：20151217）／／環境省は2016年度の中間貯蔵施設の整備（東日本大震災復興特別会計当初予算案）に1346億円を確保する方針を固める。2015年度の補正予算案は756億円だったからほぼ2倍の予算となる。環境省内には2人の中間貯蔵施設専従職員を置き、福島県環境再生事務所の職員は30人増員し、用地取得などの整備を進めるという。（民報：20151217）／／政府は2015年度補正予算案に、第一原発周辺の市町村で利用できるプレミアム付き商品券を発行し（避難区域内の事業者の経営再建支援が目的）、発行事業、事業者支援（再建）などに必要な費用として228億円を計上する。（民報：20151217）
2015. 12. 17	政府は2015年度補正予算に第一原発の廃炉、汚染水対策事業費として156億円を盛り込む方針を固める。また政府は2016年度当初予算案で

暦　年	事　　項
	「国際共同研究棟」（第一原発の廃炉研究拠点となる「廃炉国際共同研究センター」の附属研究施設、富岡町）の整備費などに40億円を計上する方針を固める。（民報：20151218）／／事故の未解明部分の調査を進めていた東電は、福島第一原発２号機は４日目（2011年３月15日）に「逃がし安全弁」（原子炉圧力容器内の蒸気を抜き圧力を下げる）を作動させる装置のゴム製シール材（「電磁弁」と呼ばれ、「逃がし安全弁」の作動のために窒素を送り込む）が高温で溶けた（窒素ガス漏れ、安全弁作動せず開かない事態）可能性があると発表、これで水を安定的に供給できずメルトダウンを招いたことが分かるという。シール材の耐熱温度は約170度だが、高温だと短時間の使用にしか耐えられないことが今回の検証の結果で判明する。東電は３号機でもシリコン製シール材（格納容器の蓋の接合部分に使用）の耐熱性が不充分のため高温で溶け隙間ができ、格納容器の機密性が失われたと発表、これで放射性物質を含む蒸気が隙間から直接放出され（ベントではなかった）、第一原発周辺の土地を汚染したとする。（東京：20151218）
2015. 12. 18	「海側遮水壁」（海に接し護岸からの汚染地下水の染みだしを防ぐ）が完成、これにより堰止められた地下水を建屋に移送しているが、東電はこのため建屋地下の汚染水が新たに１日に約400トン増加する問題が生じていると規制委に報告する。東電は海側遮水壁附近の井戸（地下水ドレン）で汲み上げた水にはトリチウムが最大8200Bq／ℓ含まれ、放射性物質トリチウムは浄化装置でも取り除けないので、他の井戸の水と混ぜても放出基準1500Bqを下回らない恐れがあるとする。／／安倍首相は原子力防災会議で、「エネルギー供給の安定性、経済性を確保するには、原子力はどうしても欠かすことができない」と述べ、政府の原発推進路線を強める発言をする。（東京、夕刊：20151218）
2015. 12. 21	県が海底土壌のモニタリング結果を発表、相馬市松川浦（岩子）で184.7Bq／kg（セシウム134が35.7／セシウム137が149）、いわき市四倉沖0.5kmで101.9Bq／kg（20.2／81.7）、同四倉沖6.5kmで319.7Bq／kg（61.7／258）、同四倉沖10kmで100.8Bq／kg（19.3／81.5）だった。／／政府が居住制限区域と避難指示解除準備区域とで2017年３月までに避難指示解除をするとしているなか、環境省は除染後の居住制限区域で、空間線量が一定範囲内で年間積算線量の3.8μSv／時（20mmSv／年）を上回れば再除染する方針（半年から一年程度の再除染の前倒し）を明らかにする。また同省は居住制限区域と避難指示解除準備区域とで追加被曝線量が1mmSv／年）以下の場合は再除染の検討対象にはしない方針を示す。なお福島市長はこの日、市が目指していた2015年内の住宅除染が困難となり、その目標時期を「今年度内」に切り替えることを明らかにする。住宅除染の計画件数は９万4525件だったが、行ったのは全体の87％（12月11日まで）で、年内の完了率は90％という。（民報：20151222）／／環境省は民家や農地から約20m以上離れた森林では除染をしない方針を最終的に固める。理由は森林からの、生活圏に影響を与

暦　年	事　　　項
	える放射性物質の飛散は確認されないこと、線量低減のための落葉除去をすると土砂流出などが懸念されることなどだとする。2014 年 11 月に原子力規制庁が避難区域の森林で行った空間放射線量調査の平均値は 6.5 μSv／時（最高の地点で 31.0 μSv、避難指示解除の要件は 3.8 μSv）であり、除染をしない森林で働く作業員の精神的な不安に配慮しろという県森林組合連合会の関係者の声がある。風雨で森林から飛散、流出する放射能物質はあり、20m 以上を除染しないのであれば帰還させないのが常識である。（民報：20151222）／／双葉町では、アクリル性の「原子力明るい未来のエネルギー」（1988 年と 1991 年とに設置）の看板撤去作業がなされ、この標語を考えた大沼勇治は保存をアピール、町は負の遺産として将来的には展示するというが、文字板のパネルは壊されており復元可能かどうか心配している。
2015. 12. 22	この日の大熊町中心部（未除染の地区）の空間線量として 24mmSv／時を計測する。（NHK・TV 夕方ローカルニュース）
2015. 12. 24	政府は 2016 年度予算案を閣議決定する。福島県に特化した東日本大震災復興特別会計（「復興・創生期間」の初年度に当たる）は約 1 兆 300 億円（前年度は約 7500 億円）盛り込まれる（復興庁試算）。除染費用は環境省所管で復興特別会計に 5224 億円、国直轄で 2887 億円、市町村（他県を含む）で 2330 億円とされる。（民報：20151225）／／県は 12 月 1 日現在の県の推定人口は 192 万 4697 人（同年 11 月 1 日比：639 人減）、世帯数は 73 万 7038（同比：476 世帯増）と発表、人口は国勢調査数とは約 1 万人違っている。／／2015 年 4 月に樋口英明裁判長により再稼動は差止められていたのだが、この日、福井地裁で林潤裁判長はこの仮処分決定を取消す判決を出し、高浜原発 3、4 号機の再稼動が現実的となる。
2015. 12. 25	原発事故関連死と認定した死者数が 2006 人となり 2000 人を超える（県発表）。これは地震、津波に因る直接死 1604 人を 402 人上回っており、震災による県内死者全体の 52％を占める。関連死は南相馬市が 483 人、浪江町 377 人、富岡町 330 人の順に多い。（民報：20151226）／／今年 10 月 1 日現在の人口が 191 万 3606 人となり〔前回 2010 年比で 11 万 5458 人（5.7％）減〕、戦後最少を更新する。（東日本大震災、福島原発事故後初の国勢調査の速報値：2015 実施）全 59 市町村の 9 割に相当する 53 市町村で前回を下回っている。避難指示が解除（一部解除を含む）された楢葉町（9 月 5 日、避難指示解除）は 976 人（前回比 87.3％減）、川内村は 2021 人（同 28.3％減）、廃炉作業員が多い広野町は 4323 人（同 20.2％減）、葛尾村は 18 人、富岡、大熊、双葉、浪江の 4 町は人口「ゼロ」である。県の人口減少は言うまでもなく原発事故に伴う県外避難が大きな要因である。（民報：20151226）／／政府は 2016 年度当初予算案を決める。「除染の実施」は 5223 億 9000 万円、「指定廃棄物や災害廃棄物の処理」は 2140 億 2000 万円、「中間貯蔵施設の設計や用地補償など」は 1346 億 2000 万円、「原子力災害対策雇用支援事業」は 42 億 4000 万円（継続）などである。

暦　年	事　　　項
2015. 12. 28	東日本大震災と原発事故とによる県民の県外避難者数（自主避難を含む）は、12 月 10 日現在、4 万 3497 人（今年 11 月 12 日との調査比：297 人減）となる（県発表）。避難状況は東京都 5808 人、埼玉県 4638 人、新潟県 3549 人、茨城県 3519 人、山形県 3212 人の順。なお県内避難者数は 12 月 25 日現在 5 万 7908 人で、県内外の総避難者数は 10 万 1405 人である。（民報：20151229）
2015. 12. 29	国の財源による市町村の住宅除染（汚染状況重点調査地域）の進捗率は、2015 年 11 月末で全体計画の 73.2％（前月比：2.5 ポイント上昇）と発表される。計画戸数は 44 万 2210 戸、うち終了は 32 万 3622 戸。公共施設などの除染進捗率は 84.5％、道路は 40.5％で極めて遅い状況である。（民報：20151229）
2015. 12. 31	この日現在、2 回目の甲状腺がんの本格検査では県全体で悪性、ないし悪性疑いの判定は 51 人（県全体の受診者数 23 万 6595 人で 0.02％に相当）、福島市では悪性、ないし悪性の疑いの判定は 8 人（市全体の受診者数 4 万 2347 人で 0.02％に相当）である。（ふくしま 市政だより：20160501）／／同、山林が 70％を占める楢葉町では、森林除染をしないのに帰還の解除が全町で出され困っている。／／同、企業調査（第一原発周辺、12 市町村にあった企業 2867 社が対象）では、県内で営業しているのが 21％、県外で営業が 28％、休業中が 44％である。
2015. 12	この年時点で、日本内外（フランス、英国保管分を含む）に保有する分離プルトニウム（核兵器に転用可能）の総量は 47.9トンで、このうちの核分裂性は約 31.8トンである。これは前年末比で約 0.1トンの増である。（内閣府発表）。31.8トンは非核保有国では日本が最多で、核爆弾 5500 発以上に相当する。／／この年の県内への転入者は 2 万 8209 人（前年比で 1853 人増）で、2011 年以降で最多となる。転入者は 2011 年で 2 万 1741 人、2012 年で 2 万 3346 人、2013 年で 2 万 5768 人、2014 年で 2 万 7056 人である。2016 年の転出者は県全体で 2395 人（前年比で 184 人増）である。（総務省：20160129）
2016. 1. 4 （平成 28）	県は、国が森林全体の除染はしない、生活圏の 20m 範囲に限定するとした方針に対して、森林除染も要望する。／／東電は 3 号機東側の観測用井戸 4 カ所で採取（2015 年 12 月 31 日）した水の放射性物質濃度が急上昇し、セシウム（134 と 137）が計 90〜307Bq／ℓ 検出されたと発表、また 2 号機東側井戸の地下で採取（2016 年 1 月 1 日）した水からはセシウム 134 が 350Bq／ℓ、セシウム 137 が 1600Bq／ℓ 検出されたと発表、更にベータ線を出す放射性物質濃度は 5000Bq／日だった。（民報：20160105）
2016. 1. 5	この日発売の「週刊女性」が石崎芳行福島復興本社（楢葉町、2013 年 1 月設置）初代代表へのインタビュー記事を掲載する（取材、文章はジャーナリストの渋井哲也）。「旧経営陣が刑事告訴されたが、裁判は見守るしかない。ひと言でいえば、事故への備えが十分でなかった。放射性物質を拡散させ、迷惑をかけました」とか、東電が原発は安全だと地域住民

暦　年	事　　　項
	に言ってきたことに対して、「結果としてダマしてしまったのだから、嘘つきと言われてもしかたがない」とか、全電源喪失、原子炉冷却不可で事故を起こしたことにつき、「危機意識の差です。原発事故は起きないという傲慢な発想が東電社内に蔓延していた。（中略）バッテリーが使えないときは考えていませんでした」とか、津島地区 32 世帯 117 人が国と東電とに損害賠償を求めて提訴していることについて、「〝賠償はしなくていいから、生活を返してくれ、そうすれば何もいらない〟と言われることがいちばんつらい。正直、現状回復はできません。まずはお金での賠償ですが、それでも心の満足を得られないことも見てきています」とか、「最大の罪はコミュニティーを壊したこと」とか、高木毅復興大臣が就任会見で 2F の再稼動の可能性を口にしていたことについて、「海側の設備も津波にやられたまま。現実として発電できません」などと発言する。／／新潟県庁で恒例の広瀬直己東電社長と泉田裕彦知事との会談があり、柏崎刈羽原発の安全対策を強調し避難計画作りへの協力を申し出る広瀬に対し知事は、「メルトダウンを隠されると避難ができない。避難計画以前の話だ」と突き放す。知事の原発再稼動に対する「事故の検証と総括が必要だ」という姿勢は変わらない。
2016. 1. 7	県は約 70 の県管理河川（全部では 491）で原発事故後に大量の土砂が河底に堆積していることを確認（県北、県中、相双地区）、県独自で除去、除染をする方針を固める。これまでに県は除染の実証実験を行った溜池約 50 カ所のうち、約 30 カ所で水底の土壌を除去、うち約 20 カ所で仮置き場のスペースがないので除去土壌をフレコンバッグに入れたまま池の脇に保管中だという。（民報：20160108）
2016. 1. 8	県内の森林除染につき丸川珠代環境相は、生活圏から離れた大部分の森林では行わない方針を変えないと述べる。（民報：20160109）／／双葉町中心部で震災以来手つかずだった瓦礫の撤去が始まる。／／最新の集計で震災と原発事故後に初めて避難者数が 10 万人を下回り 9 万 9991 人となる（県発表）。
2016. 1. 9	福島県の東日本大震災と原発事故とに関連した自殺者数が 2015 年 1 月～11 月末までで 19 人となり、2014 年の 15 人を上回って深刻な事態である。（朝日：20160109）
2016. 1 初め	原子力規制庁、福島県の依頼を受けた会津若松市が、住民説明会を開催しないで市内 9 カ所のリアルタイム線量計を避難指示区域へ移設することが発覚、市は今後空間線量が高くなるとは考え難い、心配しすぎるとストレスにつながり具合悪くなるなどといい科学的な説明ではない。線量計の撤去、移設は県議会、市議会には通知されておらず、子供の遊び場にある撤去などは市民の危機意識を逆なでするものである。
2016. 1. 11	米サウスカロライナ大学のティモシー・ムソー教授は原発事故で放出された放射性物質が動物に与える影響につき福島市で講演、第一原発周辺で羽毛の一部が白くなった鳥、腫瘍がある鳥が見つかったことを報告する。教授は「低線量被ばくに起因する生物個体への損傷を示す情報があ

暦　年	事　　項
	る。今後、長期的に調査を継続する必要がある」と指摘する。教授は原発事故後、18 回来県し約 400 カ所で調査している。（民報：20160112）
2016. 1. 12	県は県立医大に理学療法士ら保健医療従事者を養成する新施設の基本構想を発表する。4 年制課程で定員は計 145 人、理学療法士、作業療法士、診療放射線技師、臨床検査技師を育てる。2021 年 4 月の開設予定。
2016. 1. 17	福島県沖の魚介類の放射性セシウムの検査結果によれば、2015 年では食品衛生法が定める基準値（100Bq／kg）を超過した魚は、富岡沖で採取のシロメバル 3 点といわき沖で捕獲のイシガレイ 1 点の計 4 点だった（県発表）。県は基準値超の検体が減っている要因にセシウム 134 の半減期が約二年であること、魚介類の世代交代が進んだこと、放射性物質の排出量減少などをあげる。過去の基準値超過をみると 2011 年は 785 点（調査数 1972 点、39.8 ％に相当）、2012 年は 921 点（同 5580 点、同 16.5 ％）、2013 年は 280 点（同 7641 点、同 3.7 ％）、2014 年は 75 点（同 8722 点、同 0.9％）だった。／／2013 年 8 月に、南相馬市（原発から北約 20km）の米が放射能に汚染されたかどうかで、規制委は否定する見解を、農水省は可能性は指摘したが「原因不明」として調査打ち切りをしていた問題で、国際研究チーム代表・小泉昭夫京都大学医学研究科教授は「原因は東京電力第一原発での同年夏のがれき撤去による粉じん飛散」と結論づけ報告する。南相馬市方向に放出した放射性セシウムの量は高く、規制委の推計量の 3.6 倍以上だった（最新の解析システムで推計）。規制委の分析に対しては「住民に不安を与えるだけ」と述べている。ストロンチウムも検出され、その時期には極めて特異なセシウムプルーム（放射性雲）が到達していたことも確認される。この解析結果は論文として先月、国際学会誌「Environmental Science & Technology」に掲載される。（朝日：20160118）／／2 号機では原子炉格納容器に投入するロボットが、格納容器の貫通部前の放射線量が高くて除染に手間取っているため調査が難航する。
2016. 1. 18	福島原発告発団は国会内で記者会見し、福島原発刑事訴訟支援団を今月 30 日に発足させることを発表。近く開始予定の公判を傍聴し、国民に公判の内容を発信するのが目的。佐藤和良団長は「原発事故の真実が明らかになるよう公判を監視し、内容を国民に発信したい」と述べる。（民報：20160119）／／東芝は 3 号機の使用済み核燃料プール内の瓦礫や燃料を遠隔操作で取り出す設備（燃料取扱機とクレーン計 22 台を遠隔操作するカメラが付く）を開発し公開する。燃料取扱機（重量約 74トン）は燃料を取り出し構内用輸送容器に収納する。クレーン（重量約 90トン）は構内用輸送容器を吊り上げプール内から地上階まで輸送する。作業は 2017 年度から開始する。なお 3 号機のプール内には 566 体（未使用燃料 52 体を含む）の燃料があり、約 2 年をかけて搬出する予定。（民報：20160119）／／東電は昨年 12 月 18 日の報告の続きとして、「海側遮水壁」（昨年 10 月 26 日完成）で地下水が堰止められたため、ドレンからの汲み上げ（開始は昨年 11 月 5 日）をする際に、高濃度の放射性物質トリチウ

暦　年	事　　項
	ムがあるので2号機タービン建屋地下に移送しているが、その移送量が平均値で約550トン／日と分かる。（民報：20160119）
2016. 1. 19	本宮市のフキノトウ（野生）1点から放射性セシウム110Bq／kgが検出される（県発表）。政府は翌日20日に県に対し出荷制限を指示（原子力災害対策特別措置法に基づく）。現在、フキノトウ（野生）は12市町村で出荷制限となっている。
2016. 1. 20	アドリアナ・ペトリーナ「曝された生――チェルノブイリ後の生物学的市民」（人文書院）刊行。
2016. 1. 23	政府の原子力災害現地対策本部は、避難指示解除準備区域の川内村東部の荻地区と貝ノ坂地区の避難指示を今春を目処に解除する意向を示す。そうなれば川内村から避難区域がなくなる。示されたのは住民懇談会（出席は住民8人）でだが「住宅の改修が進まないと戻れない」、放射線の不安があるなどの意見がある。環境省は2014年3月に両地区の除染を終えたが、2015年8月から全戸の追加除染をし同年11月に完了、しかし両地区の空間放射線量の平均は、環境省の担当者が説明するように、除染前の2.67μSv／時から0.85μSv（約70％減）に下がっただけで、安全基準値を超えていて住める数値ではない。1月23日現在、両地区の住民は19世帯52人。（毎日：20160124）／／原発より10kmの距離にある楢葉町（2015年9月に避難指示解除）には2016年1月現在、7400人だった人口のうち、400人しか帰還（60歳以上が70％、20～30歳が4％未満）せず、戻って事業を再開したいという割合は60％だが、例えば、現在開店の楢葉の一商店などは年間7000万円の赤字で補償が切れるし、再開していない学校、まだ高い放射線量、インフラ整備など多くの問題が解決されていない。（NHK・TV：20160123）／／各教育委員会への取材で、原発事故で移転した先の学校に通う小中学生（避難区域となった県内12市町村の児童、生徒）の数が2015年度は3687人（住民票を基として、同年度の本来の就学対象者は計1万129人）で、事故前（2010年度は1万2424人）に比較して約70％減少していることが分かる。児童生徒の減少幅が最も大きいのは富岡町で1.3％減（1487人から19人に）、次いで浪江町は2.0％減（1773人から36人に）、双葉町は3.6％減（551人から20人に）である。2015年12月の飯舘村の保護者への意向調査では、回答者の70％超が元の学校へ戻らないと答える。児童生徒の教育、教育環境などが壊されている（避難区域内にあった小学校は36校、中学校は19校だったが、原発事故後、浪江町の小中6校が休校、南相馬市の1小学校が統合している）。
2016. 1. 27	県漁連は第一原発から半径10～20kmの海域を試験操業の対象に加える案を明らかにする。
2016. 1. 29	2015年の県内への転入者は2万8209人（前年比で1153人増）で、2011年以降で最多となる。原発事故の避難者の県内に戻る動きが続いているとみられる（総務省発表）。
2016. 1. 30	福島原発刑事訴訟支援団体が発足する。

暦　年	事　　　項
2016. 2. 1	この日現在、福島県の避難者数は9万9750人（県外4万3270人、県内5万6449人）で、県内の仮設住宅入居者は1万8982人。（民報：20170221）
2016. 2. 3	県知事は2016年度当初予算（一般会計）を発表、復興関連予算は1兆385億円で過去最大となる。
2016. 2. 7	丸川珠代環境相は松本市での講演で、「何の科学的根拠もなく、時の環境相が1mmSvまで下げると急に言った」と発言する。この年間被曝線量の決定は民主党政権が国際放射線防護委員会（ICRP）の勧告に基づいて決めたもので、民主党の緒方林太郎議員などは、放射能に苦しむ被災地の人たちを著しく害するなどと批判する。（東京、毎日：20160210）
2016. 2. 8	環境省は福島第一原発事故で出た指定廃棄物（放射性セシウムの濃度が8000Bq／kg超）の処分問題で、茨城県に対し汚染ゴミを現在の保管場所に置き続けることを認める（国の費用負担で安全対策を強化）。指定廃棄物は自治体の申請に基づき環境相が指定するもので、現在12都県に計約17万トンある（稲わら、ゴミ焼却灰など）。茨城県には約3600トンあり、自然減衰で今から10年後には約0.6トンになるとされる。（毎日：20160208）
2016. 2. 9	この日現在の福島県の推計では、自主的な避難住民（避難指示区域外からの）は約7000世帯、約1万8000人に上る。同住民には東電からの慰謝料（精神的損害賠償、月額10万円）は支払われず、福島県は住宅の無償提供も2017年3月末で打ち切る方針を昨年6月に決めている。（東京：20160209）
2016. 2. 10	避難区域外の伊達市月館地区の住民368世帯、1114人が、精神的苦痛を受けたとして原子力損害賠償紛争解決センターにADRを申し立てる。（東京：20160210）
2016. 2. 11	規制委は空間線量を自動的に測定する県内のモニタリングポストを、2017年度から大幅に減らす方針を決める。見直しの対象は避難指示区域に指定されている旧12市町村以外の学校など公共施設の約2500カ所（事故後の県内設置数は約3600カ所）で、県放射線監視室は「不安に思う県民も多い。いきなり減らさず県民の理解を得てほしい」と話す。（毎日：20160211）
2016. 2. 19	環境省は2017年秋頃に中間貯蔵施設の一部運用開始を目指す工程を発表、2016年度中に県内各地から計約15万m^3の除染廃棄物を施設の保管場に搬入する計画を示す。
2016. 2. 22	環池田実「福島原発作業員の記」（八月書館）刊行。
2016. 2. 24	東電が「社内の原子力災害対策マニュアルに溶融の判断基準があった。五年間見過ごしていた」ことを公表し、炉心溶融の判断基準が社内マニュアルに明記されていたと謝罪する。当時の「原子力災害対策マニュアル」には、「炉心損傷の割合が5%を超えていれば炉心溶融と判定する」との基準が明記されている。これに従えば1、3号機は事故から3日後の3月14日、2号機は3月15日夕べには判断でき公表が可能だったこ

暦　年	事　　項
	とになる。また炉心溶融の定義がないとの説明も誤りだったと謝罪する。
2016. 2. 25	日野行介「原発棄民 フクシマ5年後の真実」（毎日新聞出版）刊行。
2016. 2. 29	検察審査会の起訴議決を受け、指定弁護士（検察官役）が東電の勝俣恒久元会長ら旧経営陣3人を在宅のまま東京地裁に強制起訴（業務上過失致死傷罪）する。東電の旧経営陣の刑事責任が法廷で問われるのは初めてである。（民報：20161217）
2016. 2	大渡美咲「それでも飯舘はそこにある 村出身記者が見つめた故郷の5年」（産経新聞出版）刊行。
2016. 3. 1	「科学」3月号（岩波書店）が「原発事故下の5年」を特集、論文「葬られた津波予測：次々見つかる新事実」（添田孝史）、「原発事故がもたらした精神的被害：構造的暴力による社会的虐待」（辻内琢也）、「チェルノブイリと福島：事故プロセスと放射能汚染の比較」（今中哲二）、「原子力施設従業員長期被曝データ分析の動向」（濱岡豊）などを掲載する。
2016. 3. 5	長泥記録誌編集委員会編「もどれない故郷《ふるさと》　ながどろ」（芙蓉書房）刊行。
2016. 3. 7	2011年3月11日から2016年1月末現在で、被曝した作業員の総数は4万6490人（被曝線量は平均12.7mmSv／年）で、5mmSv／年（厚労省の白血病労災認定の一つ）超は約3万2760人（2014年度は6600人、前年比で34%増加、2015年度は2016年1月末時点で4223人）だった。また、同時期に累積被曝線量100mmSv／年（ガンを発症し死亡する危険性が0.5%上昇する値）を超えた人は174人、最も多い人で678.8mmSv／年（事故発生直後に作業従事）あった。2015年10月には富岡労働基準監督署（いわき市）が元作業員の男性の白血病を労災と認め、福島原発事故の作業で初めてガンが労災認定される。（民報：20160307）／／東電は福島復興本社をJヴィレッジから富岡町（避難指示継続中）に移転し業務を開始する。
2016. 3. 8	2016年2月15日からこの日までの福島市の「放射線量測定マップ」を「環境課放射線モニタリングセンター」が発表、0.23μSv／時未満は436区画（47.4%）、0.23以上0.5μSv／時未満は463区画（50.3%）、0.5以上0.75μSv／時未満は21区画（2.3%）であった。0.23μSv／時以上の平均環境放射線量の地区は次の通りである（全体平均は0.25、単位省略）。大波（0.47）、立子山（0.36）、飯野（0.33）渡利（0.35）、東部（0.32）、松川（0.28）、信陵（0.28）、飯坂（0.27）、北信（0.25）。なお、0.23以上の平均環境放射線量の主な観光施設は、飯坂温泉駅（0.27）、花見山（0.34）であった。
2016. 3. 11	東電の岡村祐一原子力立地本部長代理はこの日の定例記者会見で、「個人的な知識」とした上で「（炉心溶融の基準を）私自身は認識していた」と述べる。炉心溶融の基準を事故直後に既に東電幹部が把握していたと認める発言は初めて。ただ岡村は事故当時、「炉心溶融を判断する立場

暦　年	事　　項
	ではなかった」とする（当時岡村は原子力立地業務部に所属）。（民報：20160312）／／烏賀陽弘道「福島第一原発メルトダウンまでの50年」（明石書店）刊行。
2016. 3. 17	「生業を返せ、地域を返せ！福島原発訴訟原告団」が国と東電に慰謝料を求める訴訟で、福島地裁が初の検証（現地調査）を浪江、富岡、双葉で実施する。
2016. 3. 24	原発事故の賠償のために東電に5831億円の追加支援を了承すると、原子力損害賠償・廃炉等支援機構が発表する。機構と東電は追加支援を政府に申請し近く認められる見通し。認可されれば機構による支援額は7兆4695億円となる。
2016. 3. 25	2020年までに除染廃棄物1000万 m^3（学校、住宅、幹線道路沿いの仮置き場に保管のもの）のうち最大680万 m^3 を優先的に施設に搬入する方針を固める（環境省発表）。
2016. 3. 28	第一原発の作業員の「集団被曝線量」（一人一人の線量の総和／単位は「人Sv」）が、事故前の約5年間（計約91）と事故後から2016年1月末までの約5年間（事故後は年間約1万4000人〜2万人が作業）と比較すると6倍以上になっていることが分かる。最も高いのは2011年度（2011年3月を含む）が264.02、作業が増加した2014年度は104.57である。（民報：20160329）／／24〜28日までの5日間、東電は守るべき運転上の制限を逸脱する。高濃度汚染水の処理設備では、どちらかで動作不可能な状況が連続3日あってはいけないのに5日続いた（2017年8月15日までに東電発表）。（朝日・県内版：20170816）
2016. 3. 30	県は捕獲した野生イノシシ141頭（10〜3万Bq／kg、検査は全180頭、最大値は相馬市で捕獲の検体）、ツキノワグマ8頭（4.4〜390Bq、同全26頭、最大値は同福島市）、ヤマドリ2羽（同全3羽、最大値は270Bqで同国見町）から基準値（100Bq）を超える放射性セシウムが検出されたと発表した。／／福島第二原発でケーブルが不適切に敷設（1〜4号機で計887本）され火災対策に不備があった問題で、東電は設計段階で誤りがあったこと、設計者の教育や定期的な設備情況の確認不足があったことを認め対策を講じるとした。2015年11月には新潟県の東電柏崎刈羽原発でも同様の問題が発覚している。（民報：20160331）／／規制委は第一原発の汚染水対策の凍土壁を海側から段階的に凍らせる運用計画を認可した。1〜4号機の周囲約1500mに1m間隔で地下30mまで管を埋め、零下30度の液体を循環させる計画である。東電は明日から凍結を開始する。（朝日：20160331）
2016. 3. 31	建屋海側の凍土遮水壁の凍結を開始。／／2015年度に県が実施の県産農林水産物の放射性セシウム検査の結果、基準値超は大半が野生の品目で、川魚3品目（ヤマメ、イワナ、アユなど）と、山菜6品目（ウド、ゼンマイ、コゴミ、ウルイ、フキノトウ、フキなど）、それに玄米と大豆（但し、生産者が前年度産を検査に持ち込んだ事情がある）だった。（民報：20160331）／／2015年度の復興庁の調査では自宅に「戻りたい」と答えた

暦　年	事　　項
	割合（帰還困難区域外の住民も含む）は大熊町11.4%、双葉町13.3%、浪江町17.8%、富岡町13.9%、飯舘村32.8%である。（朝日：20160901）
2016. 4. 1	この日より被曝線量が5年間の上限値である100mmSvを超えた作業員（炉心溶融現場の収束作業などに従事）約50人が、再び被曝を伴う作業に復帰できるようになる。理由は線量管理期間（5年）が昨日で満了したためで、東電は「経験豊富な作業員が廃炉作業の最前線に戻ることで、現場の安全性を向上させたい」と期待する。東電によると100mmSvを超えた東電社員は150人（今年3月1日現在で129人在職）、協力企業社員24人で、東電社員は国の通達に基づき本社での廃炉支援作業などに配置転換されている。希望者は現場作業に戻す方針ともいう。（民報：20160401）
2016. 4. 5	大熊町は役場機能の一部を町内の大川原地区に移転し、事故後に町内で初めての職員の常駐を再開する。
2016. 4. 7	事故直後に地下貯水槽で高濃度汚染水漏れを起こした地下貯水槽で、検知孔（水漏れを知らせる孔）の放射性物質の濃度が上昇、ベータ線放出の物質で8100Bq／ℓ（今年3月30日採取分の約100倍）である。（朝日：20160415）
2016. 4. 11	東電本社で開かれた定例記者会見で、岡本祐一原子力・立地本部長代理は「5%超損傷で炉心溶融」との基準を事故前から知っていたことを明らかにする。
2016. 4. 17	楢葉町長選で現職の松本幸英が再選される。
2016. 4. 18	ロシア研究者の尾松亮（日本に初めてチェルノブイリ法を体系的に紹介）が都内で講演、ロシア政府報告書（2011年発表）の内容と福島県側の説明とが「大きく食い違う」と批判する。（朝日：県内版、20160418）尾松はロシア政府報告書を分析し、甲状腺がんは事故の翌年から著しく増え（年平均1.7倍）、4～5年後にさらに大幅に増加、事故後に5歳以下に急増するのは事故後約10年後で彼らが10代半ばになって以降であること、被曝推計の最高値比較では大差があるが、低線量被災地でも増加しているなどとしている。他方、福島県は有識者による検討委員会などで、罹患統計から推定される有病数に比べ「数十倍のオーダーで多い甲状腺がんが発見されている」と認めながら、「放射線の影響とは考えにくい」と主張してきている。その根拠として、チェルノブイリ事故後に甲状腺がんが多発したのは事故から5年後、5歳以下であるのに対し、福島ではがん発見が1～4年で早い、事故当時5歳以下の発見がない、被曝線量がはるかに少ないなどをあげる。／／大熊町で中間貯蔵施設予定地への本格輸送を開始、初日は同町大川原地区の南平仮置き場から24m^3を搬入する。
2016. 4. 19	経産省作業部会は、除去が困難な放射性トリチウム（3重水素、水分子を構成する水素自体が放射化）の5つの処分方法を検討した結果を発表した。処分方法としては安価、短期間処分ということで「水で薄めて海に

暦　年	事　　項
	注入」、「処分コスト」34億円、「処分完了までの期間」7年4カ月、地元漁協などとの同意が焦点（「課題と評価」）を選ぶ（処分方法の項目は経産省資料より）。現在、福島第一原発の敷地内には汚染水約85万トン（14日現在、燃料溶融時の注水などで発生したもの、うち64万トンはALPUで処理済みだが高濃度でトリチウムが残存）が溜まっている。経産省の仮定では一日の処分量は400トン、希釈濃度は6万Bq／ℓ。濃度基準を下回ればトリチウムを含んでいても世界的に海洋放出が認められている。田中俊一規制委委員長はトリチウムを含む水は海洋放出すべきだとの考えを示している。東電は放射性物質除去後も、地元の関係者の理解なしには海洋放出しないと説明している。なお国の海へのトリチウムの放出上限はその半減期に応じており、上限6万Bq／ℓになるまで456～912カ月の管理が必要とされている。
2016. 4. 20	除染事業受注者特別講話会（環境省福島環境再生事務所と県警本部との共催）で、福島県警による除染作業員の摘発数が2016年1月～3月末までで24人（同期前年比・31人減少）と発表される。摘発数は2015年210人、2014年195人、2013年131人、2012年26人、2011年1人　と増加傾向にあった。／／同日、福島県平和フォーラムの「脱原発福島県民会議」（社民党県連などで結成、小川右善代表）が九電川内原発の即時停止を国などに求めるよう福島県に要請する。／／同日、いわき市漁協が5月の連休明けより今年のアワビの試験操業を始めると発表、5月中旬にはキタムラサキウニの試験操業（昨年が原発事故後初だった）と貝焼き加工も開始する。／／同日、午後7時20分頃、第一原発のタンク群（「G6エリア」と呼ばれる）に汚染水を移送する配管から水漏れが発生する。
2016. 4. 21	東電は昨日の水漏れでベータ線を出す放射性物質が26万Bq／ℓ検出されたと発表。地面に漏れた量は推計で約3ℓとした。
2016. 4. 22	復興庁は今年度に創設した「被災者支援総合交付金」（「被災者健康・生活支援総合交付金」に「地域支え合い体制づくり事業」などを統合、全予算額は220億円、今回配分額は152億円）の配分先を発表、対象は自治体や民間団体などで、県内自治体（県と20市町村）には69億5504万円を交付するとした。／／捕獲したイノシシ9頭（国見町3頭、川俣町4頭、須賀川市2頭）のうち8頭から基準値（100Bq／kg）を超える放射性セシウムを検出する。検査した値は97～650Bq（最高値は国見町の1頭）である（県発表）。
2016. 4. 26	原子力資料情報室編「検証　福島第一原発事故」（七つ森書館）刊行。
2016. 4. 27	県漁業協同組合連合会の組合長会議で、第一原発に溜り続けている低濃度汚染水（浄化処理後に残る放射性トリチウム）の「海洋放出は絶対に認めない」との方針を改めて確認、「海に流すことになれば、漁業者の生命は断ち切られる」と強い反発をする。（朝日：20160429）／／東京地裁は双葉病院（大熊町、原発から約4.6km）の入院患者2人（安倍正、当時、98歳／辺見芳男、同73歳）の遺族が求めていた損害賠償訴訟の判決で、東電に約3100万円の支払いを命じる。2人は3月14日と16日にそれ

暦　年	事　　項
	ぞれ救出されたが県内の避難所と病院でともに16日に死亡した。(朝日：20160428) ／／東京地裁は東電の勝俣恒久元会長、武黒一郎元副社長、武藤栄元副社長ら3人の審理につき、証拠や争点を絞り込む公判前整理手続きの適用を決める。(民報：20161217)
2016. 4. 28	政府の原子力災害現地対策本部は川内村東部の2地区（19世帯51人、二地区以外は2014年10月にすべて解除）に出ている避難指示を6月14日に解除する意向を明らかにし村議会に説明する。解除されれば村内の避難指示はすべて解除となる。
2016. 5. 2	只見町の野生のコシアブラ1点から109.2Bq／kgの放射性セシウムが検出される（県発表)。／／第一原発のタンク群につながる配管のつなぎ目（G6タンクエリア）から漏れた（発生は4月20日）汚染水の放射性物質濃度（セシウム134、同137、トリチウム、放射性ストロンチウムの合算の告示濃度限定比は397）は、東電が設定の排水基準（限度比0.22）の約1800倍だった。この日、東電は報告書を規制委に提出する。(民報：20160503) ／／この日までに青山道夫福島大学環境放射能研究所教授が、原発事故で海に放出された放射性セシウムの一部が日本周辺の海域に戻ってきたとの検査結果をウィーンの国際学会で発表した。調査期間は2015年11月から今年の2月にかけて、地域は北海道から沖縄県の海域71カ所（福島県沿岸を除く)、最高値はセシウム137（半減期30年）が薩摩半島の南西部で2Bq／m^3だった（四国沖1.90、富山県沖1.85、新潟県沖1.83、秋田県沖1.63、奄美大島付近1.39)。セシウム134（チェルノブイリ原発事故での放出分は殆ど検出されていない）は最大で0.38Bq／m^3だった。今回観測のセシウムは、黒潮で日本から東に流され、北太平洋西部で南下し、向きを西に変えて事故から2〜3年で日本に到着したとみられる。なお過去の核実験による放射線量は除く措置をとっている。(民報：20160503)
2016. 5. 6	志賀重範東芝副社長が新会長候補となる。選んだ指名委員会の小林喜光委員長（三菱ケミカルホールディングス会長）はこの日の記者会見で、「若干グレーだが、原子力という今後の国策的な事業をやるには余人をもって代えがたい」と強調する。
2016. 5. 8	来月14日の川内村への避難指示解除を決めた政府の原子力災害現地対策本部は村で住民（15人出席）説明会をもつ。貝ノ坂地区住民からは「森林除染が不十分だ」、除染廃棄物の「仮置き場の管理を徹底してほしい」などの意見が出る。遠藤雄幸村長は記者団に「先延ばしの材料は見当たらない」と解除受け入れに前向きな姿勢をみせる。川内村はまだ一部地域に避難指示解除準備地区（5月1日現在、人口は19世帯51人、準備宿泊登録は1世帯2人）が残る。(東京：20160509)
2016. 5. 13	政府の原子力災害現地対策本部は原発事故に伴う南相馬市の避難指示解除準備と居住制限との両区域を、早ければ7月1日に解除する方針を明らかにする。南相馬市は学校再開を2017年4月以降としており、学校再開前の解除は時期尚早ではないかという疑問が出ている。(民報：

暦　年	事　　項
	20160514）
2016. 5. 14	関西学院大学災害復興制度研究所の尾松亮が「チェルノブイリ法」（1991年2月27日の項、参照）からみた福島原発の現状を発言、その違いを国家が補償の責任主体でない点、避難を必要とする放射線汚染の基準の有無などと指摘する（第788回マル激トーク・オンディマンド）。
2016. 5. 16	県は県内の森林（民有地）の空間放射線量〔国の除染の長期目標は追加被曝線量1mmSv／年（0.23μSv／時に相当）以上〕を発表、2015年度は平均で0.32μSv／時（調査は継続調査地点の362）で、2011年度の同0.91μSv／時に比較して約65％の減少。なお、同じ2015年度（2016年3月1日現在）の1230地点での調査では平均値は0.46μSvだったとする。また避難指示解除準備区域内37地点の平均値は0.89μSvで、既述の継続調査地点で比較すると2012年度は0.62μSv、2013年度は0.44μSv、2014年度は0.39μSvだったとする。／／林野庁と県は県内森林の放射性セシウムの約9割が地表から深さ約5cmまでの土壌や落葉層に分布していると発表する。（民報：20160517）／／県が自主避難者の戸別訪問を開始する。
2016. 5. 18	福島県は2016年度以降5年間（復興創生期間）における東日本大震災と原発事故に対応する財源として、2兆3000億円〔但し、国際研究産業都市（イノベーション・コースト）構想関連を除く〕を見込むことを明らかにする（県行財政改革推進委員会）。この期間には一部の復興事業費に地元負担が導入されるが、県はそれに伴い2020年度までに新たに生じる負担額を70億円弱と試算している。（民報：20160519）
2016. 5. 20	浪江町津島地区（帰還困難区域）の住民が、現状回復と損害賠償とを求めて国と東電に対し訴訟を起こした裁判の第1回口頭弁論が地裁郡山支部（上仏大作裁判長）である。被告側は争う姿勢を示す（請求棄却を求める答弁書を提出）。従って同日に、原告団は住民40世帯136人分の第3次提訴をした。（民報：20160521）
2016. 5. 23	阿部善也東京理科大講師（分析化学）らの研究グループが日本地球惑星科学連合大会（千葉市）で、福島第一原発事故で放出された放射性セシウムを含む微粒子が3種類あると発表した。まず、微粒子は直径数μm（マイクロメートル）の球形で、2011年3月14日朝（2号機の放射性物質の大量放出時）に飛散、高濃度のセシウムや核分裂生成物（元素）を含み完全に溶けてガラス状であること、次に、直径数百μmの不定形で、福島県の土壌で発見され、飛散時期は不明だがガラス状（ストロンチウムなどを含む）で一部に溶け残りがあり、1号機（最初の事故）由来とみられること、更に、直径数百μmの不定形で不均質、同3月30日に飛散し、記述の2つの微粒子より低温で出来たこと、塩素が多く含まれるので炉に注入した海水に由来する可能性があることなどである。（毎日：20160524）
2016. 5. 25	県は東電に原発事故に伴う損害賠償（第四次請求）として約17億9160万円を請求した。第一次請求（2011年度分）以降の累積請求額は約128億円、支払い済みは約39億8000万円という。（民報：20160526）／／双葉

暦　年	事　　項
	病院（大熊町）の入院患者ら2人（同病院に入院中だった当時96歳男性と、系列の介護施設に入居中だった86歳の女性）の遺族が東電に損害賠償を求める訴訟の判決で、東京地裁は患者らの事故前の病気なども死亡に影響したとして東電に計約3000万円の支払いを命じる。2人は2011年3月14日に自衛隊に救出され避難所のいわき市内の高校の体育館に運ばれたが15日に死亡する。（朝日：20160526）
2016. 5. 26	2万Bq／kgを超える放射性セシウムが福島市内の県立高校内に放置されていた土壌から検出される。同校は5月24日～26日、汚染土壌を袋詰めにし校庭の片隅に移動する。草木が交じる汚染土壌は約20㎥あり、約2年以上は放置されていた。同校は2011年の夏にグランドを除染、他の場所については2016年春に除染（近隣地域の計画に合わせる）、その際の事前測定では1.6 μSv／時の場所があった。学校関係者がその場所の土壌を採集し2カ所のNPO法人測定所で測ったところ、2万7000～3万3000Bqの放射性セシウムを検出したわけである。法律で国が指定廃棄物として処分に責任を持つのは8000Bq／kg超である。（朝日：20160526）
2016. 5. 27	経産省作業部会が報告書をまとめ、除去できない放射性物質トリチウムについて「すぐ実用化できる技術は確認されなかった」とし、薄めて海に放出方法が最も短期間で安価（処分コスト34億円、処分完了までの期間は7年4カ月）に処分できるとした。「深い地層に注入」は同コスト3884億円、同期間13年、「セメントで固めて埋める」は同コスト1523～2431億円、同時期8年2カ月である。（朝日：20160528）なお、田中俊一規制委委員長は依然としてトリチウムを含む水は海洋放出すべきだという考えを示している。（民報：20160528）
2016. 5. 31	国は第一原発に溜まり続ける汚染水対策で、放射性トリチウム（3重水素）を含む水の処理につき、海洋放出が最も安く短期間で処理出来ると県漁業協同組合連合会に初めて説明する。県漁連の野崎哲会長は組合長会議で資源エネルギー庁専門家会合が出した報告書案（トリチウムを含む水の処分）について、海洋放出案には「反対していく」と述べる。理由はこれまで容認してきた地下水の放水と違い、トリチウム水が高濃度汚染水に由来するためだという。汚染水は現在500㌧／日のペースで増え続け、保管する水は82万㌧超である。／／福島県内の学校などに保管されている除染廃棄物を搬入するために必要となる中間貯蔵施設内の面積について、井上信治環境副大臣は「計算上は30ha程度」（東京ドームの約6倍に相当）との見解を示す（参院国土交通委員会で）。現状では、県内の学校などが保管する除染廃棄物は約33万 m^3（民進党の増子輝彦参院議員が副大臣に必要な保管用地の面積を尋ねた際の数値）で、副大臣は30ha程度と考えると答弁する。（民報：20160601）／／4月の第一原発作業員の被曝線量は最大値で9.46mmSv／年（協力企業の作業員）と東電が発表する。4月に作業に従事したのは東電社員987人（社員の最大値は1.81mmSv、平均は0.14mmSv）、協力企業の社員8607人（平均は

暦　年	事　　　項
	0.38mmSv）である。
2016. 5	この月、小泉純一郎元首相が福島第一原発事故で被曝した米空母「ロナルド・レーガン」艦隊乗員（兵士）らに面会のため訪米する。同年7月には細川護熙元首相と一緒に兵士らの医療支援のための基金を立ち上げる（2017年3月末までで3億円以上集まる）。（東京：20171004）
2016. 6. 3	相馬双葉漁協がホッキ貝の試験操業を再開する。
2016. 6. 6	建屋山側の凍土遮水壁の凍結を開始する。／／福島県は第一原発事故当時18歳以下の約38万人を対象にした甲状腺検査で、新たに15人が癌と診断され計131人になったと発表する。うち1人は事故当時5歳だった。（朝日：20160607）
2016. 6. 7	環境省は福島第一原発事故の除染で出た汚染土（最大で2200万m^3発生）などにつき、ふるいわけなどをして放射線濃度が8000Bq／kg以下となったものは再利用（防潮堤の盛り土、道路など）が可能とする基本方針をまとめる。（朝日：20160608）／／サブドレン（建屋周辺の井戸）から汲み上げて浄化した地下水約870トンを海洋に放出する。また「地下水バイパス」（原子炉建屋内に流入する前に地下水を汲み上げて汚染水を減らす設備のこと）で地下水約1570トンを海洋に放出する。（民報：20160608）／／飯舘村で行政区町会（村主催）開催、出席の政府担当者がフレコンバッグの搬出は2020年の「東京五輪までにすべて終了するのも難しい」と説明、「会場からは落胆の声が上がった」。2017年3月31日の避難指示解除が固まっても村民の不安は解消しない。フレコンが残る中での避難解除となる。「目の前にフレコンが累々と積まれていては帰る気にならず、『フレコンがなくなったら帰る』という村民も多い。いつ搬出が終わるのか時期を示してほしい」、「一等農地にフレコンが積まれていては営農が再開できない」という声がある。区長からの多かった要望は村内にある約170万袋のフレコンの早期搬出である。2016年末まで農地除染は続くのでフレコンの数は更に増加する。2016年度の村からの中間貯蔵施設計画地への搬出は5,000袋に止どまる。しかも現状では中間貯蔵施設用地買収は進んではいない。（朝日：20160608）
2016. 6. 9	政府が福島県沖のヒラメの出荷制限を解除する。
2016. 6. 10	3号機地下貯水槽の北東側の検知孔で放射性物質の濃度の14万Bq／ℓの急上昇がある（東電発表）。原因も外部への流出も不明。（民報：20160611）／／政府が2017年3月末までにと急ぐ9市町村を対象とした避難指示解除（高放射線量の「帰還困難区域」以外）は、避難を強いられている約7万人のうち、約4万6300人が帰還できるようにするという、2020年の東京五輪を見据えての復興加速化が狙いだが、「朝日新聞」が生活インフラは充分整わず、住民の放射線への不安も残されたままだと批判する。この日現在、帰還困難区域住民で帰還の見通しが立たない人は2万4100人、避難指示区域外だが避難している人は2万3000人、避難指示解除済みだが帰還していない住民は7139人、帰還した住民は823人である。

暦　年	事　　項
2016. 6. 12	政府は葛尾村の9割強の世帯で避難指示を解除する。昨年末までで48％が帰村を希望した。帰村しない住民の主な理由は放射線の心配である。（NHK ローカルニュース：20160612）避難指示解除は田村市都路地区、川内村東部、楢葉町に続き4例目。解除の対象は葛尾村の全451世帯1466人（2016年6月1日現在）のうち418世帯1347人である。だが準備宿泊の申込みは53世帯126人（全人口の約1割）に留まっていた。（朝日：20160610）葛尾村（全面積の80％が山林、但し国は山全体は除染しない）では水田にまだフレコンバッグが山積みで搬出の目処はまだ立たない。松本邦久村水稲部会会長（当時、57歳）は「農業を再開しにくい。農業の復興なくして村の復興もない」と嘆く。
2016. 6. 14	政府は川内村東部に残っていた萩、貝ノ坂地区の避難指示を解除、村内の避難区域はなくなる。これで避難指示解除は5例目。
2016. 6. 15	浪江町は原発事故により学校用地や公園など261haの土地の価値が喪失または減少したとして、東電に計115億8622万円の損害賠償を請求する。自治体の公有地の損害賠償請求は双葉町に次いで2例目。（民報：20160616）／／東電が炉心溶融の判断を記した社内マニュアルを見過ごしていたと主張している問題で、原因調査を依頼した第3者検証委員会（委員長は田中康久弁護士）が明日、報告書を取りまとめると発表する。事故当時の東電の社内マニュアルでは原子炉の損傷割合が5％超となった場合は「炉心溶融」と判断すると明記されていた。事故直後、東電は記者会見で溶融の可能性を指摘されたが「基準は存在しない」として、1～3号機は前段階の「炉心損傷」と説明した。（民報：20160616）／／福島県庁で開催の県行財政改革推進本部会議で、原発事故に伴う損害賠償では2016年3月末現在、県が東電に請求した額は約314億円、このうち支払われたのは約150億円（48％）に止まっていることを示す。（民報：20160616）
2016. 6. 16	第3者委員会が「当時の清水正孝社長が『炉心溶融』という言葉は使うなと指示」などとした報告書を公表する。／／イノシシ13頭のうち11頭、ツキノワグマ6頭のうち3頭（どれも4、5月に捕獲）から基準値を超える放射性セシウムを検出する。最大値はイノシシで420Bq／kg（5月27日、郡山市）、ツキノワグマは400Bq（5月22日、国見町）だった（県発表）。
2016. 6. 17	飯舘村の居住制限と避難指示解除準備との両地区（5月31日現在、1770世帯、5917人、全人口の95.6％）を、2017年3月31日に解除すると政府が正式に決定する。解除時期が示されない帰還困難区域の住民は75世帯、268人。（民報：20160618）／／東電の第3者検討委員会の報告書は、事故当時、清水元社長が武藤元副社長に炉心溶融という言葉を使わないようにと指示したという新たな事実を認定する。／／開沼博編「福島第一原発廃炉図鑑」（太田出版）刊行。チェ・ジンソクは福島第一の作業は「廃炉」（原子炉の解体撤去）ではないから「事故処理図鑑」だと批判する。（現代思想：201708）

暦　年	事　　項
2016. 6. 20	福島民報社と福島テレビが日常生活での放射線の意識の有無を聞いた県民世論調査の結果を発表する。「意識している」の回答は44.7%で、「意識していない」は46.3%となり、後者が前者を初めて上回った（「わからない」は9.0%）。「意識している」では男性は42.0%、女性は47.1%、年代別では70代が51.0%、18、19歳が50.0%、60代が47.2%だった。「意識していない」では男性は50.5%、女性は42.6%であった。（民報：20160620）／／県は2015年度の県内外の避難者意向調査を発表、同居していた家族が東日本大震災と第一原発事故発生時以後に2カ所以上に分散して暮らしている世帯は、回答した世帯の47.5%に上る。／／県は災害公営住宅4890戸のうち需要の少ない211戸の建設保留を発表。また県は東日本大震災と第一原発事故に伴う住宅無償提供が2017年3月で打ち切られる世帯を対象（県内外の7067世帯）にした意向調査の結果を発表、打ち切り後に住む家が未決定は4713世帯（約7割弱）であった。この中で県内避難（2029世帯）の約9割は県内生活を希望、県外避難（2684世帯）の約7割は県外での生活を継続する意向を示す。（民報：20160621）
2016. 6. 21	広瀬社長は記者会見で東電は原発事故後の炉心溶融を隠蔽したと謝罪する。個人見解でも「隠蔽です」と答える。この隠蔽の発覚は、東電に対し福島第一原発の事故対応を詳細に調査するよう要請した泉田裕彦新潟県知事の発言が切っ掛けで、新潟県に「炉心溶融の定義はない」という謝った回答をしたことも認める。なお官邸からの指示の有無については追加調査はしないと答える。（民報：20160629）
2016. 6. 22	山形県は福島原発事故に伴う2010～2011年度の対策費（損害賠償をADRに申し立てていた）約1億6000万円の支払いを受けることで東電と和解する。今回の支払いの対象は汚染樹木の伐採や、福島県から避難した農家の就農支援などの費用である（山形県発表）。（民報：20160623）／／福島第一原発の建屋周辺のサブドレン（井戸）から汲み上げた地下水984トンを海洋に放出する。
2016. 6. 23	福島第一原発の建屋周辺のサブドレン（井戸）から汲み上げた地下水777トンを海洋に放出する。
2016. 6. 26	第一原発で汚染水を保管するタンク（フランジ型、筒状に加工した鋼板を積み上げて接合）から推定約72ℓの水漏れ（ベータ線を出す放射性物質濃度は9万6000Bq／ℓを検出）が見つかる。外部への流出はないという（東電発表）。（民報：20160627）
2016. 6. 28	東電の広瀬直己社長は株主総会で、「いかなる状態でも、社員に口止めする行為をしてはいけないと誓いたい」と述べる。（朝日：20160629）
2016. 6. 29	いわき市は2010年度から2012年度の一般会計分と下水道事業分として、計4億5993万7896円を東電が支払うことで合意したと発表する。市の一般会計での賠償は初。（民報：20160630）／／規制委は原子力施設での電気ケーブル敷設状況の調査結果を発表、柏崎刈羽、福島第二、女川、浜岡の四原発で計1973件の保安規定違反があったとした。いずれ

暦　年	事　　項
	も4段階中2番目に厳しい「違反2」と認定。福島第二原発では安全設備に関わるケーブルと他のケーブルが中央制御室の床下で混在、規制委が「保安規定違反」と判定する。（朝日：20160630）
2016. 6. 30	指定された避難区域以外で仮設などに避難している人は6月末時点で全1万2436世帯で、2017年3月で支援は打ち切られるが、まだその後の住まいが決まっていない人は77.7%だと分かる。（NHK・TV：20160630）
2016. 7. 1	この日現在で、葛尾村に帰還（本年6月12日避難指示解除）した人は38世帯61人となる。
2016. 7. 2	環境省は県内の学校施設に保管されている除染土壌の搬出作業を開始した。この日はいわき市の赤井中学校から開始し、大熊町の中間貯蔵施設予定地（当面の保管場は約0.8haの駐車場、約1万m^3の除染土を仮置きの予定）にある町有地に搬出する。この日の時点で県内の保育園、幼稚園、小中高などには約30万m^3の除染土が保管埋設されている。
2016. 7. 7	福島検察審査会が福島原発告訴団の「汚染水告発」につき、不起訴相当の議決を発表する。〃日立製作所はイギリスで進める原発事業に参画する。日本の電力会社が海外の原発事業に本格的に関わるのは初めてである（日本原子力発電発表）。
2016. 7. 10	この日決まった参院選当選者に原発再稼動の是非のアンケート調査を実施、自民党は賛成が60.6%、反対は1.9%、賛否不明確の無回答は35.6%。公明党は同90.9%、反対はなし。民進党は反対が38.1%、賛成が28.6%。おおさか維新の会は反対が41.7%、賛成が8.3%、「その他」が50.0%。共産党、社民党、生活の党は全員が反対。日本のこころを大切にする党は全員が賛成である（共同通信系に拠る）。（民報：20160712）
2016. 7. 12	政府は南相馬市の避難指示を解除。避難指示解除は6例目。事故直後には小高区全域と原町区1部（第一原発から20km圏内）に避難指示がでた。市全体では現在でも自主避難者を含め1万7000人超（事故直後は約6万人）が避難している。今回の解除対象者は3487世帯1万807人、内訳は7月1日現在で、居住制限区域の人口は121世帯、457人、避難指示解除準備区域で3366世帯、1万350人である。（民報、朝日：20160709） 小高区川房地区（「居住制限区域」）などは「避難指示解除準備区域」に段階的に変更されることなく一気に解除される。現在でも屋敷林（イグネ）では2μSv／時超ある。2015年秋の京大チームの測定では母屋裏で4μSv超（除染後の数値）、林では7μSv超あり、そもそもは国が解除基準とする20mmSv／年を超えていた。解除しても子供を産み育てられる環境ではない。（朝日：県内版、20160714）小高区から避難中の男性（60代）は、「解除の説明で現地対策本部の後藤さん（後藤収副本部長）が〝そろそろみなさん、潮時なんじゃないんですか〟って言っていた。言っちゃいけない言葉だよ。結局やっているのは〝自己責任〟で戻れってこと」と述べる。（週刊女性：20161011）
2016. 7. 13	原子力損害賠償・廃炉等支援機構（NDF）は、廃炉作業での「戦略プラ

暦　年	事　　　項
	ン」で「石棺」方式（核燃料を建屋内に閉じ込める方式）に初めて言及する。機構は現時点では石棺を否定したものの、「今後明らかになる内部状況に応じて柔軟に見直すことが適切」と、取り出しが困難になった場合の選択肢の一つに考えている。（民報：20160717）／／2 号機の原子炉圧力容器内を素粒子「ミュー粒子」で透視した結果、大量の燃料デブリが圧力容器の底に残っていて（総量は推計で 200トン前後）、炉心部（圧力容器の中間部）には高密度の核燃料物質は殆どないことが判明する（関係者への取材から）。（民報：20160714）／／東京地裁（朝倉佳秀裁判長）は、福島第一原発事故の被災者を含む国内外の約 3800 人が、日立、東芝、米ゼネラル・エレクトリック日本法人の三者を相手取った損害賠償の訴訟（事故責任は原子炉製造のメーカーにもあるとし約 4000 万円を請求）で、原告側の請求を退ける。（朝日：20160714）／／東京地裁はこの日までに、原発事故をめぐり勝俣恒久元東電会長ら元幹部 3 人の裁判（業務上過失致死傷罪で本年 2 月に強制起訴）に、被害者参加制度を利用して、「双葉病院」から避難中に死亡（44 人）した入院患者の遺族が参加することを認める。（朝日：20160714）
2016. 7. 14	イノシシ 22 頭、ツキノワグマ 4 頭から基準値を超える放射性セシウムを検出、前者では 260～960Bq／kg あり南相馬市での検体（6 月 11 捕獲）が最も高い。後者では南会津での検体（6 月 26 捕獲）が最高で 380Bq（県発表）。
2016. 7. 15	避難区域、避難解除区域を持つ一部市町村の避難者に対し、仮設、借り上げ住宅の無償提供が 1 年延長となり、2018 年 3 月末までとなる（県発表）。（民報：20160907）／／NDF が「石棺」の表現を削除する意向を表明、県に謝罪する。
2016. 7. 17	政府が「帰還困難区域」（最も高線量）を一部解除する方針を固める。2017 年度から除染やインフラ整備を本格化し、2011 年度を目処に徐々に解除する見通しである。政府、与党の方針では居住できる放射線量の基準は 20mmSv／年以下。この日現在、「帰還困難区域」は双葉町や大熊町など 7 市町村で約 9000 世帯、約 2 万 4000 人、面積は約 337km^2。放射線量は 50mmSv／年以上である。第一原発周辺の 4 町では戻りたいと希望しているのは 1 割強である（復興庁の意向調査に拠る）。安倍晋三首相は今夏までに区域見直しに向けた考え方を示すと発言している（3 月）。基準は「居住制限区域」で 20mmSv／年超～50mmSv／年以下、「避難指示解除準備区域」で 20mmSv／年以下である。（民報：20160718）
2016. 7. 19	東電は凍土遮水壁（1～4 号機の周囲約 1.5km の地中を氷らせ、建屋への地下水流入を抑え、汚染水の発生量を減らす計画）につき、完全に凍結させることは難しいとの見解を明らかにする。これまでは最終的に 100％凍結させ「完全閉合」を目指すとしていた方針の転換である。
2016. 7. 20	「福島民報」が原発事故に伴う県内の汚染土を、全国の公共工事で再利用する環境相の方針に疑問の声があがると掲載する。国は事故前に廃炉

暦　年	事　　　項
	で出る廃棄物の再利用基準を100Bq／kg以下としていたのに、今回は8000Bq／kg以下（80倍に相当）とする基準を新たに設けたからである。除染で出た土などの廃棄物は最大約2200万m^3（東京ドーム18杯分）に上る。／／原子力損害賠償・廃炉等支援機構は燃料デブリを取り出さず、建屋をコンクリートで覆う「石棺」の文言を削除した修正版を公表する。
2016. 7. 22	原発港湾内で捕獲したマコガレイ4、ヒラメ2、シロメバルとマルタ各1の計8検体から基準値を超える放射性セシウムを検出する（検査の実施は6月）。最高値は6月7日に捕獲したシロメバルの1万500Bq／kg（東電発表）。（民報：20160723）
2016. 7. 25	「科学」8月号（岩波書店）が「特集＝甲状腺がん172人の現実」を掲載する。
2016. 7. 27	「水産研究・教育機構中央水産研究所」（国立研究開発法人）の研究グループが、原発事故で汚染された海底土の放射性物質が、餌を介して魚に移行する例は殆どなかったとする実験結果をまとめる。
2016. 7. 28	2号機の原子炉内を素粒子「ミュー粒子」で調査（2016年3〜7月）した結果、燃料デブリの大部分が圧力容器の底に残存していると分かる（東電発表）。圧力容器底部に残存のデブリの全総量は約160トンと推計されている。なお事故前にあった場所に残っているとみられる燃料も含めると圧力容器内には合計約180〜210トンの物質があると推計される。（民報：20160822）／／川俣町が山木屋地区の避難指示解除を2017年3月末とする目標を指示、町議会などが了承する。／／東電HDの数土文夫会長が原発事故の賠償や除染費用が想定を上回る可能性が高いので、政府に負担を求める方針を表明する。
2016. 7. 29	2015年度に計上された東日本大震災の復興予算で、事業別に内訳をみると住宅再建や復興街作りには予算額が2兆4184億円あったが、そのうち原発事故に伴う除染や風評対策は34.2％が未執行で、使い残しは2018年度予算に繰り越される（復興庁発表）。（民報：20160730）／／この日現在、県内の仮設住宅は1万5758戸あり、8435戸（53.5％）に約1万6000人が入居している。ピーク時は2013年6月末の86.0％だった。
2016. 7. 31	富岡町（2017年4月の帰還開始をめざす）は都内で町政懇談会を開催（避難中の町民約30人参加）、内閣府の担当者は8月21日から準備宿泊を始めたいこと、空間線量の平均は0.87μSv／時（54％減）になったことなどを示す。町民から0.23μSv／時＝1mmSv／年が目標ではないのかの質問には、「避難指示解除後の時点の要件は20mmSv／年で高すぎるという指摘は多い。解除後も除染を続けていく」と、高線量下での帰還を認める発言をする。政府方針では帰還困難区域の解除は2021年が目処で、町民からは高齢者が多く、5年後では住む人がいなくなるとの批判も出る。（朝日：県内版、20160801）／／この日までの県内の震災と原発事故に関連する自殺者は85人（2011年10人、2012年13人、2013年23人、2014年15人、2015年19人、2016年7月末現在5人）。（民報：20160907）

暦　年	事　　項
2016. 8. 1	政府はこの日までに「東北観光復興対策交付金」（4月創設、当初予算32億7000万円、3カ年計画）の第一回分として福島県には3億4000万円を内示する。（民報：20160802）／／県外避難の県民（自主避難者を含む）は4万982人（前回6月10日調査に比し393人減、7月14日現在）となる（県発表）。／／南相馬市は居住制限、避難指示解除準備両区域に住民300世帯約400人（小高区239人、原町区82人、その他未報告者、7月28日時点）が帰還したとする推計を発表する。同市では小高区など旧避難指示区域には約3500世帯1万2000人以上が住んでいた。また葛尾村での避難指示解除による生活再開住民は43世帯72人である。（民報：20160802）政府が指示解除を急ぐ理由の一つには、2020年開催の東京五輪を「復興五輪」と位置づけ、世界に復興をアピールするねらいもあるからである。（朝日：20160803）／／「科学」8月号（岩波書店）が「甲状腺がん172人の現実」を特集、論文「原発事故と甲状腺がんをめぐる30年」（吉田由布子）、「甲状腺がんデータの分析結果」（津田敏秀）などを掲載する。
2016. 8. 2	東電は水素爆発をした1号機原子炉建屋の上部に崩れ落ちた細かな瓦礫の撤去を終える。
2016. 8. 5	「除染状況重点調査地域」（国の財源で実施）に指定の市町村での住宅除染進捗率（2016年6月末現在）は全体計画の89.6％（前月比で0.9％上昇）となる。全計画戸数42万811、終了戸数30万7990、除染不要戸数6万9160だった。なお、同現在での公共施設などの除染進捗率は全体計画の87.5％（計画施設1万1614、終了施設8924、不要施設1241）、道路では全体計画の52.5％（全計画1万6610.0km、終了7364.6km、不要1354.1km）だった（県発表）。（民報：20160806）
2016. 8. 7	この日の一時帰宅者と個人積算線量は富岡町が21世帯50人で11μSv／時以下、大熊町が61世帯145人で22μSv以下、双葉町が44世帯123人で16μSv以下、浪江町が30世帯71人で11μSv以下である。（民報：20160808）
2016. 8. 8	2015年に県内の森林（民有林と国有林）で、県の「原木伐採・搬出基準」（空間放射線量0.50μSv／時で8000Bq／kgを超える樹皮は確認されず）を下回った地点は森林全体の88.9％（13万6351地点、2014年より3872地点増加）に拡大する。主な原因は放射性物質の自然減衰という。県の「民有林伐採・搬出指針」（2014年12月通達）では放射性物質8000Bq／kgを抑制のため、伐採地が0.50μSv／時以下であれば伐採、搬出を認めた。これを超えた場合でも樹皮が6400Bq／kgを下回った場合に限り伐採、搬出を可能としている（県木材協同組合連合会による）。（民報：20160808）
2016. 8. 9	浪江町津島地区の住民約127人は財物賠償の支払いを求めて（要求は農地や森林の賠償が主）原子力損害賠償紛争解決センターにADRを申し立てる。賠償総額は既に支払いを受けた分を含め約44億円。（民報、朝日：20160810）／／原発事故で精神的苦痛を強いられたとして中通りの住

暦　年	事　　項
	民52人が東電に総額約1億円の慰謝料を求めた訴訟の第一回口頭弁論が福島地裁である。東電は賠償に値する権利侵害はないとして請求棄却を求める答弁書を提出する。(民報：20160810)／／経産省の有識者検討会は「核のごみ」の最終処分で、安全上問題がある地域を除外することが柱の報告書をまとめる。高レベル放射性廃棄物最終処分場の「科学的有望地」から除外されるのは、まず火山から15km以内、活断層の周辺、次に隆起や浸食が大きい所、次に地温が高い所、次に軟弱な地盤、次に鉱物資源がある所などで、これ以外の海岸から約20km以内の沿岸部はそれに該当する。廃棄物は地下300mより深い場所に埋め、約10万年は人間の生活環境から隔離する「地層処分」を行う。(民報：20160810)／／市教委は福島市の大波小学校（2014度以降在籍者ゼロ）を2016年度で廃校とする方針を同地区に示し了承される。県教委によると同時期に同じく原発事故の影響などで廃校となるのは玉野小・中（相馬市）、また8月9日現在での小学校の休校は上伊豆島（郡山市）、幾世橋、請戸、大堀、苅野（全て浪江町）の5校である。(民報：20160810)
2016. 8. 10	東京地裁は、双葉病院に入院中に行方不明となった女性の失踪（2011年3月14日の項を参照）は原発事故が原因だとし、東電に2200万円の支払いを命じる。(民報：20160811)／／原子力災害現地対策本部は町議会全員協議会で、川俣町山木屋地区の避難指示解除を2017年3月31日にする手続きをしたいとし、政府として町側の要望に沿って準備を進める意向を伝える。町では環境省は除染に対する住民の不満を吸い上げていないという意見を出す。(朝日：20160811)
2016. 8. 16	この日までに広野町の住人は、東電の賠償が不十分だとして原子力損害賠償紛争解決センターにADRによる和解仲介手続きを申し立てる方針を固める。(民報：20160817)
2016. 8. 17	自民党の復興加速化本部は学校、住宅など身近な場所に置かれている汚染土を、2020年度（東京五輪・パラリンピックのある年）までに中間貯蔵施設へ搬入するとした政府への提言をまとめる。(民報：20160818)
2016. 8. 18	建屋への地下水流入を抑え汚染水の発生を防ぐ「凍土遮水壁」(1～4号機を囲う、3月末に凍結開始、長さ約820m）では、99%が零度以下になったが残部（地下水の集中部分）は凍っていない（東電の規制委検討会への報告)。凍土壁下流で汲み上げの地下水量は凍結開始前と殆ど変わらず、地下水の流れを遮断する当初の目的は達成されていないことから、橘髙義典首都大学東京教授（外部有識者）はこの「計画は破綻している」と指摘する。7月の地下水ドレン（海に近い地点）の汲み上げ量は346トン／日（前月比で25トン増)、7月の建屋への地下水流入量は約165トン／日（前月比で40トン減）だが、遮水壁稼動前の170トンと変わりはない。(民報、朝日：20160819）／／規制委は1～4号機の原子炉建屋やタービン建屋に溜まる約7万トンの高濃度汚染水を、津波などで外部に流出する恐れがあるので一旦すべて抜き取り、タンクを増設するなどして一気に浄化する対策をとるよう東電にしてきたが（7月の検討会)、この日東電は新たに溜

暦年	事項
	まる水も約1年で現在と同程度の濃度まで汚染される可能性が高いとして、規制委の提案を拒否する。規制委の外部有識者は東電は「やらない理由を並べてばかりだ」と批判する。(民報：20160821)
2016. 8. 19	原発作業後の作業（2011年4月〜15年1月）で被曝し白血病になった（診断は15年1月）元作業員の男性（50代）に労災を認定（厚労省発表）。被曝によるがんの認定は2人目。累積の被曝線量は54.4mmSv（認定基準は5.0mmSv／年以上の被曝で業務の開始から1年超経過で発症の場合）。東電によれば昨年度1年間で5.0mmSv以上被曝した人は4952人で同様の労災申請は増える可能性がある。(民報、朝日：20160820）／／「帰還困難区域」の除染は国費を投入して政府がやることで固まる。5年後を目処に「復興拠点」（避難指示解除を目指す）を設ける方針である。ただ国費の投入は東電の事実上の救済に当たるので反発も予想される。(民報：20160820)
2016. 8. 22	政府の原子力災害現地対策本部と県災害対策は集会場で実施した環境放射線モニタリングの結果を発表、浪江町の葛久保集会所で4.07μSv／時、同小丸多目的集会所で10.01μSvだった。(民報：20160823)
2016. 8. 23	1〜4号機建屋西側を通る「K排水路」に流入の雨水から放射性物質2300Bq／ℓ（運用基準では3000Bq以上で排水路を止める）を検出、2014年4月の観測開始以来過去最高値である（東電発表)。(民報：20160824)
2016. 8. 24	双葉病院から行方不明となり死亡扱いとなっていた認知症の女性（当時、88歳）の損害賠償を求める裁判で、東電は控訴しないとコメントする。(民報：20160825）／／2017年度予算の概算要求（環境省）で、東日本大震災復興特別会計に中間貯蔵施設の用地取得や整備に2724億円を盛り込むことが分かる。また環境省は除染費用（2016年度第2次補正予算案）として3294億円を計上、他省と合算すると計3307億円となる。これで除染費用は累計3兆2000億円超となる。(民報：20160825)
2016. 8. 25	牧草地にカリウム（放射性物質を吸収抑制する効果）を大量散布した後、乳牛が相次いで病死するケースが増えていることが県の実態調査で分かる。県は2013年4月にカリウム濃度の高い牧草を与えると血中のマグネシウムやカルシウムの濃度が下がり起立不能や乳房浮腫を引き起こしやすいと注意を促す文書を出していた。しかし村松和行（当時、59歳、相馬市玉野の酪農家）らは原発事故後、「市などの行政に言われるままに、除染対策としてカリ肥料を多めに施肥した」と述べる。この牧場では2016年3月までの約1年間に10頭が異常な死に方をしたと訴えている。(朝日：20160825）／／この日現在、第一原発構内のタンクに保管の汚染水の総量は約87万トン（うち約68万トンはALPSで浄化処理済みだがトリチウムは残存)、一日平均400トンずつ増え続けているので保管場所がなくなる危険が迫る。(民報：20160908）／／東電は2号機のデブリ取り出しに向けた格納容器の内部調査を今冬に開始すると発表。1号機では392体の燃料を取り出す準備が続行中、2号機では615体の燃料を2020年度に、3号機では566体の燃料を2017年度にそれぞれ取り出す準備をし

暦　年	事　　項
	ている（4号機は移送完了）。（民報：20160908）／／寺島英弥「東日本大震災 何も終わらない福島の5年間 飯舘村・南相馬から」（明石書店）刊行。
2016. 8. 26	県小児科医会は県が実施する甲状腺検査について、他県でも同様の検査をして結果を比較できるよう検査の枠組みを再検討するよう県に要望する。この甲状腺検査は原発事故当時18歳以下だった県民約38万人を対象に実施するもの。同会の太神和広会長は「現在の検査を続けても、原発事故の被曝の影響があるのかないのか結論が出ない」と指摘する。（朝日：20160826）／／復興庁は2017年度予算概算要求をまとめ、福島に特化した医療支援事業費約260億円を初めて盛り込む。また福島再生加速化交付金に1012億円を計上した。（民報：20160826）／／大熊町が中間貯蔵施設の建設予定地内にある全町有地（約95ha）を環境省に提供する方針を固める。（民報：20160827）
2016. 8. 28	この日の環境放射線測定値では、大熊町夫沢3区地区集会所で11.57 μSv／時、同夫沢大地内で10.62 μSv、同町小入野地区公民館で10.61 μSv、浪江町大柿簡易郵便局（葛尾村営バス停脇）で5.84 μSvを検出。なおこの日までの県内死者（県発表）は、「（震災原発事故）関連死」2079人（震災の県内死者全体の約53％）、震災、津波に因る「直接死」1604人、死亡届等224人、死者合計3907人。また行方不明者（県警発表）は197人。関連死者は南相馬市の486人、浪江町390人、富岡町355人、双葉町143人、いわき市134人、楢葉町129人、大熊町117人となっている。（民報：20160829）
2016. 8. 29	県知事と原発周辺の13市町村幹部（県廃炉安全監視協議会メンバー）とは世耕弘成経産相と会談、溶融燃料（燃料デブリ）を含む放射性廃棄物を県外で処分する要望書提出に対し、「国が最後まで責任を持って対応する」「燃料デブリの取り出しは日本の技術力、世界の英知を結集すれば達成できる」などと話す。（民報、朝日：20160830）
2016. 8. 30	泉田裕彦新潟県知事が立候補を表明していたにもかかわらず、新潟日報との対立を理由に4選出馬を撤回する。知事は柏崎刈羽原発6、7号機の再稼動につき福島原発事故を検証しない限り「再稼動については議論しない」と厳しい姿勢を示して来た。この日記者団に「私が引いた方が、原子力防災、原発の議論がしやすくなると思う」と述べる。（民報、朝日：20160831）
2016. 8. 31	規制委は放射能レベルが極めて高い廃棄物は地下300mより深く、比較的高い廃棄物（L1、制御棒など、試算では約8000㌧）は地下70mより深く、比較的低い廃棄物（L2、圧力容器の一部など）は地下10数mに、極めて低い廃棄物（L3、周辺の配管など）は地下数mにそれぞれ埋設することを了承。管理は300～400年は電力業者に監視、管理を要求、その後は国が引継ぎ、10万年間は掘削を制限する。現在は日本原子力発電東海原発（茨城県）において、今年1月に住民がL3に限り原発敷地内に埋設を容認したのが全国で唯一の例で、埋設は難航が必至。（朝

暦　年	事　　項
	日：20160901）／／帰還困難区域は7市町村（原発周辺とその北西部、約2万4000人）に広がるが、その一部につき、2022年を目処に避難指示を解除することが決まる（政府発表）。（民報：20160901）2016年7月12日現在、帰還困難区域の人口と世帯数は大熊町1万320人、3752世帯、双葉町5955人、2250世帯、浪江町3161人、1128世帯、富岡町4047人、1643世帯、飯舘村268人、75世帯、葛尾村119人、33世帯である。（朝日：20160901）／／原発事故に因る避難者数は8万8010人（県外4万833、県内4万7157）となる。県外避難者数（自主避難者を含む）は前月7月14日比で149人減。県内避難者では全域で避難が続く富岡、大熊、双葉、浪江、飯舘の五町村で計2万1329人、県内避難者の45％を占める（県発表）。（民報：20160901、07）／／第一原発の作業員の7月の（外部）被曝線量の最大値は10.42mmSvだった（東電発表）。（民報：20160901）
2016. 8	県漁連の会議で「（放射能検査の）対象魚種が広がってきた。試験操業を終えて安全宣言するタイミングがどこかで来るのではないか」の学識経験者の発言に、漁連幹部は「まだ原発の汚染水問題が解決していない」と応じる。
2016. 9. 1	「子どもたちの健康と未来を守るプロジェクト・郡山」が、県保健福祉部県民健康調査課、県立医科大学、県民健康調査検討委員会などに宛て、要望書「県民健康調査（特に甲状腺検査）のあり方などについて」を提出する。要望の第1では、検討委が当プロジェクトに今後も被ばくの影響解明に取り組むと回答したのに（2016年1月7日付）、一部の関係者や研究者が甲状腺検査を受けない選択肢もあるとか、この検査対象を縮小すべきと「検査見直し論」を積極的に唱えている余りにも早計な現状があるので、初期被ばく線量などが充分に把握されていない課題があるなか、このような発言には厳重に留意いただきたいとする。同第2では、県および医科大学は福島県と同様の検査を他都道府県で実施した場合に類似の結果が出る可能性は高いと回答するが（同前）、そうであれば福島県以外の都道府県での甲状腺検査をお願いしたいとする。同第3では、放射線被ばくと小児甲状腺ガンとの因果関係は否定される傾向にあり、県と県以外の都道府県との甲状腺検査の結果は類似の結果が得られるとの認識が示されているのに、なぜ福島県の子ども約130人は（不要とも言うべき検査で）甲状腺の潜在ガンを見つけ出され、手術を受けなければならなかったのかと矛盾を指摘し、公正な立場での再検証をとする。同第4では、福島で発見の小児甲状腺ガンはまだ原因が不明なのだから、公正で誠実な真理の解明に道を開く研究を進められたいとする。なお、賛同団体は国内122、海外5と付され団体名も明記されている。／／飯舘村のこの日の高いところでの放射線測定値は、農地（除染完了ないし除染中）で飯樋字一ノ関が地上1mで0.42μSv／時、同1cmで0.59μSv／時、同字原が同0.60、0.67、比曽字比曽が同0.52、0.47、臼石字町が同0.49、0.54、未除染の農地では長泥字長泥が同2.61、3.25。同

暦　年	事　　項
	日、同村の宅地（除染完了ないし除染中）で関沢字中頃が 0.42、0.53、芦原白金が 0.51、0.55、比曽字中比曽が 0.52、0.53、未除染の宅地では深谷字大森が同 0.82、1.76、小宮字曲田が 1.02、1.45、飯樋字割木が 0.92、1.20、長泥字曲田が 0.99、3.15 である。また同村が 8 月中に実施した放射性セシウム測定では、ハナミョウガ 10 検体から最高 253Bq／kg、蜂蜜 2 件から最高 565 がそれぞれ検出される。（飯舘村広報：9 月発行）／／台風 7 号の大雨で地下水が増え、3 号機東側と 4 号機南側で土中温度が 1℃を超え、「凍土遮水壁」の 2 カ所で壁が溶ける（東電発表）。（東京：20160902）
2016. 9. 2	6 月にフランスの原発規制当局（ASN）は同国内で運転中の原発 18 基の重要設備（原子炉圧力容器など）に不純物の濃度が高い金属塊が混じっていることを指摘（炭素にムラ、強度不足の懸念）、設備の製造は同国の「クルゾ・フォルジュ社」と日本の「日本鋳鍛鋼」（1970 年設立、現新日鉄住金グループと三菱グループとの共同出資）だった。これを受け日本の電力 6 社（東電、九電、関電など）は「日本鋳鍛鋼」（大型鋳鋼品メーカー）が国内 8 原発 13 基の原子炉圧力容器を製造していたと規制委に報告する。福島第二原発 2、4 号機も「日本鋳鍛鋼」の製造。（民報、朝日：20160903）／／第一原発近くの農薬メーカーの「アグロカネショウ」（東京都港区）が、原発事故で工場の土地の価値が失われたとして東電に損害賠償を求めていた訴訟で和解が成立（東京地裁）、事故前の価値が東電の基準より高く評価され、東電は約 1 億 3800 万円支払うことになる。（朝日：20160903 日）／／原発事故後初めて福島漁業の主力であるヒラメ漁の試験操業が始まる。
2016. 9. 6	環境省、復興庁、農林水産省の作業チームは里山（森林）をモデル除染する 4 地区（全域は除染せず計 42ha のみ、対象地域の空間放射線量は 0.3〜1.0 μSv／時）を発表、葛尾（約 8 割が山林）、川俣、広野、川内、葛尾の 4 町村だが、葛尾村出身の小島力（81 歳、東京に避難中）は「除染すれば山菜やキノコが育ってきた腐葉土まで取り除かれる。現状回復は不可能だと思う。それほど深刻な被害を受けたということを国や東京電力は分かってほしい」と訴える。（朝日：県内版、20160907）
2016. 9. 7	楢葉町で就学対象者の保護者に意向調査、「転校や区域外就学」するとの回答は 450 人（全対象の約 96％）中 331 人（約 7 割）だった。他に「迷っている」が 32 人、「通学したいが迷っている」が 8 人で、「通学する」は 79 人だった。通学しない理由は新しい人間関係への不安、原発収束作業への懸念、学習塾がないなど（町学校再開検討委員会発表）。（朝日：県内版、20160908）／／小泉純一郎元首相は都内の日本外国特派員協会で記者会見、安倍晋三首相が東京五輪招致の際に汚染水の「状況はコントロールされている」とした発言を改めて批判、「これはうそだ」と強調する。（民報：20160908）／／規制委は原子力施設でのテロ行為を防ぐため、原発作業員らの身元調査を導入することを決める。身元調査は国際原子力機関（IAEA）が勧告、日本は個人情報保護の理由で導入が遅

暦　年	事　　項
	れていた。（民報：20160908）／／第一原発から取り出した燃料デブリは、ステンレス製の容器に入れ金属（厚さ19cm）や粘土質の緩衝材（厚さ70cm）で包んで地中に埋めて処分しても、内部で水素ガスが発生（混入水がα、β線と反応）して放射性物質が外部に漏れる（金属や緩衝材の損傷に因る）可能性があるとの評価結果を、日本原子力研究開発機構（JAEA）の研究グループがまとめる。（民報：20160908）／／日本原子力学会（久留米市）で、国際廃炉研究開発機構（IRID）は「(2011年）3月23日まで1号機の原子炉に対して冷却に寄与する注水は、ほぼゼロだった」と発表する。（福島第一原発1号機冷却「失敗の本質」：講談社、20170920）
2016. 9. 8	海底土壌の検査結果（42地点を調査、以下は高値の地点）は次の通り（セシウム134、同137の順）。相馬市松川浦湾口部200.5Bq／kg（31.5、169）、同岩子215.4Bq（32.4、183）、同磯部131.0Bq（21.0、110）、同磯部沖4.5km130.6Bq（20.6、110）、いわき市四倉沖0.5km146.1Bq（24.1、122）、同6.5km523.6Bq（85.6、438）、同10km145.8Bq（22.8、123）（県発表）。（民報：20160909）／／燃料デブリをレーザー光で削り出して細かく取り除く（その間、水を噴射し放射性物質を含む粉塵の拡散を防ぐ）技術を、日本原子力研究開発機構（JAEA）と日立GEニュークリア・エナジーとスギノマシンとの3者でつくる研究グループが開発する（久留米市の日本原子力学会で発表）。（民報：20160909）／／原発事故に因る外部被曝の線量の程度と、甲状腺検査の先行検査時（2011年10月～2015年6月）に甲状腺がんが見つかった18歳以下の割合（有病率）とに関連はないとする研究結果を、大平哲也教授（福島医大放射線医学県民健康管理センター）らのグループが発表する。対象は県内全域の18歳以下の30万476人で、今回は市町村を分けて比較したが、地域でも個人でも差が見られなかったことに意義があるとしている。（民報：20160909）／／県知事が定例会見で双葉郡の2次救急を担う県立施設「ふたば医療センター（仮称）」を富岡町に新設すると発表。2018年4月開院を目指し総事業費は約24億円という。（週刊女性：20161011）
2016. 9. 12	第二原発で侵入検知器の警報が鳴らないように設定していたことが発覚、規制委が「核物質防護規定」順守義務違反に当たると厳重注意する。／／この日現在で解除から約1年の楢葉町で、帰還した住民は681人、うち60歳以上が67％、町民の90％以上は避難したままである。（週刊女性：20161011）
2016. 9. 13	1号機の原子炉建屋を覆うカバーの壁パネル（2011年10月設置、縦17m、横23m、重さ20トン）撤去作業を開始、核燃料取り出し作業の妨げになるため。（毎日：20160921）
2016. 9. 15	双葉町で10月にも中間貯蔵施設の建設工事を始める方針。しかし用地取得率はまだ7.3％。建設場所は同町郡山地区で分別施設2ha、汚染土を可燃物と不燃物に分け、処理能力は140トン／時、貯蔵施設は5haで容量6万m^3、貯蔵開始は2017年秋を目指す（環境省発表）。（民報：

暦　年	事　　項
	20160916)
2016. 9. 16	閣僚資産公開で、原発事故からの復興を進める責任者の今村雅弘復興相が東電ホールディングス（旧東電）の株式を8000株所有していたことを明らかにする。(朝日：20160917)
2016. 9. 18	住宅汚染で出た汚染土（庭などに埋設保管中）の埋め替えを住民が求めるケースが相次ぐが、国が費用負担を認めず自治体が対応に苦慮している。福島市だけでも2015年度以降で約500件の要望がある。(毎日、20160918)
2016. 9. 20	経産省が「東電改革・1F問題委員会」(通称、東電委員会、廃炉問題も検討）の設置を発表。
2016. 9中旬	この頃までの原発事故や東日本大震災で山形県内に避難している人を対象にしたアンケート（2011年以降、毎年実施）結果に拠れば、避難元は福島県が88.6%で最多、次いで宮城県8.8%、岩手県1.2%など。避難者（宮城、岩手を含む）のうちもう暫く山形県で生活したいと、定住したいとを合わせると69.0%、留まりたい理由（複数回答）は「放射線の心配が少ないため」が55.9%（昨年比で17.8ポイント増加）で最多、希望する支援（複数回答）は「定住への資金援助」が50.8%で最多、世帯の生活資金源（複数回答）は「避難者の給料や賃金」が58.5%世帯で最多である。(毎日：毎日新聞の調査、20161026)
2016. 9. 21	第一原発から半径20km（原発港湾内は除く）圏内の、太田川沖合1kmで捕獲（8月5日）のカスザメ1検体から放射性セシウム115Bq／kgを検出（東電発表)。また伊達市のあんぽ柿1検体、干し柿2検体から基準を超える放射性セシウムを検出（県発表)。(民報：20160922) ／／原発事故に伴う2017年1月以降の農林業の損害賠償案が出される（東電提示)。／／地下水位が午前6時59分に最高の地上5cmに達し、放射性物質に汚染された地下水が地表に溢れ海に出た可能性がでる。(朝日：県内版、20160922)
2016. 9. 22	第一原発の護岸付近の観測用井戸の水位が地表面を上回る。これで3日連続の地表面超えとなり夜間の汲み上げ作業を開始する（東電発表)。(民報：20160923)
2016. 9. 23	この日現在、ADR（裁判外紛争解決手続き）への総申立件数は2万866件で、原子力損害賠償紛争解決センターが手続きを終えたのは1万8456件、うち1万5313件（約8割）でセンターが提示した和解案に双方が合意する。手続き終了件数のうち申立ての取り下げは1712件、センターによる打ち切りは1430件、却下は1件、現在進行中は2410件である。(民報：20160929) ／／東電は原発事故の賠償資金として原子力損害賠償・廃炉等支援機構から1041億円の交付を受ける。資金交付は56回目で累計は6兆3340億円。東電は別に政府から原子力損害賠償法に基づく1889億円を受け取っており合計で6兆5229億円となる。東電が16日時点で支払った賠償金は約6兆3416億円である（東電発表)。(民

暦　年	事　　項
	報：20160924）／／政府が第二原発につき、再稼動申請の条件には地元自治体からの同意を義務付けるとした「特例法」の制定を検討していると分かる。／／海水のセシウム137の濃度（21日採取）が、1〜4号機取水口内北側で74Bq／kg（2013年以降の過去最高値、1Bq高）、1号機取水口で95Bq／ℓ（同前、13Bq高）だったのに報道各社へのメールには記さず、「やや高めの傾向」と表現したことを明らかにする（東電発表）。
2016. 9. 25	双葉郡（8町村）で唯一避難せずに診療を続けて来た広野町の高野病院（原発から22km南、医療法人「養高会」）は原発ADRで東電と和解（20日付）、東電は計約6400万円を支払う。ただ病院の高野己保事務長は「決して『和解』だと思っていない」と憤る。（毎日：20160925）／／国会事故調査委員会の収集記録（非公開前提内容あり）を国会が公開せず閲覧できない状態が続く。同会は政府設立の政府事故調査・検証委員会とは別組織で（衆参両院が2011年12月設置）、政府や事業者から独立しており、2012年7月に約600頁の報告書をまとめ公表、事故は「自然災害ではなく、明らかに人災」と断定した。同記録は政府と東電の内部資料の他、事故当時の状況につき関係者1167人から900時間を超えて聴取、公表後は国会図書館の倉庫に保管されている。（朝日：20160925）
2016. 9. 26	私立の幼稚園、保育施設（計4施設）、市立養護学校（1施設）で、除染で出た汚染土約1000m^3を10月から中間貯蔵施設予定地（双葉町）に運ぶ。福島市の学校施設からの同町への移送は初で極めて遅れている。同市が除染の幼小中などは計149施設、合計で汚染土約5万8600m^3が校庭などに埋葬されている（福島市発表）。（民報：20160927）
2016. 9. 27	チェルノブイリ原発事故で胎内被曝したマリア・ジェルマン（ウクライナ出身）が、19年目に慢性甲状腺炎となり手術したことを福島市で講演する。（NHK・TV福島県版：20160927）／／第一原発構内で5、6号機の送電線を支える「引留鉄構」（開閉所の屋上に設置）の一部が損傷していたが、東電は5号機の運転開始（1978年8月）以降、一度も点検せず、保全計画も策定していなかった。第二原発構内の全12カ所の引留鉄構も保全計画がなかったし、公表もしていない。「保安規定違反」の疑いで調査中である。（原子力規制庁発表）。（民報：20160928）／／東電は第一原発護岸付近の地下水発生量を少なく試算したと認める。8月下旬の放射性物質に汚染された地下水発生量は推定量の約1.6倍以上となったからで、その水位が地表面を上昇し海洋に流出する危険性が出ている。（民報：20160928）／／福島国際専門家会議でドイツのヴォルフガング・ヴァイス元大気放射能研究所長は「放射線のリスクは低いと言っても検査をやめる正当性がない」と発言、検査を続ける意義を強調する。（民報：20160928）
2016. 9. 28	原発事故に伴う個人や法人への賠償金の総額は約6兆3481億円となる。内訳は本賠償が約6兆1949億円、仮払い補償金は約1532億円（東電発表）。（民報：20160929）／／2、3号機建屋の東側の井戸（水の採取は22日）から過去最高値のトリチウム、4900Bq／ℓを検出する（東電発表）。（民

暦　年	事　　項
	報：20160929）／／2017 年 3 月末で、避難指示区域外から自主避難している住民への住宅の無償提供が切れるが、福島県は仮設住宅に住み続けた場合、立ち退きを求める訴訟を起こす可能性を示す。（朝日：県内版、20160929）
2016. 9. 30	楢葉町の井出川河口付近の海岸で放射性物質が付着した発泡スチロール状の物質 2 個を発見する（東電発表）。それぞれの表面線量は 20 μSv／時と 15 μSv、発見時の周辺の空間線量は 27 日に測定で 30 μSv を超えた。（民報：20161001）／／第一、二の両原発での非常用電源などの燃料タンク設備工事で、国に計画を届け出なかった法令違反が計 3 件発覚する。東電に富岡労基署が是正を勧告する。／／第一原発の作業員の 8 月の外部被曝線量は、最大で協力企業社員（計 8317 人、平均は 0.24mSv）の 6.35mSv（東電発表）。／／この日現在で、双葉町に帰還したい人は全町民の 13％である。（NHK・TV 福島県版：20160930）同、福島県の放射性物質を含む指定廃棄物は約 15 万 1300トン、11 都道府県での全保管量は約 17 万 9000トンである（環境省発表）。（民報：20170206）
2016. 10. 1	政府は東電を公的管理下に置く期間につき延長する方向で調整に入る。引き続き関与と支援が必要と判断したため。東電再建計画が長引けば国民負担は増加する可能性が大きい。これで先送りされたのは、2017 年 4 月以降の東電の国の管理下から「自律的運営体制」への移行、政府の職員派遣、順次 2 分の 1 未満にする議決権など、また 2020 年代初頭の全株式売却、議決権ゼロなど、さらに 2030 年代前半の新総合特別事業計画（東電再建計画、2014 年に政府認定）期間などである。（民報：20161002）／／この日現在の福島県の人口は 190 万 253 人（前月同日との比較で 1008 人減少）、「社会動態」（9 月 1 日に比した転出数と転入数の差）は 409 人減、「自然動態」（同、出生数と死亡数の差）は 599 人減である（10 月 27 日、福島県発表）。
2016. 10. 2	飯舘村長選に立候補の菅野典雄現村長（当時、69 歳）と佐藤八郎元村議（同、64 歳）が公開討論会をする。菅野は避難解除（2017 年 3 月末）は「飯舘村が勝ち取った最長の条件。さらに延ばせば、帰りたい人まで帰れなくなる」などと発言、佐藤は「フレコンバッグが山積みにされ、健康面などで安心できない状態で解除すべきではない」「1mmSv 以下になるまで、避難指示を解除すべきではない」などと発言する。（毎日：20161003）
2016. 10. 3	南相馬市では住民登録者 1 万 583 人のうち 1066 人（10.1％、前月同日比で 133 人増加）が帰還する。小高区では 861 人の帰還である（南相馬市発表、9 月 26 日現在）。／／県民の県外避難者（自主避難を含む）が 4 万 710 人（9 月 12 日現在、前月比で 123 人減）となる（県発表）。
2016. 10. 5	経産省は原発事故の処理費用負担を協議する有識者会議（東電委）の初会合を開催、東電に他の電力会社との提携や再編を求める方針を決める。東京電力ホールディングス（東電の持ち株会社）は今年 7 月に原発事故の費用負担を国に支援したばかりだが、電事連の試算によると損害

暦　年	事　　　項
	賠償は8兆円、除染費用は7兆円に膨らむ見通し。政府は賠償、除染に上限9兆円の資金を交付し当面立て替える（賠償費用は東電以外の大手電力会社にも負担を求めている）。廃炉費用に関しては支援の仕組みはなく、東電が現在工面できたのは2兆円にすぎない。なお廃炉作業は最長で2051年までに、原子炉建屋の汚染水処理（政府と東電）は2020年までにそれぞれ終えるとするが難航が予想される。（毎日：20161006）／／「東京電力改革・1F問題委員会（東電委員会）」は原発事故処理費用（廃炉を含む）について国民に負担を求める方針を示す。新電力契約者は「原発設備のない新電力にも負担させるのは道理に合わない」「原発依存度を下げるために廃炉費用が必要なら、電力会社はためた利益を吐き出して、責任を取るべきだ」などと批判する。（東京：20161006）／／1号機タービン建屋内にある復水器の汚染水抜き取りを開始する。復水器には事故直後に2号機タービン建屋から移した極めて高い放射性物質濃度の汚染水が残る。1～4号機の原子炉建屋内とタービン建屋内には計約6万8000トンの汚染水があり、とくに1～3号機タービン建屋の復水器にある計約2000トンの汚染水には汚染水全体の約8割の放射性物質がある。2、3号機の復水器からの抜き取りは2017年度前半に終了の予定。（民報：20161005）／／この日採取したいわき市江名沖0.5kmの海水から放射性トリチウム0.38Bq／ℓ（検出下限値と同値）を検出、トリチウムの検出は2013年8月の開始以降で初めて（政府・原子力災害現地対策本部と県災害対策本部の発表、2017年1月25日）。
2016. 10. 6	第一原発のタンクから事故時の高濃度汚染水が混じった水（ベータ線を出す放射性物質の濃度は59万Bq／ℓ）とストロンチウムなどを除去した水との汚染水が最大32ℓ漏れる。水はタンクを囲う堰内に留まっている（東電発表）。
2016. 10. 7	電気事業連合会は原発事故に伴う賠償（現在の見込み額は5兆4000億円）と除染費用（同、2兆5000億円）との負担が、賠償で8兆円（2兆6000億円増）、除染で7兆円（4兆5000億円増）となる試算をする。（東京：20161007）
2016. 10. 11	国際廃炉研究開発機構（IRID）は1～3号機に残る溶融燃料（燃料デブリ）の重量と成分割合を解析する。燃料と混合物（ステンレス鋼、ジルコニウム鋼、コンクリートなど）の重さは、1号機（圧力容器内にあった燃料自体の重さは69トン）では279トン、2号機（同、94トン）では237トン、3号機（同、94トン）では364トンで、計880トンにのぼる（圧力容器内の核燃料の約2.5～4倍の重量）。（民報：20161012）／／3号機東側の護岸付近の観測井戸1カ所で、地下水からベータ線などを含む放射性物質が3600Bq／ℓ検出される（東電発表）。観測井戸では過去最高値。（民報：20161012）／／中間貯蔵施設の用地交渉で新たに66人と契約、これで全地権者2360人中、契約済みは445人となる。死亡などで把握できない地権者は約700人となる。契約済みの面積は予定の約10.6％の約170haとなる（環境省発表）。（民報：20161012）

暦　年	事　　　項
2016. 10. 12	佐藤栄佐久元福島県知事のドキュメンタリー映画「『知事抹殺』の真実　収賄額0円、不可解な汚職事件を追って見えてきたのは」の試写会が行われる（東京）。／／東電株主代表訴訟で東京地裁は政府に、一部が非公開の「聴取結果書（調書）」（政府の事故調査・検証委員会まとめ／最終報告書は 2012 年 7 月了）につき、非公開が妥当かどうかを判断するため記録を提示するよう求めた（11 日）ことが分かる。調書は関係者計 772 人を 1479 時間非公開で聴取、まだ一部黒塗り、東電経営陣のものは非公開である。この訴訟では勝俣恒久元東電会長（当時、76 歳）らが津波対策を怠った責任があると主張している。（民報：20161013）／／県内産の野生キノコは 55 市町村で出荷制限が続いているが、田村市の食堂で市内山林で採取（10 月 1～5 日間）のコウタケを提供、このキノコからは 570Bq／kg の放射性セシウムが検出された。／／6 日からこの日までの平均では、毎日 492トンの汚染水が増え続けている。現時点での汚染水量は約 92 万トン。（しんぶん赤旗日曜版：20161030）
2016. 10. 13	県議会は「甲状腺検診の維持・拡充を求める会」（野口時子代表、郡山市の母親らの団体）が提出の請願を全会一致で採択する。（民報：20161014）／／朝日新聞に福島県立医大の前田正治教授へのインタビューが掲載される。内容は、避難指示の市町村の住民 21 万人の健康調査で鬱病の可能性の割合が 2012 年から 4 年間で 14.6％から 7.8％に下がったこと（全国平均は約 3％）、福島では震災関連自殺が累計で 80 人を超えたこと、アルコール摂取に問題を抱える男性は 2 割前後で横ばい状態であることなど。また、住民 21 万人調査では心的外傷ストレス障害（PTSD）のリスクが高く、事故後 1 年で 22％、最近でも 8％の人がいること、放射線被曝の遺伝的な影響を心配する被災者が現在約 4 割いて深刻であることなどが話される。
2016. 10. 16	飯舘村で空間放射線量 1.137 μSv／時、地表 2.53 μSv の場所を「NPO 法人ふくしま支援・人と文化ネットワーク」が訪問する。（NO NUKES VOICE: 20161215）
2016. 10. 17	2013 年 3 月に原発事故を苦に自殺した飯舘村の 80 歳の女性の遺族が、東電を相手取り損害賠償を求めて福島地裁に提訴する予定。（民報：20161012）／／1 号機建屋南東側の井戸から 1 万 7000Bq／ℓ の、また 3 号機建屋南東側の井戸からは 3700Bq の、それぞれ過去最高値を更新するベータ線を出す放射性物質濃度が検出される。地下水位の上昇で放射性物質を含む土砂が地下水に入り込んだ影響と考えられる（東電発表）。
2016. 10. 18	「脱原発県民会議」（県平和フォーラム、社民党県連など）は県の県民健康調査課主幹に、子どもの甲状腺検査の維持拡大を要請、検査規模を縮小しないことの明確な表明を求める。（民報：20161019）／／原発港湾内で捕獲したマコガレイ、クロダイ、コモンカスベ、アイナメ 4 種の各 1 検体から基準値を上回る放射性セシウムを検出、最高値はマコガレイの 1280Bq／kg（4 月 28 日捕獲）だった（東電発表）。
2016. 10. 19	第一原発で、引火点 65 度以上の危険を有する「化学設備」6 件、薬品

暦　年	事　　　項
	などが入る「特定化学設備」7件など新たに13件に違反がある（東電発表）。これらはいずれも工事開始30日前までに計画の届け出を労基署（富岡）に届け出ておらず、労働安全衛生法に違反している。担当者が法令内容を認識していなかったという。（朝日：20161020）／／記者会見で安住淳民進党代表代行は、今夏の参院選で掲げた「2030年代原発ゼロ」の現実的な工程表を作ると明言する。
2016. 10. 20	会計検査院は環境省に対し、除染廃棄物の仮置き場の31カ所で、底面の地盤沈下により放射性物質濃度の測定が出来なくなると改善を求める。現在、フレコンバッグなどは台形に積み上げ遮水シートで覆い、山型に造成した底面から浸出水が集水タンクに流れる設計だが、廃棄物の重さでそれが出来ない恐れがある。田村4カ所、川俣15、楢葉3、浪江5、飯舘4（31カ所の造成工事費は計41億6000万円）で問題がある。中間貯蔵施設への搬入は進まず、仮置き場解消の目処は立たない。2017年3月に大部分が避難指示解除となる飯舘住民は、不安が消えない、元々は田圃の所が多い、長期間置いていたからだなどと心配する。（民報、朝日：20161021）／／この日時点で放射能汚染水（建屋、保管用タンクなど）の総量が100万トンを超える。内訳は1～4号機で計約8万3400トン（高濃度、漏洩の危険）、建屋内の汚染水を処理しセシウムなどの濃度を下げてタンクに溜めている分が計約22万8400トン（うち約1万5000トンはデブリの冷却に使用）、アルプスでトリチウム以外の濃度を下げた分が約68万8600トン。汚染水は今後も確実に増加しタンクの不足が続いている（東電公表資料による）。（民報：20161024）
2016. 10. 21	この日、環境省が旧警戒区域で処分され土中に埋められた家畜（2011年5月12日の項、参照）を掘り起こし最終処分する方針を固める。県によれば牛約3300頭、豚約1万6000頭、鶏約8万羽などで、安楽死の他に餓死も含み、警戒区域内の110カ所に埋められた。（民報：20161022）／／県民健康調査検討委員会委員で、子どもの甲状腺検査の評価部会（9人で構成）の部会長の清水一雄日本医大名誉教授（部会で唯一の甲状腺外科専門の臨床医）が部会長の辞表を提出していたことが分かる。清水はガンの多発を「放射線の影響とは考えにくい」とした県の検討委の中間報告に対し、「まとめ役の部会長では自分の意見が言える立場ではない。臨床医の専門家は1人だけで、人選にも偏りがある」と疑問を呈していた。また、県民約38万人を対象（原発事故当時の18歳以下）にした甲状腺検査で、これまでに170人以上が甲状腺ガンまたはその疑いと診断されたことにつき、「被曝の影響も考慮しなければならない」という判断を示して来ている。（朝日：20161022）／／県教委が2019年4月に開校の予定の「ふたば未来学園中・高（仮称）」新校舎の概要を発表。
2016. 10. 23	1号機建屋南東側の井戸でベータ線を出す放射性物質の濃度が1万8000Bq／ℓで過去最高となる。降雨の影響で地下水位が上昇、放射性物質を含む土砂が地下水に入ったことが原因（東電発表）。（民報：20161024）

暦　年	事　　項
2016. 10. 24	週刊誌が退任直前の泉田裕彦新潟県知事へ、「在任中『原発利権勢力』から圧力はあったのか」と問い、「東電を取材していた報道の人が『それ以上取材するとドラム缶に入って川に浮かぶ』と脅され、私にも気を付けてと言ってくれたことがありました」と泉田が答えるタビュー記事を掲載する。(AERA: 20161024)
2016. 10. 25	東電委の第 2 回会合で、廃炉費用が現状の 800 億円（年間）から数千億円に拡大する試算を公表、原子力事業分社化の案も提示される。／／経産省は東電 HD につき東電の原子力事業を分社化し他の電力会社との再編を促す考えを打ち出す。この案では既に分社化した 3 社〔発電（中部電力との共同出資会社)、小売り（ソフトバンクとの連携)、送配電〕に加え、東電 HD から原子力事業を切り離した事業会社を設立し、他社との連携を容易にしようとするもの。こうすることで柏崎刈羽原発の再稼動につなげる考えである（原発 1 基稼動すれば東電の営業利益は年 1000 億円増加)。背景には福島原発事故の 30 年以上かかる廃炉（年 800 億円から年数千億円に）や賠償費（約 11 兆円から約 18 兆円に）が想定より確実に膨らむことがある。現在の東電の事故処理対応（財源）をみると、「賠償」(5.4 兆円、上ぶれ）は東電と他の大手電力で、「除染」(2.5 兆円、同）は政府が保有する東電株の売却益で、「中間貯蔵施設」の建設など（1.1 兆円）は電源開発促進税（電気料金に上乗せ）でそれぞれ賄う。「廃炉」費用は東電自身が賄う方針だが東電の積立だけでは賄うことは不可能である。(民報、毎日、朝日：20161026) ／／富岡町の住民意向調査で「町に戻らない」は 57.6％（昨年 8 月比で 6.8％増加)、「町に戻りたい」は 16.0％（同、2.1％増加)、「判断がつかない」は 25.4％（同 4.0％減)。戻らない、判断がつかないの理由（複数回答）は「医療現状に不安」が 59.6%、「原発の安全性に不安」が 48.6%、「家に住める状況にない」が 48.1%で、年代別では「戻らない」は 30 代で 74.6%、40 代で 60.0%である（復興庁発表)。(河北新報：20161026)
2016. 10. 26	国と県が避難指示を受けていない「自主避難者」への住宅無償支援を 2017 年 3 月で打ち切ると決めたことに対し、避難者らの団体が無償支援の継続を求める約 20 万人分の署名を衆参両院議長宛に提出する。対象は約 1 万 2000 世帯に上る。(朝日：20161027) ／／9 月に捕獲した福島市、田村市、南相馬市各 2 頭、石川町、古殿町、三春町、相馬市各 1 頭のイノシシから基準値を超える放射性セシウムを検出、最高値は相馬市の検体（26 日捕獲）で 3100Bq／kg。同じく福島市で捕獲したヤマドリ 1 羽から 190Bq を検出（県発表)。(民報：20161027)
2016. 10. 27	経産省が「東京電力改革・1F 問題委員会」につき「公開する」としているにも拘わらず、非公開で数回、廃炉費用の試算や東電への支援策などを議論しており、国民負担につながる恐れのある重要な案件を密室で議論していたとして批判が集まりそうである。公式会合自体も議論はごく一部しか公開していない。メンバーは伊藤邦雄委員長（一橋大大学院特任教授)、三村明夫日本商工会議所会頭、小林喜光経済同友会代表幹

暦　年	事　　　項
	事、山名元「原子力損害賠償・廃炉等支援機構」（国の認可法人）理事長、経産省資源エネルギー庁幹部（複数）らで、東電 HD の広瀬直己社長が廃炉費用や収支計画の考え方につき説明している。（民報：20161028）
2016. 10. 28	双葉町（町の面積の 96％が帰還困難区域、第一原発 5、6 号機がある）の原発 PR 看板（広告塔 2 基、2015 年 12 月～16 年 3 月にかけすべて撤去）が、「より良い環境での保管」を申し出た会津若松市の県立博物館に移転されていたことが分かる。標語考案者の 1 人の大沼勇治（当時、40 歳）が「負の遺産として後世に引き継ぐための保存・展示を」と訴えていた。（朝日：20161028）／／政府が山木屋地区に設定された「居住制限」「避難指示解除準備」の両地区を 2017 年 3 月 31 日に解除すると正式決定。山木屋地区には「帰還困難区域」が残されたままである。
2016. 10. 30	1 号機タービン建屋の復水器中の天板下に溜まった汚染水が抜き取れない状態が続いており、放射性濃度が約 10 億 Bq と極めて高いので津波などによる外部流出が発生した場合が懸念されている。（民報：20161030）
2016. 10. 31	県内外の避難者数は 8 万 5602 人となる。県外（自主避難者を含む）は 4 万 405 人（10 月 13 日現在、先月 9 月 12 日比で 305 人減）、内訳は東京都が最多の 5301 人、埼玉県 4153 人、茨城県 3721 人、新潟県 3218 人、神奈川県 2888 人など。県内は 4 万 5177 人（9 月 30 日現在）、避難先不明者は 20 人である（県発表）。（民報：20161101）／／群馬県などに避難している 45 世帯 137 人が国と東電に損害賠償を求めた訴訟（提訴は 2013 年 9 月）が結審、原告側は原発敷地内に浸水する津波は予見できたと出張、被告側は想定外と反論する。（民報：20161101）／／原発作業員の 9 月の最も高い外部被曝線量は 7.28mmSv（協力企業社員）。9 月は東電社員は 1032 人が作業、平均は 0.14mmSv。協力企業社員は 8562 人が作業、平均は 0.31mmSv。内部被曝線量については問題となる数値は確認されなかったとする（東電発表）。／／東電社員の一井唯史（当時、35 歳、東京都）が原発事故の損害賠償事務による長時間労働が原因で鬱病になったとして労災申請をする。2011 年 9 月から法人部門を担当、賠償金額決定の審査が杜撰のため 3 時間以上もクレームを受けたことなどを話す。残業時間は最長で月 89 時間、休日の自宅勉強分を含めると 169 時間と主張する。（民報：20161101）／／東電 HD の広瀬直己社長は「新たな国民負担はお願いしないつもりだ」と述べて、自社で廃炉費用を捻出する考えを強調した。なお、9 月中間連結決算は売上高が 2 兆 6433 億円（前年同期比 15.5％減）、経常利益は 2742 億円（24.9％減）の減収減益となる。原因は料金単価の低下、電力小売り全面自由化など。（民報：20161101）／／環境省は双葉町の復興拠点である、JR 双葉駅西側の約 40ha の除染を開始する。／／2012 年 2 月からこの日までの原発に関わる平均設備利用率は 6.6％以下。
2016. 10	この月、仮設住宅から災害公営住宅「飯坂団地」（県営）に住み替えていた飯舘村出身の 70 代の男性が孤独死する。災害公営住宅（4890 戸建

暦　年	事　　項
	設中）での孤独死は初。（NHK・TV：県内版、放映は 20170127）／／この月現在、県内の仮設住宅の入居者数は 7592 戸（元は 1 万 5746 戸、入居率 48％）で、今なお約 1 万 4000 人が不自由な生活を送る。災害公営住宅への転居や自力再建は進んでいない。（民報：20161105）
2016. 11. 1	第一原発の原子炉の冷却する水から塩分を除去する淡水化装置で汚染水がタンクから約 3トン漏れ出る。放射性物質（ベータ線放出）の濃度は 4 万 5000Bq／ℓ（東電発表）。（朝日：20161102）／／この日現在、葛尾村（元、人口は約 1470 人）に帰還した住人は 99 人、殆どが高齢者でスーパーは再開しておらず診療所の医師も確保出来ていない。（朝日：20161116）
2016. 11. 2	原発事故で横浜市に 2011 年に避難し（児童約 150 人）、現在中学 1 年の男子生徒がいじめをうけて不登校になった問題で（父親の横浜市教への調査依頼は 2015 年 12 月 26 日）、市教委から依頼を受けて（1 月 5 日）調査をしていた第三者委員会が、いじめを認定する報告書を提出する。／／2011 年 4 月か 5 月頃、東電側は原子力安全・保安委員会に「原子炉内の状況を問われ」、「炉心は溶融していると考えていると答えたが」、「保安院側に『何を根拠に言うのか、根拠がない情報を公表するのか』と反論され、炉心状況の解析結果などがない時点では『炉心が溶融しているとは言うな』という指示と受け取った」という事実を明らかにする（東電発表）。ただ東電は個人の特定に繋がるとして、この事実の提供者の詳細は公表していない。（民報：20161103）／／経産省は第一原発事故の賠償費用に関して、自由化で新規参入した電力会社（新電力）にも負担を求める方針を示す。消費者負担の拡大が鮮明となる。（民報：20161103）
2016. 11. 5	原発事故当初に車両に付着した汚泥が洗車用の汚染浄化槽（36 基）に溜まり、県内の自動車整備工場（約 1700 カ所）で最大 5 万 7400Bq／kg（国の指定廃棄物基準 8000Bq 超）の放射性物質〔4 万 3200Bq の放射性セシウム 137（半減期 30 年）を含む〕を検出する。「洗車汚泥」は団体側推計で数千トン。国の指定を超えたのは 19 基。2012 年 10 月より国や東電に陳情を繰り返すが進展はない（共同通信による業界三団体への取材、2014 年 11 月の検査結果）。（民報：20161106）／／この日付けで、鬱病と診断された 2013 年 9 月から 3 年間休職していた一井唯史（当時、35 歳）は、休職期間終了ということで東電社員を解雇される。原発事故後の賠償業務の激務（自身の計算での残業時間は月に 91〜169 時間に上る）で病になったとして 10 月 31 日に中央労働基準監督署に労災申請をしている。東電は 2012 年には第一原発の避難区域に居住していて、持ち家のない社員への精神的苦痛の賠償打ち切りの基本的な考え方を示してもいる。東電の依願退職者は 2011 年度は 465 人（前年度の 3 倍）、12 年度は 712 人、13 年度は 488 人、14 年度は 1532 人（この年度は希望退職者を募る）、15 年度は 326 人だった。（週刊金曜日：20161125）
2016. 11. 6	廃炉、賠償、除染に 13 兆 3000 億円が今後必要で、廃炉は国と東電が 2 兆円確保するという。2017 年予定だった使用済み核燃料取り出しは

暦　年	事　　項
	2020年に開始の現状である。賠償は6兆4000億円、除染は当初の3兆6000億円が膨らんで4兆8000億円になっている。作業に900万人を投入してきたが手間は4倍に増え、廃棄物輸送コストは当初予算の約8倍。つまり、1万3000袋（1万円の予算）のうち、袋の質の低下で6864袋（1袋は1万3400円）を取り替えるなど、実際には8億6000万円かかる。問題はこうした負債を誰がどのように負担するかだが、現在ではコストの70％は国民負担のシステムになっている。2015年の東電利益は3259億円だがその21％しか国に返済していない。これまでに東電が国に返上した金額は1800億円、国民が負担した金額は6713億円である（原発事故直後の2011年3月の東電資産は13兆8000億円、負債は10兆8000億円）。国は東電株1兆円分を買っているが株価変動のことがあり売却の時期が問題。負債は今後は350億円×30年の国費投入となる。（NHK・TV：スペシャル、20161106）
2016. 11. 7	避難後に死亡の双葉病院入院患者2人の遺族が、東電に損害賠償を求めた訴訟で和解が成立、全国で10件あった同病院関連の訴訟は全て終わる。
2016. 11. 9	第一原発構内給油所のポータブル給油機の設置計画提出や届け出がなされず、義務付けられている定期点検（2年以内に1回）もなされていないという法令違反がある。富岡労基監督署の是正勧告を受けながら3週間も公表を遅らす（東電発表）。（民報：20161110）／／中間貯蔵施設の本体工事が15日着手となる。受け入れ、分別施設（双葉町郡山地区、大熊町小入野字大和久の一部）、土壌貯蔵施設（郡山地区、小入野字東平、大熊町夫沢字東台の一部）を建設する。建設予定地は約1600ha（うち民有地は約1270ha）、9月末までに地権者との交渉済みは約144ha（全体面積の約9.0％）となっている（環境省発表）。（民報：20161110）／／原発事故で2011年8月に福島県から横浜市に自主避難し市立小学校に転校した男子児童（当時は小2）が、名前に「菌」を付けて呼ばれたり、原発事故の賠償金を貰っているだろうと言われて1回当たり5～10万円を約10回、10人前後に支払わされるなど「いじめ」にあい、不登校になっていたことが分かる（横浜市教委第三者委が公表）。（朝日：20161110）
2016. 11. 10	1号機建屋を囲う18枚の壁パネル（横21m、縦14.5m、約20トン）外しが完了する。これらは放射性物質の飛散防止のため応急的に設置されたカバーで、来春より建屋上部の瓦礫撤去が始まる。燃料取り出し用の新建屋カバー設置は2019度から約2年の予定。（民報：20161111）／／経産省は賠償費用に加え、廃炉費用の一部も新電力（自由化で新規参入）に負担させる方向で調整に入る。（民報：20161111）／／この日現在で県民の県外避難者数（自主避難者を含む）は4万245人（前回10月13日調査に比し160人減）となる（県の調査）。（民報：20161201）
2016. 11. 11	日本はインドへの原発輸出（原子炉、原子力燃料、関連資機材など）が可能となる「日印原子力協定」に署名する。インドは核不拡散条約（NPT）非加盟国で核兵器保有国で、日本がNPT非加盟国と結ぶのは

暦　年	事　　項
	1985 年の中国（現在は 1992 年に NPT 加盟）に続いて 2 例目。日本はインドが核実験した場合の協定停止措置の明記を目指したができなかった。インドは包括的核実験禁止条約（CTBT）にも署名していないので、この協定が核実験の歯止めになることにはならない。また広島県被団協の佐久間邦彦理事長は「福島の事故が収束しておらず、原発の放射性廃棄物の処分すら不透明な中でなぜ輸出するのか」と話す。（民報、朝日：20161112）／／2011 年に国内全ての原発の即時廃止を呼び掛けた日本カトリック教会が、司教団（現在司教は 16 人）メッセージを発表、自分、他者、自然環境、神などとの関係の調和こそが平和で幸福に生きることだと説く。日本カトリック司教協議会は 10 月に「今こそ原発の廃止を」（全約 300 頁）を刊行、書籍の約半分は核の歴史や問題点、あと半分は「脱原発の思想とキリスト教」を論じている。（朝日：20161219）／／JA グループ東電原発事故農畜産物損害賠償対策兼協議会が、東電の賠償案の見直しを求める。
2016. 11. 12	第一原発事故で内閣府の有識者会議「低線量被ばくのリスク管理に関するワーキンググループ」の共同主査として報告書をまとめた長瀧重信長崎大学名誉教授が死去（84 歳）する。
2016. 11. 14	広野町（原発 20～30km 圏内、緊急時避難準備区域）の 79 世帯 193 人が東電の賠償を不充分として原発 ADR に和解の仲介を申し立てる。町は 2011 年 9 月に解除され 2012 年 8 月分で慰謝料が打ち切られたが、町独自の避難指示は 2012 年 3 月末まで続き、その間は精神的被害が生じたとしてその後の 7 カ月間の慰謝料を追加請求する。また楢葉町など原発 20km 圏内の住民と賠償額に差が生じたともする。（民報、朝日：20161115）
2016. 11. 15	環境省が中間貯蔵施設（大熊、双葉町）の本体工事を始める。総面積は 1600ha（東京ドームのグラウンド 1200 個分）、国は汚染土や灰の量を最大 2200 万 m^3 と試算、国は 2045 年 3 月（試験搬入から 30 年後）には全ての汚染土を県外に出すと法律で約束している。貯蔵開始は 2017 年秋を目指し、総事業費は 1 兆 1000 億円の見込み。（毎日：20161116、朝日：20161205）／／国の財源で実施の市町村（汚染状況重点調査地域）の住宅除染進捗率は、9 月末現在で全体計画の 95.9％、公共施設などでは同、91.1％、道路では 60.2％とされる（県発表）。（民報：20161116）／／東電委の第 3 回会合で、広瀬直己社長が他社との連携（原発、送配電事業）、収益力強化のための経営改革の方向性を表明する。／／UNSCEAR（国連放射線影響科学委員会）は第一原発事故の被曝影響に関連する文献、論文（2015 年末までのもの）の調査結果をまとめた白書（2 回目）に基づき、「がんの発生率に影響はない」とする。結果は同委員会の 2013 年発表の内容と同じ（外務省に提出の白書による）。（民報：20161116）／／福島県から原発事故で横浜市に避難し、直後の小学校年時からいじめをうけて不登校になった問題で、この生徒の小学校 6 年生時の「ばいきんあつかい」「なんかいも死のうとおもった。でも、しんさいでいっぱい死んだ

暦　年	事　　項
	から、つらいけどぼくはいきるときめた」などと書かれた手記を代理人弁護士が公開する。
2016. 11. 16	内閣府原子力委員会の専門部会は、原発事故を起こした電力会社などの賠償責任を「無限」とする現在の制度を維持する方針を決める。理由は負担上限が事業者の資産に応じていて事故の規模に対応できない、原発の在る地域や国民の理解が得られない、事業者の安全への投資が減る恐れがあるなど。しかしこの方針での資金確保の難しさも議論され、経団連や電気事業連合は有限責任化を求め、電気料が値上がりしかねないと主張している。（朝日：20161117）／／除染に伴う汚染土などの仮置き場が県内 11 市町村の避難指示区域（除染済みを含む）で約 1000ha〔フレコンバッグ 700 万袋（1 袋は 1m^3）、東京ドーム 213 個分、約 280 カ所）あることが分かる（環境省への取材）。90％強が田畑で農地が奪われている。背景には中間貯蔵施設の整備の遅れがある。敷地は環境省が有償で農家などから借りている。2020 年度末までに搬入可能な量は最大でも 1250 万 m^3 の見通し。（毎日：20161116）／／この日現在の葛尾村の農地と汚染土置き場の現状は、農家が 11 戸で約 6ha（事故前 10 年間は約 270 戸で計約 130ha の田圃で米作）、仮置き場は村内の田圃約 220ha のうちの約 30％である。（毎日：20161116）
2016. 11. 17	国連科学委員会は 2016 年白書の説明会で「福島事故での被曝量は低く、発ガン率に識別できる増加は予測されない」との従来からの結論を継承する（会津若松市で）。県内では 6 月現在で 170 人超の患者や疑いのある人が見つかったが、室井照平市長にもリスクは低いと説明する。（朝日：県内版、20161118）／／この日、葛尾村の小中学校の再開が 2018 年 4 月に延長となる。事故前は小に 68 人、中に 44 人いたが 2017 年 4 月に学校、幼稚園に通わせたいという子どもが 5 人しかいなかった。現在、総工費約 25 億円での小中の改修や新築がすすむ。子どもが帰還しないのは楢葉町（事故前は小中で 686 人が通学）でも同様で、2017 年 4 月再開予定の小中で入学意向は 79 人。2018 年 4 月学校再開（避難指示解除は 2017 年 3 月末）を目指す飯舘村でも保護者から時期尚早の反発が起きている。数十年後を考えれば、子どもがいなければ村は消滅してしまう。（朝日：県内版、20161116）／／この日に二本松市で捕獲したイノシシから 4000Bq／kg の放射性セシウムを検出（県発表は 2017 年 1 月 11 日）。10、11 月は捕獲したイノシシ 46 頭中、32 頭（二本松 13、須賀川 7、田村 5、三春 2、相馬 2、郡山、磐梯、猪苗代で各 1）は食品衛生法の基準を超えていた。
2016. 11. 18	3 号機プールからの燃料（使用済みと未使用とで計 566 体、強い放射線を出す）の取り出しがずれ込む。これで 2015 年度上半期からの延期が更に 2017 年に延びる（東電発表）。（民報：20161119）／／原発事故で避難している福島県の子ども（18 歳未満）は 2 万 430 人（10 月 1 日現在、4 月 1 日比で 998 人減）となる。県外避難者は 9252 人（同、594 減）、同県内は 1 万 1178 人（同、404 人減）。南相馬市の避難者は 4115 人（同、184 人

暦　年	事　　項
	減）で最も減少した（県発表）。（民報：20161119）／／環境省は旧警戒区域で、応急措置として殺処分し土中に埋めた家畜（牛約 3300 頭、豚約 1 万 6000 頭、鶏約 8 万羽／餓死、弛緩剤による安楽死）の掘り起こしと焼却処分を 2017 年 1 月に始める方向で調整に入る。最終処分は焼却灰の多くを指定廃棄物の処分場（富岡町「フクシマエコテッククリーンセンター」）で行う。（民報：20161119）
2016. 11. 21	富岡町の避難指示解除（2017 年 1 月中予定）を政府は撤回する方針で固める。町議会、町政懇談会で時期尚早など慎重な意見が出ていた。（民報：20161122）
2016. 11. 22	午前 5 時 59 分に福島県沖で M7.4 の地震が発生、第二原発（楢葉町）3 号機の使用済核燃料プール（この下に未使用合わせて 1544 本の燃料棒が保管されて沈む）の冷却機能が約 90 分停止する（東電発表）。このタンク内の水位低下（実際は冷却水の揺れだった）を隣のスキマサージタンクが感知し警報器が作動、水を冷却器に送るポンプが自動停止したため。 水温は 29.3 度から 29.5 度に上昇した。第二原発全 4 機中、3 号機だけが停止した理由は不明。また第一原発では 1m の津波の影響で港湾内設置のシルトフェンス（水中カーテン、各原子炉建屋の取水口付近から出る汚染水の海洋流出を抑制）が損傷する。さらに第一原発 4 号機近辺の共用プール（使用済核燃棒 6726 体が在る）建屋で、地震による揺れで溢れ出た水溜りが見つかる。（民報、朝日：20161123）／／第一原発事故後の作業（2011 年 10 月～13 年 12 月）で被曝し白血病になった（2014 年 1 月に急性骨髄性白血病と診断される）として労災認定された（2015 年 10 月）北九州市の元作業員の男性（42 歳）が、「被曝対策を怠った」として東電と九電（玄海原発で定期点検工事に従事）に計約 5900 万円の損害賠償を求める訴訟を東京地裁に起こす。労災認定の作業員が東電を提訴するのは初めて。（朝日：20161118）／／第一原発港湾内で捕獲したシロメバル（10 月 13 日捕獲）1 検体から放射性セシウム 4550Bq／kg を、ヒラメ（10 月 7 日捕獲）1 検体から同 213Bq をそれぞれ検出する（東電発表）。／／ベトナム国会は初の原発建設計画を政府決議案として正式に白紙撤回する。福島原発事故後、新たな安全対策が必要となり、計画が先送りされ着工に至っていなかった。日本は第二原発 2 基の受注を 2010 年に決めていた。成長戦略の一つだった原発輸出の撤回は安倍政権にとり打撃。（民報：20161123）／／佐藤栄佐久元福島県知事の冤罪を訴えるドキュメンタリー映画「知事抹殺」（監督・撮影、安孫子亘）の試写会が始まる。
2016. 11. 23	「コミュタン福島」（三春町に 7 月オープン、県が設置の「環境創造センター」の交流棟）で日本、ウクライナ両国の公立資料館の展示の比較をする学習会がある（市民団体「フクシマ・アクション・プロジェクト」主催）。ウクライナ国立「チェルノブイリ博物館」には原発推進看板（双葉町）の写真が展示されているのに県の公的施設には展示がなく、「行政の加害責任への言及が欠けているのでは」などの指摘がなされる。ま

暦　年	事　　項
	たコミュタンには県による原発推進の歴史の記述（年表などに）がないとか、行政の責任や不適切な対応（国から出た放射能拡散情報の未活用、安全宣言直後の汚染米の発覚など）への言及がないという批判も出る。さらに「放射性廃棄物の管理問題が県と日本の一番の問題であるとの認識に欠ける」という批判も出る。会場からは来場者に解説するスタッフを「原発を推進してきた民間企業」の社員に県が委託しているという意見も出る。（朝日：県内版、20161127）
2016. 11. 24	22日の地震で第二原発3号機のタンク水位が低下した原因は、当初は地震でタンクの水が揺れたことを水位変化と検知したとしたが、プールの水面が波立ち、水の一部が壁のダクトに流入し循環している水の全体量が減少したと説明を変更する（東電発表）。／／富岡町の2017年1月の解除案が正式に撤回される（政府発表）。／／いわき市が東電に2015年度分の損害賠償9億円超を請求する。内訳は汚染焼却灰の処理保管費用、人口減少による個人市民税の減収分など。（民報：20161125）
2016. 11. 25	県の推計人口が189万9486人（11月1日現在）となり、戦後初めて190万人を下回る（県発表）。2011年7月1日時点から約5年4カ月で約10万人の減少となる。原因は原発事故に因る避難と少子高齢化（県発表）。／／全住民が避難している双葉、浪江両町で住民意向調査、双葉（全3355世帯中、1626世帯が回答）で避難指示解除後の帰還意向は「戻りたい」が13.4%（前年度比で0.1ポイント増）、「戻らない」が62.3%（同7.3増）、浪江（全9087世帯中、4867世帯が回答）では前者が17.5%（同0.3減）、後者が52.6%（同4.6増）となり、「戻りたい」はほぼ横ばい、「戻らない」は両町で増えた（復興庁公表）。（民報：20161126）／／2015年度の有害鳥獣に因る県内の農作物被害は1億2846万円（2014度は1億8919万7000円）となる。猪の被害金額は約6400万円（全体の半分、前年度比で約3400万円減）、ニホンジカの同金額は95万円（県野生鳥獣被害対策庁内連絡会議の報告）。／／この日17時現在、県内全体の原発事故関連死は2097人、直接死（地震、津波が原因）は1604人。（民報：20161126）／／アルノー・ヴォレラン「フクシマの荒廃 フランス人特派員が見た原発棄民たち」（緑風出版）刊行。
2016. 11. 27	この日付けの「赤旗日曜版」が経産省資源エネルギー庁の内部資料入手（写真付き）として原発事故費用の記述を掲載。これに拠ると廃炉で8兆円、賠償で7兆円、全国の原発の廃炉費用で1.3兆円を試算とある。またこのうち8.3兆円を電気料金に上乗せしようとし、経産省に「電力システム改革貫徹のための政策小委員会」（「貫徹小委」、既に2016年9月に設立）を新設するともある。エネ庁が託送料金（送配電網の使用料金）に8.3兆円を上乗せして回収するということである。エネ庁は新電力会社から電力供給を受ける需要家からも廃炉費用などを取るとしている。その理由として、原発事故の賠償費用は本来、事故前に溜めておく必要があったが溜めて来なかったので、過去に原発の電気利用をした人すべてが負担すべきとする。他方、同新聞は東電に融資を続け巨額の利益を

暦　年	事　　項
	あげている金融機関の責任にもふれ（東電への融資の利息として計1993億円を得る、国の東電支援のための借金は利息だけで計約182億円)、「事故収束費用の負担の原則は、まずは東電、次に株主、そして銀行などによる債権放棄だ」という元経産省の古賀茂明の指摘を引用している。／／福島県から都内に小学2年で自主避難した、現在は中学生の男子生徒が卒業までの4年間のいじめの実体の取材に応じる。「ただで生活」「賠償金いくら」と言われたこの少年を含め、「ひなん生活をまもる会」（首都圏の避難者で結成）には、日常的に「菌」「汚い」と言われ、いじめを受けたという情報が6件寄せられている。（朝日：20161127）
2016. 11. 28	経産省が原発事故処理にかかる費用を、賠償8兆円（従来想定は5兆4000億円)、除染5兆円（同2兆5000億円)、廃炉7兆円、計20兆円超（経産省想定は11兆円）と試算していることが分かる。政府は賠償と除染は9兆円の交付国債を用意し費用を肩代わりしており、東電や大手電力から回収している。（NHK・TVニュース：20161128）／／第一原発周辺海域の6地点で海水モニタリング（8、9月)、全地点で放射性セシウム濃度は検出下限未満～1.6Bq／ℓ、トリチウムは検出下限未満～0.55Bq、ベータ線を出す放射性物質の濃度は0.02～0.12Bqだった。南放水口付近の海水からはプルトニウム238を検出（8月採取分のみ)、2013年の調査以来初の検出だった。これでプルトニウム239、240との合計量は0.000019Bqで過去最大値となる（県発表)。（民報：20161129）／／スベトラーナ・アレクシエービッチ（68歳、23日来日）が福島県訪問を踏まえて「日本社会に抵抗の文化がないことを目の当たりにした」と語り、講演では「何千人もが訴訟を起こせば国の態度も変わるだろうが、一部の例外を除いて、団結して国に対して自分たちの悲劇を重く受け止めるべきだと訴えるような抵抗がなかった」「（旧ソ連時代から）全体主義の長い歴史を持つ私たちと同じ状況だ」と述べる（東京外国語大学で)。（民報：20161129）／／原発事故以降に甲状腺ガンやその疑いと診断された1都14県（福島県を含む）に住む25歳以下の患者を対象に、「三・一一甲状腺がん子ども基金」は療養費10万円を給付する。（民報：20161129）
2016. 11. 29	避難生活を苦に2013年3月に自殺した飯舘村の女性（80歳）の遺族が、東電に損害賠償（慰謝料）を求めた訴訟の第一回口頭弁論が福島地裁で開かれ、東電は原発事故と自殺の因果関係につき争う姿勢を示し請求棄却を求める。過去にこの因果関係の有無が争われた訴訟は川俣町山木屋の女性（58歳）と浪江町の男性（67歳）のケースがあり、いずれも関係は認められている。（民報：20161130）／／経産省による原発事故処理費用の詳しい試算が分かる。廃炉には8兆2000億円、賠償には8兆円、除染、中間貯蔵施設には計6兆4000億円で総額約22兆6000億円となる。（民報：20161130）／／二本松市で捕獲したイノシシ1頭から2200Bq／kgの放射性セシウムを検出、今月と12月とでイノシシは10頭捕獲したが6頭が基準値超えだった（県の発表は2017年1月17日)。
2016. 11. 30	避難後に体調を崩して死亡した南相馬市の女性の親族が、震災関連死不

暦　年	事　　項
	認定となり、その取消を仙台高裁に求めた控訴審の判決があり、市村弘毅裁判長は親族の訴えを棄却した。（民報：20161201）／／2017 年 4 月に再開する小高小学校の新一年生は 3 人、同中学生は 12 人の見込み（南相馬市教委発表）。現在、市内鹿島区に仮設校舎を置く小高区の小学生は全 92 人（8 月 25 日現在、来春の児童数は 58 人で 34 人減）、同中学生は 88 人（同現在、同生徒数は 65 人で 23 人減）。
2016. 11	この月までで県による魚介類検査の数は 4 万 361 検体にのぼる。／／この月、三菱重工や日立製作所が受注を狙っていたベトナムの原発計画が白紙撤回となる。
2016. 12. 1	政府と東電は 2017 年 1 月以降の農林業の損害賠償を、避難区域は原発事故前の「年間利益の 3 年分」一括で支払うことにしたと、県や JA に正式に伝える。2020 年以降については「損害がある限り適切に賠償する」としている。（民報：20161202）／／西郷、泉崎、中島、矢吹の 4 町村は 2015 年度の原発事故に伴う行政経費などの損害賠償を東電に請求する。／／原子炉爆発の危惧や原発労働者のことを詠んだ佐藤祐禎（農業）の反原発の第一歌集「青白き光」（短歌新聞社）刊行。
2016. 12. 3	第一原発港湾内でこの日捕獲したクロソイとシロメバル各 1 検体から基準値を上回る放射性セシウムを検出、最高値は後者の 8300Bq／kg だった（東電発表は 2017 年 1 月 19 日）。
2016. 12. 4	2017 年 3 月に政府が避難解除の指針を出している双葉町では、町幹部が「避難指示解除準備区域」の両竹、浜野両行政区〔町北東部の海岸側、人口約 240 人（全町民の約 4%、9 月末現在）〕は一律には解除できないとの見方を示す（民報社の取材に答えて）。防潮堤とインフラの整備は 2030 年度という。（民報：20161206）／／第一原発 2、3 号機の使用済み燃料プールの冷却系の装置が約 6 時間半の間停止する。東電社員が空気を逃す弁にぶつかり弁が開いて、配管内の圧力が低下したことに因るという。（朝日：20161206）
2016. 12. 5	第一原発 3 号機の「復水貯蔵タンク」（原子炉を冷却する水を溜める）から水を送り出すポンプが停止、原子炉への注水が約 1 時間止まる。定検中の作業員の左肘がスイッチにぶつかりポンプが動いたことに因る。（朝日：20161206）／／東電委の第 5 回会合で、経産省が東電 HD の経営を政府が主導する「実質国有化」の状態を延長する方針を提示する。／／須賀川市は 2011 年～2015 年までの一般会計分の損害賠償 5 億 4257 万円を東電に請求する。／／東原敏昭日立製作所社長は、ベトナム政府の原発計画撤回などにふれ、「原発の重要性は変わらない」「将来の経済の発展や環境問題を考えた議論をしたとき、原発は重要な選択肢として残るはずだ」と述べる（新聞社へのインタビューに答えて）。（朝日：20161206）
2016. 12. 6	第一原発の原子炉建屋付近の井戸から汲み上げた地下水の浄化装置で約 20ℓの水漏れが見つかり装置の運転を一時停止する。配管（金属製）の一部から漏れた可能性がある（東電発表）。他に、同装置の別の配管 2 カ所でも水漏れが確認されている。11 月にも別の配管で水漏れがあっ

暦　年	事　　項
	た。（民報：20161207）
2016. 12. 7	第一原発構内の車検切れの車両は 984 台あり、うち未点検の車両は 538 台に上る（10 月末現在）ことが分かる。（民報：20161208）／／浪江町が東電に請求していた賠償金約 115 億 8600 万円（町有地の価値喪失や評価低下分）が未払いだとして ADR を申し立てる。（民報：20161208）
2016. 12. 8	5 日に第一原発 3 号機で注水が止まった問題で、注水停止の警報に気づかなかったのは、同時間に行っていた計測器の点検と誤って判断したためという（東電発表）。／／経産省の「電力システム改革貫徹のための政策委員会」の昼間取りまとめ案の全容が判明、新電力（新規参入した電力小売り）が東電に払う送電線使用料（委託料）に、廃炉費の上乗せはしないと明記、国民の反発が強く断念するという。なお、賠償費は 2020 年の導入を目指して、大手や新電力の電気料金に転嫁する。（民報：20161209）／／吉沢正巳代表が被曝した牛 321 頭を飼い続ける「希望の牧場」を、東電福島復興本社の石崎芳行代表が初訪問、牧場側は第二原発の廃炉を求めたが、石崎代表は「廃炉のための後方支援施設になっている」として明言を避ける。（朝日：20161209）
2016. 12. 9	東電委の第 6 回会合で、経産省は東電 HD の事故処理費（廃炉、賠償など）の総額が 21 兆 5000 億円に倍増との試算を公表、うち 15 兆 9000 億円を負担させる方針を示す。／／環境省は 2017 年度は中間貯蔵施設の予定地に 50 万 m^3（2016 年度は 15 万 m^3）の汚染土を搬入する方針を明らかにする。なお同施設の用地交渉では新たに 72 人と契約（11 月中）、これで全地権者 2360 人中、契約済みは 517 人となり予定地（全 1600ha）の取得は 204ha（全体の約 13%、11 月末現在）に達したと説明する。連絡先が把握できない地権者（死亡などで）は約 650 人となる。（民報、朝日：20161210）／／「福島国際専門家会議」に招かれた専門家は、甲状腺がんの検査につき「明らかに利益があると考えられる限られた対象にのみ行うべきだ」との提言をまとめる。提言は甲状腺異常のうち、ごく少数だけに悪い経過をたどる可能性があると示唆、異常の診断を受けて精神的なストレスや生活の質を下げていることが課題であり、無症状の人には検診が「便益よりも不利益が大きい可能性がある」と結論付ける。（朝日：20161210）放射能被害は何時でるか不明なのだから、利益の有無に拘わらず、また無症状であっても検診の継続は必要であり、この提言では事故と発生している甲状腺異常との関係に言及がなされていない。／／この日現在、県外避難者数（自主避難者を含む）は 4 万 59 人（県発表）。
2016. 12. 12	福島県から避難した現、中学生の横浜市でのいじめ問題で、市議会の子ども青少年教育委員会（常任委員会）がこの問題や、除染汚染物の保管問題で約 11 時間の集中審議を行う。／／「生業を返せ、地域を返せ！」福島原発訴訟・第二陣訴訟を福島地裁に提訴する。第二陣の原告は 295 人（第一陣と合わせ 4000 人を突破）で事故から 5 年 9 カ月経過後の提訴、これは国や東電の、年間 20mmSv を下回る被曝量ならば法的権利侵害

暦 年	事 項
	はなく2017年3月で居住制限を解除、その1年後には賠償金打ち切り、自主避難者への住宅支援も打ち切りという政策に対するメッセージになる。//除染廃棄物の最終処分量（30年以内に県外に移す）は、現在進行中の中間貯蔵施設への搬入量の約0.1%に当たる約2万7000m^{3}まで減容できるとの試算がまとまる。環境省の減容見通しである4万m^{3}を13万m^{3}下回る数値である（企業で構成の「除染・廃棄物技術協議会」発表）。しかしこの、東電を中心とする鹿島・大成両建設、東京パワーテクノロジー、アトックス、日本ガイシ、その他企業68社からなる同技術協議会の容量減の新プランは公共事業資材への全国向けの安全性が危惧される転用である。//経産省は原発事故の賠償費に関し、電気料金への上乗せは2兆4000億円を上限にする方針を明らかにする。//第一原発2号機で原子炉格納容器のロボット調査のため、この容器に穴開け装置を貫通部に設置する作業を開始する。//第一原発港湾内でこの日捕獲したアイナメとヒラメ各1検体から基準値を上回る放射性セシウムを検出（2017年1月19日、東電発表）。
2016. 12. 13	政府は「原子力災害からの福島復興の加速のための基本指針」の案をまとめ、帰還困難区域内（対象住民約2万4000人、解除は2022年の方針）に設ける復興拠点の整備費用（除染、解体事業など）は国が負担すると明記する。インフラ整備事業は市町村が担う（国が財政支援）。東電が負担すべき事故関連費に税金を直接使うのは初めてで、総額は数千億円の見通し、当面は復興予算（所得増税などで総額32兆円）を使う。なお、原発事故にかかる費用の試算は次のようになっている。総額21兆5000億円、廃炉・汚染水8兆円、賠償7兆9000億円、除染4兆円、中間貯蔵1兆6000億円。また7日には国が東電に国債を発行して無利子で貸す限度額は13兆5000億円（前は9兆円）に引き上げる方針であることが分かっている。（民報、朝日：20161214、15）//政府は2017年度当初予算案編成で、風評対策事業費約50億円、避難指示解除地域の医療提供体制再構築の支援費約230億円を確保する方向で最終調整に入る。復興庁所管の予算総額は1兆8000億円程度を見込む（自民党東日本大震災復興加速化本部幹部会が示す）。
2016. 12. 14	政府は2017年度当初予算案編成で、除染した除去土壌の管理や搬出（中間貯蔵施設への）などの費用に2855億円を確保する方針を固める。汚染廃棄物の処理費用は1851億円を見込む。（民報：20161215）//政府は「特定復興拠点」（立入り制限中の「帰還困難区域」の一部）の除染費用について、2017年度予算に約300億円を計上の方向で検討している。（民報：20161215）
2016. 12. 15	東京都江東区議会は政府に対し、2017年3月末で無償提供が切れる避難区域外からの自主避難者への、適切な支援対策を講じるようにとする意見書を全会一致で可決する。江東区には東日本大震災や原発事故の避難者が約1000人暮らす（都内最大）。//県は2017年2月より国道、県道で道路側溝に堆積している土砂（除染基準を下回るとされる）の除去を

暦　年	事　　項
	開始する。期間は 5 年間で、対象は 36 市町村、128 路線の約 1100km で、費用は約 50 億円を試算している（県議会土木委員会発表）。（民報：20161216）
2016. 12. 16	福島県から神奈川県内へ避難したなかの 61 世帯を裁判で支援する弁護団が、そのうち小中学生の子どもがいるのは約 30 世帯で、このなかの 8 世帯で暴力や暴言などのいじめがあったことを明らかにする。川崎市に自主避難した世帯では 2015 年に中学を卒業するまでの間、男子生徒は同級生から「福島県民はばかだ」などと言われ叩かれたり蹴られたりしたという。（民報、朝日：20161216）／／政府が風評対策事業費 50 億円（2017 年度当初予算案編成で確保の予定）のうち、47 億円を県産農林水産物の風評払拭支援に、3 億円を県内の観光振興事業に充てる方針を固める。（民報：20161216）／／今月 5 日に起きた第一原発 3 号機の原子炉注水が止まった事故は、作業員が注水ポンプ停止を知らせる警報が鳴っているのに、点検で鳴っていると誤認して対応しなかったことが原因という（東電発表）。（朝日：20161217）／／原発事故の作業で被曝し、その後に甲状腺がんと診断（2014 年 4 月）された東電の男性社員（40 代）に厚労省は労災を認定する。被曝によるがんでの労災認定は 3 人目、甲状腺がんは初、甲状腺がんの労災申請も初である。男性は 1992 年から 2012 年まで福島第一原発など複数の原発で原子炉の運転や監視業務に従事、1、3 号機の水素爆発時も敷地内で作業に当たっていた。全身の累計被曝量は約 150mmSv でその内の約 140mmSv が事故後の被曝（更にその内の約 40mmSv は内部被曝）。なお厚労省は労災認定の目安を「全身被曝が累積 100mmSv 以上で、被曝を伴う作業開始から発症まで 5 年以上の経過」があることを初めて公表。2016 年 3 月末までに全身被曝が 100mmSv 以上の作業員は 174 人、甲状腺局所の被曝が 100mmSv 以上の作業員は約 2000 人に上る。（朝日：20161217）／／原発事故で避難した後に体調を崩して死亡した南相馬市の女性の親族が、震災関連死不認定処分の取消しを求めた訴訟の控訴審で、仙台高裁は控訴を退け請求棄却が確定する。（民報：20161217）／／原発事故の新たな費用負担案と「電力システム改革」の見直し案がまとまる。これによると、事故費用総額計 10 兆 5000 億円の追加負担は「託送料金」に上乗せするなどして主に電気利用者から集める（経産省の有識者会議のまとめ）。事実上、国民に負担増をツケ回しする内容である。（朝日：20161217）／／第一原発港湾外（半径 20km 圏内）でこの日捕獲したカスザメ 1 検体から 138Bq／kg の放射性セシウムを検出（2017 年 1 月 19 日、東電発表）。
2016. 12. 19	国際廃炉研究開発機構（IRID）は 2017 年度初めに第一原発 3 号機の燃料デブリ（解析では燃料と混合物の重さは 364トン）取り出しに向けた内部調査（原子炉格納容器）に着手することが分かる。同 1 号機（同 279トン）は今年度内に 2 回目の調査を、同 2 号機（同 237トン）は 2017 年 1 月に 1 回目の調査をそれぞれ開始の予定。調査は全て遠隔操作ロボットによる。1〜3 号機とも取り出し「方針決定」は 2017 年夏、同「方法決定」

暦　年	事　　　項
	は2018年度上半期以降、取り出し開始は2021年以降になる。（民報：20161219）／／第一原発１号機北東側の「凍土遮水壁」で、配管を覆う保温材の隙間から、冷却材の塩化カルシウム水溶液が漏れているのを発見、全長1.5kmのうち約20mで冷却停止する。東電発表は22日になる。（民報：20161223）また2015年９月以降、サブドレン（汚染水抑制策として地下水を井戸で汲み上げる）を300回実施、24万7000トン超が排水されている。（朝日：20161225）
2016. 12. 20	第一原発港湾口付近で捕獲（11月16日）のアイナメ１検体から173Bq／kgを検出（東電発表）。（民報：20161221）／／この日閣議決定された「原子力災害からの福島復興の加速のための基本指針」（経産省）中に、現在パブリックコメントにかかっている「国の行う新たな環境整備」として一般負担金「過去分」のうち2.4兆円を託送料金で回収するという内容が既に書き込まれている。パブリックコメントにかけながら既に閣議決定に盛り込まれてあるという順序、過程は明らかに不当である。
2016. 12. 21	12月定例県議会は最終本会議で第二原発の全基廃炉を強く求める意見書を全会一致で可決（４度目）、首相、関係閣僚、衆参両院議長らに送付する。他方、東電幹部はこの日、第二原発は第一原発の廃炉作業を進める上で後方支援機能を担っていると強調した。（民報：20161222）／／第一原発の南放水口付近、北放水口付近、取水口付近、沖合2km、大熊町の夫沢・熊川沖2km、双葉町の前田川沖2kmの６地点での海水モニタリング（10、11月実施）結果は、放射性セシウム濃度が全地点で検出下限値未満から0.32Bq／ℓ、トリチウム濃度は検出下限値未満から0.65Bq、ベータ線を出す放射性物質の濃度は0.02〜0.03Bqだった（県発表）。（民報：20161222）／／この日、政府は日本原子力研究開発機構の「高速増殖原型炉もんじゅ」の廃炉を正式に決定する。
2016. 12. 22	2017年度当初予算案が決まる。復興関連予算は総額２兆6896億円で、うち復旧、復興を巡る福島関連予算は9000億円を占める。除染は2856億円（前年度比で約５割減少、理由は今年度末に国が面的除染を終えるとするため）、とくに「帰還困難区域」の除染費用には初の国費で309億円、中間貯蔵施設は1876億円（前年度比で約４割増）。これで国の東電への無利子貸し出しは最大13兆5000億円に拡大する。（朝日：20161223）また、復興特別会計に、県内の農林水産業再生総合事業として新たに47億円が計上される。（民報：20161223）／／国と東電は第一原発３号機の燃料（使用済み燃料プールに566体残る）の取り出しを延期すると発表し、2018年１月の開始ができなくなる。／／この日現在、飯舘村には現在フレコンバッグ（容量1トン）が235万袋ある。（朝日：20161222）／／イノシシ13頭から基準値を超える放射性セシウムを検出、最も高い数値は１万3000Bq／kg（田村市、10月22日捕獲）、他に、ヤマドリ１羽（南相馬市、10月10日捕獲）から210Bq、ニホンジカ１頭（猪苗代、10月７日捕獲）から190Bqを検出する（県発表）。
2016. 12. 24	東電は被害を受けた農林業者に来年からの３年分の賠償金をまとめて追

暦　年	事　　項
	加で支払う方針を示し、地元と合意する。避難指示、出荷制限で農林業が再開できない人には、事故前の年間利益の3年分を払う。3年後以降は個別被害に応じ、仕事をしていない場合は原則として賠償を打ち切る。避難指示区域外の農家の風評被害に対しては値下がり分を来年から1年間補塡する。農林業、商工業の経済活動に東電が11月末までに支払ってきた賠償は約2兆円である。（朝日：20161225）／／政府が県産農林水産物の風評対策を進める新組織を設置する方針を示す。
2016. 12. 26	「3. 11甲状腺がん子ども基金」（代表理事は崎山比早子・元国会事故調査委）は原発事故後に甲状腺がんと診断された子どもたちを経済的に支えようと発足したが、35人の患者〔うち9人は県外の東日本7県に居住、9人のうち3人は重症患者でアイソトープ治療（RI療法）が必要〕に療養費の給付を開始する。重症患者の3人（男性2人、女性1人）はみな放射性プルーム（雲）が原発事故時に流れた関東甲信越に住む10～20代（事故当時は6～10代）で、自覚症状があり自主的に県外の医療機関で受診した。県外患者のうち手術が決まった人の9割が甲状腺に移転、全摘出の適用を受けており、県外での重症例（県内対象者は8割が半摘出）が目立つ。RI療法とは甲状腺から肺などに遠隔移転している進行性がんを治療するため、高濃度の放射性ヨウ素を内服させがん組織を破壊する方法。（朝日：20161228）／／環境省が避難区域で実施のイノシシの捕獲事業で、この日までに約400頭を捕獲、年度毎の過去最高頭数を既に上回る。一時帰宅の住民からは家の中に足跡がある、庭先にいて不安だ、畑を荒らされたなどの苦情が止まず、富岡町（2017年4月に一部帰還を目指す）の幹部は帰還後の「一番の問題になる」と話す。（民報：20161226）／／第一原発港湾内の海底土の、外洋への拡散を防ぐための最後のエリア（12万9700m^2）の被覆工事が終了する。（東電発表）。（民報：20161227）／／規制委は凍土壁につき、東電が全面凍結を宣言して2カ月経過しても地下水を遮れないとして、凍土壁の効果は限定的なものと判断する。凍土壁は1～4号機建屋の周囲に1568本の凍結管を地下30mまで埋め、零下30度の液体を循環させて土壌を凍らせる装置で、約345億円の国費を投じて建設された。（民報：20161227）／／東電は、規制委有識者検討会で汚染水が漏れる危険性があるボルト締め式「フランジ型タンク」の使用を最長2019年3月まで延長する考えを表明する。
2016. 12. 27	東京地裁（大竹昭彦裁判長）は東電株主側が政府に対し、政府の事故調査・検証委員会が作成した、非公開のままになっている調書（東電元会長や原子力安全・保安院ら14人への聴取）の提出を命じるよう求めた申し立てを却下する。理由は聴取が非公開で実施され、責任追及に使わない前提だったからだとする。また、提出を命じれば今後重大事故が起きて調書が必要になったとき、関係者の協力を得ることが困難になる（従って、事故原因の究明ができなくなる）ともいう。（民報：20161228）／／株主約50人が東電旧経営陣ら27人に約9兆円の賠償を求めている訴訟で、東京地裁は旧経営陣ら14人分の調書（政府事故調査・検証委員会の

暦　年	事　　　項
	聴取による）につき、株主側の求める文書提出命令の申し立てを却下する決定をする。株主側は一部の調書につき即時抗告する。（朝日：20161228）／／原発事故時に18歳以下だった約38万人に対する甲状腺検査で、新たに10人ががんと診断され（7～9月、2巡目で計44人）、1巡目の先行検査と合わせると確定者は計145人になった。しかし県の検討委員会の「これまでのところ被曝の影響は考えにくい」との立場は変わらない（県発表）。（朝日：20161228）／／県民健康調査検討委員会は甲状腺がんと放射線の関係について、県民に最新の研究成果を説明するための専門家会議の設置を県に提案する。検討委の会議ではがんやその疑いがあることが分かった人の男女比が、1巡目よりも2巡目の調査でチェルノブイリ原発事故での結果に近づいているという指摘も出ている。（朝日：20161228）／／東電は原発事故の賠償や除染作業のため、原子力損害賠償・廃炉等支援機構に7078億円の追加申請をする（東電HD発表）。認可されれば支援額は8兆1774億円となる。（民報：20161228）／／県水田農業産地づくり対策等推進協議会が2018年以降の米づくり方針を発表する。
2016. 12. 28	この日現在、県内避難者数は4万1051人、避難先不明者は20人（県発表）。
2016. 12. 29	第一原発構内西側のタンク群から汚染水をALPSに移送する配管の弁の先端から水漏れを確認、漏洩量は約400mℓ。また同日には別の配管の下に縦約2cm、横5cm、深さ約1mmの水溜まりを発見する（東電発表）。（民報：20161230）／／東電が2012年9月に実施した電気料金値上げで（8.46％、標準家庭で月367円負担）、契約者が負担した原発関連費用の総額が2兆4000億円超となる。これには料金原価に盛り込まれた原発関連費用は年間614億円、放射線管理業務の委託費、放射能汚染水対策に使用の装置の点検・保守費用などが472億円、賠償対応の受付業務が259億円が含まれる。また一般負担金分（政府が立替えている賠償費用への返済原資）は567億円を原価に計上、第一原発5、6号機と第二原発1～4号機の減価償却費計414億円も算入している。（民報：20161230）
2016. 12. 30	県は撤去費の削減などを目的に、仮設住宅12団地430戸を市町村へ無償譲渡で公募（今年度より開始）したが、譲渡できたのは1団地3戸に留まる。県は市町村が活用方法を充分に検討できなかったのではとしている。（民報：20161230）
2016. 12. 31	福島市の北信地区に新たに4カ所目となる仮置場が設置され（これで市内仮置場は全28カ所）、宅地に埋設中の汚染土壌の保管の見通しができる。2017年夏からは道路、側溝の汚染土壌の一部も搬入開始となる予定。（放射線対策ニュース：福島市発行、20170101）／／東電の4～12月期連結決算は3兆8776億円（前年同比で13.8％減）、経常利益は3611億円（同29.8％減）となり減収減益、原油価格低めの推移で電気料金が下がったことが響く（東電発表）。（民報：20170201）
2016. 12	福島から新潟県下越地方に自主避難している公立中学1年の女子生徒

暦　年	事　　項
	が、同級生から「菌」と呼ばれるなどのいじめを受け、年末から学校に通えなくなる。生徒は１学期の国語の「作文」の時間でいじめを訴えていたが、担当教諭はこの記述を見落としていたという（発覚は2027年１月20日）。（民報：20170121）／／東電は第一原発１号機の注水を4.5～4.0㌧に減量、それでも格納容器内の温度が上昇し過ぎないことを確認。注水量を最終的には3.0㌧にまで減らしたいのは浄化設備に余力を生ませ汚染水処理を進めたいから。炉内へ注ぐ水は浄化処理した汚染水で、燃料に触れて再び汚染されるため再度浄化する必要がある。／／11、12月に実施した海水モニタリングで、双葉町の前田川沖2kmの海底土からセシウム濃度740Bq／kgを検出、第一原発取水口付近の海底土からストロンチューム濃度2.6740Bq／kgを検出。これらはともに過去最大値である（2017年１月23日、県発表）。（民報：20170124）
2016	この年、甲状腺検査１巡目（先行検査）の対象は36万7672人、受験者は30万0476人（受験率81.7％）で、A2判定は14万3575人、B、C判定は2294人、がんの疑いは116人、がん確定は101人。同２巡目（本格検査の１回目）の対象は38万1282人、受験者は27万0489人（70.9％）で、同A2は15万9554人、B、C判定は2226人、がんの疑いは69人、がん確定は44人。（朝日：20170306）／／県内の自殺者は2011年（10人）から2016年（7人）までで計87人（12年13人、13年23人、14年15人、15年19人）。／／浪江町民約１万5000人は原発ADRを通して2013年５月以来、慰謝料の和解案を申し立てているが東電は受入を何度も拒否、2016年末までに申し立て人625人が死去している。／／この日現在、汚染水処理施設で取り除けないトリチウムを含む汚染水は構内に80万㌧超溜まっており、900基のタンクに保管されている。（朝日：20170908）／／県産品の放射性物質濃度の基準値を超えた数は2012年度で1106件（検査件数は約６万2000件）、2013年度で419件（同２万9000件）、2014年度で113件（同２万6000件）、2015年度で18件（同２万4000件）である（県環境保全農業課発表）。（朝日：県内版、20170413）／／避難者へのアンケートによると、「家に戻りたい」が川俣町で43％、飯舘村で32％、浪江町で17％、富岡町で16％（20代では4.9％、70代以上で20.8％）である。（NHK・TV：20170307）／／南相馬市小高区では、原発事故前の米作り農家は880戸であったが、11戸に減少する。（NHK・TV：18時の県内ニュース、20170710）／／原子力規制委が審査中の原発は全国で計19基。／／県内の飼い犬は飼い主の原発避難などで約2500頭が落命する。（NHK・TV：クローズアップ東北、20170113）

発電所の基礎工事現場。標高30㍍の原野もたちまちこの通り、南防波堤も急ピッチで伸びている。

将来は二二〇万KWに

東京電力原子力発電所の建設場所は双葉郡大熊町夫沢地内。昨年十二月に一号炉の基礎工事が始まった。標高三十五㍍の原野にブルドーザー、パワーショベル、ダンプカーが走り回り、三百万平方㍍の敷き地のうちまず十万平方㍍が整地された。そして一号炉はじめ主要建て物の建設場所一帯三万二千平方㍍余の土地を約二十五㍍掘り下げ、現在さらに原子炉設置場所をどんな地震にも耐えうるよう十数㍍下の堅い岩盤まで掘り下げる工事が進められている。将来はここに高さ約二十㍍の原子炉を覆って五十㍍余の大ビルが建造される。ここだけで約百万立方㍍というから丸ビルをマスにしてざっと十七杯分くらいの土砂がとりのぞかれた。しかしこれらの掘削工事はほぼ終わりに近づき、七月いっぱいには完了するという。

いま最大の工事は復水用冷却水取り入れのための堤防工事だ。このあたりの海は波が高い。白いキバをむいて襲いかかる太平洋の荒波にさからって、堤防は原子炉建設場所を抱くかのように〝八の字〟に日一日と腕を伸ばしていく。間断なくたたきつける荒波に耐えるため、ここでは九㌧の巴型ブロック、十六㌧の、さらにはじゃりを満載したダンプカー二台分もある二十五㌧という超大型テトラポットが使われている。現在南防波堤九百四十㍍のうち約二百七十㍍、北防波堤七百六十㍍のうち百八十㍍ができ上がっているが、工事の進みぐあいはかなりスピーディーで、あるいは築堤の日本新記録をつくるかもしれない。とにかく四十三年いっぱいには完工する。

海水の取水、排水がおもな目的ではあるが、なにしろ原子炉はじめタービン、発電機など超重量物の備えつけが控えているだけに、その運搬用に三千㌧級の船が横づけできる専用港ともなる。四十万㌔㍗のタービン、発電機ともなると、横幅は七㍍ほどとられる。しかもノロノロ運転ときては、この交通事情の悪いときにとても陸上輸送などはできない相談というものだ。

50年には只見水系を上回る

一号炉は日本の原子力発電では初めての四十万㌔㍗(将来は四十六万㌔㍗)の出力をもつ。一口に四十万㌔㍗というが、これだけあると百数十万世帯(福島県全体で約四十三万世帯)をまかなえる。

東電ではこのあと二号炉の完成を待たずに三号炉の建設に着手する。二号炉以降については、当初一基六十万㌔㍗ていどを計画していたが、このほど二号炉として七十八万㌔㍗の原子炉をGEに発注することになった。昭和五十年には四号炉まで完成、当初計画のままでも総出力二百二十万㌔㍗(東電の総発電量の約一割)の発電が行なわれる。この大熊一カ所だけで十七の発電所を持つ只見水系、十五の発電所を持つ猪苗代水系全体の約百九十万㌔㍗を上回ることになるわけである。

コスト、火力に匹敵
安全には特に配慮

原子力発電所は放射能のある物質を扱っているため安全にはとくに力が入れられ関東大震災の三倍ていどの地震が起こっても大じょうぶなように設計されている。こういうふうに安全性に重点を置くこと、また新しい技術を用いることなどから設備に金がかかる。現時点で比べてみると火力発電の場合は資本費は全体の三〇%だが、原子力発電の場合は六〇%を資本費で占めている。それでいながら今後ますます原子力発電所が増加していく傾向を示しているのは、燃料費が火力発電に比べて非常に少なくてすみ、全体的には発電原価が安くなるからである。電気の消費量はその国の文化のバロメーターといわれているが、いまわが国の電気消費量はすごい勢いでふえてきている。だが、それとともに現在総需用量の七五%をまかなっている火力発電に使用する重油の消費量もうなぎのぼりに増大している。重油はもっぱら輸入にたよっているため、このままでいくと輸送、貯蔵、公害問題さらには貴重な外貨の支払い額などの面でいろいろと大きな障害がでてこよう。また戦乱などの不測の事態、重油資源そのものの限界など、不安定な要素も多い。発電原価は新鋭火力の一㌔㍗時当たり二円五十銭に比べ、福島原子力発電所の場合初年度三円と、ちょっと割り高ではあるが、それでも水力の三円五十銭よりは安く、長期運転、技術の進歩などによって、将来グングン下がってくることは想像にかたくないであろう。

新しいエネルギー基地

東京電力福島原子力発電所

1号炉 45年秋に運転

トップ切って営業化

基礎工事は順調

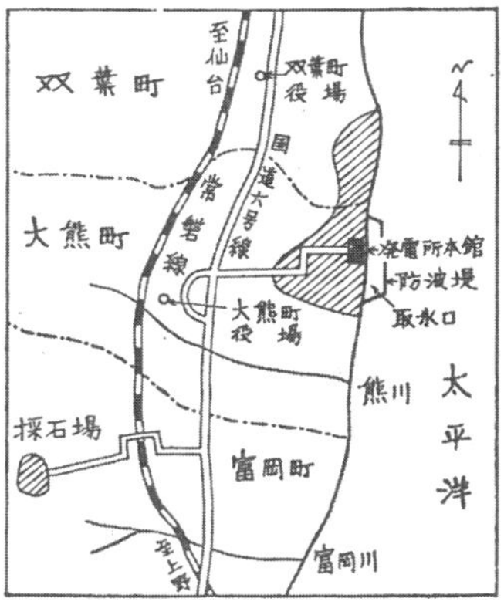

まず建設現場に足を踏み入れて驚くことはこれほどの巨大な工事で静かなこと、そして音を聞きとろうとするには余りにも広いことだ。東京電力が双葉郡大熊町夫沢に福島原子力発電所の建設を始めたのが四十一年十二月。わずか半年足らずのうちに標高三十五㍍の高台を海面まで掘り下げてしまった。その広さは後楽園球場をすっぽり埋めてまた余りあるのではないか。眼下に行きかう大型ダンプカーもまるでミニカーのように可愛らしい。

このあたりを地元の人たちは〝バカ土〟と呼んでクワを入れる人がない。地味が薄く、塩分が強いので松の木さえ人の背丈より伸びない。いわば無用の長物というわけだが、いまここに全日本の脚光を浴びた最新のエネルギー基地が誕生しようとは夢にも思い及ばなかったろう。足もとにはいつくばうかん木を掘り返し腹をさらけ出した赤土のにおいに建設のたくましさがひしひしと感じられる。

面積の約半分を山にとられ、わずかに山あいの耕地にたよってひっそりと暮らしを続けてきたこの地方の人たちは地域高度利用の偉大さを改めて思い知らされたことであろうし、郷土開発の意欲をかきたてるカンフル剤にもなったようだ。

東京電力のエース

大熊町岩船地内の国道六号線から海岸に向かって折れると国道の延長と思われるばかりの立派な舗装道が一直線に走る。海と境を接した広大な原野に放射線に広がる道路も広く整然としている。

福島原子力発電所の完成予想図。まん中の高いビルに原子炉がはいる。

発電所の用地は大熊、双葉両町にまたがり大熊町が百七十万平方㍍、双葉町が百三十万平方㍍。ちょっと想像もつかない数字だが福島競馬場の十倍に当たる面積だ。実際に原子炉と発電所の施設に要する敷き地は五百㍍四方程度のものだが、万が一の危険を考慮してこれだけの緩衝地帯を設けているわけだ。ゴルフ場ならたっぷり二つはできるだろうしゴルファーにはよだれの出そうな話。

日本が研究機関として初めて原子力発電を起こしたのは茨城県東海村にある日本原子力発電東海発電所で四十一年七月のこと。東京電力ではすでにその当時から原子力時代の到来を予期して調査研究に着手していた。福島原子力発電

大熊港にレンガ色の巨大な姿を現わした原子炉圧力容器は陸、海一体の作業で無事陸揚げされた

十月から正式に発電を開始する。

一基十億円
緊張の作業

圧力容器を運んできた広島県ヒ

大熊原発1号機

いよいよ心臓部へ

原子炉本体着く

8時間かかり陸揚げ

双葉郡大熊・双葉両町にまたがって建設中の東京電力福島原子力発電所一号機工事は順調に進み、十六日朝、原子力発電所の心臓部に当たる原子炉圧力容器が東電の専用港に陸揚げされた。圧力容器は五日間かかって四百二十㍍離れた原子炉建屋まで運び、二十一日午前、格納容器の中につり込まれ台座にすえられる。これで同発電所の建設は約七〇％を完了、あとは付帯設備を整え、来年五月にウラン燃料を装てん、同十月から送電が開始される。一号機は四十六万㌗だが、すでに一号機の両側に隣接して七十八万㌗の二号機を建設中で、東電では同地区に合計八機、約七百五十万㌗の原子力発電を見込んでいる。一方、東北電力でも同郡浪江町と一部相馬郡小高町にわたって約三百万平方㍍の用地買収を県開発公社に依頼、五十年には七十五万㌗の原子力発電所建設にとりかかる予定である。東電一号機の〃心臓〃埋め込みにより、将来ざっと二千万㌗が見込まれる相双地区の一大原子力センター建設はいよいよエンジンがかかった。

来年5月に試運転

原子炉圧力容器というのはこの中にウラン燃料を入れ核分裂を起こさせるもので、いわば原子力発電の〃心臓〃に当たる。アメリカのゼネラル・エレクトリック（GE）社から圧力容器の製作を請け負った東芝では横浜市の石川島播磨重工業磯子工場で、約二年かかってつくり上げた。圧力に強い炭素鋼製で、高さ十九㍍、直径約五㍍、鋼板の厚さ十六㌢というがんじょうなもので、重量は約四百三十㌧もある。

こんなばかでかいものを今日のような交通事情の悪いときに陸上輸送することはとうていムリで、炉を冷やす海水の取水口を兼ねて作った専用港から陸揚げされた。

圧力容器を積んだ誠幸丸（一、三〇〇㌧）は十六日午前六時に入港、午前七時すぎから宇徳運輸がジンボール型ではわが国最大という七百㌧クレーンを使って〃水切り〃（船から陸揚げすること）にかかった。しかし何しろ四百㌧余という怪物であり、また原発工事中最大の難工事とあって、作業は慎重のうえにも慎重を期して超スローペース。水切りを完了したのは午後三時で、予定時間を約三時間もオーバーしていた。

十七日から一日約百㍍ずつ〃コロびき〃して原子炉建屋まで運び二十一日午前、八百㌧の門形クレーンを使って格納容器へのつり込み作業が行なわれる。

この難工事が完了すれば一号機は全工程の約七〇％は進むことになり、あとはタービン、発電機をすえ付け、建屋、諸機械類を整備すれば完了で、来年五月にはウラン燃料を詰め、試運転ののち、同

ロ海運の誠幸丸は前に原子力発電会社の敦賀原子力発電所の圧力容器（三十六万㌗）も運んだ。その経験がかわれての起用だったが、東電のものはひと回り大きく、これひとつだけで十億円もするとあって、作業員七十人は終始緊張しっぱなし。午前七時から午後三時までの約八時間、食事もしなければたばこも吸わない真剣な作業ぶりだった。

岸壁の周辺には小林東電原子力

一号炉建設始まる

福島原子力発電所　厳重な基礎づくり

東京電力福島原子力発電所の建設工事は着々進んでいるが、いよいよ第一号原子炉室の基礎コンクリート打ち込みがはじまった。

第一号原子炉の設置敷き地は東西に百八十㍍、南北に二百㍍、約三万三千平方㍍。この敷き地を第一工区請け負いの熊谷組が一応標高十㍍まで掘り下げて整地した。さらに原子炉室やタービン室、コントロール室などは海面下四㍍の地下まで掘り下げられて設置するが、この掘削工事からは米国G・E社の下請けである鹿島組の手で進められている。

土木工事から建築工事に移行したわけで、これらの設置敷き地も二十五日までほぼ完了し、トップを切って原子炉室のコンクリート打ち込みが開始の運びとなった。

第一号原子炉建家（出力四十六万キロワット）は高さ地上四十四㍍、東京丸ビルの三十一㍍よりはるかに大きい。この中にはいるものは大別してドライウエル（原子炉室）とプレッシャーベッセル（原子炉）のふたつにわかれ、ドライウエルの外側は高さ三十二㍍、直径十八㍍で、原子炉室は高さ十九㍍、内径五㍍、厚さ十六㌢の鋼鉄板でできており、重さは四百㌧以上もある。

こうした超重量物体を格納する原子炉室だけにその基礎づくりも厳重で、まず本格基礎打ちの前にコンクリートをうすくうち、その後に厚さ二・七七㍍もあるマットコンクリート（基礎盤）の打ち込みをするという手のこみようである。

時から会津若松市東山温泉「玉屋

福島民報』昭和42年（1967年）6月28日

『福島民報』昭和44年（1969年）5月27日

デンと原子炉本体

大型クレーンで据付ける

大熊原発

双葉郡大熊町に建設中の東京電力福島原子力発電所第一号機（出力四十六万キロワット）の原子炉本体「圧力容器」は二十一日無事原子炉建屋内にすえつけられた。約二年の歳月と工費十億円を投じて製作した同本体のすえつけで同原発一号機の工事は約七〇％が完了、あとは燃料の「ウラン」装てんを待って明年十月には〝原子の火〟がともる。

原子炉本屋の真上につり上げられた原発の心臓部「原子炉圧力容器」

田中直治郎東電原子力開発本部長（同社常務）をはじめ小林同副本部長、今村同原子力建設所長、それにP・カートライトG・E社東京支店長、金岩東芝原子力本部長ら関係者約百人が出席、すえつけの儀ののち午前八時ちょうど田中本部長が赤、白、黄、緑の四本の小旗を両手にかかげて始動の合図をするや「ブーン」と無気味なうなりを響かせながら直径約五㍍、全長約二十㍍、厚さ十六㌢もある赤レンガ色の巨大な鋼鉄容器が静かにつり上がっていった。

その重量は約三百八十㌧、日本最大の超重量物だが超大型の門型クレーンの威力はすばらしく大変な時間を要した陸揚げ時とは逆に予定よりも早く高さ三十九㍍の原子炉建屋真上につり上げられ、格納容器内におさまった。

伊方原発年表

伊方原発年表

暦　年	事　　　項
1952 （昭和 27）	現在、伊方原発が立地している地点から 10km の場所に米軍飛行艇が墜落する。
1955. 3. 31	旧伊方村と旧町見村が合併し半農半漁の伊方町が出来る。
1965 （昭和 40）	この年、四国電力（以下、「四電」と略す）は愛媛県津島町の尻貝地区を原発建設の予定地としていたが、地元住民の反対にあい断念する。
1966. 7. 25 （昭和 41）	茨城県の日本原子力東海発電所が研究機関として初めて原子力発電を起こす。GCR（ガス冷却炉マグノックス型）で出力 16 万 6000kW、日本の商業原発（日本原子力発電株式会社）の幕開け。
1966. 12. 1	東京電力福島第一原発 1 号炉の設置を内閣総理大臣が正式に許可。18 日、福島原発が着工する（用地は大熊町、双葉町）。
1967. 8 （昭和 42）	四電が伊方原発設置のための立地選定を開始。徳島県海南町を建設予定地としたが漁協の反対にあい断念。また原発建設予定地の愛媛県北宇和郡津島町尻貝地域（現、宇和島市）でも地元住民の激しい反対運動にあい、四電は地質調査の結果を理由に建設を断念。
1967. 10. 30	内田秀雄東京大学工学部教授が高松市で講演、地震学者、耐震設計学者としての知見から他の原発に比して伊方原発が地震上重要な点を持たないことを述べる。
1968. 1. 12 （昭和 43）	四電が大浜海岸周辺をボーリング調査。住民反対運動にあい「地質が悪い」という理由で原発建設断念を表明する。
1968	この年、伊方町に四電による原発設置計画が持ち上がる。四電と行政側は津島町の失敗を繰り返さないために秘密裏に計画を実施に移す。伊方町町見地区の九町の九町越を候補地に定める。
1969. 3. 24 （昭和 44）	四電に対し伊方町九町越の土地所有者 52 名と地先漁協（町見、有寿来）及び伊方町長が原発誘致の陳情をする。
1969. 7. 8	新愛媛新聞（現廃刊、高知新聞が四国ブロック紙の子会社として創刊）が伊方町の原発設置計画（誘致話）をスクープ、進んでいる用地買収（九町越の約 50ha）の交渉などを明らかにする。同日、四電は高松市本社と愛媛県庁とで原発建設計画を進めていること、関係地主、漁協などとの予備調査の交渉も既に開始していることを発表。また同日、山本長松伊方町長は関係地主 120 人中、既に 70 人が仮契約済みであることを発表、私有地買収計画が自治体を介して行われている実態が明らかになる。
1969. 7. 10	当時の高田健一伊方町議会議員が約 1 年前に町議会に原発設置計画が出され秘密裡にそれを進めてきた事情を明らかにする（朝日）。重岡太守町見漁協組合組合長も同年に町長から話があり町の発展を決める重大なことなので賛成したと語る。補償金のために設置反対運動が切り崩され、漁業権を四電に売り渡したのである（新愛媛）。町議会の原発誘致決議（同年 7 月末）以前で既に予定地の地主である蜜柑農家の約 9 割が

暦　年	事　　項
	売却の仮契約を済ませていたなど、行政、議会、四電が住民を無視して原発を推進してきたことの証言となる。
1969. 7. 28	臨時の伊方町議会を開催し「原発誘致」を満場一致で議決、「原発誘致特別委員会」の設置対策費 220 万円を予算化する。同議会が明らかにした登記上の地主は 129 件、うち条件付き売買契約調印終了は 110 件、対象面積は 38 万 2120m^2（総面積では 45 万 1360m^2）。四電は伊方町を原発誘致地区に決定する。この町議会の誘致決定は反山本長松町長派には事前に一切の断りもなかった。
1969. 8	四電が伊方町で予備ボーリング調査を実施する。
1969. 9	伊方町は内田秀雄を招き講演会「原子力発電とその安全性」を行う（町民 300 人参加／広報伊方町）。内田秀雄はこの年の 6 月以降、原子力安全の国際会議に出席（日本代表としては四回）するなど、原発推進政策を進める国側を支える重要な人物。
1969. 10. 13	川口寛之（元伊方町長）を中心に「伊方原発誘致反対共闘委員会」（政党は無関係）を結成、四電によるボーリング機材搬入阻止の実力闘争を展開する。当時の伊方原発では住民と電力会社などとの闘争が最も激しかった。
1969. 10. 15	共闘委員会が地元住民 757 名の反対署名を集め、伊方町長に住民不在の行政だと抗議、原発の安全性や町の産業の在り方などについての公開質問状を提出する。なお「関西労学共闘」（愛媛大学、大阪市立大学の学生ら）も結成され佐田岬一帯（原発立地予定地）にビラ撒きを行う。
1969	この年、佐田岬半島部の四町の人口は 3 万 3758 人。／／また斉間満（1943 年生まれ）の新聞記者（当時、新愛媛新聞の八幡浜支社の記者）としての伊方原発設置反対の生涯をかけた活動が始まる。
1970. 3. 7 (昭和 45)	八幡浜市長、同市議会、西宇和郡の町長、同町議会が伊方原発誘致のための「八西《はっせい》原子力発電所誘致期成会」を発足させる。
1970. 4. 15	四電は 1969 年 7 月 5 日からこの日までに原発立地と関係する土地所有者 123 名と土地売買契約を締結する。
1970. 5. 6	反対派住民の抵抗をおして四電はボーリング調査を開始。反対運動も激化（デモ、座り込み、同盟休校など）する。
1970. 5. 22	「原子力をかくしていることは危険性がある証拠で、無知につけ込んでみんなをだましたようなものです」という、現地ルポでの農家の怒りの声を紹介する。（朝日：愛媛版）／／「広報伊方町」は特別号「みんなで原発誘致を成功させよう！」を発行、誘致による地元の利益の主張と原発批判に対する反論記事とを掲載する。
1970. 9. 14	四電に対し愛媛県知事、同県企画部長、同県議会議長が伊方原発建設促進を申し入れる。
1970. 9. 21	四電は正式に伊方原発の建設を決定する。
1970. 10. 3	愛媛県議会が伊方原発促進に関する決議を行う。／／デモ、反対の署名、

暦　年	事　　項
	作業現場荒しなど反対運動が激化する。
1970. 11. 28	関西電力美浜原発 1 号炉（伊方原発と同型の軽水炉加圧水型、電力 34 万 kW）が、民間電力会社としては単独で初の原発営業運転を開始する。
1970. 12	原発反対地主が所有権訴訟を提起し裁判闘争に踏み切る（裁判は 1978 年 5 月まで続き、最終的に地主は四電に土地を取られ土地裁判は敗訴に終わる）。／／東北大学で開催された原子力学会を批判して「全国原子力科学者技術者連合」（全原連）が結成される。参加したのは東北大、東大、東工大、名大、阪大、京大などの助手や院生で、荻野晃也（京大）は全原連の中心メンバー。
1970	この年、四電は伊方原発建設予定地の全面海域に最大の漁業権を持つ町見漁協と原発建設計画に伴う漁業補償交渉を密かに開始する。／／この年の伊方町の人口密度は 305 人（全国平均を上回る）。また旧伊方町地区の小中学生は 1860 人。
1971. 1	重岡太守町見漁協組合長が死去、松田十三正に交代する。
1971. 3. 26	東京電力福島第一原発第 1 号機（軽水炉沸騰水型）が運転を開始。
1971. 3	この月、近藤誠（後の愛媛県内地域紙「南海日日新聞」記者）は宇井純の講演で公害の現場に行く重要性を教えられ、瀬戸内海汚染調査を手伝っていたその準備活動で伊方町を訪れる。そこで川口寛之の「科学を知らん連中がやみくもに訴えて、というが、住民が危険性を知った上で原発に反対していることをきちんと裁判で伝えたい」（朝日：20120405）という発言を聞く。近藤はこの後、伊方原発と深く関わることになる。
1971. 4	山本長松伊方町長が再度無投票で当選。／／八幡浜記者クラブは四電が農地転用許可を出さないで資材運搬用の道路を使っていたことを暴露する。
1971. 4. 24	町見漁協（組合員 207 人、海域 280 万 m^2 の権利／伊方町全体では 440 万 m^2）理事会は「漁業権売渡」を強行するための定期総会を開く（他に 10 月 12 日、12 月 26 日と総会を年に 3 回も開く異常な事態）。総会では数億円の漁業補償額を提示、「原発反対」が多数を占め絶対反対（2／3）決議により「四電」と「漁協理事」との間の補償交渉は漁民によって破棄（白紙撤回）される。しかし松田組合長は四電に原発設置「絶対反対決議」を通告せず。理由は、組合長が理事者に決議の報告の是非を文書で確認した際、全員が通告と応えたのに「賛成二人、反対七人だった」と嘘をついていたから（この組合長の通告偽証工作は、反対決議から 28 年後の 1997 年に、組合長の息子が地元新聞の取材で明らかにする）。以後、四電職員は社命で町役場の職員と共に住民のプライバシー侵害、漁民の思想チェック、思想管理を行うことになり、町見漁協組合員に対する切り崩しが始まる。
1971. 5	デモ、バリケードなど反対運動の激化が続く。
1971. 10. 12	総会（会場は町見農協二見支所、会場周辺を反対派住民約 200 人と機動隊約 50 人が取り囲む）では賛成、反対の組合員が激しく対立、怒号が飛び交

暦　年	事　　項
	うなか原発設置を賛成多数で決議。「アッという間の採決だった。議長選任も騒然たる中で正式には決定せず、反対派組合員に詰め寄られた理事者たちはガタガタふるえる。休憩一時間、ふわりと立ち上がった山口議長は会議再開も告げず、突然『採決します』と議長席で宣言、激こうした反対派組合員数人が走り寄って山口氏を取り囲み、カベに押しつけようとしたところ、事態に驚いた賛成派組合員が総立ちとなった。このとき同氏は『議案は先に出しているので賛成多数で可決しました』と議長席でポツリ一言。総立ちの賛成派組合員も、拍手どころか一瞬ポカンとした表情。賛成派ならこの採決にとび上がって喜ぶはずだが、事態を心配して総立ちとなった現象を同氏は賛成と自分勝手に判断、決定する始末」（愛媛新聞：19711013／見出しは「組合規約無視の不法集会／休憩中の強行採決／議事進行・理事者側に不手ぎわ」、また同新聞は四電に愛媛県と町見漁協から「総会決議は有効である」との通知があったことも報じる）。「議長選出も議案審議もできない混乱が8時間も続いた。同9時すぎ、休憩のあと、松田組合長が議長に指名した山口幹事がいきなり再開を宣言、議案上程なしで採決にはいる旨を告げ、会場が大混乱に陥った中で、可決を宣言した。しかし、松田組合長ら役員は採決の方法に問題があったとして、『採決が成立したかどうかは分からない』とし、改めて役員会を開いて、採決の有、無効を協議することにした」（朝日：19711013／見出し「混乱の中で『賛成』強行可決／採決の効力に問題／役員会開き検討へ」、また同新聞は議事録が残っていなかったことも報じる）。
1971. 10. 14	12日の総会の裏には県の策略があったこと、「この総会では、原発建設の柱としている県が陰に陽に工作を進めていたことが明るみに出た。県の指導下で、こうした非民主的な組合運営が行われた事は、この問題がどういう形で終息するにせよ、大きなしこりを残すことになり、他への影響も無視できないものになりそう」なことが報じられる（朝日）。また「総会の議事進行については、待機していた県職員が間接的に指導、助言したものとみられるが、いくら原発建設上最大のヤマ場といわれる漁業補償問題でも組合員同士のいがみ合いの原因は漁協幹部の総会運営の不手際にあり、議長独断の採決でしゃにむに原発設置賛成を押し通そうとしたのも、県の指導ではないかと避難する声も聞かれた」（愛媛新聞）とも報じられる。〃漁協役員が四電に対して「総会は有効」とし漁業補償交渉の再開を通告、四電も応じる意志を示す。この総会直後から町見漁協理事者と四電は業業補償交渉を再開、約2カ月後には補償額は6億5000万円（この年4月の定期総会時の四電回答より約160％増額、同年12月に県調停で妥結）で決着する。そもそも漁協は漁業補償額に難色を示してきており、四電が提示した総額1億7000万円に対し7億8000万円を要求していた。（国際問題 No. 177、日本国際問題研究所：197412）
1971. 11. 6	反対組合員は愛媛県に対して総会の無効を訴えた「町見漁協総会の異議申立書」を提出。同月27日にも反対組合員は伊方原発反対共闘委員会と共に、県に対して「総会は強行採決で無効だ」と申し入れる。

暦　年	事　　　項
1971. 12. 26	漁業権売渡の賛否を決める臨時総会（町見農協本所に会場変更）を開催。「総会は冒頭から法の解釈をめぐり理事者側と反対派組合員が激しく対立し、一時は賛成、反対両派組合員同士がつかみ合うなど波乱を呼んだが、賛成多数を確保する理事者側は『漁業法により漁業権放棄は総会決議前に、関係漁民の書面による3分の2以上の同意が必要で、同意書を公表せよ』とする反対派の主張を退け、水産業協同組合法による『半分以上の出席で正組合員の3分の2の同意』の適用で漁業権の放棄を決議、同町大成地区漁民を中心とする反対派組合員は決議前20数人が涙をのんで総退場、投票を放棄した」（愛媛新聞：19711227／一面トップの見出しは「業業権放棄を可決／反対派が総退場／きょう四電と調印」）。会場には最初から県水産課の2職員（10月臨時総会には入れず）が役員の横に「来賓」として列席、それまで反原発の歩調を揃えていた「伊予灘側鳥津地区」の組合員が補償交渉妥結後、急に歩調を乱したことが大きな原因。「鳥津地区」は当時51戸のうち50戸が原発に反対だった。
1971	この年、「磯津公害問題若人研究会」（八幡浜市保内町磯崎地区）を結成、「地域環境を破壊する」と訴え一貫して原発に反対していく。メンバーは地元で漁業、農業に従事する住人。／／西日本の研究者らが「瀬戸内海汚染調査実行委員会」を組織し大規模な汚染調査活動、海底生物調査、ゴミ漂着調査、漁業調査、公害問題調査などを開始する。
1972. 1. 5 (昭和 47)	「伊方原発反対闘争に思う」を広野房一が雑誌「日本の科学者」第17巻第1号（本の泉社）に掲載する。
1972. 2	電調審が伊方町原発の新設を承認する。
1972. 3. 28	愛媛県知事が四電に対し伊方原発に伴う約10万 m^2 の公有水面埋立を許可する。1972この年の春、久米三四郎（46歳）は藤田一良（43歳）法律事務所を訪れ、伊方原発の土地裁判を依頼する。伊方町住民が原発用地と知らされずに四電と売買契約した土地をめぐり、引き渡し拒否をする住民とそれを求める四電との間の裁判である。
1972. 5. 8	四電が原子炉等規制法に基づき内閣総理大臣田中角栄に「原子炉設置許可」を申請、またこの月から国側は伊方原発の安全審査を開始。
1972. 5. 12	安全審査会は原子炉の安全性に関する事項の調査審議のため、安全審査会のなかに「審査会運営規定七条」に基づく「第八六部会」を設置。
1972. 5. 17	伊方原発（1号機運転開始は1977年9月）の安全審査会の審査の仕方が決められ、先行炉の玄海原発（伊方原発より2年前に運転開始）を参考にして審査することとする。
1972. 5. 21	原子力委員会は、伊方原子炉が平和の目的以外に利用される怖れがないなどの申請が基準（原子炉等規制法24条第1項各号）に適合していると認め、その旨を被控訴人に答申する。／／四電により「伊方発電所原子炉設置許可申請書及び添付書類」が作成される。
1972. 6. 3	関電美浜原発1号機で放射能漏洩事故が起き運転不可能となる。／／斉間満（元・八幡浜支局記者）が「新愛媛新聞」を退職。

暦　年	事　　　項
1972. 6. 22	「朝日ジャーナル」が特集「原子力発電は未来を照らすか」を組み、伊方町での反原発運動のルポを掲載。
1972. 8	この月、佐田岬半島地域（原発予定地）の四つの反対組織が「伊方原発反対八西連絡協議会」を結成する。／／同、労学共闘メンバーへの伊方町職員の暴行事件が発生する。
1972. 10. 31	第二審で採用の「甲第四七号証」に拠れば、第 86 部会はこの年の 5 月 17 日からこの日まで調査審議 17 回と現地調査 6 回とを行ったという記録がある。但し、それぞれの出席者の氏名や人数の詳細は不明。
1972. 11. 17	原子炉安全専門審査会が第 107 回審査会で、原子力委員会に対し伊方原発設置の安全性は充分確保し得ることを認めるという報告書を決定。
1972. 11. 29	内閣総理大臣が四電に対し核原料物質、核燃料物質及び原子炉の規制に関する法律（原子炉等規制法）23 条 1 項の規定に基づいて発電用原子炉設置許可をする。／／四電が「伊方発電所原子炉設置許可申請 第八六部会参考資料」を作成する。現存資料としては 4 分冊でそれぞれに鉛筆で「1 ― 20」「21 ― 50」「51 ― 90」「91 ― 119」の書き込みがある。
1972. 11	この月に開催された原子力学会（京大）が、伊方原発の安全審査に参加した宮永一郎（放射線管理、災害評価）と藤村理人（機械装置類、各種事故）を追及、2 人は日本原子力研究所（現、原子力研究開発機構）の所属であったが、伊方原発の安全審査結果は間違いであったことを自己批判する。このことを切っ掛けにそれまで伊方原発訴訟を依頼されていた久米三四郎（大阪大学）の態度が変わり、自分の問題として捉えることとなる。（和田長久「原子力と核の時代史」七つ森書館：20140806）／／この月、四電の原発立地許可申請を国が許可したことで原発反対闘争は新しい段階に入る。
1972	この年、伊方原発 1 号炉が発注される。／／秋に原水禁が全国活動者会議を開催（舞鶴市）、講師として参加の久米三四郎は水戸巌（救援センター事務局長）を介して紹介された、当時、伊方原発建設反対運動に取り組んでいた「全国原子力科学者技術者連合」（全原連）の尾崎譲治より伊方原発立地取り消し訴訟を行って欲しいと依頼される。（『原子力と核の時代史』前出）／／労学共闘、愛媛大共闘委員会、総評松山地協とで現地闘争団が結成され、ボーリング機材陸揚げ阻止闘争などを行い、「おらびだし」を発行。
1973. 1. 28 （昭和 48）	反対派住人が科学技術庁で行政不服審査法に基づき、伊方原発 1 号機の設置許可処分に対し国に異議を申し立てる（「伊方原発・異議申立事件」作成）。伊方原発の敷地面積は約 86 万 m^2、所在地は伊方町九町越。申立書は「被害を地域住民に転嫁することによってなされる（中略）安易な原子力開発は必ずや近い将来取り返しのつかない重大な災害を広範な国民にもたらす原因となるであろう」で結ばれる。藤田一良弁護士が代理人となる。
1973. 2. 24	賛否両論が激しかった頃の警察の姿勢につき、「過去 4 年近く、毎日警

暦　年	事　　　項
	備員を“伊方番”に出して、反対派の動きを克明にチェックし四電と“一体”になって原発を守ってきた警察。昨年 8 月の労学共闘メンバーへの伊方町職員の暴行事件の同署の処理、四電原発準備所職員と同署幹部や警備課員とのなごやかなつながりを見てきた人たちは、『警察は中立』と額面通り受け止める事は出来ぬだろう」（毎日）と報じられる。
1973. 3. 9	この日から 1974 年 4 月 8 日まで、伊方原発を考える会が週刊「伊方訴訟ノート」（第 1 号～第 54 号）を発行する。
1973. 3. 31	後に伊方原発設置許可処分取消（行政訴訟）の原告側の「補佐人」となる、京都大学工学部原子核工学教室助手の荻野晃也らが小冊子「週刊伊方ノート」（全 61 回発行）を作成、伊方原発の問題点を採り上げる。／／四電が海水淡水化に関わる原子炉施設の変更を発表する。／／美浜 1 号炉で燃料棒の大折損事故が発生するが 1976 年末まで隠蔽される。
1973. 4. 20	「自然を守る会」（1971 年結成）の会長であり、原発用地に土地を持つ地主で土地契約に反対していた、反対派の中心的リーダーの 1 人である井田与之平（1990 年死去、100 歳）の妻・キクノが自殺（72 歳）、彼女が執拗な売却要求に負けて夫の留守中に四電に土地を売却（キクノ名義、15.300m^2）したことが原因。
1973. 5. 1	朝日新聞が伊方を含め全国 3 カ所で国の設置許可への異議申立てが出たとし、原発建設計画に揺れる伊方の現状を「親子、夫婦、兄弟を離反させ、葬式や結婚式まで（賛成、反対の）二派に分れるという。祭には、みこしも出なかった」と伝え、さらに伊方原発では原子炉安全専門審査会が設けた部会の「延べ人員 13 人が、いずれも 1、2 日の調査を 7 回やっただけ」と国の審査の実態を紹介、大半を占める書類審査の資料は企業や関係省庁が提出したものばかりだと疑問を投げかける。
1973. 5. 31	内閣総理大臣によって反対派住民の伊方原発の設置許可処分に対する異議申立てが棄却される。／／四電が「伊方発電所原子炉設置許可申請 第九七部会参考資料」を作成。
1973. 6. 1	1 号機が建設に着工。準備工事の開始に際し荷揚げ場用岩壁建設のため「竜神の祠」（県の南部地域には広く竜神信仰がある）が取り壊され数百 m 上方に移転させる。（東京：20140214）なお 1973 年は世界の原発の建設、計画、発注数から見ると、前年比で原子炉が 135 基増（同、電気出力 1 億 1901 万 kWe 増）であり、世界の原発史上、最大の盛り上がりをみせた一年。この当時の伊方町の人口は約 9000 人。
1973. 7. 28	四電が地権者が利用していた里道や水路を壊し敷地の周囲を鉄条網で囲って通れなくしていたことに対し、伊方町の住民が鉄条網を壊して敷地内に入り、里道の通行権を主張する行動にでる。（反原発：20101220）
1973. 8. 27	「伊方原発設置反対八西連絡協議会」（八西協）の住民 33 人が原告となり、原発の安全性を問う伊方原発 1 号炉設置許可取り消し訴訟の裁判を松山地裁に提訴。原発に関する行政訴訟では日本で最初の訴訟、正式名称は「四国電力伊方原子力発電所原子炉設置許可処分取消請求行政訴

暦　年	事　　項
	訟」。原告住人は35人、被告は内閣総理大臣田中角栄、原子炉等規制法第23条に基づく訴訟であり、科学技術庁（原子力委員会）で行っていた原発設置の許可に対し安全審査の正当性をめぐって国側と住民側とから多くの専門家が証人として出廷して争う「日本初の科学裁判」となる。弁護団長は藤田一良。∥この日は提訴に先立ち、午前11時から八西協の主催で「伊方原発反対訴訟決起集会」を開催（県歯科医師会館）、八幡浜市、松山市からの支援者を含め伊方町とその周辺地域の農民、漁民など約350人が参加、訴状内容について「伊方原発訴訟を支援する会」の久米三四郎が説明を行う。
1973. 9. 4	この日から1977年10月25日まで、伊方原発訴訟を支援する会が「伊方訴訟ニュース」（No. 1～No. 50）を発行する。∥伊方町が国と愛媛県との三者による原発の安全性についての協定書の素案づくりを開始する。∥「伊方原発行政訴訟 資料1」（伊方原発行政訴訟を支援する会）が作成される。原告側訴状、効力停止決定申立書、原子炉安全専門審査会報告書、異議申立書、棄却決定書などを収録。
1973. 10. 20	被告指定代理人により第1審の「伊方発電所原子炉設置許可処分取消請求事件答弁書」が作成され、松山地裁が受付ける。
1973. 10. 27	東海第二原発設置許可取消訴訟の提訴、日本で第二番目の原発に関わる行政訴訟となる。
1973. 12. 5～10	朝日（愛媛版）は第1回口頭弁論を前に書面でやりとりされた双方（国と住民側）の主張を紹介、住民側は「原子炉の冷却水が急激に失われると燃料棒が溶解し、半径数百㌔に大被害を与える。非常用冷却装置も、米国の実験ではうまく働かなかった」と指摘するが、国側は「事実上起こる可能性のない事故。全体の冷却効果が損なわれることはない」と答える。また、「政府まかせだったわが国の原子力行政のあり方を初めて公開討論の場に出させた意味は大きい」とも評価。
1973. 12. 20	第1回口頭弁論始まる。住民支援活動をしていたのは大阪大学理学部化学科講師（放射化学講座）久米三四郎と荻野晃也。同日、原告川口寛之外34名が原告代理人（弁護士）19名を立てて被告田中角栄内閣総理大臣に宛てるため「原告側準備書面（一）」を松山地方裁判所民事第一部に提出。当日は原告団22人（35人中）、国側代理人10人、傍聴者48人。∥「伊方原発行政訴訟 資料2」（伊方原発行政訴訟を支援する会）が作成される。
1973	この年、四電が「伊方発電所の安全性について」を出す。また「伊方原発設置問題の主要経緯」も作成される。
1974. 2. 28	「被告（国）側準備書面（一）」が被告指定代理人11名を立てて松山地方裁判所民事第一部に提出される。
1974. 3. 28	第2回口頭弁論（行政訴訟、松山地裁）。「被告側準備書面（二）」「原告側準備書面（二）」が松山地方裁判所民事第1部に提出される。法廷では設置許可の「めやす」線量が「甲状腺300レム」「全身25レム」を基

暦　年	事　　　項
	準にしていることを認める。300 レムを一度に被曝すれば 2 人に 1 人は死亡する。
1974. 5. 31	「被告側準備書面（三）」が松山地方裁判所民事第 1 部に提出される。
1974. 6. 3	電源開発三法案（電源用施設周辺地域整備法案、電源開発促進税法案、電源開発特別会計法案）が成立する。
1974. 6. 28	内閣総理大臣が東電に対して行った福島第二原発設置許可処分の取消請求訴訟が起こされる（同年 10 月 11 日棄却）。
1974. 6. 30	日本原子力産業会議が「原子力発電所一覧表―― Nuclear Power Plants in the World ――」を作成する。
1974. 7. 17	美浜原発 1 号機が蒸気発生器細管の損傷で 5 年半の運転停止となる。
1974. 7. 31	「被告側準備書面（四）」が松山地方裁判所民事第一部に提出される。
1974. 9. 12	第 4 回口頭弁論。「原告側準備書面（三）」が松山地方裁判所民事第 1 部に提出される。前年 4 月に自殺に追い込まれた妻キクノの夫の井田与之平（84 歳）は「人の命を犠牲にしての経済成長に何の意味があるのか」と意見陳述する。／／「伊方原発行政訴訟 資料 3」（伊方原発行政訴訟を支援する会）が作成される。
1974. 10. 21	伊方町が国と県と町との「安全協定」に関する意向書を県に提出する。
1974. 12. 5	「被告側準備書面（五）」が松山地方裁判所民事第一部に提出される。
1974. 12. 12	第 5 回口頭弁論。「伊方発電所原子炉設置許可処分取消請求事件」について原告らが被告に対し文書の提出命令を求めた「原告側文書提出命令申立」（第 5 回公判で陳述）が松山地方裁判所民事第 1 部に提出される。
1974	この年には伊方原発から半径 5km 範囲には 21 集落、住民 7812 人が暮らしていた。
1975. 1. 7 （昭和 50）	東電福島第二原発 1 号機の内閣総理大臣による設置許可処分（1974 年 4 月 30 日）に対し、取消を求める訴訟が起こされる。原発設置許可処分に関する行政訴訟としては日本で第三番目となる（9 年半、45 回に渡る口頭弁論となる）。
1975. 2. 1	愛媛新聞の取材班の記事「愛媛の原発」が掲載される（1 日より）。
1975. 2. 12	被告の国側は原告側の文書提出命令申し立てに対する「意見書」を裁判所に出す。文書とは伊方原発の実質審査を行った「第八六部会」の審査記録などで国側が「すべて存在しない」としていたもの。
1975. 2. 15	早朝、学生や労働者で組織する伊方原発反対労学共闘会議が宿舎にしていた、伊方町九町の井田与之平方の家畜小屋跡が 40 人の機動隊に取り囲まれ、十数人の刑事により 3 人が逮捕される。／／「伊方原発行政訴訟資料 4」（伊方原発行政訴訟を支援する会）が作成される。
1975. 3. 13	第 6 回口頭弁論。「原告側準備書面（四）」が松山地方裁判所民事第 1 部に提出される。／／1974 年度の伊方の町税は 780 万円で歳入総額の 4.6%。

暦　年	事　　項
1975. 4. 30	松山地裁刑事部の鍵山鉄樹裁判長と田村秀作裁判官は、伊方原発反対運動をして逮捕、起訴された青年2人に執行猶予1年、罰金5000円の判決を言い渡すが、判決文では「本件起訴に対して、被告人らを弾圧する意図のもとに不当になしたものとの疑いを抱くのも無理からぬ面がある」と、警察、検察の捜査、起訴のあり方を厳しく批判する。
1975. 5	松山地裁は被告側（国）に原発安全審査資料の公開のための文書提出を命令。ところが国は「四電からは公開しないことを前提に資料提供を受けているので公開できない」と反論する。
1975. 6	四電の山口恒則社長（当時）が、ボーリング前に土地買収契約を済ませたがあれくらい危険を冒さないと必ず反対運動が起きて買えない、「これからは原子力を作るといって土地を買い、反対があれば止めるというのでなくては出来ませんよ」と告白、反対運動を恐れたので原発を隠し「土地買収」を行ったことを認める。また「核燃料サイクルの解決がついていないのに原発だけがどんどん出来ていくのは早すぎます」と本音を語る。（国際経済：6月号のインタビュー）後、山口社長は科技庁に呼ばれて発言の訂正を要求され、応じなければ監督官庁として行政処置をすると恫喝される。（反原発：20101220）
1975. 7. 3	「被告側準備書面（六）」、「原告側準備書面（五）（六）（七）」がそれぞれ松山地方裁判所民事第1部に提出される。／／伊方原発設置反対共闘委員会、伊方原発粉砕労学共闘会議、伊方原発反対八西連絡協議会が「伊方原発運動概誌」を作成する。／／原発関連の建設事業における地元伊方町出身の雇用者がピークに達し300人を超える（うち四電への雇用者は約50人）。／／高松高裁は国に対し原発安全審査資料の公開のための文書提出命令を決定、これにより安全審査に使われた約200点の資料が公開されることになる。
1975. 8	伊方町と愛媛県は「安全協定」について協議を開始、翌9月からは四電を交えての協議が始まる。
1975. 9. 25	「被告側準備書面（七）」が松山地方裁判所民事第1部に提出される。
1975. 10. 23	原告側証人（主尋問）として法廷に立った藤本陽一早稲田大学教授は原子炉の安全性を問う証言をし、何らかの事故が起き炉心を冷却している水が失われるとメルトダウンは不可避だと述べる（1回目）。「原告側準備書面（八）」が提出される。
1975. 11. 27	被告（国）側証人（主尋問）として出廷の内田秀雄が、緊急炉心冷却装置（ECCS）は必ず働くからメルトダウンは考えなくてもよいという主旨の証言をする（1回目）。内田は1971年12月に原子力委員会原子炉安全専門審査会会長に就任、翌年5月より伊方原発の安全審査に参加した人物。／／斉間満が原発誘致に関する地元の報道に意図的な制限を見て取り、原発批判の言論を守るため「南海日日新聞」を独力で創刊（発行部数は約2000部／斉間は初代編集発行人）、以後、伊方町を含む周辺の町や八幡浜市の人々に「原発の危険性」を伝え続ける。

暦　年	事　　　項
1975. 12. 21	衆議院内閣委員会の議事録では当時の生田豊朗科技庁原子力局長が、「原子炉設置許可に際しては、使用済み燃料の再処理の方途が確立していることが条件だ」と明言しており、炉の許可という重大な審査の問題を原発施設のみに限定していることが明確になる。(反原発：19930220)
1975	この年、第 1 審の原告側証書として、「伊方原発行政訴訟甲号証（二）」No. 76 ― No. 149（1970 年より）と、「伊方原発行政訴訟甲号証（三）」No. 150 ― No. 246（1972 年より）が作成される。同年には第 1 審の被告人側証書として、「伊方原発行政訴訟乙号証（一）」No.1 ― No.40（1972 年より）が作成される。／／国勢調査に拠るとこの年の伊方町の人口は 8965 人であるが、原発関係者が 500 人、国道関係者が 130 人だから永住人口は 8335 人。なお同町の 1955 年の人口は 1 万 2711 人なので過疎化が進んでいる。
1976. 1. 29 (昭和 51)	原告側証人（反対尋問）として藤本陽一（2 回目）が、被告側証人（主尋問）として原研の安全工学部長で、原子力委員会原子炉安全専門審査会審査委員の村主進（第 1 回目）がそれぞれ法廷に立つ。／／「原告側準備書面（九)」が提出される。
1976. 1. 30	伊方原発の原子炉設置予定地で現地検証が行われ、その調書として、「伊方原発行政訴訟 検証調書」が作成される。
1976. 2. 26	被告側証人（反対尋問）として内田秀雄が法廷に立つ（2 回目)。原告弁護団長の藤田一良は証人尋問で原子力委員会原子炉安全専門審査会の審査委員に対し質問、非常用炉心冷却装置について「安全余裕がどのくらいあるか、実験中だ」「(注・実験結果は）もう少し待っていただければ」と応えられ言葉を失う。藤田は「平気でそんな証言ができることが脅威だと感じた」と言う。(朝日：20120407)
1976. 3. 1	「伊方原発―文明という名のデーモン」が掲載され、鎌田慧が伊方原発反対闘争などの調査レポートを報告する。(現代の眼：第 16 巻第 3 号)
1976. 3. 31	伊方原発 1、2 号炉の建設に伴う愛媛県、伊方町、四電の三者が全文 18 条から成る、伊方町原発設置の憲法ともいえる「安全協定書」(原子炉総数は 2 基を限度、1 基の出力は 56 万 kW 級と明記）に合意する。実は四電は 3 号炉建設用地として考えた愛媛県瀬戸町、徳島県阿南市蒲生田、高知県窪川町などで地元住民に拒否されてきたので、伊方町での設置原発の基数、出力などを抑えており、この協定書は偽りであることが後で判明する（後出)。
1976. 5. 6	安田八十五が論文「地域紛争の社会システム分析」を発表。(現代社会学：第 3 巻第 1 号)
1976. 5. 27	被告側証人（反対尋問）として内田秀雄が法廷に立つ（3 回目)。「重大事故は起こりうるもんでしょう」という原告側からの尋問に対して内田秀雄は、「ないというほうがより正しい答えです」と原発技術への非科学的な過信を述べる。同日には被告側証人（反対尋問）として村主進（2 回目）も法廷に立つ。

暦　年	事　　項
1976. 5. 28	原告側証人（主尋問）として柴田俊忍京都大学助教授（1回目）と海老沢徹京都大学助手（1回目）とがそれぞれ法廷に立つ。
1976. 6. 24	原告側証人（主尋問）として川野眞治京都大学助手（1回目）と佐藤進京都大学教授（1回目）がそれぞれ法廷に立つ。川野は一貫して蒸気発生器に関わる事故について証言、とくにピンホールがあいても蒸気発生器の運転は「日本ではすぐ停止するのでより安全だ」という国側の主張を「ちょっとひどい言い方」だと批判。また佐藤は「伊方の場合は（中略）パイプの径が大きくなって、厚さが薄くなればなるほど、その危険性が大きくなるわけです」と証言する。／／「原告側準備書面（一〇）」が提出される。
1976. 6. 25	被告側証人（主尋問）として動燃の黒川良康安全管理室長（1回目）と三島良績東京大学教授（1回目）がそれぞれ法廷に立つ。三島は1人で伊方原子炉の燃料部門の安全審査を担当した人物であり、燃料棒の破損は水中への放射能漏れがあって初めて破損を知るとか、地震で燃料棒に曲がる力が加わっても「制御棒がはいって炉が止まれば」大丈夫（地震動で制御棒が入らなくなるケースを想定しない）などと安易な証言をする。／／千本健一郎（編集部）が「『社会的恩恵』か『大災害の危険か』」を発表する。（朝日ジャーナル：第18巻第25号）
1976. 6. 30	日本原子力産業会議が「原子力発電所一覧表―― Nuclear Power Plants in the World ――」を作成する。
1976. 7. 22	原告側証人（反対尋問）として柴田俊忍（2回目）と海老沢徹（2回目）がそれぞれ法廷に立つ。
1976. 7. 23	被告側証人（主尋問）として原研の宮永一郎保健物理安全管理部長（1回目）と、原告側証人（主尋問）として市川定夫京都大学助手（1回目）とがそれぞれ法廷に立つ。放射線遺伝学の専門家である市川は微量放射線（5レム以下）であっても障害は植物も人間も変わりがなく、ショウジョウバエやムラサキツユクサは反応（突然変異、染色体異常）を起こしていると証言。また「アメリカで考えられる100分の1程度のヨウ素しか出ないという建て前で被曝線量の推定を行っている」、伊方原発の被曝評価については晩発性障害とか遺伝的障害が充分起こり得ると証言する。さらに「私は原子力と人類というのは、もともと両立しない、共存できないと思います」と述べ、極めて専門的な放射線遺伝学者の立場から原子力発電に反対の立場を表明する。
1976. 8. 31	伊方町九町越湾内で、三崎半島の漁業者約220人が乗り込んだ漁船43隻が、山口県下松葉港から南下の核燃料船「第一共山丸」（1500トン）を取り囲んで核燃料（1号炉用、40体7160本）の搬入に強く抗議。／／原発反対派住民の調査が任務の八幡浜警察署警備課から、南宇和郡城辺町久良の御荘署久良駐在所に転勤となった長谷部要巡査部長が拳銃自殺する。（毎日：19730224）
1976. 9. 16	原告側証人（反対尋問）として川野眞治（2回目）と、原告側証人（主尋

暦　年	事　　項
	問）として槌田劭京都大学助教授（1回目）がそれぞれ法廷に立つ。槌田は伊方原子炉が美浜2号炉（1973年9月に「曲がり」の事故を起こす）とほぼ同じ燃料棒の状況であることを証言し、四国電力が提出している添付ないし参考資料を含めて評価した場合、伊方原発は「燃料被覆の溶融を防止できるような設計」とは「いえない」と言い切る。
1976. 9. 17	被告側証人（反対尋問）として黒川良康（2回目）と原告側証人（反対尋問）として佐藤進（2回目）がそれぞれ法廷に立つ。
1976. 10. 13	伊方原発で燃料装荷中に制御棒を曲げる事故が起き全国に大きく報道される。
1976. 10. 28	被告側証人（反対尋問）として宮永一郎（2回目）と原告側証人（反対尋問）として市川定夫（2回目）がそれぞれ法廷に立つ。市川定夫はC・L・Jr. サンダースの論文（1973年）を紹介、2億分の1キュリー、量に換算して100億分の3gのプルトニウム238をネズミの体内に吸収させた実験では100億分の3gという微量で約30％に癌の発生がある事実を証言、この事実は決して人間に無縁ではないと警告。／／「原告側準備書面（一一）」が提出される。
1976. 10. 29	被告側証人（主尋問）として垣見俊弘（通産省工業技術院地質調査所環境地質部地震地質課長、1回目）と、被告側証人（反対尋問）として三島良績（2回目）がそれぞれ法廷に立つ。尋問で垣見は中央構造線は新生代第3紀の終わりに活動的でなくなっているので問題ないとしたり、伊予灘、宇和海地域で宇和島地震（1968年、M6.6／Mはマグニチュード）が起きているが、仮に起こってもM7.0程度を考えればいいなどと証言。他方、三島良績は伊方と同型の美浜2号炉の第1回目の曲がり事故以後、同炉では曲がり事故が少ないと証言するが、同炉ではむしろ曲がり事故は増えているという事実（美浜2号炉の2回目の事故では燃料集合体35体が取り替えられた）などが明らかにされる。また伊方原発ではこの尋問の16日前（13日）、燃料装荷中に制御棒を曲げる事故が起き全国に大きく報道されたが、三島はこの事故に対し「ミスである」「不手際だ」「叱られるべきことだ」と証言。さらに一貫して炉心溶融は起こらないと主張する三島は、仮想事故の際の炉心溶融を認めている自身の著作を「改訂版のときに直す」と証言する。
1976. 11. 25	原告側証人（主尋問）として荻野晃也京都大学助手（1回目）と原告側証人（反対尋問）として槌田劭（2回目）がそれぞれ法廷に立つ。荻野は伊方原発ではM8.5の地震を考えるべきであること、地震で断層による原子炉格納容器の不等沈下が起きる可能性があること、中央構造線南側の岩盤は「破砕帯地すべり」が多くそこはその代表的な地帯に属していることなどを証言する。／／「被告側準備書面（八）」が提出される。
1976. 11. 26	被告側証人（反対尋問）として垣見俊弘（2回目）と原告側証人（主尋問）として久米三四郎大阪大学講師（1回目）がそれぞれ法廷に立つ。久米は「燃料棒」（ジルカロイ製の円筒）につきその安全性が危ういという観点で証言。／／久米三四郎が「伊方訴訟――その意義と闘い」（論文）

暦　年	事　　項
	を発表する。（技術と人間：11 月臨時増刊号）
1976. 12. 30	生越忠和光大学教授による、伊方原発原子炉設置場所及びその付近の地盤についての調査をした「鑑定書」（現地写真、地図、用語解説などを含む）が作成される。
1976	この年、「伊方原発行政訴訟乙号証（二）」No. 41 ― No. 100（1971 年より）と、「伊方原発行政訴訟乙号証（四）」No. 151 ― No174（1970 年より）が作成される。また「伊方原発行政訴訟甲号証（一）」No. 1 ― No. 75（1971 年より）と、「伊方原発行政訴訟甲号証（四）」No. 274 ― No. 395（1970 年より）が作成される。
1977. 1. 27 （昭和 52）	原告側証人（主尋問）として科学技術論、技術史の評論家星野芳夫郎（1 回目）と原告側証人（反対尋問）として荻野晃也（2 回目）がそれぞれ法廷に立つ。
1977. 1. 28	被告側証人（主尋問）として大崎順彦東京大学教授（1 回目）と原告側証人（主尋問）として大野淳東京水産大学助手（1 回目）がそれぞれ法廷に立つ。大野は伊方原発の温排水量は沿岸漁場を変質させるので非常に危険であること、温排水に関する四電の調査がわずか 2 回（1969 年 8 月と翌年 5 月）であったこと、科学技術庁原子力局が原子力委員会へ提出した文書にある、復水器を通過した排水の水量が不正確であることなどを証言。
1977. 2. 5	原告側は「原告準備書面（一二）」を松山地方裁判所民事第 1 部に提出し、伊方原発の危険性と審査手続きの違法性とを立証、本件許可処分の違法性を論証する。
1977. 2. 17	1 号炉が初の臨界に達する。
1977. 2. 24	原告側証人（反対尋問）として星野芳郎（2 回目）と原告側証人（反対尋問）として久米三四郎（2 回目）がそれぞれ法廷に立つ。久米は関電美浜原発 1 号炉での「燃料折損事故」を実際に調査し、事故の真相は通産省や原発の日本の最先端の専門家である三島良績によって隠蔽されていると述べる。／／「原告側準備書面（一二）」が提出される。
1977. 2. 25	原告側証人（主尋問）として生越忠（1 回目）と農業従事の井上常久（1 回目）が、被告側証人（反対尋問）として大崎順彦（2 回目）がそれぞれ法廷に立つ。生越は伊方原発地点の岩盤には無数で顕著に「レンズ状破断岩体」（断層面が水平に近い低角度の断層で破断面に囲まれレンズ状に破断された岩体）が出ており、これは中央構造線に非常に近い所に特徴的に現れる性質であること、伊方原発地点の沖合約 1km の海底の断層が動いていることは電力中央研究所が音波探査の調査をして既に記録にあることなどを証言。耐震設計の審査に関わってきた大崎は、自分が反対住民の意向を聞かず「技術的な適否を審査するのが目的で」「反対がある、ないということは無関係にやって」いたこと、四電が伊方原発の申請のとき安政の地震を落とし安全専門審査会がそれを指摘しなかったこと、四電も大崎が属する審査会も M8.0 の地震は伊方原発の敷地に重大

暦　年	事　　　項
	な影響を与えないとしていることなどを証言する。
1977. 3. 24	原告側証人（反対尋問）として大野淳（2 回目）と、被告側証人（主尋問）として木村敏雄東京大学教授（1 回目）と、児玉勝臣科学技術庁官房秘書課長（1 回目）とがそれぞれ法廷に立つ。大野は温排水を自然の状態の海水に混ぜることで冷却し薄めるという考え方は危険であること、そもそも海を原発廃棄物の捨て場にするという考えは絶対にしないこと、とくに瀬戸内海はこれ以上汚してはいけないことなどを証言。木村の証言は原告側証人である生越忠の考えや説明とは全く異なるもので、それは伊方原発の敷地は最も安定した区域にあるので原子炉施設の安全な施行が可能であること、四国で中央構造線の活断層運動が顕著なのは中東部で伊方原発は安全であること、伊方原発の敷地内には活断層はなく、崩壊や地滑りが起こる心配もないなどといった証言によく表れている。
1977. 3. 30	2 号機につき原子炉設置変更（増設）許可がなされる。
1977. 3	この月、近藤誠が南海日日新聞に入社する。
1977. 4	最高裁の人事介入により伊方原発の殆どの証人調べに関わり、拒否する国側に安全審査の全記録の提出を求めていた松山地裁の村上悦雄裁判長（左陪席の裁判官 1 人も）が、結審直前に突然、名古屋高裁に異動。後任の植村秀三裁判長はギックリ腰という欠席届で裁判を直前で二回流し（1 回目、21 日）、法廷を開くことなく転任。
1977. 5. 26	被告側は「被告準備書面（九）」を松山地方裁判所民事第 1 部に提出。本件訴訟を原告や国民の原発対する安全性、強い不安の解消などの場とするとしていたにも拘わらず方針転換、訴訟の一番最初でなすべき「当事者（原告）適格」を否定する主張を始める。／／原告側は裁判官の転勤命令に対する抗議などを記した「伊方原発訴訟〈転補要請〉」を作成。
1977. 6. 23	後任の柏木賢吉裁判長が着任し弁論更新となる。
1977. 7. 28	「伊方原発行政訴訟（執行停止）第一号 伊方発電所原子炉設置許可処分効力停止決定申立事件」が作成される（1973 年 8 月 27 日より着手）。また「伊方原発行政訴訟証人調書」として生越忠と木村敏雄（ともに 2 回目）が証言。
1977. 7. 29	被告側は「被告準備書面（一〇）」を松山地方裁判所民事第 1 部に提出し「原告準備書面（一二）」に反論。この書面の特色は、原子炉設置許可処分の司法審査は行政庁の専門技術的裁量判断の著しい不合理の有無の判断でよいと主張したこと（司法判断代置方式を採らないとしたこと）、従って、その安全審査は伊方原子炉の「基本的設計方針ないしは基本計画」の安全の確認で足りると強調し始めたこと、放射性廃棄物の最終処分、使用済み燃料の再処理、輸送、温排水などは安全審査の対象にならないと主張したことなどである。また「伊方原発行政訴訟（執行停止）第一号 伊方発電所原子炉設置許可処分効力停止決定申立事件（被申立人側意見書）」を作成する（同年 7 月 6 日より着手）。同日、「伊方原発行

暦　年	事　　項
	政訴訟本人調書」として児玉勝臣（2回目）と井上常久（2回目）が証言。／／この日の1号機設置許可取消請求訴訟（第31回口頭弁論）でのやりとりで、児玉勝臣（科学技術庁の原子炉規制課長）は、原告代理人弁護士の、過酷事故時の周辺住民の退避に要する時間やその間に被曝する放射線量に対しての質問に対して、「分かりません」「逃げることを想定しておりませんから分かりません」と答えるだけであった。（東京：20140718、見出しは「原発再稼動『欠陥審査』」「避難軽視変わらず」）／／1号機のタービン加減弁から蒸気漏れが発生し運転停止。
1977. 8. 9	「伊方発電所原子炉設置許可処分取消事件 証拠説明書（被告）」が作成される。
1977. 8. 10	久米三四郎（原子力技術研究会会員）が「伊方原発訴訟にみる安全論争」を発表する。（技術と人間：第6巻第8号）
1977. 8. 18	「伊方原発行政訴訟本人調書」として原告の川口寛之が証言する。
1977. 8. 25	「伊方原発行政訴訟（被告）甲号証に対する意見書」が作成される。同日、「伊方原発行政訴訟本人調書」として原告の井上常久（3回目）、矢野濱吉、佐伯森武士らが証言する。／／星野芳郎が論文「原子力行政の腐敗」を発表、企業利益優先の安全審査の実態に触れ伊方原発行政訴訟を批判する。（経済評論：第26巻第8号）
1977. 9. 10	柴田俊忍（原子力技術研究会会員）が論文「伊方原発訴訟にみる安全論争」を発表する。（技術と人間：第6巻第9号）
1977. 9. 29	「伊方原発行政訴訟 訴状・原告準備書面（一）～（一一）・更新弁論要旨」が作成される（1973年8月27日より着手）。同日、被告指定代理人により、原告準備書面（一二）に対する認否及び反論として、被告側の「伊方発電所原子炉設置許可処分取消事件 準備書面（一二）」が松山地裁宛に作成される。／／1973年8月提訴の原子炉設置許可取消の裁判が開廷回数35回をもって結審となる。
1977. 9. 30	1号機〔建設着工1973年6月、加圧水型（PWR）、三菱重工製、電気出力56万6000kW、建設費774億円）が営業運転を開始。1号機で伊方町が得た電源交付金は約14億円。この原発中に蓄積される放射性ヨウ素量は約2000万キュリー。一基一年間操業で広島投下の原爆「死の灰」の約600発分、同じく長崎投下の原爆（プルトニウム）の約40発分である。／／原告側の証拠分類表、検証説明書、証拠説明書として「伊方原発行政訴訟 第一審甲号証」が作成される（1976年10月29日より着手）。／／国側が原告には行政訴訟を訴える「原告適格」がないと主張し始める。
1977. 10. 2	被申立人指定代理人が「伊方原発行政訴訟（執行停止）第一号 伊方発電所原子炉設置許可処分効力停止決定申立事件」（意見書、証拠説明書など）を作成する（同年3月8日より着手）。
1977. 10. 10	瀬尾健（原子力技術研究会会員）が論文「伊方原発訴訟にみる安全論争」を発表する。（技術と人間：第6巻第10号）

暦　年	事　　項
1977. 10. 15	原告側訴訟代理人が「伊方原発行政訴訟 乙号証に対しての証拠意見書」を作成する（同年 9 月 29 日より着手）。
1977. 10. 17	「伊方発電所原子炉設置許可処分取消請求事件 被告申請証人の証言に対する意見書」が作成される。
1977. 10. 24	被告指定代理人により原告準備書面（一三）に対する認否及び反論として、被告側の「伊方発電所原子炉設置許可処分取消請求事件　準備書面（被告一三）」（訴状）が松山地方裁判所民事第 1 部へ提出される。原告は川口寛之（代表）外 32 名、被告指定代理人は 16 人、被告選任代理人は 1 人、被告は内閣総理大臣（当時は福田赳夫）。
1977. 10. 27	原告側が「伊方原発行政訴訟 準備書面（一四）（一五）」を提出する（同年 10 月 17 日より作成）。／／結審直前に、伊方原発訴訟につき国側が「エネルギー政策にかかわるもので司法審査の対象になじまない」と主張。／／被告側証拠に対する原告側の認否として「伊方原発行政訴訟 第一審乙号証 証拠説明書」が作成される（同年 3 月 24 日より着手）。
1977. 11. 15	この日から 1981 年 12 月 15 日まで、伊方原発訴訟を支援する会が「伊方訴訟ニュース」（No. 51〜No. 100）を発行。
1977	この年、「伊方原発行政訴訟乙号証（三）」No. 101 — No. 150 と「伊方原発行政訴訟乙号証（四）」No. 151 — No. 174 とが作成される（共に 1970 年より着手）。また同年に「伊方原発行政訴訟甲号証（四）」No. 247 — No. 395 が作成される（1970 年より着手）。／／「伊方原発行政訴訟（執行停止）疎乙号証」No. 1〜 が作成される。／／「伊方発電所原子炉設置許可処分取消請求事件 準備書面（四）〜（一一）（一四）」が作成される（1974 年より着手）。／／「伊方原発行政訴訟 証拠調べ（原告・被告）」（非公開）が作成される（1975 年より着手）。／／各回の当事者の出頭状況と口頭弁論の基本情報が記載された「伊方原発行政訴訟 記録（一〜三六）」が作成される。／／南海日日新聞に近藤誠（30 歳）が入社。
1978. 1. 7 （昭和 53）	伊方原発 2 号機が建設着工。2 号炉の原子炉設置変更（増設）許可に対しては、取消訴訟として周辺住民による本人訴訟（弁護士などを立てない）がなされる。（はんげんぱつ：19780301）
1978. 1. 22	社会党国会議員を中心とする調査団が来県、科技庁や四電が中央構造線でなく潮流の浸食だとする海底溝につき、潮流説には証明がない、地元住民の問題提起に企業は納得いく回答をしなければならないなどとし、四電にボーリング調査実施を要求する。（はんげんぱつ：19780301）
1978. 2. 21	伊方 2 号機が着工。
1978. 3. 1	伊方原発反対八西連絡協議会の福野誠一が、魚群探知機を使って伊方原発沖の海底溝（地元漁民は「トイ」と呼ぶ）を調査、中央構造線に間違いないとする。四電秘匿の電力中央研究所の資料と周辺漁民の古伝に基づいたともいう。（はんげんぱつ：19780301）
1978. 3. 10	福田首相が 2 号機設置許可に対する異議申し立てを棄却する。
1978. 4. 14	藤田一良が論文「伊方原発訴訟の経過とその問題点」を発表する。（公

暦　年	事　　　項
	害研究：第7巻第4号）／／判決を直前にして「原発は安全か／伊方訴訟の争点」（朝日大阪本社版）の連載が始まる。また審査会の杜撰さを踏まえ「原子力発電所を追放することを目的としたこの訴訟は、図らずも原子力推進側の体制を充実、強化させるという副産物を生み出した」（朝日東京本社版）という解説記事も掲載される。
1978. 4. 21	東海村の三菱原子燃料工場から核燃料が第十遺芳丸 1445 重量トンにより運びこまれる。徳山港や伊方原発第二ゲートで抗議集会、抗議行動。
1978. 4. 25	口頭弁論が36回に及んだ伊方原発訴訟の判決が松山地裁で言い渡され敗訴、原告団（広野房一）は「辛酸入佳境」の紙を掲げる。判決は原告住民が訴える資格は認めたが、原告の主張は根拠を示さず否定し、国の主張を引き写すかたちで「安全審査に問題はなかった」と結論づける。なお「判例時報」（891号）では被告（国側）が安全審査資料をすべて保持していること、多数の専門家を擁していることから「当該原子炉が安全であると判断したことに相当性があることは、原則として被告の立証すべき事項である」とし、裁判所が立証は被告側にあると判断している点は注目に値する。また急遽転任してきた柏木賢吉裁判長は、国側の証人である内田秀雄らが否定してきた、仮想事故でも炉心は溶融しないとする主張を覆し認定する。しかしそれでも格納容器の健全性は保たれるとしている。なおこの判決の前に地裁は「裁判所内に、原告住民の記者会見場は設けない」「判決後の裁判官の記者会見は、行わない」など異例の姿勢を示す。／／松山地裁が「伊方発電所原子炉設置許可処分取消請求事件判決 理由添付別紙」を作成。またこの日付けで松山地裁民事第1部は「伊方発電所原子炉設置許可処分取消請求事件判決」全5冊を作成。転任したばかりの柏木賢吉裁判長が国の言い分を認める判決文を書いたことに対しては、最高裁事務総局による伊方訴訟への介入が強く疑われている。
1978. 4. 28	朝日ジャーナル（第20巻第17号）が「どう裁かれるか『原発の神話』」を編集部の名で掲載する。
1978. 4. 30	原告住民側が一審判決を不服として高松高裁に控訴する。
1978. 5. 4	桂山幸典京大原子炉実験所教授が「伊方原発判決にみた良識！ 感情排し科学的に安全性を判断」（朝日新聞「論壇」欄）の記事を掲載。
1978. 5. 15	「反原発新聞」（反原発運動全国連絡会、プルトニウム研究会／注・漢字表記）創刊号が一面トップに伊方原発訴訟敗訴の記事を掲載。
1978. 5. 24	四電は2号機の運転開始を半年繰り上げて1981年秋にすると発表。
1978. 5. 26	原田尚彦東大教授が論文「“未来裁判”―限界と可能性―」で第一審判決について、「かなり苦しい強弁に近い判断をしている」、「こうした未知の要素の多い未来裁判においては、裁判所は司法的謙虚のもとにその能力的限界を知り、ガリレオ裁判の愚をくり返すことを回避しなければならない」などと批判。（朝日ジャーナル）
1978. 6. 7	原子力基本法の改正案が成立（同年10月施行）、原子炉設置許可は内閣

暦　年	事　　　　項
	総理大臣でなく通商産業大臣（従って告訴時の被告）となる。
1978. 6. 9	伊方住民 33 人が本人訴訟（弁護士、代理人なし）として、2 号炉の設置許可取り消しを求め提訴（行政訴訟）する。松山地裁は「そんなに多数で入らなくても、用は足りる」と述べ人数制限をしてくる。（反原発新聞：19790320）
1978. 6. 10	雑誌「技術と人間」（前出）6 月号が、編集部「権力こそ真理か　伊方判決の意図するもの」を掲載。
1978. 6. 23	槌田劭京都大学工学部助教授が「裁判は形式的儀式に過ぎないのか」を発表、非科学的な判断を認めた伊方原発判決に科学者として抱く疑念を書く。（朝日ジャーナル）
1978. 6. 30	「技術と人間」6 月臨時増刊号が、久米三四郎「伊方原発行政訴訟の意義と判決批判」、伊方原発行政訴訟弁護団、原子力技術研究会「“安全神話”は崩壊した」、仲田隆明「伊方原発裁判判決を批判する」などの論文を掲載。
1978. 7. 1	田中舘照橘明治大学教授が論文「伊方原発判決の問題と行政訴訟の課題」で、一審判決は「主体、手続き、内容に関する瑕疵のある決定は法の期待する審理決定とはいえず、違法な決定といわざるを得ない」と批判。（法学セミナー、日本評論社：7 月号）同日、阿部泰隆も論文「原発訴訟をめぐる法律上の論点」で「第八六部会ないし原子炉安全審査会の判断のプロセスに（中略）問題点がある場合、それは原子炉の安全性を保障するに足るだけの合理性、正常性があるのだろうか、大いに疑問の残るところである」と批判。（ジュリスト：668 号「伊方原発訴訟判決」特集）／／星野芳郎（評論家）が「伊方原発訴訟判決批判」を雑誌「展望」（筑摩書房）に、小野周が「伊方原発訴訟の示すもの」を雑誌「公明」（第 197 号、公明党機関誌局）にそれぞれ発表。また岩渕正紀法務省訟務局付検事が「原子力発電の安全性と司法審査」を「法律のひろば」（第 31 巻第 7 号、ぎょうせい）に掲載。
1978. 7. 10	四電の委託社員で 3 年前に四電の全面支援を受けて保内町（伊方町に隣接、四電が原発用の水を取水しようとした町）の町議に当選した同町赤網代の Y 議員が、原発へ通じる伊方町の道路から谷川にバイクごと転落（全治 1 カ月の重傷）、飲酒運転（泥酔）だったが四電の依頼で新聞にも掲載されず処罰もなし。Y 町議は四電の原発開発にとり「殺してはならない人物」と言われている。（反原発：19781220）
1978. 7. 14	淡路剛久が論文「伊方原発判決の問題点」原子炉設置許可処分は行政庁の裁量処分ではないと裁判所を批判。（公害研究：第 8 巻第 1 号）
1978. 7. 26	1 号機が営業運転を再開。
1978. 7	この月、「原子力基本法等の一部を改正する法律」により、従来の原子力委員会が「原子力委員会」と「原子力安全委員会」とに分かれる。しかし後者は依然として原発安全信仰に支配されている委員会である。
1978. 8. 15	古崎慶長が論文「原子炉の設置許可段階での安全性の審査」で一審判決

暦　年	事　　　項
	につき、「許可処分を手続き面から厳正にチエックするという姿勢に乏しい」と批判。（判例タイムズ：362号）同日、保木本一郎も論文「伊方原発訴訟における許可処分手続の違法性の存否」で、「安全審査の手続き、過程には看過することのできない違法性があり、専門家による専門技術性に藉口した安全審査の杜撰さがあったことが明らかになった」と批判。（判例時報、臨時増刊：通号891）
1978. 8. 29	「磯津公害問題若人研究会」が伊方原発の温排水による環境汚染調査を開始。海草のクロメ（深さ1〜15mの岩礁地帯に大群落を形成）を対象（原発周辺を含む採取地点4箇所）に茎葉の長さや数を測定。クロメは冬春から初夏にかけて生長（後は止まる）、原発が同時期に運転していると全ての測定値が減少、運休すれば増加する結果を得ており、温排水の影響が充分に考えられる。（反原発：19830420）
1978. 8. 30	伊方原発の地盤、地震分野を担当の木村耕三審査委員は第86部会員に選任されたが部会、グループ会合、現地調査、安全審査会の全てに欠席、全く本件任務に関与しなかった人物だが、地震が怖いとして東京を脱出、岩手県三陸海岸の漁港に移住したと報道される。（朝日）
1978. 9. 11	原告住民だけで起こした2号炉訴訟の第1回公判が松山地裁で開廷、冒頭で広野房一は岩谷裁判官の忌避申し立てをする。広野らが買い受けていた立ち木を四電が勝手に伐採した不法行為に対し、岩谷裁判官が原発に反対してるから立木売買契約は「仮装」だという判決をしていたからである。（反原発、19781020）
1978. 9. 15	2号炉訴訟の第1回口頭弁論が松山地裁で開かれる。
1978. 9. 29	伊方原発行政訴訟弁護団が被告側準備書面（一〇）への反論として、『伊方発電所原子炉設置許可処分取消請求事件　準備書面（原告一三）（上）（下）―伊方原子力発電所の危険性及び違法性のすべて―（伊方原発行政訴訟弁護団）』（訴状）2分冊を作成、松山地方裁判所民事第1部へ提出。被告は当時の内閣総理大臣・福田赳夫、原告は川口寛之（代表）外34名、原告ら訴訟代理人は弁護士20人。
1978. 9	この月の1号機の設備利用立は99.9%。（反原発：19781120）
1978. 10. 3	午後11時40分頃、1号炉でドレンタンク（一次冷却材ポンプや原子炉容器フランジからの漏水を溜める）の水位が急速に上昇、中央制御室職員がこれを発見し点検を行う。（反原発：19781120）
1978. 10. 4	午前10時30分頃、一次冷却材ポンプ軸封部からの一次冷却水の漏洩（格納容器に漏れその下部のタンクに溜まる）が分かり、軸受けシール部から外部に約2キュリー（740億Bq）の放射能が放出されたため運転を停止。漏水量は2㌧以上。冷却材ポンプの異常振動の可能性がある。四電は核燃料棒からの放射能漏れと作業員の被曝を隠蔽、内部告発を受けて反対住民が記者会見でこれらの事実を暴露する。事故は昨日の発見から11時間を経過、通達の遅れは過去にも3回あった。（反原発：19781120）

暦　年	事　　項
1978. 10. 5	四電社長が「伊方町隣接の瀬戸町の原発建設は未決定。阿南は休止。高知県須崎周辺でも調査中」と表明。（反原発：19781120）
1978. 10. 13	原告側が「伊方発電所原子炉設置許可処分取消請求控訴事件準備書面（原告一）—伊方原子力発電所の危険性と原判決批判—」を作成。
1978. 10. 16	3、4日の事故につき野中発電所長が伊方町議会議員協議会で、一次冷却材ポンプ軸封部漏洩回避配管に取付の逆止弁が正常に作動していなかったと発表、的確な原因は不明という。1号炉は2カ月前に定期検査で合格したばかり。（反原発：19781120）
1978. 10. 17	四電が1号機で一次冷却器の2つの弁の故障が発見されたと発表。（反原発：19781120）
1978. 10. 27	高松高裁で控訴審の第1回口頭弁論。原告らと11人の弁護団（団長は藤田弁護士）、岩渕検事らが出席、国側は答弁書未提出なので弁論せず。次回は来年2月9日と決め閉廷。
1978. 10	今月の1号機の設備利用率は13.2%。／／この月までで伊方町出身で四電に雇用された者は約90人。
1978. 11. 1	松下竜一が2号炉訴訟の原告たちにつき、「伊方 承服せぬ人々」として発表。（潮：11月号）
1978. 11. 20	大阪府の「原子燃料工業熊取製造所」（住友電工）から堺・泉北港を経由して伊方原発へ核燃料集合体が積み出される。従来は山口県徳山市からの搬出だったが、山口県が4月に使用拒否を打ち出したためである。（反原発：19781220）
1978. 11. 24	当初より設置許可取消の行政訴訟の原告の一員になるなどして伊方原発反対運動に尽力してきた福野誠一が死去（72歳）。
1978. 12. 1	松本昌悦が論文「伊方原発訴訟第一審判決」で、「被告の不信をいだかれた諸問題を疑問なし、違法なしと片づけることができるのであろうか」と批判（判例時報：903号）。
1978. 12. 13	伊方原発建設計画を拒否するようにと、伊方町に隣接する瀬戸内の住民が伊方町に要望する。当該地区世帯の90%が署名。（反原発：19790120）
1978. 12. 14	八西連絡協議会の矢野浜吉事務局長らは記者会見で、10月4日の原発事故のあと下請業者の作業員5人が平均13〜15mmRemの放射線を浴び、その後も7人がバルブのパッキンの取換え作業で55mmRemを浴びたと独自調査の内容を発表。作業員らは格納容器の様子を点検するため中に入った。（反原発：19790120）
1978. 12	この年、伊方町の税収額は九億九七三三万円。／／南海日日新聞はこの年から廃刊の2008年まで四電から原発の取材を拒否され続ける。／／「伊方原発行政訴訟 二号炉手続（原告）」が作成される。
1979. 1. 12（昭和54）	控訴人代理人により「伊方発電所原子炉設置許可処分取消請求控訴事件準備書面（二）」が作成される。
1979. 1. 20	松山地裁は2号炉訴訟の裁判官忌避を却下、原告側は高松高裁に即時抗

暦年	事項
	告（26日）。
1979. 2. 9	被控訴人指定代理人が原告側の準備書面（一）に反論し「伊方発電所原子炉設置許可処分取消請求控訴事件準備書面（一）」を作成。／／第2回の1号炉訴訟控訴審が高松高裁で開廷、国側はその準備書面で周辺住民の被害は原発を運転して初めてその恐れが生じるのであり、設置許可によって直接生ずるものではないという詭弁を展開、また原子炉の安全性確保のための規制は「最終的には国の立法権の行使によって確定されるべき事柄」としつつ、「しかし、このような立法をしたからといって、そのことから国が原子炉等による災害防止について第一次的責任を負うという結論を導くことは正しくない」と矛盾する論理も展開、また原告側が被告とした内閣総理大臣を勝手に「被控訴人通商産業大臣」と変更。さらに裁判長は原告側が高齢者のために開廷を午後にしてと要望したことに対し、「無理して出てくることはない」と暴言。次回公判は5月25日。
1979. 3. 5	この日までに原子力安全委員会では、美浜3号炉で起きた制御棒案内管支持ピン破損事故と同じ支持ピンが伊方1号炉にも使用されていること、伊方でも「たわみピン」が1本損傷していることが分かる。（反原発：19790420）
1979. 3. 6	「伊方原発反対八西連絡協議会」は昨日の支持ピンの問題で山本伊方町長に考えを問い糺すとともに公開質問状を出す。町長は欠席、福田助役と木下科技庁愛媛県原子力連絡調整官ら5人と会い、1号炉で使用のピンは事故を起こした美浜3号炉のピント同じこと、定検でチェックすれば大丈夫であること、国の判断に従うので処置は何もしないことなどの回答を得る。木下調査官は「支持ピンがちぎれてもヒビ割れても、二つ取れても安全です」と言い張る。（反原発：19790420）
1979. 3. 8	八西連絡協議会は支持ピンの問題で県知事に会見を求めるが原発反対派には会わないと拒否され、公害課の課長補佐に質問状を預ける。（反原発：19790420）
1979. 3. 28	米国スリーマイル島（TMI）原発2号炉で炉心溶解の大事故。2号炉は伊方原発と同型の加圧水型原子炉（PWR）。当時、日本にはPWRは8基あり関電・大飯原発1号機が運転中、大飯2号機は試運転中だった。関電は「TMIのECCSはバブルコック・ウィルコックス社製だが、大飯原発のECCSはウェスティングハウス（WEC）社製でなんら問題がない」と主張。
1979. 3. 30	日本の「原子力安全委員会」（発足9カ月目）がTMI原子炉事故について、「日本では本件のような事故へ発展することはほとんどない」と「安全宣言」（主導者は内田秀雄）を出す。
1979. 3. 31	1978年度の伊方の町税は11億8553万円（歳入総額の39.9%）、うち原発の固定資産税は9億9733万円（歳入総額の33.6%に相当）。
1979. 3～5	3月から5月にかけての伊方原発での定検時に、制御棒クラスタ案内管

暦　年	事　　項
	の「撓みピン」1本に損傷、「支持ピン」10本にも損傷が発見される。
1979. 4. 5	八西連絡協議会の呼びかけで、伊方原発訴訟原告団は全国から集合の約60名と東京近辺の住民約150名と共に通産省を訪問、原発の設置許可取消を求めて徹夜の交渉。しかし通産大臣は所在不明、応対した鎌田吉郎原子力発電課長ら4人も6日朝には住民との約束を破って所在不明となる。(反原発：19790420) ／／同日、1号機で1本のたわみピン損傷を発見。
1979. 4. 7	TMIのような事故が発生した場合、WEC社製のECCSも自動的に動かない場合があるとWEC社から連絡が入る。
1979. 4. 13	「原子力安全委員会」は大飯原発1号機の運転停止を決める。
1979. 4	住民原告団が通産省（当時、霞が関）を訪れ原発の運転中止訴える。住民側はTMI事故を踏まえ「多重防護をしても事故は防げず、予言通りに事故が起きた」と主張、国側は「TMIとは蒸気発生器などの設計、構造が違い、同じような事故は起きない」と反論。／／大久保一徳が論文「伊方原発訴訟判決における原告適格」を発表。(鹿児島経大論集)
1979. 6. 20	伊方原発行政訴訟弁護団 原子力技術研究会編「原子力と安全性論争 伊方原発訴訟の判決批判」(株式会社技術と人間) 刊行。目次は、「伊方原発訴訟の意義と判決批判」(久米三四郎) ／「『安全神話』は崩壊した」(総題)、「はじめに」「第1章 地震国・日本の驚くべき立地審査」「第2章 危険をかかえる炉心燃料の恐怖」「第3章 蒸気発生器—欠陥技術の典型」「第4章 原子炉圧力容器および一次冷却系配管の危険性」「第5章 防ぎきれない破滅的災害」「第6章 放射能の許容量はゼロ」「第7章 平常時の被曝評価にまやかし」「第8章 温排水審査を回避する原発」／「伊方原発訴訟の意義と判決批判」(総題)、「エネルギー危機の欺瞞性」(藤田一良)、「『告示』と『めやす』—『基準』無用の安全審査」(熊野勝之)、「欺瞞にみちた安全宣伝の根拠—ラスムッセン報告をめぐって」(小出裕章)、「原子炉の安全上の問題点」(槌田劭、荻野晃也)、「伊方原発裁判判決を批判する」(仲田隆明) ／「座談会 罷り通る〝非論理〟の論理 伊方判決理由を批判する」、福野誠一（原告団世話役)、藤田一良（伊方訴訟弁護団長)、仲田隆明（伊方訴訟弁護団事務局長)、久米三四郎（大阪大学講師)、星野芳郎（技術評論家、司会) ／その他コラムなど、「判決はまさに政治的配慮」(荻野晃也、18頁)、「何も調べずに『事故発生』の確証はない」(小林圭二、73、74頁)、「原子力発電は安上がりか」(槌田劭)、「発電所はひん曲がっても」(槌田劭)、「作られた玄海一号炉の稼働率」(小林圭二)、「安全宣伝に努力する科学者たち」(T)、「『内田審査会長』は信用されず？」(荻野晃也)、「『判決理由』批判1」(45、46頁)、「『判決理由』批判2」(75、76頁)、「『判決理由』批判3」(88頁)、「『判決理由』批判4」(101頁)、「『判決理由』批判5」(118、119頁)、「『判決理由』批判6」(136、137頁)、「『判決理由』批判7」(149、150頁)、「『判決理由』批判8」(163頁)、「資料 判決理由要旨」(松山地方裁判所民事第1部から、223〜229頁)。

暦　年	事　　　項
1979. 6. 25	高松高裁で1号炉訴訟の控訴審、冒頭より小西裁判長の裁判秩序維持宣言で始まる。住民側の発言の根拠の求めに応じないまま審理中に原告1人、傍聴人3人の退廷命令が出される。（反原発：19790820）／／被控訴指定代理人により「伊方発電所原子炉設置許可処分取消請求控訴事件 準備書面（二）」が作成される。ここでは伊方原子炉では蒸気発生器二次側の水位が通常より低下しただけで炉は自動的に停止する設計だから、TMI原子炉のような事態は起こり得ないと主張している。
1979. 6. 26	1号機の核燃料棒が放射能漏れを起こし、以後約3年間、放射能漏れが続く。
1979. 7. 5	科学技術評論家剣持一巳が「伊方原子力発電所を訪ねて」で過去7年間の「電源立地促進対策交付金」を示し、伊方町の「不健全な財源・交付金に頼る財政」を批判、「財政の自立性を失う結果になるのでは」と憂える。（月刊 自治研：通巻第238号）
1979. 8. 9	3月より停止中の1号機につき「原子力発電所安全対策に関する説明会」が開かれ、特別保安監査の説明がなされるが、議員、区長、各団体の長など約130人に案内状が配られ、原発反対住民には配られず。
1979. 8. 10	被控訴指定代理人により「伊方発電所原子炉設置許可処分取消請求控訴事件 準備書面（三）」が作成される。
1979. 8. 11	1号機運転の再開を強行。（反原発：19790920）
1979. 8. 30	原発工事区域内の里道、水路の用途廃止処分無効確認の控訴審（高松高裁）で原告住民の訴えを棄却。
1979. 9. 10	1号機が営業運転を再開。
1979. 9. 13	控訴人代理人により「伊方発電所原子炉設置許可処分取消請求控訴事件 準備書面（三）」が作成される。
1979. 9. 26	被控訴指定代理人により「伊方発電所原子炉設置許可処分取消請求控訴事件 準備書面（四）」が作成される。
1979. 10	ケメニー委員会が「TMIにおける原発事故に関する大統領委員会の報告―変革の必要・TMIの遺産―」を発表、伊方原発訴訟における原告側の訴えに確信を得させる結論がある。
1979. 11. 16	原発反対の住民代表が伊方町、保内町、瀬戸町、三崎町に行き各町の最高責任者と面談、原発建設に応じないように要求と申し入れをする。
1979. 12. 27	山口四電社長が高知県太平洋岸への原発立地を示唆。（反原発：19800120）
1979. 12. 31	伊方町の隣接町に米軍ヘリコプターが不時着する。
1979. 12	この年、伊方町の税収額は8億8952万円。／／同、「磯津公害問題若人研究会」のグループが船で海底を調査するなど初めて放射能調査を始める。
1980. 1. 26 （昭和55）	八西連絡協議会の代表7人は、伊方町が飲料水や灌漑用水など住民の貴重な水源（瀬戸内側の亀浦、伊方越の水源でもある）である3河川の水

暦　年	事　　項
	を、3号炉増設のために四電に根こそぎ（1700トン中、90％強の1500トンを原発用水に使用予定）売却したことが分かり、住民の水源を行政が企業に秘密裡に売却するという暴挙に対し激しく抗議、工事の中止を要求する。伊方原発では格納容器内で働く労働者が500mmRem（一般人の1年間の許容線量に相当）を1日で浴びたことが判明している。四電が被曝目安線量を勝手に5倍に弛めたことが原因（同協議会の近藤誠の証言）。（反原発：19800320）
1980. 1. 31	被控訴人指定代理人が「伊方発電所原子炉設置許可処分取消請求控訴事件 準備書面（五）」、並びに同「証書認否書」を作成。同日、伊方原発行政訴訟弁護団が「伊方発電所原子炉設置許可処分取消請求控訴事件準備書面（四）」、並びに同「証拠説明書」を作成。「準備書面（四）」の副題は「スリーマイル島原子力発電所の事故は人類破滅への道を指し示す」である。
1980. 2. 10	反原発運動で知られるロベルト・ユンク（ベルリン工業大学名誉教授、ジャーナリスト、『原子力帝国』の著者、1979年刊）が夜に伊方町を訪問、藤田一良弁護士を交えて、八西連絡協議会を中心に原発反対住民約30人と意見交換。ユンクは米国で月平均3～400件の故障があり原発は安全ではないこと、原発推進派さえ炉心より5km以内に人口密集地があってはいけないと言っているのだから、伊方の皆さんは実験室で暮らしているようなもの、フランスの地形が伊方町に似ているところでは万一事故があれば半島封鎖となり、住民がそこから逃げようとすれば銃殺されることなどを語る。（反原発：19800320）
1980. 4. 12	1号機の一次冷却水入り口の配管整流板3枚に罅《ひび》割れを発見。
1980. 4. 24	8回目の核燃料搬入（新燃料32体、1号炉用の取替え）が、海では第6管区海上保安本部の警備、巡視船18隻（消防船、モーターボートを含む）、陸では県警機動隊120人、空ではヘリコプター2機、飛行機1機などにガードされた能登丸（1646トン）により行われる。これに対し海では原発を取り囲む漁船22隻、陸では労働者、伊方原発反対八西連絡協議会員ら約100人による激しい搬入阻止運動を展開。この際、伊方原発反対三崎町民会議、磯津公害問題若人研究会などから出た漁船23隻によって能登丸は進路を妨害され立ち往生するが、阻止運動中の8人が公務執行妨害で、海上保安部によってではなく八幡浜警察署の刑事によって現行犯逮捕される（4月27日、松山地検は8人を処分保留のまま釈放）。//一次冷却材ポンプの入口エルボスプリッタに罅割れを発見。
1980. 5. 5	四電が伊方町に3基目の原発（3号機）の建設計画を決めたとを『愛媛新聞』が一面トップですっぱ抜く。先月24日の住民不法逮捕はこの増設計画のための運動潰しであったこと、またこの決定は1976年3月31日合意の「安全協定書」の切り崩しであったことが判明。
1980. 5. 7	伊方原発反対八西連絡協議会の住民が福田直吉伊方町長に3号炉増設の拒否を迫る。翌8日、四電は県と伊方町に3号炉増設を申し入れる。

暦 年	事 項
1980. 5. 19	県は四電に対し1号機（定検中）の一次冷却水入り口の配管整流板3枚の鋳割れ（4月12日発見）に関し、5月15日までの報告を怠ったとして文書で注意。（反原発：19800620）
1980. 6. 10	伊方原発行政訴訟弁護団が「伊方発電所原子炉設置許可処分取消請求控訴事件 準備書面控訴人原告（五）」を作成する。
1980. 6. 16	「愛媛新聞」のアンケート調査で約70%の世帯が3号機計画に反対、慎重の回答。
1980. 6. 23	「伊方原発二号炉 手続（被告）［答弁書 準備書面（一）（二）］」が作成される（1978年9月4日より着手）。
1980. 6. 25	1号機の燃料棒被覆管1本にピンホールを発見、発見は4月下旬（県と四電の発表）。
1980. 7. 4	8回目の核燃料搬入の際に逮捕された8人のうちの1人の男性の母親の死体が、自宅から40km離れた宇和海で見つかる。
1980. 7. 29	3号炉増設是非の判断を委ねられた町会議員（町議会議長ら17人）が接待を受け、四電幹部と松山市石手川の「梅壇」で飲食する。
1980. 7. 30	淡路剛久が一審判決につき「問題点は手続的違法を非常に軽視していることである。（中略）違法を見なかったことははなはだ不当である」と批判。（「環境権の法理と裁判」：有斐閣）
1980. 8. 25	八西連絡協議会の矢野事務局長ほか8人の代表が伊方町長と面談、町議会議長が県庁で「防災対策の退避の範囲は1kmでよい」と発言したことなどに抗議。
1980. 8. 27	送電線への落雷で1号機が一時停止。
1980. 9. 4	伊方町議会議員の研修会（松山市）の後の四電接待の夕食会に、研修会出席の17人の議員全員が出席（TV、新聞で報道）、3号炉担当の立地部長らから酒食の供応を受け3次会まで出席の議員もいた。（反原発：19801020）
1980. 9. 19	1号機で一次冷却水中のヨウ素濃度が通常の10倍に上昇、ピンホールの可能性あり。
1980. 10. 9	被控訴人指定代理人が控訴審における今後の審理のあり方について「伊方発電所原子炉設置許可処分取消請求控訴事件 意見書」を作成する。／／被控訴人指定代理人が「被控訴人準備書面（三）（四）（五）（六）」を作成する（1979年8月10日より着手）。
1980. 10. 13	高知県の窪川町議会は原発立地調査を求める請願を採択する。24日に町長が四電に調査要請、29日に四電が受諾回答。これは予定地の窪川町の藤戸町長が1979年3月に社公の推薦を受けて当選したが原発反対から賛成にまわり、四電の「住民から立地調査を願い出させる」作戦も功を奏したもので、9600人（有権者の約70%に相当）の署名を集めた嘆願書が町と町議会に提出（9月4日）される。これに対し500人で結成した「原発反対窪川町民会議」は原発反対の署名活動に入り（8月9

暦　年	事　　項
	日)、「高知県原発反対県民会議」も6年ぶりに再発足した（9月18日)。高知の中内県政のバックは四電なので反対運動は難航する。(反原発：19801020)
1980. 11. 1	四電が窪川町に原子力調査事務所を設置。
1980. 11. 18	「窪川町原発設置反対町民会議」が町選管に町長解職請求代表者証明書交付を申請。
1980. 11. 24	「窪川町原発設置反対町民会議」による町長リコール署名が4108人（有権者の3分の1にはあと450人）となる。11月17日には酪農組合の過半数が「原発反対酪農民会議」(約50人の戸主）を結成、11月19日には原発反対の38漁協と定置漁協が「窪川原発反対高知県民漁民会議」を結成、11月20日には現地に「原発反対青年の会」が結成された。原発候補地の鶴津地区周辺は5年前に県議や町議が関わって、名古屋の家具屋が50町歩を買い取っている。(反原発：19801220)
1980. 12. 11	窪川町の反原発派は宇井純を迎えて「ふるさとをよくする会」を結成、農業と住民自治を根本に据えた運動を目指す。
1980. 12. 22	窪川町の町長リコール署名を町選管に提出。
1980. 12. 24	高知県中土佐町（映画「土佐の一本釣り」の舞台）議会は、四電が隣の窪川町に計画の原発に反対する住民の請願を9対7で採択する。
1980. 12	この年、「伊方原発行政訴訟甲号証（五)」No. 396 — No. 522を作成(1979年より着手)。／／同、伊方町の税収額は8億463万円。
1981. 1. 13 (昭和56)	町議会議員OBらが中心の組織である「溶心会」(当時の町長、助役、伊方原発所長も会員）の臨時総会（伊方町役場で開催）で、町が「溶心会」に200万円の原発視察の補助金を出す決定をしたことが表面化する。
1981. 2. 9	被控訴指定代理人により「伊方発電所原子炉設置許可処分取消請求控訴事件 証拠（証人)」が作成される。同日、1号炉の設置許可処分取消を求める「伊方原発行政訴訟（控訴審)」(第9回公判）で藤本陽一（早稲田大学）が原告側証言をする。藤本証人は一審の松山地裁柏木判決を批判、伊方でもTMI原発事故と同程度の大事故が起こり得ると指摘。
1981. 2. 10	伊方町議会に3号炉増設検討のための政策懇談会を設置。
1981. 2. 16	伊方町に3号炉増設のための政策委員会を設置。／／窪川町長リコール選挙の告示がなされる。
1981. 2. 22	高知市で医師、教師、弁護士など約35名が「反原発・高知市民の会」を結成。
1981. 2. 26	伊方原発設置反対運動を13年間続け、「反原発は生涯わが天職」とする広野房一へのインタビュー「わが戦後史と住民運動」が掲載される。(月刊 総評：通号279、日本労働組合総評議会）／／伊方町議会に政策懇談会、町長事務部局に政策委員会を設置、3号炉増設に伴う検討がなされる。
1981. 3. 1	伊方町の隣接町に米軍ヘリコプターが不時着する。

暦　年	事　　項
1981. 3. 2	窪川町の原発反対町民らが町内各所で反対集会を開く。8日の町長リコール投票を前に、新規工事のない土建業界も作業員に日当を支払って賛成派の集会に400～500人の動員を出す。(反原発：19810320)
1981. 3. 8	窪川町長のリコールが決まる。
1981. 3. 11	「伊方原発行政訴訟（控訴審)」(第10回公判）の原告側住民側の主尋問で小出裕章がTMI原発事故について証言する。
1981. 4. 6	1号機で一次冷却水中のヨウ素濃度が上昇する。
1981. 4. 19	窪川町長選が実施され藤戸元町長がカムバック、「原発は町政の中心にすえない」と発言。
1981. 4. 20	「伊方原発行政訴訟（控訴審)」の原告側の主尋問で小出裕章が、NRCによって撤回されているラスムッセン報告に依拠した内田証人の証言について言及、同日には佐藤一男も証言。
1981. 5. 25	「伊方原発行政訴訟（控訴審)」で藤本陽一が証言（2回目)。
1981. 5	5月の総会で高知県漁連は「調査も含め原発推進凍結を行政に要請」の決議をする。
1981. 6. 3	1号機で一次冷却水中のヨウ素濃度が0.01 μキュリー／ccに上昇するが、保安規定の100分の1として処理され運転を続行（大飯原発2号機のケースでは0.005 μキュリー／ccで運転を停止)。
1981. 6. 16～19	2号機に燃料装荷がなされる。
1981. 6. 24	被控訴指定代理人が「伊方発電所原子炉設置許可処分取消請求控訴事件文書提出命令申立てに対する意見書（二)」を作成。同日、「伊方原発行政訴訟（控訴審)」で小出裕章（3回目)、佐藤一男（2回目）が証言。
1981. 7. 31	2号炉が初臨界に達する。／／この日から8月1、2日まで窪川町で反原発の祭「生命のフェスティバル」を実施、全国から約2000人が参加。
1981. 8. 19	2号機が試験送電を開始。
1981. 9. 9	伊方町長が突然に3号機の受け入れを表明、伊方町議会全員協議会で3号機増設の意思表明が行われる。続いて10日から13日までの4日間に8会場で町主催の3号機増設についての地区説明会を開く。
1981. 9. 16	「伊方原発行政訴訟（控訴審)」で佐藤一男が証言（3回目)。
1981. 9. 19	臨時の伊方町議会が召集され、採決なしの全員一致の強行決議により3号炉の増設促進の議案を可決。高野町議は自らの住民アンケート調査で地元の反対「74.7%」を示して町長に質問、住民側からは現金バラマキへの批判や住民投票による決定の意見が出るが、後者は福田直吉伊方町長により取下げられる。反対議員は県、町が四電と1号炉建設時の安全協定で「二基を限度」と明記したことを発言する。(反原発：19811020)
1981. 9. 21	八西連絡協議会は福田町長に議決無効の意見書を提出。
1981. 9. 22	町当局は四電に3号機の増設受入を伝えたと発表。
1981. 9. 24	この日から翌年2月にかけ伊方原発周辺で60種類以上の魚介類が長期

暦　年	事　　項
	に渡り大量死。最初は原発から西約 4km 地点の瀬戸町足成港で数万匹の生簀の鰯が死ぬという事態が発生、その後、魚の死は佐田岬半島沿岸 60km、5 町に渡る海域に及ぶ。死んだ魚は目が充血し目玉が飛び出していたり、蟹が海から一斉に這い上がって来るといった現象が見られた。この大量死は 1 号炉の排水口清掃作業の直後から始まり、その際には四電は排水口に 360kg／1 日の塩素を流し込んでいると表明する。
1981. 9. 26	県はわずか約 60 匹の魚の検査で、磯魚の直接の死因は原発と関係なく連鎖球菌に因ると発表（県に先行し、京大の漁業災害研究グループは、伊方町の隣の瀬戸町と漁協の合同対策本部から依頼を受け調査、原発の長期的な環境汚染が原因と結論する）。地元漁師は以後 3 カ月間漁ができず。
1981. 9. 27	町長は 3 号炉増設受入を条件に、1 戸当たり毎月 5000 円の金を 10 年間に渡って出すなどと言い出す。（読売、19810927）
1981. 10. 2	県議会が 3 号建設促進を決議。
1981. 10. 14	「伊方原発行政訴訟（控訴審）」で佐藤一男が証言（4 回目）。
1981. 10. 22	1 号機の蒸気発生器細管（SG）が損傷、1996 年に発生器本体の取り替えを行うが、この間の定期検査の度に細管損傷が続く。内田秀雄元原子力安全委員長は「運転期間中での取り替えは予定していなかった」と述べ、安全性を無視した審査の杜撰さを暴露する。
1981. 10. 26	白石県知事が 3 号機の受け入れ条件として「事故の影響で農水産物の価格が下がった場合の補償のため基金積立てを求める」と表明。
1981. 11. 18	「伊方原発行政訴訟（控訴審）」で佐藤一男が証言（5 回目）。／／松浦寛が論文「環境行政訴訟における審査方式―伊方原発訴訟を手がかりとして」を発表。（阪大法学：通号 118、9）
1981. 11. 27	3 号機受け入れ条件で県知事と四電会長が間接被害補償などで合意。
1981. 12. 16	「伊方原発行政訴訟（控訴審）」で佐藤一男が証言（6 回目）。
1981. 12. 17	窪川町で町主催の「原発学習会」を開始。四電が町に依頼の立地可能性調査に入るため。「ふるさとをよくする会」は調査をさせぬ、海、土地を売らぬの三原則を確認する。（反原発：19820120）
1981. 12	この年、控訴審の被控訴人側証書として「伊方原発行政訴訟乙号証（五）」No. 175～（1979 年より着手）を作成。／／伊方町の税収額は 7 億 3185 万円で、1978 年以来毎年 1 億円単位で町税は減収をたどる。
1982. 1. 12	2 号機（試運転中）が 56.5 万 kW のフル出力を達成。
1982. 1. 15	この日から 1986 年 3 月 15 日まで伊方原発訴訟を支援する会が『伊方訴訟ニュース』（No. 101～No. 150）を発行する。
1982. 1. 22	「伊方原発行政訴訟（控訴審）」で佐藤一男が証言（7 回目）。／四電が県と伊方町に 3 号炉増設の環境調査計画案を提出。
1982. 2. 14	県評、社会党、原水禁、八西連絡協などの約 1400 人が、八幡浜市民会館で原発許すまじの県民集会を開催。
1982. 2. 23	愛媛県と伊方町が環境影響調査の計画案（四電提出）に同意の回答、3

暦　年	事　　項
	号機の事前調査に同意したわけである。福田町長は同意取り付けの過程で「金」というメリットを唱え、集中立地への反対の声封じに金の個人還元策（一戸当たり月5000円）を打ち出している。また伊方町議と職員の一行18人が、3号機増設計画に伴う公開ヒアリングへの対応の名目で、県外の原発建設地視察に出発。
1982. 2. 26	海老澤徹が「伊方原発行政訴訟（控訴審）」の原告側証人として法廷で証言。
1982. 3. 19	2号機〔建設着工1978年2月、加圧水型（PWR）、三菱重工製、電気出力56万6000kW、建設費1255億円〕が営業運転を開始する。2号炉で伊方町が得た電源交付金は約三二億円。日本の原発は計23基、総出力1607万kWとになる。
1982. 3. 31	1981年度の労働者被曝データを資源エネ庁が発表。伊方原発（2基）では従事者数1948人（下請1612、社員336）、総被曝線量196レム（下請170、社員26）、平均被曝線量0.10レム（下請0.11、社員0.08）。また同年度の放射性固体廃棄物の発生量は200ℓドラム缶が1184本、その他が222本分、累積保管量が同順で5780本と824本分、貯蔵設備容量は約8500本分である。（反原発：19821020）
1982. 4. 1	鎌田慧「日本の原発地帯」（潮出版社）刊行、第3章で「伊方・金権力発電所の周辺」を扱う。
1982. 4. 14	米原子力委が操業中の加圧水型原発に対し、ボルトや鋲の腐食の危険を警告したことが判明。
1982. 4. 23	海老澤徹の「伊方原発行政訴訟（控訴審）」の証言が続行（2回目）。この日、総合エネルギー対策推進閣僚会議が「要対策重要電源」に3号機を追加。また警察庁が伊方原発を視察し四電の警備を点検する。原発反対運動への威圧でもある。（反原発：19820520）
1982. 5. 28	海老澤徹が「伊方原発行政訴訟（控訴審）」（21回公判）で国側からの反対尋問として証言（3回目）。国側は結審を促す意見書を提出、裁判長は住民側の証人申請に対し採否を保留、控訴審の口頭弁論はこれで終わる。また被控訴人指定代理人が「伊方発電所原子炉設置許可処分取消請求控訴事件 準備書面（二）（七）」と、「伊方発電所原子炉設置許可処分取消請求控訴事件 証拠説明書」とを作成。
1982. 5. 31	国側は1号炉控訴審で四電の保安規定などを説明してき、住民側はこの資料提出を国側に請求してきた。この国側への提出命令を高松高裁が却下。
1982. 6. 4	高松高裁に原告が求めていた四電に対する保安規定提出申し立てが却下される。7日、原告側は最高裁に特別抗告する。
1982. 6. 7	控訴審で棄却された1号炉に関する保安規定資料の提出を住民側が最高裁に特別抗告する。
1982. 6. 12	町見漁協が3号機の事前調査を受諾。休漁補償5000万円が支給される。

暦　年	事　　項
1982. 6. 25	被控訴指定代理人により「伊方発電所原子炉設置許可処分取消請求控訴事件 控訴人ら申請証人の採否についての意見書」と「伊方発電所原子炉設置許可処分取消請求控訴事件 証拠説明書」とが作成される。
1982. 7. 1	「伊方原発行政訴訟（控訴審）裁判」が作成される（1979年5月25日より着手）。
1982. 7. 22	11回目の核燃料搬入で原発周辺は県警機動隊、海上保安部の巡視船、飛行機と、原発反対派の八西連絡協、愛媛地評ら約120人とが対峙する。陸上ルート（大阪府熊取町の工場から）は沿線住民の強い反対で中止、使用するのは海上ルート（東海村から）だが、ここの豊後水道、宇和海は海上自衛隊の潜水艦が頻繁に漁船とのニアミスを起こしている危険地帯で、沿岸の住民の不安の声が多い。(反原発：19820820)
1982. 8. 11	四電が県、伊方町に3号機増設に伴う環境影響調査書案を提出。
1982. 8. 25	2号炉設置許可取消し訴訟の第13回口頭弁論が松山地裁で開廷。国側は被告側の専門用語の説明の要求、TMI原発事故の原因を「設計・設備の不備」から「運転員のミス」にしたことへの釈明の要求などに回答できず。(反原発：19820920)
1982. 9. 13	県、伊方町が3号機の環境調査書案を承認し16日に通産省に提出。17日～10月7日まで縦覧、20日～10月1日まで25カ所で説明会を開く。
1982. 9. 30	文書命令から最高裁決定までを記録した「伊方原発行政訴訟 文書提出命令申立事件」が作成される（1981年2月9日より着手)。
1982. 9	「技術と人間」9月号が斉間満の「魚の大量斃死と学者たち」を掲載。／／伊方原発周辺で2度目の魚の大量死（主にカタクチイワシ）が起きる。
1982. 10. 4	住民側は控訴審で棄却された1号炉に関する保安規定資料の提出を特別抗告していたが（6月7日付け)、最高裁はこれを再び却下する。
1982. 10. 20	2号炉訴訟の第14回口頭弁論が松山地裁で開かれ、原告側は前回同様、釈明（準備書面に対する回答）を要求、国側は2号炉資料の提出を約束。
1982. 10. 22	定検中の1号機で燃料1体にピンホールを発見。
1982. 11. 4	点検中の第一原発1号機で1本の燃料集号体に放射能漏れの疑い（資源エネ庁発表)。
1982. 11. 11	「磯津公害問題若人研究会」のグループが放射能調査で、伊方原発近くの海底土から原発由来とみられる人工のコバルト60（放射性物質）を検出したと発表。
1982. 11. 16	1号機の蒸気発生器細管に異常がみつかり146本を閉栓にする。
1982. 11. 18	3号炉増設に向けた第一次公開ヒアリングを伊方町町見体育館で開催。会場周囲は鉄製フェンス（高さ4m）で囲まれ、道路側は防音壁（高さ18m、長さ40m）が置かれ、前日から町内の半分の区域は駐車禁止とされ、同じく前日から警察署長名で全戸に「極左過激派がきて大混乱になる」のビラが配布されるなど徹底したヒアリング阻止闘争対策がなされる。地元住民と労働組合部隊約2000人が抗議行動に参加、鎮圧に動員

暦　年	事　　　項
	の警察機動隊は2500人、デモ中に1人が不当逮捕。この反対闘争で警察側とヒアリング阻止共闘会議の一部幹部たちとの癒着が問題となる。（反原発：19821220）
1982. 12. 23	1号機の蒸気発生細管の34本に損傷を発見、原子力安全委に報告する。
1983. 2. 4	2号機の設置許可取消しを求める訴訟（第15回口頭弁論）が松山地裁で開かれ、15人の原告（住民原告数は1市3町で28人）が出席、被告側が前回の要求に答えていないことを追及する。
1983. 3. 4	宮本勝美裁判長が突然に結審を宣言（証拠認否未終了、最終準備書面未提出の段階、原告側申請の17人の証人を残す）、弁護団長の藤田一良は「国民の司法への信頼への裏切りだ」と寄稿する。（朝日：19830318）同日、「伊方原発行政訴訟記録（口頭弁論）」が作成される（1978年10月27日より着手）。
1983. 3. 18	1982年度最後の電調審で3号機が認可される。出力は89万kW、着工は1986年2月、運転開始は1990年3月（83年度には10月に変更）の計画。
1983. 3. 31	1982年度の被曝データは、2基ある伊方原発の全従業者数2091人（下請1791、社員300）で、総被曝線量は303レム（下請271、社員32）、平均被曝線量0.14レム（下請0.15、社員0.11）と資源エネ庁発表。（反原発：19831020）／／1982年度の放射線固体廃棄物の発生量は伊方原発で200ℓドラム缶1212本、その他199本分、同累積保管量は200ℓドラム缶6922本、その他1022本分、貯蔵設備容量は約1万8500本分だった（資源エネ庁発表）。
1983. 4. 13〜 5. 4	3号機の環境影響の修正調査書を縦覧、残土処理の具体化などを追記する。（反原発：19830520）
1983. 5. 9	2号機（5日より定検最終段階の調整運転中）でタービン軸の振動が基準を上回り発電を停止。
1983. 5. 10	仲田隆明弁護士が「伊方原発控訴審の争点」を発表。（技術と人間、前出）／／「伊方原発行政訴訟 忌避申立事件 高松高等裁判所第二民事部」が作成される。
1983. 5. 12	停止中だった2号機が再調整を終え運転を再開。30日に定検を終了。
1983. 5. 16	伊方原発の使用済み燃料を輸送船パシフィック・クレーン号でフランスに向け海外初搬出（21日に玄海原発に寄港、英国向け初搬出燃料も積載し出航）。（反原発：19830620）
1983. 6. 6	2号機の一次冷却水中のヨウ素濃度の上昇を発見、浄化をしながら運転を継続。（反原発：19830720）
1983. 6. 7	1号機の裁判で原告側住民が弁論再開を申し立てる。
1983. 9. 5	早朝より原発沖100〜1000mの海面にカタクチイワシを主とする魚の大量死。県の調査で総数は約4万7000尾、被害の集中範囲は東は伊方越から西は瀬戸町赤崎鼻にかけての約10kmの範囲。28日通過の台風10

暦年	事項
	号の通過で終息するまで続く。
1983. 9. 16	八西連絡協議会と松山市民の会などの代表 22 人が県庁水産課に出向くが、課は塩素濃度に異常はなく魚の鰓に寄生する吸虫のせいだと原発との関係を否定する。（反原発、19831120）／／2 号炉の訴訟（第 17 回口頭弁論）が松山地裁で開廷、原告側は燃料棒に関する準備書面、追加補充書と、燃料棒損傷事故（2 号炉）についての準備書面とを一括して提出。また何回も請求していた 1 号炉審査資料中、2 号炉審査でも使用したリストの閲覧が認められコピーを入手する。
1983. 9. 29	1、2 号機の燃料貯蔵能力が増大、また原子燃料工業熊取製造所における高性能燃料（出力変更可能燃料）などの開発設備の設置について原子力安全委が「安全」の答申をする。
1983. 10. 14	四電は八幡浜営業所での会議で、第 1 回めの伊方原発周辺での魚の大量死の原因につき、原発とは無関係で連鎖球菌、吸虫だと主張、漁協関係者から異論が出る。
1983. 11. 10	岡上哲夫が「伊方原発―崩壊する町財政の行方」を発表。（技術と人間）
1983. 11. 16	1 号機が送電線への落雷で自動停止、18 日運転再開。
1983. 12. 9	2 号炉の行政訴訟（第 18 回口頭弁論）が開かれ、原告側は TMI 原発事故により 2 号炉の安全審査と許可の適法性が崩れたことを指摘、その準備書面を提出。
1984. 2. 18	1 号機の低圧タービン動翼取り付け溝に鎛割れを発見（四電発表）。
1984. 2. 27	伊方原発の北東約 25km の愛媛県喜多郡長浜町青島沖に、佐田岬半島を横断予定の海上自衛隊岩国基地所属の対潜飛行艇 PSI・3 号機が墜落し、乗組員 12 人全員が死亡する事故。
1984. 3. 15	1 号機で蒸気発生器細管 32 本に異常を発見（四電発表）。
1984. 3. 23	2 号炉の訴訟（第 19 回口頭弁論）が松山地裁で開廷、1 号機の一審判決の違法性、核廃棄物の海陸への処分方法のなさ、解決がなく猛毒も発生する焼却方法などにつき説明、無対策のままの設置許可を被告の違法行為として追求。また他の一通の準備書面で航空機事故に因る危険性を無視した安全審査の違法性も訴える。
1984. 3. 31	四電の 1983 年度の総発電量に占める原発の発電量は 45%。
1984. 4. 4	伊方町の隣接町に米軍ヘリコプターが不時着する。
1984. 4. 16	資源エネ庁が定検状況を発表、1 号機で蒸気発生器細管 32 本に異常が見つかる。
1984. 5. 24	3 号機が設置許可を申請。／／伊方原発（他に玄海原発、川内原発）などの核物質輸送ルートである高知県室戸岬沖で、海上自衛隊の潜水艦（潜航中）がインド国籍の鉱石運搬船と衝突する。
1984. 6. 27	3 号炉増設の漁業補償で町見漁協が 28 億 5000 万円の補償額に合意。30 日調印。
1984. 8. 14	午後 7 時 35 分に伊方原発 2 号炉が起動する。／／通商産業大臣が伊方発

暦　年	事　　項
	電所原子炉設置許可処分効力停止申立却下。決定に対する即時抗告申立事件に関しての訴訟代理権消滅通知書である「伊方原発行政訴訟（執行停止）第二号 被告手続き」を作成する（1979 年 9 月 22 日より着手）。
1984. 9. 13	伊方原発反対住民らが漁船を出して核燃料搬入に対し、陸と海から抗議する。／／資源エネ庁の定検で 1 号機の蒸気発生器細管に 32 本の異常が見つかる。
1984. 10. 31	高松高裁が伊方訴訟の判決日は 12 月 14 日と通知。
1984. 11. 9	「伊方原発行政訴訟（執行停止）第二号」が作成される（1978 年 4 月 30 日より着手）。
1984. 11. 14	窪川町民が原発立地調査に関わる町と四電との協定締結には議会の議決を必要とする条例の制定を求めて直接請求（26 日町議会で否決される）。
1984. 11. 22	四電と有寿来漁協は 3 号機増設に伴う漁業補償で合意の仮調印、補償額は 7 億 9000 万円。
1984. 11. 30	高松高裁が「伊方原発訴訟・判決要旨」を作成。同日、高松高裁第四部が「伊方発電所原子炉設置許可処分効力停止決定申立事件 抗告に対する決定」を作成。
1984. 12. 3	県知事立ち会いで窪川町と四電が立地調査協定に調印。
1984. 12. 8	3 号機増設に伴う漁業補償で四電は有寿来漁協と正式調印。
1984. 12. 14	高松高裁が TMI と伊方原発とでは「設計や構造が違う」と判決し、二審も敗訴（原告側の主張はこの控訴審判決でも無視される）。高裁判決（第二審判決）で、裁判所が原子炉の設置許可処分での科学的、専門技術的な問題を判断する立場になく、「通常の行政訴訟と違い、司法審査の範囲にはおのずから限界がある」と明言、当時、法曹界には高度に専門的で科学的な争いについては、裁判所とは別のところで判断するほうがいいという議論があった。「これで原発を裁けるのか」「インチキ裁判」（朝日同日夕刊）の怒号が飛び、弁護団長の藤田一良は「日本の裁判はおしまいだ」（同前）と述べる。／／高松高等裁判所第四部で「伊方原発訴訟・判決決定要旨」が作成される（書記官小松茂一郎）。裁判長裁判官宮本勝美、裁判官山脇正道、同磯尾正、控訴人川口寛之をはじめ全 26 名、控訴人ら訴訟代理人弁護士など全 28 名、被控訴人（通商産業大臣）村田敬次郎、被控訴人訴訟代理人弁護士ないし同指定代理人は全 20 名。
1984. 12. 20	2 号機の蒸気発生器細管が損傷、発生器取り替えの 2001 年まで損傷が続く。また資源エネ庁が定検中に 2 号炉で燃料集合体 1 体に漏洩を発見。
1984. 12. 27	伊方原発訴訟弁護団が最高裁への上告の手続きをとる。
1984. 12	この年、「伊方原発行政訴訟甲号証（六）」No. 523 ― No. 589 を作成（1980 年より着手）。
1985. 1. 3 （昭和 60）	四電社長は電気新聞紙上で、総発電量に占める原発の発電量は 50%が限度と表明。／／伊方原発訴訟を支援する会が「伊方発電所原子炉設置許

暦　年	事　　項
	可処分取消請求控訴事件 判決（「主文」と「理由」）（一審判決の「補正」箇所付）」を作成。これは頁上段に第二審の高松高裁判決（原文）の「主文」と「理由」とを縮小複製し、頁下段には第一審の松山地裁での該当箇所を転記し、相互対照することで高松高裁が「被告国側の気がかりな部分を、どのように取り繕った」かを明確にさせるための資料である。
1985. 3. 1	西尾漠が「安全審査も抜け穴だらけ」を発表、国側追随の伊方原発高裁判決について記す。（月刊 社会党：第 347 号）
1985. 4. 14	窪川町長選で原発推進派の現職の藤戸町長が 3 選を果たす。
1985. 4. 19	国と県と伊方町とは 3 号機増設に伴う「安全協定書」の改定と公害防止協定とに調印、第 18 条には原子炉の総数が「2 基を限度」から「3 基を限度」に改められ、今度は「この制限条項は改定できない」と明記される。原子炉の規模の制限はない。また 3 号炉は規定だった 56 万 kW をはるかに超え 86 万 kW とされる。
1985. 5. 7	県が 3 号機増設の準備工事のための公有水面埋立を許可。
1985. 5. 10	早朝に核燃料 56 体（1 号炉用 30 体、2 号炉用 26 体）を東海村の三菱原子燃料と大阪府熊取町の原子燃料工場とから運び伊方原発へ搬入（15 回目）。雨中に約 40 名の反原発住民らが県警機動隊 50 人、巡視船艇 10 隻（松山海上保安部など）、ヘリコプターなどの警備と対峙する。
1985. 6. 28	原告側が「伊方発電所原子炉設置許可処分取消請求上告事件 上告理由書」を作成、「被上告人 通商産業大臣」宛てで最高裁判所に提出する。
1985. 7. 1	四電が窪川原子力調査所を設置。／／同日、鎌田慧が「法・光と影」を発表、伊方原発の「ゼニ中毒症候群」の実例や 2 号機が「弁護士抜き」で闘っていることなどを記す。（法学セミナー：通号 367）
1985. 7. 14	伊予灘で原発を中心に約 20km の海域に渡りドス黒い赤潮が発生、鮑、栄螺、雲丹、穴子、メバル、蛸、カサゴなどが全滅状態であることが判明、3 度目の魚介類の大量死となる。磯津漁港内で採取の検体からは 1 万個／1cc のギムノディニウム（赤潮の本体、渦鞭毛藻の一種）が認められ、これが大量死の直接原因だが何故この海域で発生したのかは不明。（反原発：19860120）
1985. 7. 18	3 号機の安全審査を終え原子力安全委にダブルチェックを諮問。
1985. 7. 19	長浜町（原発から北西約 10km）の漁民が原発の抗議に押し掛ける。
1985. 7. 23	科技庁が愛媛県に 3 号炉増設の第 2 次ヒアリングにつき協力を要請。
1985. 7. 27	八西連絡協は魚介類の大量死につき県と伊方町に公開質問状を提出。
1985. 7. 29	県の調査研究グループは記者会見で「原発の温排水と赤潮の関係も無視できない。温排水も調査すべきだ」と発言。（反原発：19850820）
1985. 8. 1	鎌田慧が「法・光と影」を発表、伊方原発も「企業の札束と議会の独走と自治体の秘密主義に支えられてきた」こと、「原発依存経済」であることなどを記す。（法学セミナー：通号 368）
1985. 10. 4	3 号機増設計画の第 2 次ヒアリング開催（町見体育館）、阻止闘争の参加

暦　年	事　　項
	者は約1050人。
1985. 10. 5	午前0時31分に伊方原発2号炉が停止、連続運転416日4時間56分の日本記録を達成し、四電本社（高松市）の7階にウェスチングハウス社から贈られた記念盾が置かれる。この記録は本来なら法律では最長13カ月で定期検査を受けるよう決めてあるのであり得ず、前回の定期検査中の運転も記録に算入したもの。1984年に九州電力玄海2号機が達成した記録を2日間上回る。
1986. 1. 14 （昭和61）	定期検査に向けての3号機の出力降下中に弁の取り付けミスで（規格外を付ける）、湿分分離加熱器から大量の蒸気漏れ。凄まじい轟音で周辺住民はパニックに陥る。
1986. 1. 30	四電が窪川原発反対県漁民会議に対する説明会を高知市内で開催（高知県が世話）、漁民会議側は逆に原発立地に関する調査の中止、安全性に疑問、電力は余っていて不必要などを県、四電に申し入れる。（反原発：19860320）
1986. 2. 28	「伊方二号炉審査報告書」が作成される（1977年2月より着手）。
1986. 2	1983年度電力施設計画ではこの月に3号機が運転開始予定だった。
1986. 3. 15	この日から1995年12月15日まで、伊方原発訴訟を支援する会が「伊方訴訟ニュース」（No. 151～No. 268）を発行。
1986. 4. 26	チェルノブイリ原発4号炉で核暴走事故起きる。
1986. 5. 21	原発廃棄物の垂れ流しにつながる「原子炉等規制法改正案」が国会を通過。
1986. 5. 26	国（通産省）が活断層はないという前提で四電伊方原発3号機の増設を許可。
1986. 6. 25	伊方原発行政訴訟弁護団が「伊方発電所原子炉設置許可処分取消請求上告事件　上告理由補充書」を最高裁判所第一法廷に提出。これは藤田一良弁護士が最後まで大切に手許に置いていた資料の一つ。／／宇和海漁協協議会が核燃料輸送船の航行に反対の決議。
1986. 6	この月、瀬戸内海西端」に面している山口県上関町祝島（1985年に中国電力の原発誘致を決議、伊方原発のある佐田岬半島が見える）では、同町議会で片山秀行町長が「伊方原発は町から30―40キロ離れているだけ。それなのに不安で夜も眠れないという町民はいない」と発言、ソ連での事故の放射能汚染の影響を認識しつつ原発誘致に賛成するよう住民への説得活動をする。同町議会では山戸順子町議（誘致反対派）が議会で放射線測定器（小型）を見せ、「ソ連の事故後、伊方原発監視のため、住民が漁業組合に備えたもの。不安はこのように高まっている」とも発言する。上関町ではチェルノブイリ原発事故を契機に、原発誘致に賛成であれ反対であれ、伊方原発の住民に他ならないという意識が生じてくるという。
1986. 7. 18	総合エネルギー調査会が、日本は2030年には約140基の原発列島にな

暦　年	事　　項
	ると発表。
1986. 7. 25	伊方原発 3 機の増設許可に対し四国、九州、中国、大阪の 7 県の住民 1383 人が異議申立を行うが設置許可処分の訴訟を起こし争うことはできず。
1986. 8. 31	小坂正則ら「大分市民の会」が大分市（原発まで約 70km）より伊方見学ツアー（参加者 15 人)、八西連絡協議会と交流したり原発 PR 館で四電側の説明を受ける。(反原発：19861020)
1986. 11. 1	伊方原発 3 号機の建設が着工される。
1986. 11. 7	窪川町長が四電の原発立地可能性調査実施計画を了承。
1986. 12. 12	住民だけで 2 号炉の設置許可取消を求めた裁判で、原告側が原発の危険性、コスト高、電力が余っていることなどの準備書面を陳述。
1987. 2. 2	点検中の 2 号炉の燃料集合体 1 体の上部金具の欠落を発見。
1987. 2. 4	点検中の 2 号機で低圧タービン翼と蒸気シール板との溶接部分 17 カ所に罅割れを発見。
1987. 2. 27	イギリスの高速増殖炉原型炉 PFR で蒸気発生器細管の大破損事故。細管 1 本のギロチン破断がわずか 8 秒の間に 39 本の破断に波及した事故で、当時建設中のもんじゅが想定していた規模より 10 倍も大きな事故だった。
1987. 4. 24	高知県議会に当選したばかりの美馬健男明豊会（原発推進組織）会長が 2 月の窪川町議選敗北の責任を取り辞任するとの新聞報道。背景には電力需要落ち込みで四電首脳が窪川原発の 20 年後先送り発言をしたこととか、県知事もその後退を表明したことなどにある。(反原発：19870520)
1987. 4. 30	「地球被曝 チェルノブイリ事故と日本」が刊行され伊方原発への影響についても言及。(朝日新聞社)
1987. 6. 19	2 号炉の設置許可取消を求める訴訟の第 30 回口頭弁論が松山地裁で開廷。チェルノブイリ原発事故（原子炉より 30km 範囲の住民が避難）の場合を適用すれば 2 市 9 町（住民約 17 万 4000 人）の住民が住めなくなることなどが陳述される。2 号炉の安全審査では原子炉から 630m の敷地内に「非居住区域」「低人口地帯」が納まり、その外の地域では何の災害も生じないとされている。
1987. 10. 19 〜22	国への届け出もなく、地元住民への事前の説明もなく、国、県の監督者も立ち合っていないなか 2 号炉で出力調整の実験が行われる。(福岡通産局：19871026) 毎日、夜間の 6 時間は出力を 50％に下げ、昼間の 12 時間は 100％に戻すという運転をする。伊方町政策局は「計画は聞いていた。誰が安全性のチェックをしているのかはわからない」と述べる。(反原発：19871120) 出力調整のフォーマット（翌年 2 月も同じ）は「午後九時負荷下降開始」(出力低下開始)、「0 時 50％調整運転」(減少する夜間の需要に対応、3 時間かけて半分までに絞る)、「午前 6 時負荷上昇開始」(6 時間後に出力上昇)、「午前 9 時定格運転」(午後 9 時まで）で、こ

暦　年	事　　　項
	のシステムを3(時間)－6(時間)－3(時間)－12(時間)型と呼ぶ。(「原発・日本絶滅」：光文社、19881130)
1987. 10	電力各社が通産大臣に提出の施設計画変更届によると、建設中にも拘わらず3号機は運転開始の計画時期を3年先に延ばしている。
1987. 12	この年、近藤誠は四電が住民に黙って「出力調整実験」を実施した事実をスクープ。年末より四電が行うこの出力調整実験（実は東電、関電、九電など日本の九電力会社合同の実験）に反対する運動が始まる。この運動は、作家松下竜一が「原発なしで暮らしたい」の会合で、「チェルノブイリ原発事故を起こしたのと同じ実験が四国電力ですでに行われ、88年2月に再度実施される」という発言を聞き、別府市の小原良子（主婦）を中心とした女性たちが始めたもの。出力調整とその実験にも反対だった高木仁三郎は、この実験がチェルノブイリ原発事故と同じ危険性をもつとは考えていなかった。
1988. 1. 25 (昭和63)	出力調整運転に反対して高松市でデモ。反対グループの交渉団は四電本社別館の会議室で野中広原子力部長らとの交渉を求めるが応対がないまま徹夜。翌朝、香川県警の機動隊が別館に入りこみ退去警告をすることで交渉団は退去。(反原発：19880220)
1988. 1. 29	高知県窪川町長が原発誘致を断念して辞任。
1988. 2. 5	松下竜一が「わたしのからだに奇跡が起こったような…緊急報告・四電本社直接対決記」を発表。(草の根通信：第183号)
1988. 2. 8	「伊方原発出力調整実験反対集会」呼びかけのステッカー（手のひら大）を四電愛媛支店脇の歩道橋に貼ったとして、「原発なしで暮らしたい松山女の会」の女性1人が松山東署の6人の刑事に現行犯逮捕される。取り調べ、拘留、家宅捜査、身柄送検のあと起訴となり、略式命令で2万円の罰金を払い翌日夕方に釈放。
1988. 2. 11	伊方原発2号炉での出力調整実験反対を求め、伊方原発入り口前の有刺鉄線が張られた道路で抗議行動がある（～12日)。約1カ月半で100万人を超す反対署名が集まる。四電本社（高松市）では「原発サラバ記念日全国の集い」に全国から3000人超の人々が集まり、本社は反原発住民に取り囲まれ「原発なくてもええじゃないか」の非難の声が飛び交う。こうした運動に新しく命を守る女性の声が全面に出てくる。
1988. 2. 12	朝9時の四電本社前で実験開始の時刻にダイ・イン（放射能を浴びて死ぬことの模擬）が行われるが実験は強行される（ホウ素濃度330～350PPM)。午後9時まで「実験やめて、命が大切」の声を上げる抗議行動が続く。学校を休ませ他県に子どもを移動させた母親もいる。反対署名は約100万。この日、東京でも約200人が通産省の全ての入り口で抗議行動。(反原発：19880320) ／／同日、松山市民ら241人は原子炉等規制法に違反した実験だとして、四電など関係法人および同社社長ら関係者を松山地裁に告発する。
1988. 2. 18	1週間前の抗議行動に参加した伊方町九町の男性（当時52歳）が、早朝

暦　年	事　　項
	に自宅で八幡浜警察署員数人により逮捕される（現行犯逮捕ではない）。罪状は四電所有地への無断侵入と有刺鉄線切断。男性は翌日には松山地検によって身柄を釈放され、同年3月31日には検察により起訴猶予処分。
1988. 2. 23	反原発のステッカーを貼ったとして逮捕された女性の裁判の開始。略式判決を拒否する。
1988. 2. 26	松山市民ら241人が四電など関係法人、同社社長ら関係者全員を原子炉等規制法に違反した試験だとして松山地裁に告発。（反原発：19880320）
1988. 3. 9	定検中の1号炉で制御棒集合体12本全てに先端部の膨張や被覆管の減肉（摩耗）を発見。／／2号炉で出力調整実験が行われ、四電本社前では約5000人が抗議行動、100万人署名を集める運動も行う。
1988. 3. 20	窪川町長選で「郷土をよくする会」推薦候補者が当選。
1988. 4. 1	松岡芳生が「一気に広がった反原発のうねり」を発表、伊方原発「出力調整試験」反対闘争が九州から波及していった経緯を記す。（月刊 社会党：第387号）
1988. 5. 18	3月31日からこの日までに大井、高浜の各1号炉、玄海、伊方の各2号炉、美浜の3号炉で1次冷却水ポンプ内のボルとの多数に罅割れを発見、通産省は各地の同型原発に取替の指示を出す。
1988. 6. 23	伊方原発弁護団（藤田弁護団長ほか3名の弁護士、原告1名）が「上告理由補充書（二）終りのはじまり」を最高裁第1小法廷に提出する。面談では初めて原告の同席を許可。藤田一良弁護士が最後まで大切に手許に置いていた資料の一つ。
1988. 6. 25	伊方原発2号機から直線距離で800mのミカン畑に、米軍海兵隊岩国基地を飛び立ち普天間基地へと南下中の米軍の大型ヘリコプターCH53（乗員7人全員死亡）が墜落する（1、2号機稼働中。事故現場には土地所有者、国会議員も立ち入り禁止）。事故直後の記者会見で山下一彦伊方原発所長は「上空に航空機は飛んでおらず、国の安全審査も通っている」「厚さ80センチのコンクリート壁の下に、鋼板の格納容器が炉心を包む」（愛媛新聞：19880626）などと述べるが、1972年3月より、原発上空の佐田岬半島沿いは松山―福岡間の民間航空機の定期航路になっているし、四電が国に提出した2号炉の設置許可申請では原発天井部は厚さ20㎝になっていて、それらは虚偽の発言であった。また、同所長の「原発に航空機が墜ちる場合も考え、審査している」（毎日：19880626）という発言も、1984年に伊方原発2号炉訴訟で、住民側が航空機等の落下に対する安全性審査で釈明を求めた際に、国側が「航空機などの落下は想定しておらず、審査していない」と釈明していることと照らせば、同じく虚偽であった。四電担当者も墜落事故後の記者会見で、「原発に航空機が落ちる場合も考え安全審査している」「ヘリがぶつかった程度なら放射性物質が外に出るような事故にはならないだろう」と検証もしていない憶測の発言をしている。2014年現在でも、佐田岬半島は米軍岩

暦　年	事　　　項
	国基地が進入管制権を保持する「専管空域」である。なお斉間満はこのヘリ墜落につき、伊方原発を攻撃目標とする敵レーダーから身を隠す想定で霧の中に突っ込み、山並みすれすれに目視飛行を試みたが失敗したのではと述べる。大型ヘリコプターCH53は2004年8月に沖縄国際大学に墜落したヘリと同型。／／窪川町議会が原発問題終結を宣言、宣言は全会一致で採択。
1988. 7. 13	四電は伊方原発2号炉で1次冷却ポンプ内の変流翼取付けボルト21本（総数は48本）に罅割れが見つかったと発表、上告住民らは既に5年運転中の1号炉の点検を要求する。／／四電伊方原子力建設所が「伊方原子力発電所建設所たより」を掲載。（電力土木：電力土木技術協会、通号215）
1988. 10. 10	伊方原発行政訴訟弁護団が「チェルノブイリ事故はどれだけの被害をもたらしたか」を発表。（技術と人間：10月号）／／座談会「家のこと捨てて、原発反対に―伊方原発とたたかう部落の人びと」を発表。（部落解放：第283号）
1988. 10. 29	「原発とめよう伊方集会」（八幡浜市の市民会館、労働会館）が全国から集まった約300人により開かれる。30日には人間の鎖（命の鎖）で伊方原発を取り囲む。（反原発：19881120）
1988. 10	伊方原発行政訴訟弁護団「チェルノブイリ事故はどれだけの被害をもたらしたか」を掲載する。（技術と人間：10月号）
1988. 12. 16	窪川町長が四電に原発立地可能性調査に関する協定の破棄につき協議を申し入れる。
1988. 12. 24	2号機での出力調整試験は原子炉等規制法違反だと全国の519人が電力5社と三菱重工を松山地検に告発する。
1988	この年、斉間満が伊方原発誘致の際に伊方町の要職にあった人物から「マル秘」の印が押された書類を渡される。
1989. 1. 5 （平成1）	「〝原発手当〟バラまく／住民に現金や炊飯ジャー」の見出しで伊方町の「町地区自治活動促進制度」の実態が報道される。（毎日）
1989. 2. 3	四電が「温排水の影響などの飛行機による調査は今後中止する」と表明、昨年6月の飛行機事故で住民の不安が高まったためという。（反原発：19890320）
1989. 3	1988年度の伊方原発（2基）での労働者被曝の結果は、社員290人の総被曝線量は9Rem、同平均総被曝線量は0.03Rem、下請1520人の総被曝線量は161Rem、同平均総被曝線量は0.11Remだった。（反原発：19890820）
1989. 4. 3	1号炉が運転停止、1号炉で加圧水型炉の点検をしない問題や、福島第二原発3号炉の事故などの説明を求めて、一次冷却水ポンプ変流翼ボルト交換まで「原発さよなら四国ネットワーク」が交替で高松市の四電本社に座り込みを開始。四国各地より約15人が集合、説明会場への人数制限（10人）に抗議し24日間に渡る座り込み行動を始める。（反原発：

暦　年	事　　　項
	19890520、19890620）／／国が低線量被曝値として見積もっていた一般公衆の年間許容被曝線量値の誤りを認め、従来の 0.5Rem／年（5.0μSv）に引き下げる。
1989. 5. 3	四電が上告住民らの要求に押し切られ、9 日間予定を早め、1 号炉の定期検査に入る。一次冷却ポンプの点検で 22 本（総数は 48 本）のボルトに罅割れを発見（四電発表）。
1989. 6. 12	午後 5 時、伊方原発から南東約 30km の東宇和郡野村町（現、西予市）の「野村ダム」に音速 1.8 倍の米軍ジェット戦闘機 FA18 ホールネットが墜落（乗員 1 人は無事）。場所は最も近い民家から約 200m、町中心部から約 2km、原発から 30km、また事故機は原発と約 10km 離れた地点を通過している。同様の 1952 年の事故からこの事故までの 37 年間に 33 回の事故が発生している。
1989. 6. 13	1 号機で罅割れが発見された一次冷却材ポンプ変流翼取付けボルト 22 本について 8 本を改良型に交換。また蒸気発生細管にも新たに 12 本の損傷が見つかり施栓、さらに制御棒 9 体を「予防保全対策」として交換する（四電発表）。
1989. 7. 14	四電の山口相談役が前町長の頌徳碑除幕祝賀会で福田現伊方町長を名指し、「田舎の町長がウソをついて金をくれと言う」と発言、これは建設中の 3 号炉の見返り寄付に関する発言である。（反原発：19890820）
1989. 9. 10	四電と四国電労（四電労組）が伊方町民を対象に原発敷地内で「発電所まつり」を開催。敷地内は被曝の可能性が疑われる場所なので「原発さよならえひめネットワーク」は通産局、県、四電に抗議、伊方町民には問題喚起のビラを配布。祭の参加者は四電や関連会社の社員、家族が殆ど。（反原発：19891020）
1989. 9. 19	愛媛県の 9 月議会で梅崎雪男議員が四電から県への 35 億円にのぼる不明瞭な寄付金について質問。同議会では成見憲治議員が、1981 年から 1986 年にかけて伊方町に約 24 億円の寄付があった事実を指摘、四電からの分はどれくらいかと金額と県の町への指導とを問い質す。
1989. 10. 7	三崎半島沿いの瀬戸内海（伊方原発沖を中心とした東西 20km）で、朝また魚の大量死が起きる（5 回目）。伊方町大成では鰯、クロウオ、ホゴ、アイ、ハギなどが、島津地区では大量死ではないがアイが、瀬戸町足成、保内町磯津では湾内の生け簀の魚、伊勢海老、鰯などがそれぞれ死んでいた。漁民は何時も定検時にこんなことが起きる、磯物が減少し回遊魚が主になった、安値で買い叩かれるなどの不満、不安を訴える。この事故が表面化したのは 12 日。（反原発：19891020）
1989. 10. 16	県水産課は 7 日に発生した魚の大量死につき、何故発生したかは抜きに「連鎖球菌が原因と思われる」との調査結果を発表。
1989. 10. 15、16	京都大学漁業災害研究グループは伊方町、保内町に入り 7 日発生の魚の大量死につき調査。鰯が回転しながら死んでいくのは神経系に強い影響を受けているとか、ホンダワラが極端に減少しているとかを問題視す

暦　年	事　　項
	る。（反原発：19891120）
1989. 11	四電が国側に伊方原発3号機のECCS（緊急炉心冷却装置）高圧系の設計変更を申請、「ほう酸注入タンク」とその前後の弁とを取り外す内容だが、明らかにECCS高圧系の手直しである。
1989. 12. 9	2号機の定検で復水器細管58本に腐食、減肉を発見、施栓をする（四電発表）。
1989. 12. 21	伊方町の財政規模が6年間で約4割縮小、公債比率は倍増。原発からの固定資産税の減少を地方交付税で補填する。（南海日日新聞）
1990. 1. 30 （平成2）	住民には知らせず県の主導で伊方町、保内町、瀬戸町と関係者だけで「緊急時総合訓練」を実施。内容は通信連絡、モニタリング、線量評価の机上訓練など。県の防災計画では八幡浜市民は屋内待機、保内町民は大洲市に、伊方町民は八幡浜市にそれぞれ避難とあり、被曝した住民を拡散させない計画。数年前に伊方、保内の町境に検問所が設けられる。
1990. 3. 29	3号機の起工式を地元住民に知らせずに実施、住民側が抗議する。
1990. 4. 27	「原発さよならえひめネットワーク」は、建設が進んでいる3号機につき四電本社と交渉、後に瀬戸内回りと太平洋回りに別れて伊方町までのキャラバンを行う。
1990. 5. 5	「原発さよならえひめネットワーク」のキャラバンは伊方現地でキャラバンと集会をもつ。伊方町当局が会場使用取消に出たため松山市の北村親雄は一週間のハンストを町役場前で行う。
1990. 6. 3	伊方原発1、2号機の設置許可取消訴訟の2つの裁判の原告を務めた井田与平が死去（100歳）。
1990. 6. 22	無農薬野菜、自然食品（無添加など）を主に販売の「有限会社ちろりん村」（高松市）の、既に放映されていたコマーシャルがこの日以後、画面内の「原発バイバイ」の文言が放送法に基づく民放連の放送基準に抵触するという理由で瀬戸内海放送から一方的に打ち切られる。この会社は電力会社のコマーシャルには原発の必要性、安全性を一方的に主張しているのにと、直ちに高松地裁に放映請求の仮処分を申請。（反原発号外：19900820）
1990. 6	この月開催の第66回四電株主総会で、約70名の動員社員株主が法廷前方席を占拠。
1990. 7. 21	1988年2月12日に強行された2号炉の出力調整実験につき、「原発さよならえひめネットワーク」が主となり全国に呼び掛けた4次に渡る四電、関電、三菱重工などの告発（2082名が参加）に対し、松山地方検察庁は「不起訴」の処分。理由の説明は告発人には一切ない。
1990. 8. 9	6月の株主総会に対し四電株主6人が、「四電による株主平等原則に抵触した差別行為により精神的被害と経済的損害を蒙った」と四電を提訴し慰謝料を請求、第一審は高松簡裁から高松地裁に移送される。
1990. 8. 10	細管施栓状況は1号機（SG／A、Bの順）で設備本数3388本、3388本、

暦　年	事　　項
	施栓本数133本、70本、施栓率3.9％、2.1％、安全解析施栓率10％、10％、スリーブ補修11本、3本、施栓＋補修率4.3％、2.2％。2号機（同前）で設備本数3382本、3382本、以下は全て0（本数、％とも）。（反原発号外：19900820）
1990. 8. 28	伊方原発3号機の建設開始。1、2号炉用の温排水プールの排水口で点検作業をしていた潜水夫2人が水流に巻き込まれ溺死する事故が発生。／／2号機の出力調整実験の告発を不起訴とした松山地裁の処分を不服として、告発人243人が松山検察審査会に審査申立てをする。
1990. 9. 25	堤浩之、他四人が論文「伊予灘北東部海底における中央構造線」を発表、伊方原発敷地前面海域で6300年前以降で数回にわたり大地震が起きているという研究成果を明らかにする。（活断層研究：第8号、東京大学地震研究所編集、東京大学理学部地理学教室発行）
1990. 10	月初めから伊方町越沖の海域（原発から約3kmの距離）でカタクチイワシ、サバゴ、アイゴなどの大量死を地元漁師が発見、死魚は赤く出血しており今回も大量死は原発の定検中に発生。目撃した保内町の漁業者は伊方越沖で潮目に沿って帯状になり浮いていた、海底にも沈んでいるのが見え、広範囲に見えたので死魚はかなりの数だと話す。（反原発：20161120）／／この月、1983年度電力施設計画では3号機が運転開始予定だった。
1990. 11. 9	ICRPが放射線作業に従事する労働者の「許容被曝線量」を5.0Rem／年（50.0mmSv）から2.0Rem／年にするようにと勧告。
1990. 12	この年、斉間満のもとに、伊方原発1号機誘致当時（1971年頃）、四電側の誘致担当をしていた人物から「マル秘」の赤印が押された文書の束が届く。「当初はほんとうに安全を信じていたし、人口減の歯止めになると思っていた。しかし、過疎化の歯止めにもならなかったし、安全でもなかった」と書かれていた。また1971年12月に開催の臨時総会に至るまでの裏の事実（旧町見が極秘で調査し隠蔽していた事実）を記した資料も多く含まれている。／／この年の旧伊方町地区の小中学生は983人。
1991. 1. 21 （平成3）	2号機の出力調整試験に関する告発を不起訴とした件で、審査申立てを受けた松山検察審査会が不起訴を認める議決をする。
1991. 3. 10	「編集部」の名で「判決が語る“安全性”伊方原発訴訟の判決から」が発表される。（技術と人間：3月号）
1991. 3. 21	2号機裁判の第42回公判で伊方原発と同型の美浜原発の事故の実態を陳述、国側代理人は必要があれば反論すると述べる。（反原発：19910320）
1991. 3. 25	四電が蒸気発生器細管が破断したとの想定で事故事通報や連絡訓練をする。／／福島県の浪江、小高原発計画地内の共有地をめぐる裁判が和解、共有者81人全員の同意がなければ売却しないと登記代表者が契約書を書く。
1991. 4. 20	「八幡浜・原発から子供を守る女の会」が伊方原発立地地域の1市5町の首長、県議会議員、市長議会議員全員に、事故を起こした美浜原発と

暦　年	事　　項
	同じ型の伊方1号炉が運転されていることへの考えを聞くアンケートを郵送、30％に相当する37人から回答がある。結果（複数回答）は、国、四電を信じているから問題を感じないが6人、慎重に運転すれば止めるほどではないが18人、美浜原発の事故原因解明まで運転を止め再点検すべきが16人、確実な安全方法が分かるまで運転を止めるべきが13人、原発は全て廃炉にが3人だった。伊方町の5人の回答のうち2人は原因究明まで運転中止を求めるだった。（反原発：19910420）
1991.5.13	3号機で格納容器の据え付けが始まる。
1991.6.20	伊方原発弁護団が「上告理由補充書（三）」を最高裁第一小法廷に提出、藤田一良弁護士が最後まで大切に手許に置いていた資料の一つである。
1991.6.24	1号機設置許可取り消しを求めて最高裁に上告中の原告住民15人は、美浜2号機事故により一、二審の誤りが明らかになったとする上告理由補充書「加圧水型原発の終焉」を提出。
1991.6	この月、2号機では一次冷却水の放射能濃度が上昇している。
1991.8.25	3号機の建設現場で倒れてきた鋼材に作業員が足を挟まれて出血死。
1991.8.28	3号機の足場から落ちた作業員が頭蓋骨骨折などで意識不明の重体。3号機建設開始の25日から12月10日までの四カ月間に、原発建設作業員の事故、送電線鉄塔建設作業中のヘリコプターの墜落、建設現場での火災発生など5件の事故が相次ぎ、分かっているだけでも3人が死亡、3人が重傷、重体を負う。
1991.9.1	藤田一良が「『伊方原発訴訟』の経過と現状」を発表。（自由と正義：第42巻第9号、日本弁護士連合会）
1991.9.13	3号機の建設現場で鉄骨が倒れ作業員2人が重軽傷。
1991.9.24	送電線施設工事のヘリコプターが墜落、乗員2人が死亡し地上作業員1人が軽傷。
1991.10.14	反原発のステッカーを貼って逮捕された女性の裁判（公判は27回）が松山簡易裁判所（篠崎彰也裁判長）であり罰金4000円、執行猶予1年の判決。判決では「警察・検察による反原発運動への威圧の意図を暗に認め」る。（朝日：1991015）なお上告趣意書には、この女性の逮捕当時には愛媛県警梶原省一警備部長が、松山東署長を最後に退職した後には四電総務部委託となったことが記されている。検察側は25日に、被告側は28日にそれぞれ高松高裁に控訴。
1991.10.22	3号機の建設現場で工事用分電盤2基が焼ける火災事故発生。通報が遅れて八幡浜地区消防署より厳重注意。
1991	この年の伊方町の人口は約7800人。
1992.3.16 （平成4）	四電株主総会裁判で高松地裁は総会運営に問題があるとしながら、精神的に苦痛を受けたとする原告の株主側の訴えを棄却する判決を出す。
1992.3.30	株主総会での差別に対する慰謝料の訴訟で、原告側が控訴する。
1992.5.8	2号機で燃料棒に穴あきが見つかる（四電発表）。

暦　年	事　　項
1992. 8. 29〜 9. 11	原発周辺でまた魚の大量死、1981 年 9 月以来 7 回目。
1992. 9. 7	原発近海で魚の大量死が続く。
1992. 9. 22	もんじゅ訴訟の第一次最高裁判決で全員の「原告適格」が認められ、住民の安全は法律上保護すべきだとされる（原子炉から約 58km の原告も認める）。提訴から 7 年目で原告は裁判の出発点に立つ。判決担当の調査官は伊方原発訴訟と同様の高橋利文。
1992. 10. 29	「科学裁判」とも呼ばれた伊方原発 1 号炉の設置許可取消し訴訟（二審判決から 8 年、計 19 年に及ぶ裁判）は、最高裁第 1 小法廷で上告審判決が言い渡され、請求棄却となり敗訴で結審。最高裁判決は原告住民には事前に伝えられない当事者不在のままの一方的な言い渡しで、一、二審を支持し原告住民側の上告を棄却（小野幹雄裁判長裁判官、裁判官は大堀誠一、橋元四郎平、味村治、三好達）。判決ではチェルノブイリ原発事故の重大性には触れず、原告側弁護団長の藤田一良は「今後事故が起こった場合、最高裁も責任を共有しなければならない」と述べる。（毎日夕刊：19921029）伊方原発訴訟最高裁判決はスリーマイル島原子力発電 2 号炉の事故及びその原因について、「本件原子炉について行われた安全審査の合理性に影響を及ぼすものではないとした原審の判断は正当」と判示した。裁判所の審理、判断については、まず被告行政庁の側が問われ、被告行政庁は原子力委員会や原子炉安全専門審査会の調査審議において用いられた具体的審査基準ならびに調査審議の判断の過程等に不合理な点のないことを相当の根拠、資料に基づき主張、立証、判断する必要があるとし、そうでない場合にはその判断に不合理な点があることが事実上推認されるとされる。だが結局は、被告行政庁のそうした判断の不合理性の有無の主張、立証責任は本来、原告住民が負うべきものとされるのだから、被告行政庁（国）の側の立証責任は実質的にはなくなり、原告住民側に苛酷な立証（住民には原発内部の調査は出来ないし、そのための資金も時間も不足する）が課されることになる。従って原告住民による実証、立証はまず不可能であり、伊方原発の判決の仕方では住民敗訴は必然の結果となる。伊方原発訴訟で最高裁がとっている論理は、原告である地域住民の原発訴訟にかける思いを排除、否定することによって成立している。その実質は国家と一体になった原発企業を擁護し、被告である国の立場を擁護する、国民の生命の安全を無視した論理であった。ただこの訴訟では、非公開と国が決めていた「安全審査資料」を初公開させたこと、最高裁が裁判所は直接に原発の安全性を判断するのではなく、安全審査の調査審議、判断の過程で、現在の科学水準に照らして看過し難い過誤があれば違法と解するという解釈を示したことなどは、その後の原発に関わる裁判に多大な影響を与えている。
1992. 11. 2	建設中の 3 号機の圧力容器の据付け工事がなされる。
1992. 11. 17	反原発ステッカー事件の裁判（控訴審）の第 1 回公判が高松高裁で開廷、支援者側で約 90 人が参加。

暦　年	事　　　項
1992. 11. 25	3号機の蒸気発生器の搬入が開始される。
1992. 11	広野房一（原告）は最高裁判決につき「判決と言っても、法廷を開いて言い渡すでもなく、ミカン山に入って仕事をしているところにマスコミの人たちがやってきて、裁判に負けたことを知らされたのである」「長い歳月をかけながら、最高裁は、一審、二審の結果を一方的に追認したにすぎない。私たち住民にとっては、絶対に承服できない判決である」と述べる。
1993. 1. 22（平成5）	2号機の行政訴訟（公判数は48回）で炉の審査に関わった元原研の石川迪夫証人は、炉の審査の基準である基本設計とそれ以外の設計との区別の基準を問う反対尋問に対し、「はっきりした基準はない」と答える。（反原発：19930220）
1993. 2. 16	会社「ちろりん村」が、瀬戸内海放送が「原発バイバイ」CMを一方的に打ち切られたと訴えていた裁判で、高松地裁は原告の請求を棄却。
1993. 3. 26	三重県南東町で原発住民投票条例が成立。
1993. 4. 10	「最高裁判所判例集」最高裁判所判例調査会（編集兼発行）刊行、「伊方発電所原子炉設置許可処分取消請求事件」の最高裁判決などを掲載。
1993. 4. 27	1号機（定検中）で新たに7本の蒸気発生細管の損傷を発見（四電発表）。
1993. 6. 5	伊方町で第6回の原発とめよう伊方集会を開催、ピースリンクの人々が初の海からの参加。
1993. 6. 29	四電株主（80万人）総会を開催、初めて脱原発株主の議案提案がなされ、原発による発電はしない、再処理事業には加わらないなど7議案を出す。
1993. 8. 1	「最新判例批評」（「判例時報」判例時報社）で高木光学習院大学教授が伊方原発訴訟上告審判決に言及。
1993. 10. 5	宮崎県串間市で原発住民投票条例が成立する。
1994. 1. 13〜18	建設中の3号機に核燃料が装荷される。
1994. 1. 18	伊方原発訴訟の弁護団長の藤田一良弁護士が「新農薬基準取消を求めよう会」の学習会で、「人間の生き死にかかわる問題について、一部であっても決定権を専門家（注・厚生省）に委ねることがあってはならない」と強調。（反原発：19940220）
1994. 1. 27	三菱重工神戸造船所が新SG（蒸気発生器）を完成させ2月に搬入計画が出来たのに伴い、四電は1号機のSG交換の検討を表明する。（反原発：19940220）
1994. 2. 10	磯津公害問題若人研究会が「伊方原子力発電所の温排水による環境汚染調査」を、尾崎充彦、小出裕章が「伊方原発周辺の放射能調査への補遺」を発表する。（技術と人間：1、2月合併号）
1994. 2. 23	3号機が初臨界。
1994. 5. 16	竹下守夫が論文「伊方原発訴訟最高裁判決と事案解明義務」を発表する。（民事裁判の充実と促進：判例タイムズ社）

暦　年	事　　項
1994. 7. 11	伊方原発環境安全管理委員会が「今後、伊方原発では出力調整試験は行わない」と言明。（反原発：19940820）
1994. 7. 14	ロベルト・ユンク死去（81 歳）。
1994. 9. 19	建設中の 3 号機が 100％出力試験運転を開始。
1994. 11. 8	四電が 3 号機の営業運転を 3 カ月早めて 12 月中旬にすると発表。
1994. 12. 15	3 号機〔建設着工 1986 年 11 月、加圧水型（PWR）、契約・三菱重工／ウェスチングハウス製、電気出力 89 万 kW、建設費 3190 億円〕が営業運転開始。3 号機で伊方町が得た電源交付金は約 81 億円。これで全出力は計 202.2 万 kW となり四電の供給電力の約 4 割を占める。八幡浜の住民約 30 人が八幡浜駅から伊方原発 PR 館までの 16km を抗議の行進。（反原発：19950120）
1995. 1. 22 （平成 7）	新潟県巻町の自主住民投票で原発反対が多数を占める。
1995. 3. 24	三重県南東町で原発住民投票条例が改正され、建設には 3 分の 2 の賛成が必要になる。また事前調査に 3 分の 2 の賛成が必要とする条例も成立する。
1995. 4	伊方原発の調査で北側、約 8km に海底活断層（垂直方向に約 20m ずれて溝のようになっている）が見つかる。
1995. 5	定検中の 1 号機で新たに 89 本の SG 細管の損傷を発見（四電発表）。
1995. 6. 26	新潟県巻町で原発住民投票条例が成立。
1995. 8. 21	伊方反原発運動の父と呼ばれ八西連絡協議会の事務局長を務めた矢野浜吉が死去（92 歳）。
1995. 8. 25	原子力委員会が新型転換炉実証炉の建設計画中止を決定する。
1995. 9. 7	伊方原発周辺でまた赤潮が発生。（反原発：19951020）
1995. 11. 29	四電が 1 号機の蒸気発生器を 1998 年に交換すると発表。
1995. 12. 1	九州電力が串間原発建設計画を凍結する。
1995. 12. 6	四電が通産省に 1 号機の蒸気発生器交換を申請。
1995. 12	この年、伊方町の財政力指数が 1 以上となり、普通地方交付税不交付団体として豊かな自治体となる。
1996. 1. 11 （平成 8）	県と四電と周辺市町で原発事故を想定した通報訓練を実施、事故発生から即時通報できた時間は県、伊方町で 12 分後、周辺市町で 90 分後と報告される。（反原発：19960220）
1996. 1. 14	午後 9 時 32 分、3 号炉が「湿分分離加熱器逃し弁損傷」の事故を起こし大音響で蒸気が噴出（7km 離れた地区でも聞く）。音響と噴出は 2 時間に及ぶが原子炉の緊急停止操作はなされず停止までに 4 時間以上かかる（二次系蒸気が放出し続ける／報道関係者の指摘があるまで隠蔽）。通報は遅れ、伊方町には 2 時間半後、県へは 2 時間 40 分後、20km 圏内の周辺市町へは翌日の午前 8 時 20 分だった。11 日の訓練が形式だったことも

暦　年	事　　項
	判明。（反原発：19960220）
1996. 2. 15	1 月の事故は部品の発注ミスで、仕様の異なる部品が使用され弁の母管内に水が溜まっていることに 1 年間気付かなかったことが原因と四電が通産省に報告。最終報告は 23 日。（反原発：19960320）
1996. 2. 25	伊方原発に近い愛媛県瀬戸町の三机沖でタンカー同士が衝突、核燃料輸送の航路上の事故。三机湾（現、伊方町）は嘗て真珠湾攻撃へ特攻隊として出撃した場所で、地元には九軍神（軍人）を記念する資料館（岩宮旅館）がある。
1996. 3. 15	この日から 2001 年 2 月 15 日まで、伊方原発訴訟を支援する会が「伊方訴訟ニュース」（No. 269～No. 330）を発行する。
1996. 5. 10	海底の音波調査をしていた岡村眞高知大学理学部教授は「伊方原発沖にも活断層」を発表、海底音波探査調査を実施し、伊方原発沖の活断層は 6200 年前、4000 年前、2000 年前にそれぞれ 2～3.5m の縦ずれを起こす最も活動が高い「A 級」の活断層で、「伊方沖断層は過去 6000 年間に 3 回の活動をしている」ことが判明、伊方沖の海底活断層が既に 2000 年に 1 回の活動時期を迎えており、M7 前後の大地震が起こる可能性を指摘。（月刊誌「えひめ雑誌」：愛媛新聞社）これに対し四電は施設の耐震性（注・基準地震動は 473 ガルだったが、2007 年の中越沖地震後に見直し指示を受け現在は 570 ガルに引き上げ）は確保出来ると主張（週刊金曜日：20120309、東京：20131108）。佐田岬半島の北岸を走る中央構造線は、長野県諏訪湖から九州まで延びる日本最大の活断層帯で、伊方原発の敷地から 6km の伊予灘沖には、西日本を縦断する全長約 800km から 1000km に及ぶこの中央構造線が存在する。この活断層が動いたときは M8 級の大地震になるといわれている。
1996. 5. 21	定検中の 2 号機で蒸気発生細管 19 本に異常を発見し止栓する（東電発表）。（反原発：19660620）
1996. 6. 2	「伊方原発沖に活断層／『A クラス』が 2 本／6 キロ以内 建設時は未判明」と活断層発見が一面トップで掲載される。（毎日：大阪本社版）
1996. 6. 10	「原発さよならえひめネットワーク」は県に対し、原発沖の活断層につき県独自の調査が必要と申し入れ。これは岡村眞高知大学教授の調査結果を受けてのもので、岡村教授は「えひめ雑誌」（5 月 10 日号）や「毎日新聞」（6 月 2 日）に知られていない A 級の活断層が伊方原発沖約 6km に 2 本あること、伊予灘の海底活断層が 2000 年間隔で活動していること、原発沖の断層系合わせて 70km が同時に動くこと（地震規模は M7.6）を想定しなければならないことなどを発表している。（反原発：19960720）
1996. 6. 18	伊方原発の件で伊賀貞雪県知事が記者会見に臨み「四国電力は『伊方 3 号機の建設にあたりほぼ同じ断層の存在を確認している』」と述べる。
1996. 6. 21	反原発ステッカー裁判で「上告棄却」の最高裁判決。被告の女性は「八年かけても、私が必要としている答は、一つも出なかった」と述べる。

暦　年	事　　　項
	(反原発：19960720)
1996. 6. 27	四電は株主総会で活断層は「把握していた」と発言、翌日の「愛媛新聞」は四電が岡村眞高知大学教授の指摘に対して、「活断層は認識して伊方原発建設した」と認める記事を掲載する。
1996. 7. 10	通産相が1号機の蒸気発生器の交換を許可。格納容器の頂部に仮開口を開け大型クレーンで搬出、搬入する新方式を採用する計画。(反原発：19960820)
1996. 9. 5	高レベル廃棄物の第2回返還（1997年1月～3月にフランスからの輸送を計画）を前に、四電などの電力会社が事業所外廃棄確認を科技庁に申請、輸送予定のガラス固体化40本のデータも公開する。
1996. 10. 18	定検中の1号機で蒸気発生器細管に新たな損傷を発見（四電発表)。
1996. 11. 12	「四電株主訴訟」の最高裁で上告棄却の判決、ただし、「株主総会の議事進行の妨害等の事態が発生するおそれ」があるとしても、それをもって「被上告会社が従業員株主らを他の株主よりも先に会場に入場させて株主席の前方に着席させる措置を採ることの合理的な理由に当たるものとは解することができず」と、差別待遇の不適切を指摘する。(反原発：19961220)
1997. 3. 10 (平成 9)	3号機増設の異議申立人に意見陳述会開催の通知が、通産大臣名で来る。開催は11年も放置され、既に3号炉は営業運転に入っている。
1997. 5. 11	1986年7月以降、行政不服審査法に基づく口頭意見陳述を愛媛県で早急に開催するよう要求してきたが、一方的、事務的に3号炉の意見陳述会開催の通達が来たので抗議集会をもつ。
1997. 5. 14	高松市で3号機設置許可への異議申立の口頭での意見陳述会が開かれる。陳述者は1人で時間は15分、国からの説明や回答はなし。
1997. 6. 5	3号機で燃料取換用水タンクのホウ酸水約5万 m^3 が原子炉補助建屋に漏れ流す。漏水に含まれた放射能量は4400万 Bq で環境への放射能漏れはないとされる（四電発表)。
1997. 7. 1	愛媛県議会で伊賀定雪知事は四電の見解をそのまま踏襲し、伊方原発の耐震性に問題はないと答弁。
1997. 7. 4	2号機の設置許可取消を求める行政訴訟（第61回口頭弁論）が松山地裁で開かれ、元通産相地質調査所主任研究官として審査会の調査委員だった垣見俊弘（現、原子力発電技術機構特別顧問）が原告側の証人として尋問に立つ。垣見は岡村眞高知大学教授の調査結果を全面的に認め、2号炉審査で使用した音波探査資料を「不適当」と認める。またこの資料により上部の堆積層は動いていない（断層で切れていない）と断定してきた結果を「推定」だったとし、この堆積層は「活動性が在る」と証言。(反原発：19970820)
1997. 8. 11	岡村眞教授の伊予灘海底の活断層はA級であり、1万年前以降、2000年周期で活動している（M6.8～M7.2程度）という研究結果に対し、四電

暦　年	事　　項
	は伊方原発の敷地前面海域に大地震が起きても耐震設計には余裕があるとし、その報告書を県と伊方町に提出。四電は原発敷地沖の活断層を過去１万年以上は動いていないとする。四電は岡村眞教授らの発見を認めて、起こりそうな最も影響の大きい地震（設計用最強地震）としながら、耐震設計を見直せば充分な余裕があるとしたのである。
1997. 8. 21	「伊方原発の耐震設計余裕はすごい。次々と（耐えられる揺れの加速度の）数値が更新されていく」と皮肉を込めた記事が載る。（愛媛新聞：記者コラム）これは、伊方沖に海底断層があると報告されたのを元に、住民原告側が「大地震の可能性を考慮していない国の安全審査は誤りだ」と指摘したのに対して、国側がこの活断層を考慮して計算しても耐震性に余裕があると反論したことを受けた記事である（朝日：20120426）。／／四電は中央構造線を活断層として計算しても耐震設計に余裕があると発表する。
1997. 9. 5	定検中の２号機の主変圧器で火災。
1997. 9. 9	原発関係者は建設が終わったら町の外へ出て行くなど、伊方町の過疎化が目立つ。（南海日日新聞：19970909）
1997. 9. 24	１号機で復水器内に海水漏れ、原子炉出力を 90％に下げて調査し復水器細管１本に罅割れを発見（四電発表）。
1997. 9. 25	２号機で制御棒駆動装置等の溶接接続部３カ所に損傷発見（四電発表）。
1997. 10. 3	２号機で蒸気発生器細管 64 本に損傷発見（四電発表）。
1997. 10. 26	「反原子力の日」のこの日、伊方町で「原発さよなら四国ネットワーク」主催の「第 10 回伊方集会」を開催。
1997. 11. 30	岡村眞教授は松山市内の講演会（「愛媛の活断層と防災を考える会」古茂田知子代表）で伊方原発も危ないことを指摘し、県は海底活断層の詳細な調査をすべきと発言。
1998. 1. 21	１号機で蒸気発生器の取換え工事が始まる。
1998. 2. 4	２号炉の設置許可取消を求める行政訴訟の第 62 回公判が松山地裁で開廷、垣見俊弘（２号炉の安全審査当時の、地盤・地質関係の調査委員）に対する原告側からの再尋問を行う。既に被告側は伊方沖断層が活断層であり活動性が高いと認めている（1997 年７月４日の項、参照）。
1998. 2. 16～26	１号機で新蒸気発生器を吊込み。16、18 日に古い２基を吊出し、24、26 日に新２基を吊込む。格納容器の天井に穴をあけて搬出入は日本で初。
1998. 3. 27	１号機での原子炉容器上蓋交換、３号機での使用済燃料貯蔵設備リラッキングなどを四電が県、伊方町に報告し申入れる。（反原発：19980420）
1998. 5. 7	四電は３号機の使用済み核燃料プールのラック稠密化と、１号機の原子炉容器上蓋取り替えにつき通産省に原子炉設置変更許可を申請。
1998. 11. 1	伊方原発反対運動を支えてきた「未来を考える脱原発四電株主の会」で事務局担当の柴田義雄が死去（47 歳）。
1998. 11. 2	東京電力に対し福島県と大熊町、双葉町の両町とがプルサーマル計画の

暦　年	事　　項
	事前了解を通知。全国初のケースとなる。福島県の条件は、MOX 燃料の品質管理の徹底、取扱う原発作業員の被曝低減、MOX 燃料に対する長期展望の明確化、核燃料サイクルの国民理解の推進などである。
1999. 1 (平成 11)	この月に出された日米両政府の合意文書「在日米軍による低空飛行訓練について」では、「原子力エネルギー施設や民間空港などの場所を、安全かつ実際的な形で回避し、人口密集地域や公共の安全に係る他の建造物（学校、病院等）に妥当な考慮を払う」となっているが、日米地位協定に拠ると公表された 6 ルート以外でも自由に飛行できるので、米軍機が原発上空を低空で飛べる可能性は大いにある。
1999. 2. 18	定検中の 2 号機で蒸気発生器細管 72 本に損傷を発見（四電発表）。
1999. 3. 31	「原子力委員会月報」が終刊〔通巻第 484 号、約 43 年間発行、編集は「科学技術庁（現在の文部科学省）原子力局」〕。創刊は 1956（昭和 31）年 5 月で、当初は「総理府（現在の内閣府）原子力局」の発行、創刊号の冒頭には当時「原子力委員会委員長」であった正力松太郎の挨拶文（英訳付き）や、次頁には同「総理府原子力局長」であった佐々木義武の月報発刊にあたっての文章などがそれぞれ掲載されている。この月報に収録された伊方原発に関する記事は全 12 号（全 14 件）で、原子炉の設置許可処分取消請求に対する答弁書が 1 件の他は、すべて（13 件）「原子炉の設置変更」に関する記事である。
1999. 5. 7	3 号機増設の設置許可への異議申立て（1986 年 7 月）に対する棄却決定が 12 年経過後のこの日の日付けで通産省より出される。
1999. 7. 19	四電は 2 号機の蒸気発生器と原子炉容器上蓋の交換計画につき、県、伊方町に事前協議を申し入れ。
1999. 8. 6	3 号機の設置許可を違法とする 10 人の原告が国を相手取り損害賠償（1 人当たり 50 万円、計 500 万円）を求める訴訟を松山地裁に起こす。
1999. 8. 20	八幡浜市（原子力船「むつ」の母港）の島などが核廃棄物物置場（中間貯蔵施設）にされる危険性があると危惧する記事が掲載される（反原発：19990820）。
1999. 8. 30	2 号機の使用済核燃料が六ケ所村に向け搬出される。
1999. 9. 3	伊方原発から使用済み核燃料 28 体（ウラン重量 11トン）が六ケ所村の日本原燃の再処理工場の貯蔵プールに運び込まれる。伊方原発 1、2 号炉の貯蔵プールはほぼ満杯、3 号炉の貯蔵プール内の使用済み核燃料の間隔を詰めて容量を 2.2 倍に増やし、1、2 号炉の使用済み核燃料もそこに移す応急措置を始めている。（反原発：19991020）
1999. 9. 30	茨城県東海村の「JOC 東海事業所」で臨界事故が起き 2 人が死亡、663 人が被曝、国内での原子力開発史上最悪の事故となる。2 人の男性作業員の死亡原因は、濃縮ウラン溶液の加工作業中に「臨界状態」が発生し遮蔽物がなく「裸の原子炉」に晒されたことに因る。推定被曝放射線量は約 6～20Sv とされ、死亡者 2 名のうち 1 人は 83 日後、1 人は 211 日後の死亡。

暦　年	事　　項
1999. 11. 26	定検中の3号機で分解点検後の非常用ディーゼル発電機に異常があり手動停止、その際に点検に使ったスポンジが配管内に残留。
1999. 11. 30	定検中の3号機で非常用の自家発電機の焼き付け事故、四電がこれを4日間隠蔽したことが発覚する。（反原発：20000120）／／9月のJOCの臨界事故を受けて県は八幡浜市で「環境セミナ」を開催、周辺住民の伊方原発への危機感と批判とを防ごうと石井恂麻生大学名誉教授（元原子力委員会専門委員）を講師に招く。石井は「JOC臨界事故には死者はなかった。避難も必要なかった」と講演する。（反原発：20000120）
1999. 12. 3	先月の事故隠蔽に対し「原発さよならえひめネットワーク」が四電松山支店で抗議。
1999. 12. 12	小渕首相が「安全宣言」のために初の伊方原発視察。
1999. 12. 27	2号機の低レベル廃棄物アスファルト固化装置の配管から加熱用蒸気が噴出する事故。
2000. 1. 27	1号機で海水淡水化装置の一台が自動停止。
2000. 2. 5	2月に国会に放射性廃棄物の処分法案が提出される直前になって、松山市でこの問題のシンポジウム（第8回）が開かれる。指名、公募パネリストに加え原子力委専門委員4人も参加、反原発側からは同廃棄物減少のためには原発を中止すべきなどの意見が出される。
2000. 2. 14	1号機の非常用発電機の蒸気量調整弁、2号機の空調冷凍機温度検出器の事故、それぞれ部品を交換する（四電発表）。
2000. 3. 3	2号機で一次冷却材ポンプ封水戻り流量が増加。
2000. 3. 15	3号機の使用済み核燃料貯蔵ピット内張りに線状の傷を発見、一部は貫通（四電発表）。
2000. 3. 24	3号機用の海水淡水化装置で運転制御の計算機に故障。／／2号機訴訟が結審。1978年6月の提訴から約21年9カ月、69回に及ぶ第一審であった。最後の書面に残った原告は21人（提訴当初は33人）。
2000. 4. 17	2号炉格納容器内の放射線検出器の指示不良を発見。
2000. 4. 21	2号機で廃棄物の焼却炉建屋内の検出器に不良を発見。
2000. 5. 26	定検中の2号機で蒸気発生器細管64本に損傷を発見、施栓する（四電発表）。
2000. 7. 3	定検中の2号機で制御棒の位置表示に不良。
2000. 7. 4	同2号機で補助給水ポンプ駆動用配管から水漏れ。
2000. 7. 10	1号機で補助蒸気供給設備の給水配管から水漏れ。
2000. 7. 17	1号機で循環水ポンプの流量計に異常。
2000. 7. 22	愛媛県は来年度の重要施策要望として「原発周辺上空の飛行禁止の法制化」「低レベル放射線の遺伝的影響等の研究の推進」など7項目を、他の49項目に加えて国に提出し働きかけることを明らかにする。背景には県が四電へ指導、注意を申し入れてもきちんと受け止めず、原発事故

暦　年	事　　項
	が跡を絶たない現状があり（1999 年末には不具合、異常を含め全てを報告する安全協定を義務付けた）、今年の半年まででもトラブルが 29 件にのぼっているため。（反原発：20000720）
2000. 7. 26	2 号機で腹水脱塩装置の配管から塩酸漏れ。
2000. 9. 7	2 号機の出力指示計に異常、県への通報が 24 時間後となり、12 日に県が四電に厳重注意。
2000. 9. 22	2 号機で排水冷却水漏れ。
2000. 9. 26	伊方原発の海水電解装置から海水漏れ。
2000. 9. 28	3 号機の純水装置の真空脱気器に異常。
2000. 10. 5	2 号機でアスファルト固化装置の起動時にモーターの温度異常信号で起動中止。
2000. 10. 10	定検中の 1 号機で給水加熱器細管 1 本に貫通孔を発見（四電発表）。
2000. 10. 13	1 号機で化学体積制御系配管の交換工事に伴う耐圧試験で微少漏洩、試験を中止する。
2000. 11. 22	10 月 13 日の 1 号機での事故原因は識別用塩ビテープからの塩素溶出による応力腐食割れとされる。鏬割れは計 10 カ所（東電発表）。／／「南海日日新聞」（八幡浜市）で「原発の来た町・伊方町の 30 年」の連載が始まる。
2000. 12. 11	斉間満が脳梗塞を発病、左半身不随、車椅子生活となる。
2000. 12. 15	伊方原発設置許可取消訴訟（2 号機）の判決が松山地方裁判所（豊永多門裁判長係）でなされ、国側が活断層を見落とした杜撰な安全審査を支持、住民側の訴えを退ける（35 年間の闘いに幕）。松山地裁は「原発敷地沖の A 級活断層」（最大の争点）についての裁判所側の判断が「結果的にみて誤り」であることを認めながらも、「原子力機器の安全を脅かすものではない」とし、元々高い耐震性がある設計だと結論づけ原告住民側は敗訴となる。控訴はせず。垣見俊弘元通産相地質調査所長は、四電の断層調査の結果は実際の地質を表していない音波の反射であり、断層なしとの判断は推定だったとして法廷での証言の誤りを認めていたのだが、地裁は審査方法の誤りは認めても、伊方沖断層の地震動は基準の地震動を下回るので原発施設への影響を考慮する必要はないとして請求を却下。保安院も想定より 1.5 培大きい地震でも炉心の損傷はないとして四電の主張を認める。判決後、原告側はただちに「司法愚政に屈せど民意滅びず」と声明を出し、判決を「矛盾に満ち、文章にもなっていない判決だ」と裁判所の姿勢を厳しく批判する。2 号機裁判は弁護団を置かない、住民自身による本人訴訟として起こされた 22 年間に渡る裁判であった。判決後の集会（原告団と支援者の会、松山市民会館）の席上、大沢喜八郎（原発に最も近い地域の住人）は「原発は金をバラ播き札束で人の心を傷つけてきた。行政や政治家も同じで地域の人々の生活や心を踏みにじってきた」と激しく訴えた。根来兵衛（伊方町住民）は「原発が建てられた岬は大きな松が立っていて見晴らしが良く風景もいい場所

暦　年	事　　項
	だった。それが原発の来たおかげで岬が削り取られ、今では私らが憩うことも出来ない」と悔しさをにじませた。また原告住民は原発へのテロの可能性とそれに対する安全体制のなさを指摘したが、豊永多門裁判長らは判決文で「テロによる破壊、外国からのミサイル攻撃等については、国内外の社会情勢等にかんがみても、設計上あえて想定すべき事象であるとまでは考え難く、本件審査で、これが想定されていないからといって杜撰ではない」と断定し原告の指摘を退ける。（テロの記事のみ、反原発：20011120）／／定検時に1号機で仮設のビニルホースが外れ、格納容器内に一次冷却水が漏れる。
2000. 12. 30	定検終了で送電再開中の1号機の二次系で蒸気漏れ、原子炉を手動停止。
2001. 1. 4 （平成13）	昨年12月30日の1号機の事故原因は、二次冷却水配管の弁の鋳割れ（3本が貫通など大小の鋳割れ）とされる（四電発表）。
2001. 2. 9	3号機増設許可に対する異議申立で、口頭意見陳述を無視されたとして損害賠償を求めていた、国家賠償請求訴訟の判決が松山地裁で開かれ、原告（10人）の請求棄却となる。
2001. 4. 3	定検中の3号機で作業員が右足骨折の転落事故。
2001. 4. 5	定検中の3号機で変圧器が過電流で発煙がある。
2001. 4. 19	冊子「伊方町総合計画二〇〇一」によると、農家数は12.3%、農業就業人口は21.6%共に減少（1990～1995年間）、漁業では経営体数は72%減少（1992～1998年間）、工業では工場数は19カ所から10カ所へ半減、製品出荷額は約70%の減少（1993～1998年間）、商業では商店数、就業人口ともに約20%減（1994～1997年間）で伊方町の産業は危機的状況。（南海日日新聞：20010419）
2001. 5. 3	定検中の3号機で補機冷却水の注入作業中にホースが外れ水漏れ。
2001. 5. 23	3号機でサンプリング系統の手動弁から一次冷却水漏れ。
2001. 6. 11	ドイツでは政府と主要電力四社が脱原発同意書に調印する。
2001. 6. 20	1、2号機の出力がこの日の落雷の影響で変動する（7月10日、四電発表）。
2001. 6. 28	海水電気分解装置の揚水ポンプが自動停止。
2001. 6	この月、2号機で排気筒モニターの真空ポンプが故障する。
2001. 7. 10	四電は6月20日の出力変動を発表、1号機では94%～108%、2号機では96.3%～105.8%。
2001. 8. 20	2号機で格納容器モニターの真空ポンプが故障する。
2001. 9. 8	定検中の2号機で中性子測定装置と原子炉容器をつなぐ案内管2本に計145カ所の傷を発見（愛媛県発表）。
2001. 9. 14	2号の原子炉容器下部保温材と周辺壁面の間に異物（塩ビテープか）を発見。

暦　年	事　　　項
2001. 9. 27	余熱除去系配管 2 カ所に傷を発見。
2001. 10. 1	1、2 号機の脱塩水タンクから漏水。
2001. 10. 18	1 号機の排気筒ガスモニターが不具合。
2001. 11. 12	10 月の事故につき四電は県に報告をする。
2001. 11. 18	三重県北牟婁郡海山町（現、紀北町）で原発誘致の是非を問う住民投票があり、反対 5215 票、賛成 2512 票で原発誘致反対が圧勝する。
2001. 12. 4	東海原発がその解体に着手する。
2001. 12. 11	定検中の 2 号機で原子炉容器上蓋の熱電対引出管 3 本全ての接続部から一次冷却水漏れを発見、原因はボルトの締付け不足（13 日、四電発表）。
2002. 1. 18 （平成 14）	3 号機設置許可に対する異議申立てが 12 年間放置されたことへの損害賠償請求訴訟で、高松高裁が原告の控訴を棄却する。
2002. 3. 4	四電が県と伊方町に、第 2 段階の高燃焼度燃料の全国初採用につき事前協議を申入れる。
2002. 4. 17	3 号機で二次冷却水漏れ。
2002. 5. 10	四電が県、伊方町に 4 月に発生した「通報連絡事項」に基づく事故を報告（公表）。
2002. 5. 27	「原発の来た町 原発はこうして建てられた 伊方原発の 30 年」斉間満（南海日日新聞社）が刊行される。
2002. 5. 31	定検中の 3 号機で給水加熱器伝熱管 1 本に漏洩を確認。
2002. 6. 10	四電が県、伊方町に 5 月に発生した事故を公表する。
2002. 6. 20	2 号機で予備用と通常監視用の排気筒ガスモニターが相次ぎ停止。目詰まりのフィルターを交換して復旧。
2002. 7. 6	2 号機で高圧注入系のホウ酸水流量検出器に異常。
2002. 7. 9	2 号機で一次系補給水ポンプが自動停止。またプロペラ部と回転軸のボルトを破損。
2002. 8. 29	3 号機の取水ピットクレーン制御盤で小火。
2002. 9. 2	1 号機の充填ポンプ配管から一次冷却水漏れ、予備のポンプへの切り替えで漏洩停止。
2002. 9. 10	四電が県、伊方町に 8 月に発生した事故を公表する。
2002. 9. 26	原子力資料情報室が内部資料をもとに、四電は 1 号機での事故（1982 年、タービン架台が罅割れ）を確認しておきながら未報告だと発表する。
2002. 10. 15	四電が先月のタービン架台罅割れに関する評価結果を県、伊方町に報告、「新たなひびもあるが安全」と書く。
2002. 10. 25	藤田一良弁護士が論文「伊方原発裁判が遺したもの」を発表。（季刊アソシエ：第 10 号、御茶の水書房）／／同日、1 号炉タービンのコンクリート架台の罅割れが内部告発で明るみになり、約 40 人の市民グループが伊方町内で抗議行動、四電社長宛ての要請文は渡せず。

暦　年	事　　項
2002. 11. 29	福島第一原発1号炉が1年間の運転停止処分となる。
2003. 1. 6 (平成15)	3号機で使用済み核燃料ビットの放射線量計測器が故障、原因は線量上昇の誤信号に因る。
2003. 1. 29	定検中の2号機で加圧器の圧力逃し弁が開き、逃しタンクに冷却水が流入する。
2003. 2. 18	1号機で体積制御系配管接続部から一次冷却水漏れ、4月の定検まで運転は継続する。
2003. 3. 27	伊方原発でフォークリフトが横転、運転作業員が下敷きになり左足骨折。
2003. 4. 15	東京電力の原発の全17基がすべて停止する。
2003. 6. 13	1号機で安全注入系配管の3カ所に傷を発見、18日にはさらに6カ所に傷を発見（四電発表)。
2003. 7. 3	1号機で一次冷却系の耐圧漏洩検査中に加圧器安全弁から冷却水漏れ。
2003. 7. 9	1号機で流量計元弁から一次冷却水漏れ。
2003. 7. 14	県警、松山海上保安部、四電が原発テロ対策合同訓練。この日発表の来年度政府予算概算要求で県は、警備充実などを理由に自衛隊松山駐屯地への普通科連隊配属を要求。
2003. 8. 13	伊方原発で全国初の高燃焼度燃料ステップ2採用に経産相が許可、認可申請をする（29日)。
2003. 8. 21	政府の地震調査委員会が、伊方原発の立地する佐田岬半島でM8クラスの地震が来ると評価、地震により重大事故が発生する危険性が極めて高いとする見解が掲載される（日経：20030821)。
2003. 9. 20	東南海、南海地震の防災対策推進地域には、宇和海に面した46市町村が指定（素案）されているが、佐田岬半島中央部の伊方町、瀬戸町は外されている。南海地震の被害想定では震度は6弱（以上が指定を受ける）より小さいが、津波想定では前者で4.4m、後者で3.9m（沿岸で3m以上、地上で2m以上が基準）なので、指定条件を充分に超えているという政府の中央防災会議専門調査会の判断である。伊方町の畑中芳久助役は「伊方町が入っていないのはおかしいと思う」と話す。(南海日日新聞：20030920)
2003. 9. 24	3号機で一次系配管に塩ビテープが原因と見られる傷を発見（四電発表)。
2003. 10. 22	1号機の放射性廃液タンク配管に漏れ跡が見つかる（四電発表)。
2003. 10. 26	第16回反原発伊方集会（参加者約50人）が伊方町、瀬戸町で開かれ、小林圭二京都大学原子炉実験元助手が来年から導入の高燃料度燃料の危険性につき講演、経済性優先の安全性を疎かにした危険な核燃料だと説明する。
2003. 12. 5	関西、中部、北陸電力が珠洲原発計画を「凍結」する。

暦　年	事　　項
2003. 12. 24	東北電力が巻原発計画を白紙撤回する。
2004. 1. 17 (平成 16)	1 号機で補助給水ポンプ（昨年 4 月に交換したばかり）のパッキンが焦げ白煙（四電発表）。
2004. 3. 9	3 号機で一次冷却材充填ポンプから漏れ、ポンプ主軸が折損と分かる（15 日、四電発表）。
2004. 4. 16	原子力保安検査官の指摘により、3 号機で保安規定に定める点検の 1 つが不履行だったことが判明、早速に点検を実施し愛媛県に報告、県は四電松山支店長を呼び厳重注意。
2004. 5. 1	定検中の 2 号機で配管からの洗濯排水濃縮廃液漏れを発見（2 日、四電発表)。
2004. 5. 10	四電が県、伊方町に 3 号炉でプルサーマルを 2010 年度までに行うと事前協議の申し入れ、県の市民グループ、労働組合、一部政党などが「伊方原発プルサーマル計画の中止を求める愛媛県民共同の会」を結成する。
2004. 5. 19	1 号機で送電線との間の遮断機が作動し送電停止、原子炉出力は所内消費のみの約 5% に自動的に降下、四電は約 30% にして運転を継続、原因はガス絶縁開閉装置取り換え時の作動手順書のミス、復旧に 11 時間半かかる。
2004. 5. 20	定検中の 2 号機で余熱除去系配管に多数の傷を発見（四電発表)。
2004. 5. 31	定検中の 2 号機で余熱除去系配管に塩ビテープによる塩化物応力腐食割れが見つかり、他に可能性がある約 300 カ所を点検すると四電が発表。
2004. 6. 17	豊前火力発電所の建設反対運動の中で「環境権」を掲げ、「草の根通信」を刊行して伊方原発にも関わった松下竜一が死去。
2004. 8. 4～5	1 号機に高燃料度燃料を秘密搬入。（反原発：20040920）
2004. 8. 9	関西電力美浜原発 3 号機で配管破断事故が起き、5 人が死亡、6 人が重い火傷を負う。
2004. 10. 12	伊方原発の塗料倉庫が全焼。
2004. 11. 1	四電が県、伊方町の了承を得て、3 号機でのプルサーマル計画の原子炉設置変更許可を即日に申請。プルサーマルの計画の一次了解である。
2004. 11. 2	東海第二原子力発電所設置許可取消訴訟で、最高裁判所が棄却の判決を出す。
2004. 11. 14	定検中の 1 号機で原子炉容器入口ノズルに罅割れを発見（四電発表)。
2004. 11. 26	1 号機では一次冷却係配管でも罅割れを発見（四電発表)。
2004. 12. 18	3 号機でホウ酸水配管が詰まり制御棒のみで出力制御。
2004. 12. 23	定検中の 1 号機で排気筒に罅を確認（四電発表)。
2004. 12. 24	2 号機で復水器細管破損の徴候（四電発表)。
2005. 1. 19 (平成 17)	3 号機の非常用ディーゼル発電機で海水流量計の検出配管から海水漏れ。

暦　年	事　　項
2005. 3. 15	3号機で余熱除去ポンプから一次冷却水漏れ、原因は軸封部のシーリングを逆向きに取り付けていたため（18日、四電発表）。
2005. 3. 27	県の3号機承認を受けて、松山市で「プルサーマルは是か、非か」のシンポジウム（主催は日弁連、四国弁連、県弁護士会、市民参加約200人）。吉岡斉九州大学教授は再処理＝プルトニウム生産を止めずにプルサーマルをすることの非を強調、飯田哲也環境エネルギー政策研究所所長は核燃料サイクルに固執する原子力むらの体質を鋭く衝く。（反原発：20050520）。／／政府の地震調査委員会は、志賀原発近くの複数の断層が一体になって動いた場合、M7.6の大地震（国の耐震指針の想定を上回る規模）が起きる可能性があると評価する。
2005. 4	旧伊方、瀬戸、三崎の三町が合併して現・伊方町が誕生する。
2005. 5. 9	北陸電力志賀原発2号機（石川県志賀町）の運転差し止めを求める住民訴訟の裁判で、井戸謙一金沢地裁裁判長は結審のこの日、「十分議論したいので、もう一度弁論期日を入れます」と延長を宣言。
2005. 5. 12	3号機で空調用冷凍機の羽根車の一部の損傷を確認。
2005. 5. 13	2号機でホウ酸濃縮液ポンプ軸封水部から漏洩。
2005. 5. 30	全国最多の13基の商業原発が立地する福井県の高速増殖炉「もんじゅ」の裁判では、二審で住民勝訴判決が出たが、この日、最高裁は二審を全面的に否定し、国の安全審査を「不合理な点はない」とする二審破棄の判決を出す。当時の判事の一人は、「司法は出された証拠から違法かどうかを判断する場だ。高裁判決は推論を重ねていた。ナトリウム漏れ事故の結果を見ても、行政判断が違法とまでは言えない。裁判が長期化しており、審査は差し戻さなかった」と振り返る。地元新聞は「安全審査を適法としたことで、独自の判断を示すことを避けた。裁判官が自ら判断を下す難しさをあらためて示した」と書く。（福井新聞：20050531）／／ルポルタージュ「四国電力伊方原子力発電所―地球への想い、地球とともに」が掲載される。（作業環境：通号153、日本作業環境測定協会）
2005. 7. 7	2号機で制御用空気圧縮機（各系統の制御弁に圧縮空気を供給）に異常が発生し同圧縮機が自動停止、予備機の起動で原子炉運転は継続。
2005. 7. 10	3号機で余熱除去ポンプモーターを冷却する冷却水量の低下を示す信号が発信、流量は確保されており発信するスイッチの不具合。また1号機の原子炉補助建屋内でホウ酸回収装置へ供給する補助蒸気の配管付近の床に水溜を発見（パトロール中の運転員）、貫通した穴が配管に確認される。
2005. 7. 27	3号機のプルサーマル計画で保安院審査が終了、原子力委、安全委にダブルチェックを諮問する。
2005. 9. 6	定検入りの2号機で中性子検出器の指示値が表示されない事故（四電発表）。
2005. 9. 12	2号機の高圧給水加熱器でボルト5本、座金5個の脱落を確認（四電発表）。

暦　年	事　　項
2005. 9. 30	2 号機の安全注入系配管に傷を確認（四電発表）。
2005. 11. 9	定検中の 2 号機で原子炉容器入口配管の溶接部に傷を発見（四電発表）。
2005. 11. 10	2 号機で余熱除去系配管に多数の傷を発見（四電発表）。
2005. 12. 21	定検中の 2 号機で安全注水系配管から一次冷却水漏れ（四電発表）。
2005. 12	この年、伊方町はこの年の合併により財政力指数が 0.57 に落ち、再び普通地方交付税交付団体となる
2006. 2. 13 （平成 18）	調整運転中の 2 号機で一次冷却材ポンプの封水注入流量の低下信号が出る。原因は充塡ポンプの弁の不具合、部品を交換し復旧（21 日）。
2006. 3. 1	3 号機へのプルサーマル導入計画の第二次審査を行っている原子力安全委員会（原子炉安全専門審査会の部会）が「原子炉設置変更後も、安全性は確保し得る」という事実上のゴーサインを出す。新伊方町（三崎町、瀬戸町が合併）では選挙で前町長を破り当選した町長（前助役）が建設業者からの収賄容疑で逮捕され混乱している（4 月中に再選挙予定）。
2006. 3. 24	金沢地裁における北陸電力志賀原発の裁判で、井戸謙一裁判長は一審で史上初めての原発の運転を差し止める判決を出し、耐震指針に疑義を訴えた原告住民側が勝訴する。住民が地震による放射線被害の具体的な可能性を相当程度立証したのに対し、北陸電力がきちんと反証できないので地震による事故の危険性があるという結論づけであった。（朝日：20060427）。同日、この勝訴判決を受け、原告住民は北陸電力本店（富山市）に運転中止を求めて直接会談する。／／志賀原発 2 号機運転差止め訴訟一審判決では、原告住民はまず原発の運転に具体的な危険があることを立証しなければならなかった。原告がそれを相当程度立証すれば、今度は電力会社はそれでもなお安全であることを立証しなければならず、それが出来なければ裁判所は具体的危険があることを推認することになる。本件では原告が想定を超えた地震動によって過酷事故があることを相当程度立証し、これに対する被告の反証は成功していなかった。従って被告の敗訴は免れないという判決になったのである。
2006. 3. 28	3 号機のプルサーマル計画を経産相が許可する。
2006. 4. 24	子会社社員のパソコンから原発などの業務資料流出が出るなか、四電火発社員のパソコンから資料が流出したと、保安院から四電に連絡がある（25 日、四電発表）。
2006. 5. 13	1 号機の高圧注入ポンプ出口流量検出器で指示値が不安定となる。電気回路部品を交換し復旧。
2006. 6. 4	経産省が伊方町でプルサーマル導入のためのシンポジウムを開催。
2006. 6. 5	1 号機で 2 カ月前の定検で新品に交換したばかりの湿分分離加熱器で異常音があり原子炉を手動停止。
2006. 6. 7	1 号機で蒸気整流板に割れを確認、原因は溶接不良とされる（23 日、四電発表）。当該整流板を交換、他の整流板の溶接部を補強し再起動（24 日）。

暦　年	事　　項
2006. 6. 12	伊方町で震度5弱の地震、停止中の1号機の制御棒位置指示計で停止用制御位置の指示値に異常。
2006. 6. 21	愛媛県知事はプルサーマル導入了解の判断は秋頃と表明する。
2006. 6. 27	八幡浜市議会がプルサーマル導入に関し特別委を設置。また2号炉は補強のために手動停止する。
2006. 6. 29	愛媛県鬼北町（原発から南東へ約35km）議会がプルサーマル許可の再検討を国に求める意見書を全員一致で可決、首相、経産相に郵送。／／2006年の東京電力の内部資料から、東電は巨大津波に襲われた際の被害想定や対策費を見積もっていたことが判明。2004年のスマトラ島沖大津波を受けて、国は東電に対し対策の検討を要請しており、東電も福島第一原発での最大15.7mを試算（津波が約13.5mに達すると非常用発電機や直流充電器が浸水、全交流電源喪失となり原子炉に注水は不可能となること。浸水防御には5号機1基で20億円の費用が必要と試算、20mの津波から施設を守るには5、6号機の周囲だけでも長さ1.5kmの防潮壁が必要で80億円かかると試算するなど）したが対策はとらなかった。2011年の東日本大震災では、津波は高さ15mで1号機から3号機は非常用発電機が水没、原子炉が冷やせなくなり、核燃料が溶けて大量の放射性物質が漏洩した。（朝日：20120613）
2006. 7. 23	愛媛県主催の伊方原発プルサーマル計画についての公開討論会が松山市と伊方町とを結んで開かれる（伊方町公民館）。パネリスト構成は導入に反対の専門家3名、推進派の専門家3名、それに四電と国側の参加。
2006. 9. 12	県の伊方原発環境安全管理委員会は3号機のプルサーマル計画について「安全性は確保し得る」という結論を出す。
2006. 9. 19	八幡浜市議会はプルサーマル計画は「現状では容認しがたい」として、国、県、四電に対策を求める意見書を全会一致で可決。
2006. 9. 28	伊方町の町議会原子力発電対策特別委員会（町議全員）、町内各種団体代表らの環境監視委員会が3号機でのプルサーマル計画を承認。これを受けて町長が事前了解の意向を表明。町議会は29日に計画了承を可決、これで県、町は10月中旬までに事前了解となる。
2006. 10. 6	県議会でプルサーマル計画受け入れの決議。
2006. 10. 11	定検中の2号機で一次冷却水中のヨウ素濃度が50倍以上に上昇（四電発表）。
2006. 10. 13	愛媛県知事が3号機のプルサーマル計画受け入れに同意。「県と四電は運命共同体」「プルサーマルが不安を招くとする根拠に、うなずけるものは見出せなかった」「プルサーマルは国家政策である。日本国あっての愛媛県。佐賀県は認めるが愛媛県は認めないことがあり得ていいのか。そんなことがあったら、国家としての体をなさなくなるのではないかと思う」とコメント。（反原発：20061120）県と伊方町が四電に文書手交。プルサーマルの計画の最終了解。
2006. 10. 17	「南海日日新聞」（2008年に休刊）社主の斉間満が死去（享年63歳）。

暦　年	事　　項
2006. 11. 28	四電が三菱重工と MOX 燃料の加工契約を取り交わす。三菱はフランス・メロックス社に委託契約する。
2006. 12. 16	定検最終段階の調整運転に入った 2 号機で、制御棒 1 本の位置ずれを確認、原因は駆動装置内に錆が付着し滑って掴めずに外れた制御棒が自重で挿入されたものと推定（19 日、四電発表)。20 日には錆は落ちたとして送電を再開。
2007. 2. 1 （平成 19）	3 号機で制御用空気圧縮機の吸気弁バネの折損を確認。同夜には他に 2 つのバネにも鏬。
2007. 2. 20	高レベル廃棄物処分場候補地調査に県内市町が応募するなら検討すると愛媛県知事が表明。
2007. 4. 3	1 号機で燃料移送水路にホウ酸水漏れ。
2007. 4. 16	定検中の 1 号機で湿分分離加熱器内の蒸気整流板に鏬（四電発表)。10 カ月前にも鏬が見つかり交換したばかり。
2007. 5. 22〜 23	3 号機でのプルサーマル計画に関し、四電が三菱重工の品質保証を監査する。フランス・メロックス工場では 7 月に実施する予定。
2007. 6. 10	1 号機で定検最終段階の起動中に湿分分離加熱器から蒸気漏れ、タービンを手動停止する。
2007. 7. 16	新潟県中越沖地震が発生（M6.8)、東電柏崎刈羽原発（新潟県柏崎市）内の道路は波打ち、刈羽原発施設内から火災が発生、黒煙が上がり 3 号機の設備が黒く焦げる。1 号機では設計時に想定した最大の揺れの約 2.5 倍の値を記録。
2007. 9. 15	定検中の 3 号機で燃料集合体支持格子の一部の欠損を発見する。
2007. 11. 1	愛媛県伊方原発環境安全対策委の技術専門部会が、3 号機の輸入燃料体検査申請の内容を妥当とする結論を出す。
2008. 1. 28 （平成 20）	3 号機で使用予定の MOX 燃料（玄海 3 号、浜岡 4 号でも使用）が、専用船 2 隻の相互護衛でフランスから輸送されることを四電、九電、中部電 3 社、アレバ社（製造元)、イギリス INS 社（輸送担当）が発表。同日、四電は愛媛県と伊方町に燃料製造計画を提出。輸送はフランスを 3 月頃出発、5 月頃に日本到着の見込み。（反原発：20090220）なお MOX 燃料 40 体の装荷は 2009 年 1 月の定検時であり、同 2 月には発電開始の予定。40 体中にはプルトニウムが約 1.7トン（長崎原爆の約 140 発分に相当）が含まれる。国内外での高燃焼度燃料と MOX 燃料の同時使用は殆ど実績がない。
2008. 2. 1	定検中の 2 号機で湿分分離加熱器内の蒸気整流板に鏬割れを発見（四電発表)。
2008. 2. 29	3 号機プルサーマル用 MOX 燃料の製造を 3 月末にメロックス工場で開始（四電発表)。
2008. 3. 16	2 号機で空気抜き配管から一次冷却水漏れ、上流側の弁を締め直すまでに約 2 時間かかる。

暦　年	事　　　項
2008. 4. 30	定検中の1号機で湿分分離加熱器の蒸気噴出口溶接部に鋳割れを確認、2号機と合わせれば計4回となり、四電の再発防止策の信頼性が失墜。／／近藤誠が故斉間満編集長の妻・斉間淳子から「南海日日新聞」の編集発行人を引継ぐ（後、近藤の体調悪化に因り休刊）。
2008. 5. 7	定検中の1号機の湿分分離器で新たに5カ所に亀裂を確認（四電発表）。
2008. 9. 24	3号機用のMOX燃料21体が完成し四電が検査の補正申請をする。
2008	この年、原発の監督官庁である元保安院の主席統括審査官が四電に「天下り」したことが分かる（2012年6月まで役員を務める）。／／北海道岩内町の斉藤武一（当時55歳）が、北海道電力泊原発の運転が始まってから港の海水温を計ると、自然変動分を除いて0.3度上昇したとの報告をまとめる。／／「南海日日新聞」が廃刊となる。
2009. 1. 1 （平成21）	大野恭子が「伊方原発プルサーマル計画 未来への責任としてとめなければならない」を発表する。（原子力資料情報室通信：原子力資料情報室）
2009. 3. 18	北陸電力志賀原発の裁判で名古屋高裁金沢支部は、2006年3月の一審判決での耐震指針を「安全が確保された」と判断して住民側の逆転敗訴の二審判決を出す。
2009. 4. 23	柏崎刈羽原発1号機設置許可取消訴訟提訴で、最高裁判所は棄却の判決を出す。
2009. 4. 28〜 5. 2	「原発さよなら愛媛ネットワーク」などの市民グルーが結成した実行委員会と、「環境瀬戸内海会議」との共催で「上関・伊方写真展」開催。上関原発（山口県上関町）は伊方原発と周防灘を挟んで約30km離れた場所に計画されている。
2009. 5. 24	「プルサーマル計画の中止を求める県民共同の会」が八幡浜市で集会を開く。県内外から約170人が結集、地元住民3団体からの報告をする。
2009. 5. 25	昨日の会が総勢10人で会共同の申入書を持って県、四電に行く。県の原子力安全対策推進監は欠席、四電は原子力対策室副室長が「使用済みのMOX燃料とウラン燃料は、放射線量も発熱量もほとんど同じ」と述べる。（反原発：20090620）
2009. 5. 27	午前10時半にヘリコプター、護衛船による厳戒態勢の中、MOX燃料輸送船（パシフィック・ヘロン号）が伊方原発に接岸。MOX燃料を全21本輸入、輸入総額は186億3689万円（1本当たりの価格は8億8747万円／貿易統計で公表された輸送費、保険料を含む総額を輸入本数で割ったもの）。この輸入総額は1999年9月から2013年6月までにMOX燃料を輸入した日本の各原発中では最高額。（朝日新聞：20160228）
2009. 6. 17	「松下竜一未刊行著作集5」（海鳥社）が刊行され、「伊方—承服せぬ人々」「わたしのからだに奇跡が起こったような」などを掲載。
2009. 7. 15	3号機プルサーマル用の輸入燃料が検査に合格。
2009. 8. 30	衆院選で民主党が圧勝。
2009. 8. 31	久米三四郎が死去。

暦 年	事 項
2009. 9. 13	プルサーマルを止めるための集会を八幡浜市で開催、四国ブロック平和フォーラムの約 170 名が参加。翌 14 日には県と四電本店（高松市）にプルサーマル中止の要請を行う。
2009. 9. 25	3 号機の復水器に海水が混入（四電発表）。
2009. 10. 13	3 号機は 9 月に発生したと見られる復水器への海水混入につき、出力を約 95％に下げて調査を開始、16 日に漏洩細管 1 本を特定して施栓、20 日には予防施栓とする（東電発表）。／／福井県原子力安全対策課長だった岩永幹夫（60 歳）は伊方原発を視察、しかしこの直後、「もんじゅ」の燃料交換作業中に原子炉容器内に炉内中継装置が落ちたという知らせが入り、急遽福井に戻る。
2009. 11. 15	全国の反原発市民運動の理論的支柱であり、伊方 1 号機訴訟の科学的代理人として国側を追い詰めたり、「訴訟ニュース」発行などで伊方原発裁判を支えてきた久米三四郎の「偲ぶ会」が京都市で行われる。
2009. 11. 30	3 号機に対するプルサーマル計画に反対の決議書を四国弁護士連合会が四電に提出する。
2009. 11	伊方原発 3 号機でステップ 2 燃料（使用済み）の被覆管に微細な穴が開き、第一次冷却水に放射性物質が漏れ出す事故が起きる。
2009. 12. 14	吉田勝が「伊方原発、中央制御盤のデジタル化（上）はじめての入札」を発表する。（日経エレクトロニクス：日経 BP 社）
2009. 12. 25	四電が 3 号機でのプルサーマル計画日程を発表、2010 年 2 月上旬に MOX 燃料を装荷、同 22 日に臨界、24 日に送電開始の予定。
2009. 12. 28	吉田勝が「伊方原発、中央制御盤のデジタル化（下）配線が 1 万 8000 本」を発表する。（日経エレクトロニクス：日経 BP 社）
2010. 1. 7	3 号機の核燃料棒が放射能漏れを起こす。
2010. 1. 10	定検中の 3 号機でホウ酸水漏れを発見。
2010. 1. 25	3 号機の耐震安全性を確認した保安院評価を安全委が了承する。
2010. 1. 29	県は 25 日の安全委の了承を受けて MOX 燃料装荷を了承する。同日、輸入燃料体検査合格証交付への異議申立てを保安院が棄却する。／／県は四電に 3 号機での MOX 燃料の装荷を許可する。
2010. 2. 13	「四国ブロック平和フォーラム」主催で「伊方原発のプルサーマル中止を求める西日本集会」（伊方原発ゲート前）を開催、四国 4 県や新潟、佐賀など 12 都府県から約 250 人が参加する。耐震安全性の過小評価、装填された MOX 燃料の製造不良などの危険性が解説される。（反原発：20100320）／／2010 年度から交付金総額 60 億円が愛媛県、伊方町、八幡浜市に交付されることが決定する（配分額は県と伊方町が各 26 億 7000 万円、八幡浜市が 6 億 6000 万円）。
2010. 3. 1	美浜・大飯・高浜原発に反対する大阪の会は衆議院第一議員会館でまず MOX 燃料海上輸送につき国交省と、次に高燃焼度ウラン燃料集合体の問題（しばしば放射能漏洩を起こす）で原子力安全・保安院と交渉を行

暦　年	事　　項
	う。前者では国交省海事局検査測度課長らが出席するが、MOX 輸送容器（100トン以上）の安全性確認試験は重くて「実際に落としてやるというのは危ない」と発言し、模擬実験をせず解析で確かめているだけという回答を得る。伊方原発３号機でもウラン燃料から放射能漏れが頻発している後者の問題では、石垣原発検査課員（保安院）が漏洩事故多発を認めその原因は分からないと回答、燃料集合体が全て三菱製であることも明らかにする。保安院は漏洩すれば分かるので止める必要はないという、「多重防護」を放棄した強気で危険なやり方を繰り返す。（反原発：20100320）／／同日、伊方原発３号機で MOX 燃料を装荷し、プルサーマル運転（原子炉起動、ステップ２燃料と MOX 燃料とを併用）が行われる。
2010. 3. 2	３号機が臨界、４日から発電。
2010. 3. 5	３号機の湿分分離器配管から蒸気漏れ。
2010. 3. 12	３号機の充塡ポンプの弁が開いたまま固着。
2010. 6. 22	３号機で一次冷却材ポンプ部品保管容器の水位確認用ホースから保管用水漏れ。
2010. 8. 16	２号機で充塡ポンプ点検用フランジ部から一次冷却水漏れ、損傷と分かる（21 日、四電発表）。
2010. 11	第 23 回目の県原子力防災訓練を福島第一原発周辺地域で実施するが（3. 11 原発事故の約４カ月前）、「過酷事故（シビアアクシデント）」の認識はなかった。／／この月、中村時広（52 歳）が愛媛県知事となる。衆議院議員（日本新党、新進党）を１期務めたあと松山市長に転身した経歴をもつ。彼は知事選の際、「伊方発電所前で四電の幹部を集めて『三菱商事でエネルギーを担当していたとき、伊方に来ました』と関係の深さを強調」、「伊方原発を造ったのは同じ旧財閥系の三菱重工です」と伊田浩之は書く。伊田は伊方原発沖の活断層問題が切っ掛けで、愛媛新聞社から「週刊金曜日」へ転職した編集部記者。（週刊金曜日：20120309）
2010. 12	1974 年からこの年までの伊方原発の交付金等交付実績は、伊方町で 214 億 9846 万 6000 円（参考・八幡浜市は 31 億 5540 万 6000 円、県は 178 億 7083 万 3000 円）。なおこの年より伊方町では防災行政無線、避難道路、避難所、消防施設などの整備があげられ、事業が開始される。
2011. 2. 18 （平成 23）	政府の「地震調査研究推進本部」（本部長は文科大臣）は中央構造線について、活動時期の違いから全体が６区間に分かれること、「断層帯全体が同時に活動した場合は、マグニチュード 8.0 程度もしくはそれ以上の地震が発生すると推定され」ること、断層の西端は別府――万年山断層帯に連続する可能性があることなどを発表。
2011. 3. 7	東京電力内部の「津波評価」文書（2011 年３月 11 日付け）で、福島第一原発１号機から４号機で最大 15.7m の津波もあり得ると試算していたことが分かる。（朝日：20120604）／／３号機の中央制御案内の放射線量モニターの指示が警報設定値を超え換気系隔離信号を発報、隔離後は通常レベルに戻り約３時間後に隔離を解除。原因は計器の異常（8 日、四電

暦　年	事　　項
	発表）。
2011. 3. 11	東日本大震災（M9.0）が起き、翌日からは東電福島第一原発事故が起き1号機の水素爆発（12日）、3号機の水素爆発（14日）、4号機の水素爆発と2号機の爆発による90万テラBqの放射性物質の飛散（15日）などが起きる。
2011. 3. 31	2010年度の伊方町の財政力指数は0.513で伸び悩み状態であった。／／1999年度（受付開始）から2010年度まで、伊方原発から愛媛県への異常を知らせる通報連絡は計506件あり、このうち国への報告が必要な事故などは56件あった。
2011. 4. 29	伊方原発3号機（プルサーマル発電を行う）が定期点検のため運転を中止する。
2011. 5	この月、「東日本大震災愛媛県内被災者連絡会」（当事者有志の組織）結成。（原発避難白書：関西学院大学災害復興制度研究所など編、人文書院、20150910）
2011. 6. 1	熊野勝之が「福島原発事故と伊方原発最高裁判決」を発表する。（法学セミナー：通巻678号）
2011. 6. 11	この月より毎月11日に、廃炉を求め再稼動を許さないとする市民（「まちづくりネットワーク八幡浜」など）による原発ゲート前での座り込みが始まる。
2011. 7. 10	「原発をつくった私が、原発に反対する理由」菊地洋一（角川書店）刊行、第4章で伊方原発の危険性に言及する（157頁）。
2011. 9. 4	伊方原発1号機が定期点検のため運転を中止する。
2011. 9. 10	篠崎英代松山市議会議員が「伊方原発と電源三法交付金」を発表する。（女性展望：第640号、市川房枝記念会出版部）
2011. 9. 11	「愛媛新聞」が「原発『不安』九割超 伊方再稼動六三％否定的」の見出しで、県民世論調査の結果を掲載する。
2011. 10. 1	四電は福島原発事故を受けて、「570ガルは今見直さないが、2から3年かけ耐久性を見直し、1000ガル程度に耐えられる補強を検討する。補強工事は5年程度かかる」と説明する。（NHK・BS1：20111001）／／熊野勝之が論文「騙されたことに対する責任――福島原発事故と伊方原発最高裁判決」を発表する。（消費者情報：10月号、財団法人関西消費者協会）
2011. 10. 25	吉岡斉「新版　原子力の社会史 その日本的展開」（朝日新聞出版）が伊方原発にふれる。
2011. 11. 1	佐々木泉愛媛県会議員が「伊方原発の重大な危険と『原発ゼロ』運動の前身」を発表する。（議会と自治体：通巻163号、日本共産党中央委員会出版局）
2011. 11. 3	松山市に事務局を置く「伊方原発をとめる会」（「伊方原発プルサーマル計画の中止を求める愛媛県民共同の会」が母体）が発足する。「四国電力伊方原発3基をとめ、自然エネルギーへの転換をはかる」が目的である。

暦　年	事　　項
2011. 11. 4	鎌田慧「日本の原発危険地帯」（青志社）が刊行され、第Ⅱ章「金権力発電所の周辺」で伊方原発に対する反対運動に言及する。
2011. 11. 14	伊方原発３号機のストレステストの結果を、四電の谷川進常務が経産省の原子力安全保安院に提出する。全国で２例目。
2011. 11. 18	海渡雄一「原発訴訟」（岩波新書）が刊行され、第１章で「伊方最高裁判決の意義」に、第２章で伊方原発の「全面海域の活断層」につきそれぞれ言及する。
2011. 11	この月、愛媛県に「自主避難者の会」（自主避難者で作る）が発足する。（原発避難白書：関西学院大学災害復興制度研究所など編、人文書院、20150910）／／斉間淳子が「伊方原発の地元で神を呼び求める」を発表する。（原発とキリスト教：新教出版社）
2011. 12. 8	四電に対して１、２、３号機の運転差し止め訴訟である「伊方原発運転差止請求訴訟」（薦田伸夫弁護団長、弁護団 147 名）を提訴、第２次原告として 16 都県の住民 322 名が加わり、第１次原告と合わせて 622 名の原告団となる。肝臓癌が見つかった近藤誠は原告団の共同代表の一人。
2011. 12. 10	三崎佐田蔵が「四国電力伊方原発３号機の再稼動を阻止せよ」を発表する。（新世紀：第 256 号、解放社）／／近藤誠が「伊方原発３号炉でプルサーマルは中止を」を掲載する。（プルトニウム発電の恐怖２：八月書館）
2011. 12. 27	南海トラフの巨大地震モデル検討会が中間報告で震源域を伊方原発の直下まで拡大する。
2011. 12	この月、約 40 億円をかけて伊方原発の緊急時対策所（約 $600m^2$）が入る免震構造の建物が完成する。
2011. 12	この年の旧伊方町地区の小中学生は 369 人となる。
2012. 1. 13 （平成 24）	伊方原発２号炉が定期点検で停止する。これで四電の全原発が停止となる。この日の「週刊金曜日」の取材に対し四電は、今回のストレステストで３号炉の炉心は約 1060 ガル（既に 570 ガルに引き上げられている）まで安全性には余裕があると回答、これは耐震補強をしたのではなく机上の計算の結果だという。
2012. 2. 24	伊方原発３号機の原子力安全保安院による安全評価（ストレステスト）審査の現地調査が実施される。同日は原発ゲート前に「伊方原発反対八西連絡協議会」「八幡浜・原発から子どもを守る女の会」「原発さよならえひめネットワーク」などの団体メンバーが集まり再稼動反対を訴えたり、国や県などと四電との癒着を糾弾する。
2012. 2. 27	「伊方原発をとめる会」（福島原発事故後に結成）に所属の県民が、伊方町長、八幡浜市長、伊予市長などに再稼動を認めないよう要請。同日、藤田一良が立教大学（池袋）で公開講演会を開催、伊方原発訴訟について語る（「共生研」主催）。
2012. 3. 1	島本保徳が伊方原発の廃炉を目指すという主旨で「いのちを守り、ふるさとを守るために」を発表する。（科学的社会主義：第 167 号、社会主義

暦　年	事　　項
	協会）
2012. 3. 3	「日本経済新聞」朝刊は、「保安院は9日に開く専門家の意見聴取会で、2月24～25日に実施した伊方原発の現地調査の結果を説明し、ストレステストについても妥当とする審査書案を公表する方針だ」「伊方原発はこれまでにトラブルが少なく、地元と電力会社の関係も比較的良好とされる。政府は地元の意向をくみながら、夏前の早期の再稼動を目指す」とする記事を掲載する。
2012. 3. 5	鷹田伸夫が「伊方原発—全ての原子炉の運転差止を求めて」を発表する。（法と民主主義：第466号、日本民主法律家協会）
2012. 3. 6	県議会の一般質問で村上要議員（社民）に対し中村知事は、「長い目で見て脱原発を目指すのが現実的」「個人的に思うのは、太陽光や風力は原発に取って代われるだけの代替エネルギーにはなっていない」などと答弁する。（週刊金曜日：20120309）
2012. 3. 8	伊方町長が町議会でストレステストを「安全確認の重要な要素」と評価する。//この日、「東京新聞」が「別冊 南海日日新聞」の随時掲載を始める（約三か月間）。
2012. 3. 9	伊田浩之が「ウソつき四国電力と大地震 再稼動をたくらむ伊方原発に潜む危険性」を発表する。（週刊金曜日：20120309）
2012. 3. 10	「愛媛新聞」の県民アンケート調査に拠ると93.2％の伊方原発に対する不安や、やや不安の回答が得られる。
2012. 3. 12	愛媛県商工会議所連合会（白石省三会頭、再稼動寄りの日本商工会議所の下部団体）は福島原発事故の現状を踏まえ、伊方原発の「再稼動は容認できない」「1号機、2号機については、再稼動せず、そのまま廃炉にするべきである」とする見解を発表。この日、松山空港（半径9km外の周辺空域は米軍の管制権）に米軍大型軍用のヘリコプター4機が「燃料不足」を理由に緊急着陸。
2012. 3. 15	経産省原子力安全保安院は伊方原発2号機（定期点検で停止中、1982年3月営業運転開始、運転年数30年）につき、四電の今後10年間の運転を想定した長期保守管理方針を許可する。しかし愛媛県商工会議所連合会は1号機（運転年数は約35年）、2号機の即時廃炉を求める。3号機（1994年12月営業運転開始、運転年数17年）については残り10年程度稼動させ廃炉とするという見解を示す。
2012. 3. 26	経産省原子力安全保安院は伊方原発3号機のストレステストに「妥当」の判断を出す。
2012. 3. 31	南海トラフで起きると想定される巨大地震につき、内閣府の有識者検討会がその結果を公表、最大規模がM9.1に塗り替えられ、伊方町も震度6強に引き上げられる。耐震設計が基準地震動570ガルでできている伊方原発に影響はないとする四電は、ストレステストでは想定の1.86倍（1060ガル）の地震動でも大丈夫だと主張。他方、「妥当」と判断しながらも保安院は858ガルで炉心が損傷する可能性があると指摘。//同日、

暦　年	事　　項
	高知県には同地震に対し最大震度7、津波の高さ「34.4m」、高知には最短2分で到達するという被害想定が入る。
2012. 3	この月、伊方原発上空を米軍の対潜哨戒機P3Cが飛行する（この年6月の国会審議で判明）。
2012. 4. 1	雑誌「THEMIS」（テーミス）が「大飯＆伊方原発は『ストレステスト→運転再開』へ」という見出しで、ストレステストの目的は安全性を高めることだという主旨の記事を掲載する。／／同日、高知県黒潮町は南海トラフによる津波想定34.4mを受け、この日付けで消防防災係（総務課）を情報防災課に昇格させ、国土交通省との交流人事で来た職員も置く。（朝日：20170215）
2012. 4. 18	愛媛県の伊方原発環境安全管理委員会が松山市で同技術専門部会を開催、保安院が当初設計の4倍の津波に耐えられると説明するなどストレステスト結果を報告。委員からは福島原発事故を踏まえた批判や質問が出される。先々月（2月）に愛媛県入りした仙石由人元官房長官は再稼動に肯定的、3日前（15日）に同県入りした前原誠司民主党政調会長も夏の原子力規制庁発足まで再稼動手続きを進めるべきではないという意見に反論（旧体制で審査を進めるという見解）、中村時広愛媛県知事も旧体制は廃止されていないとする見解に同調するなど、規制庁発足を待たず再稼動が加速するのではという懸念が強くなっている。
2012. 4	この月、全国の市民（四国、九州、中国が主）による伊方原発の再稼動阻止と廃炉とを求める「伊方原発廃炉ネットワーク」が結成される。
2012. 5. 5	伊方原発3号機が定期検査で停止し、これで日本の全原発50基が42年ぶりに止まることになる。
2012. 5. 25	「磯津公害問題若人研究会」のメンバーは放射能調査を修了し八幡浜市内で報告集会を開く。京都大学の小出裕章は「調査を始めた当時には、原発から排出されたと判断できるコバルト60が検出された。しかし近年は検出できない。調査活動を知った四国電力が、放射能の排出を減らす努力をしなければならなくなった結果と言えるのではないか」と説明、メンバーの一人、鎌田健一郎（66歳）は「子供たちに『なんでもっと反対してくれなかったのか』と言われたくないと活動してきた。放射能が検出されなくなったことは結果だ。調査は、原発が止まっていることも考慮してやめるが、今後も海や陸上の環境の監視と再稼動を許さない運動を続けていく」と語る。（東京、「別冊 南海日日新聞」：20140604）
2012. 5. 29	松山地裁（加島滋人裁判長）で「伊方原発運転差止請求訴訟」の原告団による1号機から3号機までの運転差し止めを求める訴訟の第1回口頭弁論があり、近藤誠、須藤昭男（インマヌエル松山キリスト教会牧師、会津出身）、薦田伸夫（弁護団長）、河合弘之（訴訟代理人）らが意見陳述を行う。四電側は「安全性は確保されている」（答弁書陳述）として請求棄却を求めた。原告側には愛媛県を中心に23都道府県の622人が加わっている。

暦　年	事　　　項
2012. 6	この月より再稼動中止を求める中村時広愛媛県知事宛の署名活動が取り組まれる。この署名では、中央構造線活断層帯が沖合い約6kmに走る伊方原発では地震動による原子炉破壊が重大な問題であること、内閣府が電源域を伊方原発のほぼ直下まで拡大している南海トラフ巨大地震で過酷事故が発生した場合、瀬戸内海に面している伊方原発は閉鎖性水域であるこの海を死の海に変えてしまうことなどを訴えている。
2012. 7. 29	松山市で「伊方原発をとめる会」主催の講演会があり、都司嘉宣東大地震研究所準教授が、伊方原発沖の中央構造線が動けば原発地盤は震度7の揺れを受ける可能性があること、津波の高さは最大で15m（四電の敷地内の津波の高さの想定は4.25m）に達する可能性があること、慶長豊後伊予地震（1596年9月1日）は中央構造線活断層の地震であることなどを話す。
2012. 7	この月より愛媛県庁前で市民による再稼働阻止と廃炉とを求めるアピール行動が始まる（毎週金曜日）。
2012. 8. 10	四電が原子力安全・保安院に「伊方原発の敷地内の断層に活動性がない」と報告し了承される。〃大月純子が「オスプレイが普天間から岩国に向かう途中のルートの真下には、伊方原発も含まれて」いることを危惧する評論、「オスプレイの岩国基地配備に抗議する」を発表する。（インパクション：第186号、インパクト出版会）
2012. 8	8月末締切で「伊方原発をとめる会」の第3次原告団が380名となり、総計1002名となる。
2012. 9. 25	「伊方原発運転差止請求訴訟」の第2回口頭弁論が行われ原告側は求釈明陳述、被告側準備書面に対する意見書提出などをし渡部寛志（南相馬市小高区から避難、農業従事）、村田武（愛媛大学教授、原告団共同代表）、松浦秀人（愛媛県原爆被曝者の会事務局長）らが意見陳述を行う。この日、四電は原告側が求めていた証書（資料）を一切提出せず。
2012. 10. 2	松山地裁は四電に対し「伊方原発運転差止請求訴訟」の証書の提出を求める。
2012. 11. 1	近藤誠（伊方原発反対八西連絡協議会会員）が「危険な伊方原発 訴訟でも明らか」を発表する。（序局：第3号、アール企画）
2012. 11. 10	亘理格北海道大学教授が「伊方原発判決」と「福島第1原発事故以後」の課題に言及する論文、「原子炉安全審査の裁量統制論」を発表。（論究ジュリスト秋号：有斐閣）
2012. 11. 11	伊方原発出力調整実験への抗議集会（1988年より開始）である「伊方現地集会」（26回目）が行われる。
2012. 12. 1	この日発行の「日本全国 原発危険度ランキング」（原発ゼロの会編、合同出版社）が原子炉、地質、社会環境の観点から全国原発22基（他の28基は調査時点で廃止と評価）を対象に危険度を総合評価、伊方原発1号機は12位（5.60ポイント）、同3号機は16位（同4.20）、同2号機は19位（同3.45）。

暦　年	事　　項
2012. 12. 17	この日現在で、高知県では22市町議会（全33自治体）で伊方原発再稼動反対の意見書が採択されている。
2012. 12. 31	「愛媛新聞」は四国電力の資料をもとに、伊方原発直下に断層があることを図示する。
2012. 12. 31	この年、内閣府の中央防災会議が2012年に公表した南海トラフ巨大地震のシミュレーションのうち、最も大きな影響が出るケースでは震度7を想定、高知県を含む5都道府県21市町村で津波は高さ10m以上に及ぶとされ、迂回路がない四国は孤立化の恐れがある。（朝日：20161121）
2013. 1. 19 （平成25）	この日までに「伊方原発をとめる会」が取り組んできた「40万署名」が16万3846筆となる。
2013. 1. 20	「福島民友新聞」は「長引く審理、いら立つ原告／原発訴訟　電力側の証拠出遅れ」の見出しで、「安全性を主張する電力側からの証拠提出が遅れ、審理が長引く傾向がみられる。裁判所が提出を促すケースもあり」と報じる。確かに、2012年5月に松山地裁では運転差し止めを求める第1回口頭弁論があったわけだが、四電側は「事故はあり得ない」と主張しながらすぐに裏づけ資料を証拠提出できず、2012年12月初めになってやっと、1から3号機の建設当時の「安全審査の報告書」（原子力安全委員会、現・原子力規制委員会が作成したもの）、経産省作成の「原発推進の冊子」（これら2つとも、福島原発事故後では、原発の安全性を保障できる資料にはならない）など計41点を提出した事実がある。これにつき須藤昭男原告共同代表は、「企業家として極めて無責任。世論の批判を恐れて出した」と話す。自民党が再稼働認可するまで裁判の引き延ばしを図っていることは明白で、裁判所も再稼働を止める判決をした後で政府が再稼働を容認すれば反国家的な判断を示したことになる。
2013. 1. 29	「伊方原発運転差止請求訴訟」の第3回口頭弁論が行われ、原告側から安西賢二（真宗大谷派住職）、野中玲子（社会福祉士）、山碕秀一（高知県平和運動センター代表）らが陳述を行う。
2013. 2. 1	「緊急時対策所」が設置済みとなり、ベントも3号機に2015年度に設置できる見通しとなり、再稼働への大きな課題をクリアしたとの見方があるが、山下和彦伊方町長はこの日、「規制委は住民が納得できる厳格な基準をとりまとめてほしい」との談話を出す。（朝日：20130201）／／同日、島本保徳（愛媛）が「伊方原発の廃炉めざして（Ⅱ）」を発表。（科学的社会主義：第179号）／／「各原発の新たな安全基準への対応状況」として伊方原発は「運転年数35」、フィルター付きベント×」、「緊急時対策所○（対応済み）」、「活断層（空欄）」と掲載される（民報：20130201）。
2013. 2. 6	7月に施行される原発の新しい安全基準では、伊方原発が最も早く再稼動審査に入る可能性が高いと分かる。（産経：20130207）
2013. 2. 20	四電は政府に電気料金値上げを申請、3号機の再稼動をこの年7月に想定していると発表。
2013. 3. 9	「福島民報」は伊方原発につき「再稼働への条件最も整う原発」の見出

暦　年	事　　　項
	して、「フィルター付きベント設備の設置が猶予される加圧水型で、活断層問題も指摘されておらず、再稼働への条件が最も整っている原発とみられる。敷地が高台にあり、津波対策が求められない上、免震重要棟も設置済み。政府主導の再稼働の場合、地元の反発は少ない見通し。四国電力は電気料金の値上げ申請時に、新安全基準施行の 7 月に 3 号機の再稼働を目指すとしたが、原子力規制委員会の審査に時間がかかりそうで、来年以降になるとみられる」と掲載する。伊方原発は全 3 基で運転年数は 1 号機が 42 年、2 号機が 30 年（2013 年 3 月 19 日で 31 年)、3 号機が 18 年である。
2013. 3. 11	伊方原発の廃炉を求める署名 4 万 842 筆が愛媛県に提出され、署名は合計 21 万 7088 筆となる。
2013. 3. 15	細見周「熊取六人組 反原発を貫く研究者たち」（第二章に「伊方原発訴訟」を掲載、岩波書店）が刊行される。
2013. 3	この月、特定非営利活動法人「えひめ 311」が発足。（原発避難白書：20150910）
2013. 4. 10	2012 年夏の四電管内の電力実績は、伊方原発 3 基が停止中でも 14.6％の余力があったと報じられる。（朝日：20130410）
2013. 4. 24	伊方原発運転差止訴訟の若手原告を中心にした「伊方原発をとめまっしょい若者連合」が抗議行動、決起集会を呼び掛ける。
2013. 4. 30	第 4 回口頭弁論が松山地裁で行われる。
2013. 5. 11	伊方原発で海上（原発前の九町越湾内）と陸上（ゲート前の座り込み）とで 24 回目となる抗議行動がある（2011 年 6 月 11 日から毎月 11 日に実施）。
2013. 5. 28	内閣府が発生した場合の南海トラフ巨大地震対策について発表、それに拠るとこの日現在で、愛媛県では死者 1 万 2000 人、避難者（1 週間後）54 万人、全壊建物 19 万 2000 棟、最大津波高 20m 強である。（東京：20130529）
2013. 5. 29	四電の千葉昭社長が記者団の取材に応じ、伊方原発 3 号機の再稼働に関して、「（原子力委員会の）新規制基準が施行されれば、可能性があれば当日か翌日にも申請ができるよう準備している」と発言する。施行直後の申請は 7 月 18 日が目処で、電力会社トップが明言したのは初めてである。伊方原発が新規制基準に沿った再稼動の申請第 1 号になる可能性が出て来た。／／長辻象平が「訪問 四国電力・伊方原子力発電所」を発表する。（正論：産経新聞社、20130529）
2013. 6. 3	「伊方原発をとめる会」は原発再稼動をしないようにと原子力規制委員会と経産大臣に要請と申し入れをする。
2013. 6. 15	近藤誠が四国全域からの再稼動反対の声を伝える「核の海から命の海へ」を発表する。（インパクション：第 190 号）
2013. 6. 25	経産省は原発を保有する電力 10 社のうち 5 社で「廃炉引当金」（廃炉に

暦　年	事　　項
	備えての積立）がそれぞれ1000億円以上不足しているとの推計を明らかにする。他の5社も不足で四電は411億円。
2013. 6. 26	原発を持つ9電力会社が株主総会を開催、伊方原発では再稼動停止と廃炉などの3つの株主提案があり、「脱原発」提案への賛成は概算で6%、出席株主は257人（前年比で10.8%減）、総会の所要時間は3時間16分（前年比で6分増）だった。千葉昭四電社長は「伊方原発はさらに安全性を向上させ、早期再稼動をめざす」と述べる。（朝日：20130627）
2013. 7. 8	原発の新規制基準が施行される。同日、電力4社は一斉に再稼働に向けた安全審査を原子力規制委員会に申請。受理された5原発10基のうち最も早く審査結果が出るのは、新基準への適合情況から四電伊方原発3号機の公算が大きい。3号機はフィルター付きベント設備の設置が5年間猶予された加圧水型で既に免震重要棟を設置。また高台にあることから大がかりな津波対策は必要ないとされ敷地内の活断層も指摘されず。しかし充分な耐震性と放射線を防ぐ機能がある対策所の設置が義務付けられたので新たな対策が必要。愛媛県知事は「再稼働に同意するかは全くの白紙」と強調、「国の姿勢を明確にしておかないと、いざ何かあったときに最終責任をとる態勢につながらない」とも述べた。（民報：20130709）また「伊方3号機から再稼働か」、「全国で唯一、巨大津波のリスクが少ない内海に立地している。敷地の高さも標高10メートルで、大津波による浸水の可能性が低く、四国電力は防潮堤の建設を予定していない」とも報道された。（朝日：20130709）
2013. 7. 15	深澤龍一郎が論文「伊方原発訴訟最高裁判決の再検討――福島事故の前」（第7章）を発表する。（原発の安全と行政・司法・学界の責任：斎藤浩編、法律文化社）
2013. 7. 16	伊方原発3号機の再稼働の可否を調べる原子力規制委員会の審査が始まる。同日、第5回口頭弁論が松山地裁で行われる。
2013. 7. 17	愛媛県が設置した四国電力伊方原発の安全性を審査する委員会の「専門部会」（2013年4月発足）の委員8人のうち、2人（奈良林直北海道大学教授、委員就任は2013年2月／宇根崎博信京都大学教授、委員就任は2010年10月）が原発関係企業・団体（電力会社、核燃料会社など）から、2009年度から～2012年度の間に計280万円の奨学寄付金を受けていたと報じられる。金額は奈良林が計200万円、宇根崎が計80万円。（朝日：20130717）／／同日、愛媛県は再稼働の是非の検討を進める専門部会を開く。部会は伊方原発の安全性につき評価、検討し県知事に意見を述べる。部会の名称は「伊方原子力発電所環境安全管理委員会・原子力安全専門部会」（部会長は浜本研愛媛大学名誉教授）。
2013. 7. 23	原子力規制委員会は原発の規制基準への適合を確認する第2回目の審査会合を開き、伊方原発3号機（89.0万kW）を優先して審査することを決定。その際、規制庁の江頭基管理官補佐は四電が基本震源モデルとして設定している原発敷地前の海域54kmにつき（原子力規制委員会は中央構造線断層帯と、別府―万年山断層帯とを合わせた480kmを考慮する）、

暦　年	事　　項
	政府の「地震調査研究推進本部」が指摘するもっと長い部分での連動を考慮した基本ケースを要求。四電の大野裕記土木建築部地盤耐震グループリーダーは、「検討の上、御説明させていただきたい」と答える。
2013. 7. 24	経産省は電気料金値上げ審査（四電が家庭向けで値上げを申請、9月1日実施予定）で、「新電力」（新規参入の電力会社）への電力販売量を増やすことで値上げ幅を約1％幅強抑えるという方針を固め、査定方針案を電気料金審査専門小委員会に示す。四電の他社への電力販売量は1億kW時／年間。（朝日：20130724）
2013. 7. 25	引き続き伊方原発の過酷事故対策の有効性の審査に入る。
2013. 8. 17	伊方発電所原子炉設置許可処分取消訴訟弁護団長を務めた藤田一良弁護士が死去。20日の告別式では熊野勝之弁護士が「上告理由補充書(二)」の「第八 おわりに」の1部を弔辞として読み上げる。
2013. 8. 21	四電に運転差し止めを求めている第三次訴訟（20日付け）で新たに住民380人が松山地裁に提訴。原告は27都道府県で計1002人となる。提訴は2011、12年に続き3度目。原告には作家の早坂暁、宇都宮健児・前日弁連会長も参加。（日経：20130821）
2013. 9. 15	国内で稼動する原発が再びゼロになる。伊方原発の今夏の最大電力は549万kW（記録日8月22日）で使用率は95％、9月の「平均的な家庭」のモデル料金は7467円（2011年3月からの値上がり率は13.2％）。（朝日：20130915）／／同日、「伊方原発をとめる会」が松山市男女共同参画センター（コムズ）で第3回総会を開催。220人の参加があり早坂暁が講演。
2013. 9. 22	「福島民報」が「再稼働へ安全対策 避難路確保など課題に」の見出しで、全国の原発立地道県の地方新聞社などでつくる「エネルギー研究会」の研修で視察した現地の状況として、「四国電力伊方原発視察ルポ」（渡部総一郎東京支社編集主任）を掲載。内容は「伊方発電所は、原子力規制委員会の安全審査をクリアし、地元の同意が得られれば年明け以降に再稼働する見通しとなっている。構内では、東京電力福島第一原発事故を教訓に各種の安全対策が進む。ただ、三方を海に囲まれた一部地域の確実な避難路確保など課題も残されている」「担当者は電源を喪失した場合でも福島第一原発のような水素爆発が起きる可能性は低いと説明する。伊方の原子炉は加圧水型（PWR）で、沸騰水型（BWR）の福島より格納容器の容量が大きく水素が発生しても圧力が上昇しにくいという」「四国電力は発電所を襲う津波の高さを最大で海抜四・三㍍と想定。原子炉建屋が海抜十㍍の場所にあることから、担当者は『発電所に影響はほとんどない。住民も心配していない』と自信を見せた」「事故が発生した際、伊方発電所の西側に住む約五千人は海へ逃げるしかない。放射性物質の拡散により、県中心部に向かう道路が封鎖される可能性が高いためだ／愛媛県広域避難計画には、船やヘリコプターで九州方面などに向かうルートが示されている。だが、昨年の防災訓練では強風などの悪天候により、一部の船やヘリが救助現場に到着しなかったという」な

暦年	事項
	ど。なお発電所のゲート前で再稼働反対を訴えていた伊方原発反対八西連絡協議会の近藤誠（66歳、八幡浜市）の「事故が起きている半島に、本当に誰が助けに行くと思いますか」という指摘も紹介。
2013. 9. 30	「伊方原発設置反対運動裁判資料」第1巻～第4巻（第1回配本）、藤田一良解説、澤正宏編集・解題・解説（クロスカルチャー出版、別冊付き）が刊行される。かつて弁護団長を務めた藤田一良はこの「別冊」に遺稿となった「解説」を執筆、これまで取り組んできた伊方原発訴訟の実態や経過などを赤裸々に記す。またこの資料集のパンフレットに高木恒一立教大学社会学部教授（共生社会研究センター長）が推薦文を寄せる。
2013. 10. 8	愛媛県は四電に課す核燃料税に関し、運転停止中でも徴収できる方式を採り入れた新条約を可決する。施行は2014年1月、有効期限は5年間である。新条約は従来の方式に加え、原発の出力規模に応じた金額を3カ月ごとに徴収する「出力割」を採用する。県によれば伊方原発1～3号機全てが運転停止でも出力割だけで年間約9億5000万円の税収を見込める。全機稼動の場合は5年間で最大95億円の税収となる（燃料価格に応じた課税分も含める）。（民報：20131009）／／規制委は新規制基準への適合性に関し、最も提出済みの項目が多く（10項目）、審査が進んでいる伊方原発3号機を含む6原発10基の資料提出状況をまとめる。更田豊志委員は「（原発のあらゆるリスクをあぶり出す）確率論的リスク評価など重要な項目が残っている。審査を効率的に進めるため確度のあるものを示してほしい」と述べる。（民報：20131009）
2013. 10. 16	規制委が新規制基準（主要29項目を対象）による6原発10基の適合審査の見通しをまとめる。最も早く資料が揃う伊方3号機（この時点で10項目提出済み）でも提出完了は11月下旬、年内に審査を終えるのは困難。（朝日：20131017）
2013. 10. 22	中断していた「別冊 南海日日新聞」の随時掲載が再開。（東京：20131022）
2013. 10. 26	更田豊志原子力規制委員会委員が伊方原発を現地調査し「とても優秀な原発です、トップバッターです」とコメント。（週刊金曜日：20131206）
2013. 10. 30	第39回審査会合で四電は、伊方原発の基本震源モデルである54kmと480km（既出）を事例によって比較検討した結果、地震動に大きな変化はなかったという検証結果を報告する。規制委員会は四電側がこれで説明充分とする理由が理解できないとして再検討を求める。
2013. 10. 31	四電の千葉社長が高松市の本店での記者会見で、2013年内での「再稼動は難しい」との認識を示す。
2013. 11. 1	島本保徳が「伊方原発の廃炉めざして（Ⅲ）」を発表する。（科学的社会主義：第187号）
2013. 11. 15	NHK ETV特集取材班が、伊方原発に言及した「科学技術の限界を問おうとした科学裁判」（第5章）を発表する。（原発メルトダウンへの道 原子力政策研究会100日時間の証言：新潮社）
2013. 11. 16	「世界初の科学裁判 伊方原発訴訟の記録」のタイトルで、「伊方原発設

暦　年	事　　項
	置反対運動裁判資料」（第1回配本、クロスカルチャー出版）の書評が掲載される。（図書新聞：第3134号）
2013. 11. 18	厚労省（大臣告示）は「月45時間」「3カ月120時間」「年360時間」と規制していた残業時間の上限基準の「適用除外」を、この日までに規制委に申請（全14原発）のあった伊方3号機にも適用することを決める。
2013. 11. 29	伊田浩之が「巨大地震が迫る伊方原発と再稼動」を発表する。（週刊金曜日：20131129）
2013. 12. 1	「日本の科学者」（本の泉社）が「脱原発と再生可能エネルギー——四国からの発信」を特集。
2013. 12. 6	伊田浩之（編集部）が記事「裏切りとウソにまみれた伊方原発の再稼働は許されない」を発表する。（週刊金曜日：20131206）
2013. 12. 20	伊方原発反対八西連絡協議会（八幡浜・原発から子どもを守る女の会）による記事「伊方原子力発電所」が発表される。（週刊金曜日：20131220）「原発再稼動 絶対反対」（金曜日）が第12章で「伊方原子力発電所」を掲載。
2013. 12. 21	「原子力施設で30年以内に震度6弱以上の揺れに見舞われる確立（%）」が発表され、伊方原発は2012年に「従来の手法で求めた値」「4.6」から2013年は「5.0」となる。（朝日：20131221）
2013. 12. 24	大見出し「原発と避難計画」、小見出し「安全度外視の立地」として、「再稼動に向けた準備を進める愛媛県の伊方原発は、日本一細長い佐田岬半島の根元に立つ。事故となれば半島の先に住む5千人は孤立の危機に陥る。船での避難も想定するが、津波の危険もあり実効性は心もとない」という記事が掲載される。（朝日：社説、20131224）
2014. 2. 1 （平成26）	欧州連合（EU）のエネルギー政策統括のエッティンガ—委員が、日本の将来的な脱原発は可能という認識を示し、再生可能エネルギーの普及を図るべきとも述べる。また高レベル放射性廃棄物などの最終処分をめぐる技術協力を日本と進めたいとも表明（共同通信との会見）。
2014. 2. 3	南海トラフ地震（1944年の東南海地震では死者1223人）につき名古屋市が、市内24%の浸水の想定（M9.1、震度は市内で7～5、死者数の試算は4600人以上）を発表。
2014. 2. 19	原子力規制委員会の定例会議で、昨年7月に審査を申請した10原発のうち伊方原発など6原発（他に川内、玄海、高浜、大飯、泊の各原発）から優先して審査する原発を選ぶことが決まる。
2014. 2. 25	「伊方原発設置反対運動裁判資料」第5巻～第7巻（第2回配本）、澤正宏編集・解題・解説（クロスカルチャー出版、別冊付き）が刊行される。
2014. 2. 27	原子力安全推進協会主催で全国の原発の所長の研修会（緊急時の対応に関してなど）が行われる。
2014. 2	この月、脱原発講演会の伊方町の公民館利用が拒否されるが、このことにつき全国紙報道などがなされると一転して認められる。

暦　年	事　　項
2014. 3. 11	この日発行の「南海トラフ巨大地震――歴史・科学・社会」（岩波書店）で石橋克彦神戸大学名誉教授（専門／地震学）は、浜岡原発も「伊方も南海トラフ巨大地震の震源域の上にあるといってよく、ここで原発を運転するのは無謀なことである」、「最大クラスの南海トラフ巨大地震が起これば、その震源域の北限の真上（プレート境界面の深さは約35km）に位置する伊方原発の地震動が570ガルを大きく超える可能性を否定できない。（中略）1854年のような直下の大余震が追い打ちをかけるかもしれない」と書く。
2014. 3. 14	週刊「FRIDAY」（講談社）が「今春、再稼動認可される原発『最終4候補』」（見出し）の一つに伊方原発を挙げ、原発敷地の写真付きで「伊方町で、脱原発団体が町施設の使用許可を求めたところ、拒否されるなど、地元自治体には再稼動を容認する空気が流れている」と掲載。／／同日、午前2時6分に瀬戸内海西部の伊予灘を震源とする地震があり、震度5弱（震源の深さは78km、M6.2）を記録、愛媛県西予市で震度5強、松山市、呉市など5県19市町村で震度5弱を記録。6県（愛媛、広島、岡山、高知、山口、大分）で重傷者2人を含む計22人が負傷。地震津波監視課は「南海トラフ巨大地震と直接結びつくとは考えていない」とする。〔参考：南海トラフ巨大地震／静岡県の駿河湾から九州東方沖まで約700kmに渡って続く深さ約4000mの海底の窪みで想定される地震。その歴史は約100年～150年間隔でM8前後の地震が繰り返されてきている。国は「考えうる最大級」としてM9.1の地震の被害想定を発表しており最悪の場合の死者は約32万人としている〕
2014. 3. 17	「福島民報」が「再稼動 争点にならず 町長選予定者3人容認」の見出しで、来月13日に投票を控える伊方町の実態を紹介。「現段階で立候補を表明している現職、前職、新人の三人はいずれも再稼動を『容認』するスタンス」「『親族まで範囲を広げると、原発関連の人は町民の半数を超えるのでは（町関係者）』といわれるほど、原発マネーが浸透した現状」「九千余りの有権者の半数は旧伊方町の住民」「旧三崎町の有権者の一人は原発マネーで潤ってきた旧伊方町との違い（注：旧伊方町以外から立候補が出ないこと）を理由に挙げる。『わしらは合併してもろうた立場。言い換えれば原発の恩恵を分けてもろうとる。ここから出馬しても町政はうまくいかんじゃろ』」など（文章は愛媛新聞社八幡浜支社の藤中潤）。
2014. 3. 29	政府が南海トラフ地震と首都直下地震に対する基本計画（減災）を初めてまとめる。前者は30年以内の発生率が70％といわれており、最悪で約33万人と想定される死者数を10年間で8割減らすという数値目標を盛り込む。なかでも宮崎市は最悪の3100人の死者が出ると想定されており、津波の危険性が高い「特別強化地域」（14都県139市町村ある）の一つ。（朝日：20140329）
2014. 3. 31	この日までで大手電力9社が銀行や企業の株式を時価総額6360億円持っていることが分かる。保有株は計1142銘柄（重複を含む）。東電以外

暦　年	事　　項
	は「地域振興」「地域貢献」の目的で殆ど株を手放していない。またこの８社に限れば株価上昇もあり総額は6%増加。震災後は北陸と中国を除く７社は火力発電の燃料を買う費用が膨らみ電気料金を値上げした。四電の持つ株式の主な銘柄は伊予銀行、百十四銀行、広島銀行など。(朝日：20140909)
2014. 3	この月、伊方原発２号機の使用済み核燃料 14 体はこの月までに青森県六ケ所村にある日本原燃の再処理工場に海上輸送される予定。テロ対策もあり日時、ルートなどは「秘密」。
2014. 4. 30	四電の千葉社長が基準地震動の設定が決まらないので今夏の再稼動は出来ないと発表。／／同日、斎藤美奈子が「日本列島の上空には偏西風が吹いている」とし、伊方原発で事故が起きれば「瀬戸内を死の海に変え、やはり被害は全国に及ぶだろう」という記事を掲載。(東京：本音のコラム、20140430)。／／同日、近藤誠が佐田岬半島の付け根に聳える出石山（頂上に真言宗御室派別格本山・金山出石寺が鎮座、愛媛県大洲市）の山域一帯は銅採掘が盛んであったことを紹介、半島部が断層の巣であることを示す。また伊方原発反対運動の先頭に立ち１号機設置取消請求訴訟の控訴審の最中に死去した福野誠一（別子銅山で働く、出石山の銅鉱山にも詳しかった）がいった「鉱山に沿って掘り進むとすぐに断層で鉱脈が切れる。そこで、上下や、横に向かって掘ると続きの鉱脈が見つかる。サツマイモを掘り出すような状態なので半島の鉱脈を『イモジ』と呼んでいた」、「半島部は断層だらけだ。こんなところに原発を造るなどというのはとても認められん」などの言葉を紹介する。(東京：別冊 南海日日新聞、20140430)〔参考：出石寺／標高 812m、明治には山腹一帯に銅産出のために坑道が掘られ、それが山頂近くに迫ったので信者が反対し採掘は中止となる。日本鉱産誌には銅鉱山が 43 カ所あったという記載がある〕
2014. 4	この月、伊方町長選挙で原発容認の現職が３選される。
2014. 5. 5	原発再稼働後に使用済み核燃料プールが満杯になり運転停止になる可能性が政府の試算で分かる。(民報：20140505) 伊方原発の場合は満杯になるまでの年数は９年と発表。これは 2013 年末現在の資源エネルギー庁資料などを基本としての推定。
2014. 3〜5	各社 TV ニュースで M9.1 のシミレーションがあり、伊方原発は水没のコンピュータ映像映る。
2014. 5. 23	四電が伊方原発で想定する最大級の地震の揺れである「基準値震動」を 620 ガル（2013 年７月の申請時は 570 ガル）に見直す。これは原子力規制委員会が新規制基準に基づく適合審査会合で説明が不充分として、追加のデータを出すように求めていたことに応じたもの。(朝日：20140524)
2014. 6. 17	近藤誠が「四国電力は、九重山の噴火による火山灰は敷地で約五㌢、積雪との重畳効果を考慮しても約二十三㌢と想定する。鶴見岳の山体崩壊による津波は敷地全面で最大五九㌢（最大潮位時で標準水位から二・二一

暦 年	事 項
	メートル）と見積もっている。／しかし、過去の九州の火山噴火による愛媛県への降灰は二十センチ前後もあった。それも、数百キロメートル離れた九州南部の喜界火山や姶良火山の噴火によってだ」「四国電力による火山活動の影響評価は、原子力規制委が求める『不確かさを考慮し、施設へもっとも大きな影響を与える想定』としては過少すぎる。『九州大変伊方迷惑』は絵空事ではない」とする意見を掲載。（東京：20140617）
2014. 6	この月、愛媛県八幡浜市議会総務委員会で再稼動反対、廃炉を求める請願が採択されるが、本会議では継続審議となる。保守系が大半を占める議員の間にも原発への不安、不信が広がっているため。
2014. 7. 1	島崎邦彦原子力規制委員会委員長代理が伊方原発３号機敷地の地層を一日で現地調査、「非常に固い岩盤上にあると確認できた。新たな課題は特にない」と評価する。もともと３号機敷地については、岩質の良好でない２号機に接する谷筋に立地する（伊方原発２号機設置許可取消請求訴訟）とされてきている。当日、再稼動に反対の市民グループ（「原発さよなら四国ネットワーク」）などが、「電力会社の資料と言い分だけを聞いて、一日の調査で済ますのでは本当の問題は分からない。最低限、委員会の独自調査による資料を基にした審査でないと、電力会社のごまかしがあっても追及することはできない」と批判し、八幡浜市議会採択の「徹底した活断層調査を求める」とした意見書の実現なども訴える。（東京：別冊 南海日日新聞、20140701）
2014. 7. 7	原発事故を想定した緊急時の人間の対応につき、四電がNHKの取材に応じた2000頁以上のマニュアル（手順）を整備し習熟しているという映像を放映する。（NHK総合：原発新基準 安全は守られるか）
2014. 7. 22	「原子力総合年表 福島原発震災に至る道」（すいれん舎）刊行、「第２部」（317頁～321頁）で安部竜一郎執筆の伊方原発における「原子力施設関連訴訟」（2001年２月９日、2011年12月８日）や、「第３部」（441～447頁）で土器屋美貴子執筆の伊方原発の年表（1947年４月25日～2013年７月17日）を掲載する。
2014. 7. 25	四電が現在ある「緊急時対策所」とは別の新たな対策所を建設すると発表。現在の「緊急時対策所」は７階建ての免震棟にあり、岩盤と28本の鉄筋コンクリート製の杭で固定されているが、この杭の３本に敷地直下で最大加速度620ガルの地震が起きた場合、罅が入る危険性が分かったからである。なお新たな対策所は鉄筋コンクリートの平屋建てで約200m²、９月に着工し完成は来年１月以降の見通し。（朝日、民報：20140726）
2014. 7. 27	福島県飯舘村の酪農家谷川健一（61歳）は松山市内で講演し、育てていた牛が計画的避難区域に指定されたため餓死した様子などを訴え、「原発事故は取り返しがつかないと常に意識してほしい」と訴える。菅直人元首相も出席し安倍政権の再稼動政策や規制委の審査について批判。
2014. 7	この月、伊方原発１、２、３号機運転差し止め請求訴訟で、原告住民側が

暦　年	事　　項
	大飯原発（関電）3、4号機の運転差し止めを命じた福井地裁判決を例に、早期の結審を求める。
2014. 8. 12	四電は4月に英国から返還された高レベル放射性廃棄物のガラス固化体4本の発熱量測定値が事前の計算値を下回った原因につき、放射性セシウムの一部が固化体に閉じ込められるはずだったのに、製造ラインに残った可能性が高いという見解を発表。当初、四電は製造時のデータに誤りがある可能性（誤りはなかった）も視野に入れて調査していた。四電は「安全上に問題はない」と改めて指摘。
2014. 8	この月、伊方町で安定ヨウ素剤配布の説明会がなされる。
2014. 9. 12	四電は規制委の新規制基準に基づく審査で地震の揺れの想定を、それ以前の申請時は加速度570ガルだったものを620ガルに引き上げていたのだが、さらに650ガルに引き上げる考えを示す。そうなると、既に造り直しを決めている緊急時対策所に加えて、耐震性の確認作業（配管など）や追加工事が必要になる。（朝日：20140913）
2014. 9. 24	九電が太陽光発電の新規買取り保留という「契約中断」宣言をし、四電にも波及、新規買い取りの中断となる。
2014. 9. 28	1回目の安定ヨウ素剤の事前配布を伊方町内で実施。対象者は原発から5km圏内に住む3歳以上の町民。
2014. 9	この月、愛媛県宇和島市（伊方原発30km圏内の自治体のうち最も人口が多い市）で脱原発グループ「原発いらんぜ宇和島市民の会」が発足。
2014. 10. 5	2回目の安定ヨウ素剤の事前配布を伊方町内で実施。前回と合計で計2653人（対象者の48.3%）が受取る。近藤誠が伊方町の担当者に5km圏外の町民はどうするか質問すると、「避難指示が出た場合には、自家用車で避難してもらうのでヨウ素剤は必要ない。自家用車に乗れない人は町がバスを用意する」と説明。これに対し近藤は、町の保有バス（含・スクールバス）は25台、収容定員は580人分しかないと批判する。また担当者は、近藤の複合災害時（地震を伴う）の集落の孤立（地滑り、道路崩壊に因る）についての質問に、「孤立する集落はない」といい切る。これに対しても近藤は、隣町の八幡浜市でさえ大地震時には20集落の孤立の可能性を予想していること、伊方町誌に伊方町の地形の特色は低いが険しい山地が多い、雨期に地滑りを起こし耕地や道路を押し流すことが多いと記載されていることなどを挙げて批判する。（東京：近藤誠「原発事故の備え甘過ぎ」、20141028）
2014. 10. 19	「伊方集会」を四電伊方原発ゲート前で開催。「原子力の日」（10月26日に政府が制定。1956年にIAEA加盟を決定した日、1963年に初めて原子力発電に成功した日に因む）に対抗するもので、チェルノブイリ原発事故（1986年）の翌年から始めてこれで28回目。主催は四国各県の反原発グループの結集である「原発さよなら四国ネットワーク」。（東京：近藤誠「反原発 妨害に屈しない」、20141021）
2014. 10. 21	伊方原発3号機から地震に因り放射性物質が漏れたとの想定で四国4

暦　年	事　項
	県、広島、山口、大分の計7県が防災訓練を実施。訓練での想定は外部電源喪失で非常用冷却装置が動かず、原発から放射性物質が外部に飛散し原発から半径30km圏外への避難指示が周辺住民に出たというもの。訓練は2012年に始まり3回目で、避難用道路が損壊する複合災害に備えて初めて瓦礫の撤去訓練を導入。原発から約半径30km圏内の愛媛、山口両県の住民約1万4000人が参加。住民約700人はバス、ヘリコプター、船などを使って避難。これとは別に、約1万3000人は学校や公民館などに屋内退避もする。伊方町の三崎小学校、中学校などでは放射性物質の付着の有無を調べるスクリーニングや除染の訓練も行う。（民報：20141022）
2014. 10	この月、過去に南海トラフ沿い（震源域を東海、東南海、南海に想定）に起きた地震による海底の遺構調査で、海洋研究研究開発機構の谷川亘主任研究員が土佐清水市爪白の海岸から50m沖、水深5～10mを潜水調査、石柱（約100m四方に30本ほどを確認）など人工物を発見。3震源域が連動すればM8～9の巨大地震となり、今後30年以内に起きる確率は70％と評価されている。（民報：20151007）
2014. 11	この月、安定ヨウ素剤配布説明会がなされる。／／愛媛県東温市（伊方原発から60～70km離れる）議会が再稼働反対の意見書を全会一致で可決。／／八幡浜市の脱原発グループが「伊方原発をなくそう！　八幡浜市民の会」を結成、毎週金曜日に街頭で再稼動の危険性を訴える。
2014. 12. 1	「原子力市民年鑑2014」（原子力資料情報室編、七つ森書館）が、「伊方1号炉設置許可取消し訴訟提訴」（1973年8月27日の項）などを掲載。
2014. 12. 12	四電は3号機の最大級の揺れである地震想定（新規制基準に基づく）を申請当初の570ガルから650ガルに引き上げる。活断層である「中央構造線断層帯」について、当初は敷地前面の54kmが動くケースを基本にしていたが、原子力規制委員会の指摘を受けて480kmに渡り連動するケースも基本とするように追加し計算方法も変えたためである。委員会はこれを了承。（朝日：20141213）
2014. 12	この月、衆議院選挙愛媛4区（伊方原発の地元、投票率55.16％）で自民党現職が当選。落選の3候補は再稼動に慎重、反対で、3候補の獲得した合計得票数は自民党を上回る。八幡浜市の投票率は49.59％。
2015. 1. 9 （平成27）	「民意を無視して再稼動する原発 全国ワーストMAP」の見出しで再稼動待機中の全国一四基を紹介、可能性が高いとして川内、高浜、玄海に次ぎ伊方原発を掲載。内容は伊方原発3号機は規制委員会の審査で「想定地震の最大の揺れ」と「津波の高さ」の二つをクリアし「大詰め」であること、自治体では「町長が『雇用や経済を考えれば必要』」、知事は「『審査を見守る』」と発言していること、規制委、自治体が「現在、建屋の耐震性や周辺斜面の安定性を調査中」であることなど。（「FRIDAY」1675号）
2015. 1. 12	3号機の「審査も終盤に近づきつつある」と報じられる。他に、審査が

暦　年	事　　項
	進んでいる原発として、北海道電力・泊原発 1～3 号機、関電・大飯原発 3、4 号機、同・高浜原発 3、4 号機（「審査に事実上合格」）、九電・玄海原発 3、4 号機、同・川内原発 1、2 号機（「地元同意、再稼動へ」）なども掲載。（民報：20150112）　なお四電、県、伊方町は安全協定を結ぶが、他に四電と県、これらと八幡浜、大洲、西伊予の周辺三市は安全確保に関する覚書を交わしている。内容は再稼動に伴う主要施設（原子炉など）の設置、変更の際には八幡浜市に意見を聞き、大洲、西伊予には通知するというもの。
2015. 1. 14	経産省は廃炉の際の電力会社の負担軽減のための会計ルールの見直し案を決定。廃炉を決めると発電機や核燃料などの資産価値がなくなり、1 基当たり約 210 億円の損失を一括計上する必要があり、これを新ルールでは資産価値と認め 10 年間に分割し計上できるというもの。（朝日：20150115）
2015. 1. 15	政府は原発再稼動の際に立地自治体に配る新たな交付金（再び停止した際の地元への悪影響を和らげるなど、支援を手厚くし立地自治体の理解を得る狙い）を設け、来年度予算案として 15 億円を盛り込む。使い途は再稼動による風評被害防止のためのモニタリング検査、住民に安全性を理解して貰うための説明会費用など。この交付金とは別に、立地自治体には「電源立地地域対策交付金」も出されており、2016 年度予算には計 912 億円が計上されている。（朝日：20150115）
2015. 1. 19	この日までに名古屋大学減災連携センター広井悠準教授（防災・専門）は、南海トラフ巨大地震が発生した場合（首都圏から九州までの 22 都府県で）、津波を原因とする「津波火災」が発生する可能性は計約 270 件であるとの予測を発表（この巨大地震被害予測で最大約 32 万 3000 人が死亡すると想定する内閣府は、「津波火災」には具体的に触れていない）。津波火災発生件数は、静岡 54 件を筆頭に愛媛は 16 件と第七番目の多さ。（民報：20150120）
2015. 1. 25	山本昭宏「核と日本人」（中央公論社）が「第 3 章」で、1973 年 8 月に始まった伊方原発の裁判について紹介する。
2015. 2. 2	原子力規制委の検討チームが原発事故発生時の住民防災対策を検討、原子力災害対策指針の改定に向けた検討案を示す。今回、初めて示した半径 30km 圏外の対策は、原発敷地内の空間放射線量を観察し「放射性雲」（プルーム／放射性物質を含む）の移動方向や速度を推測する。規制委が予防的に屋内退避を求める自治体を同心円的に設定するので、30km 圏外でも退避自治体はあり得ることを示した。（朝日：20150203）
2015. 2. 7	日本原子力研究開発機構や電力会社への取材で、各地原発で使用済み MOX 燃料が国内に約 127 トン保管されていると分かる。うち伊方原発には MOX 燃料は 10.7 トン。
2015. 2. 10	伊方原発全 3 基の運転差し止め訴訟の第 10 回口頭弁論（弁護団長・薦田伸夫）が松山地裁で開かれる。原告側は、原子力規制委員会が 3 号機に

暦　年	事　　　項
	ついて想定される最大の揺れである基準値震動をほぼ了承している現在、四電が地元同意などの手続きを取付ければ再稼動が決まる可能性があり、再稼動後の判決では意味がない、「早期の訴訟終結を求める」と指摘。他にも原告側は、事故で放射能が流出した場合、患者や障害者の避難は不可能だとも指摘。これに対し四電側は「審査は継続中だ。工事認可などの手続きもあり、（再稼動までには）相当の期間がある」と引き延ばしを図る。（別冊南海日日、東京：20150213）
2015. 2. 20	「伊方原発をなくそう！　八幡浜市民の会」が、再稼動の是非を問う住民投票の実施に向けて動き出し、伊方原発運転差し止め請求訴訟弁護団事務局長・中川創太弁護士を招き、住民投票の意義、手続きなどを聴く講演会を八幡浜市内で開く。伊方原発の送電線鉄塔の耐久性がＢクラス、伊方原発の「基準値震動」は 650 ガル（柏崎刈羽原発は 2300 ガル、2008 年の宮城県内陸地震は 4022 ガルを観測）であることなどが話される。（東京：20150223）
2015. 2. 23	国立病院機構・大阪医療センターが、南海トラフ巨大地震で津波の被害が想定される 24 都府県で、入院設備のある医療機関 1 万 2065 のうち 19％が浸水するという見通しをまとめる（災害拠点病院では 423 のうち 17％に相当の約 71 病院に浸水の可能性）。愛媛県では浸水が想定される医療機関の割合は 11～30％と発表される。（朝日：20150223）
2015. 3. 11	松山、新居浜、伊方で原発反対集会（伊方原発をとめる会主催）。
2015. 3. 22	松山市内で井戸謙一元裁判長の講演会を開催。井戸は 2006 年 3 月 24 日に金沢地裁で、耐震指針に疑義を訴えた住民側の出張を認め北陸電力志賀原発 2 号機の運転差止の国内初の判決を出す。
2015. 3. 23	福島民報が伊方町につき「観光で原発依存見直し／長期停止に危機感」の記事を掲載。それによれば、歳入の約 3 割が「原発マネー」（電源三法交付金や固定資産税など）の町は原発の長期停止で経済不安が生じたことで、観光振興に力を入れて原発に依存し過ぎた町づくりを見直そうとしているという（脱原発ではない）。2012 年夏に町商工会がアンケート（町内約 120 事業所）をしたところ、四割超が景況悪化を訴えた。そこで山下和彦町長は 2013 年 6 月の町議会で観光を新たな振興策の柱として表明、2014 年 3 月には初の総合戦略を策定し、2014 年度予算に関連事業費として約 2 億 1500 万円を計上、2015 年度予算にも約 1 億 9500 万円を盛り込んだ。町は燈台が百周年となる 2018 年 4 月までに観光関連事業に集中投資するという。
2015. 3. 30	政府は南海トラフ巨大地震（最悪級として M9.1、死者約 32 万 3000 人見込む）に備え、応急対策活動計画をまとめ、重点救援対象に静岡、愛知、三重、和歌山、徳島、香川、愛媛、高知、大分、宮崎の 10 県を指定。四国全体の被害規模（目安）は 30％（中部地方は 40％、近畿は 20％）と予想される。／／同日、四電は伊方原発環境安全管理委員会での、委員からの「航空機の衝突に原子炉格納容器が耐えられるか」という質問に対し、「コンクリートの遮蔽がある。格納容器に多少の損傷はあるが原子

暦　年	事　　　項
	炉容器までの影響はなく、核燃料は安全に冷却できる」と回答。しかし「伊方原発を止める会」によれば、原子炉への直接の衝突は検討されてはいない。証拠として2013年に四電が国へ提出した資料には「航空機の落下を考慮する必要はない」という記載がある。
2015. 4. 3	原子力規制委は、この日の審査会合で火山噴火の影響について了承（原発敷地内に堆積の火山灰の厚さの想定を5cmから15cmに引き上げる）、これで重要な課題の確認を全て終了したとして、四電（千葉昭社長）の3号機の再稼動に向けた審査の議論を終える。後は審査で指摘された点を修正し、新規制基準に適合と認められる修正書類をまとめることになる。残るのは工事計画の許可、使用前検査などの手続き、再稼動に対する地元の同意などで、社長は「年内の再稼動も十分可能だだと思う」との見通しを示す（既に審査に合格しているのは、九電川内1、2号機、関電高浜3、4号機で、伊方3号機は3例目）。
2015. 4. 14	四電は再稼動の前提となる3号機の審査で規制委員会から指摘されていた内容を修正、審査申請の補正書を提出した。規制委はこれを受けて本格的な「審査書案」（事実上の合格証に相当）の作成に入る。この月で、2012年3月からの「別冊 南海日日新聞」（東京）の連載が56回となる。
2015. 5. 20	3号機（プルサーマルで再稼動予定）が全国3例目の新規制基準を満たす原発として審査書案が規制委に了承され、事実上審査に合格、再稼動が認められる。これで日本最大規模の活断層（伊方原発の北8kmを走る）「中央構造線断層帯」の480kmに渡る連動を踏まえた、最大級の地震の揺れ650ガルへの引き上げや（この了承に1年5カ月を要す）、事故時の拠点となる新設の免震施設も認められたことになる。（朝日：20150521）／／同日、再稼動反対の市民グループ約30人が港区六本木のオフィスビル前（規制委がある）で抗議集会、「全ての原発再稼動反対」「再稼動ありきの規制委員会は解散すべきだ」などとビルに向かい訴える。「再稼動阻止全国ネットワーク」（全国各地の脱原発を訴える市民団体）事務局の木村雅英（67歳）は「住民の不安に応えないまま了承された。非常に残念」と報告。参加した会社員阿部めぐみ（65歳、港区）は、「福島第一の事故は終わっていない。事故収束に全力を注ぐべきだ。規制基準に適合しても、安全を保証するものではないなんて、プロとして許されない」と話す。「ネットワーク」は規制委の広報担当者に要望を提出、福島第一原発の事故収束に専念する、避難計画が不十分な原発を稼動させない、安全性が保証できないなら再稼動を認めないなどを要求。なお、原発30km圏内（伊方町の他に6市町）にある市長のこれまでを含めた対応を見ると、八幡浜市の大城一郎は常々、「当市は1km圏内にほぼ全域が収まる。（再稼動などの）節目には市の思いを尊重してもらう枠組みが必要だ」と主張、伊予市は「少なくとも30km内には、意見を聴いてほしい」が公式見解、宇和島市の石橋寛久、西予市の三好幹二は共に「脱原発をめざす首長会議」に名を連ねて意見を聴くように要求、大洲市の清水裕は近隣市長の意見を踏まえることを求めるコメントを提出

暦　年	事　　項
	(20日) などである。(東京：20150521) ／／愛媛県の避難計画では、重大事故の際には住民は佐田岬半島先端の三崎港から、県が手配した船で対岸の大分県などへ逃げる想定だが、5000人余りの避難は困難を伴い (定期フェリーでは避難完了に16時間半を要している。自衛隊などの船の使用だと4時間半)、地震、津波で港が壊れて大型船が接岸できない場合 (漁船で沖に待機の大型船にピストン輸送するという想定)、強風、大波で救助の漁船が出せない場合などへの対策はまだ不充分で、漁船が出せないケースへの対応などは伊方町の避難行動計画には盛り込まれていない。また四電は30km圏内の愛媛県の6市町と山口県上関町との間には安全協定を結んでいない。なお四電が再稼動すれば福島原発事故以前と同様に四国以外の地域に売電が可能となる (2010年度は総販売電力量の約15%を関電などに売電)。(朝日：20150521)
2015. 5. 21	規制委は21日から6月19日まで、3号機の審査書案への意見募集 (パブリックコメント) をする。応募はインターネット (http://www. nsr. go. jp/)、郵送〔〒106-8450 東京都港区六本木1の9の9　六本木ファーストビル 原子力規制庁安全規制管理官 (PWR宛て)〕、ファックス (03-5114-2179) のいずれか。
2015. 6. 7	「フクシマを繰り返すな！　伊方原発再稼動やめよ!!　6. 7大集会」(伊方原発をとめる会主催) が松山市内で開かれる。
2015. 6. 9	この日発売の週刊朝日 (通巻5311号) が「地震学者らが警告『活断層近くにある伊方、川内、浜岡の再稼動は危ない』」を掲載。建築研究所特別客員研究員・都司嘉宣の「伊方の場合、北にわずか数キロほどの海中に中央構造線が東西に走っています。これまで活動はしていないと思われていましたが、2000年代になり1596年に四国西部から九州東部にかけて中央構造線を震源とするM7.7の巨大地震があったことがわかってきた。(中略) 中央構造線を震源とする地震が起きれば、伊方原発を10メートルを超える大津波直撃する恐れがあります」という解説や、高知大学特任教授 (地震地質学) 岡村眞の「伊方原発設計時の耐震基準となる加速度はわずか473ガル。もともと巨大な活断層があると言われてきたのに、四電がそれを受け入れなかったためです。愛媛県知事の要請もあり、再稼動までに1千ガルへ引き上げるようですが、もともと低いレベルの設計を急激に強靱化するのは難しい。そもそも中央構造線で大地震が起きれば1千ガル以上は揺れるでしょう。国が四電に評価を求めた長さ480キロの断層が連動して動いたら、どのくらいの規模の揺れになるのか想像もできない。岩手・宮城内陸地震では4200ガルを記録しました。安全性を確保するなら、原子炉を建て替えるしか手はありません。」という指摘、また、東海大学地震予知研究センター長長尾年恭の「活断層にしても、日本の基準では原発内の建屋や重要構造物の直下になければ良いことになっているが、米国では原発から8キロ内に怪しい地形があるだけでダメです。これでなぜ、世界最高水準の安全基準などと呼べるのか」という批判を掲載する。同誌はさらに、伊方原発運転差し止め訴訟 (松

暦　年	事　　項
	山地裁で係争中）原告の斉間淳子の「佐田岬半島の人たちは、原発で事故が起きたらもう逃げられないと諦めている。国は安全な原発は再稼動するというが、伊方はぜんぜん安全ではありません。本当に国民に安心してもらいたいなら、こんなに危険な原発は止めろと言いたい」という怒りも載せている。（桐島瞬、今西憲之／本誌・小泉耕平）／／同日、同誌はまた愛媛県知事中村時広の「伊方原発の再稼働が話題になっていますが、国からの話はまったくない。（中略）（再稼動のママ）要請がまだ来ていない以上、すべては白紙です。伊方原発は（中略）山を削って平地にした所に原発を造った。万が一の場合、福島のような汚染水タンクを置ける平地がない。（中略）南海トラフ地震の危険性が叫ばれる中、とにかくゆれ対策が問題です。国が言う以上に耐震対策（1千ガルまで対応ママ）を検討し、非常用電源の予備も確保してほしいなど、さまざまな要請をしています。」というコメントも載せる。（聞き手／今西憲之）
2015. 6. 23	規制委は自らが結論づけた、3号機は新規制基準に適合しているという「審査書案」につき、今月19日までに科学的、技術的な意見を一般公募していたが、計約3500通の意見が寄せられたことを明らかにする。
2015. 6. 25	電力九社の株主総会開催。政府が2030年度に原発の割合を約2割に維持する電源構成（エネルギーミックス）案を固めたことで、トップは再稼動の先を見据えて動いている。他方、「脱原発」を求める株主提案はすべて否決された。四電・千葉昭社長（総会後に就任）は1、2号機（運転開始後30年以上使用）につき、再稼動に取り組む姿勢を強調、「40年運転制限への対応を適切に進める」とも発言、運転延長に意欲を見せる。（朝日：20150626）
2015. 7. 11	この日までに3号機の周辺自治体が「複合災害」（地震、津波、原発事故が同時に起き道路、港が使用できない災害）を特に不安と考えていることがアンケートで分かる（大洲市以外の市町で最多／共同通信に拠る）。現状では住民の避難先になる愛媛県内外の受入態勢も整備が進んでいないことも判明。原発の重大事故時には30km圏内の約12万3000人が対象となる。〔参考：アンケートについて―― 2015年6月中旬に、県七市町村（八幡浜市、大洲市、伊予市――この3市は複合災害に備えた避難計画を策定済みと回答――宇和島市、西予市、内子町、伊方町）と山口県上関町で実施。また避難先となる大分、山口など六県と、愛媛、山口両県の19市町にも実情を聞く／5市町では「大規模な交通渋滞の発生」、3市が「入院患者や介護施設入所者ら要援護者の避難」も挙げる。避難先自治体の受け入れ態勢では高知県は「整っていない」「今後具体的に市町村と協議する予定」とし、山口県と愛媛県7市町（西条市など）は「整っている」「どちらかというと整っている」とする。／再稼動に関しては（30km圏自治体が対象）、伊予市が国が徹底して安全を確保し責任を持つことを条件とする「条件付きで賛成」、後の5市町は「判断できない」、2市町は未回答で反対はなし／再稼動に対する「地元」の範囲については4市町（伊方町、西予市など）が「愛媛県と伊方町のみ」、他の4市町

暦　年	事　　　　項
	は選択肢を選ばず。八幡浜市は記述で「地元という言葉に関係なく、当市の意向が反映されるべきだ」とする。（民報：20150712）〕
2015. 7. 13	規制委は3号機の「審査書」（原発の新規制基準を満たしていると結論付けたもの）につき、明後日15日の定例会議合で議論すると発表、規制委は一般公募で寄せられた約3500件の意見を精査していた。四電は基準地震動を当初の570ガルから最大650ガルに引き上げたことで免震棟（事故対応拠点が入る）の耐震性が不足し、別に緊急時対策所を新設する。（東京：20150714）
2015. 7. 14	松山地裁で「伊方原発をとめる会」（原告）の起こした運転差し止め訴訟の「第一二回口頭弁論」。
2015. 7. 15	規制委が四電（佐伯勇人社長）の申請（新規制基準を満たすと出張）した3号機についての安全対策のための設計変更を適合（許可）すると認め、この審査書を正式決定（2013年7月の申請から約2年）。田中俊一委員長は「地震の想定など根本からの議論で時間がかかった」「求めてきたレベルの安全性を確認した。ゼロリスクや絶対安全がないことは理解してほしい」（会合後の記者会見）と述べ、従来通り合格が絶対的な原発の安全を意味しないという考えを強調。今後は「保安規定」（詳しい設備設計を記した「工事計画」や事故時の対応手順などを定める）の認可手続きに進む。また四電は今秋までに配管の耐震化などの工事を終える方針、その後は設備検査に数カ月かかるとみられ、再稼動可能の時期は今冬以降。引き続き今後の焦点となる再稼動と地元の同意について、県の中村時広知事は「新基準に適合しているという技術的レベルの判断が出た段階。国の要請もない以上、まだ再稼動についての議論はできない」（15日）と報道陣に述べ、地元同意については従来通りの見解の「白紙」を繰り返す。伊方町の山下和彦町長は「3号機の安全性が確認されたと受け止めている。町議会などの意見を集約し総合的に（再稼動につき）判断する」とコメント、地元同意については態度を明らかにせず。菅義偉官房長官は「エネルギー基本計画に基づき再稼動を進める」（記者会見）と述べる。（朝日、民報：20150716）〔参考：これで全国の原発では伊方3号機に対する再稼動申請許可（新規制基準の適合審査への合格）は、九電川内原発1、2号機、関電高浜原発3、4号機に続き3例目。〕
2015. 7. 19	エドウィン・ライマンの講演会「プルサーマル（MOX燃料）の危険性について」が松山市内で開かれる。（原発さよなら四国ネットワーク主催）
2015. 7. 21	中村時広愛媛県知事が宮沢洋一経済産業相と会い、安倍晋三首相との面談機会を設けるよう要請。
2015. 7. 28	愛媛県の専門部会（有識者委員8人で構成）が開催され、基準値震動（耐震設計目安）を最大650ガルをめぐり、耐震性の評価方法につき疑義が出るが、外部の専門家の「実績ある方法を用いていると四国電から説明を受けており、問題はないと考える」との証言に委員らが納得。（民報：20150813）

暦　年	事　　項
2015. 8. 1	「原子力資料情報室通信」(No. 494) で近藤誠は、米軍機の飛行実態は無視されており、新規制基準審査でも施設に落下する確率は低いという落下の確率計算を提出、実際に施設に航空機が衝突した場合を想定した審査は行っていない、事故多発の米軍ヘリ、オスプレイの国内、岩国基地への配備により、米軍機墜落事故の危険性は一層強まることになる、など記す。(「たんぽぽ舎」〈nonukes@tanpoposya. net〉、「地震と原発事故情報」: 20160215)
2015. 8. 3	民報がこの日現在の「各原発の使用済み燃料貯蔵余裕」を掲載、伊方原発は容量超過までの期間が8.8年とされる。
2015. 8. 4	規制委による3号機の再稼動の審査の合格を受け、県議会の特別委員会が開かれ原発の安全性を審議、規制庁職員がテロ対策や敷地北側の断層帯に関する審査内容を報告。原発施設に航空機衝突などのテロが発生した場合、大型ポンプ車や電源車などで対応するとの報告に対し、議員から「攻撃で壊れないように強度対策をしているのか」などの質問が出る(職員は機密情報に関わるので詳しく答えられないと回答)。(民報: 20150805)
2015. 8. 6	八幡浜市が規制委による3号機の審査合格を受けた説明会が昨日5日に続いて開かれ、経産省自然エネルギー庁や四電が原発の必要性を報告。経産省職員の「経済性を考えれば原子力に頼らざるを得ない」という説明に、市議からは「原発があったから八幡浜市の経済発展があった」、「原発があるから子どもや若者が帰ってこない」など賛否の意見が出る。漁業関連の参加者の「原発の風評被害の責任をどう取るのか」という質問に、四電は「福島の事故のようなことはないと考えている」と回答。説明会の参加者は市の招待に応じた市議、市内の団体、組織の代表者ら。傍聴は約10人、市は傍聴者には発言や質問を禁じる。(民報: 20150807) ／／この日刊行の森瀧市郎著「核と人類は共存できない」(七ッ森書館) の第2章が「四国伊方原発訴訟における原告側『準備書面 (一二)』の意味するもの」を掲載。森瀧は松山地裁に提出 (1977年2月) された伊方原発の危険性を訴える「原告準備書面 (一二)」は、1979年3月に起きたスリーマイル島 (TMI) 原発事故の原因を既に言い当てており「体系的に委曲をつくして述べた」「科学的予言」だとして、「原発論争史上不滅の文献」と意義付ける。その要点は、加圧水型原子炉 (PWR、伊方原発) の安全の最後の砦であるECCS (緊急炉心冷却装置) が作動して大事故を防ぐ事態は「一次冷却系装置」の破断でLOCA (一次冷却材喪失事故) が発生する場合と考えられているが、TMI原発事故のはLOCAは「二次冷却水系」の故障 (ミス) が引き起こしたこと (だからECCSが作動しても無効)、ECCSから燃料棒冷却のために炉心に送り込まれた水は炉心に到達し難く、到達しても燃料棒被覆の金属ジルコニウムと化学反応 (酸化) を起こして被覆管の劣化を促進させ、とくにそこで発生した水素は燃えるか爆発するしかなく、炉心溶融の最大事故となるというもの。
2015. 8. 11	川内原発1号機が再稼動。次の再稼動は同2号機 (同年10月頃か) の可

暦　年	事　　項
	能性。次いで主な審査で基準に「適合」の高浜原発3、4号機（関電）と伊方原発3号機とが近い。伊方原発（再稼動は2015年冬以降か）については地元同意の課題が残る。伊方原発で使用済み核燃料プールが満杯になるまでの年数は試算で8.8年。（民報：20150812）／／この日発売の週刊朝日（第120巻第35号）が作家大下英治と弁護士河合弘之との対談を掲載、河合は元首相の小泉純一郎が9月16日に松山市で原発ゼロを主張する講演会を開くと発言。
2015. 8. 12	県の専門部会が松山市内で会合（原子力規制庁担当者も出席）、県が独自に求めている3号機の耐震化につき「秋までにおおむね千ガルの揺れに耐えられるようにしたい」という四電の説明を了承。次回以降、部会は知事が再稼動可否を判断する上で参考となる報告書をまとめていく。県は最大650ガルと決まっている基準値震動に対し、それ以上の揺れ対策を要請、四電は195の重要設備（含、原子力容器）について千ガルの耐震化を図る方針を県に報告している。（民報：20150813）
2015. 8. 18	県の市民団体「伊方原発五十㌔圏内住民有志の会」〔世話人・堀内美鈴(51歳、松山市)〕は、伊方町で実施した3号機の再稼動の賛否を問う地元住民アンケート調査の途中経過を公表。結果は反対51.3%、賛成27.1%、賛否を明らかにしないのは22%。アンケートは2015年2月から8月にかけて対面か回答用紙の郵送（留守の場合）で実施、合計881戸から回答を得る（伊方町は現、約4800世帯、訪問戸数は空き家も含め2488、四電社宅は訪問せず)。同調査は今年10月頃、全戸を訪問し改めて公表の予定。堀内は「再稼動をめぐる地元同意の手続きが進んでいて、危機感から前倒しで公表した。町や県は結果を考慮して」と話す。(東京：20150819)／／海上保安庁が南海トラフ巨大地震で想定される震源域での地殻変動の詳細を発表。海底に設置の15カ所の陸側プレート（岩板）上の観測地点では1年間に最大約5.8㎝の割合で北西方向に移動(東日本大震災では宮城県沖の海底で東南東に約24㎝移動)。静岡県沖で年平均5.8㎝、宮崎県沖で2.2㎝とばらつきがあるが「大きく移動している場所ほどプレート同士が強くくっついており、震源域となる可能性が高い」と海保の担当者は分析。観測方法は測量船（衛星利用測位システムGPSで位置を特定）の船底から音波を出し、海底に設置した機器（観測点）から反射波が返るまでの時間を計測。なお南海トラフは東海沖から九州沖へ延びる溝状の海底地形で、海側プレートが陸側プレートの下に潜り込む動きをし、後者が引きずり込まれる際に「ひずみ」が溜まりこの力が解放されるときに地震が起きる。(民報：20150819)
2015. 8. 19	県の専門部会が松山市内で開かれ3号機の安全対策を確認、「規制委の審査は妥当」とする報告書をまとめる。ここでは基準値震動を最大650ガルと定めた規制委の審査結果に対し「最新の科学的・技術的知見を踏まえ、適切に策定されていることを確認した」とする。また津波対策についても「仮に津波が伊方3号機の敷地の高さを越えたとしても、浸水を防ぐ水密扉などにより、原子炉を安全に停止できることを確認した」

暦　年	事　　　項
	とする。中村時広知事はこの報告書を再稼動の可否判断の参考にするとし、地元同意の手続きが一歩進んだと解される形にされそう。（民報：20150820）
2015. 8. 21	政府は、今月26日に関係省庁と3県（愛媛、山口、大分）による「地域原子力防災協議会」を開くと発表。伊方原発事故に備えた避難計画の取りまとめに向けた会議であり、原発30km圏の避難計画が合理的であることを確認し合意したうえで、関係閣僚による「原子力防災会議」（議長・安倍晋三首相）に報告の予定。この協議会には3県の副知事、愛媛県の関係市町村首長、内閣府や防衛省の審議官らが出席し、事故時の避難ルート、避難先施設の確保などを検討、計画が妥当かどうかを確認する。政府は審査の対象外だった避難計画を了承し、防災への関与を強調することで、再稼動に向けた地元同意の手続きを円滑に進める考え。（民報：20150822）
2015. 8. 28	県環境安全管理委員会（副知事、地元団体関係者で構成）が「規制委の審査は妥当」との報告書をとりまとめる。
2015. 8下旬	政府と愛媛県など三県は伊方原発周辺自治体の避難計画を取りまとめる。（毎日：20150903）
2015. 8	この月、海上保安庁は南海トラフ巨大地震の想定震源域の海底で観測した東日本大震災以降のデータ（約4年間）を解析、今回初めて地震予知連絡会に報告。それに拠れば日本列島が乗る陸側プレートは北西に最大で年間約6cm移動、南海トラフではフィリピン海プレート（海側）が陸側のプレートに年間5cmから6cmずつ沈み込んでいる。陸側のプレートの移動の速さは紀伊半島や四国ではプレートが沈み込む北西に向かって年間3cmから5cmの移動。また愛媛、大分間の豊後水道では6年から7年に一度起きる「スロー地震」の一種の「長期スロースリップ」（揺れを伴わず断層がゆっくり滑る現象、約1年かけて最大約5cm動く）も起きている。「スロースリップ」の誘発でその深部では低周波微動が増加していることも解明されている（神戸大学廣瀬仁准教授らの研究）。なお過去に起きた南海トラフに因る大地震は、1605年の「慶長地震」（M7.9）、1707年の「宝永地震」（M8.6）、1854年の「安政東海地震」（M8.4）と「安政南海地震」（同前）、1944年の「昭和東南海地震」（M7.9）、1946年の「昭和南海地震」（M8.0）である。（朝日：20151004）なお南海トラフでは100年から150年程度の周期でM8級の巨大地震が発生、過去最大とされる宝永地震は3つの震源域（東海、東南海、南海）の連動だった。白鳳地震（684年）も3連動の可能性が指摘されている。（民報：20151007）／／この月までの愛媛県内への避難者数は計182人、福島県から78人、宮城県から45人、岩手県から10人、その他49人。（「原発避難白書」：人文書院、20150910）。
2015. 9. 1	県の「環境安全管理委員会」（副知事、伊方町長、団体幹部、工学専門家らで組織）は3号機の安全性などを検証、上甲俊史副知事らが審議結果の概要を中村時広知事に説明、報告。報告書では、基準値震動を最大

暦　年	事　　項
	650ガルと定めた規制委の審査結果を「最新の科学的・技術的知見を踏まえ、適切に策定されている」と結論付けたり、県が独自に四電に求めた揺れ対策を妥当としている。知事は「規制委の議論を県として確認できた」と評価するが、「県議会の議論などが終わっておらず、再稼動の可否は白紙」と強調、また「福島であったような最悪の原発事故が起きた場合、国が最終的な責任を取るとの言質が現時点でない。安倍晋三首相がメッセージを出すべきだ」と求める。（民報：20150902）
2015. 9. 2	八幡浜市（伊方原発から半径30km圏）の大城一郎市長は伊方原発30km圏内の7市町村で最初に3号機の再稼動の了承を県知事に伝える。これは八幡浜市が県と四電との間で「伊方原発周辺の安全確保等に関する覚書」を結んでおり、県が市に事前協議を求めていたことによる。大城市長は了承の理由を、6月議会での議論の内容や、8月に実施した住民説明会の後のアンケートで回答者の66%が再稼動容認だったことなどを挙げる。また要望として「原発は雇用創出の場などとして地域経済の活性化の上で大きな役割を担っている」と説明し、「市はミカンと魚、食品加工業などを主要な産業としている。苛酷事故が発生した場合、安全に避難できても市民はふるさとを失う。仮に風評被害だけであったとしても、決定的な損害を被る」と強調する。中村知事には過酷事故の責任を最終的には国が負うことを確認すること、避難計画が実効性を伴うよう継続した取り組みをすることなど9項目を要請する。知事は「重く受け止め、今後の（再稼動の是非の）判断材料の一つとしたい」とした。半径30km圏には山口県上関町の一部を含む。（民報：20150903）／／同日、政府は規制委の定例会合で今年の国の原子力総合防災訓練（原発事故を想定）を愛媛県で実施すると報告。山口県（原発30km圏内）や大分県（避難住民の受け入れ先）も参加。訓練は地震の影響で原子炉の冷却が出来なくなり、放射性物質が外部に放出されたとの想定で実施、原発5km圏を中心に一部住民が避難先に向かう。規制委の田中俊一委員長は「避難場所もきめ細かく整備されていると思う。うまく活用できる態勢をつくってほしい」と述べる。原発事故時には佐田岬半島の住民約5000人の孤立の恐れが指摘されている。（毎日：20150903）
2015. 9. 16	小泉純一郎元首相が原発問題をテーマに松山市内のホテルで講演会。同日、同市での記者会見で3号機に触れ「伊方であろうがどこであろうが再稼動はすべきじゃない。これ以上核のごみを増やしてどうするのか」と国の姿勢を批判。また国主導の放射性廃棄物の最終処分地の選定方針について「オーケーしてくれる自治体はどこにもない。そういうことを考えているのか、発想が分からない」と述べる。さらに再稼動をめぐる地元同意手続きに関して「事故を起こしたら一地域にとどまらない。立地自治体だけがオーケーすればよいという問題じゃない」と述べ、周辺自治体の意見を尊重すべきだと提言。規制委の審査については「世界一厳しい基準に基づいて再稼動させると国は言っているが、一体どこと比べているのか」と批判する。講演後、「進次郎は毎月、被災地へ出かけ、

暦　年	事　　項
	事故後の悲惨な状況をよくわかっています。私が原発ゼロだからと言って強制はしませんが、進次郎はよく私の講演を聴いているようですね。ああ、わかっているのかということで、あえて、言わないようにしています」とも語る。(「週刊朝日」通巻5333号：20151020)
2015. 9. 24	3号機の再稼動に反対する25都道府県（福島県含む）の地方議員ら180人（都県議8人、市区町村議170人、元議員2人）が本宮勇・愛媛県議会議長に対し、議会が再稼動に反対の意志を示すことを求める連名の請願書を提出。松山市の元教員堀内美鈴は東電福島第一原発事故に関する勉強会などを通じて議員らと連携しており、請願書を県議会事務局に手渡した。そこでは事故発生時の避難計画には不備があって実現不可能だと指摘、県議会は再稼動に反対し政府と原子力規制委員会には意見書を、四電には要請書をそれぞれ提出するようにと求めている。(民報：20150925)
2015. 9. 25	伊方町環境監視委員会が審議結果を取りまとめて「3号機の再稼動に向けた政府の方針に一定の理解を示す」とする。
2015. 9. 28	3号機の195の重要設備（原子炉容器、炉内構造物など）につき、概ね1000ガルの地震の揺れに対処できる耐震工事を終える（四電発表）。県知事は四電に対し独自に最大650ガルに設定されていた基準値震動をそれ以上の揺れに耐えられるよう要請、これを再稼動の可否の条件に挙げていた。また四電は同日、項目の追加や修正を施した「工事計画」(設備の詳細設計を定める）と「保安規定」(運転管理体制をまとめる）とを補正書としてまとめ、規制委に提出したと発表。これで地元同意手続きは一歩進められた形になる。(民報：20150929)
2015. 10. 2	伊方町議会（町長山下和彦）の原子力発電対策特別委員会（議長、副議長、14人で構成）は3号機の再稼動を求める陳情を採択（非公開)。この日は地元経済団体が提出の賛成の陳情3件、市民団体が提出の反対の陳情4件を審議し出席委員の総意で採択した。町議会は6日の本会議でも採択して再稼動に同意する意思表示をする見通しで、伊方原発の地元同意の手続きが本格化する。9日の県議会が再稼動の可を判断すれば稼動に必要な町と県との同意が成立し県知事が最終的な結論を出すことになる。知事は再稼動の可否の判断前に安倍晋三首相と会い国の最終責任を確認する見通し。
2015. 10. 6	政府の原子力防災会議（議長安倍晋三首相）が開かれ避難計画を了承。中村時広県知事は首相の発言に先立ち原発事故時の最終的な責任についての国の考えを問い糺す。首相は伊方原発の住民避難計画の具体策（国の関係機関と地元自治体などで構成する協議会が8月までにまとめたもの）について、「具体的かつ合理的だとの報告を受け、了承した」と述べる。また原発事故時の責任については「国民の生命、身体や財産を守ることは政府の重大な責務であり、責任を持って対処する」と発言。これに対し県知事は「最高責任者である総理の直接の言葉は意味が違う。県民に報告できる」と述べる。(朝日夕刊：20151006) ／／同日、愛媛県議会特別

暦　年	事　　項
	委員会は3号機の再稼動を求める請願4件を自民党などの賛成多数で採択。地元住民の声を直接に聞く討論会は開かず、再稼動反対や住民投票実施などを求める請願56件は不採択となる。自民党などは再稼動容認の決議案を議会に提出。午後の愛媛県議会のエネルギー・危機管理対策特別委員会でも再稼動に賛成する請願を採択、「地元同意」が加速する。(民報：20151007)／／同日、伊方町議会は本会議で3号機の再稼動につき賛成の陳情（町商工会などが提出）を全会一致で採択、再稼動同意の考えを示す。なお町議会は市民団体からの再稼動反対の陳情は全会一致で不採択とする。(朝日夕刊：20151006）町長は再稼動を容認する際には「町民と話す機会は多く、意見を聴いている」と報道陣に説明するが住民説明会は開催されず。同様に県も公開討論会の開催要求に正面から応えておらず現実には住民不在。(東京：20151027)／／同日、伊方町役場の前に再稼動反対の住民ら約15人が集まり、「ふるさとは原発を許さない！」「伊方を廃炉に」などと書いたシートやプラカードを掲げ抗議。斉間淳子（無職、72歳、八幡浜市）は「再稼動には反対意見もあるはず。誰かが反対の声を上げなければと思って来た」と語り、秦左子（生協役員、五八歳、新居浜市）は再稼動賛成の陳情が採択されたことを受け「私たち住民の声を無視した結果。議会は町民の命の側ではなく、お金の側に立った。無責任だ」と語る。プラカードには「住民アンケートの結果（1028世帯）／伊方町民の多くは再稼働に反対／反対52.7%」などとある。(東京夕刊：20151006)
2015. 10. 9	県議会は本会議で3号機の再稼動に賛成する請願を採択、「再稼動の必要性が認められる」という決議案を可決した。知事は「国としての覚悟を示し、私の思いに応えてくれた」と評価。(東京夕刊：20151009、民報：20151010）なお町と県の議会と首長が同意すれば再稼動できるという「ひな型」は再稼動が先行している川内原発にあり、伊藤祐一郎鹿児島県知事は、周辺自治体の複数の市議会が自分たちを同意対象に加えるよう求める意見書を可決し要望したにも拘わらず「県と立地自治体に限る」と表明し取り合わず。伊方原発の場合は周辺自治体にそういう動きはなし。こうして伊方原発は川内原発とほぼ同じ約3カ月の「スピード判断」という2例目の実績を積み上げる。(朝日：20151027)
2015. 10. 11	地元から反原発を発信し続ける近藤誠（八幡浜市）が、入院先から伊方原発ゲート前での集会に参加し廃炉を訴える。「近藤さんはいつもは専門的なことを矢継ぎ早に話し、理詰めで原発の非を訴える人だった。でも、このときは違った」、「原発に未来はない。一緒に廃炉を考えよう。これから電力会社に入る若者たちが希望と誇りを持てる未来を考えよう」〔生協役員・秦左子（59歳）の言葉〕と「痩せた体を椅子で支えながら一語一語をかみしめるように、目の前の四国電職員に語りかけた」という。秦は「胸を打たれる言葉だった。最後なんかなと思ってしまった」ともいう。(東京：20151017)
2015. 10. 13	松山港でテロリスト対策の訓練が行われる。

暦　年	事　　項
2015. 10. 14	伊方町長が林幹雄経産相に安全性の確保や事故時の適切な対応などを求める要請書を提出。
2015. 10. 15	未明に近藤誠（広島県出身）が肝臓がんで死去、68 歳。2012 年 3 月より「東京新聞」特報面の「別冊 南海日日新聞」に 2015 年 4 月まで計 56 本の記事を掲載し、伊方原発の危険性を訴えてきた。近藤は今夏頃から指が自由に動かせずパソコンが打てなくなった。「まだまだ書きたかったと思います」ともいっていた。故斉間満の妻淳子（72 歳、「八幡浜・原発から子どもを守る女の会」代表）は、近藤が亡くなる 3 日前（12 日）に病床に呼ばれ「今後のことを話しとかないけん」といわれる。「原発の危険性を言い続けないかん。ここで諦めたらいかん」とも励まされる。斉間淳子は「身を擦り減らして頑張ってくれた。『原発が止まるまで死にたくない』とも言っていた。生きとってほしかった」と述べる。工学者小林圭二（76 歳）は「決してぶれない記者だった。伊方を止めたい一心で命もつないでいたのではないか」と悼む。薦田伸夫弁護団長〔64 歳、元伊方原発運転差し止め訴訟（2011 年 12 月）原告団共同代表〕は「残念だ。勝訴判決を墓前に供えたい」と話す。（東京：20151017）
2015. 10. 16	再稼動中の川内原発 1、2 号機に続く再稼動の近い原発として、「詳しい設計を認可」の高浜 3、4 号機（但し、福井地裁が運転差し止めの仮処分中）に次いで、「主な審査が終了」の伊方 3 号機が挙げられる。（朝日：20151016）
2015. 10. 18	現職首長らでつくる「脱原発をめざす首長会議」は南相馬市で記者会見を開き、伊方 3 号機再稼動に反対する申し入れ書を安倍晋三首相と愛媛県知事宛に送付したと発表。同会議には桜井勝延南相馬市市長（同会議世話人）、三上元湖西市市長（静岡県）、村上達也元東海村村長（茨城県）、阿部知子衆院議員ら 10 人が出席。（民報：20151019）
2015. 10. 21	林幹雄経産相が愛媛県を訪れ「政府として責任を持って事故の収束に対処する」などと町の要請に回答。町長は「十分納得いく回答だった」と評価。経産相は原発を視察、県知事、伊方町長と会談。（東京夕刊：20151022）
2015. 10. 22	伊方町長が県庁で知事と面会し「再稼動を容認する」（町議会審議、国と四電への要請を説明）と述べる。知事はこれを受け入れ「ずしりと重い責任を背負うなかでの決断だと推察する。町長の思いをそのまま受け止める」と応じ、面談後には「すべての条件を振り返って自分なりに考えたい」と述べる。知事は 3 条件（国の方針、四電の取り組みの姿勢、地元理解）で総合的に判断するとして来ており、首相の過酷事故時の国の責任の明言や、林幹雄経産相の現地視察などで、国への 8 項目の要請も満たされたと判断している。伊方町以外の原発 30km 圏にある 6 市町長は「了承」「知事に判断を委ねる」と回答、残っているのは現在審査中の「工事計画」（設備の詳細な設計内容のまとめ）、「保安規定」（運転管理方法を定める）、それに使用前の検査など。（毎日、朝日：20151023）なお知事は 27 日に海外出張し 11 月 1 日に帰国の予定で、再稼動の同意は出張の

暦　年	事　　項
	前後となる見通し。（民報：20151023）／／同日、事故に備えた避難計画は不充分なままであり、住民の多くは再稼動に不安を募らせ反対をしているのも事実。県などの避難計画については今月、政府の原子力防災会議は「具体的かつ合理的」として了承したが、換気設備付きの放射線防護施設（放射性物質除去が目的）は4施設、約470人分しかなく手薄である。住民の不安については宇和島市と西予市（共に伊方原発30km圏内）でのアンケート（再稼動に関する住民説明会に参加した自治会長や市議らに求めたもの）でいずれも再稼働反対が過半数を占めている。なお「原発の地元同意」とは「原子力安全協定」（自治体と電力会社が個別に締結）に基づく法律上の根拠がない任意の「紳士協定」、立地自治体に強い権限（新増設の価値判断、トラブル時の運転停止など）を認めている。（毎日：20151022、27）
2015. 10. 23	脱原発グループの市民が商業施設の近辺で「原発いらん！」の横断幕やプラカードを持ち、「伊方原発、再稼動反対。ふるさと守れ」とシュプレヒコールを繰り返す。（東京：20151027）県知事は四電の佐伯勇人社長と26日にも松山市内で会い3号機再稼動の判断を伝える調整をしていることが関係者への取材で分かる。知事は林幹雄経産相にも直接会って判断を伝える意向、県が調整中。／／同日、林幹雄経産相は伊方町長の県知事への同意表明につき「再稼動に向けた取り組みが大きく進展している」と述べる。なお全国の原発周辺自治体が、原発再稼動の同意手続きをめぐっては原発地元自治体並みの扱いを求めるとした声には、「各地のさまざまな状況に対応していくのが大事だ」と回答するに止める。（民報：20151024）
2015. 10. 26	知事は報道陣で一杯の県庁知事応接室で四電社長と会談、地元住民への説明継続など9項目の要望事項を読み上げ3号機再稼動の同意を伝える。社長は「今後ともしっかりやってまいります」と応じる。県庁前では「伊方原発をとめる会」（松山市の市民団体）など反対の人々が事故時の汚染を心配するなどの抗議をする。会の中尾寛（72歳）共同代表は「瀬戸内海に面した原発で一度事故が起きれば四国・九州全域に汚染水が広がる」と述べる。他方、原発から約2kmの地域に住む男性（67歳）は「再稼動しないと雇用の場が減り人の流出が加速する」と話す。伊方町は人口約1万人、65歳以上の割合が約40％超を占める。（朝日：20151027）未だに住民避難に不可欠な道路の整備さえ終わっていないのが現状。／／同日、知事は記者会見で「原発は絶対安全なものではない」としつつ、「代替電源が見つかるまでは最新の知見に基づく安全対策を施して向き合っていくしかない」と主張。知事は地元での同意を表明後に上京。（朝日：20151027）この日午後の会談では知事の「引き続き国の真摯な対応をお願いしたい」の言葉に対し、経産相は「英断に感謝する」と言い深々と頭を下げる。次いで知事と会った丸川珠代原子力防災担当相は「訓練にはゴールがない。新たな課題を検証し、さらに充実させてほしい」と強調する。（朝日：20151027）／／同日、四電社長は記者会

暦　年	事　　　項
	見し「一日も早い再稼動をめざす」と強調。3号機は安倍政権が「国策」として後押しする核燃料サイクルの「プルサーマル」運転なので、再稼動すれば新基準による初の運転。また海外からプルトニウム（日本の保有量は約48トン）の核兵器利用を疑われないで、その平和利用をしているという実績をつくるためにも、伊方原発の再稼働は核燃サイクル維持の実証また口実となる。なお四電の電力供給は大消費地を持たないこともあり、福島原発事故後の「原発ゼロ」でも余裕があり業績は安定、2015年3月期決算では純利益が103億円となり（電気料金の値上げ効果などあり）、4年ぶりの黒字転換。今冬の需給見通しも充分に余裕がある。（朝日：20151027）／／関連して、高知県では重大事故が起きれば県境を越えて放射能被害を受けるため、3つの市町村議会が再稼動反対の意思を表明。香美市（原発から約130km東）の9月定例会では原発の再稼動をしないよう求める意見書を決議、首相と衆参両議院議長に送付。そこでは「毒性の強いプルトニウムを混ぜたMOX燃料を使い、事故時の被害は甚大となる」「夏も冬も電力不足は生じておらず、再稼動に切迫性はない」などと述べている。田野町と北川村（原発からともに約160km）の両議会も9月に再稼働反対の意見書を決議し、これを県知事と経産相に送る。そこでは「高知県のどの市町村も原発から五〇から二百数km圏にあり、すべて（偏西風の）風下に当たる。自然環境のすべてを一瞬で失う恐れがある」としている。（東京：20151027）
2015. 10. 27	林幹雄経済産業相は閣議後の記者会見で、愛媛県知事が四電に再稼動同意を伝えたことに対し「担当大臣として歓迎する」と述べる。／／同日、東京新聞は「伊方原子力広報センター」（1983年4月に県と伊方町が独自に設置）の設立費用や運営費に四電からの多額の出資や寄付金が充てられていることが判明したと報道。法人登記簿の目的欄には「原子力の平和利用の円滑な推進に寄与する」とある。このセンターは四電のPR施設とは別で、県などが独自に市民に原発のことを知ってもらうこともねらう。ところが同名の公益財団法人が運営を担うはずなのに県、町、四電の3者がそれぞれ200万円（3分の1ずつ）を出資、役員には伊方原発所長ら四電幹部3人も名を連ねる（他に、伊方町長や県幹部）。また常勤理事には県南予地方局の総務県民課長OBが天下りし再就職している。毎年の運営費は事業費約4800万円、うち約2800万円は県と伊方町の委託事業だが約40%に当たる残りの2000万円は委託金で全て四電から（ここ数年で同額の寄付）と判明。ちなみに新潟県の同種施設では全額自治体が出資、例えば同県の「柏崎原子力広報センター」（東電柏崎刈羽原発近辺に設立）では出資金も運営費も自治体が賄う。五十嵐敬喜法政大学名誉教授は、福島原発事故の教訓の一つは行政（監視役）と電力会社（推進側）とは一線を画さなければいけなかったという点なのに全く教訓に学んでいない。また県と町が原発は安全だとPRしたい電力会社の意向に乗ってしまっている構図だ、中立性が疑われると述べる。同センター内の掲示は福島原発事故には全く触れておらず、原発全般の安全性や必要性を強調する内容であり、原発発電コストは安く環境にも

暦　年	事　　項
	優しいとPR、地震や津波対策も充分だとする。チェルノブイリ原発の断面図の展示の脇には「日本の原発と構造的に異なり、同じような事故は極めて考えにくい」と、3. 11以前の昔ながらの解説文を添えている。（東京：20151027）
2015. 10. 29	四電の佐伯勇人社長はこの日の定例の記者会見で「年内（の再稼動）は現実的に考えて難しいだろう」と述べ、「工事計画」（3号機の設備の詳細設計を定める）の補正書について未提出の部分を30日に規制委へ提出する考えを示す。（民報：20151030）
2015. 11. 1	松山市の市民団体「伊方原発をとめる会」は全国から集まった人たち数千人で再稼動に反対する集会（市中心部の城山公園）を開き、知事に抗議する声をあげる。トラックの荷台を利用した特設ステージでは参加者が、「原発事故があった福島県ではいまだにたくさんの人が避難生活を続けている」「原発は人間の力ではコントロールできない」と訴える。菅直人元首相も登壇し「事故が起きて放射性物質が瀬戸内海に漏れたら簡単には元に戻せない」と警告。会は知事宛に再稼動の同意の撤回を求める文書を県へ提出することを明らかにする。（民報：20151102）
2015. 11. 2	再稼動反対の市民が集会、集まった約60人は一人ずつ県職員に向かい、県知事宛ての再稼動同意撤回を求める請願書を読み上げこれを県に提出。請願書は3号機の耐震性（四電は約1000ガルの耐震性があるとする）は想定外の地震に耐えられず不充分だと訴える内容。提出の呼びかけ人「伊方原発をとめる会」の和田宰事務局次長は、「各種世論調査では約半数が再稼動に反対しているのに、知事は一度も批判的な立場の専門家から意見を聴取していない」と批判。（民報：20151103）
2015. 11. 5	『民報』が「論説」（早川正也）で福島原発事故を踏まえ「担保なき『政府の責任』」の見出しで「伊方原発再稼動」に言及。愛媛県知事が川内原発1、2号機に続き2例目の原発再稼動への同意をしたのは、安倍首相から「政府の責任」という言質を引き出したからだが、「ただ、何の担保もない」と指摘、「政権や政党が将来的に首相発言を引き継ぐ保証はどこにもない」ともいう。また首相は知事との直接の面談を避け、国の原子力防災会議に同席するという形で決着させ「姑息なやり方に映る」と批判。さらに、この席上で首相が発言した「再稼動を推進する責任は政府にある」「事故が起きた場合、国民を守るのは政府の重大な責務」などの言葉と、宮沢洋一前経産相の「（再稼動については）規制委が適合性を認めたものについて事業者が判断する」、事故時の責任は「まずは事業者というのが国際的にも確立している」などの言葉とを比べ、新内閣になって方針転換したのか、両氏の発言に整合性はあるのか説明があってしかるべきべきではないかと述べる。
2015. 11. 8、9	苛酷事故を想定し国が関与して作成した原子力総合防災計画に基づく伊方原発避難訓練（原子炉冷却の不可能な事態を想定した即時避難の対象者は約1万人だが、約1万5000人が参加、この中には内閣府や関係省庁、愛媛県対岸の大分、山口両県など約100の機関も参加）が、福島原発事故後

暦　年	事　　項
	最大の規模で初めて行われる。政府は今年6月より愛媛県に職員5人を派遣しているが、国の役割はあくまでも支援。8日の昼には予定変更して松山空港からバスで現地に向かった、現地対策本部（愛媛県西予市）のトップの井上信治内閣府副大臣が、到着1時間遅れで駆けつける。9日には陸上自衛隊ヘリでの搬送訓練（対象は原発内のケガ人）を一部中止。実際に避難したのは約300人で、大半は職場、自宅、学校に留まる。佐田岬先端部では最大5000人が船で主に大分県へ避難するが、全国初の県外への海路による避難訓練（海上自衛隊の艦船も支援）の参加者は約70人。この訓練では複数同時に起きる自然災害（津波と台風など）や避難道路での渋滞は想定されず、また悪天候で視界不良となりヘリが使えない場面がある。規制委には計画の実効性を審査する仕組みがないことが問題。民間フェリーでの避難で大分市に向かった平尾長一（73歳、農業）は「今日は船が来てくれたが、万が一の事故の時には津波などで港が壊れるかもしれない」と不安を漏らす。浜西貴陽（35歳、地元消防団員）は「限られた人と決められた流れに沿った訓練にどこまで実効性があるのだろうか」と話す。（朝日：20151110）／／八幡浜市（原発から約11km）の市立八幡浜総合病院でも患者の搬送訓練を実施、越智元郎副委員長は訓練後、「寝たきりの人の搬送や狭い車内での処置は容易ではない」「患者の負担も大きく、専用車両を持つ自衛隊などに早めに協力を求めた方がよいと感じた」と話す。（民報：20151110）
2015. 11. 9	愛媛県知事は訓練参加後の記者会見で、県の避難計画が実行可能かどうかについて「これから検証する。第三者の検証や訓練参加者の意見を聞いた後でないと判断できない」と述べる。（民報：20151110）
2015. 11. 13	規制委は新基準で義務付けているテロ対策施設の設置期限を緩和し、当該原発の主な審査が終了して設備の認可を受けてから5年以内と決める（従来の期限は2018年7月）。当初の見込みより大幅に原発本体の審査に時間を要し未申請の原発が多いから。テロ対策施設の対象とは、バックアップ施設と位置づけられている「特定重大事故等対処施設」（テロ攻撃などで中央制御室が破壊されても、遠隔操作で原子炉を冷却出来る施設）で、設置が2013年7月の新基準施行から5年間猶予される。3号機はまだ未申請（再稼動中の川内原発1、2号機も同様）。新規制基準の審査申請をした16原発26基中、申請したのは3原発5基だけ。田中俊一規制委委員長は見通しが甘かったことを認め、当初設定した期限の「判断は現実的でないというそしりを受けることは、私からおわびしなくてはならない」と述べる。（朝日：20151114）
2015. 11. 20	「DAYS JAPAN」（第12巻第12号）が「特集 愛媛県・伊方原発」を掲載、「逃げられないのになぜ再稼動なのか！」の見出しで原発や国道197号線（唯一、佐田岬半島を走る）を入れた半島の航空写真と半島周辺の地図を紹介。また「県指定の災害危険箇所418 佐田岬半島危険地図」では、地図と写真とで半島（伊方町）の急傾斜地崩壊危険箇所のある31地区を取り出し、世帯数、避難同行要支援者数、危険箇所のその他の特

暦　年	事　　　項
	色（地滑り、土石流危険渓流、高潮時の浸水など）なども紹介。さらに「原発を再稼動させるということは、人々を不安の奴隷にすることですよ」という伊方原発を止める会事務局長の草薙順一の言葉に続けて、住民の声を交えながら半島やその周辺の地形の特色、危険箇所の特色、不可能な避難、県・国による杜撰な安全対策などに言及。
2015. 12. 6	「しんぶん赤旗」日曜版が「現地ルポ 避難計画は絵空事」の見出しで伊方原発を特集。「避難経路」の欄では県が住民避難経路として推奨する国道 197 号に関して、伊方町内からこの国道に出るには細く（車 1 台分）蛇行した上り道であること、道の途中には「急傾斜地崩壊危険区域」「地すべり防止区域」の看板があり地震時には危険であること、町内には土砂災害危険箇所が 418 箇所あることを指摘。また伊方町三崎地区の長生博行（物品生産販売会社経営）の、11 月 8、9 日の「訓練には地区の区長らが参加しただけ。本当に住民が避難できるかどうかの確認すらされていない」という発言も紹介。長生は伊方原発運転差し止め訴訟の原告の一人で、裁判の意見陳述では「町道、県道は地震が起きれば落石、倒木、崩壊などで避難道としては（国道 197 号は）使えない。急斜面に暮らす年配者に迅速な避難は困難だ」と訴えている。次に「高齢者施設」の欄では伊方町川之浜地区の「瀬戸あいじゅ」（高齢者総合福祉施設）の大森和茂施長の、「避難時間は渋滞がおきなくても約二時間かかる。寝たきりの人も多く、健康上のリスクが高すぎる」という指摘を紹介、とくに事故が夜間に起きた際には職員数が少なく、4 人の夜勤者と宿直者 1 人で対応しなければならない実態に触れている。また同情況にある八幡浜市にも言及、「くじらグループ」（3 つの病院・診療所と 5 つの入所介護施設を抱える）の清水幹雄統括管理部長の「病院や高齢者施設は、県が用意したバスで避難することになっているが、本当にバスは来るのか。停電で信号がとまれば市内は混乱し、来るまで何時間かかるかもはっきりしない」「子育て中の職員は帰さないといけない。そうすると人手が足りなくなる。八幡浜市や愛媛県、四国電力はそのことを分かっているのか」という言葉を紹介する。さらに「対岸の避難先」の欄では、避難先となる大分市佐賀関小黒地区の渡辺和男自治会長（66 歳）の、「この地域は道路幅が狭く、津波の際に避難できない危険もある。伊方町から避難者を受け入れるどころではない。しかも津波で港湾施設が壊れればフェリーは着けない。避難計画は絵に描いたモチだ」という指摘を紹介。このことについては伊方町の長生（前出）の避難計画を批判する、「地震、津波、原発事故の複合災害を想定していない」という言葉も紹介。あと、コラムでは岡村眞高知大学総合研究センター特任教授の「中央構造線」（伊方原発 8km 以内の海域にある日本最大級の活断層）についての意見を紹介、四電が再稼動に際し考慮すべき地震の揺れを 375 ガルから 650 ガルに引き上げ重要機器は 1000 ガルに耐える耐震工事をしたという説明に対し、「一部を耐震補強したからといって、全体の安全性の確保はできません」と述べる。また「揺れが 1000 ガルを超える可能性もあります。（中略）問題の活断層が 1000 年間で平均八㍍ず

暦　年	事　　　項
	れている（中略）。現在まで約1500年間動いていませんから、12メートルぐらい動く可能性があり、この場合は、地震の揺れは1000～2000ガルになります。（中略）伊方原発の再稼働は中止すべきです」とも述べる。
2015. 12. 7	八幡浜市の市民団体（3号機から30km圏の人たち）「住民投票を実現する八幡浜市民の会」〔共同代表・遠藤綾（八幡浜市、45歳）〕が、3号機再稼動の賛否を問う住民投票のための条例制定を求めて署名を市に提出。集まった署名数は1万1175人、市の有権者の約3万800人。直接請求は有権者数の50分の1の署名を必要とする。遠藤綾は「多くの人が自分の意見を聞いてもらえていないと感じている。市は結果を重く受け止めてほしい」と話す。市が署名の有効性を確認した後に市議会が最終判断をする。条例の制定には議会の過半数の賛同が必要。なお八幡浜市議会は議長を除く市議15人中8人の賛成で早期再稼動を求める決議を既に可決している。（民報：20151208）
2015. 12. 9	県の市民団体「伊方原発五十キロ圏内住民有志の会」は3号機の再稼動の賛否を問う町民アンケートの結果を公表、反対が53.2%、賛成が26.6%（反対の半分）、賛否を明らかにしないのは20.2%。同会の8月の中間集計の結果（8月18日の項、参照）でも反対が賛成を上回ったが、知事が10月に再稼動に同意した後も差が広がっており改めて住民の反対姿勢が明らかとなる。同会は住宅地図を参考に今年2月から11月にかけて4339戸を訪問し、アンケートは対面で実施、留守宅には回答用紙の郵送を依頼する（町の世帯数は全約4800、回答は合計1426戸、反対は759戸、賛成は379戸）。アンケートは空き家と判断される748戸には配布せず、四電の社宅などはトラブルを想定し訪問対象から除外す。（民報：20151210）
2015. 12. 15	伊方原発中央制御室の作業員は午前11時10分頃に排水槽の水位の上昇に気づき、愛媛県と四電は定期検査中の1号機（2011年9月停止、2017年には運転開始から40年になり廃炉の可能性）の配管（タービン建屋地下1階）から冷却用の海水約9万4000ℓが漏れたと発表。放射性物質は含まれておらず外部への影響はないと報告。海水は原子炉運転の際に使用するポンプやモーターを冷却するためのもので、配管の点検のために海水を流していたところ、同様に点検のため一部を取り外していた別の配管に流れ出し漏れた。県と四電は原因を電動弁（海水の流れを調節）の不具合と見ている。海水は約3時間後に全て回収。（民報：20151216）
2015. 12. 17	国の有識者検討会が南海トラフ「長周期地震動」〔ゆっくりと揺れる1往復（この時間が「周期」）2秒以上を長周期といい浅い震源、M7以上で起きやすい〕の揺れの予測を推計し報告書にまとめる。東京、大阪などの高層ビルでは最大2～6mの幅の横揺れの可能性があると指摘。伊方原発は長周期地震動が「階級3」で「立っていることが困難になる」のレベルとされる。（朝日、毎日：20151218）
2015. 12. 23	県は先月8、9日に苛酷事故を想定して実施した国の総合防災訓練に参加の住民を対象のアンケート結果によりを公表。対象は伊方町民や八幡

暦　年	事　　項
	浜市民ら280人だが回答に応じたのは203人で、そのうち45人（約22%に相当）が「避難は難しい」とする。理由は「高齢者が多い地域は混乱が予想される」「訓練のように落ち着いて行動するのは困難」など。避難できるの回答は138人（約68%）、無回答は20人で複合災害（地震、津波による道路、港の破壊）を不安視する記述もある。県は防災訓練に関する中間取りまとめで訓練の積み重ね、参加者の増加、周辺自治体との緊密な情報交換などを課題としている。（民報：20151224）
2015. 12. 24	福井地裁林潤裁判長は今年4月の高浜原発3、4号機再稼動の仮処分決定（樋口英明裁判長による）を取消す。この日の社説で朝日新聞は「伊方原発に続き、望ましくない『ひな型』がまた一つ増えたのは残念というしかない」と記す。／／同日、同新聞は「原発新基準の評価一転」の見出しで1992年に伊方原発の設置許可取消しを求めた訴訟の最高裁判決が「多くの原発訴訟に影響を与え」てきたと指摘。（以下、同記事に拠ると）伊方判決では専門家の意見に基づく行政処分につき、見逃せないほどの過誤がある場合に限り「原子炉設置許可処分は違法と解すべきだ」とする。2014年に福井地裁樋口英明裁判長は関電大飯原発3、4号機をめぐる判決で、「経済活動である原発の稼動は憲法上、人格権よりも劣位に置かれるべき」と指摘するなどして運転差止めを命じる。他方、2015年4月、九電川内原発1、2号機では運転差し止め申請は却下され、鹿児島地裁は新規制基準（2013年7月施行）について「策定に看過し難い過誤は認められない」と合理性を認める。関電も同月、新規制基準や基準地震動に対する信頼性を否定した大飯原発3、4号機への判決に異議を申し立てる。また今月には関電高浜原発3、4号機は、8カ月前の判決とは正反対に再稼動の仮処分決定を取消された。こうした最近の一連の動きに対して、高速増殖炉「もんじゅ」の設置許可無効の判決を出した（2003年）元名古屋高裁金沢支部裁判長の川崎和夫は、「鹿児島地裁の決定に続く今回の決定（高浜原発仮処分決定取り消し）を見てみると、裁判所は安全神話がまかり通っていた時代に戻りつつあるのではないかという気がする」と指摘する。このように新規制基準の信頼性について異なる判決が出ていることは、この基準をどう評価し判断するのかということになる。
2016. 1. 1 （平成28）	海渡雄一脱原発弁護団全国連絡会共同代表が「原発訴訟と裁判官統制の歴史を描く」（図書：岩波）で黒木亮の小説「法服の王国」について言及、「伊方訴訟の証人尋問の内容と裁判長変更をめぐる経緯は本書の焦点といえる」と述べる。
2016. 1. 8	八幡浜市議会は市民団体らが住民投票条例制定を求めて市に提出していた署名（昨年12月7日の項、参照）を有効と発表し審議する見通しとなる。議会の過半数が賛成すれば条例成立となり住民投票が実現するが、投票で再稼動反対が多数を占めた場合でも再稼動を止めるための法的拘束力はないと八幡浜市側はいう。市民団体作製の条例案では市町や市議会に宛てて投票結果の尊重、国や四電との協議などを求めている。（民

暦　年	事　　　　項
	報：20160109）
2016. 1. 14	四電は３号機へのテロ対策施設の設置許可を規制委に申請。この設置は規制委が新規制基準に基づき要求していたもので、期限は再稼動に向けた審査合格から５年と決定している。四電の柿木一高原子力本部長はこの申請を県の担当者にも報告、報道陣の取材には「申請によって３号機の再稼動時期に影響が出ることはない」と応える。この施設は航空機を原発に衝突させるようなテロが起きても原子炉を冷やす機能を維持するもので、2019 年度中を目処に注水ポンプ（原子炉冷却用）や緊急時制御室などを設ける予定。この特定重大事故等対処施設の対応の名目で残業時間の上限基準の「適応除外」の継続が目論まれる。（民報、20160115）
2016. 1. 17	「しんぶん赤旗」日曜版が「再稼動狙う伊方原発 事故対策に重大欠陥」の見出しで伊方原発を採り上げる。2015 年 12 月 17 日に日本共産党国会議員を中心とする調査団が３号機のある原子炉容器内に入った際の問題点を指摘した内容で、「水素燃焼装置」（水素爆発対策の一つ）についての「この装置を海外の原発で使っている事例を把握しているのか」という議員の質問に、伊方原発の増田清造所長が「把握していない」と回答したり、この装置の処理能力の確認について四電の多田賢二原子力本部副部長が「クロスチェック（異なる方法での解析）していない」と回答するなど、四電側のメーカー任せの姿勢を記している。またこの装置についての、元旧原子力安全委員会事務局の技術参与だった滝谷紘一の、「動かすには電気が必要で、操作も人がする。全電源喪失など緊急時の信頼性は低い。水素を燃焼させるというが、燃焼の制御がうまくいかなければ水素爆発の着火源となる危険性もある」という疑念も記す。さらに炉心溶融の際の対策について、伊方原発にはそれを受け止める「コアキャッチャー」（仏国など欧州で主流）の設備がなく格納容器の上部から水を撒き壁に開けた穴などを通して、「原子炉の下に水をためて受け止める」仕組みであること、実際に伊方原発の格納容器の最下階には直径約 16cmの穴があるが開口部を防御する設備がないことなどを指摘する。／／同日、同新聞では石橋寛久宇和島市長へのインタヴューも掲載、市長は国や県に対して再稼動の前の、事故時の避難計画の必要、原発から 30km 圏内にある市域の一部に約 5000 人の住民が、またその圏外には約７万 5000 人の住民がおり避難の手段、避難先の決定の必要などを訴えている。
2016. 1. 19	豊後水道を挟んで対岸に位置する大分県の臼杵市、津久見市、日出町の各首長と、それらの各自治体、大分県職員ら約 70 人が、大分市の佐賀関港からフェリーで移動し伊方原発を視察、安全対策の説明を受けた後、四電に安全対策の徹底を要求。中央制御室、３号機の水密扉（津波から浸水を防ぐ）、オフサイトセンター（西予市）なども見学した。中野五郎臼杵市長は四電に「必要に応じて大分県でも説明会を」などと要望。
2016. 1. 24	再稼動準備が進む関西電力高浜原発の前で、約 450 人（主催者側発表）

暦　年	事　　項
	が集まり再稼動反対、原発全廃を訴える。福島県大熊町の木幡ますみ町議（60歳）は「川内や伊方、高浜原発で事故が起これば、（被害が）福島での事故以上になる可能性がある。絶対に再稼動を許してはいけない」といい、松山市の市民団体世話人の堀内美鈴（52歳）は伊方原発の地元で反対の声が多かったことを紹介、「住民は再稼動に同意していない」と述べる。（朝日県内版：20160127）
2016. 1. 28	八幡浜市議会が3号機再稼動の賛否を問う住民投票実施のための条例案を否決（採決に参加した15人の市議のうち賛成は6人）。市によればたとえ条例が成立し再稼動反対の投票が多数になっても、再稼動を止める法的拘束力はないとする。住民らは9939人（有権者の約3分の1に相当）分の署名を集め地方自治法に基づいて条例制定を請求してきた。2015年9月に大城一郎八幡浜市長は愛媛県知事に再稼動賛成を表明している。（民報：20160129）
2016. 1. 30	高浜3、4号機に続いて伊方3号機で最終の認可手続きが進む。（朝日：20160130）
2016. 2. 17	「再稼動阻止全国ネットワーク」の主催で午後6時より四国電力東京支社前で第5回の3号機再稼動反対の抗議行動が行われる。
2016. 2. 20	最悪の場合、地震（M9クラス）と津波で30万人以上が死亡（最大死者約32万3000人／津波で23万人、建物倒壊などで8万2000人、火災で1万1000人、被害額は最大で約220兆円）すると政府が想定している南海トラフ巨大地震で、被害が予想される16府県（愛媛県は重点支援対象10県の1つ）の約600病院のうち、大災害時に人や物資の支援を受け入れる計画を定めているのは8％（50病院）に留まることが東北大災害科学国際研究所の調査で分かる。医師らの派遣、支援物質受け入れの窓口や手続きなどを明記したものを「受援計画」（法律上の策定義務はないが専門家は必要性を指摘）というが未策定の病院では何を決めておけばいいか分からない、「受援」という言葉を知らないという回答が多かった。（民報：20160221）〳〵この日発行の、佐藤嘉幸、田口卓臣著「脱原発の哲学」（人文書院）が第2部第2章「予告された事故の記録」で伊方原発に言及、第1審での住民側の敗訴（1978年4月）につき、「異様な判決」「司法においても原子力ムラの論理が貫徹されている」「過酷事故の可能性の根本的な否認のメカニスム（全字傍点）に則って行われてきた」などと述べる。
2016. 2. 24	県の次年度当初予算案で伊方原発を中心とする佐田岬周辺整備に約10億5200万円が提出される。
2016. 2. 28	広島の被曝者や市民でつくる約60人の団体〔広島、長崎で被曝した人（四都県の16人）や福島県から広島県に避難している男性1人を含む〕が広島市（伊方原発から約100km）内での記者会見で、原告団として広島地裁に伊方原発1～3号機の運転差止め訴訟を起こすことを明らかにする。「伊方原発広島裁判原告団」が結成されたわけである。提訴は福島原発事故から5年の3月11日で、その際には再稼動差止めの仮処分

暦　年	事　　項
	も申立てる。原告団長の堀江壮（75歳、広島市在住、5才時に被曝）は会見で「核の被害は次の世代にまで影響を及ぼす。体が続く限り訴えていきたい」と述べる。なおこの運転差し止め訴訟は現在、松山地裁で係争中の広島の被曝者が原告に参加している訴訟とは別。（民報：20160229）
2016. 3. 2	この日、福島民報は、規制委の新基準に対応するため四電が約860億円（2015年12月末現在）を投じて耐震、非常用発電装置の増強、水密扉（津波から重要機器を守る）などの工事を追加安全対策としてを講じてきたことを報じる。この工事は継続しており、2019年度までに計1700億円を投じるという。また原発周辺の地元住民の安全性への燻ったままの声も伝え、四電従業員が安全対策を説明して回る「訪問対話活動」（原発20km圏の約2万8000戸を訪問、2015年7～8月の結果）では、伊方原発に理解を示した世帯は65%（前年度は63%）だが厳しい意見が7%（同5%）で、全体としては例年並みの結果だったと報告。現在、原発30km圏内（愛媛県六市町と山口県上関町を含む）には計約12万3000人が住み、伊方町の人口は9629人。
2016. 3. 3	1994年に東北電力女川原発1、2号機の建設・運転差し止め請求訴訟を担当の元最高裁調査官で現弁護士の塚原朋一が、この判決（請求を棄却）で使った「（放射線障害を及ぼす事故が起きる可能性が）社会観念上無視できる程度」という表現は「伊方原発訴訟の最高裁判決を意識した面がありました」と語る。（朝日：20160303）／／四電は規制委へ3号機の再稼動に必要な工事計画認可申請に関する最終的な補正申請書を提出。補正書提出は4回目。
2016. 3. 5	民報は3号機（出力89.0万kW、21年間使用、2. 26現在）は「今夏以降に動く見通し」と報じる。
2016. 3. 11	広島・長崎の被曝者（それぞれ16名と2名）を含む9都府県の67人の原告（福島の避難者1名、一般市民48名）が、広島地裁に「地震・津波による被害が強く懸念され、過酷事故が起きる危険性が高い」として伊方原発1～3号機の運転差止めを求め集団提訴。原告の3人は3号機の再稼動に対し運転差し止めを求める仮処分も申立てる。広島訴訟の胡田敢弁護士は今月9日の高浜原発3、4号機の運転差止めの仮処分決定（大津地裁）を踏まえて「私たちにとっても追い風になる」と話す。（朝日：20160312）〔参考：2017年3月30日、広島地裁はこれを却下している〕／／同日の広島地裁提訴報告会では甫守一樹（伊方原発運転差止仮処分申立ての弁護士）が、伊方原発は南海トラフの震源域にあり、世界で2番目に大きい巨大活断層である中央構造線が5km先にある、浜岡原発の基準地震動は2000ガル、今月9日に止まった高浜原発は700ガル、伊方原発は650ガルであると説明する。また斉間淳子は「伊方が福島だったかもしれないのです」というメッセージを伝える。
2016. 3. 15	四電は3号機の設備や機器の詳細設計を定め、今月3日に再稼動に必要な「工事計画」に関して規制委へ提出していた補正申請書の不備な部分を修正し改めて提出をする。これで工事計画の補正書提出は5回目。社

暦　年	事　　項
	内での精査や規制委との遣り取りを経て約180カ所で詳細な表現をし誤字、脱字を訂正する。(民報：20160316)
2016. 3. 16	四電から提出された「工事計画」を規制委が今月中にも認可する見通しであることが分かる。四電は「工事計画が認可されたら速やかに使用前検査を申請する」とする。再稼動前の最終手続きの使用前検査（現地で設備が充分な性能を有しているかの確認）で問題がなければ今夏に再稼動の可能性が高くなる。今後は広島・長崎の被曝者らの広島地裁への提訴や一部の原告の3号機への仮処分申立てなどに対する司法判断が焦点となる。(民報：20160317)
2016. 3. 23	規制委は3号機の設備の詳細計画をまとめた四電の工事計画を認可。計画書は約4万7000頁で、緊急時対策所（事故時の対応拠点）や非常用ディーゼル発電機など約400設備について記載。四電は既に規制委の指摘に沿った補正申請書を提出しており、残るのは保安規定（運転管理体制をまとめたもの）の認可手続きや、使用前検査（現地確認する設備や機器の性能チェック）。四電は明日にも再稼動前の最終手続きである使用前検査を申請の予定で、今後は6月に燃料を原子炉に装塡、7月に原子炉を起動して5年3カ月ぶりに再稼動をさせる方針。(民報：20160324)
2016. 3. 24	四電は明日25日に3号機の再稼働に向けた最終手続きとなる使用前検査につき、規制委へ申請する方針を明らかにする。この申請の中に再稼働時期を今年7月とする計画が盛り込まれる予定。(民報：20160325)／／大分県豊後高田市議会が3号機の再稼動中止を政府に求める意見書を可決。(世界：20160601)
2016. 3. 25	四電（佐伯勇人社長）は取締役会で1号機（56万6000kW、加圧水型軽水炉）の廃炉を決定し経産省に届け出る。また愛媛県知事にも伝える。廃炉は5月10日の予定でそれ以降は廃炉作業が始まる。四電はこの日、「約四〇〇億円」という1号機の廃炉費用の見通しも明らかにする。なお廃炉で出る放射性廃棄物（金属、コンクリートなど）の処分場探しは難航する見通し。1号機（定期検査で2011年9月に停止）は1977年9月からの運転開始から来年2017年で40年となり規制委が認可すれば最長20年の延長が可能だが、それには2000億円規模の安全対策費が必要となり、投資に見合う収益が得られない（工事に4〜5年かかり運転可能な期間は15〜16年間、再稼動による利益押し上げ効果は年約100億円）と判断し再稼動を断念。2015年度の四電の電力販売量は5年連続の減少となる見通し。これで新規制基準の下で老朽原発の廃炉を決定したのは関電美浜原発1、2号機（福井県）、九電玄海原発1号機（佐賀県）、日本原子力発電敦賀原発1号機（福井県）、中電島根原発1号機（松江市）に次いで6例目となる。(民報、朝日：20160326)
2016. 3. 28	四電社長は伊方原発から30km圏にある県内5市町村の首長に、1号機廃炉と3号機再稼動を伝える。廃炉理由については多額の安全対策費がかかるなどと説明する。(民報：20160329)
2016. 3. 31	この日、「原発再稼働　長期避難の支援策が先だ」（朝日）の見出しで上

暦　年	事　　項
	田俊英編集委員が、伊方原発で事故があった場合の愛媛県大洲市（人口は約4万5000人）では、まず県総合運動公園へ避難、さらに別の避難施設への避難（具体的には松山市などと調整中）、さらに求められる先の必要性などという避難計画は不備であることを指摘。
2016. 4. 5	関西、中国、四国、九州の電力4社は、原発の危機管理や安全対策（廃炉、再稼動で必要）で提携し、共同で取り組むことで安全性向上、安全対策費用の抑制、新技術の開発を目指すことが分かる。国内の大手電力会社の原発関連事業での提携は今回が初。新規制基準の導入以降、電力各社がこの基準クリアのためにかけた対策費用は原発一基当たり1000億円規模に膨らむ。4社は本年の4月中にも連携協定締結の方向で最終調整中。廃炉が決定した伊方原発1号機については今年度中にも必要な技術や人材を相互に融通する方向。（毎日：20160406）／／この日、規制委が3号機の使用前検査を開始。最終段階の検査。
2016. 4. 8	「週刊 金曜日」（第24巻第14号）が、編集部伊田浩之の記事「裁判で原発を止める」で伊方原発に言及、「伊方原発運転差止請求訴訟」（2011. 12. 8、松山地裁に提訴）が第4次提訴を経て現在の原告が1338人に達していること、次回の第17回口頭弁論期日は5月31日を予定していること、仮処分については4月28日15時から第1回審尋期日（非公開）が指定されていることなどを掲載。なお「被爆地ヒロシマが被曝を拒否する―過去は変えられないが未来は変えられる―伊方原発運転差止広島裁判」の垂れ幕を持って広島地裁に提訴に向かう（2016年3月11日撮影）原告団の写真も掲載される。
2016. 4. 14	午後9時26分頃、熊本県を震源とするM6.5（暫定値）の地震が日奈久断層帯で発生（16日の地震からみて前震）、益城町で最大震度7。原子力規制庁は伊方原発は異常なしと発表。
2016. 4. 15	この日以降、原子力規制庁は原発に関する情報発信を強化、通常は原発の半径50km以内で、震度4以上の揺れが観測された場合に国に情況報告をするルールを、距離にかかわらず震度5弱以上の全ての地震を報告の対象とする。
2016. 4. 16	午前1時25分頃、熊本県を震源とするM7.3の地震が布田川断層帯で発生（本震）、最大震度6強（後、7に訂正）。また午前7時11分頃には大分県を震源とするM5.3の地震が別府―万年山断層帯で発生、由布市で震度5弱。これらの地震で伊方原発沖を走る中央構造線断層帯と日奈久、布田川の両断層帯との連動が懸念されたが、原子力規制庁はこの日の夜、引き続き伊方原発に変化はないと発表。なおこの日のM 7.3は14日のM6.5の約16倍。大きく捉えれば地震の震源は別府―島原地溝帯と呼ばれる、これに沿って多数の活断層、断層帯が溝状に分布する地形である。／／この日未明、愛媛県と四電は県庁で記者会見を開き伊方1、2、3号機に異常はないと説明、四電担当者は3号機の使用前検査に「影響は出ないと思う」と強調、7月下旬の再稼動を目指す姿勢を変えてはいない。／／「伊方原発をとめる会」（松山の市民団体）の和田宰事務

暦　年	事　　　項
	局次長（63歳）は、今回の地震の動きが中央構造線断層帯と関連しているとの専門家の意見があると指摘、「再稼動の方針を考え直してもらいたい」と訴える。（民報：20160417）
2016. 4. 18	規制委は熊本、大分で相次ぐ地震を受け臨時会合を開き九州、中国、四国地方の4原発に異常がないことを確認、田中俊一委員長は記者会見で「安全上の問題は起きない」と結論付け、4原発とも観測した揺れは原子炉が自動停止する設定値を大幅に下回ったとする。なお政府から情報発信が不充分として改善を求められた問題では、同委員長が記者会見で「率直に反省しないといけない」と陳謝。（民報：20160419、20160503）／／林愛明京都大学教授（地震地質学）は「四国側の中央構造線が動く可能性もある」と話すが、岡田篤正京都大学名誉教授（変動地形学）は「前回の愛媛の地震から約400年しかたっておらず、ひずみが溜まっていないと見られる。四国の中央構造線断層帯の活動が誘発される可能性は低い」とみる。／／四国の中央構造線断層帯の平均活動間隔は1000以上で、規制委は今夏に再稼動を目指す四電に対し、断層帯が480kmに渡り動くという想定を要求。別府—万年山断層帯は一五九六年の慶長豊後地震で動いており、このとき前後の数日間に愛媛と京都で大地震が起きた記録がある。この地震に対応する地層のズレは中央構造線断層帯などの活断層調査で見つかっている。
2016. 4. 19	規制委は四電伊方原発3号機の再稼動の前提となる「保安規定」（運転や事故時の対応の手順を制定）を認可。これで前提の3つの許認可の審査が終了し、現地での設備検査や設備の正常な作動の検査（今月より開始）を残すだけとなる。同日、四電は「今後も検査に丁寧に対応し、再稼動に向けたステップを安全最優先で確実に進めます」というコメントを発表。四電の意向は原子炉への核燃料搬入が6月下旬、再稼動が7月下旬。（朝日：20160420）／／再稼動の審査終了に伴い、再稼動の審査業務に関わる残業時間の上限基準（「月45時間」「3カ月120時間」「年360時間」）に対して伊方3号機でも認められていた「適用除外」は終了する。だが四電は今年1月に申請した特定重大事故等対処施設の対応を名目に、原子力保安研修所に所属する10人に残業時間の上限基準の「適応除外」を継続している。（赤旗日曜版：20161030）／／この日発売の「週刊朝日」（第121巻第23号）が、大地震に備えて原発の耐震強度をもっと強めるべきだと警鐘を鳴らす高知大学防災推進センター特任教授岡村眞（地震地質学）の、「中央構造線の断層で地震が起きたら、8メートルぐらいの横ずれが起きてもおかしくない。2008年の岩手・宮城内陸地震で4200ガルを記録したわけですから、原発は2千ガルぐらいを見込まないといけない。最悪の想定をすべきです」という発言や、「伊方原発をとめる会」の和田宰の「船で九州に避難する計画ですが、津波が来たら港は使えず、住民は被曝してしまう。原発再稼動に脅威を抱いています」という発言を掲載。
2016. 4. 21	この日発売の「週刊文春」（第58巻第17号）が、岡村眞（前出）の「熊

暦　年	事　　　項
	本大地震は1580ガルを記録しています。これは地表での数値で、原発は固い岩盤の上にあるので、その半分くらいをイメージすればいいとはいえ、650ガルでは到底耐えられない」（伊方原発の地震による最大級の揺れの想定「基準地震動」は650ガル）というコメントを掲載。
2016. 4. 22	この日発売の「FRIDAY」（第33巻第19号）が四電「広報部」の「自主的な安全対策を実施しています。3号機は夏前の再稼動を目指していますが、地震で配管や設備が倒れないよう補強金具の取り換えを終えました。1号機は廃炉が決まり、残る2号機は3号機の再稼動を終えてから、審査に申請するかどうか検討していきます」という発表を掲載。
2016. 4. 25	この日発売の「AERA」（第29巻第20号）が国際日本文化研究センター准教授磯田道史への歴史資料に基づくインタヴュー記事を掲載、1625年1月の広島での大地震（安芸広島城が一部崩壊）の後、同年4月に愛媛でも大地震（道後温泉が塞がる）、続いて同年7月に肥後熊本でも大地震（熊本城天守閣など崩壊、爆薬庫爆発）、さらに同年11月上旬には「四国中国大地震」が起こった記録などを紹介し、「『400年前の東日本大震災』のあとには、国内最大級の活断層である『中央構造線断層帯』の西端の熊本・八代でまず地震が起き、大分・広島・愛媛・香川と西日本の中央構造線を東に向かって、次々と地震が連発した形跡がある」と指摘している。伊方原発にも言及し「古記録に鑑みると、今回の熊本と大分の地震も一過性ではない可能性があります。九州だけでなく、中国・四国地方も、警戒域に入ったと考えるべきではないでしょうか」と述べる。／／同じ「AERA」の記事「地震後も再稼動の流れ止まらず 原発と活断層 共存の怪」でジャーナリストの添田孝史は、「四電は、伊方への立地を決めた40年以上前、中央構造線は1万年前以降は地震を起こしていないと軽視。1、2号機とも300ガル（地下の基盤面での数値、以下同）の想定で設計している。ところが1990年代に入って、岡村眞・高知大学特任教授らの調査で、敷地前面の中央構造線断層帯が、1万年前以降もたびたび大地震を起こしていることがわかった。住民が伊方原発2号機の設置許可取り消しを求めた訴訟の判決（2000年）でも、松山地裁は住民の訴えを棄却したものの、中央構造線について国の安全審査が『結果的に誤りであったことは否定できない』と指摘した」と述べる。／／この日発売の「プレイボーイ」（第51巻第17号）が元防災科学技術研究所の客員研究員都司嘉宣の、「中央構造線を刺激して、震源が広がっています。明治22年の熊本地震のときは別府湾の入り口までいきました。今回は移動速度がそのときよりも30倍も速く、伊方原発の前までいく可能性があります」という発言や、作家広瀬隆の「益城町の揺れの強さは上下動で1300ガルを超えていました。一方、川内原発が耐えられるのは650ガル、伊方原発は620ガルしかありません」「伊方原発の使用済み燃料プールには、1400本を超える核燃料棒が保管されています。地震でプールが崩壊して冷却水が抜ければ、それだけでメルトダウンを起こしてしまう。つまり、動いていようがいまいが、日本中のすべ

暦　年	事　　　項
	ての原発は危険なのです。そうした危険を防ぐには、使用済み燃料をドライキャスクと呼ばれる容器で貯蔵するしかありません」という指摘を掲載。
2016. 4. 26	細見周「されど真実は執拗なり　伊方原発訴訟を闘った弁護士・藤田一良」（岩波）刊行。
2016. 4. 27	この日発売の「週刊文春」（第58巻第18号）が火山学者の小山眞人静岡大防災総合センター教授の「原発の審査は火山学者がほぼ不在の状況で議論が進められており、火山リスクは活断層リスクに比べてあいまいな基準となっていることが問題です。（中略）伊方、玄海には阿蘇カルデラの大規模火砕流が届いた可能性があります」という解説を掲載。なお「全国48原発チェックリスト」も紹介、伊方原発2（運転34年目）、3号機（同21年目）はそれぞれ老朽化「大」「中」、活断層「大」（同機に共通）、津波「中」（同前）、火山「大」（同前）などと評価する。
2016. 4. 28	「朝日新聞」が西日本の電力大手4社（関電、中電、四電、九電）の提携を解説する記事を掲載、各社はこれまで通り電気事業連合会（業界団体）を通じての協力という枠組みを持続しつつ、独自に手を結び合う。具体的には、新基準に対応した再稼働や廃炉に関わる安全対策へのコストを安く抑えるための協力、提携を基本にすえ、事故時には相互に応援要員を派遣し、非常用電源車なども差し出す、事故に備えて合同訓練を行う、緊急時のバックアップ施設を共通のつくりにして、機器・材料費を抑える、廃炉に関する情報を共有し、一緒に人材を育てるなどを挙げている。
2016. 4	この月、運転開始から40年を超す高浜原発1、2号機の運転延長の審査手続きを担当していた関電課長（40代男性、技術系）が出張先の東京都内ホテルで自殺（後に敦賀労基監督署が労災認定）。同2機は7月7日までに審査を通過しなければ廃炉の可能性があった。電力会社5社では292人を対象に月170時間までの残業（普通は月45時間）を認めているがこの課長の2月の労働時間は推定で約200時間、伊方原発では86人の労基法の適応除外を申請している。（NHK ニュース：20161019）
2016. 5. 10	四電は1号機の廃炉を決定、1号機（来年9月で運転開始から40年）を発電施設から除外する。これで国内の商業用原発は42基。運転延長には新規制基準をクリアするため約1700億円が必要（電源ケーブルの難燃化など）だが、収支改善効果は約1500億円に留まるため、1号機の廃炉（約30年かかる）費用を約400億円と見積もっている。廃炉は美浜原発1、2号機、玄海原発1号機、敦賀原発1号機、島根原発1号機に続き6例目。（毎日、民報：20160510）／／この日発売の「文藝春秋」（第94巻第9号）が「西日本大震災」を特集、京都大学教授鎌田浩毅が、1596年9月1日にM7規模の直下型の慶長伊予地震が四国の北西部で起きたこと、同4日にはM7の直下型地震である慶長豊後地震（700人以上の犠牲者）が起きたことなどを記録を元に書く（どれも中央構造線沿いの断層帯が相互に誘発したとする）。また「安芸灘～伊予灘～豊後水道のプレー

暦　年	事　　項
	ト内地震」につき、想定規模はM6.7～7.4程度で、30年以内の発生確率は40％であること、内陸の直下型地震としての「芸予地震」が1905年（M7）と2001年（M6.7）とに起きていることなどを地図や図表を示して書いている。／／この日発売の「中央公論」（第130巻第6号）に、読売新聞編集委員増満浩志が「地震発生確率の高い活断層はこの34だ！」を掲載、中央構造線断層帯の「和泉山脈南縁」と「金剛山地東縁」との長期評価の概要（算定基準日は2016年1月1日）については、次の項目につき既述の地層帯の順で記している。「予想した地震規模」は7.6～7.7程度／6.9程度、「地震発生確率」は「30年以内」で0.07～14％／ほぼ0～5％、「50年以内」で0.1～20％／ほぼ0～9％、「100年以内」で0.3～40％／ほぼ0～20％、「地震後経過率」は0.5―1.3／0.1―1.0、「平均活動間隔」は約1100年―2300年（最新活動時期は7～9世紀）／約2000年―14000年（同前、約2000年前～4世紀）。
2016. 5. 13	伊方原発の対岸の大分県の住民有志が四電の再稼動差止めを求め、大分地裁に仮処分を申立てる（時期は未定）方針であることが分かる。同内容を求める訴訟も起こす方針。現在、申立人らを募る準備を進め、脱原発弁護団全国連絡会や県内一部の弁護士らが支援する意向を示す。／／同日、伊方原発1～3号機の運転差止めを求める訴訟（2011年12月8日に松山地裁）の原告団（市民団体）が3号機の再稼動差止めを求める仮処分の申立てを検討していることも分かる。原告団が相次ぐ熊本、大分両県での地震で、連動する地震が中央構造線でも懸念されると判断したため。（民報：20160514）
2016. 5. 15	この日発行の「サンデー毎日」（第95巻第20号）が47都道府県の建物別「耐震化率」を紹介、愛媛県は「公民館など」で40位、65.3％（2015年3月現在、消防庁調べ、以下同じ）、「病院」で27位、83.7％、「学校」で44位、86.8％、「防災拠点」で45位、79.1％（文責・谷道健太）。
2016. 5. 23	英科学誌ネイチャー電子版に、海上保安庁海洋情報部の調査チームが南海トラフ巨大地震の想定震源域（静岡県～高知県沖の海底）で海底プレートに溜まったひずみの分布状況を初めて発表（15カ所に観測機器を設置）。2006年度から2015年度（10年間）までの海底の地殻変動のデータを分析した結果、四国の南方沖などに年間5cm程度のひずみを蓄積する「強ひずみ域」があることが分かる。1946年の南海地震（M8.0）の震源域からさらに南西側に広がっていたのである。（毎日：20160524）
2016. 5. 25	四電に対し「原子力民間規制委員会・いかた」と「同・東京」とは共同で1月に18項目（後に4月の熊本地震を踏まえて1項追加）の規制勧告を手渡ししていたが、この日、四電原子力本部（松山市）で第1回のヒアリングを行う。地震について四電は、伊方原発の基準地震動は開放基盤表面の固い岩盤上での値である650ガルで、益城地点の値の1580ガルは柔らかい地盤の記録であるとする。また地震による放射能放出で避難するということは考えられず、テロ、ロケットの衝突とかの不測の事態に対しても避難計画を作っているという。（NO NUKES voice、第10

暦年	事項
	巻：20161215）
2016. 5. 31	愛媛県民 12 人が 3 号機の運転差止めを求める仮処分を松山地裁に申立てる。申立書によるとこの度の熊本地震を受けて中央構造線断層帯は「大地震を想定しなければならない段階には至っている」と指摘、過酷事故（住民の被曝や環境汚染など）の危険性と緊急性が高まっていると主張。住民側弁護団は決定が出るのは年明け以降になるという見通しを示す。（朝日：20160601）〔参考：2017 年 7 月 21 日、松山地裁はこの仮処分の申し立てを却下する（2016 年 8 月 13 日の項、参照）。〕／／同日、伊方原発運転差止訴訟の第 17 回口頭弁論が松山地裁で開かれる。
2016. 6. 5	本年 7 月下旬に再稼動をする見通しの 3 号機に対して、その差止めを求める仮処分申請を準備している大分県側の住民が、申立てを 7 月中にするとする目標を明らかにする。6 月中に弁護団を結成する考え。6 月 27 日に大分地裁に申し立てる。（民報：20160606）
2016. 6. 7	この日発売の「週刊朝日」（第 121 巻第 31 号）に「70 の原発提案」と題して、今月 28 日に大手電力会社が開く株主総会での株主提案（全 73 件）の一部を掲載、東電に提出の再稼動を求める提案など 3 件を除くと 70 件は原発廃止の意見や脱原発を訴える自治体や株主団体の提案。四電への提案は 4 件、内容は「原発はトイレのないマンションのようだと言われる。廃棄物の処理計画をつくり、公表を」というもの。これに対する四電取締役会の反対意見は「地震や火山については、詳細な調査結果や観測事実に基づき、十分安全に評価している」というもの。
2016. 6. 10	政府の地震調査研究推進本部は 2016 年版の「全国地震動予測地図」（今後 30 年以内に強い地震に見舞われる確率を示す地図／確率は全て今年 1 月 1 日時点）を発表、「30 年以内に震度 6 弱以上の揺れに見舞われる確率」は松山市（市役所を含む区域の値）では 44%。ちなみに 2014 年版では松山市は 42%。なお 3%以上が「高い」とされ、今年 4 月の熊本地震で大被害のあった益城町は 8%だったが M7.3 の地震が起きた。（朝日：20160611）
2016. 6. 17	四電は 3 号機を来月 7 月 26 日に再稼動させる（制御棒を引き抜く）方向で最終調整していると原子力規制庁に説明。作業が順調に進めば、6 月 24 日から核燃料の搬入開始、7 月 29 日には発電と送電を開始。再稼動すれば MOX 燃料を使う発電としては唯一の原発になる。（民報：20160618、朝日：20160619）
2016. 6. 20	四電は 3 号機の原子炉への核燃料装填につき、それまでに必要な検査は順調なら 23 日に終え作業は早ければ 24 日に開始すると発表。作業完了に 4 日間かかる予定。（民報：20160621）
2016. 6. 23	MOX 燃料を使ったプルサーマル発電を実施する計画の四電は、24 日の午前に 3 号機の原子炉に核燃料を装填する作業を始めると発表。装填されるのは 157 体の燃料集合体（うち MOX 燃料は 16 体）で順調にいけば 27 日に完了。原子炉の起動と再稼動とは来月 26 日の見通し。（民報：

暦　年	事　　　項
	20160624）
2016. 6. 24	大分県の住民が大分地裁に仮処分を申立てる。╱╱四電は原子炉への核燃料の装塡を開始。1 日約 40 体のペースで装塡、作業が順調に進めば 7 月 29 日に発送電を開始し、8 月中旬に営業運転に入る見込。（民報、毎日、朝日：20160625）
2016. 6. 26	「民報」が「Q ＆ A 伊方原発の核燃料装塡」を掲載、核燃料の装塡とは燃料集合体〔燃料棒（ウラン粉末を焼き固めたペレットを詰めたもの）の束〕を炉心に挿入すること、燃料挿入は水深約 12m の燃料プールから可動式クレーンで縦向きに入っている集合体を吊り上げ、台車に横にして載せ、隣接する原子炉格納容器の中に運び、再び縦に起こして吊り上げ上から炉心に入れるという手順で行われること、こうした全ての作業はホウ酸（核分裂を抑える）を混ぜた水中で行われ、約 4 日かかること、装塡終了後の工程である起動は、制御棒（核分裂反応を調整する）を炉心から徐々に引き抜くことで起こること、発電は「臨界」（核分裂の連鎖反応が続くこと）に達した後、蒸気発生器でつくった蒸気でタービンを回して起こること、営業運転とはフル出力で調整運転し本格的な段階に移行していること、などを解説する。
2016. 6. 27	この日発売の「週刊朝日」（臨時増刊号）に南海トラフ地震による原発リスクにふれた、元東芝の原発設計技術者後藤政志の発言を紹介、「縦揺れが来て大きく揺さぶられると、伊方原発のような加圧水型原子炉では蒸気発生器を支える柱が曲がって装置自体が下に落ちることが考えられる。そうなれば周囲の配管も落ちて冷却機能は失われます。同じことは格納容器にも言え、一気にガチャンと壊れ落ちるイメージです。また圧力抑制プールにある水がスロッシング（水面動揺）すると大きな力がかかって、どこかが壊れるかもしれない。こうしたことは、今まであまり考えられてこなかったのが現実なのです」と述べる。╱╱同日、四電は 3 号機の原子炉への核燃料の装塡を完了。
2016. 6. 28	原発を保有する大手電力 9 社の株主総会があり、全社で「脱原発」の株主提案は否決され各社は早期の原発再稼動を進める方針を改めて示す。四電の佐伯勇人社長は「全力をあげて確実な再稼動と、安全・安定運転の継続を実現していく」と述べる。╱╱同日、政府は南海トラフ巨大地震の防災対策を検討する作業部会（政府の中央防災会議内に設置）を立ち上げる。南海トラフ地震の可能性、観測、評価に加え、大規模地震対策特別措置法の対象地域や直前の予知を前提とした運用の見直しなどを検討する（東海地震を対象とした地域から南海トラフ沿いの地域まで広げるかを検討するということ）。大震法とは東海地震（震源域を静岡県駿河湾周辺とする M8 程度の地震）の被害想定域を前提にしてきた法で、政府は死者数を約 9200 人と想定する。なお「南海トラフ」（駿河湾から九州沖に延びる帯状の海底の窪み）地震では M9 を想定、最大で死者は約 32 万人、約 220 兆円の経済被害を想定している。伊方原発はこうした「南海トラフ巨大地震の防災対策推進地域（29 都府県 707 市町村）」になっている。

暦　年	事　　項
2016. 7. 7	「愛媛新聞」は世論調査で伊方原発は「再稼動すべきではない」「どちらかというと反対」が計 54.2％だったと発表する。
2016. 7. 8	新規制基準が施行から 3 年目、16 原発 26 基が規制委に安全審査を要請し 3 原発 7 基が合格するが、再稼動の見通しがたっている伊方原発は 7 月 26 日がその予定日。（毎日：20160708）
2016. 7. 10	この日決まった参院選当選者に原発再稼動の是非のアンケート調査を実施（共同通信系に拠る）、自民党は賛成が 60.6％、反対は 1.9％、賛否不明確の無回答は 35.6％。公明党は 90.9％、反対はなし。民進党は反対が 38.1％、賛成が 28.6％。おおさか維新の会は反対が 41.7％、賛成が 8.3％、「その他」が 50.0％。共産党、社民党、生活の党は全員が反対。日本のこころを大切にする党は全員が賛成。（民報：20160712）
2016. 7. 14	3 号機の重大事故（全電源喪失で原子炉冷却不可能、放射性物質が外部に漏れる恐れが生じるという事故）を想定した訓練を再度行うが、男性作業員 2 人が熱中症の症状を訴え、約 1 時間中断、規制委委員長は再度訓練の実施を指示。訓練は 15 日も実施。（民報：20160720）
2016. 7. 16	午前 11 時 20 分頃、中央制御室の記録計で異常を検知、調整作業をしたが改善せず（四電発表）。（毎日：20160718）
2016. 7. 17	四電と愛媛県は 3 号機で午前 7 時半頃に原子炉格納容器内にある一次冷却水ポンプに不具合（ポンプ内を洗浄するための純水が専用の配管に過度に漏洩、流れを調整する部品の不具合で短時間に数 ℓ が流れ込む）が見つかったので部品を交換すると発表。午前 9 時 20 分までに、3 つある軸封部の一つで、通常は水がほぼ流れない箇所に数 ℓ の漏洩を確認している。軸封部は上下二つの円盤状のカーボンで構成、この間に隙間ができたことが原因。漏水は原子炉格納容器内のタンクに回収されており、作業員の被曝や放射能漏れなど環境への影響はないという。部品交換には時間がかかり 7 月 26 日に予定していた再稼動は 7 月中には難しいと四電は説明、8 月以降にずれ込むとの見通しを示す。規制委にはこの日に報告。／／「八幡浜・原発から子どもを守る女の会」（脱原発団体）の斉間淳子代表（72 歳）は「再稼動への不安がさらに増した。延期ではなく中止すべきで、四電が断念するまで反対を続ける」と述べる。他方、早期の再稼動を期待する丸山栄一（74 歳／民宿経営の伊方町民）は「不具合をすべて解決し、完全な状態にしてから再稼動してほしい」と話す。（毎日：20160718）
2016. 7. 19	14 日を受けた訓練を再度実施、作業員の負担が軽くなるよう改善（熱が籠もらないよう防護服の上に着用したゼッケンの使用を止める、冷房の効いたバスで定期的に休憩を取るなど）したり、原子炉格納容器を冷却する海水確保用のポンプの設置手順などを確かめる。なお四電はこの日、トラブルの報告書を原子力規制庁に提出、だが原因は特定できていない。（民報：20160720）
2016. 7. 24	3 号機の再稼動に対して全国から集まった約 700 人が原発周辺の路上

暦　年	事　　項
	に、「発電に核を使うな」と書いた幟を持って詰めかけるなど抗議集会を開き、「再稼動反対」などと声を上げる。鎌田慧（ルポライター）も「伊方原発でもし事故があったら瀬戸内海一帯が汚染される」と批判し「原発をなくすために頑張っていこう」と呼び掛ける。その後、参加者は原発ゲート前に徒歩やバスで移動し原発に向かって「反対の声を無視して再稼動するのは許せない」と訴える。（民報：20160725）
2016. 7. 25	この日付けの民報が 17 日に起きた 3 号機の冷却水ポンプのトラブルにつき、宮崎慶次大阪大学名誉教授（原子力工学専門）の「（部品の隙間に）不純物が挟まった可能性がある」という推測を紹介。また重大事故を想定した訓練でも手順の不備が判明したことにも言及、規制委員長の「熱中症で倒れたから（事故対応が）できませんというのは許容できない」という批判も掲載する。／／同日、四電は一次冷却水を循環させるポンプの不具合で再稼動が遅れている 3 号機につき、作業工程が半月ほど延びること、再稼動は順調にいって 8 月中旬頃になることを示す。また原子炉格納容器の検査の際に推量を調整する部品に圧力がかかりずれが生じたと、トラブルの原因の調査結果を明らかにする（県庁での記者会見）。この日の午前より同タイプの二つのポンプも含めて部品の交換作業を開始、一週間程度で完了させ、8 月上旬には原子炉起動に向けた最終盤の作業を再開する予定で、最速で再稼動が 8 月 10 日前後になる可能性もある。（民報：20160726）
2016. 7. 31	原発稼動に向けて電力 11 社の安全対策費が総額で約 3 兆 3180 億円で、昨年 6 月時点より約 9350 億円増加したことが分かる。この費用が四電では 2013 年 1 月、2014 年 1 月で同額の 832 億円、2015 年 6 月で 1200 億円以上、2016 年 6 月で 1700 億円。（朝日：20160731）
2016. 8. 1	「現代思想」（青土社）8 月号に伊方原発運転差止広島裁判の原告である崔真碩《チェ・ジンソク》がエッセイ「影の被曝者」を掲載、原告団の宣言「過去は変えられないが未来は変えられる」を引用し、「日本列島は地震の活動期に入った」「原発は地震に耐えられない」などと述べる。
2016. 8. 2	伊方原発運転差止訴訟の第 18 回口頭弁論が松山地裁で開かれ、「伊方原発をとめる会」が仮処分の申立てをする。今回は裁判長と左陪席の二人が交代、最高裁民事局から右陪席が着任、新たな裁判官のもとでの弁論となる。
2016. 8. 3	朝日新聞社が熊本地震を受けて、「原子力災害対策指針」（2012 年 10 月末設定、即時避難は原発から 0～5km 圏、「屋内退避」の重点区域は同 30km 圏）についてアンケート（7 月中旬までに回答）、5km 圏にある伊方町では全住民が即時避難すると答える。また八幡浜市など 37 自治体は国の指針を見直す「必要はある」と回答する。
2016. 8. 5	四電は規制委に再稼動の具体的な工程を報告、3 号機の再稼動を 12 日にすると発表、15 日に発電と送電を開始し、22 日にフル稼働して規制委の最終検査を受け、問題がなければ営業運転は 9 月上旬に始めるとする。3 号機が動けば川内原発 1、2 号機は 12 月までに定期検査で止める

暦　年	事　　項
	予定なので、伊方3号機が国内で唯一の動く原発になる。（朝日、民報：20160806）／／中村時広愛媛県知事は再稼動の日程発表に際し「安全確保を最優先に、慎重に取り組んでいただきたい」とコメント。（民報：20160808）
2016. 8. 8	「民報」は7月に当選の三反園訓鹿児島県知事が、4月に起きた熊本地震の影響を調べるために稼働中の川内原発1、2号機の一時停止を九電に要請したのに比し、愛媛県知事の熊本地震への対応には特段の動きが見られず差が目立つと論評、愛媛県知事の「立地条件などが違い、鹿児島県と同じ土俵で（対応）を比較できない」と定例会見で理解を求めたことも紹介。また市民団体が「熊本地震を受けて安全対策を再検証すべきだ」と主張し松山地裁、大分地裁に運転差し止めを求める仮処分の申立てをしたことも紹介する。一部の市民団体は県知事に再稼動同意を撤回するよう要請している。（民報：20160808）／／四電は3号機で重大事故（原子炉冷却不可の想定）対応の訓練を実施、社員ら約60人が参加（規制委の担当者も立合う）、再稼動前の全体を通じた一連の手順の再確認を行う。7月中旬の訓練では作業員2人が熱中症を訴えるなどしていた（7月中に一部の訓練をやり直す）。（民報：20160809）
2016. 8. 9	「伊方原発をとめる会」が県知事に3号機の再稼動をやめるよう申入れる。
2016. 8. 11	四電は3号機の再稼動は12日の午前8時40分～午前9時20分頃になると発表。（民報：20160811）／／伊方町の災害避難所の全67カ所のうち36カ所が土砂災害警戒区域で、避難所地区にある唯一の集会所の裏山も土砂災害警戒区域である実態が放映される。（NHK ニュース9）
2016. 8. 12	午前9時に3号機の制御棒が引き抜かれ原子炉が起動（再稼動）、その後ホウ素（原子炉内で核分裂反応を抑える）の濃度を調整する。（民報：20160814）／／県知事は3号機再稼動に対しての住民からの不安の声に「福島と同じことが起こることはない。考えられる最高の安全対策は施されている」と話す。（朝日：20160813）／／「愛媛新聞」は「不安な見切り発車 容認できない」、同、「大分合同新聞」も再稼動は「到底許せない」とそれぞれ掲載する。
2016. 8. 13	3号機再稼動。午前6時30分、再稼動から21時間30分後に臨界。佐伯勇人四電社長は「安全確保を最優先に発電再開へとステップを進める」と述べる。（民報：20160813、14）／／新規制基準に適合しての再稼動は川内原発1、2号機、高浜原発3、4号機（但し、司法判断で運転停止中）に続き5基目、これで稼働中の原発は3基となるが、伊方3号機はMOX燃料によるプルサーマル発電（1基で使用のプルトニウムは約0.1トン／年）を行う国内唯一の原発でもある。（民報：20160813）／／3号機再稼動は「見切り発車」で、四電は年250億円の収益増を見込むが、伊方町内の放射線防護対策を施した施設全7カ所のうち4カ所は土砂災害警戒区域にあること、愛媛県は防災拠点となる公共施設の耐震化率が全国ワースト3であること、3号機に加え2号機も稼働すれば6～7年で核ご

暦 年	事 項
	みを保管する燃料プールは満杯、使用済みMOX燃料の再処理と貯蔵施設の新たな建設とは目処が立っていないことなどの現状がある。（朝日「社説」: 20160813）／／3号機（福島原発事故以前に導入）のプルサーマル発電については、高速増殖炉の開発が進まず核燃サイクル自体が破綻状態にあり（核燃加工を担う日本原燃の施設は稼動の目処が立っていない）、核兵器に転用可能なプルトニウムを溜め込むことで国際社会から批判が出ている中、MOX燃料の処分方法が未定という問題が残っている（当面は使用済み燃料プールに保管しかない）。（民報：20160813）／／3号機に対する運転差止めの仮処分申請は、原告3人が3月11日に広島地裁へ、愛媛県民が5月31日に松山地裁へ、大分県側住民が6月27日に大分地裁へそれぞれ提出。（民報：20160813）〔参考：2017年7月21日、松山地裁（久保井恵子裁判長）は、愛媛県内の住民11人が3号機の運転差し止めを求めた仮処分の申し立てを却下する。この決定では原発に絶対的安全性（最新の科学的予測を超える内容）を求めることは社会的通念になっていない、新規制基準には合理性が認められる、四電の加速度650ガルの主張は「過小評価」に当たらないなどとしている。2016年以降、伊方原発をめぐっては広島、大分の2地裁、山口地裁岩国支部にも仮処分が申し立てられ（計4カ所）、うち2017年3月に広島地裁が却下している。（民報、朝日：20170722）〕／／避難訓練に参加してきた八幡浜市の市立八幡浜総合病院（原発から約11km）の越智元郎副委員長は、南海トラフ巨大地震が発生すれば約1時間で同病院に9mの津波が襲来、一階の天井までの浸水を想定といい、6階には非常用電源を設置するなどの改築を進めている。同病院には約400人の負傷者の搬送を見込み被曝医療機関（汚染検査、除染などを担う）にも指定されその対応も深刻。（民報：20160813）／／政府は2016年夏に震災後初めて「節電要請」を見送っているので（8月ピーク時に全国で原発14基分に相当する1417万kWの供給力があるとする）、現在は電力不足になる状況にはない。四電は3号機再稼働で98万kW（原発1基分）が余るので首都圏や関西圏向けに電気を売る方針。（朝日：20160813）／／経産省は2015年5月に、2030年時点の原発の発電コストを10.3円／1kWと試算、「最安」（太陽光、火力などの電源と対比）と位置づけたが、「電力自由化」（2016年4月）で原発大手の経営は厳しくなると見て原発事業維持の制度づくりを進める。使用済み核燃料の再処理事業で国の関与を強化したり（電力会社側の撤退や破綻を想定して）、原発事故の損害賠償制度で電力側の責任範囲を小さくする議論を始めたことなどがそれだ。また実際には事故対応のコストは当初より膨らみ、例えば賠償費用（約5.4兆円）や廃炉費用（約2兆円）は東電の想定を大幅に上回り、政府は「原発は安い」を全面に出し実際には「高コスト」で議論が進んでいるのが現状。「すでに電気は十分に足りているし、コストが安いという神話は崩壊している」（高橋洋都留文科大学教授、エネルギー政策）、「原発コストは安いという試算があるのに、なぜ（電力の）自由化で『原発はやっていけない（成り立たない）』という議論がでるのか」（国の有識者会議の一委員）などの指摘が出ている。（朝日：

暦　年	事　　項
	20160813）
2016. 8. 15	3号機の発電と送電を再開。この日の発送電準備中の午後1時36分頃、山口県で震源地を伊予灘とする震度3の地震があり（伊方町は震度2）、四電は安全を確認後、午後2時18分（予定では午後2時）に送電を開始。同日、四電社長は「経営状況が非常に厳しい上、運転差し止めを求める仮処分申し立てがあり、訴訟リスクも視野に入れないといけない」と、電気料金値下げに関しては否定的な考えを述べる。同日、世耕弘成経産相は3号機で出る使用済みMOX燃料につき「今後の発生状況と保管状況、再処理技術の動向などを踏まえて検討していくべきだ」と述べる。22日にフル稼働、9月7日に規制委の最終検査を経て営業運転に入る。（民報：20160816）／／政府の地震本部は全国の活断層帯の長期評価につき、30年以内に大きな地震が起きるリスクを4段階に分けて公表する見通し案をまとめる。リスクが一番高いのが「Sランク」、M7以上の地震を起こす主要活断層帯の約3割がこれに該当。伊方原発に近い所では熊本県の「八代海区間」と「日奈久区間」、「中央構造線断層帯」（近畿、四国間を東西に横断）のうち近畿側の一部が「S」に入る。（民報：20160816）
2016. 8. 17	3号機再稼動をめぐり事故時の賠償制度の見直し（電力会社の責任範囲）議論の迷走が問題になり、資金の備えの脆弱さは福島第一原発事故の教訓を生かせていない。事故後、政府は「原子力損害賠償・原子炉等支援機構」を設立し、政府はこの機構に9兆円の交付国債枠を設けて資金援助をしている。事故を起こしこの機構から資金交付を受けた東電は他の原発会社と協力して弁済している（2015年度の返済額は2330億円）。現行制度で定めているのは「無限責任」（事故を起こした会社が上限なしで賠償責任を負う）だが、電力業界は「有限責任」（国との分担）への切り替えを求める。大島堅一立命館大学教授（環境経済学）は「資金の裏付けが不十分なまま再稼動を進めるのは態度としていかげんだ」と批判する。（民報：20160817）
2016. 8. 21	「しんぶん赤旗」（日曜版）が「住民不安そっちのけ」の見出しで、欧米では1991年以降、伊方3号機と同型の原子炉のフタに次々と亀裂が確認され、大飯原発3号機でも同じ亀裂で冷却水漏れが見つかりフタの交換がすすんだこと、伊方3号機は2013年にこのフタを交換する計画だったがしないまま（福島の原発事故で取り換え工事が中断）再稼動を申請したこと（規制委が承認）などを問題にする。また岡村眞高知大学特任教授がこの度の熊本地震（M6.5）では益城町で上下動1399ガルを観測（ここ20年で最大）、四電は伊方原発で安全上重要な機器は「おおむね1000ガルの揺れに対する耐震性が確保されている」とするが、熊本地震の規模で大きな揺れがあったことは驚きで、「四国電力の想定は、自然への謙虚さを欠いた思い上がり」だと同紙で批判する。
2016. 8. 22	文科省は2017年度から南海トラフ全域（東海、東南海、南海）で海底の断層調査を始める方針を固める。期間は5年間で2017年度予算の概算

暦　年	事　　項
	要求に初期費用として100から150億円盛り込む。政府の地震調査会の最大級の想定はM9級の巨大地震である。／／四電は3号機が熱出力を100％に保つ「定格熱出力一定運転」というフル稼動状態に移行したと発表。9月7日に通常の営業運転（現在は試験的な調整運転）に移行する。四電はこの営業運転で年約250億円の収支改善を見込んでいる。
2016. 8. 25	5月25日に続いて第2回のヒアリング（同会場）、四電は冷却材喪失事故での炉心損傷の防止としてECCS（高圧注水系）の徹底をすると回答。逆U字細管などの配管に溜まる水素（ポンプが振動し使用不能となり自然循環も止まる）などの対策についてはそうならないように対処できる、ECCSの失敗はないとする。民間規制委側は手順書を示すように要求。（「NO NUKES voice」第10巻：20161215）
2016. 8. 26	再稼動した3号機で建屋にある純粋装置を製造する配管のつなぎ目から、二次冷却水の不純物を取り除いた排水最大1.3トンが漏れ出る事故（午後2時5分頃パトロール中の社員が確認）。12日の再稼動との因果関係はないという。放射能物質の外部への漏れはなく漏れた排水は建屋内の排水槽に回収されたとされる。原因は配管の老朽化や配管内のゴムパッキングの弛みの可能性があるという。営業運転開始は変更しない（県と四電発表）。（毎日：20160827）
2016. 8. 29	4月から病気治療のため入院していた山下和彦伊方町長が退院の見通しが立たないとして辞職する。
2016. 8. 30	1号機の廃炉（5月、老朽原発が増加する）などが反映して、「電源立地地域対策交付金」（2017年度予算の概算要求）は835億円（今年度比で33億円減）に抑えられる。（民報：20160831）
2016. 8. 31	愛媛県に避難している福島県民は84人で四国4県中一番多い（東電発表）。（民報：20160901）
2016. 9. 1	2号機（定検で停止中）の一次冷却水を循環させる設備で水漏れ（弁と配管の溶接部）。ごく微量の放射性物質を検出し漏洩量は推定で約10mmℓ（県と四電発表）。再稼動前には一次冷却水のポンプの不具合、再稼動後には配管水漏れが見つかっておりトラブルが続出する。（東京：20160901）
2016. 9. 2	6月にフランスの原発規制当局（ASN）は同国内で運転中の原発18基の重要設備（原子炉圧力容器など）に不純物の濃度が高い金属塊が混じっていることを指摘（炭素にムラ、強度不足の懸念）、設備の製造は同国の「クルゾ・フォルジュ社」と日本の「日本鋳鍛鋼」（1970年設立、現新日鉄住金グループと三菱グループとの共同出資）。これを受け日本の電力6社（東電、九電、関電など）は「日本鋳鍛鋼」（大型鋳鋼品メーカー）が国内8原発13基の原子炉圧力容器を製造していたと規制委に報告。伊方原発2号機も「日本鋳鍛鋼」の製造。（民報：20160903）
2016. 9. 4	愛媛県は3号機再稼動後初の重大事故を想定した避難訓練を行う。伊方町住民ら約500人が参加、避難経路やその手順の確認を行い、三崎小中

暦　年	事　　項
	学校（佐田岬半島西端付近）に一旦集合、安定ヨウ素剤に見立てた飴を受け取り同町の三崎港（海上避難拠点）に向かう。台風12号の影響を考慮して船舶への乗船訓練は中止。伊方原発は佐田岬半島（東西約40km、最小幅約800km）の付け根にあり、重大事故があれば半島の先端側の住民約4700人が孤立する恐れがある。（毎日：20160905）
2016. 9. 7	3号機が規制委の最終検査を終え試験的な調整運転から営業運転に入る。MOX燃料でプルサーマル発電を行う国内唯一の原発。（民報：20160908）
2016. 9. 19	「再稼動阻止全国ネットワーク」が規制委に対し「伊方3号機の稼働を直ちに止めなさい」という抗議声明を出す。（「NO NUKES voice」第10巻：20161215）
2016. 9. 26	政府の地震調査研究推進本部が提言をまとめる。静岡から四国沖に伸びるプレート（岩板）の境界である南海トラフについては、観測網のある陸側だけでなく沖合側のプレートの動きも詳細に調べることを重視、地震発生から短時間で大津波に襲われる高知県の沖合に海底地震・津波計（陸上からケーブルで繋ぐ）を整備し、地震や津波の早期警報に繋げる必要があるとする。（民報：20160926）
2016. 9. 28	大分県の住民264人が伊方原発の運転差し止めを求めて大分地裁に集団提訴。4月の熊本地震で震源域が大分県にも拡大したことなどから、この危機感が原告団の中心メンバーが7月より行っていた募集に参加を促したのではと、弁護団共同代表の徳田靖之弁護士は話す。大分県と伊方原発は豊後水道を挟んで最短では約45kmの距離。過酷事故が起きたら放射性物質による被害は避けられないと訴える。この訴訟は松山、広島両地裁に続き3件目、広島訴訟の約150人（8月現在）を大きく上回る。（朝日：20160929）
2016. 10. 2	伊方町で前町長の病気辞職に伴う無所属新人同士の町長選があり、高門清彦元県議（58歳、自民党県連総務会長など歴任）が西井直人共産党南予地区委員長を大差で破り当選。前者は前町長と町議16人全員の支援を受けて立候補、投票総数6312（投票率71・45%）のうち5451票を獲得、後者は原発の停止、廃炉、原発に依存しない町づくりを訴えたが765票。前町長の町政運営を継承するとした新町長は「原発の安全対策を徹底したい。少子高齢化や過疎化の問題にも精力的に取り組む」と述べる。（東京：20161003）／／新伊方町長は町役場で四電佐伯勇人社長と会い、「万が一は絶対にあってはいけない」「安心安全対策をしっかりやっていただきたい」と述べる。これに対し佐伯勇人社長は「安全対策にゴールはない。不断の努力を積み重ねていきたい」と述べる。（民報：20161008）
2016. 10. 8	未明に阿蘇山の爆発的噴火、火山灰が北東方向へ流れる。噴火直後の気象庁発表では運転中の3号機がある伊方町のみに降灰が予想される。降灰量は0.1mm未満（規制委の審査では15cmの予想）。（民報：20161009）／／厚労省は再稼動対応などでは公益上の必要で集中的な作業が必要だか

暦　年	事　　項
	ら、労基法で定めた残業時間制限を適用しないという通達を出していたことが分かる。現在、労基法に基づく協定では1年で360時間（1カ月45時間、3カ月120時間）を上限とする残業が認められているが（厚労省では通達なし）、1年以上と長期化する審査対応業務の電力社員には1カ月100時間（過労死ライン）を超す残業が続いており、3カ月で既に400時間を上回るケースもあるなど、長時間労働は常態化している。（民報：20161009）
2016. 10. 12	四電は12日より11月4日まで3号機の20km圏にある県内約2万8000戸（伊方町、八幡浜市、西予市など）に再稼動実施を報告する戸別訪問を開始する（再稼動後は初）。社員が住民の疑問や不安を聞き取り再稼動を説明するリーフレットを配る。（民報：20161013）
2016. 10. 18	「原発ゼロの会」（超党派の議連）で約1年ぶりに参加した河野太郎前防災相が「核燃サイクルは回らないのだから、そろそろやめたらどうか」、プルサーマル発電は「敗戦処理の投手を登板させているようなものだ」と安倍政権の進める原発政策を批判する。（朝日：20161019）／／フランスの原子力安全局（ASN、原子力規制機関）は日本の大型鋳鋼品メーカー「日本鋳鍛鋼」（北九州市）が製造した部品を使用しているフランス電力（EDF）に対し、重要設備の部品に強度不足の疑いがあるので原発5基の運転を停止して、定期検査前だが前倒しで検査するように指示。日本の規制委も同社製造の7原発11基の圧力容器の上蓋などに注目をして調査している。この上蓋は伊方原発2号機で使用している。（民報：20161020）
2016. 10. 19	全国17原発に溜まっている使用済み核燃料は計1万4830トン（2016年6月末時点）で、計2万730トンである燃料プールや貯蔵施設の容量の7割を超える。伊方原発では貯蔵可能量は1020トンウランで、貯蔵量は640トンウラン、溜まり具合は63％（同前時点）と紹介される。（朝日：20161019）／／北電、関電、四電、九電の4社は原発の安全性向上のために、安全対策の検討や運転管理での海外事例の研究で、技術的な協力を進めるとした協定を締結する。4社保有の原発は全て加圧水型軽水炉（PWR）で、廃炉や事故時の対応で協力関係を深めており、原発の運営や建て替えでの提携も検討している。また次世代の原発技術を共同で調査し、作業を共同で実施することで効率化もはかる。（民報：20161020、20161104）
2016. 10. 26	規制委は原発への火山灰の影響につき、これまで求めていた約3mmg／m^3より10倍の30mmgの濃度の火山灰を想定して対策を立てるよう電力各社に求めることを決定。既に新規制基準への適合が認められた伊方原発など3原発7基にも非常用発電機のフィルターなどが目詰まりしないか評価して報告するよう求める。10月8日の阿蘇山噴火では愛媛県でも降灰が確認されている。〔参考：大気中の火山灰の濃度約3mmgは2010年にアイスランドでの噴火の際の観測に拠る。30mmgは1980年の米セントヘレンズ山の噴火で、約135km離れた地点で1日の平均濃度が約

暦　年	事　　項
	30mmg あったとする意見募集（美浜原発 3 号機の審査書案に対するもの）での指摘に拠る。美浜原発ではフィルター交換の回数を増やせば目詰まりは防げることを確認したとして審査書の許可を得る。（朝日：20161027）〔参考：2017 年 12 月 13 日、広島高裁（野々上友之裁判長）は、広島市の住民らが申し立てていた仮処分の即時抗告審で、伊方原発 3 号機（2016 年 8 月に再稼動、2017 年 10 月より定検のため運転中止中）の運転差し止めを決定する（2018 年 9 月 30 日までは再稼動や運転を禁じる）。決定の骨子は、伊方原発から約 130km 離れた熊本県の阿蘇カルデラの噴火で、過去に火砕流が原発敷地に到達した可能性が充分に小さいとはいえず、原発立地として適さない、伊方原発が新規制基準に適合するとの規制委の判断は不合理などとするものである。この決定には巨大噴火が起きることは否定できないとする火山学者らの見解が考慮されており、阿蘇山で 9 万年前と同規模の噴火が発生したら伊方原発が被災する可能性は小さいとはいえないと指摘している。（民報：20171214、朝日：20171214、15）〕
2016. 10. 31	規制委が国内の電力会社に、原子炉などの鋼材に強度不足の懸念があり（フランスの原発で発覚）調査を求めていた問題で、電力各社はいずれも「鋼材の炭素に偏りがないことを確認した」とする結果を報告した。（朝日：20161101）
2016. 11. 2	愛媛県内の住民らが求めた 3 号機の運転差止めの仮処分の第 5 回審尋が松山地裁（久保井恵子裁判長、全五回で終結）で開かれる。弁護団は「安全対策の不備などに関する主張に対し、裁判官からの質問が多く、展開は悪くないと思う」と述べる。地裁は住民と四電側双方に、追加の主張があれば 12 月 26 日までに採集書面を提出するよう求める。住民側は周辺の火山の噴火時に降る火山灰の影響に関する主張を出す予定。（民報：20161103）
2016. 11. 15	経産省は「東電改革・1F 問題委員会」の 3 回目の会合を非公開で開催、広瀬直己東電ホールディングス社長が他電力会社との連携で収益力強化の改革の方向性を示す。四電は関西、北陸、中国、九州の各企業と事故対応や安全対策、将来的な廃炉作業のコスト削減で協力する。また北海道、関西、九州の各企業とは各社が保有する加圧水型軽水炉（PWR）の安全性向上に向けた技術協力をする。（民報：20161116）
2016. 11. 21	内閣府の中央防災会議が 2012 年に公表した南海トラフ巨大地震のシミュレーションのうち、最も大きな影響が出るケースでは震度 7 を想定、高知県を含む 5 都道府県 21 市町村で津波は高さ 10m 以上に及ぶとされ、迂回路がない四国は孤立化の恐れがある。
2016. 12. 7	午後 6 時 45 分頃、米軍岩国基地所属の FA ホーネット戦闘攻撃機 1 機が高知県沖の訓練空域で墜落する。米海兵隊などによると 2 機編隊で訓練中に 1 機のパイロットが緊急脱出したというが安否は不明。防衛省によると墜落現場は足摺岬の東南東約 100km の海域。（朝日：20161208）
2016. 12. 8	午後 3 時すぎ、自衛隊の救難飛行艇が高知県足摺岬の東南約 100km の海上でパイロットとみられる人を発見、防衛省は容体などの詳細を明か

暦　年	事　　項
	さず。（朝日：20161209）
2016. 12. 20	この日発行の遠田晋次「活断層地震はどこまで予測できるか」（講談社）によると、1596（慶長元）年9月1日に中央構造線活断層帯（松山付近）の川上断層により慶長伊予地震が発生、同4日に別府湾で約M7の津波を伴う慶長豊後地震が発生、この地震では港町の沖ノ浜（大分から約4km）が海没した（推定）とある。この2つの地震の後の同5日に発生したのが慶長伏見大地震である。〔参考：中央構造線活断層帯については、伊方原発の基準地震動策定でそこから生じる地震を考慮しているものの、原発に近づくセンスである南傾斜については80度までしか考慮されていない（北傾斜については30度まで考慮）、こうした判断は妥当なのかという論文を野津厚が発表する。（「西南日本で現在進行中の地殻変動と伊方原子力発電所」：科学、岩波書店、20170801）〕
2016. 12. 26	四電は1号機の廃炉工程をまとめた「廃止措置計画」を規制委に認可申請する。2056年頃までに約40年かけて完了、407億円の費用を見込む。使用済み核燃料は3号機の燃料プールで保管、 2024年頃には満杯のため、それを金属容器に入れる乾式貯蔵施設（空冷）を敷地内に設置することを検討する。使用済み核燃料の搬出は解体工事準備期間の第1段階（約10年）で実施。第2段階（約15年）では原子炉周辺を解体、第3段階（約8年）では原子炉を解体、最終の第4段階（約7年）では建屋を解体、撤去するという。また同日には県と伊方町に了解を得るための協議を申し入れる。（民報：20161227）
2016. 12. 31	3号機でも中央制御室で使用されている空調喚起配管（重要設備）の点検で、保温材を外した目視点検が行われていない（一義的な安全確認の責任は規制委でなく事業者にあるという立場をとる）まま年を越す（この発覚は2017年1月14日の電力9社と日本原子力発電への取材による）。審査中の中国電力島根原発2号機では今年12月に保温材に隠れた腐食や腐食による穴（事故時に外気遮断不能、室内は濃度変化を起こし機能維持不可）が発見されている。同点検の不実施は全国商用原発42基（運転中ないし運転可能）中、40基（福島第二原発4基も含む）に及ぶ。（民報：20170115、16）

あとがき

2018（平成30）年3月11日で、東日本大震災と津波、また直後に起きた東京電力福島第一原発事故は7年が過ぎることになる。とくに、1979（昭和54）年3月28日に起きたスリーマイル島（TMI）原発2号炉での炉心溶解事故、1986（昭和61）年4月26日に起きたチェルノブイリ原発4号炉の核暴走事故（520万テラベクレル）に次ぐ福島第一原発事故（2号機から90万テラベクレルの放射性物質が漏洩）は、4機の原発が次々に水素爆発や爆発を起こし、世界を震撼させる未曾有の大惨事となった。

7年が経過しようとしている現在でも、廃炉作業は困難を極め、まだ廃炉をすすめる作業とよぶ時点までにはほど遠く、第二原発の廃炉は宣言されていない（2018年1月5日、東電の川村隆会長は「原子力を何らかの格好で残しておく必要がある」と発言、第二原発の廃炉どころではない本音を語る。民報：20180106）。そもそも炉心溶融を起こしている第一原発自体の危険性は持続しており、2017年11月20日には、水素爆発防止のため格納容器に窒素ガスを封入し、配管でフィルターに導いた上で屋外排気し、臨界時に大量に発生する放射性キセノンの濃度計測をしている2号機で、原子炉格納容器内の溶融燃料が臨界に至っていないかどうかの一時監視が不可能となっている（東電発表）。また、同月27日には、3号機でも使用済み核燃料プールのポンプが止まり、約2時間の冷却機能停止という事態に陥っている。

事故後の福島原発の現状と、そこでますます山積していく多くの問題とは、将来に向けての原発の廃棄の必要を訴えている。使用済み燃料から出る高レベル放射性廃棄物の処分（2017年11月14日、資源エネルギー庁や原子力発電環境整備機構が開催の、日本全国に埋設予定の核ごみの最終処分場の候補地の説明会に、謝礼を出して学生らを動員していたことが判明、2016年7月頃からを含めると計118人の動員。朝日：20171115、民報20171229）、中間貯蔵施設に埋設する放射能汚染物質の処分（用地交渉は、建設予定面積約1600haに対し契約できた面積は718haで、搬入可能面積は44.9％という現状。民報：20180101）、海洋放出を目論んでいる汚染水（2017年12月28日、除去できないトリチウムを残したまま地下水442トンを海洋放出する。民報：20171229。なお、2017年4月18日現在、第一原発取水口付近の放射性セシウム濃度は390Bq／kg、同日に県発表）の処分なども見通しが立たないままで来ている。

こうしたなかで、原発事故による関連死（自殺を含む）は2017年9月末現在で2202人となった（同年3月末より55人の増加。復興庁発表：20171226）。これらに、止まることのない子供の甲状腺がんの発症（2017年1月31日現在、県民健康調査によらず自覚症状で受診しがんが発見された例は計4例あるという。朝日：20170201)、山林除染抜きでいつまでも下がらない土地や河川の汚染などを加えて考えれば、事態はむしろ深刻度を増している。このことは、生態系や食品に対する放射能の影響を見れば明らかで、例えば、飯舘村でイノシシから放射性セシウム1万4000Bq／kg（2017年11月16日、県発表）が、田村市で同1万1000Bq（同年12月13日、同前）がそれぞれ検出されている。河川でも伊達市の布川のイワナから同173.6Bqが（2017年11月15日、同前)、天栄村の釈迦堂川のヤマメから同113.4Bq（2017年11月22日、同前）がそれぞれ検出されている。海でも南相馬市小高区沖合3km付近で捕獲のカスザメから同258Bq（2018年1月19日、東電発表）を検出している。このように、いまだに福島県においては放射能汚染は深刻なのである。しかし、政府はとりわけ放射能被害が甚大な浜通り地区へ性急に避難解除を出して地元住民を呼び戻そうとしてきた。こうした政策に無理があるのは、例えば、2017年11月末現在の浪江町（事故前の住民は約2万1000人）で、帰還した町民は約440人（事故前の2%）であり（NHK・TV「ルポ 避難解除の町は今」: 20180119)、同月末現在の葛尾村では、帰還している村民は原発事故前の17%である（復興庁公表）などといった事実をみれば明らかなのである。

こうした現状に対し、この度の東京電力福島第一原発事故の真相は何だったのか、そのために、原発の世界情勢や原発に関わる日本の政治や経済の動き、政府機関、東京電力、原発訴訟（裁判)、福島県、地元住民の動向などを、もっと詳細で多角的に捉える必要があるのではないかといった反省が私のなかであり、そうであるならば、後の検証で正確ではなかったという事実が出てくるにせよ、日々刻々と報道されては忘れられ、消えていく事実をまず時間系列で記録するのが基本であろうと考えたわけである。従って、年表という性格上、原発事故に関わる事項別やテーマ別の記録にはなっていないので、そういう記録を求める場合には、時間の経過に沿って事項、テーマを追い、まとめていただくしかないということになる。

なお、最近の裁判では、まだまだ楽観は出来ないし、充分に満足できる判決ではないにしても、福島原発事故の責任の所在、取り返しのつかない環境破壊、2000人以上の住民に死をもたらした事実、また自然災害による原発の危険性などを、少しは正面から受け止めようとする司法の動きが各地で出て来ている。福島原発事故の原因が未解明で、電力会社の安全対策は不充分、規制委の姿勢にも不安があるとして、高浜原発3、4号機の運転を差し止めた2016年3月9日の大津地裁判決、群馬県に避難した原発避難者の訴訟で、国と東電の賠償責任を認めた（45世帯137人に3855万円の支払い命令）2017年3月17日の前橋地裁判決、同じく千葉県に避難した原発避難者の訴訟で、国の賠償責任は否定されたが（判決は、2006年までには敷地の高さを越える国の津波の予見を可とするが、事故回避の可能性は認めず）、東電の賠償責任を認めた（17世帯42人に合計で約3億7600万円の支払い命令、自主避難者への「精神的損害の賠償」は認めず）2017年9月22日の千葉地裁判決、国と東電の責任を認めた2017年10月10日の福島地裁判決、阿蘇山の噴火の危険性を理由に伊方原発3号機の運転を差し止めた2017年12月13日の広島高裁判決などがそうである。

最後に、年表作成にあたっては各種の新聞、雑誌、原発専門誌、個人雑誌、公刊物（広報誌など）、聞き取りに応じてくださった個人の方々などに大変お世話になりました。記して感謝申し上げます。とりわけ、新聞記事の写真掲載を快諾くださった福島民報社、何度か病気で執筆が中断したにもかかわらず、この書の刊行を粘り強く見守ってくださったクロスカルチャー出版社主の川角功成氏には深く感謝いたします。

2018年2月3日

澤　正宏

〔参考文献一覧〕

『不思議な国の原子力―日本の現状―』河合武（角川書店、1961年2月）
『鉛の箱（コンテナー）』邦光史郎（光文社、1965年7月）
『闇のよぶ声』遠藤周作（光文社、1966年12月）
『国際放射線防護委員会勧告』（日本アイソトープ協会、仁科記念財団、1967年4月）
『河出ルネサンス 原子力問題の歴史』吉羽和夫（河出書房新社、1969年7月）
『作業者の放射線防護のためのモニタリングの一般原則』山﨑文男編（日本アイソトープ協会、仁科記念財団、1970年10月）
『環境と放射能汚染の実態と問題点』川瀬金次郎他（東海大学出版会、1971年12月）
『〔反対尋問〕原告側証人 京都大学助手川野眞治 証言』松山地方裁判所（1972年9月）
『原子力戦争』田原総一朗（筑摩書房、1976年7月）
『原子炉崩壊の日』Basil Jacson、福島正美訳（朝日新聞社、1976年8月）
『原発ジプシー「原発＝科学」の虚妄を剥ぐ体験ドキュメント』堀江邦夫（現代書館、1979年10月）
『世紀への黙示録』吉原公一郎（ダイヤモンド社、1980年5月）
『原子炉の蟹』長井彬（講談社、1981年9月）
『原子力船「むつ」論議集』二分冊、古瀬兵次編集・発行（1984年6月）
『原発・日本絶滅』生田直親（光文社、1988年11月）
『チェルノブイリ――アメリカ人医師の体験』R.P. ゲイル、T. ハウザー、吉本晋一郎訳（岩波書店、1988年12月）
『原発論議総点検―あなたの理解を深めるために―』（社会経済国民会議、1990年4月）
『作業者による放射線核種の摂取に関する個人モニタリング・立案と解釈』（日本アイソトープ協会、1991年8月）
『作業者による放射線核種の摂取の限度：追補 Part4』（日本アイソトープ協会、1991年9月）
『21世紀社会と原子力文明 宇宙エネルギーをつくる』藤家洋一（日本電気協会新聞部、1992年11月）
『孤立する日本の原子力政策』日本弁護士連合会 公害対策・環境保全委員会（実教出版、1994年11月）
『核燃料サイクル関連核種の安全性評価―比較放射毒性学―』松岡理（日刊工業新聞社、1995年2月）
『チェルノブイリの祈り　未来の物語』スベトラーナ・アレクシエービッチ、松本妙子訳（岩波書店、1998年6月）
『高木仁三郎著作集」第4巻、以下全12巻刊行開始（七つ森書館、2001年10月）
『原発の来た町 原発はこうして建てられた 伊方原発の30年』斉間満（南海日日新聞、2002年5月）
『知事抹殺―つくられた福島県汚職事件」佐藤栄佐久（平凡社、2009年9月）
『日本の原発危険地帯』鎌田慧（青志社、2011年4月）
『福島原発設置反対運動裁判資料』第1巻～第3巻（クロスカルチャー出版、2012年1月）
『福島原発人災記 安全神話を騙った人々』川村湊（現代書館、2011年4月）
『原発事故 残留汚染の危険性 われわれの健康は守られるのか』武田邦彦（朝日新聞出版、2011年4月）
『福島原発難民―南相馬市・一詩人の警告　1971～2011―』若松丈太郎（コールサック社、2011年5月）
『原発暴走列島』鎌田慧（ASTRA、2011年5月）
『福島原発事故 どうする日本の原発政策』安斎育郎（かもがわ出版、2011年5月）
『原発崩壊 想定されていた福島原発事故』増補版、明石昇一郎（金曜日、2011年5月）
『原発労働記』復刊、堀江邦夫（講談社、2011年5月）
『福島原発メルトダウン』広瀬隆（朝日新聞出版、2011年5月）
『汚染放射能の現実を超えて』小出裕章（河出書房新社、2011年5月）
『原発ジプシー―被曝下請け労働者の記録―』増補改訂版、堀江邦夫（現代書館、2011年5月）
『原発 放射性廃棄物と隠された原子爆弾』エステル・ゴンスターラ著、今泉みね子訳（インフォグラフィクス、2011年6月）
『津波と原発』佐野真一（講談社、2011年6月）
『元IAEA緊急時対応レビューアーが語る福島第一原発事故 衝撃の事実』高橋啓三、手島佑郎（ぜんにち出版、2011年6月）
『思想としての3・11』河出書房新社編集部編（河出書房新社、2011年6月）
『ルポ 東京電力原発危機1カ月』奥山俊宏（朝日新聞出版、2011年6月）
『福島原発事故はなぜ起きたか』井野博満編（藤原書店、2011年6月）
『原発をつくった私が、原発に反対する理由』菊地洋一（角川書店、2011年7月）

『ドキュメント東京電力 福島原発誕生の内幕』新装版、田原総一朗（文藝春秋社、2011 年 7 月）
『福島第一原発事故を検証する』桜井淳（日本評論社、2011 年 7 月）
『福島 嘘と真実 東日本放射線衛生調査からの報告』高田純（医療科学社、2011 年 7 月）
『放射能汚染 ほんとうの影響を考える　フクシマとチェルノブイリから何を学ぶか』浦島充佳（化学同人、2011 年 7 月）
『水俣の教訓を福島へ』原爆症認定訴訟熊本弁護団編著（花伝社、2011 年 8 月）
『核廃棄物と熟議民主主義』ジュヌヴィエーヴ・フジ・ジョンソン著、舩橋晴俊、西谷内博美監訳（新泉社、2011 年 8 月）
『原発死』増補改訂版、松本直治（潮出版社、2011 年 8 月）
『福島でいきる！ 原発 31km 地点・100 日の記録』山本一典（洋泉社、2011 年 8 月）
『福島 原発と人びと』広河隆一（岩波書店、2011 年 8 月）
『福島の原発事故をめぐって いくつか学び考えたこと』山本義隆（みすず書房、2011 年 8 月）
『福島原発の闇 原発下請け労働者の現実』堀江邦夫 、（絵）水木しげる（朝日新聞出版、2011 年 8 月）
『原発破局を阻止せよ！』広瀬隆（朝日新聞出版、2011 年 8 月）
『「想定外」の世界―福島原発事故で語られなかったこと』平田周（三一書房、2011 年 9 月）
『原発と権力―戦後から辿る支配者の系譜―』山岡淳一郎（筑摩書房、2011 年 9 月）
『ルポ 原発難民』栗野仁雄（潮出版社、2011 年 9 月）
『子どもたちに伝えたい―原発が許されない理由』小出裕章（東邦出版、2011 年 9 月）
『原発放浪記』川上武志（宝島社、2011 年 9 月）
『原発は福島をつぶした』破岩（75 ブック、2011 年 9 月）
『クロニクル FUKUSHIMA』大友良英他（青土社、2011 年 10 月）
『福島第一原発潜入記 高濃度汚染現場と作業員の真実』山岡俊介（双葉社、2011 年 10 月）
『叩かれても言わねばならないこと』枝野幸男（東洋経済新報社、2011 年 10 月）
『原発裁判』桜井淳（潮出版社、2011 年 10 月）
『裸のフクシマ 原発 30km 圏内で暮らす』たくき よしみつ（講談社、2011 年 10 月）
『増補 放射線被曝の歴史 アメリカ原爆開発から福島原発事故まで』中川保雄（明石書店、2011 年 10 月）
『新版　原子力の社会史 その日本的展開』吉岡斉（朝日新聞出版、2011 年 10 月）
『隠される原子力・核の真実』小出裕章（創史社、2011 年 10 月）
『原発事故・損害賠償マニュアル』日本弁護士連合会編（日本加除出版、2011 年 10 月）
『福島第一原発事故・検証と提言 ヒューマン・エラーの視点から』村田厚生（新曜社、2011 年 11 月）
『原発への非服従―私たちが決意したこと―』鶴見俊輔、澤地久枝、奥平康弘、大江健三郎ら（岩波書店、2011 年 11 月）
『原発訴訟』海渡雄一（岩波書店、2011 年 11 月）
『脱原子力 その隠蔽された真実―人の手に負えない核エネルギーの 70 年史―』ステファニー・クック、藤井留美訳、池澤夏樹解説（飛鳥新社、2011 年 11 月）
『増補 放射線被曝の歴史』中川保雄（明石書店、2011 年 11 月）
『南相馬 10 日間の救急医療～津波・原発災害と闘った医師の記録～』太田圭祐（時事通信社、2011 年 11 月）
『日本原発小説集』井上光晴他（水声社、2011 年 11 月）
『ヒロシマ・ナガサキからフクシマへ 「核」時代を考える』黒古一夫編（勉誠出版、2011 年 11 月）
『日本の核開発 1939～1955 原爆から原子力へ』太田圭祐（績文堂、2011 年 12 月）
『小児科医が診た放射能と子どもたち』（クレヨンハウス、2011 年 12 月）
『さようなら原発』鎌田慧編（岩波書店、2011 年 12 月）
『原発難民日記 怒りの大地から』秋山豊寛（岩波書店、2011 年 12 月）
『原子力マフィア―利権に群がる人びと』土井淑平（編集工房 朔、2011 年 12 月）
『原発のコスト エネルギー転換への視点』大島堅一（岩波書店、2011 年 12 月）
『ヤクザと原発 福島第一潜入記』鈴木智彦（文藝春秋、2011 年 12 月）
『福島原発事故・記者会見 東電・政府は何を隠したか』日隅一雄、木野龍逸（岩波書店、2012 年 1 月）
『被ばくと発がんの真実』中川恵一（KK ベストセラーズ、2012 年 1 月）
『メルトダウン　ドキュメント福島第一原発事故』大鹿靖明（講談社、2012 年 1 月）
『FUKUSHIMA レポート 原発事故の本質』FUKUSHIMA プロジェクト委員会、水野博之、河合弘之他（日経 BP コンサルティング、2012 年 1 月）
『福島原発設置反対運動裁判資料集』第 1 巻～第 3 巻、解説・安田純治、解題・澤正宏（クロスカルチ

ャー出版、2012 年 1 月）
『ひとり舞台 脱原発—闘う役者の真実—』山本太郎（集英社、2012 年 2 月）
『検証　東日本大震災』関西大学社会安全学部編（ミネルヴァ書房、2012 年 2 月）
『ホットスポット　ネットワークでつくる放射能汚染地』NHK・TV 特集取材班著（講談社、2012 年 2 月）
『1 ミリシーベルトの呪縛』森谷正規（エネルギーフォーラム、2012 年 2 月）
『政府は必ず嘘をつく』堤未果（角川書店、2012 年 2 月）
『3・11 慟哭の記録—— 71 人が体感した大津波・原発・巨大地震——』金菱清編、東北学院大学震災の記録プロジェクト（新曜社、2012 年 2 月）
『福島原発　現場監督の遺言』恩田勝亘（講談社、2012 年 2 月）
『日本を脅かす！原発の深い闇』古賀茂明、一ノ宮美成、神林広恵、中田潤、藤吉雅春他（講談社、2012 年 2 月）
『震災復興　日本経済の記録』日本経済新聞社（日本経済新聞出版社、2012 年 2 月）
『震災と原発 国家の過ち—文学で読み説く「3・11」』外岡秀俊（朝日新聞出版、2012 年 2 月）
『原発の深層——利権と従属の構造』赤旗編集局（新日本出版社、2012 年 2 月）
『低線量被曝のモラル』一ノ瀬正樹、児玉龍彦、中川恵一他共編（河出書房新社、2012 年 2 月）
『歴史としての 3・11』河出書房新社編集部編（河出書房新社、2012 年 2 月）
『司法は原発とどう向きあうべきか—原発訴訟の最前線』現代人文社編集部編（現代人文社、2012 年 2 月）
『いまこそ私は原発に反対します』日本ペンクラブ編（平凡社、2012 年 3 月）
『新聞記者が本音で答える「原発事故とメディアへの疑問」』（クレヨンハウス、2012 年 3 月）
『放射能汚染が未来世代に及ぼすもの「科学」を問い、脱原発の思想を紡ぐ』綿貫礼子編、吉田由布子、神淑子、リュドミラ・サアキャン（新評論、2012 年 3 月）
『世界が日本のことを考えている 3・11 後の文明を問う—— 17 賢人のメッセージ』共同通信社取材班編（太郎次郎社エディタス、2012 年 3 月）
『原発に「ふるさと」を奪われて　福島県飯舘村・酪農家の叫び』長谷川健一（宝島社、2012 年 3 月）
『夢より深い覚醒へ— 3・11 後の哲学』大澤真幸（岩波書店、2012 年 3 月）
『原発と日本の未来—原子力は温暖化対策の切り札か』吉岡斉（岩波書店、2012 年 3 月）
『内部被曝』矢ヶ﨑克馬、守田敏也（岩波書店、2012 年 3 月）
『飯舘村』小澤祥子司（七つ森書館、2012 年 3 月）
『東電原発犯罪—福島・新潟からの出発』佐藤和良、矢部忠夫編（八月書館、2012 年 3 月）
『福島原発事故独立検証委員会調査・検証報告書』福島原発事故独立検証委員会著（ディスカバー、2012 年 3 月）
『図解　原発のウソ』小出裕章、「原発のウソ」取材班編（扶桑社、2012 年 3 月）
『「原発避難」論—避難の実像からセカンドダウン、故郷再生まで』山下祐介、開沼博（明石書店、2012 年 3 月）
『奪われた故郷　あの日、飯舘村に何が起こったのか』長谷川健一（オフィスエム、2012 年 3 月）
『日本人の底力 東日本大震災 1 年の全記録』（日本工業新聞社、2012 年 3 月）
『レベル 7　福島原発事故、隠された真実』東京新聞原発事故取材班（幻冬舎、2012 年 3 月）
『なぜ院長は「逃亡犯」にされたのか—見捨てられた原発直下「双葉病院」恐怖の 7 日間』森功（講談社、2012 年 3 月）
『ドキュメント　テレビは原発事故をどう伝えたのか』伊藤守（平凡社、2012 年 3 月）
『福島原発多重人災 東電の責任を問う』槌田敦、山碕久隆、原田裕史（日本評論社、2012 年 3 月）
『内部被曝』肥田舜太郎（扶桑社、2012 年 3 月）
『3・11 原発震災 福島住民の証言』ロシナンテ社編（ロシナンテ社、2012 年 3 月）
『鎮魂と再生 東日本大震災・東北からの声 100』赤坂憲雄編（藤原書店、2012 年 3 月）
『プロメテウスの罠』朝日新聞特別報道部（学研マーケティング、2012 年 3 月）
『フクシマを歩いて—ディアスポラの眼から』徐京植（毎日新聞社、2012 年 3 月）
『報道記録集 東日本大震災・原発事故 福島の 1 年 2011・3・11～2012・3・11』（福島民友新聞社、2012 年 3 月）
『「フクシマ」論—原子力ムラはなぜ生まれたのか』開沼博（青土社、2012 年 3 月）
『原福島原発の真実 最高幹部の独白』今西憲之、週刊朝日取材班著（朝日新聞出版、2012 年 3 月）
『福島原発事故　原発を今後どうすべきか』小出裕章（河合文化教育研究所、2012 年 4 月）
『福島第一原発の一番長い 7 日間』酒井直行著、漫画／千葉きよかず・松枝尚嗣（PHP 研究所、2012 年 4 月）

『誰も書かなかった福島原発の真実』澤田哲生（ワック株式会社、2012 年 4 月）
『「技術と人間」論文選─問いつづけた原子力 1972 ― 2005』高橋昇、天笠啓祐、西尾漠編（大月書店、2012 年 4 月）
『原発民衆法廷①』原発を問う民衆法廷実行委員会編（三一書房、2012 年 4 月）
『南相馬市長・桜井勝延と市民の選択 放射能を背負って』山岡淳一郎（朝日新聞出版、2012 年 4 月）
『刑事告発東京電力 ルポ福島原発事故』（金曜日、2012 年 4 月）
『司法は原発とどう向きあうべきか　原発訴訟の最前線』現代人文社編集部編（現代人文社、2012 年 4 月）
『紀伊半島にはなぜ原発がないのか 日置川原発反対運動の記録』原日出夫編集（紀伊民報、2012 年 4 月）
『福島原発事故 内部被曝の真実』柴田義貞編（長崎新聞社、2012 年 5 月）
『フクシマと沖縄』前田哲男（高文研、2012 年 5 月）
『原発立地・大熊町民は訴える』木幡仁、木幡ますみ（柘植書房新社、2012 年 5 月）
『「東京電力」研究　排除の系譜』斎藤貴男（講談社、2012 年 5 月）
『原発を拒み続けた和歌山の記録』「脱原発わかやま」編集委員会（寿郎社、2012 年 5 月）
『復興の大義』高史明、内山節、中野剛他（農文協、2012 年 6 月）
『脱原発の大義 地域破壊の歴史に終止符を』鎌田慧、槌田敦、開沼博、飯田哲也他（農文協、2012 年 6 月）
『生きる 原発避難民のみつめる未来』朝日新聞特別取材班著（朝日新聞出版、2012 年 6 月）
『核エネルギー言説の戦後史 1945 ― 1960「被曝の記憶」と「原子力の夢」』山本昭宏（人文書院、2012 年 6 月）
『東電株主代表訴訟　原発事故の経営責任を問う』河合弘之編著（現代人文社、2012 年 7 月）
『原発から見えたこの国のかたち』鈴木耕（リベルタ出版、2012 年 7 月）
『プロメテウスの罠　2』朝日新聞特別報道部（学研マーケティング、2012 年 7 月）
『フクシマ原発の失敗─事故対応過程の検証とこれからの安全規制─』松岡俊二（早稲田大学出版部、2012 年 7 月）
『原発被ばく労働を知っていますか？』（クレヨンハウス、2012 年 7 月）
『原発とは結局なんだったのか　いま福島で生きる意味』清水修二（東京新聞出版部、2012 年 7 月）
『放射線測定のウソ』丸子かおり（マイナビ、2012 年 7 月）
『3・11 から一年　近現代を問い直す言説の構築に向けて』本山美彦、川元祥一、大野和興、三上治、河村哲二、高橋順一、伊藤述史／編（御茶の水書房、2012 年 7 月）
『放射能汚染から食と農の再生を』小山良太・小松知未・石井秀樹（家の光協会、2012 年 8 月）
『復興は現場から動き出す』上昌広（東洋経済新報社、2012 年 8 月）
『原爆・原発ー核絶対否定の理論と運動』池山重朗（明石書店、2012 年 8 月）
『検証　福島原発事故　官邸の一〇〇時間』木村英昭（岩波書店、2012 年 8 月）
『城南信用金庫の「脱原発」宣言』（クレヨンハウス、2012 年 8 月）
『原発事故報道のウソから学ぶ─市民が主人公となる社会のために─』（クレヨンハウス、2012 年 8 月）
『原発危機 官邸からの証言』福山哲郎（筑摩書房、2012 年 8 月）
『福島　原発と人びと』広河隆一（岩波書店、2012 年 8 月）
『原発と原爆』有馬哲夫（文藝春秋社、2012 年 8 月）
『「最悪」の核施設六ケ所村再処理工場』小出裕章、渡辺満久、明石昇二郎（集英社、2012 年 8 月）
『原発事故・全町避難 大熊町　学校再生への挑戦』竹内敏英、大熊町教育委員会（かもがわ出版、2012 年 8 月）
『フクシマ 放射能汚染に如何に対処するか』島亨（言叢社、2012 年 8 月）
『証言 細野豪志「原発危機 500 日」の真実に鳥越俊太郎が迫る』細野豪志、鳥越俊太郎（講談社、2012 年 8 月）
『原発依存の精神構造――日本人はなぜ原子力が「好き」なのか――』斎藤環（新潮社、2012 年 8 月）
『核の力で平和はつくれない 私たちが非核・脱原発を主張する 18 の理由』市民意見広告運動編（合同出版、2012 年 8 月）
『この国は原発事故から何を学んだのか』小出裕章（幻冬舎、2012 年 9 月）
『8・15 と 3・11 戦後史の死角』笠井潔（NHK 出版、2012 年 9 月）
『持続可能性の危機 ─地震・津波・原発事故災害に向き合って』長谷部俊治、舩橋晴俊編著（御茶の水書房、2012 年 9 月）
『“脱原発” を止めないために 科学ジャーナリストの警告』林勝彦編著（清流出版株式会社、2012 年 9 月）
『原発と御用学者』土井淑平（三一書房、2012 年 9 月）

『原発民衆法廷③』原発を問う民衆法廷実行委員会編（三一書房、2012 年 9 月）
『原発問題の争点 内部被曝・地震・東電』大和田幸嗣、橋本真佐男、山田耕作、渡辺悦司（緑風出版、2012 年 9 月）
『原発再稼働の深い闇』一ノ宮美成、小出裕章、鈴木智彦、広瀬隆ほか著（宝島社、2012 年 9 月）
『タブーなき原発事故調書』鹿砦社特別取材班（鹿砦社、2012 年 9 月）
『低線量汚染地域からの報告〜チェルノブイリ 26 年後の健康報告』馬場朝子、山内太郎（NHK 出版、2012 年 9 月）
『ルポ イチエフ　福島第一原発レベル 7 の現場』布施祐仁（岩波書店、2012 年 9 月）
『原発とメディア 新聞ジャーナリズム 2 度目の敗北』上丸洋一（朝日新聞出版、2012 年 9 月）
『いま、子どもがあぶない』福島集団疎開裁判の会（本の泉社、2012 年 10 月）
『福島と生きる 国際 NGO と市民運動の新たな挑戦』中野憲志編（新評論、2012 年 10 月）
『政府事故調 中間・最終報告書』2 分冊セット、東京電力福島原子力発電所における事故調査・検証委員会著（メディアランド、2012 年 10 月）
『やっかいな放射線と向き合って暮らしていくための基礎知識』田崎晴明（朝日出版社、2012 年 10 月）
『脱原発とデモ』瀬戸内寂聴、鎌田慧、柄谷行人他（筑摩書房、2012 年 10 月）
『いま福島で考える 震災・原発問題と社会科学の責任』後藤康夫、森岡孝二、八木紀一郎編（桜井書店、2012 年 10 月）
『原発事故と被曝労働』被ばく労働を考えるネットワーク編（三一書房、2012 年 10 月）
『フタバから遠く離れて 避難所からみた原発と日本社会』舩橋淳（岩波書店、2012 年 10 月）
『メディアと原発の不都合な真実』上杉隆（技術評論社、2012 年 10 月）
『低線量放射線被曝 ―チェルノブイリから福島へ』今中哲二（岩波書店、2012 年 10 月）
『東電福島原発事故総理大臣として考えたこと』菅直人（幻冬舎、2012 年 10 月）
『原子力と倫理――原子力時代の自己理解』テオドール・リット著、小笠原道雄編、木内陽一、野平慎二共訳（東信堂、2012 年 10 月）
『福島原発設置反対運動裁判資料』第 4 巻〜第 7 巻、編集・解題・解説・澤　正宏（クロスカルチャー出版、2012 年 11 月）
『「海江田ノート」原発との闘争 176 日の記録』海江田万里（講談社、2012 年 11 月）
『脱原発発言――文明の転換点に立って』市民文化フォーラム編、高橋哲也、小泉好延、内海愛子、市野川容孝、海老坂武、菅井益郎、桜井均、越智敏夫著（世織書房、2012 年 11 月）
『フクシマの後で 破局・技術・民主主義』ジャン＝リュック・ナンシー著、渡名喜庸哲訳（以文社、2012 年 11 月）原書は 2012 年パリ刊
『証言　斑目春樹　原子力安全委員会は何を間違えたのか？』岡本孝司（新潮社、2012 年 11 月）
『福島原発で何が起きたか』黒田光太郎、井野博満、山口幸夫編（岩波書店、2012 年 11 月）
『司法よ！ おまえにも罪がある―原発訴訟と官僚裁判』新藤宗幸（講談社、2012 年 11 月）
『死の淵を見た男　吉田昌郎と福島第一原発の五〇〇日』角田隆将（PHP 研究所、2012 年 12 月）
『福島核災棄民―町がメルトダウンしてしまった』若松丈太郎（コールサック社、2012 年 12 月）
『〈3・11〉忘却に抗して―識者 53 人の言葉』毎日新聞夕刊編集部編（現代書館、2012 年 12 月）
『福島原発事故の放射線汚染 問題分析と政策提言』本間愼、畑明郎編（世界思想社、2012 年 12 月）
『原発敗戦』（工学社、2012 年 12 月）
『原発をつくらせない人びと』山秋真（岩波書店、2012 年 12 月）
『福島原発で何が起こったか 政府事故調技術解説』淵上正朗、笠原直人、畑村洋太郎著（日刊工業新聞社、2012 年 12 月）
『メルトダウン』田辺文也（岩波書店、2012 年 12 月）
『セシウムをどうする 福島原発事故　除染のための基礎知識』小松優（監修）、日本イオン交換学会編（日刊工業新聞社、2012 年 12 月）
『カウントダウン・メルトダウン 上』船橋洋一（文藝春秋社、2012 年 12 月）
『カウントダウン・メルトダウン 下』船橋洋一（文藝春秋社、2012 年 12 月）
『検証　東電テレビ会議』朝日新聞社著（朝日新聞出版、2012 年 12 月）
『原発はやっぱり割に合わない 国民から見た本当のコスト』大島堅一（東洋経済新報社、2013 年 1 月）
『4 つの「原発事故調」を比較・検証する 福島原発事故 13 のなぜ？』日本科学技術ジャーナリスト会議（水曜社、2013 年 1 月）
『非原発「福島」から「ゼロ」へ』東京新聞「こちら特報部」編著（一葉社、2013 年 1 月）
『原子力報道 5 つの失敗を検証する』柴田鉄治（東京電機大学出版局、2013 年 1 月）

『福島原発と被曝労働 隠された労働現場、過去から未来への警告』石丸小四郎、建部暹、寺西清、村田三郎（明石書店、2013年1月）

『放射能問題に立ち向かう哲学』一ノ瀬正樹（筑摩書房、2013年1月）

『3・11以後何が変わらないのか』大澤真幸、松島泰勝、山下祐介、五十嵐武士、水野和夫（岩波書店、2013年2月）

『プロメテウスの罠3』朝日新聞特別報道部（学研マーケティング、2013年2月）

『ホットスポット ネットワークでつくる放射能汚染他』NHK・ETV特集取材班著（講談社、2013年2月）

『メルトダウン　ドキュメント福島第一原発事故』増補・改定版、大鹿靖明（講談社、2013年2月）2012年1月初版は「講談社ノンフィクション賞」

『原子力災害からいのちを守る科学』小谷正博、小林秀明他（岩波書店、2013年2月）

『証言記録東日本大震災』NHK東日本大震災プロジェクト（NHK出版、2013年2月）

『証言記録東日本大震災Ⅱ』NHK東日本大震災プロジェクト（NHK出版、2013年2月）

『検証 福島原発事故・記者会見2―「収束」の虚妄―』木野龍逸（岩波書店、2013年2月）

『今 原発を考える―フクシマからの発言』対談：安田純治、澤正宏（クロスカルチャー出版、2013年2月）

『つくられた放射線「安全」論』島薗進（河出書房新社、2013年2月）

『放射能拡散予測システムSPEEDI―なぜ活かされなかったか』佐藤康雄（東洋書店、2013年3月）

『原発賠償を問う 曖昧な責任、翻弄される避難者』除本理史（岩波書店、2013年3月）

『原発事故と農の復興』小出裕章、明峯哲夫他（コモンズ、2013年3月）

『原発避難民 慟哭のノート』朝日新聞社、大和田武士、北澤拓也編（明石書店、2013年3月）

『フクシマ・ゴジラ・ヒロシマ』クリストフ・フィアット著、平野暁人訳（明石書店、2013年3月）

『福島原発の真実 このままでは永遠に収束しない。まだ遠くない――原子炉を「冷温密封」する！』村上誠一郎、原発対策国民会議（東信堂、2013年3月）

『「原発ゼロ」プログラム―技術の現状と私たちの挑戦―』安斎育郎、舘野淳、竹濱朝美（かもがわ出版、2013年3月）

『徹底検証！ 福島原発事故 何が問題だったのか―4事故調報告書の比較分析から見えてきたこと』日本科学技術ジャーナリスト会議編（化学同人、2013年3月）

『熊取六人組 反原発を貫く研究者たち』細見周（岩波書店、2013年3月）

『放射能に抗う〈福島の農業再生に懸ける男たち〉』奥野修司（講談社、2013年3月）

『これでいいのか 福島県』岡島慎二、佐藤圭亮編（マイクロマガジン社、2013年3月）

『あの日から起こったこと ――大震災・原発禍にさらされた医療者たちの記録』はる書房編集部編（医療読み物）（はる書房、2013年3月）

『原発と裁判官 なぜ司法は「メルトダウン」を許したのか』磯村健太郎、山口栄二（朝日新聞社、2013年3月）

『被曝者調査を読む―ヒロシマ・ナガサキの継承』浜日出夫、有末賢、竹村英樹（慶應義塾大学出版会、2013年3月）

『東日本大震災官邸危機管理センターの真実』伊藤哲郎（毎日新聞、2013年3月）

『震災・原発文学論』川村湊（インパクト出版会、2013年3月）

『科学史研究』第265号（岩波書店、2013年3月）

『プロメテウスの罠4』朝日新聞特別報道部（学研マーケティング、2013年4月）

『低線量放射線の脅威』ジェイM・グールド、ベンジャミンA・ゴールドマン著（鳥影社、2013年4月）

『教室で教えたい放射能と原発』江川多喜雄、浦辺悦夫（いかだ社、2013年4月）

『福島原発事故はなぜ起こったか 政府事故調核心解説』畑村洋太郎、安部誠治、淵上正朗（講談社、2013年4月）

『調査報告 チェルノブイリ被害の全貌』（岩波書店、2013年4月）

『放射線災害と向き合って―福島に生きる医療者からのメッセージ』（ライフサイエンス出版、2013年4月）

『福島原発事故「2015年問題」の真実―その危機は、あなたの体内で深く進行している』佐藤俊彦（現代書林、2013年4月）

『東電テレビ会議49時間の記録』宮崎知己、木村英昭（岩波書店、2013年4月）

『原発事故と甲状腺がん』菅谷昭（幻冬舎、2013年5月）

『メルトダウン　連鎖の真相』NHKスペシャル「メルトダウン」取材班著（講談社、2013年6月）

『原発再稼働阻止のために』（インパクト出版会、2013年6月）

『福島と原発　誘致から大震災への五十年』福島民報社編集局著（早稲田大学出版部、2013 年 6 月）
『元原発技術者が伝えたいほんとうの怖さ』小倉志郎（彩流社、2013 年 7 月）
『原発爆発』倉澤治雄（高文研、2013 年 7 月）
『ヒロシマからフクシマへ　原発をめぐる不思議な旅』烏賀陽弘道（ビジネス社、2013 年 7 月）
『原発とメディア（2)』朝日新聞社「原発とメディア」取材班著（朝日新聞出版、2013 年 7 月）
『福島第一原子力発電所事故の医療対応記録　医師たちの証言』谷川攻一、王子野麻代編著（へるす出版、2013 年 7 月）
『専門家が答える 暮らしの放射線 Q&A』日本保健物理学会「暮らしの放射線 Q&A 活動委員会」編（朝日出版社、2013 年 7 月）
『原発の安全と行政・司法・学界の責任』斎藤浩編（法律文化社、2013 年 7 月）
『原発ゼロをあきらめない――反原発という生き方』安冨歩、小出裕章、中嶌哲演、長谷川羽衣子著（明石書店、2013 年 7 月）
『原発とメディア 2 3・11 責任のありか』朝日新聞「原発とメディア」取材班著（朝日新聞出版、2013 年 7 月）
『原発は火力より高い』金子勝（岩波書店、2013 年 8 月）
『低線量放射線を超えて 福島・日本再生への提案』宇野賀津子（小学館、2013 年 8 月）
『放射線と冷静に向き合いたいみなさんへ 世界的権威の特別講義　Radiation What It Is, What You Need to Know』ロバート・ピーター・ゲイル & エリック・ラックス著、松井信彦訳、朝長万左男監修（早川書房、2013 年 8 月）
『原子力ムラの陰謀』今西憲之、週刊朝日取材班著（朝日新聞出版、2013 年 8 月）
『避難弱者』相川祐里奈（東洋経済新報社、2013 年 8 月）
『プロメテウスの罠（5)』朝日新聞特別報道部著（学研、2013 年 8 月）
『原子力 負の遺産—核のごみから放射能汚染』北海道新聞社編（北海道新聞社、2013 年 8 月）
『避難弱者 あの日、福島原発間近の老人ホームで何が起きたのか？』相川祐里奈（東洋経済新報社、2013 年 8 月）
『伊方原発設置反対運動裁判資料』第 1 巻～第 4 巻、解説・藤田一良（弁護士)、解説・解題・澤正宏（クロスカルチャー出版、2013 年 9 月）
『現在進行形の福島事故 事故調査報告書を読む、事故現場のいま、新規制基準の狙い』日本科学者会議原子力問題研究委員会編（本の泉社、2013 年 9 月）
『災害復興学入門』（山形大学出版会、2013 年 9 月）
『原発依存国家』「週刊 SPA！」原発取材班著（扶桑社、2013 年 9 月）
『隠して武装する日本』増補新版、核開発に反対する会編（影書房、2013 年 9 月）
『プロメテウスの罠 5』朝日新聞特別報道部（学研マーケティング、2013 年 9 月）
『これでも罪を問えないのですか！ 福島原発告訴団 50 人の陳述書』福島原発告訴団編（金曜日、2013 年 9 月）
『私たちは原発と共存できない』日本科学者会議編（合同出版、2013 年 9 月）
『福島原発事故 県民健康管理調査の闇』日野行介（岩波書店、2013 年 9 月）
『原発を止める人々　3・11 から官邸前まで』小熊英二編（文藝春秋、2013 年 9 月）
『土壌汚染 フクシマの放射性物質のゆくえ』中西友子（NHK 出版、2013 年 9 月）
『原子力損害賠償制度の研究—東京電力福島原発事故からの考察—』遠藤典子（岩波書店、2013 年 9 月）
『福島原発事故 タイムライン 2011 — 2012』福島原発自己記録チーム編（岩波書店、2013 年 9 月）
『福島原発事故 タイムライン 2011 — 2012』再録、福島原発事故記録チーム編、宮﨑知己、木村英昭、小林剛（岩波書店、2013 年 9 月）
『福島原発事故 東電テレビ会議 49 時間の記録』再録、福島原発事故記録チーム編、宮﨑知己、木村英昭解説（岩波書店、2013 年 9 月）
『福島原子力帝国』恩田勝亘（七つ森書館、2013 年 10 月）
『原発事故と科学的方法』牧野淳一郎（岩波書店、2013 年 10 月）
『原発広告』本間龍（亜紀書房、2013 年 10 月）
『フクシマ・ノート 忘れない、災禍の物語』ミカエル・フェリエ、義江真木子訳（新評論、2013 年 10 月）
『原子力発電の政治経済学』伊東光晴（岩波書店、2013 年 10 月）
『放射能除染と廃棄物処理』木暮敬二（技報堂出版、2013 年 10 月）
『ふくしま こども たからもの』おがわてつし（かもがわ出版、2013 年 10 月）
『トリチウム原子炉の道 世界の現状と開発秘史』リチャード・マーティン著、野島佳子訳（朝日新聞

出版、2013年10月）
『除染は、できる。Q＆Aで学ぶ放射能除染』山田國廣（藤原書店、2013年10月）
『汐凪を捜して 原発の町 大熊の3・11』尾崎孝史（かもがわ出版、2013年10月）
『福島第一原発収束作業日記』ハッピー（河出書房新社、2013年10月）
『原災地復興の経済地理学』山川充夫（桜井書店、2013年10月）
『「3・11」と歴史学』別巻Ⅱ、戦後派研究会編（有志舎、2013年10月）
『原発事故後の環境・エネルギー政策 弛まざる構想とイノベーション』橋川武郎、植田和弘、藤江昌嗣、佐々木聡（冨山房インターナショナル、2013年10月）
『原発事故とこの国の教育』武田邦彦（ななみ書房、2013年11月）
『原発の是非を問うことと、わたしたちがやるべきこと』（クレヨンハウス、2013年11月）
『原子力と理科教育』笠潤平（岩波書店、2013年11月）
『プルトニウムファイル　いま明かされる放射能人体実験の全貌』アイリーン・ウェルサム（翔泳社、2013年11月）
『原発メルトダウンへの道―原子力政策研究会100時間の証言―』NHK・ETV特集取材班（増田秀樹、松丸慶太、森下光泰）著（新潮社、2013年11月）
『歴史物語 私の反原発切抜帖』西尾漠（緑風出版、2013年11月）
『人間なき復興――原発避難と国民の「不理解」をめぐって』山下祐介、市村高志、佐藤彰彦著（明石書店、2013年11月）
『放射能除染の土壌学―森・田・畑から家庭菜園まで―』日本学術協会財団（公益財団法人）発行・編集、宮崎毅他（キタジマ、2013年11月）
『3・11を心に刻むブックガイド』草谷桂子（子どもの未来社、2013年11月）
『原発の倫理学』古賀茂明（講談社、2013年11月）
『震災後文学論 あたらしい日本文学のために』木村朗子（青土社、2013年11月）
『フクシマ・沖縄・四日市 ―差別と棄民の構造』土井淑平（編集工房朔発行、2013年11月）
『日米同盟と原発 隠された核の戦後史』中日新聞社会部編（東京新聞、2013年11月）
『変身 Metamorphosis メルトダウン後の世界』堀潤（KADOKAWA、2013年11月）
『非核芸術案内』岡村幸宣（岩波書店、2013年12月）
『小泉純一郎の「原発ゼロ」』山田孝男（毎日新聞社、2013年12月）
『日本「原子力ムラ」行状記』桜井淳（論創社、2013年12月）
『原発を授業する リスク社会における教育実践』子安潤、塩崎義明（旬報社、2013年12月）
『母子避難、心の軌跡 家族で訴訟を決意するまで』森松明希子（かもがわ出版、2013年12月）
『生命と風景の哲学「空間の履歴」から読み説く』桑子敏雄（岩波書店、2013年12月）
『原発再稼動 絶対反対』再稼動阻止全国ネットワーク（金曜日、2013年12月）
『原子力規制委員会の社会的評価―三つの基準と三つの要件―』松岡俊二、師岡慎一、黒川哲志（早稲田大学出版部、2013年12月）
『本当に役に立つ「汚染地図」』沢野伸浩（集英社、2013年12月）
『フクシマから日本の未来を創る―復興のための新しい発想―』松岡俊二、いわきおてんとSUN企業組合編（早稲田大学出版部、2013年12月）
『フクシマ カタストロフ 原発汚染と除染の真実』青沼陽一郎（文藝春秋社、2013年12月）
『放射線はなぜわかりにくいのか』名取春彦（あっぷる出版社、2013年12月）
『反原発へのいやがらせ 原子力ムラの品性を嗤う』海渡雄一編（明石書店、2014年1月）
『池上彰が読む小泉元首相の「原発ゼロ」宣言』池上彰（径書房、2014年1月）
『アウト・オブ・コントロール』小出裕章、高野孟（花伝社、2014年1月）
『原発ユートピア日本』早川タダノリ（合同出版、2014年1月）
『原発の底で働いて 浜岡原発と原発下請労働者の死』高杉晋吾（緑風出版、2014年1月）
『伊方原発設置反対運動裁判資料』第5巻～第7巻、解説・藤田一良（弁護士）、編集・解説・解題・澤正宏（クロスカルチャー出版、2014年2月）
『アサツユ 1991―2013』脱原発福島ネットワーク編（七つ森書館、2014年2月）
『小泉純一郎「原発ゼロ」戦争』大下英治（青志社、2014年2月）
『福島第一原発の「汚染水問題」は止まらない』（クレヨンハウス、2014年2月）
『原発災害とアカデミズム』福島大学原発災害支援フォーラム〔FGF〕、東京大学原発災害支援フォーラム〔TGF〕著（合同出版、2014年2月）
『菅直人「原発ゼロ」の決意』菅直人（七つ森書館、2014年2月）

『フクシマ以後の思想をもとめて』徐京植、高橋哲哉、韓洪九著、李昤京、金英丸、趙真慧訳（平凡社、2014 年 2 月）

『原発 0』小出裕章（幻冬舎、2014 年 2 月）

『原発敗戦 危機のリーダーシップとは』船橋洋一（文藝春秋社、2014 年 2 月）

『絶望の裁判所』瀬木比呂志（講談社、2014 年 2 月）

『検証 福島原発事故・記者会見（3）欺瞞の連鎖』木野龍逸（岩波書店、2014 年 2 月）

『「放射能汚染地図」の今』木村真三（講談社、2014 年 2 月）

『女子大生 原発被災地ふくしまを行く』神戸女学院大学石川康宏ゼミナール著（かもがわ出版、2014 年 2 月）

『震災裁判傍聴記～3・11 で罪を犯したバカヤローたち～』長嶺超輝（扶桑社、2014 年 3 月）

『配管設計者がバラす、原発の性能』古矢光正（三五館、2014 年 3 月）

『フォト・ルポルタージュ　福島を生きる人びと』豊田直巳（岩波書店、2014 年 3 月）

『3・11 を心に刻んで 2014』岩波書店編集部（岩波書店、2014 年 3 月）

『原発 3 キロメートル圏からの脱出』川崎葉子（致知出版社、2014 年 3 月）

『疑問が解ける 放射線・放射能の本』多田順一郎（オーム社、2014 年 3 月）

『原発事故と放射線のリスク学』中西準子（日本評論社、2014 年 3 月）

『脱原発の社会経済学―〈省エネルギー〉が日本経済再生の道』小菅伸彦（明石書店、2014 年 3 月）

『福島第一原子力発電所事故 その全貌と明日に向けた提言―学会事故調 最終報告書』日本原子力学会東京電力福島第一原子力発電所事故に関する調査委員会（丸善出版、2014 年 3 月）

『記者たちは海に向かった 津波と放射能と福島民友新聞』門田隆将（KADOKAWA、2014 年 3 月）

『福島と原発 2 放射線との闘い＋ 1000 日の記憶』福島民報社編集局著（早稲田大学出版部、2014 年 3 月）

『プロメテウスの罠 6』朝日新聞特別報道部（学研マーケティング、2014 年 3 月）

『ごせやける 許さんにえ 福島原発被災者の歩み・双葉町からこれまでの三年・これからの三年』井上仁（言叢社、2014 年 3 月）

『除染労働』被ばく労働を考えるネットワーク編（三一書房、2014 年 3 月）

『いちから聞きたい放射線のほんとう』菊池誠、小峰公子著、絵とマンガ・おかざき真里（筑摩書房、2014 年 3 月）

『フクシマ発 復興・復旧を考える県民の声と研究者の提言』星亮一、藤本典嗣、小山良太（批評社、2014 年 3 月）

『“福島原発”ある技術者の証言』名嘉幸照（光文社、2014 年 3 月）

『君臨する原発 どこまで犠牲を払うのか』中日新聞社会部編（東京新聞、2014 年 3 月）

『福島原発 22 キロ 高野病院奮戦記 がんばってるね！じむちょー』井上能行（東京新聞、2014 年 3 月）

『考証 福島原子力事故 炉心溶融・水素爆発はどう起こったか』石川迪夫（日本電気協会新聞部、2014 年 3 月）

『原発は滅びゆく恐竜である』講演・著作集、水戸巌（緑風出版、2014 年 3 月）

『東アジア研究所講座 アジアの「核」と私たち ―フクシマを見つめながら』高橋伸夫（慶應義塾大学出版会、2014 年 3 月）

『3.11 ある被災地の記録―浪江町津島地区のこれまで、あのとき、そしてこれから』今野秀則（社会福祉法人福島県社会福祉協議会、2014 年 3 月）

『原発ゼロで日本経済は再生する』吉原毅（KADOKAWA、2014 年 4 月）

『〈ケアの思想〉を ―3・11、ポスト・フクシマ〈核災社会〉へ』金井淑子編（ナカニシヤ出版、2014 年 4 月）

『いちえふ 福島第一原子力発電所労働記（1）』原発ルポ漫画、竜田一人（講談社、2014 年 4 月）

『人間の尊厳 ――いま、この世界の片隅で』林典子（岩波書店、2014 年 4 月）

『ネグリ、日本と向き合う』アントニオ・ネグリ他（NHK 出版、2014 年 4 月）

『脱原発の比較政治学』本田宏、堀江孝司編（法政大学出版局、2014 年 5 月）

『ポスト・フクシマの政治学』畑山敏夫、平井一臣編著（法律文化社、2014 年 5 月）

『よくわかる、発生から事故処理まで原発を考えるうえでの必須資料 検証 福島原発 100 日ドキュメント』（ニュートンプレス、2014 年 5 月）

『今 原発を考える――フクシマからの発言』改訂新装版、対談：安田純治、澤正宏（クロスカルチャー出版、2014 年 5 月）

『日本大震ボランティアによる支援と仮設住宅』日本家政学会東日本大震災生活研究プロジェクト編（建帛社、2014 年 5 月）

『チェルノブイリ原発事故　ベラルーシ政府報告書［最新版］』ベラルーシ共和国非常事態省、チェルノブイリ原発事故被害対策局編（産学社、2014 年 5 月）

『「原発」文献事典 1951 ― 2013』文献情報研究会・石村健、安斎育郎監修（2014 年 5 月）

『ビデオは語る 福島原発緊迫の 3 日間』東京新聞原発取材班（東京新聞、2014 年 5 月）

『原子力ムラのもうひとつの闇』中野昭二郎（第三書館、2014 年 5 月）

『津波災害と近代日本』北原糸子（吉川弘文館、2014 年 5 月）

『原発と教育 原発と放射能をどう教えるのか』川原茂雄（海象社、2014 年 5 月）

『なして、原発？！　新潟発・脱原発への指針』新潟県平和運動センター編、山口幸夫他著（現代書館、2014 年 5 月）

『日米同盟と原発　隠された核の戦後史』中日新聞社会部編（東京新聞、2014 年 5 月）

『ヤクザと原発 福島第一潜入記』文庫本版、鈴木智彦（文藝春秋、2014 年 6 月）

『高校生記者が見た、原発・ジェンダー・ゆとり教育』灘校新聞委員会（現代人文社発行、2014 年 6 月）

『これならできる原発ゼロ！　市民がつくった脱原子力政策大綱』原子力市民委員会著（宝島社、2014 年 6 月）

『あなたの福島原発訴訟　みんなして「生業を返せ、地域を返せ！」』「生業を返せ、地域を返せ」福島原発訴訟原告団・弁護団編（かもがわ出版、2014 年 6 月）

『防災と復興の知 3・11 以後を生きる』小田豊ほか（東京大学出版会発売、2014 年 6 月）

『海・川・湖の放射能汚染』湯浅一郎（緑風出版、2014 年 7 月）

『元原発技術者が伝えたいほんとうの怖さ』小倉志郎（彩流社、2014 年 7 月）

『酪農家・長谷川健一が語る までいな村、飯舘』長谷川健一、長谷川花子著（七つ森書館、2014 年 7 月）

『8・15 戦災と 3・11 震災』片野勧（第三文明社、2014 年 7 月）

『マスコミが絶対に伝えない「原発ゼロ」の真実』三橋貴明（TAC 出版、2014 年 7 月）

『原発問題の展望 あるべき日本の未来』奥野道雄（文芸社、2014 年 7 月）

『戦後日本公害史論』宮本憲一（岩波書店、2014 年 7 月）

『福島・三池・水俣から「専門家」の責任を問う』三池 CO 研究会（弦書房、2014 年 7 月）

『戦後史のなかの福島原発 ―開発政策と地域社会―』中嶋久人（大月書店、2014 年 7 月）

『原子力総合年表―福島原発震災に至る道―』原子力総合年表編集委員会編（すいれん舎、2014 年 7 月）

『原発震災、障害者は……消えた被災者』青田由幸、八幡隆司（解放出版社、2014 年 7 月）

『原発再稼動と自治体の選択 原発立地交付金の解剖』高寄昇三（公人の友社、2014 年 7 月）

『徹底検証・使用済み核燃料再処理か乾式貯蔵か最終処分への道を世界の経験から探る』フランク・フォンヒッペル、国際核分裂性物質パネル（IPFM）著、田窪雅文訳（合同出版、2014 年 8 月）

『原子力と核の時代史』和田長久（七つ森書館、2014 年 8 月）

『汚染水との闘い 福島第一原発・危機の深層』空本誠喜（筑摩書房、2014 年 8 月）

『プロメテウスの罠 7』朝日新聞特別報道部著（学研マーケティング、2014 年 8 月）

『3・11 からのことづて 災後を生きる人たちの言葉』渡辺祥子（TO ブックス、2014 年 8 月）

『トリウム原子炉革命 古川和男・ヒロシマからの出発』長瀬隆（小石川ユニット発行、2014 年 8 月）

『原発とどう向き合うか 科学者達の対話 2011～’14』澤田哲生編（新潮社、2014 年 8 月）

『食と農でつなぐ 福島から』塩谷弘康、岩崎由美子（岩波書店、2014 年 8 月）

『原発文化人 50 人斬り』佐高信（光文社、2014 年 8 月）

『日米〈核〉同盟 原爆、核の傘、フクシマ』太田昌克（岩波書店、2014 年 8 月）

『国際グローバー勧告 福島第一原発事故の住民がもつ「健康に対する権利」の保障と課題』ヒューマン・ライツ・ナウ編（合同出版、2014 年 8 月）

『日本はなぜ原発を輸出するのか』鈴木真奈美（平凡社、2014 年 8 月）

『「3・11 フクシマ」の地から 原発のない社会を！』第二回「原発と人権」全国研究交流集会「脱原発分科会」実行委員会（花伝社、2014 年 9 月）

『福島原発事故 被災者支援政策の欺瞞』日野行介（岩波書店、2014 年 9 月）

『放射線医が語る福島で起こっている本当のこと』中川恵一（KK ベストセラーズ、2014 年 9 月）

『日本「原子力ムラ」惨状記 ――福島第 1 原発の真実』桜井淳（論創社、2014 年 9 月）

『福島へ帰還を進める日本政府の 4 つの誤り』沢田昭二、松崎道幸他著、NPO 職場の権利教育ネットワーク編（旬報社、2014 年 9 月）

『原子力推進の現代史』秋元健治（現代書館、2014 年 9 月）

『原発利権を追う 電力をめぐるカネと権力の構造』朝日新聞特別報道部著（朝日新聞出版、2014 年 9 月）

『原発事故環境汚染 福島第一原発事故の地球科学的側面』中西映至、大原利眞、植松光夫、恩田裕一

編（東京大学出版会、2014 年 9 月）
『非除染地帯――ルポ 3・11 後の森と川と海――』平田剛士（緑風出版、2014 年 9 月）
『動かすな、原発』小出裕章、海渡雄一、島田広（岩波書店、2014 年 10 月）
『放射線を科学的に理解する 基礎からわかる東大教養の講義』鳥居寛之、小豆川勝見、渡辺雄一郎、執筆協力・中川恵一（丸善出版、2014 年 10 月）
『汚染水はコントロールされていない』萩野晃也（第三書館、2014 年 10 月）
『被ばく列島――放射線医療と原子炉』小出裕章、西尾正道（KADOKAWA、2014 年 10 月）
『原発広告と地方紙――原発立地県の報道姿勢』本間龍（亜紀書房、2014 年 10 月）
『原子力年鑑 2015』「原子力年鑑」編集委員会編（日刊工業新聞社、2014 年 10 月）
『原発再稼動で日本は大復活する！』三橋貴明（KADOKAWA、2014 年 10 月）
『シリーズここで生きる 水俣から福島へ』山田真（岩波書店、2014 年 10 月）
『「吉田調書」を読み解く』門田隆将（PHP 研究所、2014 年 10 月）
『日本はなぜ、「基地」と「原発」を止められないのか』矢部宏治（集英社、2014 年 10 月）
『原発の放射能ゴミはどこへ』わたなべてるお（研成社、2014 年 11 月）
『さまよえる町　フクシマ曝心地の「心の声」を追って』三山喬（東海教育研究所、2014 年 11 月）
『原発ゴミはどこへ行く？』倉澤治雄（リベルタ出版、2014 年 11 月）
『原発と大津波 警告を葬った人々』添田孝史（岩波書店、2014 年 11 月）
『放射線を浴びた X 年後』伊東英朗（講談社、2014 年 11 月）
『フタバから遠く離れてⅡ ―原発事故の町からみた日本社会―』舩橋淳（岩波書店、2014 年 11 月）
『原子力市民年鑑 2014』原子力資料情報室編（七つ森書館、2014 年 12 月）
『日本人はなぜ考えようとしないのか 福島原発事故と日本文化』新形信和（新曜社、2014 年 12 月）
『福島ブナの森の怒りと復興 』東瀬紘一（歴史春秋社、2014 年 12 月）
『東日本大震災と地域産業復興Ⅳ― 2013・9・11～2014・9・11「所得、雇用、暮らし」を支える』関満博（新評論、2014 年 12 月）
『原発敗戦 事故原因の分析と次世代エネルギー』青木一三（工学社、2014 年 12 月）
『電力改革と脱原発』熊本一規（緑風出版、2014 年 12 月）
『放射線被曝の理科・社会 四年目の「福島の真実」』児玉一八、清水修二、野口邦和（かもがわ出版、2014 年 12 月）
『プロメテウスの罠　8』朝日新聞特別報道部著（学研マーケティング、2014 年 12 月）
『原発地球汚染 知られざる原発再稼動の恐怖』川内博史（竹書房、2014 年 12 月）
『3・11 複合災害と日本の課題― 3・11 複合災害を多面的に考察する』佐藤元英、滝田賢治編著（中央大学出版部、2014 年 12 月）
『脱原発―原発は原爆と同じくらい恐ろしい―』（あづさ書店、2015 年 1 月）
『福島第一原発事故　7 つの謎』NHK スペシャル「メルトダウン」取材班著（講談社、2015 年 1 月）
『核と日本人 ヒロシマ・ゴジラ・フクシマ』山本昭宏（中央公論社、2015 年 1 月）
『「反原発」異論』吉本隆明（論創社、2015 年 1 月）
『原子力・核・放射線事故の世界史』西尾漠（七つ森書館、2015 年 1 月）
『地震は必ず予測できる！』村井俊治（集英社、2015 年 1 月）
『原発国民投票をしよう！―原発再稼動と憲法改正』飯田泰士（えにし書房、2015 年 1 月）
『国と東電の罪を問うー私にとっての福島原発訴訟』井上淳一、蓮池透、堀潤、松竹伸幸「生業を返せ、地域を返せ！」福島原発訴訟原告団・弁護団（かもがわ出版、2015 年 2 月）
『原子力・核・放射線事故の世界史』西尾漠（七つ森書館、2015 年 2 月）
『火山と原発 最悪のシナリオを考える』古儀君男（岩波書店、2015 年 2 月）
『原発国民投票をしよう！―原発再稼動と憲法改正―』飯田泰士（えにし書房、2015 年 2 月）
『福島事故に至る原子力開発史』原子力技術史研究会編（中央大学出版部、2015 年 2 月）
『美味しんぼ「鼻血問題」に答える』雁屋哲（遊幻舎、2015 年 2 月）
『福島と原発 3 原発事故関連死』福島民報社編集局著（早稲田大学出版部、2015 年 2 月）
『いちえふ 福島第一原子力発電所労働記 2』竜田一人（講談社、2015 年 2 月）
『震災復興と地域産業 復興を支える NPO 社会企業家』関満博編（新評論、2015 年 2 月）
『3・11 復興の取り組みから学ぶ 未来を生き抜くチカラ①困難を乗り越える・人とつながる』赤坂憲雄・監修（日本図書センター、2015 年 2 月）
『3・11 復興の取り組みから学ぶ 未来を生き抜くチカラ②地域を愛する・自然と共に生きる』赤坂憲雄・監修（日本図書センター、2015 年 2 月）

『3・11 復興の取り組みから学ぶ 未来を生き抜くチカラ③防災を知る・日本の未来を考える』赤坂憲雄・監修（日本図書センター、2015 年 2 月）
『危機と雇用 災害の労働経済学』玄田有史（岩波書店、2015 年 2 月）
『福島原発、裁かれないでいいのか』古川元晴、船山泰範著（朝日新聞出版、2015 年 2 月）
『原発事故から 4 年、里山の変化の最新レポート 原発事故で、生きものたちに何がおこったか』写真・文、永幡嘉之（岩崎書店、2015 年 2 月）
『脱原発と再生可能エネルギー』吉田文和（北海道大学出版会、2015 年 2 月）
『原発事故　未完の収支報告書　フクシマ 2046』烏賀陽弘道（ビジネス社、2015 年 3 月 1 日）
『福島のおコメは安全ですが、食べてくれなくて結構です。三浦広志の愉快な闘い』かたやまいずみ（かもがわ出版、2015 年 3 月）
『引き裂かれた「絆」―がれきトリック、環境省との攻防 1000 日』（鹿砦社、2015 年 3 月）
『終わりなき危機 CRISIS WITHOUT END 福島原発事故研究報告書』Helen　Caldicott 監修、河村めぐみ訳（ブックマン社、2015 年 3 月）
『フクシマ 2013　Japan レポート 3・11』ユディット・ブランドナー、ブランドル・紀子訳（未知谷、2015 年 3 月）
『放射能と原発の真実』内海聡（キラジェンヌ株式会社、2015 年 3 月）
『牛と土　福島、3・11 その後』眞並恭介（集英社、2015 年 3 月）
『放射線像 放射線を可視化する』森敏、加賀屋雅道（皓星社、2015 年 3 月）
『福島に農林漁業をとり戻す』濱田武士、小山良太、早尻正宏（みすず書房、2015 年 3 月）
『福島 未来を切り拓く』平井有太（サンクチュアリ出版、2015 年 3 月）
『原発地震動想定の問題点』内山茂樹（七つ森書館、2015 年 3 月）
『いいがかり』「原発『吉田調書』記事取り消し事件と朝日新聞の迷走」編集委員会 編（七つ森書館、2015 年 3 月）
『全電源喪失の記憶』共同通信社原発事故取材班、高橋秀樹編（祥伝社、2015 年 3 月）
『原子・原子核・原子力 ―わたしが講義で伝えたかったことー』山本義隆（岩波書店、2015 年 3 月）
『被曝評価と科学的方法』牧野淳一郎（岩波書店、2015 年 3 月）
『プロメテウスの罠　9』朝日新聞特別報道部（学研マーケティング、2015 年 3 月）
『原子力のリスクと安全規制―福島第一事故の“前と後”―』（第一法規株式会社、2015 年 3 月）
『3・11 原発事故後の公共メディアの言説を考える』村名嶋義直、神田靖子編（ひつじ書房、2015 年 3 月）
『世界が見た福島原発災害 4』大沼安史（緑風出版、2015 年 3 月）
『福島第一原発潜入記』山岡俊介（双葉社、2015 年 3 月）
『放射性セシウムが与える人口学的病理学的影響 チェルノブイリ 25 年目の真実』ユーリ・バンダジェフスキー編著、久保田護訳（合同出版、2015 年 4 月）
『いま伝えたい 福島からの声』「福島からの声」編集委員会（東方通信社、2015 年 4 月）
『ドクター小鷹、どして南相馬に行ったんですか？』香山リカ、小鷹昌明（七つ森書館、2015 年 4 月）
『No Nukes ヒロシマ　ナガサキ　フクシマ』メッセージ＆フォトブック、福島大学、広島大学、長崎大学、島本脩二共同編集（講談社、2015 年 4 月）
『なぜわたしは町民を埼玉に避難させたのか　証言者 前双葉町長 井戸川克隆』井戸川克隆著、企画・聞き手・佐藤聡（駒草出版、2015 年 4 月）
『復興なんて、してません』渋井哲也、長岡義幸、渡部真著（第三書館、2015 年 4 月）
『世界に嗤われる日本の原発戦略』高嶋哲夫（PHP 研究所、2015 年 5 月）
『朝日新聞「吉田調書報道」は誤報ではない』海渡雄一、河合弘之他（彩流社、2015 年 5 月）
『日本が“核のゴミ捨て場”になる日 震災がれき問題の実像』沢田嵐（旬報社、2015 年 6 月）
『原発避難者の声を聞く 復興政策の何が問題か』山本薫子、高木竜輔、佐藤彰彦、山下祐介（岩波書店、2015 年 6 月）
『安倍さん、それでも原発を続けますか？ 原発のない国へのロードマップ』川内博史（竹書房、2015 年 6 月）
『見捨てられた初期被曝』著者・study2007（岩波書店、2015 年 6 月）
『原発労働者「平時」の原発はこんなふうに動いていた！』寺尾紗穂さほ（講談社、2015 年 6 月）
『カラー 世界の原発と核兵器図鑑 わかりやすい原子力技術の知識』ブルーノ・テルトレ著、小林定喜監修訳、大林薫訳（西村書店、2015 年 6 月）
『福島の原風景を歩く』高橋貞夫（歴史春秋社、2015 年 6 月）
『原子力の深い闇 “国際原子力ムラ複合体”と国家犯罪』相良邦夫（藤原書店、2015 年 6 月）

『クロニクル 日本の原子力時代 一九四五～二〇一五年』常石敬一（岩波書店、2015 年 7 月）
『原子力支援「原子力の平和利用」がなぜ世界に核兵器を拡散させたか』森敏マシュー・ファーマン著、藤井留美訳、國分功一郎解説（太田出版、2015 年 7 月）
『原子力帝国』ロベルト・ユンク著、山口祐弘訳（日本経済評論社、2015 年 7 月）
『東京が壊滅する日』広瀬隆（ダイヤモンド社、2015 年 7 月）
『核の誘惑』中尾麻伊香（勁草書房、2015 年 7 月）
『原発労働者』寺尾紗穂（講談社、2015 年 7 月）
『核時代の神話と虚像─原子力の平和利用と軍事利用をめぐる戦後史』木村朗、高橋博子編著（明石書店、2015 年 7 月）
『湯川博士、原爆投下を知っていたのですか─“最後の弟子”森一久の被爆と原子力人生─』藤原章生（新潮社、2015 年 7 月）
『これだけ！ 放射性物質』夏緑（秀和システム、2015 年 8 月）
『核と人類は共存できない』森瀧市郎（七つ森書館、2015 年 8 月）
『原発再稼動までに何が起きたか』（日本工業新聞社、2015 年 8 月）
『核の時代 70 年』川名英之（緑風出版、2015 年 8 月）
『原子力安全問題ゼミ 小出裕章最後の講演』今中哲二、川野眞治、小出裕章（岩波書店、2015 年 8 月）
『ディベート・フォー・アトミックプラント ─原子力をめぐる 3 人の討論─』河村昌憲著（現代図書発行、2015 年 8 月）
『原子力市民年鑑 2015』原子力資料情報室編（七つ森書館、2015 年 8 月）
『原発避難白書』関西学院大学災害復興制度研究所ほか編、東日本大震災支援全国ネットワーク（JCN）、福島の子どもたちを守る法律家ネットワーク（SAFLAN）編（人文書院、2015 年 9 月）
『原発と戦争を推し進める愚かな国、日本』小出裕章（毎日新聞出版、2015 年 9 月）
『日本はなぜ核を手放せないのか─「非核」の死角─』太田昌克（岩波書店、2015 年 9 月）
『シビアアクシデントの脅威』舘野淳（リーダーズノート出版、2015 年 9 月）
『放射能拡散予測システム SPEEDI』佐藤康雄（リーダーズノート出版、2015 年 9 月）
『国会の警告無視で福島原発事故』吉井英勝（リーダーズノート出版、2015 年 9 月）
『フクシマ発─イノシシ 5 万頭　廃炉は遠く』フクシマ未来戦略研究所 企画編集（現代書館、2015 年 10 月）
『震災復興の政治経済学 津波被災と原発危機の分離と交錯』齊藤誠（日本評論社、2015 年 10 月）
『いちえふ 福島第一原子力発電所労働記 3』竜田一人（講談社、2015 年 10 月）
『実録 FUKUSHIMA ─アメリカも震撼させた核災害』ディビッド・ロックバウム、エドウィン・ライマン、スーザン・Q・ストラナハン他（岩波書店、2015 年 10 月）
『脱原発と平和の憲法理論』澤野義一（法律文化社、2015 年 11 月）
『福島を切り捨てるのですか“20 ミリシーベルト受認論”批判』白井聡、「生業を返せ、地域を返せ！」福島原発訴訟原告団・弁護士団（かもがわ出版、2015 年 11 月）
『原子力年鑑 2016』「原子力年鑑」編集委員会編（日刊工業新聞社、2015 年 12 月）
『検証　非核の選択─核の現場を追う─』杉田弘毅（岩波書店、2015 年 12 月）
『科学・技術の危機 再生のための対話』池内了×島薗進（合同出版、2015 年 12 月）
『核と反核の 70 年 恐怖と幻影のゲームの終焉』金子敦郎（リベルタ出版、2015 年 12 月）
『新規制基準の検証』（京都自治体問題研究所、2016 年 1 月）
『東芝　不正会計　底なしの闇』今沢真（毎日新聞出版、2016 年 1 月）
『「反戦・脱原発リベラル」はなぜ敗北するのか』浅羽通明（筑摩書房、2016 年 2 月）
『リンゴが腐るまで 原発 30km からの報告─記者ノートから─』笹子美奈子（KADOKAWA、2016 年 2 月）
『市民が明らかにした福島原発事故の真実』海渡雄一著、福島原発告訴団監修（彩流社、2016 年 2 月）
『日本はなぜ脱原発できないのか「原子力村」という利権』小森敦司（平凡社、2016 年 2 月）
『脱原発の哲学』佐藤嘉幸、田口卓臣（人文書院、2016 年 2 月）
『実務 原子力損害賠償』第一東京弁護士会災害対策本部編（勁草書房、2016 年 2 月）
『福島原発作業員の記』池田実（八月書館、2016 年 2 月）
『「復興」が奪う地域の未来 ─東日本大震災・原発事故の検証と提言─』山下祐介（岩波書店、2016 年 2 月）
『原発棄民 フクシマ 5 年後の真実』日野行介（毎日新聞出版、2016 年 2 月）
『フクシマ発 復興・復旧を考える県民の声と研究者の提言』星亮一、藤本典嗣、小山良太

（批評社、2016 年 2 月 25 日）
『小泉純一郎、最後の闘い　ただちに「原発ゼロ」へ！』朝日新聞政治部、冨名腰隆、関根慎一（筑摩書房、2016 年 2 月）
『1500 日　震災からの日々』岩波友紀（新日本出版社、2016 年 2 月）
『ルポ 母子避難』吉田千亜（岩波書店、2016 年 2 月）
『それでも飯舘はそこにある 村出身記者が見つめた故郷の 5 年』大渡美咲（産経新聞出版、2016 年 2 月）
『それでも飯舘村はそこにある』（日本工業新聞社、2016 年 3 月）
『3・11 を心に刻んで』岩波書店編集部編（岩波書店、2016 年 3 月）
『もどれない故郷ながどろ』長泥記録誌編集委員会（芙蓉書房出版、2016 年 3 月）
『「轟音の残響」から ―震災・原発と演劇―』国際演劇評論家協会日本センター、野守広、西堂行人、高橋豊、藤原央登編集（晩成書房、2016 年 3 月）
『福島が日本を超える日』浜矩子、白井聡、藻谷浩介、大友良英、内田達（かもがわ出版、2016 年 3 月）
『福島第一原発メルトダウンまでの 50 年事故調査委員会も報道も素通りした未解明問題』烏賀陽弘道（明石書店、2016 年 3 月）
『原発と原爆の文学―ポスト・フクシマの希望』小林孝吉（菁柿堂、2016 年 3 月）
『福島第二原発の奇跡』高嶋哲夫（PHP、2016 年 3 月）
『震災風俗嬢』小野一光（太田出版、2016 年 3 月）
『核の世紀 日本原子力開発史』小路田、岡田、住友、田中編（東京堂出版、2016 年 3 月）
『核に魅入られた国家　知られざる拡散の実態』会川晴之（毎日新聞出版、2016 年 3 月）
『福島原発事故 漂流する自主避難者たち―実態調査からみた課題と社会的支援のあり方』戸田典樹編著（明石書店、2016 年 3 月）
『東日本大震災 原発事故から 5 年 ふくしまは負けない 2011～2016』（福島民報社、2016 年 3 月）
『されど真実は執拗なり 伊方原発訴訟を闘った弁護士・藤田一良』細見周（岩波書店、2016 年 4 月）
『原発プロパガンダ』本間龍（岩波書店、2016 年 4 月）
『検証　福島第一原発事故』原子力資料情報室編（七つ森書館、2016 年 4 月）
『放射線被曝の争点 福島原発事故の健康被害は無いのか』渡辺悦司、遠藤順子、山田耕作著（緑風出版、2016 年 5 月）
『東芝　終わりなき危機「名門」没落の代償』今沢真（毎日新聞出版、2016 年 6 月）
『福島第一原発廃炉図鑑』開沼博編（太田出版、2016 年 6 月）
『反原子力の自然哲学』佐々木力（未来社、2016 年 6 月）
『3・11 と心の災害―福島にみるストレス症候群―』蟻塚亮二、須藤康宏（大月書店、2016 年 6 月）
『2016 自然エネルギー年鑑』自然エネルギー年鑑編集委員会編（通産資料出版会、2016 年 6 月）
『公害から福島を考える』除本理史（岩波書店、2016 年 6 月）
『原発再稼動と海』湯浅一郎（緑風出版、2016 年 7 月）
『3・11 後の叛乱』笠井潔、野間易通（集英社、2016 年 7 月）
『プルートピア　原子力村が生みだす悲劇の連鎖』ケイト・ブラウン著、高山祥子訳（講談社、2016 年 7 月）
『原発と放射線をとことん考える！ いのちとくらしを守る 15 の授業レシピ』家庭科放射線授業づくり研究会編（合同出版、2016 年 7 月）
『原発サイバートラップ リアンクール・ランデブー』一田和樹（原書房、2016 年 8 月）
『推論 トリプルメルトダウン』松野元（創英社／三省堂書店、2016 年 8 月）
『東日本大震災 何も終わらない福島の 5 年間 飯舘村・南相馬から』寺島英弥（明石書店、2016 年 8 月）
『原発事故後のエネルギー供給からみる日本経済 東日本大震災はいかなる影響をもたらしたのか』馬奈木俊介編著（ミネルヴァ書房、2016 年 8 月）
『公害・環境問題と東電福島原発事故』畑明郎編（本の泉社、2016 年 9 月）
『世界が見た福島原発災害 5 フクシマ・フォーエバー』大沼安史（緑風出版、2016 年 9 月）
『「新聞うずみ火」連続講演　熊取六人組 原発事故を斬る』今中哲二、海老澤徹、川野眞治（岩波書店、2016 年 9 月）
『アメリカは日本の原子力政策をどうみているか』鈴木達治、猿田佐世編（岩波書店、2016 年 10 月）
『震度 7』NHK スペシャル取材班（KK ベストセラーズ、2016 年 11 月）
『福島インサイドストーリー 役場職員が見た原発避難と震災復興』今井照、自治体政策研究会編著（公人の友社、2016 年 11 月）
『フクシマの荒廃 フランス人特派員が見た原発棄民たち』アルノー・ヴォレラン著、神尾賢二訳（緑

風出版、2016年11月）

『権力に迫る「調査報道」原発事故、パナマ文書、日米安保をどう報じたか』高田昌幸、大西裕貴、松島佳子編（旬報社、2016年12月）

『制定しよう 放射能汚染防止法』山本行雄（星雲社、2016年12月）

『活断層地震はどこまで予測できるか 日本列島で今起きていること』遠田晋次（講談社、2016年12月）

『原発に抗う「プロメテウスの罠」で問うたこと』本田雅和（緑風出版、2016年12月）

〔附記〕

『詳説福島原発・伊方原発年表』で使用した新聞の名称で略記号としたものは、「朝日」（朝日新聞）、「毎日」（毎日新聞）、「読売」（読売新聞）、「東京」（東京新聞）、「日経」（日本経済新聞）、「赤旗」（しんぶん赤旗）、「民報」（福島民報新聞）、「民友」（福島民友新聞）、「はんげんぱつ」（はんげんぱつ新聞）、「反原発」（反原発新聞）などである。また、参考にした主な雑誌は、『週刊朝日』『週刊サンデー毎日』『週刊金曜日』『週刊文春』『週刊女性自身』『週刊女性』『図書新聞』『朝日ジャーナル』『AERA』『DAYS JAPAN』『FRIDAY』『NO NUKES voice』『紙の爆弾』『アヒンサー』『現代思想』『潮』『駱駝の瘤』『消費者情報』『食品と暮らしの安全』『法学セミナー』『法律のひろば』『判例時報』『判例タイムズ』『自由と正義』『法と民主主義』『社会党』『原子力委員会月報』『世界』『科学』『科学史研究』『公害研究』『活断層研究』『技術と人間』『部落解放』『日本の科学者』『経済評論』『作業環境』『原子力行政のあらまし』『原子力ポケットブック』『市民年鑑』『福島市政だより』などである。TVではNHKや民放各社の報道（原発事故関連の報道特集を含む）を参考にし、採り入れている。なお、人名については敬称を略した。

澤　正宏（さわ　まさひろ）
1946 年生まれ。福島大学名誉教授。近現代文学研究者。

著書・編著書

『西脇順三郎の詩と詩論』桜風社、1991 年。『作品で読む近代詩史』白地社、1990 年。『詩の成り立つところ—日本の近代詩、現代詩への接近』翰林書房、2001 年。『西脇順三郎物語—小千谷が生んだ世界の詩人—』小千谷市教育委員会、2015 年。『現代詩大事典』（編集委員）三省堂、2008 年。編集・解説『西脇順三郎研究資料集　全 6 巻』2011・2015 年。解説・解題『福島原発設置反対運動裁判資料　全 7 巻』2012 年、『伊方原発設置反対運動裁判資料　全 7 巻』2013・2014 年、以上 3 点いずれもクロスカルチャー出版。

詳説福島原発《しょうせつふくしまげんぱつ》・伊方原発年表《いかたげんぱつねんぴょう》

発　　行　2018 年 2 月 28 日　初版第 1 刷

編 著 者　澤《さわ》　正宏《まさひろ》
発 行 者　川角功成
発 行 所　有限会社 クロスカルチャー出版
〒 101-0064　東京都千代田区神田猿楽町 2-7-6
TEL　03(5577)6707　FAX　03(5577)6708
印刷・製本　株式会社 シナノパブリッシングプレス

ISBN 978-4-908823-32-9 C3500 Printed in Japan